博雅

Calculus

微积分 （第二版）

金路 编著

U0246257

北京大学出版社
PEKING UNIVERSITY PRESS

图书在版编目(CIP)数据

微积分/金路编著. —2 版. —北京:北京大学出版社,2015.10
(21 世纪经济与管理规划教材·经济数学系列)
ISBN 978－7－301－26319－8

Ⅰ. ①微… Ⅱ. ①金… Ⅲ. ①微积分—高等学校—教材 Ⅳ. ①O172

中国版本图书馆 CIP 数据核字(2015)第 229376 号

书　　　名	微积分(第二版)	
	Weijifen	
著作责任者	金　路　编著	
责 任 编 辑	赵学秀	
标 准 书 号	ISBN 978－7－301－26319－8	
出 版 发 行	北京大学出版社	
地　　　址	北京市海淀区成府路 205 号　　100871	
网　　　址	http://www.pup.cn	
电 子 信 箱	em@pup.cn　　　　QQ:552063295	
新 浪 微 博	@北京大学出版社　@北京大学出版社经管图书	
电　　　话	邮购部 62752015　发行部 62750672　编辑部 62752926	
印 刷 者	三河市博文印刷有限公司	
经 销 者	新华书店	
	787 毫米×1092 毫米　16 开本　30.25 印张　693 千字	
	2015 年 10 月第 1 版　2015 年 10 月第 1 次印刷	
印　　　数	0001—4000 册	
定　　　价	58.00 元	

丛书学术顾问

丛书执行主编

丛 书 编 委

丛书序言

在最近二十多年中,我国社会生活的各个方面发生了巨大变化,经济建设取得了令世人瞩目的奇迹,经济体制正在全面地向市场经济体制转轨。经济与社会的全面转型产生了对市场经济知识的巨大需求,这又极大地推动了我国经济学教育水平的整体提高与进步。

今天,我国大学里的经济学教育已经越来越趋向规范化与国际化,一种更加有利于经济学理论发展的学术氛围已经形成,一大批拥有现代经济学知识与新型经济学理念的崭新人才正在脱颖而出。但是,不可否认的是,我国经济学教育和研究的整体水平与世界一流大学相比还有比较大的差距。突出表现在,我们自己培养的经济学博士很少能够在欧美一流大学任教;在国际著名的经济学期刊上,特别是顶级的经济学期刊上也不多见纯粹由国内经济学家完成的研究成果发表。这些都说明,要想提高我国经济学教育和研究的水平并缩短这些差距,我们要走的路仍然很长!

近五十年来,经济学的研究与其成果越来越呈现出科学化的态势,其中一个突出的表现形式就是数学理论与经济学研究的紧密结合。具有严密逻辑的数学方法彻底改变了以往经济学分析中存在的一些缺点,如论证缺乏逻辑一致性以及所得出结论的模糊性。同时,随着数学方法在经济学中的广泛应用,不论是经济学研究方法还是经济学的研究成果,都越来越具有科学的特征。而且经济学家们所构建的经济学理论在很大程度上具有可检验性,这就避免了我们接受那些似是而非、模棱两可的结论。应该说,这是一种对传统社会科学,尤其是对经济学研究理念的根本性突破。随之而来的就是许多经济学领域的研究成果也逐渐被科学界所认可,一个最突出的现象就是,瑞典皇家科学院从1969年开始,特别为经济学领域内的那些具有开创性的成果设立了诺贝尔经济科学纪念奖,使经济学这一最具科学特征的社会科学也跻身于科学行列之中。

经济学在近半个世纪已经取得了一大批突破性的研究成果,这些成果不仅加深了人类对现实经济问题的洞察,而且也影响着人类社会的进一步向前发展。几乎所有这些成果都是用数学方法或数学语言所完成的,它们的核心内容都是建立在完备的数学模型与严密的数学论证的基础之上的,而且相当数量的成果本身就是由优秀数学家取得的。尤其是获得诺贝尔经济学奖的重大研究成果,更是如此。从最早获奖的计量经济学理论、一般均衡理论,到最近获奖的资产定价理论、信息经济学理论与博弈理论,其分析方法与内容都是建立在数学理论与方法的基础之上的。近十年来两度获得诺贝尔经济学奖的博弈理论的主要贡献者纳什(Nash)与奥曼(Aumman)就是出色的数学家。因此,从某种意义上讲,这些成果在经济学理论上的突破,其实就是数学理论的研究应用及其分析方法的拓展。今天,数学已经融入经济学之中,成为现代经济学最重要的分析工具与研究方法。

事实上,在人类文明的发展进程中,数学一直占据核心的位置,许多推动人类文明发展并影响人类生活的重大科学发现与科学理论,都离不开数学所起到的奠基性贡献。今天,不仅是在自然科学,而且在人文社会科学的诸多学科中,使用数学语言或数学模型进行理论分析和观点阐述的现象也非常普遍。而一些社会科学中的许多重大发展也源于数学工具的改进与数学思想的发展。因此,我们可以这样说,数学知识的进步在很大程度上是人类文明进步的一个重要标志。

在整个社会科学中,经济学应该说最具有科学的特征,这主要归功于数学在经济学中的广泛应用,我们相信,数学必将继续推动经济学理论不断地向前发展。因此,掌握现代经济学的一个必要前提条件就是要先学好数学的基础知识。

当前,国内许多高校的经济学院系也都根据现代经济学发展的需要,调整、修订并实施了新的数学教学计划,加大了数学课的教学时数,加深了数学课的难度,这就对经济管理专业学生的数学水平提出了更高的要求。正是在这种背景下,北京大学出版社策划出版了"21世纪经济与管理规划教材·经济数学系列"丛书。

本丛书主要是针对高等院校的经济学、管理学各专业学生所编写的。丛书的编著者分别是中国人民大学、复旦大学、南京大学、武汉大学和华中科技大学等著名高校的教师,他们中的多数都同时具有数学与经济学硕士以上的学位,他们不仅有深厚的数学功底,而且深谙现代经济学理论,所研究的课题也在经济学的前沿领域内。他们有多年为经济与管理专业本科生、研究生讲授微积分、线性代数、运筹学、概率论与数理统计等多门课程的教学经验,目前又承担着本科生、研究生的中高级微观经济学、中高级宏观经济学、计量经济学、数理经济学、金融经济学、博弈论与信息经济学等经济学理论课的教学工作。这是一支知识结构合理、教学经验丰富的写作团队。

　　在内容的选择上,每本教材都尽量考虑到不同层次、不同专业的教学需要,尽可能地使本系列教材在教学过程中为任课教师提供一个合理的选择空间。当然,不足之处难免存在,希望广大师生不吝赐教,以便本丛书今后不断修订完善。

　　在本丛书的策划、出版过程中,经北京大学中国经济研究中心姚洋老师推荐,中国人民大学经济学院的李军林老师做了大量的组织协调工作。丛书编委会在此对他们表示诚挚的感谢!

丛书编委会

2006 年 6 月

第二版前言

本书第一版出版以来,受到了同行的普遍关注,也取得了良好的教学效果,使我倍感欣慰。同时,我在教学过程中也收到了大量的信息反馈,许多教学经验丰富的教师提供了中肯的意见和建议,学生们也常谈及他们的使用体会,促使我对本书作进一步的修改与完善。

在基本保持原书的编写宗旨和结构框架的基础上,这次修订对全书整体上作了全面梳理,并作了适当的增删,重点在如下几个方面作了修改:

1. 注重展现数学的思想方法和精神实质,适当调整了基础题材的内容和表述,并注意拓展知识面,希望能与后续专业课程的衔接更加密切。

2. 对全书从整体叙述上作了进一步的加工,使之更确切、科学和规范。同时对一些内容进行了细致的补充和修改,力争使内容表述更加简单易懂。

3. 补充了一些数学的应用内容,希望能为读者提供更多的数学建模信息,适当展示数学技术在现代科学中的重要作用。

4. 调整并增加了例题和习题,在重视拓展知识面的同时,注意联系已学过的内容,提高理论知识的运用水平,增强数学能力的科学训练效果。

在本书的编写过程中,复旦大学数学科学学院和教务处给予了大力支持,数学科学学院的各位教师也提供了各种建议、支持和帮助,在此表示衷心的感谢。同时,感谢北京大学出版社刘誉阳和赵学秀编辑的大力支持和鼓励,由于她的辛勤工作和热情帮助,本书才得以顺利出版。

我深知一本成熟的教材须久经锤炼,因而仍然热切期望广大读者和同行提出宝贵的批评和建议,以期通过进一步努力,使本书的质量提升到一个新的台阶。

编者

2015 年 9 月于复旦大学

第一版前言

　　高等数学(微积分)是经济类、管理类等专业的重要基础课。随着科学技术的迅速发展和计算机技术的广泛应用,数学的思想、方法和技术不但在自然科学、工程技术等领域发挥着越来越重要的作用,而且已经广泛深入社会科学的各个领域,特别是在经济学和管理学方面,这也对高等数学的教学提出了更高的要求。大学数学的教学要能够在不增加或少增加教学学时的前提下,使学生学到更丰富、更有用的现代数学知识,具有更强的运用数学工具和技术的能力,以适应时代发展的需要。本教材就是在这种形势之下,广泛征求了我校教师和兄弟院校同行的意见,查阅了大量资料,并结合自己的教学经验编写的。

　　本教材在教学内容的深度与广度上与经济类、管理类等专业的微积分课程教学基本要求相当,并与教育部颁布的研究生入学考试数学三和数学四的考试大纲中的微积分内容相衔接。

　　我们认为,大学数学教育的目标不但在于为学生提供学习专业知识的基础和工具,而且在于引导学生掌握一种现代科学的语言,学到一种理性思维的模式,接受包括归纳、分析、演绎等各项数学素质的训练。根据这一理解,我们在编写过程中特别注意了以下几点:

　　1. 继承和保持传统的微积分知识体系,力求做到线索清楚、组织科学、叙述准确、详简适当。同时更加重视数学的系统性和科学性,注意恰当地运用严格的数学语言与推理,使学生有机会适度接触精彩的数学抽象,积累逻辑思维的经验,锻炼理性思维和科学辨析能力,这是提高学生数学素质的重要环节。

　　2. 注重数学概念的物理学等背景以及几何的直观引入,把形式逻辑推导所掩盖的背景来源,解决问题的思想方法,以及所讲授的内容与其他内容、概念之间的内在联系等生动而又直接地揭示出来,强调数学思想的发展线索、来龙去脉,引导学生逐步理解数学的本质和发展规律,力求避免刻板枯燥讲授数学的教学方式。

3. 强调数学在经济学等领域的应用,更加注重后继课程中的数学准备。增加应用实例一方面在于提高学生的学习兴趣,另一方面在于使学生初步具备数学来自实践、用于实践的认识。虽然由于课程性质的限制,教材中的例子并不能全面反映数学在经济学等领域应用的广泛性与深入性,但本教材对于这些例子的讲述方式,更加强调数学建模的思想和方法,注重培养学生的实际应用能力和创新意识。教学实践证明这是增强高等数学课程活力的有效途径。

4. 在每章最后一节增加了综合性例题,试图帮助学生复习、联系已学过的内容,提高知识的应用水平,增强学生融会贯通地分析问题、解决问题的能力。本教材还兼顾了各个层次学生的不同需要,将习题分为 A、B 两类,A 类相对容易,符合教学大纲对学生的基本要求;B 类相对难一些,适合有兴趣的学生深入学习。

我们认为,大学教材并非教师照本宣科的脚本。同一本教材可以使用于不同的对象,教出不同的风格。由于各高校、各专业方向对数学基础的要求有一定差异,有关教师可根据不同情况,对教学内容进行适当取舍。

在本教材的编写过程中,得到了复旦大学数学科学学院教学指导委员会主任童裕孙教授、全国普通高校教学名师陈纪修教授的支持、鼓励和帮助;武汉大学的何耀教授、中国人民大学的李军林和蔡海鸥教授、南京大学的李晓春教授与作者共同讨论了编写计划,提出了宝贵意见,在此表示衷心的感谢。同时,感谢北京大学出版社林君秀、陈莉和张迎新编辑的大力支持和帮助,由于她们的辛勤工作,本书才得以尽快与读者见面。

囿于学识,本书不妥和谬误之处在所难免,殷切期望专家、同行和广大读者提出宝贵的批评和建议。

编者

2005 年 6 月于复旦大学

目　录

21世纪经济与管理规划教材

经济数学系列

极限与连续

数学是人类历史上最早诞生的科学之一,它研究的对象是现实世界中的数量关系和空间形式.数学起源于计数、测量和贸易等活动,在它发展的很长一段时期内,人们研究的主要对象是常量和固定的图形,使用的方法也基本上是静止的、孤立的.但在永恒运动着的现实世界中,变化无处不在,关于连续的变化、生长或运动的直观概念,一直在向科学的见解挑战.直到 17 世纪,随着物理学、力学和工业技术等的发展和推动,数学也迅速发展起来.笛卡儿(Descartes)引入了坐标系并建立了解析几何的观念,它沟通了数学中的两个基本研究对象——数与形——之间的联系,用代数方法处理几何问题,这一发现为处理一般变量之间的依赖关系提供了几何模型.之后,牛顿(Newton)和莱布尼茨(Leibniz)在前人研究的基础上发明了微积分,创立了一套行之有效的研究连续变量和变化图形的方法,更生动地反映出因变量在一个短暂瞬间相对于自变量的变化率,以及在自变量的变化过程中因变量的整体积累,前者称为导数,后者称为积分.这一划时代的贡献极大地促进了数学的发展.目前数学的研究领域广泛而又深刻,并且成为自然科学、工程技术、经济管理等领域必不可少的工具.

微积分主要研究连续变量的变化性态,研究它们之间的依赖关系.为了利用变量的变化趋势、变化速度以及变化累积等要素刻画变化过程,人们提出并发展了极限的理论和方法,有了这个理论和方法,对上述问题的研究才从模糊、近似变得严格、精确.实际上,导数是一类特殊的极限,定积分则是另一类型的极限,极限的理论与方法构成了整个微积分的基础.本章介绍极限的基本概念、基本性质和基本运算,并且利用极限来描述函数的连续性.连续函数是最常见的一类函数,是微积分中重点讨论的对象.

§1 函 数

区间和邻域

有理数和无理数的全体称为**实数**.**数轴**是一条取定了原点 O,规定了正方向和单位长度的直线.实数与数轴上的点之间具有一一对应关系,即每个实数对应数轴上唯一的一个点;而数轴上的每个点也对应唯一的一个实数.这样,实数充满了整个数轴且没有"空隙",这就是实数的连续性.在本书中,我们研究的数都是实数,并常常将一个实数与其在数轴上的对应点不加区别.

我们用 $\mathbf{N}^+$ 表示全体正整数的集合,$\mathbf{Z}$ 表示全体整数的集合,$\mathbf{Q}$ 表示全体有理数的集合,$\mathbf{R}$ 表示全体实数的集合.

为了刻画实数中两点之间的距离,我们引入以下概念.

定义 1.1.1 设 x 为实数,x 的**绝对值** $|x|$ 定义为

$$|x| = \begin{cases} x, & x \geqslant 0, \\ -x, & x < 0. \end{cases}$$

从几何上看,绝对值 $|x|$ 就是数轴上点 x 与原点 O 之间的距离,而 $|x-y|$ 则就是数轴上点 x 与 y 之间的距离.

绝对值具有以下性质:对于任何实数 x,y 成立

(1) $|x| \geqslant 0$,而 $|x| = 0$ 当且仅当 $x = 0$;

(2) $|x-y| = |y-x|$;

(3) $|x+y| \leqslant |x| + |y|$;

(4) $|xy| = |x||y|$;

(5) $\left|\dfrac{x}{y}\right| = \dfrac{|x|}{|y|}$ $(y \neq 0)$.

不等式(3)称为**三角不等式**,它在很多地方起着重要作用.

设 a,b $(a<b)$ 是两个实数,则满足不等式 $a<x<b$ 的所有实数 x 所成的集合,称为以 a,b 为端点的**开区间**,记为 (a,b),即 $(a,b) = \{x \mid a<x<b\}$.

满足不等式 $a \leqslant x \leqslant b$ 的所有实数 x 所成的集合,称为以 a,b 为端点的**闭区间**,记为 $[a,b]$,即 $[a,b] = \{x \mid a \leqslant x \leqslant b\}$.

满足不等式 $a<x \leqslant b$（或 $a \leqslant x<b$）的所有实数 x 所成的集合,称为以 a,b 为端点的**半开半闭区间**,记为 $(a,b]$（或 $[a,b)$）,即 $(a,b] = \{x \mid a<x \leqslant b\}$（或 $[a,b) = \{x \mid a \leqslant x<b\}$）.

上述几类区间的长度是有限的,称为**有限区间**,$b-a$ 称为**区间的长度**.除此以外,还有下述几类无限区间:

$$(a, +\infty) = \{x \mid x>a\}; \quad [a, +\infty) = \{x \mid x \geqslant a\};$$
$$(-\infty, b) = \{x \mid x<b\}; \quad (-\infty, b] = \{x \mid x \leqslant b\};$$

和

$$(-\infty, +\infty) = \{x \mid x \text{ 为任意实数}\} \quad \text{(即实数集 } \mathbf{R}\text{)}.$$

当考虑一点附近的点所构成的实数集合时,常用到以下的概念.

定义 1.1.2 设 x_0 为实数,$\delta > 0$. 实数集合

$$\{x \mid |x - x_0| < \delta\}$$

称为 x_0 的 δ **邻域**,记为 $O(x_0, \delta)$. x_0 称为**邻域中心**,δ 称为**邻域半径**.

实数集合 $\{x \mid 0 < |x - x_0| < \delta\}$,即 $O(x_0, \delta) \backslash \{x_0\}$,称为 x_0 的**空心 δ 邻域**,常简称**空心邻域**.

在数轴上,$O(x_0, \delta)$ 就是以点 x_0 为中心,长度为 2δ 的开区间 $(x_0 - \delta, x_0 + \delta)$.

函数的概念

所谓变量就是变化的量.在自然界和日常生活中,我们常常可以注意到变量的存在.例如,行星围绕太阳转动时,相对位置的改变;城市人口数的逐年波动;生产成本和产品销售量随时间的增减;国际贸易中逆差的变化等,它们都可以用数学上的变量来描述.同时,人们注意到在同一种自然现象、社会现象、生产实践或科学实验过程中,往往同时有几个变量相互联系、相互依赖、相互影响地变化着,其变化遵循着一定的客观规律.例如,在物体的匀速直线运动中,如果物体的速度为 v,那么它所走过的路程 s 与时间的关系就是 $s = vt$. 函数就是变量之间变化关系的最基本的数学描述.

定义 1.1.3 设 D 是实数集 $\mathbf{R}$ 上的一个子集,如果按某种规则 f,使得对 D 中的每个数 x,均有唯一确定的实数 y 与之对应,则称 f 是以 D 为**定义域**的(**一元**)**函数**. 且称 x 为**自变量**,y 为**因变量**. 这个函数关系记为

$$f: D \to \mathbf{R},$$
$$x \longmapsto y.$$

又记 $y = f(x)$,并称

$$R = \{y \mid y = f(x), x \in D\}$$

为函数 f 的**值域**,也常将它记为 $f(D)$. 称平面点集

$$G = \{(x, f(x)) \mid y = f(x), x \in D\}$$

为函数 f 的**图像**.

以上定义的函数也常记为

$$y = f(x), \quad x \in D.$$

由 $x = x_0$ 按对应规则 f 确定的 y 的值,记为 $f(x_0)$ 或 $y\big|_{x=x_0}$,称它为当 $x = x_0$ 时 f 的值.有时为明确起见,记上述函数 f 的定义域为 $D(f)$,值域为 $R(f)$,图像为 $G(f)$.

例如,按对应规则 $x \longmapsto x^2 (x \in (-\infty, +\infty))$ 便确定了一个函数,即 $y = x^2$. 其定义域为 $(-\infty, +\infty)$,值域为 $[0, +\infty)$. 这个函数在 $x = 2$ 时的值为 $y\big|_{x=2} = 2^2 = 4$.

在函数定义中出现了两个变量:取值于定义域 D 的自变量 x 和取值于 $\mathbf{R}$ 的因变量 y,反映这两个变量联系的数学概念就是函数关系 f. 由定义可见,确定函数有两个要素:定义域和对应规则.如果两个函数 f_1 和 f_2 满足

$$D(f_1) = D(f_2)$$

和
$$f_1(x) = f_2(x), \quad x \in D(f_1),$$
才有 $f_1 = f_2$ 成立.

例 1.1.1 设三个函数 f, g 和 h 分别定义为
$$f(x) = x, \quad x \in (-\infty, +\infty);$$
$$g(x) = \sqrt{x^2}, \quad x \in (-\infty, +\infty);$$
$$h(x) = \frac{x^2}{x}, \quad x \in (-\infty, +\infty) \backslash \{0\}.$$

显然 $f \neq h$,因为它们的定义域不同.同样地,$g \neq h$.虽然 f 和 g 的定义域相同,但它们的对应规则不同,因此 $f \neq g$.函数 f, g 和 h 的图像如图 1.1.1 所示.

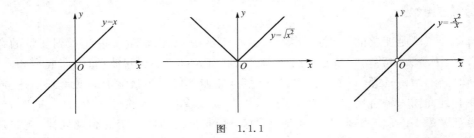

图 1.1.1

函数的定义域是多种多样的,它常随实际问题的性质而定.

例 1.1.2 已知存款的月利率为 $k\%$.现存入银行 a 元(本金),按复利计算,记第 n 个月后的存款余额为 $C(n)$,则
$$C(n) = a(1 + k\%)^n.$$
它给出了存款余额与存款时间的关系,显然
$$D(C) = \{n \mid n \in \mathbf{N}^+\}.$$

函数的分段表示、隐式表示和参数表示

函数的表示法一般有三种:列表法、图示法和公式法(解析法).列表法就是将自变量与因变量的对应数据列成表格,它们之间的函数关系在表格上一目了然,例如商店里的销售量表.图示法就是用平面上的曲线来反映自变量与因变量的对应关系,例如气象站用仪表记录下的气温曲线,它描述了气温随时间的变化关系.公式法就是写出函数的数学表达式和定义域,此时对于定义域中每个自变量的值,可按照表达式中所给定的数学运算来确定因变量的值.这些表示法我们已经很熟悉,在此就不详述了.

在用公式法表示函数时,有一种特别情形:一个函数在它的定义域的不同部分,其表达式不同,即用多个不同表达式分段表示同一个函数,这样的函数称为**分段函数**.

例 1.1.3 出租车运费的单价如下:不超过 3 千米为 10 元;3 千米到 10 千米为每千米 2 元;10 千米以上为每千米 3 元.那么运费 s 与运载里程 x 之间的函数关系为
$$s(x) = \begin{cases} 10, & 0 < x \leqslant 3, \\ 10 + 2(x-3), & 3 < x \leqslant 10, \\ 10 + 2 \times 7 + 3(x-10), & 10 < x. \end{cases}$$
它的定义域是 $(0, +\infty)$,值域是 $[10, +\infty)$.

例 1.1.4 符号函数 $y = \operatorname{sgn} x$，其中

$$\operatorname{sgn} x = \begin{cases} 1, & x > 0, \\ 0, & x = 0, \\ -1, & x < 0. \end{cases}$$

它的定义域是 $(-\infty, +\infty)$，值域是 $\{-1, 0, 1\}$（见图 1.1.2）.

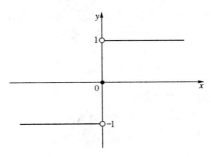

图 1.1.2

例 1.1.5 取整函数 $y = [x]$，其中 $[x]$ 为不超过 x 的最大整数，即

$$[x] = n, \quad n \leqslant x < n+1, \quad n \in \mathbf{Z}.$$

例如，$[2.15] = 2$，$[\pi] = 3$，$[-2.15] = -3$.

它的定义域是 $(-\infty, +\infty)$，值域是 $\mathbf{Z}$（见图 1.1.3）.

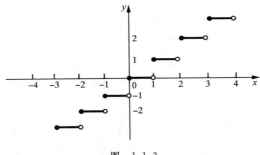

图 1.1.3

在用公式法表示函数时，还有一种隐式表示的特别情形. 前面所举例子的共同特点是：因变量单独放在等式的一边，而等式的另一边是只含有自变量的表达式，它称为函数的显式表示. 而所谓函数的隐式表示，是指通过方程 $F(x, y) = 0$ 来确定变量 y 与 x 之间函数关系的方式，所确定的函数称为**隐函数**. 即，如果存在实数集合 X，对任意 $x \in X$，存在唯一确定的实数 y，使得这对 x, y 满足方程 $F(x, y) = 0$，这时称方程确定了 y 为 x 的隐函数. 显然，隐函数的定义域为 X.

例 1.1.6 圆的方程 $x^2 + y^2 = R^2$ 反映了变量 x 与 y 之间的特定关系. 由于当 $x \in (-R, R)$ 时，对应的 y 不是唯一确定的，所以从整体上来讲，变量 y 还不能说是变量 x 的函数.

但如果对 y 作一定限制，如要求 $y \geqslant 0$，即只考虑上半圆周时，变量 y 就是变量 x 的函数了，而且还可显式表示为

$$y = \sqrt{R^2 - x^2}, \quad x \in [-R, R].$$

此时

$$x^2 + y^2 = R^2, \quad y \geqslant 0,$$

就是它的隐式表示形式.

在用公式法表示函数时,还有一种参数表示的特别情形.在表示变量 x 与 y 的函数关系时,常常需要借助于第三个变量(例如参数 t),通过建立 t 与 x、t 与 y 之间的函数关系,把对应于同一个 $t \in I (I \subset \mathbf{R})$ 的 x 与 y 看作对应的,就间接地确定了 x 与 y 之间的函数关系,即

$$\begin{cases} x = x(t), \\ y = y(t), \end{cases} \quad t \in I.$$

函数的这种表示方法称为**函数的参数表示**.

例 1.1.7 向斜上抛射一物体,记 x, y 分别表示该物体在水平、垂直方向的位移量,则在不计空气阻力的情况下,物体运动的轨迹方程为

$$\begin{cases} x = v_1 t, \\ y = v_2 t - \dfrac{1}{2} g t^2, \end{cases} \quad t \in [0, T],$$

其中 v_1, v_2 分别是物体初速度的水平、垂直分量值,g 是重力加速度,t 是抛射体飞行时间,T 为从初始抛射到落地的物体的总飞行时间.在上式中,x, y 都是 t 的函数,把对应于同一个 $t \in [0, T]$ 的 x 与 y 看做是对应的,就确定了 x 与 y 之间的函数关系.事实上,消去参数 t,就得到

$$y = \frac{v_2}{v_1} x - \frac{g}{2 v_1^2} x^2,$$

这就是 x 与 y 之间的函数关系的显式表示.

反函数

在函数的定义中有两个变量,一个是自变量,另一个是因变量,乍看起来它们的地位是不同的.但在实际问题中,哪个是自变量,哪个是因变量,并不是绝对的,其函数关系可能具有可逆性.例如,在匀速直线运动中,有关系 $s = vt$,这里时间 t 是自变量,路程 s 是因变量,由时间可以计算出路程.但也会出现这样的情形,即已测得路程,要求计算出时间,这时就要把路程 s 作为自变量,时间 t 作为因变量,即 $t = \dfrac{s}{v}$.这就引出了反函数的概念.

定义 1.1.4 设函数 f 的定义域为 $D(f)$,值域为 $R(f)$.如果对每个 $y \in R(f)$,有唯一的 $x \in D(f)$ 满足 $y = f(x)$,则称这个定义在 $R(f)$ 上的对应关系

$$y \longmapsto x$$

为函数 f 的**反函数**,记做 f^{-1}.

按定义,$D(f^{-1}) = R(f)$,显然又有 $R(f^{-1}) = D(f)$.

如果 f 的反函数 f^{-1} 存在,那么易知

$$f^{-1}(f(x)) = x, \quad x \in D(f),$$
$$f(f^{-1}(y)) = y, \quad y \in D(f^{-1}).$$

　　习惯上总是用 x 表示自变量,用 y 表示为因变量,那么 $y=f(x)$ 的反函数就可表示为 $y=f^{-1}(x)$. 此时 f 与 f^{-1} 的图像关于直线 $y=x$ 是对称的(见图 1.1.4).

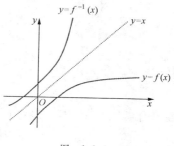

图　1.1.4

　　并不是所有的函数都有反函数. 例如,函数

$$f(x)=x^2,\quad x\in(-\infty,+\infty),$$

则函数 f 的反函数不存在. 这是因为当 $x_1=-x_2$ 时, $f(x_1)=(x_1)^2=(-x_2)^2=f(x_2)$,因此 f 的值域中的每个 y 并不一定唯一地对应于定义域中的 x. 但对定义域作一个限制,定义函数

$$g(x)=x^2,\quad x\in[0,+\infty),$$

则 g 的反函数 g^{-1} 却是存在的,这时

$$g^{-1}(x)=\sqrt{x},\quad x\in[0,+\infty).$$

例 1.1.8　求 $y=\dfrac{ax+b}{cx+d}\,(ad-bc\neq0)$ 的反函数.

解　当 $c\neq0$ 时,由 $y=\dfrac{ax+b}{cx+d}$ 解得 $x=\dfrac{-dy+b}{cy-a}$,因此反函数为

$$y=\frac{-dx+b}{cx-a},\quad x\neq\frac{a}{c}.$$

当 $c=0$ 时,由 $ad-bc\neq0$ 知 $a\neq0,d\neq0$,于是由 $y=\dfrac{ax+b}{d}$,解得 $x=\dfrac{dy-b}{a}$. 于是反函数为

$$y=\frac{d}{a}x-\frac{b}{a},\quad x\in(-\infty,+\infty).$$

复合函数

　　在变化过程中,一个变量经常是受多个变量的影响. 如果在某个变化过程中同时出现几个变量,而第一个变量依赖于第二个变量,第二个变量又依赖于第三个变量,等等,那么第一个变量就会依赖于最后一个变量. 例如,在自由落体运动中,速度 v 与时间的关系是 $v=gt$(g 为重力加速度),而质点的动能与速度的关系为 $M=\dfrac{1}{2}mv^2$,这样,质点动能与时间的关系即为

$$M=\frac{1}{2}mv^2,\quad v=gt,$$

即 $M=\dfrac{1}{2}mg^2t^2$. 这类多个变量的依赖关系引出了复合函数的概念.

　　定义 1.1.5　设有两个函数 f 和 g. 称定义在

$$D=\{x\mid x\in D(g),g(x)\in D(f)\}$$

上的函数

$$x\longmapsto f[g(x)],\quad x\in D$$

为 f 和 g 的**复合函数**,记为 $f\circ g$.

　　对于复合函数 $f\circ g$,称 $u=g(x)$ 为**中间变量**,而仍称 x 为自变量,称 "$\circ$" 为**复合运算**.

例 1.1.9 设函数 f 和 g 分别为

$$f(u) = \sqrt{u}, \quad u \in [0, +\infty),$$
$$g(x) = a^2 - x^2, \quad x \in (-\infty, +\infty),$$

其中 $a > 0$. 于是

$$(f \circ g)(x) = \sqrt{a^2 - x^2}.$$

而复合函数 $f \circ g$ 的定义域为

$$D(f \circ g) = \{x \mid -a \leqslant x \leqslant a\}.$$

同样地，可以讨论多个函数的复合函数.

例 1.1.10 试把

$$F(x) = \log_2(1 + \cos^2 x), \quad x \in (-\infty, +\infty)$$

分解为几个简单函数的复合.

解 取

$$f(u) = \log_2 u, \quad u \in (0, +\infty),$$
$$g(v) = 1 + v, \quad v \in (-\infty, +\infty),$$
$$h(w) = w^2, \quad w \in (-\infty, +\infty),$$
$$i(x) = \cos x, \quad x \in (-\infty, +\infty),$$

则显然有

$$F = f \circ g \circ h \circ i.$$

函数的简单特性

（一）有界性

定义 1.1.6 设函数 f 的定义域为 $D(f)$，且 $D \subset D(f)$. 如果存在常数 M，使得

$$f(x) \leqslant M, \quad x \in D,$$

则称函数 f 在 D 上有上界，称 M 为 f 的一个**上界**；如果存在常数 m，使得

$$f(x) \geqslant m, \quad x \in D,$$

则称函数 f 在 D 上有下界，称 m 为 f 的一个**下界**；如果函数 f 在 D 上既有上界又有下界，则称 f 在 D 上**有界**.

易知，函数 f 在 D 上有界等价于：存在正数 $K > 0$，使得

$$|f(x)| \leqslant K, \quad x \in D.$$

如果这样的数 K 不存在，则称函数 f 在 D 上**无界**.

一个函数的上界和下界都不是唯一的. 由上面定义可知，任何小于 m 的数都是 f 的下界，任何大于 M 的数都是 f 的上界.

例如，函数 $y = \sin x$ 在 $(-\infty, +\infty)$ 上是有界的，因为

$$|\sin x| \leqslant 1, \quad x \in (-\infty, +\infty).$$

又如函数 $y = \lg x$ 在 $(0, 100)$ 内有上界 2 而无下界；在 $(0.01, +\infty)$ 上有下界 -2 而无上界；但在 $(0.01, 100)$ 上有界，实际上

$$|\lg x| < 2, \quad x \in (0.01, 100).$$

（二）单调性

定义 1.1.7　设函数 f 的定义域为 $D(f)$，且 $D\subset D(f)$．若对于任意的 $x_1,x_2\in D$，当 $x_1<x_2$ 时成立 $f(x_1)\leqslant f(x_2)$（或 $f(x_1)<f(x_2)$），则称函数 f 在 D 上**单调增加**（或**严格单调增加**）；若对于任意的 $x_1,x_2\in D$，当 $x_1<x_2$ 时成立 $f(x_1)\geqslant f(x_2)$（或 $f(x_1)>f(x_2)$），则称函数 f 在 D 上**单调减少**（或**严格单调减少**）．

单调增加函数和单调减少函数统称为**单调函数**．

例如，函数 $y=x^3$ 在 $(-\infty,+\infty)$ 上是严格单调增加的；而函数 $y=\dfrac{1}{\sqrt{x}}$ 在 $(0,+\infty)$ 上是严格单调减少的；$y=[x]$ 是单调增加的，但不是严格单调增加的．

有许多函数在它的定义域中并非单调，但在较小的范围内却具有单调性．例如 $y=x^2$ 在 $(-\infty,+\infty)$ 上不具有单调性，但在 $(-\infty,0]$ 上是严格单调减少的，在 $[0,+\infty)$ 上是严格单调增加的．

严格单调增加（或减少）函数的反函数是存在的，而且也是严格单调增加（或减少）的．

（三）奇偶性

设实数集合 $D\subset\mathbf{R}$．如果对于任意的 $x\in D$，总成立 $-x\in D$，则称 D **关于原点对称**．

定义 1.1.8　设函数 f 的定义域 $D(f)$ 关于原点对称，若对于任意的 $x\in D(f)$，总成立 $f(-x)=f(x)$，则称函数 f 是**偶函数**；若对任意 $x\in D(f)$，总成立 $f(-x)=-f(x)$，则称函数 f 是**奇函数**．

显然，偶函数的图像关于 y 轴对称，奇函数的图像关于原点对称．

如果已知某个函数的奇偶性，我们只需在 $D\cap[0,+\infty)$ 上讨论该函数的性质，再由对称性就可推出它在 $D\cap(-\infty,0]$ 上的性质．

例如，$y=x^3$，$y=\sin x$，$y=\tan x$ 等函数都是奇函数；而 $y=x^2$，$y=\cos x$，$y=|x|$ 等函数都是偶函数．

例 1.1.11　判断函数 $f(x)=\log_a(x+\sqrt{x^2+1})$（$a>0$ 且 $a\neq1$）的奇偶性．

解　函数的定义域为 $(-\infty,+\infty)$．因为对于任意 $x\in(-\infty,+\infty)$，成立

$$f(-x)=\log_a(-x+\sqrt{(-x)^2+1})$$
$$=-\log_a\frac{1}{-x+\sqrt{x^2+1}}$$
$$=-\log_a\frac{x+\sqrt{x^2+1}}{(-x+\sqrt{x^2+1})(x+\sqrt{x^2+1})}$$
$$=-\log_a(x+\sqrt{x^2+1})$$
$$=-f(x),$$

所以 $f(x)=\log_a(x+\sqrt{x^2+1})$ 是奇函数．

（四）周期性

定义 1.1.9　设函数 f 的定义域为 $D(f)$，若存在正数 $T>0$，使得对于任意 $x\in D$，总成立 $f(x\pm T)=f(x)$，则称函数 f 是**周期函数**，T 称为它的**周期**．若存在满足上述条件的

最小的正数 T,则称它为 f 的**基本周期**.

注意,周期函数 f 的定义域 $D(f)$ 必须满足条件:对任意 $x\in D(f)$,总成立 $x\pm T\in D(f)$.

有些周期函数没有基本周期. 例如,常数函数 $y=c$ 是周期函数,它以任何正实数为周期,因此它没有基本周期.

我们称一个周期函数的周期,通常指的是它的基本周期(如果存在的话). 例如 $y=\sin x$ 是定义在 $(-\infty,+\infty)$ 上的周期为 2π 的函数. $y=\tan x$ 是定义在 $(-\infty,+\infty)\backslash\left\{n\pi+\dfrac{\pi}{2},n\in\mathbf{Z}\right\}$ 上的周期为 π 的函数.

对于周期函数,我们只需要讨论它在一个周期上的性质,就可根据周期性推出它在其他范围上的性质.

初等函数

下面的六类函数称为**基本初等函数**:

(一) 常数函数:$y=c$

常数函数的定义域是 $(-\infty,+\infty)$,值域是 $\{c\}$. 它的图像是一条平行于 x 轴的直线.

(二) 幂函数:$y=x^{\alpha}$(α 为实数)

幂函数的定义域因 α 而异. 例如,$y=x^2$ 的定义域是 $(-\infty,+\infty)$,值域是 $[0,+\infty)$;$y=x^{\frac{1}{2}}$ 的定义域是 $[0,+\infty)$,值域是 $[0,+\infty)$;$y=x^{-1}$ 的定义域是 $(-\infty,0)\bigcup(0,+\infty)$,值域是 $(-\infty,0)\bigcup(0,+\infty)$;$y=x^{-2}$ 的定义域是 $(-\infty,0)\bigcup(0,+\infty)$,值域是 $(0,+\infty)$;$y=x^{-\frac{1}{2}}$ 的定义域是 $(0,+\infty)$,值域是 $(0,+\infty)$. 这些函数的图像如图 1.1.5 所示.

如果 α 为无理数,规定 $y=x^{\alpha}$ 的定义域是 $(0,+\infty)$.

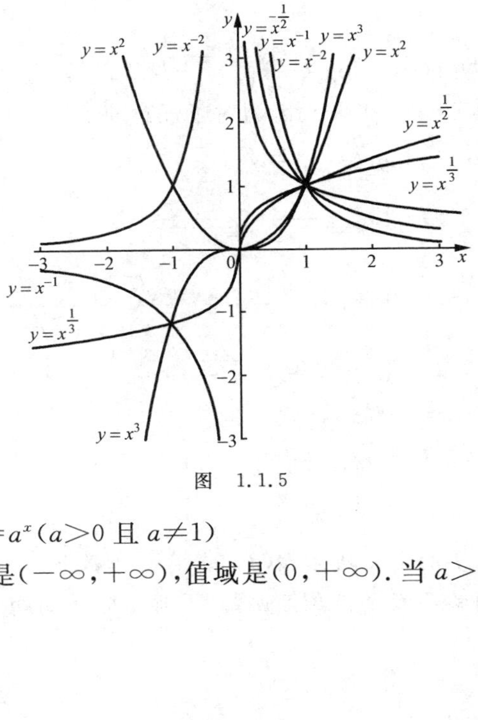

图 1.1.5

(三) 指数函数:$y=a^x$($a>0$ 且 $a\neq1$)

指数函数的定义域是 $(-\infty,+\infty)$,值域是 $(0,+\infty)$. 当 $a>1$ 时,$y=a^x$ 是**严格单调**

增加函数;当 $a<1$ 时, $y=a^x$ 是严格单调减少函数.其图像如图 1.1.6所示.

（四）对数函数: $y=\log_a x(a>0$ 且 $a\neq1)$

对数函数 $y=\log_a x$ 是指数函数 $y=a^x$ 的反函数.它的定义域是 $(0,+\infty)$,值域是 $(-\infty,+\infty)$.当 $a>1$ 时, $y=\log_a x$ 是严格单调增加函数;当 $a<1$ 时, $y=\log_a x$ 是严格单调减少函数.其图像如图 1.1.7 所示.

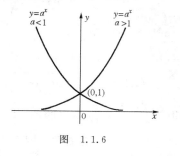

图　1.1.6

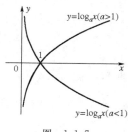

图　1.1.7

（五）三角函数: $y=\sin x$, $y=\cos x$, $y=\tan x$, $y=\cot x$, $y=\sec x$, $y=\csc x$

正弦函数 $y=\sin x$ 和余弦函数 $y=\cos x$ 的定义域为 $(-\infty,+\infty)$,值域为 $[-1,1]$,它们是周期为 2π 的周期函数. $y=\sin x$ 为奇函数, $y=\cos x$ 为偶函数.其图像如图 1.1.8 所示.正切函数 $y=\tan x$ 的定义域是 $\left\{x\left|x\neq n\pi+\dfrac{\pi}{2},n\in\mathbf{Z}\right.\right\}$,值域为 $(-\infty,+\infty)$,它是奇函数,并且是周期为 π 的周期函数.其图像见图 1.1.9.余切函数 $y=\cot x$ 的定义域是 $\{x|x\neq n\pi,n\in\mathbf{Z}\}$,值域为 $(-\infty,+\infty)$,它是奇函数,并且是周期为 π 的周期函数.其图像如图 1.1.10 所示.

正割函数 $y=\sec x=\dfrac{1}{\cos x}$ 的定义域是 $\left\{x\left|x\neq n\pi+\dfrac{\pi}{2},n\in\mathbf{Z}\right.\right\}$,值域为 $(-\infty,-1]\cup[1,+\infty)$,它是偶函数,并且是周期为 2π 的周期函数.余割函数 $y=\csc x=\dfrac{1}{\sin x}$ 的定义域是 $\{x|x\neq n\pi,n\in\mathbf{Z}\}$,值域为 $(-\infty,-1]\cup[1,+\infty)$,它是奇函数,并且是周期为 2π 的周期函数.

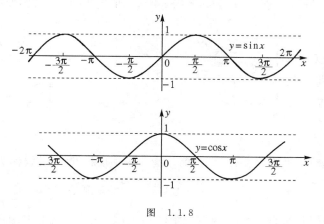

图　1.1.8

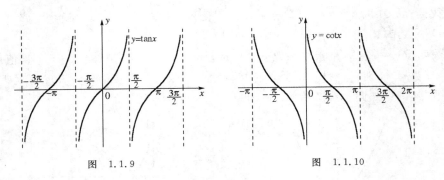

图 1.1.9　　　　　　　　　　图 1.1.10

（六）反三角函数：$y=\arcsin x$，$y=\arccos x$，$y=\arctan x$，$y=\operatorname{arccot} x$

反正弦函数 $y=\arcsin x$ 的定义域为 $[-1,1]$，值域为 $\left[-\dfrac{\pi}{2},\dfrac{\pi}{2}\right]$，其图像如图 1.1.11 所示.

反余弦函数 $y=\arccos x$ 的定义域为 $[-1,1]$，值域为 $[0,\pi]$，其图像如图 1.1.12 所示.

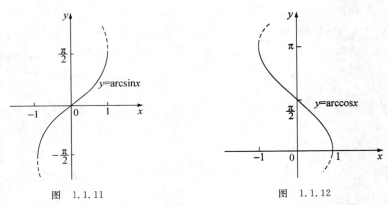

图 1.1.11　　　　　　　　　　图 1.1.12

反正切函数 $y=\arctan x$ 的定义域为 $(-\infty,+\infty)$，值域为 $\left(-\dfrac{\pi}{2},\dfrac{\pi}{2}\right)$，其图像如图 1.1.13 所示.

反余切函数 $y=\operatorname{arccot} x$ 的定义域为 $(-\infty,+\infty)$，值域为 $(0,\pi)$，其图像如图 1.1.14 所示.

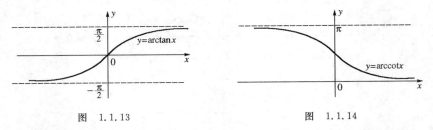

图 1.1.13　　　　　　　　　　图 1.1.14

由基本初等函数经过有限次四则运算与复合运算所产生的函数称为**初等函数**. 例如 $y=\sin\dfrac{1}{x}$，$y=\mathrm{e}^{-\mathrm{e}^{x}}+\sqrt{x^{2}-5}$，$y=\log_{2}(x+\sqrt{x^{2}-a^{2}})$ 等都是初等函数.

初等函数的**自然定义域**是指它的自变量的最大取值范围. 一般说来，给出一个函数的具体表达式的同时应该指出它的定义域，否则默认该函数的自然定义域为其定义域.

例 1.1.12　求函数 $y=\arcsin\dfrac{2x-1}{7}+\dfrac{\sqrt{2x-x^2}}{\lg(2x-1)}$ 的定义域.

解　要使函数有意义,必须成立

$$\begin{cases} \left|\dfrac{2x-1}{7}\right|\leqslant 1, \\ 2x-x^2\geqslant 0, \\ 2x-1>0, \\ 2x-1\neq 1. \end{cases}$$

解这个不等式组,得 $\dfrac{1}{2}<x\leqslant 2$ 且 $x\neq 1$,即函数 $y=\arcsin\dfrac{2x-1}{7}+\dfrac{\sqrt{2x-x^2}}{\lg(2x-1)}$ 的定义域为 $\left(\dfrac{1}{2},1\right)\cup(1,2]$.

经济学中常用的函数

(一) 总成本函数

总成本是指在一定时期中,生产一定数量的某种产品所需费用的总和,用 C 表示,它是产量的函数,称为**总成本函数**,记为 $C=C(Q)$,其中 Q 表示产量.

一般来说,总成本为固定成本与可变成本之和.其中,固定成本指不随产量的变化而变化的费用,如厂房、机器设备等费用;可变成本指随产量的变化而变化的费用,如原料、电力、人力等费用等,它是产量的函数.若记 C_0 为固定成本,$C_1(Q)$ 为可变成本,则
$$C=C_0+C_1(Q).$$

一般来说,总成本函数是关于产量 Q 的单调增加函数.经济学中常用下列函数来拟合成本函数,建立经验曲线.

二次函数:$C=aQ^2+bQ+c\ (a,b,c>0)$;

三次函数:$C=aQ^3-bQ^2+cQ+d\ (a,b,c,d>0)$;

其他类型:$C=\sqrt{aQ+b}$,$C=aQ^k\dfrac{Q+b}{Q+c}+d$ 和 $C=Q^a\mathrm{e}^{bQ+c}+d$ 等$(a,b,c,d>0,k$ 为正整数$)$.

平均成本是生产一定数量的某种产品时,平均每单位产品的成本,记为 $\overline{C}$. 因此
$$\overline{C}=\dfrac{C}{Q}=\dfrac{C_0+C_1(Q)}{Q}.$$

(二) 需求函数与供给函数

消费者对产品的需求会随产品价格的波动而波动,因此需求量 Q_d 是价格 P 的函数,称为**需求函数**,记为 $Q_d=Q_d(P)$. 一般来说,降价使需求量增加,涨价使需求量减少,因此可认为需求函数是价格 P 的单调减少函数.经济学中常用下列函数来拟合需求函数,建立经验曲线.

线性函数:$Q_d=a-bP\ (a,b>0)$;

反比函数:$Q_d=\dfrac{k}{P}\ (k>0)$;

幂函数：$Q_d = \dfrac{k}{P^a} \, (a,k>0)$；

指数函数：$Q_d = ae^{-kP} \, (a,k>0)$.

同样，对某种产品的供给量，也是随产品价格的波动而波动的，因此供给量 Q_s 是价格 P 的函数，称为**供给函数**，记为 $Q_s = Q_s(P)$. 一般来说，涨价使供给量增加，降价使供给量减少，因此可认为供给函数是关于价格 P 的单调增加函数. 经济学中常用下列函数来拟合供给函数，建立经验曲线.

线性函数：$Q_s = aP - b \, (a,b>0)$；

幂函数：$Q_s = kP^a \, (a,k>0)$；

指数函数：$Q_s = ae^{kP} \, (a,k>0)$.

若市场上某种商品的供给量与需求量相等，我们说这种商品的供需达到平衡，此时该商品的价格成为**均衡价格**，常用 P_0 表示. 而此时的需求量与供给量称为**均衡商品量**，常用 Q_0 表示.

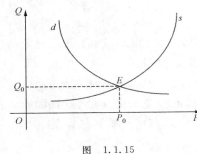

图　1.1.15

图 1.1.15 是在同一坐标系上画出的供给函数图像 s 和需求函数图像 d，两者的交点 E 所对应的横坐标就是均衡价格 P_0，纵坐标就是均衡商品量. 从图中可以看出：当 $P<P_0$ 时，此时供给量小于需求量，市场上就会出现供不应求的现象，导致价格上涨；当 $P>P_0$ 时，此时供给量大于需求量，市场上就会出现供大于求的现象，导致价格下降. 因此，市场上的价格总是围绕均衡价格摆动.

例 1.1.13　一时期某地区对鸡蛋的需求量为 $Q_d = 24 - 5P$，供给量为 $Q_s = 4P - 3$（单位：Q 为吨，P 为元/千克）.

(1) 找出均衡价格，并指出此时的均衡商品量；

(2) 在同一坐标系中画出供给函数曲线和需求函数曲线.

解　(1) 因为均衡价格是供给量与需求量相等时的价格，所以令 $Q_d = Q_s$，即
$$24 - 5P = 4P - 3,$$
解得 $P = 3$. 因此均衡价格为 $P_0 = 3$（元/千克），此时均衡商品量为 9（吨）.

(2) 供给函数曲线用 s 表示，需求函数曲线用 d 表示. 两者交点 E 所对应的横坐标就是均衡价格，纵坐标就是均衡商品量（见图 1.1.16）.

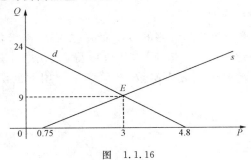

图　1.1.16

（三）总收益函数和利润函数

总收益是指生产者出售一定数量的产品后所得的全部收入，记为 R. 它是产品价格与销售量（需求量）的乘积，因此，若某种产品的价格为 P，相应的销售量为 Q_d，则销售该产品的总收益为 $R=PQ_d$.

由于销售量受价格的影响，所以销售量可视为价格的函数 $Q_d=Q_d(P)$；反之，由于价格也受销售量的影响，所以价格也可视为销售量的函数 $P=P(Q_d)$. 因此，根据所讨论的问题的不同，可分别将**总收益函数** R 视为销售量的函数或价格的函数.

平均收益是出售一定数量的某种产品时平均每单位产品的收益，即单位产品的售价，记为 $\bar{R}$. 因此

$$\bar{R}=\frac{R}{Q_d}=P(Q_d).$$

总收益函数减去总成本函数就是**利润函数**. 利润 $\pi(Q)=R-C=R(Q)-C(Q)$.

§2　数列的极限

数列极限的概念

极限的概念是由研究一些实际问题的精确解答产生的. 例如我国魏晋时代的数学家刘徽利用内接正多边形来计算圆面积的方法——割圆术，就是利用了极限的思想.

计算一圆的面积，首先作其内接正六边形，把它的面积记为 A_1；在此基础上再作内接正十二边形（见图 1.2.1），把它的面积记为 A_2；在此基础上再作内接正二十四边形，把它的面积记为 A_3；如此下去，每次边数加倍，记第 n 次所作的内接正 $6\times 2^{n-1}$ 边形的面积为 $A_n(n\in \mathbf{N}^+)$，这样就得到一系列圆的内接正多边形面积：

$$A_1,\ A_2,\ \cdots,\ A_n,\ \cdots$$

它们构成了一列有次序的数. 当 n 越大，内接正多边形与圆的差别越小，从而以 A_n 作为圆的面积的近似值也就越精确. 这就是刘徽所说的"割之弥细，所失弥小，割之又割，以至于不可割，则与圆合体而无所失矣".

数列是指按正整数顺序编了号的一串数：

$$x_1,\ x_2,\ \cdots,\ x_n,\ \cdots$$

通常表示为 $\{x_n\}$，其中 x_n 称为该数列的**通项**. 在这个数列中，第一项（即第一个数）是 x_1，第二项是 x_2，第 n 项是 x_n，等等. 例如：

（1）$1,\dfrac{1}{2},\dfrac{1}{3},\cdots,\dfrac{1}{n},\cdots$

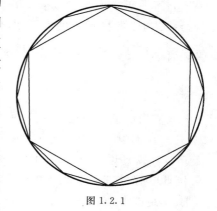

图 1.2.1

(2) $2, 4, 8, \cdots, 2^n, \cdots$

(3) $-1, 1, -1, 1, \cdots, (-1)^n, \cdots$

(4) $2, \dfrac{3}{2}, \dfrac{4}{3}, \cdots, \dfrac{n+1}{n}, \cdots$

(5) $2, \dfrac{1}{2}, \dfrac{4}{3}, \cdots, \dfrac{n+(-1)^{n+1}}{n}, \cdots$

就是五个简单的数列.

研究数列 $\{x_n\}$ 的极限，就是要看当 n 无限增大时，x_n 的变化趋势. 换句话说，就是看是否存在一个常数 a，当 n 无限增大时，x_n 的值无限接近于 a. 但如何刻画这种接近呢？我们以 $x_n = \dfrac{n+1}{n}$ $(n=1,2,\cdots)$ 为例来说明. 容易看出，当 n 无限增大时，x_n 的值无限接近于 1. 两个数的接近程度可以用它们之差的绝对值来衡量. 因此说当 n 很大时，x_n 与 1 很接近，就是说 x_n 与 1 的距离 $|x_n-1|$ 很小. 例如

当 $n>2$ 时，$|x_n-1| = \dfrac{1}{n} < \dfrac{1}{2}$；

当 $n>3$ 时，$|x_n-1| = \dfrac{1}{n} < \dfrac{1}{3}$；

$\cdots \qquad\qquad \cdots$

当 $n>N$ 时，$|x_n-1| = \dfrac{1}{n} < \dfrac{1}{N}$.

上面一列式子的左边是 n 增大的程度，而右边是 x_n 与 1 的接近程度. n 增大的程度不同，x_n 与 1 的接近程度也不同. 但只要 n 大到比某个正整数 N 大，就可以保证 x_n 与 1 的距离小于 $\dfrac{1}{N}$. 也就是说数列 $\{x_n\}$ 从第 $N+1$ 项起，后面的所有项与 1 的距离都小于 $\dfrac{1}{N}$.

我们指出了对于足够大的 N 之后的所有 n，可以使 $|x_n-1|$ 小到一定程度，但如何反映 $|x_n-1|$ 无限小，即 x_n 与 1 无限接近这个概念呢？我们说当 n 无限增大时，x_n 的值无限接近于 1，就是说 x_n 与 1 的距离 $|x_n-1|$ 可以任意小，只要 n 充分大，即 n 大于某个正整数 N. 因此"无限接近"能用距离的任意小来反映，而对于任意给定的正数 ε，无论它多么小，只要 N 足够大，对于所有的 $n>N$，都能保证 $|x_n-1|<\varepsilon$. 事实上，要使

$$|x_n-1| = \dfrac{1}{n} < \varepsilon,$$

只要 $n > \dfrac{1}{\varepsilon}$，于是取 $N = \left[\dfrac{1}{\varepsilon}\right]$，则对大于 N 的所有 n，上式总成立.

基于这种思想，我们对极限概念给出严格的定义.

定义 1.2.1 设 $\{x_n\}$ 是一个数列，a 是一个常数. 如果对于任意给定的 $\varepsilon>0$，存在正整数 N，使得当 $n>N$ 时，成立

$$|x_n-a|<\varepsilon,$$

则称数列 $\{x_n\}$ **收敛**于 a（或 a 是数列 $\{x_n\}$ 的**极限**），记为

$$\lim_{n\to\infty}x_n = a,$$

有时也记为

$$x_n \to a, \quad n \to \infty.$$

如果不存在实数 a，使得 $\{x_n\}$ 收敛于 a，则称数列 $\{x_n\}$ **发散**.

我们来看一下这个定义的几何意义（见图 1.2.1）. 如前所述，数列可以看作定义在正整数集上的一种特殊函数

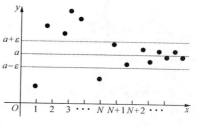

图 1.2.1

$$x_n = f(n), \quad n \in \mathbf{N}^+.$$

在直角平面坐标系 Oxy 中的 y 轴上取以 a 为中心，ε 为半径的一个开区间 $(a-\varepsilon, a+\varepsilon)$，即 $O(a,\varepsilon)$. "当 $n>N$ 时，成立 $|x_n-a|<\varepsilon$"表示数列中从 $N+1$ 项起的所有项都落在点 a 的 ε 邻域中，即

$$x_n \in O(a,\varepsilon), \quad n > N.$$

由于 ε 具有任意性，也就是说邻域 $O(a,\varepsilon)$ 的半径，即图 1.2.1 中上下两条横虚线的距离可以任意收缩. 但不管收缩得多么小，数列一定会从某一项起全部落在由这两条线界定的范围中，不难理解，a 必为这个数列的极限值.

由极限的定义可知，一个数列 $\{x_n\}$ 收敛与否，收敛于哪个数，与这一数列前面的有限项无关. 也就是说，改变数列前面的有限项，不影响数列的收敛性.

从本节开始一段的说明可以看出 $\lim\limits_{n\to\infty}\dfrac{1}{n}=0$. 而且，显然有 $\lim\limits_{n\to\infty}c=c$.

例 1.2.1 证明 $\lim\limits_{n\to\infty}\dfrac{3n+1}{n+1}=3$.

证 对任意给定的 $\varepsilon>0$，要使

$$\left|\frac{3n+1}{n+1}-3\right| = \left|\frac{-2}{n+1}\right| = \frac{2}{n+1} < \varepsilon,$$

只须

$$n > \frac{2}{\varepsilon} - 1.$$

于是 N 只要取大于 $\left[\dfrac{2}{\varepsilon}-1\right]$ 的任意正整数即可. 为保证 N 为正整数，取 $N=\left[\dfrac{2}{\varepsilon}\right]+1$，则当 $n>N$ 时，必有 $n>\dfrac{2}{\varepsilon}-1$，于是成立

$$\left|\frac{3n+1}{n+1}-3\right| = \frac{2}{n+1} < \varepsilon.$$

因此 $\lim\limits_{n\to\infty}\dfrac{3n+1}{n+1}=3$.

证毕

例 1.2.2 设 $|q|<1$，证明 $\lim\limits_{n\to\infty}q^n=0$.

证 若 $q=0$，则结论是显然的. 现设 $0<|q|<1$. 对于任意给定的 $\varepsilon>0$，要找正整数 N，使得当 $n>N$ 时，成立

$$|q^n - 0| = |q|^n < \varepsilon,$$

对上式两边取对数，即得

$$n > \frac{\lg\varepsilon}{\lg|q|}.$$

于是 N 只要取大于 $\dfrac{\lg\varepsilon}{\lg|q|}$ 的任意正整数即可. 为保证 N 为正整数，可取

$$N = \max\left\{\left[\frac{\lg\varepsilon}{\lg|q|}\right], 1\right\},$$

则当 $n > N$ 时，成立

$$|q^n - 0| = |q|^n < |q|^{\frac{\lg\varepsilon}{\lg|q|}} = \varepsilon.$$

因此 $\lim\limits_{n\to\infty} q^n = 0$.

证毕

根据数列极限的定义来证明某一数列收敛，其关键在于对任意给定的 $\varepsilon > 0$，寻找正整数 N. 在上面的例题中，N 是通过解不等式 $|x_n - a| < \varepsilon$ 而得出的. 但在大多数情况下，直接解这种不等式并不容易. 实际上，数列极限的定义并不要求找到最小的或最佳的正整数 N，所以在证明中常常对 $|x_n - a|$ 适当地做一些放大，再解相应的不等式，这是一种常用的技巧.

例 1. 2. 3 证明 $\lim\limits_{n\to\infty} \dfrac{n}{n^3+1}\sin n = 0$.

证 因为

$$\left|\frac{n}{n^3+1}\sin n - 0\right| \leqslant \frac{n}{n^3+1} < \frac{1}{n},$$

所以要使 $\left|\dfrac{n}{n^3+1}\sin n - 0\right| < \varepsilon$，只要 $\dfrac{1}{n} < \varepsilon$ 即可. 于是，对任意给定的 $\varepsilon > 0$，取 $N = \left[\dfrac{1}{\varepsilon}\right] + 1$，当 $n > N$ 时，成立

$$\left|\frac{n}{n^3+1}\sin n - 0\right| < \frac{1}{n} < \varepsilon,$$

即 $\lim\limits_{n\to\infty} \dfrac{n}{n^3+1}\sin n = 0$.

证毕

由数列极限的定义，立刻可推知：若数列 $\{x_n\}$ 收敛于 a，则数列 $\{|x_n|\}$ 收敛于 $|a|$.

数列

$$\{n\}: 1, 2, 3, \cdots, n, \cdots$$

是发散数列，因为 $x_n = n$ 无限地增大，不可能无限接近某个确定的常数.

同样，数列

$$\{(-1)^n\}: -1, 1, -1, 1, \cdots$$

也是发散数列. 因为随着 n 的增加，$x_n = (-1)^n$ 不断地在 1 与 -1 两个数值上跳跃，不可能无限接近某个确定的常数.

数列极限的性质与四则运算法则

（一）极限的唯一性

定理 1.2.1　收敛数列的极限必唯一.

证　假设 $\{x_n\}$ 有极限 a 与 b，根据极限的定义，对于任意给定的正数 ε，存在正整数 N_1，使得当 $n > N_1$ 时，

$$| x_n - a | < \frac{\varepsilon}{2};$$

同样地，存在正整数 N_2，使得当 $n > N_2$ 时，

$$| x_n - b | < \frac{\varepsilon}{2}.$$

取 $N = \max\{N_1, N_2\}$，则当 $n > N$ 时，成立

$$| a - b | = | a - x_n + x_n - b | \leqslant | x_n - a | + | x_n - b | < \frac{\varepsilon}{2} + \frac{\varepsilon}{2} = \varepsilon.$$

由于 ε 可以任意接近于 0，所以 $a = b$.

证毕

（二）有界性

定义 1.2.2　对于数列 $\{x_n\}$，如果存在实数 M，使得

$$x_n \leqslant M, \quad n = 1, 2, 3, \cdots$$

则称 M 是数列 $\{x_n\}$ 的上界.

如果存在实数 m，使得

$$m \leqslant x_n, \quad n = 1, 2, \cdots$$

则称 m 是数列 $\{x_n\}$ 的下界.

若数列 $\{x_n\}$ 既有上界又有下界，则称它为有界数列.

显然，数列 $\{x_n\}$ 是有界数列的一个等价定义是：存在正数 K，使得

$$| x_n | \leqslant K, \quad n = 1, 2, \cdots$$

定理 1.2.2　收敛数列必有界.

证　设数列 $\{x_n\}$ 收敛，极限为 a，由极限的定义，取 $\varepsilon = 1$，则存在正整数 N，使得当 $n > N$ 时，成立

$$| x_n - a | < 1,$$

于是当 $n > N$ 时，

$$| x_n | < | a | + 1.$$

取 $K = \max\{| x_1 |, | x_2 |, \cdots, | x_N |, | a | + 1\}$，则对 $\{x_n\}$ 所有项都成立

$$| x_n | \leqslant K, \quad n = 1, 2, 3, \cdots$$

即 $\{x_n\}$ 有界.

证毕

要注意定理 1.2.2 的逆命题并不成立，即有界数列未必收敛，例如 $\{(-1)^n\}$ 是有界数列，但它并不收敛.

（三）保序性

定理 1.2.3　设数列 $\{x_n\}$，$\{y_n\}$ 均收敛. 若 $\lim\limits_{n\to\infty}x_n=a$，$\lim\limits_{n\to\infty}y_n=b$，且 $a>b$，则存在正整数 N，使得当 $n>N$ 时，成立

$$x_n > y_n.$$

证　取 $\varepsilon=\dfrac{a-b}{2}>0$.

由于 $\lim\limits_{n\to\infty}x_n=a$，则存在正整数 N_1，当 $n>N_1$ 时，成立 $|x_n-a|<\dfrac{a-b}{2}$，所以

$$x_n > a-\frac{a-b}{2}=\frac{a+b}{2};$$

又由于 $\lim\limits_{n\to\infty}y_n=b$，则存在正整数 N_2，当 $n>N_2$ 时，成立 $|y_n-b|<\dfrac{a-b}{2}$，所以

$$y_n < b+\frac{a-b}{2}=\frac{a+b}{2}.$$

取 $N=\max\{N_1,N_2\}$，则当 $n>N$ 时，成立

$$y_n < \frac{a+b}{2} < x_n.$$

证毕

注意，定理 1.2.3 的逆命题同样不成立. 即，如果 $\lim\limits_{n\to\infty}x_n=a$，$\lim\limits_{n\to\infty}y_n=b$，且对充分大的 n 成立 $x_n>y_n$，我们并不能得出 $a>b$ 的结论，这只要看数列 $x_n=\dfrac{2}{n}$ 与 $y_n=\dfrac{1}{n}$ 就可以了，此时 $\lim\limits_{n\to\infty}x_n=\lim\limits_{n\to\infty}y_n=0$. 事实上，我们从定理 1.2.3 可直接得到如下结论：

推论 1.2.1　设 $\lim\limits_{n\to\infty}x_n=a$，$\lim\limits_{n\to\infty}y_n=b$，且自某项以后均有 $x_n\leqslant y_n$. 则

$$a \leqslant b.$$

推论 1.2.2　设 $\lim\limits_{n\to\infty}x_n=a$，且 $a>0$. 则存在正整数 N，使得当 $n>N$ 时，成立

$$x_n > \frac{a}{2} > 0.$$

证　取 $y_n=\dfrac{a}{2}$（$n=1,2,\cdots$），则 $\lim\limits_{n\to\infty}y_n=\dfrac{a}{2}<a=\lim\limits_{n\to\infty}x_n$. 由定理 1.2.3 即得结论.

推论 1.2.3　设 $\lim\limits_{n\to\infty}x_n=a$，且 $a\neq0$，则存在正整数 N，使得当 $n>N$ 时，成立

$$|x_n| > \frac{|a|}{2}.$$

证　由 $\lim\limits_{n\to\infty}x_n=a$ 可知，$\lim\limits_{n\to\infty}|x_n|=|a|$. 对数列 $\{|x_n|\}$ 应用推论 1.2.2 即得结论.

（四）极限的四则运算法则

定理 1.2.4　设 $\lim\limits_{n\to\infty}x_n=a$，$\lim\limits_{n\to\infty}y_n=b$. 则

（1）$\lim\limits_{n\to\infty}(x_n\pm y_n)=a\pm b$；

（2）$\lim\limits_{n\to\infty}(x_ny_n)=ab$；

（3）若 $b\neq0$，则 $\lim\limits_{n\to\infty}\left(\dfrac{x_n}{y_n}\right)=\dfrac{a}{b}$.

证　由于 $\lim\limits_{n\to\infty}x_n=a$，则由定理 1.2.2 可知，$\{x_n\}$ 有界，即存在 $K>0$，使得 $|x_n|\leqslant K$. 而且对于任意给定的正数 ε，存在正整数 N_1，使得当 $n>N_1$ 时，$|x_n-a|<\varepsilon$；再由 $\lim\limits_{n\to\infty}y_n=b$ 可知，存在正整数 N_2，使得当 $n>N_2$ 时，$|y_n-b|<\varepsilon$.

记 $N=\max\{N_1,N_2\}$，则当 $n>N$ 时，便成立.
$$|(x_n\pm y_n)-(a\pm b)|=|(x_n-a)\pm(y_n-b)|$$
$$\leqslant|x_n-a|+|y_n-b|<2\varepsilon,$$

以及
$$|x_ny_n-ab|=|x_n(y_n-b)+b(x_n-a)|$$
$$\leqslant|x_n||(y_n-b)|+|b||(x_n-a)|<(K+|b|)\varepsilon.$$

因此式(1)和式(2)成立.

对于(3)式，由推论 1.2.3 知，存在正整数 N_3，使得当 $n>N_3$ 时，成立 $|y_n|>\dfrac{|b|}{2}$.

记 $N=\max\{N_1,N_2,N_3\}$，则当 $n>N$ 时，成立
$$\left|\frac{x_n}{y_n}-\frac{a}{b}\right|=\left|\frac{b(x_n-a)-a(y_n-b)}{y_nb}\right|<\frac{2(|a|+|b|)}{b^2}\varepsilon.$$

因此式(3)也成立.

证毕

在上面的证明中，最后所得到的关于 $|(x_n\pm y_n)-(a\pm b)|$ 等的不等式都不是小于 ε，而是小于 ε 乘上一个常数，如 2ε 等. 这是因为一个正常数乘以任意小的正数，仍可看成是任意小的正数.

由定理 1.2.4 的式(2)立即得到如下推论：

推论 1.2.4　设 $\lim\limits_{n\to\infty}x_n=a$，$c$ 是常数，则
$$\lim_{n\to\infty}cx_n=c\lim_{n\to\infty}x_n=ca.$$

推论 1.2.5　设 $\lim\limits_{n\to\infty}x_n=a$，$k$ 为正整数，则
$$\lim_{n\to\infty}(x_n)^k=(\lim_{n\to\infty}x_n)^k=a^k.$$

例 1.2.4　求极限 $\lim\limits_{n\to\infty}\dfrac{3n^2-2n+5}{4-6n^2}$.

解　由极限的四则运算法则得
$$\lim_{n\to\infty}\frac{3n^2-2n+5}{4-6n^2}=\lim_{n\to\infty}\frac{3-\dfrac{2}{n}+\dfrac{5}{n^2}}{\dfrac{4}{n^2}-6}$$

$$=\frac{\lim\limits_{n\to\infty}3-\lim\limits_{n\to\infty}\dfrac{2}{n}+\lim\limits_{n\to\infty}\dfrac{5}{n^2}}{\lim\limits_{n\to\infty}\dfrac{4}{n^2}-\lim\limits_{n\to\infty}6}$$

$$=\frac{3-0+0}{0-6}$$

$$=-\frac{1}{2}$$

例 1.2.5 求极限 $\lim\limits_{n\to\infty}(\sqrt{n^2+n}-n)$.

解 由极限的四则运算法则得

$$
\begin{aligned}
\lim_{n\to\infty}(\sqrt{n^2+n}-n) &= \lim_{n\to\infty}\frac{n}{\sqrt{n^2+n}+n}\\
&= \lim_{n\to\infty}\frac{1}{\sqrt{1+\dfrac{1}{n}}+1}\\
&= \frac{1}{\lim\limits_{n\to\infty}\sqrt{1+\dfrac{1}{n}}+1}\\
&= \frac{1}{2}.
\end{aligned}
$$

注 可以证明:设 $x_n\geqslant 0\ (n=1,2,\cdots)$,若 $\lim\limits_{n\to\infty}x_n=a$,则 $\lim\limits_{n\to\infty}\sqrt{x_n}=\sqrt{a}$.

例 1.2.6 求极限 $\lim\limits_{n\to\infty}\dfrac{10^{n+1}-(-5)^n}{4\cdot10^n+2\cdot5^n}$.

解 由例 1.2.2 的结论得

$$
\lim_{n\to\infty}\frac{10^{n+1}-(-5)^n}{4\cdot10^n+2\cdot5^n}=\lim_{n\to\infty}\frac{10-\left(-\dfrac{1}{2}\right)^n}{4+2\left(\dfrac{1}{2}\right)^n}=\frac{5}{2}.
$$

(五) 极限的夹逼性

定理 1.2.5 设有数列 $\{x_n\},\{y_n\},\{z_n\}$. 如果自某项以后均成立

$$x_n\leqslant y_n\leqslant z_n,$$

且 $\lim\limits_{n\to\infty}x_n=\lim\limits_{n\to\infty}z_n=a$,则

$$\lim_{n\to\infty}y_n=a.$$

证 因为数列的收敛性与该数列前有限项无关,不妨设对一切正整数 n,均成立 $x_n\leqslant y_n\leqslant z_n$.

由极限的定义,对于任意给定的正数 ε,存在正整数 N_1,使得 $n>N_1$ 时,$|x_n-a|<\varepsilon$;且存在正整数 N_2,使得 $n>N_2$ 时,$|z_n-a|<\varepsilon$.

记 $N=\max\{N_1,N_2\}$,则当 $n>N$ 时,便成立

$$a-\varepsilon<x_n\leqslant y_n\leqslant z_n<a+\varepsilon,$$

即

$$|y_n-a|<\varepsilon,$$

所以 $\lim\limits_{n\to\infty}y_n=a$.

证毕

注 在实际应用中,上述三个数列中的 $\{y_n\}$ 往往是被要求计算极限的"目标",$\{x_n\}$ 和 $\{z_n\}$ 则是另行物色用作辅助的数列,关键在于 $\{x_n\}$ 和 $\{z_n\}$ 必须收敛于同一个极限,否则,夹而不逼,无济于事.

例 1.2.7 计算极限

$$\lim_{n \to \infty} \left(\frac{1}{\sqrt{n^2+1}} + \frac{1}{\sqrt{n^2+2}} + \cdots + \frac{1}{\sqrt{n^2+n}} \right).$$

解 记 $y_n = \frac{1}{\sqrt{n^2+1}} + \frac{1}{\sqrt{n^2+2}} + \cdots + \frac{1}{\sqrt{n^2+n}}$，显然有

$$\frac{n}{\sqrt{n^2+n}} \leqslant y_n \leqslant \frac{n}{\sqrt{n^2+1}}.$$

因为

$$\lim_{n \to \infty} \frac{n}{\sqrt{n^2+n}} = \lim_{n \to \infty} \frac{1}{\sqrt{1+\frac{1}{n}}} = 1, \quad \lim_{n \to \infty} \frac{n}{\sqrt{n^2+1}} = \lim_{n \to \infty} \frac{1}{\sqrt{1+\frac{1}{n^2}}} = 1,$$

所以由极限的夹逼性得

$$\lim_{n \to \infty} \left(\frac{1}{\sqrt{n^2+1}} + \frac{1}{\sqrt{n^2+2}} + \cdots + \frac{1}{\sqrt{n^2+n}} \right) = 1.$$

例 1.2.8 设 $a > 0$，证明 $\lim\limits_{n \to \infty} \sqrt[n]{a} = 1$.

证 当 $a = 1$ 时，结论显然成立.

当 $a > 1$ 时，令 $\sqrt[n]{a} = 1 + y_n$，则 $y_n > 0 \ (n=1,2,3,\cdots)$. 应用二项式定理得

$$a = (1+y_n)^n = 1 + ny_n + \frac{n(n-1)}{2} y_n^2 + \cdots + y_n^n > 1 + ny_n,$$

所以

$$0 < y_n < \frac{a-1}{n}.$$

因为 $\lim\limits_{n \to \infty} 0 = 0$，$\lim\limits_{n \to \infty} \frac{a-1}{n} = 0$，所以由极限的夹逼性得 $\lim\limits_{n \to \infty} y_n = 0$. 因此

$$\lim_{n \to \infty} \sqrt[n]{a} = \lim_{n \to \infty} (1 + y_n) = 1.$$

当 $0 < a < 1$ 时，由已证明的结论得

$$\lim_{n \to \infty} \sqrt[n]{a} = \lim_{n \to \infty} \frac{1}{\sqrt[n]{\frac{1}{a}}} = \frac{1}{\lim\limits_{n \to \infty} \sqrt[n]{\frac{1}{a}}} = 1.$$

证毕

单调有界数列

极限反映了收敛数列的变化趋势. 但并非每个数列都有极限. 然而，对单调数列而言，其变化趋势却总是确定的.

定义 1.2.3 若数列 $\{a_n\}$ 满足

$$a_n \leqslant a_{n+1}, \quad n \geqslant 1,$$

则称 $\{a_n\}$ 是**单调增加数列**，也称做**单调上升数列**；若数列 $\{a_n\}$ 满足

$$a_n \geqslant a_{n+1}, \quad n \geqslant 1,$$

则称 $\{a_n\}$ 是**单调减少数列**，也称做**单调下降数列**.

单调增加数列和单调减少数列统称为**单调数列**.

定理 1.2.6 *单调有界数列必收敛.*

显然，定理的结论还可以细化为：单调增加有上界的数列和单调减少有下界的数列都必收敛. 这个结论直观上比较容易理解，但其严格的讨论因为涉及实数系的连续性，此处从略. 我们以下面一个十分重要的极限说明这个定理的重要作用.

例 1.2.9 证明数列 $\left\{\left(1+\dfrac{1}{n}\right)^n\right\}$ 收敛.

证 已知有**平均值不等式**：设 $a_1, a_2, \cdots, a_k$ 为 k 个正数，则

$$\sqrt[k]{a_1 a_2 \cdots a_k} \leqslant \frac{a_1 + a_2 + \cdots + a_k}{k}.$$

从这个不等式得到

$$\left(1+\frac{1}{n}\right)^n = \underbrace{\left(1+\frac{1}{n}\right)\cdots\left(1+\frac{1}{n}\right)}_{n\text{个}} \cdot 1 \leqslant \left[\frac{n\left(1+\frac{1}{n}\right)+1}{n+1}\right]^{n+1}$$

$$= \left(1+\frac{1}{n+1}\right)^{n+1},$$

因此数列 $\left\{\left(1+\dfrac{1}{n}\right)^n\right\}$ 是单调增加的.

同样地，由平均值不等式得

$$\frac{1}{4} = \frac{1}{2} \cdot \frac{1}{2} \cdot \underbrace{1\cdots 1}_{n-2\text{个}} \leqslant \left[\frac{\frac{1}{2}+\frac{1}{2}+(n-2)}{n}\right]^n = \left(1-\frac{1}{n}\right)^n$$

$$< \left(1-\frac{1}{n+1}\right)^n = \left(\frac{n}{n+1}\right)^n.$$

于是

$$\left(1+\frac{1}{n}\right)^n < 4,$$

即数列 $\left\{\left(1+\dfrac{1}{n}\right)^n\right\}$ 还是有上界的，因此它收敛.

$$\text{证毕}$$

习惯上用字母 e 来表示这个收敛数列的极限，即

$$\lim_{n\to\infty}\left(1+\frac{1}{n}\right)^n = \mathrm{e}.$$

这个数列的极限不仅在理论上十分重要，而且在实际应用方面，如在细胞的繁殖、树木的生长、镭的衰变、复利的计算等问题中，它常被用作描述一些事物生长或消失的数量规律.

$\mathrm{e}= 2.718281828459\cdots$ 是一个无理数. 以 e 为底的对数称为**自然对数**，通常记为 $\ln x(=\log_{\mathrm{e}} x)$.

例 1.2.10 设数列 $\{a_n\}$ 定义为

$$a_1 = 2,$$

$$a_{n+1} = \frac{1}{2}a_n + \frac{1}{a_n}, \quad n = 1, 2, \cdots.$$

证明它是一个单调有界数列,并求出其极限.

解　由 $a_1 = 2$ 和 $a_{n+1} = \dfrac{1}{2}a_n + \dfrac{1}{a_n}$,易知 $a_n > 0$, $n = 1,2,\cdots$. 由均值不等式得

$$a_{n+1} = \frac{1}{2}\left(a_n + \frac{2}{a_n}\right) \geqslant \sqrt{a_n \cdot \frac{2}{a_n}} = \sqrt{2},$$

所以 $\{a_n\}$ 有下界 $\sqrt{2}$. 又由于

$$a_{n+1} - a_n = -\frac{1}{2}a_n + \frac{1}{a_n} = \frac{2 - a_n^2}{2a_n} \leqslant 0,$$

所以 $\{a_n\}$ 又是单调减少数列,这说明它是一个单调有界数列,因此收敛.

设 $a = \lim\limits_{n\to\infty} a_n$,显然有 $a > 0$. 在递推关系式 $a_{n+1} = \dfrac{1}{2}a_n + \dfrac{1}{a_n}$ 两边取极限得

$$a = \lim_{n\to\infty} a_{n+1} = \lim_{n\to\infty}\left(\frac{1}{2}a_n + \frac{1}{a_n}\right) = \frac{1}{2}a + \frac{1}{a},$$

由此解得 $a = \sqrt{2}$,即

$$\lim_{n\to\infty} a_n = \sqrt{2}.$$

事实上,这个例子给出了运用迭代法在计算机上实现 $\sqrt{2}$ 数值计算的一种方案. 至于如何构造这种迭代数列的方法,我们将在第三章予以介绍.

数列的子列

设 $\{x_n\}$ 是一个数列,那么将它的偶数项顺次排列起来

$$x_2,\ x_4,\ x_6,\ \cdots,\ x_{2n},\ \cdots$$

就形成了一个数列. 更一般地,我们引入下面的概念:

定义 1.2.4　设 $\{x_n\}$ 是一个数列,而

$$n_1 < n_2 < \cdots < n_k < n_{k+1} < \cdots$$

是一列严格单调增加的正整数,则

$$x_{n_1},\ x_{n_2},\ \cdots,\ x_{n_k},\ \cdots$$

也形成一个数列,称为数列 $\{x_n\}$ 的**子列**,记为 $\{x_{n_k}\}$.

显然,在子列 $\{x_{n_k}\}$ 中的第 k 项 x_{n_k} 恰好就是原数列中的第 n_k 项. 关于数列与其子列的收敛关系,我们不加证明地介绍下面的定理.

定理 1.2.7　数列 $\{x_n\}$ 收敛于 a 的充分必要条件是:它的任何子列 $\{x_{n_k}\}$ 都收敛于 a.

从这个定理立即得出:若 $\lim\limits_{n\to\infty} x_n = a$,则 $\lim\limits_{k\to\infty} x_{n_k} = a$.

例 1.2.11　求极限 $\lim\limits_{n\to\infty}\left(1 + \dfrac{1}{n^2}\right)^{2n^2}$.

解　由于 $\lim\limits_{n\to\infty}\left(1 + \dfrac{1}{n}\right)^n = \mathrm{e}$,由定理 1.2.7 和推论 1.2.5 得

$$\lim_{n\to\infty}\left(1 + \frac{1}{n^2}\right)^{2n^2} = \lim_{n\to\infty}\left[\left(1 + \frac{1}{n^2}\right)^{n^2}\right]^2 = \mathrm{e}^2.$$

例 1.2.12　证明数列 $\left\{\sin\dfrac{n\pi}{6}\right\}$ 发散.

证 记 $x_n = \sin\dfrac{n\pi}{6}$，$n=1,2,\cdots$. 显然

$$x_{6k} = 0, \quad x_{12k+3} = 1, \quad k = 1,2,\cdots,$$

所以

$$\lim_{k\to\infty} x_{6k} = \lim_{k\to\infty} 0 = 0, \quad \lim_{k\to\infty} x_{12k+3} = \lim_{k\to\infty} 1 = 1,$$

即 $\{x_n\}$ 的两个子列并不收敛于同一极限，因此它发散.

证毕

§3 函数的极限

自变量趋于有限值时函数的极限

从函数论的观点来看，数列 $x_n = f(n)$ 以确定的数 a 为极限就是：取值正整数的自变量 n 无限增大(即 $n\to\infty$)时，对应的函数值 $f(n)$ 无限接近于 a. 现在我们考虑一般的函数在自变量的某个连续变化过程中，对应的函数值的变化趋势.

我们首先考虑这样的问题：对于函数 $y = f(x)$，当自变量 x 无限接近于(或称趋于)某个点 x_0 时，因变量 y 是否相应地无限接近于(或称趋于)某个定值 A.

先看一个例子. 在单位圆(半径为 1)中，$2x$ 弧度的圆心角所对应的弦长与弧长之比为 $\dfrac{\sin x}{x}$，它是 x 的函数. 从直观上看，当 x 很小时，弦长与弧长应大致相等. 事实上，如果我们分别取 x 为 $0.5,0.1,0.05,0.01,\cdots$，可计算出 $\dfrac{\sin x}{x}$ 的相应值分别为 $0.96,0.998,0.9996,0.9998,\cdots$. 随着 x 越来越接近于 0，对应的函数值也越来越接近于 1. 因此我们有理由认为，当 x 无限接近于 0 时，对应的函数值 $\dfrac{\sin x}{x}$ 也无限接近于 1(后面我们将对这一结论给出严格证明). 因此，当圆心角很小时，它所对应的弦长是弧长的近似.

与讨论数列的极限类似，把"无限接近"等语言精确化，便给出下面函数极限的定义.

定义 1.3.1 设函数 f 在点 x_0 的某个空心邻域中有定义. 如果存在实数 A，对于任意给定的 $\varepsilon > 0$，存在 $\delta > 0$，使得当 $0 < |x - x_0| < \delta$ 时，成立

$$|f(x) - A| < \varepsilon,$$

则称当 x 趋于 x_0 时(记为 $x\to x_0$)，函数 f 以 A 为极限(或称 A 为 f 在 x_0 点的极限)，记为

$$\lim_{x\to x_0} f(x) = A$$

或

$$f(x) \to A, \quad x \to x_0$$

如果不存在具有上述性质的实数 A，则称函数 f 当 x 趋于 x_0 时极限不存在(或称 f 在 x_0 点的极限不存在).

从极限的定义可知 $\lim\limits_{x\to x_0} c = c$ 和 $\lim\limits_{x\to x_0} x = x_0$.

注意，研究函数 f 当 x 趋于 x_0 时的极限，就是研究当自变量 x 无限接近于某个点 x_0 时，相应的函数值 $f(x)$ 的变化趋势，所以自变量 x 在变化过程中并不取值 x_0(事实上，在

本节开始提到的例子中,当 $x=0$ 时函数 $\dfrac{\sin x}{x}$ 没有意义),所以在定义中只要求"当 $0<|x-x_0|<\delta$ 时,成立 $|f(x)-A|<\varepsilon$".

图 1.3.1 解释了这个定义的几何意义.对任意给定的正数 ε,作一个介于直线 $y=A+\varepsilon$ 与 $y=A-\varepsilon$ 之间的条形区域.相应于这个区域,存在以 x_0 为中心的区间 $(x_0-\delta,x_0+\delta)$,"当 $0<|x-x_0|<\delta$ 时,成立 $|f(x)-A|<\varepsilon$"表示 $O(x_0,\delta)$ 中除 x_0 之外的所有点的函数值都落在点 A 的 ε 邻域中,也就是说,在横坐标位于该区间但又非 x_0 的点部分,函数 f 的图像将落在上述条形区域中.

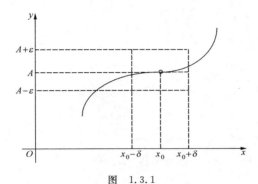

图　1.3.1

跟数列极限的情况类似,ε 既是任意的,又是给定的.一方面,只有当 ε 给定时,才能确定正数 δ(δ 是由 ε 决定的);另一方面,由于 ε 具有任意性,也就是说图 1.3.1 中上下两条横虚线的距离可以任意收缩.但无论收缩得多小,都能找到正数 δ,使得当 x 在 x_0 的 δ 空心邻域中时,函数值 $f(x)$ 落在由这两条线界定的范围中.将这两方面结合起来,就不难理解,A 必为 $x \to x_0$ 时 $f(x)$ 的极限值.

利用不等式 $||f(x)|-|A||\leqslant|f(x)-A|$,由函数极限的定义立刻可推知:若 $\lim\limits_{x \to x_0}f(x)=A$,则 $\lim\limits_{x \to x_0}|f(x)|=|A|$.

例 1.3.1　设 $a>0$,证明 $\lim\limits_{x \to a}\sqrt{x}=\sqrt{a}$.

证　按极限的定义,对任意给定的 $\varepsilon>0$,要找 $\delta>0$,使得当 $0<|x-a|<\delta$ 时成立
$$|\sqrt{x}-\sqrt{a}|<\varepsilon.$$
因为当 $x>0$ 时成立
$$|\sqrt{x}-\sqrt{a}|=\left|\frac{x-a}{\sqrt{x}+\sqrt{a}}\right|<\frac{|x-a|}{\sqrt{a}},$$
取 $\delta=\min\{a,\sqrt{a}\varepsilon\}$,当 $0<|x-a|<\delta$ 时,成立
$$|\sqrt{x}-\sqrt{a}|<\frac{|x-a|}{\sqrt{a}}<\frac{\delta}{\sqrt{a}}\leqslant\varepsilon,$$
从而 $\lim\limits_{x \to a}\sqrt{x}=\sqrt{a}$.

证毕

注　本例中取了 $\delta=\min\{a,\sqrt{a}\varepsilon\}$.取 δ 不大于 a 是为了保证当 $0<|x-a|<\delta$ 时,一定

满足 $x>0$，这时 $\sqrt{x}$ 才有意义．事实上，只对适当小的正数 ε（例如 $0<\varepsilon<\sqrt{a}$）来考虑就可以避免这个问题，而且又不影响极限的定义．

例 1.3.2 证明 $\lim\limits_{x\to0}e^x=1$．

证 按极限定义，对任意给定的 $\varepsilon>0$（不妨设 $0<\varepsilon<1$），要找 $\delta>0$，使得当 $0<|x-0|<\delta$ 时，成立
$$|\,e^x-1\,|<\varepsilon,$$
即
$$\ln(1-\varepsilon)<x<\ln(1+\varepsilon).$$
取 $\delta=\min\{\ln(1+\varepsilon),-\ln(1-\varepsilon)\}>0$，则当 x 满足 $0<|x-0|<\delta$ 时，成立
$$|\,e^x-1\,|<\varepsilon,$$
即 $\lim\limits_{x\to0}e^x=1$．

证毕

函数极限的概念也可以以数列极限的形式来表述．

定理 1.3.1 $\lim\limits_{x\to x_0}f(x)=A$ 的充分必要条件是：对于任何收敛于 x_0 的数列 $\{x_n\}$（$x_n\neq x_0,n=1,2,\cdots$），均有 $\lim\limits_{n\to\infty}f(x_n)=A$．

这个定理的证明从略，它通常称为海涅（Heine）定理．

例 1.3.3 证明当 $x\to0$ 时，函数 $\sin\dfrac{1}{x}$ 的极限不存在．

证 取数列
$$x_n=\left(2n\pi+\frac{\pi}{2}\right)^{-1},\quad y_n=(n\pi)^{-1},\quad n=1,2,\cdots.$$
显然，$x_n\neq0,y_n\neq0$（$n=1,2,\cdots$），且
$$\lim_{n\to\infty}x_n=\lim_{n\to\infty}y_n=0.$$
但是
$$\lim_{n\to\infty}\sin\frac{1}{x_n}=1,\quad \lim_{n\to\infty}\sin\frac{1}{y_n}=0.$$

由定理 1.3.1 可知，若 $x\to0$ 时函数 $\sin\dfrac{1}{x}$ 的极限存在，则上述两个数列极限应该相等．所以当 $x\to0$ 时，函数 $\sin\dfrac{1}{x}$ 的极限不存在（它的图像见图 1.3.2）．

证毕

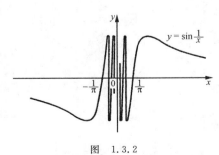

图 1.3.2

函数极限的性质与四则运算法则

函数极限的许多性质及其证明方法都与数列极限的情况比较相似,虽然它们各自有其特殊性,但思想方法却是一致的.

(一)极限的唯一性

定理 1.3.2 设 $\lim\limits_{x \to x_0} f(x) = A$,$\lim\limits_{x \to x_0} f(x) = B$,则 $A = B$.

证 因为 $\lim\limits_{x \to x_0} f(x) = A$,根据函数极限的定义知,对于任意给定的 $\varepsilon > 0$,存在 $\delta_1 > 0$,当 $0 < |x - x_0| < \delta_1$ 时,成立

$$|f(x) - A| < \frac{\varepsilon}{2};$$

同理,因为 $\lim\limits_{x \to x_0} f(x) = B$,则存在 $\delta_2 > 0$,当 $0 < |x - x_0| < \delta_2$ 时,成立

$$|f(x) - B| < \frac{\varepsilon}{2}.$$

取 $\delta = \min\{\delta_1, \delta_2\}$,则当 $0 < |x - x_0| < \delta$ 时,成立
$$|A - B| \leqslant |f(x) - A| + |f(x) - B| < \varepsilon.$$
由 ε 的任意性,可得 $A = B$.

证毕

(二)局部有界性

定理 1.3.3 若 $\lim\limits_{x \to x_0} f(x) = A$,则存在 $\delta > 0$,使得函数 f 在 $O(x_0, \delta) \setminus \{x_0\}$ 上有界.

证 取 $\varepsilon = 1$. 因为 $\lim\limits_{x \to x_0} f(x) = A$,那么存在 $\delta > 0$,当 $0 < |x - x_0| < \delta$ 时,成立

$$|f(x) - A| < \varepsilon.$$

从而当 $0 < |x - x_0| < \delta$ 时有
$$|f(x)| < |A| + \varepsilon = |A| + 1,$$
即函数 f 在 $\{x \mid 0 < |x - x_0| < \delta\}$ 上有界.

证毕

注意定理 1.3.3 中所选的 δ 不能随意放大. 例如,取 $f(x) = \dfrac{1}{x}$,$x_0 = 1$,则 f 在 $\left\{x \mid 0 < |x - 1| < \dfrac{1}{2}\right\}$ 上有界,但它在 $\{x \mid 0 < |x - 1| < 1\}$ 上却是无界的. 因此定理 1.3.3 中的有界性,只是指 f 在 x_0 附近的某个空心邻域上局部有界.

(三)局部保序性

定理 1.3.4 设 $\lim\limits_{x \to x_0} f(x) = A$,$\lim\limits_{x \to x_0} g(x) = B$,且 $A > B$,则存在 $\delta > 0$,当 $0 < |x - x_0| < \delta$ 时,成立
$$f(x) > g(x).$$

证 取 $\varepsilon = \dfrac{A - B}{2} > 0$. 因为 $\lim\limits_{x \to x_0} f(x) = A$,所以存在 $\delta_1 > 0$,当 $0 < |x - x_0| < \delta_1$ 时,成立

$$|f(x)-A|<\varepsilon;$$

又因为 $\lim\limits_{x \to x_0} g(x)=B$，所以存在 $\delta_2>0$，当 $0<|x-x_0|<\delta_2$ 时，成立

$$|g(x)-B|<\varepsilon.$$

取 $\delta=\min\{\delta_1,\delta_2\}$，则当 $0<|x-x_0|<\delta$ 时，成立

$$g(x)<B+\varepsilon=\frac{A+B}{2}=A-\varepsilon<f(x).$$

证毕

从定理 1.3.4 可直接得到函数极限的保序性：

推论 1.3.1 若 $\lim\limits_{x \to x_0} f(x)=A$，$\lim\limits_{x \to x_0} g(x)=B$，且存在 $r>0$，使得当 $0<|x-x_0|<r$ 时成立 $f(x) \leqslant g(x)$，则

$$A \leqslant B.$$

推论 1.3.2 设 $\lim\limits_{x \to x_0} f(x)=A$，且 $A>0$. 则存在 $\delta>0$，当 $0<|x-x_0|<\delta$ 时，成立

$$f(x)>\frac{A}{2}>0.$$

证 取 $g(x)=\frac{A}{2}$. 由于 $\lim\limits_{x \to x_0} f(x)=A$，$\lim\limits_{x \to x_0} g(x)=\frac{A}{2}$，且 $A>\frac{A}{2}$. 由定理 1.3.3 可知，存在 $\delta>0$，当 $0<|x-x_0|<\delta$ 时，成立

$$f(x)>\frac{A}{2}.$$

证毕

推论 1.3.3 若 $\lim\limits_{x \to x_0} f(x)=A \neq 0$，则存在 $\delta>0$，当 $0<|x-x_0|<\delta$ 时，成立

$$|f(x)|>\frac{|A|}{2}.$$

证 由 $\lim\limits_{x \to x_0} f(x)=A$，可知 $\lim\limits_{x \to x_0} |f(x)|=|A|$. 对函数 $|f|$ 应用推论 1.3.2 即得结论.

证毕

注意，即使将推论 1.3.1 的条件加强到当 $0<|x-x_0|<r$ 时，成立 $f(x)<g(x)$，我们也只能得到 $A \leqslant B$ 的结论，而不能得到 $A<B$ 的结论，请读者自行举例来说明.

（四）函数极限的夹逼性

定理 1.3.5 若存在 $r>0$，使得当 $0<|x-x_0|<r$ 时，成立

$$g(x) \leqslant f(x) \leqslant h(x),$$

且 $\lim\limits_{x \to x_0} g(x)=\lim\limits_{x \to x_0} h(x)=A$，则 $\lim\limits_{x \to x_0} f(x)=A$.

证 因为 $\lim\limits_{x \to x_0} g(x)=A$，所以对于任意给定的 $\varepsilon>0$，存在 $\delta_1>0$，当 $0<|x-x_0|<\delta_1$ 时，成立

$$|g(x)-A|<\varepsilon;$$

因为 $\lim\limits_{x \to x_0} h(x)=A$，则存在 $\delta_2>0$，当 $0<|x-x_0|<\delta_2$ 时，成立

$$|h(x)-A|<\varepsilon.$$

取 $\delta = \min\{\delta_1, \delta_2\}$，那么当 $0 < |x - x_0| < \delta$ 时，成立

$$A - \varepsilon < g(x) \leqslant f(x) \leqslant h(x) < A + \varepsilon,$$

即

$$\lim_{x \to x_0} f(x) = A.$$

证毕

例 1.3.4 证明 $\lim\limits_{x \to 0} \dfrac{\sin x}{x} = 1.$

证 作一个圆心为 O 的四分之一单位圆（见图 1.3.3），

设 $\angle AOB$ 的弧度为 $x\left(0 < x < \dfrac{\pi}{2}\right)$，

则

$\triangle OAB$ 面积 < 扇形 OAB 面积 < $\triangle OBC$ 面积，

由此得到

$$\sin x < x < \tan x, \quad 0 < x < \frac{\pi}{2},$$

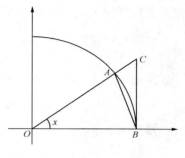

图 1.3.3

从而

$$\cos x < \frac{\sin x}{x} < 1, \quad 0 < x < \frac{\pi}{2}.$$

显然上式对于 $-\dfrac{\pi}{2} < x < 0$ 也成立.

由于

$$0 \leqslant |\cos x - 1| = 2\sin^2 \frac{x}{2} \leqslant \frac{x^2}{2},$$

而显然 $\lim\limits_{x \to 0} \dfrac{x^2}{2} = 0$，$\lim\limits_{x \to 0} 0 = 0$，所以由函数极限的夹逼性得 $\lim\limits_{x \to 0} |\cos x - 1| = 0$，从而

$$\lim_{x \to 0} \cos x = 1.$$

再次利用函数极限的夹逼性，从 $\cos x < \dfrac{\sin x}{x} < 1$ 得到

$$\lim_{x \to 0} \frac{\sin x}{x} = 1.$$

证毕

（五）函数极限的四则运算法则

定理 1.3.6 设 $\lim\limits_{x \to x_0} f(x) = A$，$\lim\limits_{x \to x_0} g(x) = B$，则

(1) $\lim\limits_{x \to x_0} [f(x) \pm g(x)] = A \pm B$；

(2) $\lim\limits_{x \to x_0} f(x) g(x) = AB$；

(3) 若 $B \neq 0$，则 $\lim\limits_{x \to x_0} \dfrac{f(x)}{g(x)} = \dfrac{A}{B}$.

这个定理的证明可以仿照数列的四则运算法则的证明方法来进行. 现在我们利用海涅定理来证明.

证 因为 $\lim\limits_{x\to x_0}f(x)=A$，$\lim\limits_{x\to x_0}g(x)=B$，由定理 1.3.1，对任何收敛于 x_0 的数列 $\{x_n\}$ $(x_n\neq x_0,\ n=1,2,\cdots)$，均有 $\lim\limits_{n\to\infty}f(x_n)=A$，$\lim\limits_{n\to\infty}g(x_n)=B$. 利用数列极限的四则运算法则，得到

$$\lim_{n\to\infty}[f(x_n)\pm g(x_n)]=\lim_{n\to\infty}f(x_n)\pm\lim_{n\to\infty}g(x_n)=A\pm B.$$

再次利用定理 1.3.1 可知 $\lim\limits_{x\to x_0}[f(x)\pm g(x)]$ 存在，且等于 $A\pm B$.

类似地可证得另外两式.

证毕

推论 1.3.4 设 $\lim\limits_{x\to x_0}f(x)=A$，$c$ 是常数，则

$$\lim_{x\to x_0}[cf(x)]=c\lim_{x\to x_0}f(x)=cA.$$

推论 1.3.5 设 $\lim\limits_{x\to x_0}f(x)=A$，$k$ 为正整数，则

$$\lim_{x\to x_0}[f(x)]^k=\Big[\lim_{x\to x_0}f(x)\Big]^k=A^k.$$

例 1.3.5 求极限 $\lim\limits_{x\to 0}\dfrac{\tan x}{x}$.

解 从例 1.3.4 与极限的四则运算法则立即得到

$$\lim_{x\to 0}\frac{\tan x}{x}=\lim_{x\to 0}\frac{\sin x}{x}\cdot\frac{1}{\cos x}=\lim_{x\to 0}\Big(\frac{\sin x}{x}\Big)\cdot\frac{\lim\limits_{x\to 0}1}{\lim\limits_{x\to 0}\cos x}=1\times\frac{1}{1}=1.$$

例 1.3.6 求极限 $\lim\limits_{x\to 9}\dfrac{\sqrt{x}-3}{x-9}$.

解 先将函数变形，再由极限的四则运算法则得

$$\lim_{x\to 9}\frac{\sqrt{x}-3}{x-9}=\lim_{x\to 9}\frac{(\sqrt{x}-3)(\sqrt{x}+3)}{(x-9)(\sqrt{x}+3)}$$
$$=\lim_{x\to 9}\frac{x-9}{(x-9)(\sqrt{x}+3)}$$
$$=\lim_{x\to 9}\frac{1}{\sqrt{x}+3}$$
$$=\frac{1}{3+3}$$
$$=\frac{1}{6}.$$

例 1.3.7 求极限 $\lim\limits_{x\to 1}\Big(\dfrac{1}{1-x}-\dfrac{3}{1-x^3}\Big)$.

解 先将函数变形，再由极限的四则运算法则得

$$\lim_{x\to 1}\Big(\frac{1}{1-x}-\frac{3}{1-x^3}\Big)=\lim_{x\to 1}\frac{x^2+x-2}{1-x^3}$$
$$=\lim_{x\to 1}\frac{(x-1)(x+2)}{(1-x)(x^2+x+1)}$$
$$=\lim_{x\to 1}\Big(-\frac{x+2}{x^2+x+1}\Big)$$

$$= -\frac{1+2}{1^2+1+1}$$
$$= -1.$$

（六）复合函数的极限

定理 1.3.7　设函数 $f(u)$ 在 u_0 的某个空心邻域上有定义，且 $\lim\limits_{u \to u_0} f(u) = A$，而函数 $u = g(x)$ 在 x_0 的某个空心邻域上有定义，且 $g(x) \neq u_0$ 以及 $\lim\limits_{x \to x_0} g(x) = u_0$. 则

$$\lim_{x \to x_0} f[g(x)] = A.$$

证　由于 $\lim\limits_{u \to u_0} f(u) = A$，所以对于任意给定的 $\varepsilon > 0$，存在 $\eta > 0$，当 $0 < |u - u_0| < \eta$ 时，成立

$$|f(u) - A| < \varepsilon.$$

又因为 $\lim\limits_{x \to x_0} g(x) = u_0$，所以对于正数 η，存在 $\delta > 0$，当 $0 < |x - x_0| < \delta$ 时，成立

$$|g(x) - u_0| < \eta.$$

由于 $g(x) \neq u_0$，因此当 $0 < |x - x_0| < \delta$ 时，成立

$$|f[g(x)] - A| < \varepsilon,$$

于是 $\lim\limits_{x \to x_0} f[g(x)] = A.$

证毕

例 1.3.8　求极限 $\lim\limits_{x \to 0} \dfrac{\sqrt[3]{1+x} - 1}{x}$.

解　令 $\sqrt[3]{1+x} = u$，则当 $x \to 0$ 时，$u \to 1$，且 $x \neq 0$ 时 $u \neq 1$，从而

$$\lim_{x \to 0} \frac{\sqrt[3]{1+x} - 1}{x} = \lim_{u \to 1} \frac{u-1}{u^3 - 1}$$
$$= \lim_{u \to 1} \frac{u-1}{(u-1)(u^2 + u + 1)}$$
$$= \lim_{u \to 1} \frac{1}{u^2 + u + 1}$$
$$= \frac{1}{3}.$$

在计算熟练后，并不需要将中间变量的运用详细写出.

例 1.3.9　求极限 $\lim\limits_{x \to 0} \dfrac{\sin 5x}{\tan x}$.

解　由例 1.3.4 与极限的四则运算法则得

$$\lim_{x \to 0} \frac{\sin 5x}{\tan x} = \lim_{x \to 0} 5 \cdot \frac{\sin 5x}{5x} \cdot \frac{1}{\dfrac{\sin x}{x}} \cdot \cos x$$
$$= 5 \cdot \lim_{x \to 0} \frac{\sin 5x}{5x} \cdot \frac{1}{\lim\limits_{x \to 0} \dfrac{\sin x}{x}} \cdot \lim_{x \to 0} \cos x$$
$$= 5.$$

例 1. 3. 10   求极限 $\lim\limits_{x\to 0}\dfrac{1-\cos x}{x^2}$.

解   由例 1.3.4 与极限的四则运算法则得

$$\lim_{x\to 0}\frac{1-\cos x}{x^2}=\lim_{x\to 0}\frac{2\sin^2\dfrac{x}{2}}{x^2}=\lim_{x\to 0}\frac{1}{2}\left(\frac{\sin\dfrac{x}{2}}{\dfrac{x}{2}}\right)^2=\frac{1}{2}\cdot 1^2=\frac{1}{2}.$$

单侧极限

在函数 f 当 x 趋于 x_0 时的极限概念中，x 是既从 x_0 的左侧又从 x_0 的右侧趋于 x_0 的. 但经常是函数 f 在点 x_0 两侧的取值规律并不一致（例如分段函数的情况），有时甚至 f 就只定义于 x_0 的一侧. 这就需要用单侧极限来刻画自变量从 x_0 的一侧趋于 x_0 时函数值的变化趋势.

定义 1. 3. 2   设函数 f 在 $\{x\mid x_0-r<x<x_0\}$ 上有定义（$r>0$ 为常数）. 如果存在实数 A，对于任意给定的 $\varepsilon>0$，存在 $\delta>0$，使得当 $x_0-\delta<x<x_0$ 时，成立

$$|f(x)-A|<\varepsilon,$$

就称 A 为函数 f 在 x_0 点的**左极限**（这时也称 f 在 x_0 点存在左极限），记为

$$\lim_{x\to x_0^-}f(x)=A\quad 或\quad f(x_0-)=A.$$

类似地可以定义函数 f 在 x_0 点的**右极限** $\lim\limits_{x\to x_0^+}f(x)$，也记为 $f(x_0+)$.

左极限和右极限统称为**单侧极限**.

关于函数的极限与左、右极限，显然存在以下关系：

定理 1. 3. 8 $\lim\limits_{x\to x_0}f(x)=A$ 的充分必要条件是：$\lim\limits_{x\to x_0^-}f(x)=\lim\limits_{x\to x_0^+}f(x)=A.$

这就是说，极限存在等价于左、右极限同时存在且相等.

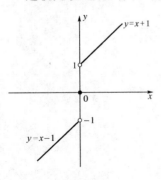

图   1.3.4

例 1. 3. 11   设函数 $f(x)=\begin{cases}x-1, & x<0,\\ 0, & x=0,\\ x+1, & x>0,\end{cases}$ 问当 $x\to 0$

时 f 的极限是否存在？

解   因为

$$\lim_{x\to 0^-}f(x)=\lim_{x\to 0^-}(x-1)=-1,$$

$$\lim_{x\to 0^+}f(x)=\lim_{x\to 0^+}(x+1)=1,$$

所以当 $x\to 0$ 时，f 的左、右极限均存在，但不相等，因此当 $x\to 0$ 时，f 的极限不存在（函数的图像见图 1.3.4）.

自变量趋于无限时函数的极限

还有一种函数的变化趋势需要研究，即自变量趋于无限的情况. 例如函数 $y=\dfrac{1}{x}$，当 $|x|$ 越来越大时，函数值的绝对值 $\left|\dfrac{1}{x}\right|$ 越来越小，因此可以看出，当 $|x|$ 无限增大时，

$\left|\dfrac{1}{x}\right|$ 无限接近于 0. 这种极限思想引出下面的定义：

定义 1.3.3　设函数 f 在 $\{x\,|\,|x|\geqslant r\}$（$r\geqslant0$ 为常数）上有定义. 如果存在实数 A，对于任意给定的 $\varepsilon>0$，存在正数 X，使得当 $|x|>X$ 时，成立

$$|f(x)-A|<\varepsilon,$$

则称当 x 趋于无穷大时（记为 $x\to\infty$），函数 f 以 A 为极限，记为

$$\lim_{x\to\infty}f(x)=A.$$

例 1.3.12　证明 $\lim\limits_{x\to\infty}\dfrac{1}{x}=0$.

证　按极限的定义，对于任意给定的 $\varepsilon>0$，要找 $X>0$，使得当 $|x|>X$ 时成立

$$\left|\frac{1}{x}-0\right|=\frac{1}{|x|}<\varepsilon,$$

即

$$|x|>\frac{1}{\varepsilon}.$$

取 $X=\dfrac{1}{\varepsilon}$，则当 $|x|>X$ 时成立

$$\left|\frac{1}{x}-0\right|<\varepsilon,$$

于是

$$\lim_{x\to\infty}\frac{1}{x}=0.$$

证毕

在很多场合中，当 x 分别沿正、负实轴趋于无限时（分别称为 x 趋于正无穷大、负无穷大，并分别记为 $x\to+\infty$、$x\to-\infty$），函数值 $f(x)$ 的变化趋势未必一致，这又需要借助以下概念描述.

定义 1.3.4　设函数 f 在 $\{x\,|\,x\geqslant r\}$（$r\geqslant0$ 为常数）上有定义. 如果存在实数 A，对于任意给定的 $\varepsilon>0$，存在 $X>0$，使得 $x>X$ 时，成立

$$|f(x)-A|<\varepsilon,$$

则称当 x 趋于正无穷大时，函数 f 以 A 为极限，记为 $\lim\limits_{x\to+\infty}f(x)=A$.

类似地可以给出 $\lim\limits_{x\to-\infty}f(x)=A$ 的定义.

关于以上几个概念，显然有以下关系.

定理 1.3.9　$\lim\limits_{x\to\infty}f(x)=A$ 的充分必要条件是：$\lim\limits_{x\to+\infty}f(x)=\lim\limits_{x\to-\infty}f(x)=A$.

例 1.3.13　证明 $\lim\limits_{x\to+\infty}\arctan x=\dfrac{\pi}{2}$.

证　按极限的定义，对于任意给定的 $\varepsilon>0$ $\left(\text{不妨设 } 0<\varepsilon<\dfrac{\pi}{2}\right)$，要找 $X>0$，使得当 $x>X$ 时，成立

$$\left|\arctan x-\frac{\pi}{2}\right|<\varepsilon,$$

即

$$\frac{\pi}{2}-\varepsilon<\arctan x<\frac{\pi}{2}+\varepsilon.$$

注意到右半部分的不等式自然成立，上式只要

$$\frac{\pi}{2}-\varepsilon<\arctan x,\quad 即\quad x>\tan\left(\frac{\pi}{2}-\varepsilon\right)$$

成立即可. 取 $X=\tan\left(\frac{\pi}{2}-\varepsilon\right)$，则当 $x>X$ 时成立

$$\left|\arctan x-\frac{\pi}{2}\right|<\varepsilon,$$

于是

$$\lim_{x\to+\infty}\arctan x=\frac{\pi}{2}.$$

注 同样地可以证明 $\lim\limits_{x\to-\infty}\arctan x=-\frac{\pi}{2}$. 根据定理 1.3.9，当 $x\to\infty$ 时 $\arctan x$ 的极限并不存在.

例 1.3.14 设 $a>1$，证明 $\lim\limits_{x\to-\infty}a^x=0$.

证 按极限的定义，对于任意给定的 $\varepsilon>0$（不妨设 $0<\varepsilon<1$），要找 $X>0$，使得当 $x<-X$ 时成立

$$|a^x-0|=a^x<\varepsilon,$$

即

$$x<\log_a\varepsilon.$$

取 $X=\log_a\frac{1}{\varepsilon}$，则当 $x<-X$ 时成立

$$|a^x-0|=a^x<a^{-\log_a\frac{1}{\varepsilon}}=\varepsilon,$$

于是

$$\lim_{x\to-\infty}a^x=0.$$

证毕

对于单侧极限和自变量趋于无限时的几类极限，定理 1.3.2 至定理 1.3.6 及其推论的相应结论依然成立. 同样地，定理 1.3.1 和定理 1.3.7 在这几类极限中也有相应的结论. 读者可自行补出其各自的结论.

例 1.3.15 求极限 $\lim\limits_{x\to\infty}\dfrac{x^4+2x^2-6}{5x^4+3x^3+x+7}$.

解 先将函数变形，再利用极限的四则运算法则得

$$\lim_{x\to\infty}\frac{x^4+2x^2-6}{5x^4+3x^3+x+7}=\lim_{x\to\infty}\frac{1+\frac{2}{x^2}-\frac{6}{x^4}}{5+\frac{3}{x}+\frac{1}{x^3}+\frac{7}{x^4}}=\frac{1}{5}.$$

例 1.3.16 证明 $\lim\limits_{x\to\infty}\left(1+\frac{1}{x}\right)^x=e$.

证 首先证明 $\lim\limits_{x\to+\infty}\left(1+\frac{1}{x}\right)^x=e$. 对于任何正实数 x，有 $[x]\leqslant x<[x]+1$. 因此，当 $x\geqslant1$ 时，成立

$$\left(1+\frac{1}{[x]+1}\right)^{[x]}<\left(1+\frac{1}{x}\right)^x<\left(1+\frac{1}{[x]}\right)^{[x]+1}.$$

由 $\lim\limits_{n\to\infty}\left(1+\frac{1}{n}\right)^n=e$ 得

$$\lim_{[x]\to+\infty}\left(1+\frac{1}{[x]+1}\right)^{[x]}=\lim_{[x]\to+\infty}\left(1+\frac{1}{[x]+1}\right)^{[x]+1}\left(1+\frac{1}{[x]+1}\right)^{-1}=\mathrm{e}.$$

同样,

$$\lim_{[x]\to+\infty}\left(1+\frac{1}{[x]}\right)^{[x]+1}=\lim_{[x]\to+\infty}\left(1+\frac{1}{[x]}\right)^{[x]}\left(1+\frac{1}{[x]}\right)=\mathrm{e}.$$

显然 $x\to+\infty$ 时 $[x]\to+\infty$,由极限的夹逼性即得到

$$\lim_{x\to+\infty}\left(1+\frac{1}{x}\right)^{x}=\mathrm{e}.$$

其次,证明 $\lim\limits_{x\to-\infty}\left(1+\frac{1}{x}\right)^{x}=\mathrm{e}$. 记 $y=-x$,于是则当 $x\to-\infty$ 时,$y\to+\infty$. 注意到

$$\left(1+\frac{1}{x}\right)^{x}=\left(1-\frac{1}{y}\right)^{-y}=\left(\frac{y}{y-1}\right)^{y}=\left(1+\frac{1}{y-1}\right)^{y},$$

则有

$$\lim_{x\to-\infty}\left(1+\frac{1}{x}\right)^{x}=\lim_{y\to+\infty}\left(1+\frac{1}{y-1}\right)^{y}=\lim_{y\to+\infty}\left(1+\frac{1}{y-1}\right)^{y-1}\left(1+\frac{1}{y-1}\right)=\mathrm{e}.$$

由于当 x 分别趋于 $+\infty$ 和 $-\infty$ 时,$\left(1+\frac{1}{x}\right)^{x}$ 均以 e 为极限,由定理 1.3.9 得

$$\lim_{x\to\infty}\left(1+\frac{1}{x}\right)^{x}=\mathrm{e}.$$

证毕

注 在上例中,令 $x=\frac{1}{t}$,则得到

$$\lim_{t\to0}(1+t)^{\frac{1}{t}}=\mathrm{e}.$$

例 1.3.17 求极限 $\lim\limits_{x\to\infty}\left(1-\frac{4}{x^2}\right)^{\frac{1}{x}}$.

解 显然

$$\left(1-\frac{4}{x^2}\right)^{\frac{1}{x}}=\left(1+\frac{2}{x}\right)^{\frac{1}{x}}\left(1-\frac{2}{x}\right)^{\frac{1}{x}}.$$

因为

$$\lim_{x\to\infty}\left(1+\frac{2}{x}\right)^{\frac{1}{x}}=\lim_{x\to\infty}\left[\left(1+\frac{1}{\frac{x}{2}}\right)^{\frac{x}{2}}\right]^{\frac{1}{2}}=\mathrm{e}^{\frac{1}{2}},$$

$$\lim_{x\to\infty}\left(1-\frac{2}{x}\right)^{\frac{1}{x}}=\lim_{x\to\infty}\frac{1}{\left[\left(1+\frac{1}{-\frac{x}{2}}\right)^{-\frac{x}{2}}\right]^{\frac{1}{2}}}=\frac{1}{\mathrm{e}^{\frac{1}{2}}}=\mathrm{e}^{-\frac{1}{2}},$$

所以

$$\lim_{x\to\infty}\left(1-\frac{4}{x^2}\right)^{\frac{1}{x}}=\lim_{x\to\infty}\left(1+\frac{2}{x}\right)^{\frac{1}{x}}\left(1-\frac{2}{x}\right)^{\frac{1}{x}}=\mathrm{e}^{\frac{1}{2}}\cdot\mathrm{e}^{-\frac{1}{2}}=1.$$

例 1.3.18 求极限 $\lim\limits_{x\to\infty}(1+3\tan^2x)^{\cot^2x}$.

解 令 $t=3\tan^2 x$，则当 $x\to 0$ 时，$t\to 0$. 于是

$$\lim_{x\to\infty}(1+3\tan^2 x)^{\cot^2 x}=\lim_{t\to 0}(1+t)^{\frac{3}{t}}=\lim_{t\to 0}[(1+t)^{\frac{1}{t}}]^3=\mathrm{e}^3.$$

无穷小量

在研究函数的变化趋势时，由于函数结构的复杂性，常常将它分为几部分，以便有针对性地研究，其中以 0 为极限的部分与函数值无限增大的部分常常被作为函数估计的重点. 为此我们引入无穷小量和无穷大量的概念.

定义 1.3.5 设函数 f 在 x_0 的某个空心邻域有定义. 若

$$\lim_{x\to x_0}f(x)=0,$$

则称 f 为当 $x\to x_0$ 时的**无穷小量**，记作

$$f(x)=o(1)\quad(x\to x_0).$$

类似地可定义当 $x\to x_0^-$，$x\to x_0^+$，$x\to\infty$，$x\to+\infty$，$x\to-\infty$时的无穷小量.

例如 $x^2,\sin x,1-\cos x$ 都是当 $x\to 0$ 时的无穷小量；$\sqrt{1-x}$是当 $x\to 1^-$ 时的无穷小量；$\dfrac{1}{x}$是当 $x\to\infty$时的无穷小量.

注意，无穷小量是一个变量，而不是一个"非常小的量"，如 $f(x)=10^{-100}$ 就不是自变量在任何变化过程的无穷小量. 常数函数 $f(x)=0$ 是一个特殊的无穷小量.

以下我们只对 $x\to x_0$ 的情形进行详细讨论，对于其他情形，都有类似的结论. 请有兴趣的读者把细节补上.

由极限的定义和极限的四则运算的法则，易知

定理 1.3.10 设函数 f 在 x_0 的某个空心邻域有定义. 则 $\lim\limits_{x\to x_0}f(x)=A$ 的充分必要条件为：$f(x)-A$ 是当 $x\to x_0$ 时的无穷小量，即 $f(x)-A=o(1)$ $(x\to x_0)$.

定理 1.3.11 设函数 f 和 g 为当 $x\to x_0$ 时的无穷小量，则 $f\pm g$，$f\cdot g$ 均为当 $x\to x_0$ 时的无穷小量.

定理 1.3.12 设函数 f 为当 $x\to x_0$ 时的无穷小量，函数 g 在 x_0 的某个空心邻域上有界，则 $f\cdot g$ 为当 $x\to x_0$ 时的无穷小量.

证 设函数 g 在空心邻域 $O(x_0,r)\setminus\{x_0\}$（$r>0$ 为常数）上有界，即存在 $K>0$，使得对于任何 $x\in O(x_0,r)\setminus\{x_0\}$，成立

$$|g(x)|\leqslant K.$$

因为 $\lim\limits_{x\to x_0}f(x)=0$，所以对于任意给定的 $\varepsilon>0$，存在 $\delta_1>0$，当 $0<|x-x_0|<\delta_1$ 时，成立

$$|f(x)|<\frac{\varepsilon}{K}.$$

取 $\delta=\min\{\delta_1,r\}$，则当 $0<|x-x_0|<\delta$ 时，成立

$$|f(x)g(x)-0|=|f(x)|\cdot|g(x)|<\frac{\varepsilon}{K}\cdot K=\varepsilon,$$

即

$$\lim_{x\to x_0}f(x)g(x)=0.$$

证毕

以上两个定理可以通俗地表达为：无穷小量的代数和是无穷小量；无穷小量与有界量之积是无穷小量.

例 1.3.19 求 $\lim\limits_{x \to 0} x \sin \dfrac{1}{x}$.

解 因为 $\lim\limits_{x \to 0} x = 0$，即 x 是当 $x \to 0$ 时的无穷小量，而 $\left| \sin \dfrac{1}{x} \right| \leqslant 1$，即函数 $\sin \dfrac{1}{x}$ 为有界量. 则由定理 1.3.12 得

$$\lim_{x \to 0} x \sin \frac{1}{x} = 0.$$

函数 $y = x \sin \dfrac{1}{x}$ 的图像如图 1.3.5 所示.

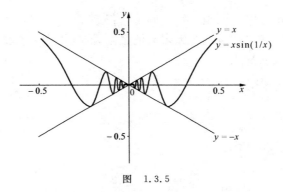

图 1.3.5

当我们作无穷小分析时，常常需要对两个无穷小量作比较. 这时，最简单而直接的办法就是尝试讨论它们之比的变化趋势.

定义 1.3.6 设函数 f 和 g 为当 $x \to x_0$ 时的无穷小量.

如果 $\lim\limits_{x \to x_0} \dfrac{f(x)}{g(x)} = 0$，则称当 $x \to x_0$ 时，f 是比 g **高阶的无穷小量**；或称当 $x \to x_0$ 时，g 是比 f **低阶的无穷小量**，记为

$$f = o(g) \quad (x \to x_0).$$

如果 $\lim\limits_{x \to x_0} \dfrac{f(x)}{g(x)} = A \neq 0$，则称当 $x \to x_0$ 时，f 和 g 是**同阶的无穷小量**. 特别地，如果 $\lim\limits_{x \to x_0} \dfrac{f(x)}{g(x)} = 1$，则称当 $x \to x_0$ 时，f 和 g 是**等价的无穷小量**，记为

$$f \sim g \quad (x \to x_0).$$

例 1.3.20 因为 $\lim\limits_{x \to 0} \dfrac{\sin x}{x} = 1$ 和 $\lim\limits_{x \to 0} \dfrac{\tan x}{x} = 1$，所以

$$\sin x \sim x \quad (x \to 0),$$
$$\tan x \sim x \quad (x \to 0).$$

由此还可以得到

$$\arcsin x \sim x \quad (x \to 0),$$
$$\arctan x \sim x \quad (x \to 0).$$

这是因为当 $x \to 0$ 时，

$$x = \sin(\arcsin x) \sim \arcsin x, \quad x = \tan(\arctan x) \sim \arctan x.$$

类似地可导出第二个关系式.

下面的定理告诉我们,在计算具体的函数相乘、除极限时,可以用等价的无穷小量作代换,这往往会给计算带来很大的方便.

定理 1.3.13　设函数 f, g 和 h 在 x_0 的某个空心邻域上有定义,都是当 $x \to x_0$ 时的无穷小量,且 $\lim\limits_{x \to x_0} \dfrac{g(x)}{h(x)} = 1$,即 $g \sim h \ (x \to x_0)$. 则

(1) 当 $\lim\limits_{x \to x_0} f(x)h(x) = A$ 时, $\lim\limits_{x \to x_0} f(x)g(x) = A$;

(2) 当 $\lim\limits_{x \to x_0} \dfrac{f(x)}{h(x)} = A$ 时, $\lim\limits_{x \to x_0} \dfrac{f(x)}{g(x)} = A$.

定理的证明可以由极限的四则运算法则直接得到.

注　对于单侧极限和自变量趋于无限时的极限,同样可引入类似定义 1.3.6 的定义,且这个定理对这几类极限都成立.

例 1.3.21　计算极限 $\lim\limits_{x \to 0} \dfrac{1 - \cos x}{\tan^2 x}$.

解　由例 1.3.10 知 $\lim\limits_{x \to 0} \dfrac{1 - \cos x}{x^2} = \dfrac{1}{2}$,所以 $1 - \cos x \sim \dfrac{1}{2} x^2 \ (x \to 0)$. 又由于 $\tan x \sim x (x \to 0)$,于是由定理 1.3.13 得

$$\lim_{x \to 0} \frac{1 - \cos x}{\tan^2 x} = \lim_{x \to 0} \frac{\dfrac{1}{2} x^2}{x^2} = \frac{1}{2}.$$

无穷大量

还有一种函数变化趋势的情形需要研究. 例如函数 $y = \dfrac{1}{x}$,容易看出当 x 的绝对值 $|x|$ 无限接近 0 时, $\dfrac{1}{|x|}$ 的值无限增大. 这使我们引入无穷大量的概念.

定义 1.3.7　设函数 f 在 x_0 的某个空心邻域上有定义. 如果对于任意给定的 $G > 0$,存在 $\delta > 0$,使得当 $0 < |x - x_0| < \delta$ 时,成立

$$|f(x)| > G.$$

则称 f 为当 $x \to x_0$ 时的**无穷大量**,记为

$$\lim_{x \to x_0} f(x) = \infty.$$

若将定义 1.3.5 中的" $|f(x)| > G$ ",分别换成" $f(x) > G$ "或" $f(x) < -G$ ",则分别称 f 为当 $x \to x_0$ 时的**正无穷大量**或**负无穷大量**,并分别记为

$$\lim_{x \to x_0} f(x) = +\infty \quad 和 \quad \lim_{x \to x_0} f(x) = -\infty.$$

由定义立即可推得:

定理 1.3.14　如果当 $x \to x_0$ 时,函数 f 为无穷大量,则函数 $\dfrac{1}{f}$ 为无穷小量;反之,若函数 f 为无穷小量,且在 x_0 的某个空心邻域上成立 $f(x) \neq 0$,则函数 $\dfrac{1}{f}$ 为无穷大量.

例如,从 $\lim\limits_{x\to 0}\sin x=0$ 可知 $\lim\limits_{x\to 0}\csc x=\infty$.

类似地可定义当 $x\to x_0^-$,$x\to x_0^+$,$x\to\infty$,$x\to+\infty$,$x\to-\infty$ 时的无穷大量、正无穷大量和负无穷大量,并且在这些情形中,都有与 $x\to x_0$ 情形类似的结论.

例 1.3.22 设 $a>1$,证明当 $x\to+\infty$ 时,$f(x)=a^x$ 为正无穷大量.

证 对于任意给定的 $G>0$,要找 $X>0$,使得当 $x>X$ 时,成立

$$a^x>G,$$

即

$$x>\log_a G.$$

取 $X=\log_a G$,则当 $x>X$ 时成立

$$a^x>a^{\log_a G}=G.$$

于是当 $x\to+\infty$ 时,$f(x)=a^x$ 为正无穷大量.

证毕

若 $0<a<1$,由于 $a^x=\dfrac{1}{\left(\dfrac{1}{a}\right)^x}$,且从上例可知 $\left(\dfrac{1}{a}\right)^x$ 为当 $x\to+\infty$ 时的无穷大量,所以 a^x 为当 $x\to+\infty$ 时的无穷小量;又由例 1.3.14 知,$\left(\dfrac{1}{a}\right)^x$ 为当 $x\to-\infty$ 时的无穷小量,所以 a^x 为当 $x\to-\infty$ 时的无穷大量.由于总有 $a^x>0$,它必为正无穷大量.

如果一个函数在自变量的某变化过程中为无穷大量,则它在这个自变量的变化范围中一定是无界量.但是,在自变量的某个变化过程中的无界量并不一定是无穷大量.例如,$f(x)=x\sin x$ 在 $[1,+\infty)$ 上无界,但当 $x\to+\infty$ 时,它并不是无穷大量.事实上,对于 $x_n=n\pi(n=1,2,\cdots)$,总有 $f(x_n)=0$.

最后指出,对于数列 $\{x_n\}$ 这种情形,也有无穷小量和无穷大量的概念.例如,若 $\lim\limits_{n\to\infty}x_n=0$,则称数列 $\{x_n\}$ 为无穷小量.而无穷大量就是满足 $\lim\limits_{n\to\infty}\dfrac{1}{x_n}=0$ 的数列 $\{x_n\}$.关于函数情形的结论对于数列情形也相似.

§4 连 续 函 数

连续函数的概念

自然界和日常生活中的许多现象,如气温的升降、植物的生长、自由落体的下降等过程,都给人们一种"连续不断"的直观印象,即当时间仅发生微小变化时,气温的升降也很微小,植物的高度相差无几,自由落体的位移不大.这类特征在数学上的反映就是函数的连续性.

微积分讨论的主要对象是连续函数或者间断点不太多的函数."连续"与"间断"的概念可用函数图像作几何解释.例如,函数 $y=x^2$ 的图像是一条抛物线,图像上的点连绵不断,构成了曲线"连续"的外观;而符号函数 $y=\mathrm{sgn}\,x$ 与函数 $y=\dfrac{1}{x}$ 的图像也清晰地显示出"连续性"在 $x=0$ 点遭到破坏,即出现了间断.

直观的分析告诉我们,函数 f 在某点 x_0 处连续,应当是指当自变量 x 在 x_0 处有微小变化时,函数值 $f(x)$ 也在 $f(x_0)$ 附近作微小变化.变量的变化可以用 $\Delta x=x-x_0$ 来描述,

称它自变量的改变量或增量；而函数值的变化，即因变量变化可以用

$$\Delta y = f(x) - f(x_0) = f(x_0 + \Delta x) - f(x_0)$$

来描述，称它为函数的改变量或增量. 可以看出，函数 f 在 x_0 点连续，就是当 Δx 趋于 0 时，Δy 也趋于 0.

定义 1.4.1 设函数 $y = f(x)$ 在 x_0 的某个邻域中有定义. 如果

$$\lim_{\Delta x \to 0} \Delta y = \lim_{\Delta x \to 0} [f(x_0 + \Delta x) - f(x_0)] = 0,$$

则称函数 f 在 x_0 点**连续**，并称 x_0 是 f 的**连续点**.

由于 $\Delta x \to 0$ 等价于 $x \to x_0$，而

$$\lim_{\Delta x \to 0} \Delta y = \lim_{\Delta x \to 0} [f(x_0 + \Delta x) - f(x_0)] = \lim_{x \to x_0} [f(x) - f(x_0)],$$

所以上述定义中的 $\lim\limits_{\Delta x \to 0} \Delta y = 0$ 等价于

$$\lim_{x \to x_0} f(x) = f(x_0).$$

根据函数极限的定义，"函数 f 在 x_0 点连续"可以表述为：对于任意给定的 $\varepsilon > 0$，存在 $\delta > 0$，当 $|x - x_0| < \delta$ 时

$$| f(x) - f(x_0) | < \varepsilon.$$

显然常函数 $y = c$ 在 $(-\infty, +\infty)$ 上的每一点连续.

例 1.4.1 设 $p_n(x) = a_0 + a_1 x + \cdots + a_n x^n$ 为 n 次多项式，证明它在 $(-\infty, +\infty)$ 上的每一点连续.

证 对于每个 $x_0 \in (-\infty, +\infty)$，成立

$$\lim_{x \to x_0} p_n(x) = \lim_{x \to x_0} \sum_{k=0}^{n} a_k x^k = \sum_{k=0}^{n} \lim_{x \to x_0} a_k x^k = \sum_{k=0}^{n} a_k x_0^k = p_n(x_0),$$

所以 $p_n(x)$ 在 x_0 点连续.

证毕

例 1.4.2 证明 $f(x) = \sin x$ 在 $(-\infty, +\infty)$ 上的每一点连续.

证 对于每个 $x_0 \in (-\infty, +\infty)$，当自变量产生改变量 Δx 时 $y = f(x)$ 的改变量为

$$\begin{aligned}
\Delta y &= f(x_0 + \Delta x) - f(x_0) \\
&= \sin(x_0 + \Delta x) - \sin x_0 \\
&= 2 \sin \frac{\Delta x}{2} \cos \left(x_0 + \frac{\Delta x}{2} \right).
\end{aligned}$$

因为 $\left| \cos \left(x_0 + \dfrac{\Delta x}{2} \right) \right| \leqslant 1$，$\left| \sin \dfrac{\Delta x}{2} \right| \leqslant \left| \dfrac{\Delta x}{2} \right|$，所以

$$| \Delta y | \leqslant 2 \cdot \left| \frac{\Delta x}{2} \right| = | \Delta x |,$$

由极限的夹逼性得 $\lim\limits_{\Delta x \to 0} \Delta y = 0$，即函数 f 在 x_0 点连续.

证毕

同样可证明 $\cos x$ 在 $(-\infty, +\infty)$ 上的每一点连续.

要使函数图像上的点"连绵不断"，还要看函数在一个区间上的连续情况.

定义 1.4.2 若函数 f 在开区间 (a, b) 上的每一点都连续，则称函数 f 在**开区间** (a, b) 上连续，或称 f 是 (a, b) 上的**连续函数**.

注 同上可定义无穷区间 $(-\infty, b)$、$(a, +\infty)$ 和 $(-\infty, +\infty)$ 上的连续函数. 于是

$\sin x, \cos x$ 和多项式函数 $P_n(x)$ 都是 $(-\infty, +\infty)$ 上的连续函数.

定义 1.4.3　若 $\lim\limits_{x \to x_0^-} f(x) = f(x_0)$, 则称函数 f 在 x_0 点**左连续**; 若 $\lim\limits_{x \to x_0^+} f(x) = f(x_0)$, 则称函数 f 在 x_0 点**右连续**.

注　根据对极限的定义,"函数 f 在 x_0 点左连续"可以表述为: 对于任意给定的 $\varepsilon > 0$, 存在 $\delta > 0$, 当 $x_0 - \delta < x \leqslant x_0$ 时, 成立

$$| f(x) - f(x_0) | < \varepsilon.$$

类似地, 可用上述语言表述"函数 f 在 x_0 点右连续"的概念.

这样我们就可以定义闭区间上连续的概念.

定义 1.4.4　若函数 f 在 (a, b) 上连续, 且在左端点 a 处右连续, 在右端点 b 处左连续, 则称函数 f **在闭区间** $[a, b]$ **上连续**, 或称 f 是 $[a, b]$ 上的**连续函数**.

注　类似地可定义函数在半开区间 $(a, b]$ 和 $[a, b)$, 无穷区间 $(-\infty, b]$ 和 $[a, +\infty)$ 上连续, 这只要求函数在包含在区间中的右端点 b (左端点 a) 处左连续 (右连续).

例 1.4.3　证明 $f(x) = \sqrt{x}$ 在 $[0, +\infty)$ 上连续.

证　我们已经证明对于每个 $a > 0$, 成立 $\lim\limits_{x \to a} \sqrt{x} = \sqrt{a}$, 即 $f(x)$ 在 $(0, +\infty)$ 上连续. 因此只须证 f 在 $x = 0$ 点右连续. 即对任意给定的 $\varepsilon > 0$, 要找 $\delta > 0$, 当 $0 \leqslant x < \delta$ 时, 成立

$$| \sqrt{x} - 0 | < \varepsilon,$$

即

$$0 \leqslant x < \varepsilon^2.$$

取 $\delta = \varepsilon^2$, 则当 $0 \leqslant x < \delta$ 时就成立

$$| \sqrt{x} - 0 | < \sqrt{\delta} = \varepsilon,$$

即 f 在 $x = 0$ 点右连续. 因此 $f(x) = \sqrt{x}$ 在 $[0, +\infty)$ 上连续.

证毕

函数的间断点

由定义可知, 函数 f 在 x_0 点连续等价于:

(1) f 在 x_0 点有定义;

(2) $f(x_0 -)$ 和 $f(x_0 +)$ 存在且相等;

(3) $\lim\limits_{x \to x_0} f(x) = f(x_0)$.

反之, 如果上述三点有一点不成立, 则 f 在 x_0 点就发生**间断**, 这时称 x_0 为 f 的**间断点**或**不连续点**.

(一) 第一类间断点

若当 $x \to x_0$ 时, 函数 f 的左、右极限都存在但不相等, 即 $f(x_0 -) \neq f(x_0 +)$, 则称 x_0 为 f 的**第一类间断点**.

例如符号函数 $f(x) = \operatorname{sgn} x$, $x = 0$ 是它的第一类间断点, 这是因为

$$f(0 -) = \lim\limits_{x \to 0^-} \operatorname{sgn} x = -1, \quad f(0 +) = \lim\limits_{x \to 0^+} \operatorname{sgn} x = 1.$$

在函数的第一类间断点处, 图像会出现一个跳跃, 所以第一类间断点又称为**跳跃间断点**, 而右极限与左极限之差 $f(x_0 +) - f(x_0 -)$ 称为函数 f 在点 x_0 的**跃度**. 例如, 符号函

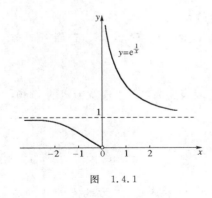

图 1.4.1

数 sgn$x$ 在 $x=0$ 的跃度为 2.

（二）第二类间断点

若函数 f 在 x_0 点的左、右极限中至少有一个不存在，则称 x_0 为 f 的**第二类间断点**.

例如函数 $f(x)=e^{\frac{1}{x}}$，$x=0$ 是它的第二类间断点（见图 1.4.1），这是因为

$$\lim_{x\to 0^-}e^{\frac{1}{x}}=0,$$

$$\lim_{x\to 0^+}e^{\frac{1}{x}}=+\infty.$$

（三）第三类间断点

函数 f 在 x_0 点的左、右极限都存在而且相等，但不等于 $f(x_0)$ 或者 f 在点 x_0 无定义，则称 x_0 为 f 的**第三类间断点**.

例如函数 $f(x)=x\sin\dfrac{1}{x}$，它在 $x=0$ 点没有定义（见图 1.3.5），但我们已经知道 $\lim\limits_{x\to 0}x\sin\dfrac{1}{x}=0$，所以 $x=0$ 点是它的第三类间断点. 通过重新定义

$$f(x)=\begin{cases} x\sin\dfrac{1}{x}, & x\neq 0, \\ 0, & x=0, \end{cases}$$

则 $f(x)$ 就是 $(-\infty,+\infty)$ 上的连续函数.

在函数的第三类间断点，可以通过重新定义在该点的函数值，使之成为函数的连续点，因此第三类间断点又称为**可去间断点**.

连续函数的性质

（一）四则运算法则

定理 1.4.1 如果函数 f 和 g 在 x_0 点连续，则这两个函数的和 $f+g$，差 $f-g$，积 $f\cdot g$，商 f/g（这时要求 $g(x_0)\neq 0$）也在 x_0 点连续.

这个定理的证明可以由函数极限的四则运算法则直接得到，此处从略.

由两个多项式函数的商所表示的函数称为**有理函数**. 由例 1.4.1 和以上定理知，任何有理函数

$$Q(x)=\frac{a_n x^n+a_{n-1}x^{n-1}+\cdots+a_1 x+a_0}{b_m x^m+b_{m-1}x^{m-1}+\cdots+b_1 x+b_0}$$

在其定义域上连续，即 $Q(x)$ 在 $(-\infty,+\infty)$ 中去掉分母 $b_m x^m+b_{m-1}x^{m-1}+\cdots+b_1 x+b_0$ 的零点（至多 m 个点）的范围上连续.

例 1.4.4 由例 1.4.1 和以上定理知，正切函数 $\tan x=\dfrac{\sin x}{\cos x}$，正割函数 $\sec x=\dfrac{1}{\cos x}$ 在其定义域 $\left\{x\,\middle|\,x\in\mathbf{R},\ x\neq k\pi+\dfrac{\pi}{2},\ k\in\mathbf{Z}\right\}$ 上连续；余切函数 $\cot x=\dfrac{\cos x}{\sin x}$，余割函数 $\csc x=$

$\dfrac{1}{\sin x}$ 在其定义域 $\{x\,|\,x\in\mathbf{R},x\neq k\pi,k\in\mathbf{Z}\}$ 上连续.

（二）复合函数的连续性

定理 1.4.2 设函数 $f(u)$ 在 u_0 点连续，$g(x)$ 在 x_0 点连续，$u_0=g(x_0)$. 则复合函数 $f\circ g(x)$ 在 x_0 点连续.

这个定理的证明与定理 1.3.7 的证明完全相似，此处从略.

例 1.4.5 证明函数 $y=a^x$ $(a>0,a\neq1)$ 在 $(-\infty,+\infty)$ 上连续.

证 由例 1.3.2 知 $\lim\limits_{x\to0}e^x=1$. 所以对于任意 $x_0\in(-\infty,+\infty)$，有

$$\lim_{x\to x_0}e^x=\lim_{x\to x_0}e^{x-x_0}e^{x_0}=e^{x_0}\lim_{x\to x_0}e^{x-x_0}=e^{x_0}\cdot1=e^{x_0},$$

即 e^x 在 x_0 点连续，于是它在 $(-\infty,+\infty)$ 上连续.

由于

$$a^x=e^{x\ln a},$$

而函数 $f(u)=e^u$，$g(x)=x\ln a$ 都在 $(-\infty,+\infty)$ 上连续，从而把 $y=a^x$ 看作 f 与 g 的复合函数 $f\circ g$，它在 $(-\infty,+\infty)$ 上连续.

证毕

（三）反函数的连续性

定理 1.4.3 设函数 $y=f(x)$ 在区间 I_x 上连续且严格单调增加（单调减少），则它的反函数 $x=f^{-1}(y)$ 在对应的区间 $I_y=\{y\,|\,y=f(x),x\in I_x\}$ 上连续且严格单调增加（单调减少）.

这个定理的证明从略.

例 1.4.6 由 $\sin x,\cos x,\tan x$ 和 $\cot x$ 分别在 $\left[-\dfrac{\pi}{2},\dfrac{\pi}{2}\right]$，$[0,\pi]$，$\left(-\dfrac{\pi}{2},\dfrac{\pi}{2}\right)$ 和 $(0,\pi)$ 上的连续性和严格单调性可知，下述反三角函数在它们的定义域上连续：

$$y=\arcsin x,\quad x\in[-1,1];$$
$$y=\arccos x,\quad x\in[-1,1];$$
$$y=\arctan x,\quad x\in(-\infty,+\infty);$$
$$y=\operatorname{arccot}x,\quad x\in(-\infty,+\infty).$$

例 1.4.7 由指数函数 $y=a^x$ 在 $(-\infty,+\infty)$ 上的连续性和严格单调性可知，对数函数 $y=\log_a x$ $(a>0,a\neq1)$ 在 $(0,+\infty)$ 上连续.

例 1.4.8 设 α 为实数，证明幂函数 $y=x^\alpha$ 在 $(0,+\infty)$ 上连续.

证 由于

$$x^\alpha=e^{\alpha\ln x},\quad x\in(0,+\infty),$$

而 $f(u)=e^u$ 在 $(-\infty,+\infty)$ 上连续，$g(x)=\alpha\ln x$ 在 $(0,+\infty)$ 上连续，从而把 $y=x^\alpha$ 看作 f 与 g 的复合函数 $f\circ g$，它在 $(0,+\infty)$ 上连续.

证毕

注 我们已经知道对于具体给定的实数 α，$y=x^\alpha$ 的定义域可以扩大. 但总可以证明幂函数 $y=x^\alpha$ 在其定义域上连续.

由上面的讨论,我们论证了常数函数、幂函数、指数函数、对数函数、三角函数、反三角函数这 6 类基本初等函数在它们的定义域上的连续性.进一步,从这些基本初等函数出发,经过有限次四则运算及复合运算所产生的函数,即初等函数,在它的定义区间上也是连续的.所谓定义区间,是指包含在定义域中的区间.这就是定理 1.4.4.

定理 1.4.4 一切初等函数在其定义区间上都是连续的.

在函数极限的计算中,经常需要用到函数的连续性.函数 f 在 x_0 的连续性就是

$$\lim_{x \to x_0} f(x) = f(x_0) = f(\lim_{x \to x_0} x).$$

若 $\lim_{x \to x_0} g(x) = a$,补充(或修改)定义使得 $g(x_0) = a$,则 $g(x)$ 在 $x = x_0$ 点连续.若函数 $f(u)$ 在 $u = a$ 点也连续,则由定理 1.4.2 和上式得

$$\lim_{x \to x_0} f[g(x)] = f[g(\lim_{x \to x_0} x)] = f[\lim_{x \to x_0} g(x)],$$

即极限运算 $\lim$ 与函数 f 的作用可以交换次序.

例 1.4.9 求极限 $\lim\limits_{x \to \frac{\pi}{2}} \ln \dfrac{\sin x}{\sin x + 1}$.

解 由于对数函数和三角函数是连续函数,且 $x = \dfrac{\pi}{2}$ 在这个复合函数的定义区间内,因此由连续性得

$$\lim_{x \to \frac{\pi}{2}} \ln \frac{\sin x}{\sin x + 1} = \ln \frac{\sin \frac{\pi}{2}}{\sin \frac{\pi}{2} + 1} = -\ln 2.$$

例 1.4.10 求 $\lim\limits_{x \to 0} \dfrac{\ln(1+x)}{x}$.

解 利用对数函数的连续性,可得

$$\lim_{x \to 0} \frac{\ln(1+x)}{x} = \lim_{x \to 0} \ln(1+x)^{\frac{1}{x}} = \ln[\lim_{x \to 0}(1+x)^{\frac{1}{x}}] = \ln e = 1.$$

这个例子说明了 $\ln(1+x) \sim x \ (x \to 0)$.

例 1.4.11 求 $\lim\limits_{x \to 0} \dfrac{e^x - 1}{x}$.

解 令 $e^x - 1 = u$,则 $x = \ln(1+u)$,且当 $x \to 0$ 时, $u \to 0$,所以

$$\lim_{x \to 0} \frac{e^x - 1}{x} = \lim_{u \to 0} \frac{u}{\ln(1+u)} = \lim_{u \to 0} \frac{1}{\frac{\ln(1+u)}{u}} = 1.$$

这个例子说明了 $e^x - 1 \sim x \ (x \to 0)$.

例 1.4.12 设 α 为实数,证明 $(1+x)^\alpha - 1 \sim \alpha x \ (x \to 0)$.

证 令 $(1+x)^\alpha - 1 = y$,则当 $x \to 0$ 时, $y \to 0$.于是

$$\lim_{x \to 0} \frac{(1+x)^\alpha - 1}{\alpha x} = \lim_{x \to 0} \frac{(1+x)^\alpha - 1}{\ln(1+x)^\alpha} \cdot \frac{\ln(1+x)}{x}$$
$$= \lim_{x \to 0} \frac{(1+x)^\alpha - 1}{\ln(1+x)^\alpha} \cdot \lim_{x \to 0} \frac{\ln(1+x)}{x}$$

$$= \lim_{y \to 0} \frac{y}{\ln(1+y)} \cdot \lim_{x \to 0} \frac{\ln(1+x)}{x}$$
$$= 1,$$

所以 $(1+x)^\alpha - 1 \sim \alpha x\,(x \to 0)$.

证毕

例 1.4.13 求极限 $\lim\limits_{x \to \infty} \left(\dfrac{1-2x}{5-2x} \right)^x$.

解 易知

$$\left(\frac{1-2x}{5-2x} \right)^x = e^{x\ln\left(\frac{1-2x}{5-2x}\right)}.$$

由于当 $x \to \infty$ 时,有无穷小量的等价关系

$$\ln\left(\frac{1-2x}{5-2x} \right) = \ln\left(1 - \frac{4}{5-2x} \right) \sim -\frac{4}{5-2x},$$

所以

$$\lim_{x \to \infty} x \ln\left(\frac{1-2x}{5-2x} \right) = \lim_{x \to \infty} x\left(-\frac{4}{5-2x} \right) = \lim_{x \to \infty} \frac{-4x}{5-2x} = 2.$$

于是,利用 e^x 的连续性得

$$\lim_{x \to \infty} \left(\frac{1-2x}{5-2x} \right)^x = e^{\lim\limits_{x \to \infty} x \ln\left(\frac{1-2x}{5-2x}\right)} = e^2.$$

闭区间上连续函数的性质

闭区间上的连续函数有一些非常好的性质,它们在理论研究和实际应用问题中起着特别重要的作用.下面我们不加证明地叙述这些性质.

(一)有界性定理

定理 1.4.5 设函数 f 在 $[a,b]$ 上连续,则 f 在 $[a,b]$ 上有界.

注意,开区间上的连续函数未必有界.例如,$(0,1)$ 上的连续函数 $f(x) = \dfrac{1}{x}$ 就是无界的.

(二)最大最小值定理

定义 1.4.5 设函数 f 在区间 I 上有定义,若存在 $x_0 \in I$,使得对于每个 $x \in I$ 均成立
$$f(x) \leqslant f(x_0) \quad (f(x) \geqslant f(x_0)),$$
则称 $f(x_0)$ 为函数 f 在区间 I 上的**最大值(最小值)**,记为
$$f(x_0) = \max\{f(x) \mid x \in I\} \quad (f(x_0) = \min\{f(x) \mid x \in I\}).$$

定理 1.4.6 设函数 f 在 $[a,b]$ 上连续,则 f 在 $[a,b]$ 上必能取到其最大值和最小值.

这就是说,如果 f 在 $[a,b]$ 上连续,则必定存在 $\xi_1, \xi_2 \in [a,b]$,使得
$$f(\xi_1) = \max\{f(x) \mid x \in [a,b]\},$$
$$f(\xi_2) = \min\{f(x) \mid x \in [a,b]\}.$$

注意,开区间上的连续函数未必有最大值或最小值.例如,$(0,1)$ 上的函数 $f(x) = x$ 就是一个例子.

（三）介值定理

定理 1.4.7 设函数 f 在 $[a,b]$ 上连续，m 与 M 分别是 f 在 $[a,b]$ 上的最小值和最大值，则对介于 m 和 M 之间的任一实数 c，至少存在一点 $\xi \in (a,b)$，使得

$$f(\xi) = c.$$

结合定理 1.4.6 和定理 1.4.7 即得到：

推论 1.4.1 设函数 f 在 $[a,b]$ 上连续，m 与 M 分别是 f 在 $[a,b]$ 上的最小值和最大值，则 f 的值域是闭区间 $[m,M]$.

（四）零点存在定理

介值定理有一个十分重要的推论，这就是定理 1.4.8（见图 1.4.2）.

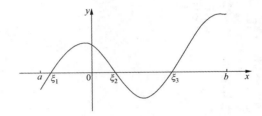

图 1.4.2

定理 1.4.8 设函数 f 在 $[a,b]$ 上连续，且 $f(a)$ 与 $f(b)$ 异号，则至少存在一点 $\xi \in (a,b)$，使得

$$f(\xi) = 0.$$

这是因为若 $f(a)$ 与 $f(b)$ 异号，则 f 在 $[a,b]$ 上的最小值必小于 0，最大值必大于 0，由介值定理便得到存在 $\xi \in (a,b)$，使得 $f(\xi) = 0$.

例 1.4.13 证明 $x^3 - x - 1 = 0$ 在 $(1,2)$ 内有一个实根，并求出其近似值，使误差不超过 $\frac{1}{10}$.

解 记 $f(x) = x^3 - x - 1$. 因为 $f(1) = -1, f(2) = 5$，由零点存在定理，在 $(1,2)$ 上必有一个实数 ξ，使得 $f(\xi) = 0$.

下面把区间逐次二等分，并求出相应分点的函数值.

$[1,2]$ 中点的函数值 $f\left(\frac{3}{2}\right) = \frac{7}{8}$，故可设 $\xi \in \left(1, \frac{3}{2}\right)$；

$\left[1, \frac{3}{2}\right]$ 中点的函数值 $f\left(\frac{5}{4}\right) = -\frac{19}{64}$，故可设 $\xi \in \left(\frac{5}{4}, \frac{3}{2}\right)$；

$\left[\frac{5}{4}, \frac{3}{2}\right]$ 中点的函数值 $f\left(\frac{11}{8}\right) = \frac{115}{512}$，故可设 $\xi \in \left(\frac{5}{4}, \frac{11}{8}\right)$.

这样，可取 $\left[\frac{5}{4}, \frac{11}{8}\right]$ 的中点 $\frac{21}{16}$ 作为方程一个根的近似值，其误差不超过该区间长度的一半，即 $\frac{1}{16}$.

注 本例中，逐次对分方程的解所在的区间，以求近似解. 这种方法被称为解方程的

"对分法". 虽然这个求方程近似解方法的收敛速度不快, 但因对所涉及的函数要求不高, 所以用途较广.

连续复利

设本金为 A_0, 每期(如一年)的利率为 r, 期数为 t. 按复利计算, 如果每期结算一次, 则第 t 期后的本利和为

$$A = A_0(1+r)^t.$$

如果每期结算 m 次, 则每次利率为 $\frac{r}{m}$, 第 t 期后的本利和为

$$A_m = A_0\left(1+\frac{r}{m}\right)^{mt}.$$

利用二项式定理可知

$$\left(1+\frac{r}{m}\right)^m = 1+r+\frac{m(m-1)}{2}\cdot\left(\frac{r}{m}\right)^2+\cdots > 1+r,$$

所以

$$A_0\left(1+\frac{r}{m}\right)^{mt} > A_0(1+r)^t,$$

这就是说, 一期结算 m 次的本利和比一期结算一次的本利和大, 而且还可以证明, $A_m = A_0\left(1+\frac{r}{m}\right)^{mt}$ 随 m 的增加而增大(请读者自行证明). 因此, 结算次数越频繁, 第 t 期后的本利和越大. 若结算间隔无限小, 任意时刻的本利和立即进行重复计息, 第 t 期后的本利和会如何呢? 会不会趋于无限大呢? 这就是下面的连续复利问题.

我们把它可以看成结算间隔任意小, 前期利息归入本金后进行重复计息问题. 为此先将每期间隔 n 等分, 则第 t 期后的本利和为

$$A_n = A_0\left(1+\frac{r}{n}\right)^{nt}.$$

再使结算的间隔无限小, 即令 $n\to\infty$, 就得到连续复利时的第 t 期后的本利和

$$A(t) = \lim_{n\to\infty}A_0\left(1+\frac{r}{n}\right)^{nt} = \lim_{n\to\infty}A_0\left[\left(1+\frac{1}{n/r}\right)^{\frac{n}{r}}\right]^{rt} = A_0\mathrm{e}^{rt}.$$

这就是连续复利问题的模型, 它也说明了 $\{A_m\}$ 不会无限增大, 因为它有上界 $A_0\mathrm{e}^{rt}$. 上式中的变量 t 经常也被视为连续变量, 从而使该式成为理论上的一个公式, 作为本利和的一种近似估计.

在现实世界中有许多事物的变化规律都属于这类模型, 如细胞的繁殖、放射性物质的衰变、物体的冷却、树木的生长规律等.

§5　综合型例题

例 1.5.1　设 $a_i\geqslant0(i=1,2,\cdots,k)$, $A=\max\{a_1,a_2,\cdots,a_k\}$. 证明

$$\lim_{n\to\infty}\sqrt[n]{a_1^n+a_2^n+\cdots+a_k^n} = A.$$

证　显然

$$A\leqslant\sqrt[n]{a_1^n+a_2^n+\cdots+a_k^n}\leqslant\sqrt[n]{k}A,$$

由于 $\lim\limits_{n\to\infty}\sqrt[n]{k}=1$，所以由极限的夹逼性质得

$$\lim_{n\to\infty}\sqrt[n]{a_1^n+a_2^n+\cdots+a_k^n}=A.$$

例 1.5.2　设 $\{a_n\}$ 是如下定义的数列：

$$a_1=1,\quad a_2=1,\quad a_{n+1}=a_n+a_{n-1}(n=2,3,\cdots),$$

称之为**斐波那契(Fibonacci)数列**. 记 $b_n=\dfrac{a_{n+1}}{a_n}(n=1,2,\cdots)$，证明 $\{b_n\}$ 收敛，并求其极限.

解　先证明 $\{b_n\}$ 收敛. 显然 $b_n>0$，且

$$b_n=\frac{a_{n+1}}{a_n}=\frac{a_n+a_{n-1}}{a_n}=1+\frac{a_{n-1}}{a_n}=1+\frac{1}{b_{n-1}}.$$

若 $b_n>\dfrac{\sqrt{5}+1}{2}$（事实上，$\dfrac{\sqrt{5}+1}{2}$ 是方程 $x^2-x-1=0$ 的正根，而下面将看到，$\{b_n\}$ 的极限应该满足这个方程），则

$$b_{n+1}=1+\frac{1}{b_n}<1+\frac{1}{\dfrac{\sqrt{5}+1}{2}}<\frac{\sqrt{5}+1}{2}.$$

同理，若 $b_n<\dfrac{\sqrt{5}+1}{2}$，则 $b_{n+1}>\dfrac{\sqrt{5}+1}{2}$. 这说明 $\{b_n\}$ 并不是单调数列.

利用 $a_1=1,a_2=1,a_3=2$ 及刚得到的结论易知，

$$b_{2n-1}\in\left(0,\frac{\sqrt{5}+1}{2}\right),\quad n=1,2,\cdots$$

$$b_{2n}\in\left(\frac{\sqrt{5}+1}{2},+\infty\right),\quad n=2,3,\cdots$$

由于

$$b_{2n+2}-b_{2n}=1+\frac{1}{1+\dfrac{1}{b_{2n}}}-b_{2n}=\frac{\left(\dfrac{\sqrt{5}+1}{2}-b_{2n}\right)\left(\dfrac{\sqrt{5}-1}{2}+b_{2n}\right)}{1+b_{2n}}<0.$$

所以 $\{b_{2n}\}$ 是单调减少，且有下界 $\dfrac{\sqrt{5}+1}{2}$ 的数列，从而收敛. 记它的极限为 a.

在等式

$$b_{2n+2}=1+\frac{1}{1+\dfrac{1}{b_{2n}}}=\frac{1+2b_{2n}}{1+b_{2n}}$$

两边取极限得

$$a=\frac{1+2a}{1+a},\text{即},a^2-a-1=0.$$

从而 $a=\dfrac{\sqrt{5}+1}{2}$，即 $\lim\limits_{n\to\infty}b_{2n}=\dfrac{1+\sqrt{5}}{2}$.

同理可知，$\{b_{2n-1}\}$ 是单调增加，且有上界的数列，因此收敛，且

$$\lim_{n \to \infty} b_{2n-1} = \frac{1+\sqrt{5}}{2}.$$

因为 $\{b_{2n}\}$ 和 $\{b_{2n-1}\}$ 收敛且极限相同，所以 $\{b_n\}$ 也收敛，且

$$\lim_{n \to \infty} b_n = \lim_{n \to \infty} b_{2n} = \lim_{n \to \infty} b_{2n-1} = \frac{1+\sqrt{5}}{2}.$$

注 $\lim\limits_{n \to \infty} b_n - 1 = \frac{\sqrt{5}-1}{2} \approx 0.618$ 就是**黄金分割数**.

例 1.5.3 设

$$f(x) = \begin{cases} \dfrac{(a+b)x+b}{\sqrt{3x+1} - \sqrt{x+3}}, & x \neq 1, \\ 4, & x = 1, \end{cases}$$

试确定 a, b 的值，使得 f 在 $x=1$ 点连续.

解 要使 f 在 $x=1$ 点连续，则必须有 $\lim\limits_{x \to 1} f(x) = f(1) = 4$. 因为 $\lim\limits_{x \to 1} (\sqrt{3x+1} - \sqrt{x+3}) = 0$，所以要使极限存在，必须有

$$\lim_{x \to 1} [(a+b)x+b] = a + 2b = 0,$$

即 $a = -2b$. 将它代入 f 的表达式得

$$\begin{aligned} \lim_{x \to 1} f(x) &= \lim_{x \to 1} \frac{-b(x-1)}{\sqrt{3x+1} - \sqrt{x+3}} \\ &= \lim_{x \to 1} \frac{-b(x-1)(\sqrt{3x+1} + \sqrt{x+3})}{2(x-1)} \\ &= -2b, \end{aligned}$$

所以由 $-2b = 4$ 得 $b = -2$，进而得 $a = 4$.

例 1.5.4 讨论函数 $f(x) = \lim\limits_{n \to \infty} \dfrac{\ln(e^n + x^n)}{n}$ $(x > 0)$ 的连续性.

解 当 $0 < x < e$ 时，有

$$f(x) = \lim_{n \to \infty} \frac{\ln\left\{e^n\left[1 + \left(\dfrac{x}{e}\right)^n\right]\right\}}{n} = \lim_{n \to \infty} \frac{n + \ln\left[1 + \left(\dfrac{x}{e}\right)^n\right]}{n} = 1.$$

当 $x = e$ 时，有

$$f(e) = \lim_{n \to \infty} \frac{\ln(2e^n)}{n} = \lim_{n \to \infty} \frac{n + \ln 2}{n} = 1.$$

当 $x > e$ 时，有

$$f(x) = \lim_{n \to \infty} \frac{\ln\left\{x^n\left[1 + \left(\dfrac{e}{x}\right)^n\right]\right\}}{n} = \lim_{n \to \infty} \frac{n\ln x + \ln\left[1 + \left(\dfrac{e}{x}\right)^n\right]}{n} = \ln x.$$

于是

$$f(x) = \begin{cases} 1, & 0 < x \leqslant e, \\ \ln x, & x > e. \end{cases}$$

由于

$$\lim_{x \to e^-} f(x) = \lim_{x \to e^-} 1 = 1, \quad \lim_{x \to e^+} f(x) = \lim_{x \to e^+} \ln x = \ln e = 1,$$

且 $f(1)=1$，所以 f 在 $x=1$ 点连续. 而显然 f 在任何 $x \neq 1$ 的点连续. 于是 f 在 $(0, +\infty)$ 上连续.

例 1.5.5 求下列极限：

(1) $\lim\limits_{x \to 0} \dfrac{e^{2x} - \sqrt[3]{1+x}}{x + \sin^2 x}$；　　　　(2) $\lim\limits_{x \to 0} (\cos x)^{\frac{1}{\sin^2 x}}$.

解　(1) 由于 $e^x - 1 \sim x$ $(x \to 0)$，所以 $e^{2x} - 1 \sim 2x$ $(x \to 0)$.

由于 $\sqrt[3]{1+x} - 1 \sim \dfrac{1}{3} x$ $(x \to 0)$，且显然有 $x + \sin^2 x \sim x$ $(x \to 0)$，于是利用等价无穷小量进行代换得

$$\begin{aligned}
\lim_{x \to 0} \frac{e^{2x} - \sqrt[3]{1+x}}{x + \sin^2 x} &= \lim_{x \to 0} \frac{e^{2x} - 1 + 1 - \sqrt[3]{1+x}}{x + \sin^2 x} \\
&= \lim_{x \to 0} \frac{e^{2x} - 1}{x + \sin^2 x} - \lim_{x \to 0} \frac{\sqrt[3]{1+x} - 1}{x + \sin^2 x} \\
&= \lim_{x \to 0} \frac{2x}{x} - \lim_{x \to 0} \frac{\frac{1}{3} x}{x} \\
&= 2 - \frac{1}{3} \\
&= \frac{5}{3}.
\end{aligned}$$

(2) 由于

$$(\cos x)^{\frac{1}{\sin^2 x}} = e^{\frac{1}{\sin^2 x} \ln \cos x},$$

而当 $x \to 0$ 时有

$$\ln \cos x = \ln[1 + (\cos x - 1)] \sim \cos x - 1 \sim -\frac{1}{2} x^2,$$

$$\sin x \sim x,$$

所以

$$\lim_{x \to 0} \frac{\ln \cos x}{\sin^2 x} = \lim_{x \to 0} \frac{-\frac{1}{2} x^2}{x^2} = -\frac{1}{2},$$

于是

$$\lim_{x \to 0} (\cos x)^{\frac{1}{\sin^2 x}} = e^{\lim\limits_{x \to 0} \frac{1}{\sin^2 x} \ln \cos x} = e^{-\frac{1}{2}} = \frac{1}{\sqrt{e}}.$$

例 1.5.6 设 a, b 为正数. 求下列极限：

(1) $\lim\limits_{x \to 0} \dfrac{a^x - 1}{x}$；　　　　(2) $\lim\limits_{n \to \infty} \left(\dfrac{\sqrt[n]{a} + \sqrt[n]{b}}{2} \right)^n$.

解　(1) 当 $a=1$ 时，显然有 $\lim\limits_{x \to 0} \dfrac{a^x - 1}{x} = 0$.

当 $a \neq 1$ 时，令 $y = a^x - 1$，则 $x = \dfrac{\ln(1+y)}{\ln a}$，且当 $x \to 0$ 时，$y \to 0$. 于是

$$\lim_{x \to 0} \frac{a^x - 1}{x} = \lim_{y \to 0} \frac{y \ln a}{\ln(1+y)} = \ln a,$$

因此总有

$$\lim_{x \to 0} \frac{a^x - 1}{x} = \ln a \quad (a > 0).$$

（2）由（1）的结论和海涅定理得

$$\lim_{n \to \infty} n(\sqrt[n]{a} - 1) = \lim_{n \to \infty} \frac{a^{\frac{1}{n}} - 1}{\frac{1}{n}} = \ln a,$$

同理有

$$\lim_{n \to \infty} n(\sqrt[n]{b} - 1) = \ln b.$$

令 $\dfrac{\sqrt[n]{a} + \sqrt[n]{b}}{2} = 1 + \dfrac{x_n}{n}$，所以

$$x_n = n\left(\frac{\sqrt[n]{a} + \sqrt[n]{b}}{2} - 1 \right) = \frac{1}{2}\left[n(\sqrt[n]{b} - 1) + n(\sqrt[n]{a} - 1) \right],$$

从而

$$\lim_{n \to \infty} x_n = \frac{1}{2}(\ln a + \ln b) = \ln \sqrt{ab},$$

于是

$$\lim_{n \to \infty} \left(\frac{\sqrt[n]{a} + \sqrt[n]{b}}{2} \right)^n = \lim_{n \to \infty} \left(1 + \frac{x_n}{n} \right)^n = \lim_{n \to \infty} \left[\left(1 + \frac{x_n}{n} \right)^{\frac{n}{x_n}} \right]^{x_n} = e^{\ln \sqrt{ab}} = \sqrt{ab}.$$

例 1.5.7 设函数 f 在 $[0,2]$ 上连续，且 $f(0) = f(2)$，证明：存在 $x, y \in [0,2]$，满足 $y - x = 1$，使得 $f(x) = f(y)$.

证 设 $F(x) = f(x+1) - f(x)(x \in [0,1])$，则

$$F(1) = f(2) - f(1) = f(0) - f(1) = -F(0).$$

若 $F(1) = 0$，则 $f(2) = f(1)$，取 $y = 2, x = 1$ 即可.

若 $F(1) \neq 0$，由于 $F(1)$ 与 $F(0)$ 异号，由零点存在定理知，存在 $\xi \in (0,1)$ 使得

$$F(\xi) = 0,$$

即

$$f(\xi + 1) = f(\xi).$$

取 $y = \xi + 1$，$x = \xi$，显然 $x, y \in [0,2]$，$y - x = 1$，且这时成立

$$f(x) = f(y).$$

证毕

习 题 一

（A）

1. 求下列函数的定义域：

(1) $y = \sqrt{3x + 2}$；

(2) $y = \arcsin \dfrac{x-1}{2}$；

(3) $y = \dfrac{\lg(3-x)}{\sqrt{|x|-1}}$；

(4) $y = \sqrt{\cos x}$.

2. 求下列函数的反函数:

(1) $y=1+\lg(x+2)$;   (2) $y=2\sin 3x$, $x\in\left[-\dfrac{\pi}{6},\dfrac{\pi}{6}\right]$.

3. 已知 $f(x)=\begin{cases} x^2+2x, & x\leqslant 0, \\ 2, & x>0, \end{cases}$ 求 $f(x+1)$ 和 $f(x)+f(-x)$.

4. 判断下列函数的奇偶性:

(1) $f(x)=\dfrac{1-x^2}{\cos x}$;   (2) $f(x)=\sin x-\cos x+1$;

(3) $f(x)=x\sqrt{x^2-1}+\tan x$.

5. 证明函数 $y=x+\lg x$ 在 $(0,+\infty)$ 上严格单调增加.

6. 证明函数 $y=\dfrac{x+\sin x}{1+x^2}$ 在 $(-\infty,+\infty)$ 上有界.

7. 设某商品的价格 P 与需求量 Q_d 的关系为:$P=24-2Q_d$,试将该商品的市场销售收益 R 表示为商品价格的函数.

8. 已知某商品的需求量为 $Q_d=\dfrac{100}{3}-\dfrac{2}{3}P$($P$ 为价格),厂商的供给量为 $Q_s=-10+5P$,求该商品的均衡价格.

9. 按极限的定义证明:

(1) $\lim\limits_{n\to\infty}\dfrac{1}{n^2}=0$;   (2) $\lim\limits_{n\to\infty}\dfrac{\sqrt{n^2+n}}{n}=1$.

10. 设 $\lim\limits_{n\to\infty}x_{2n}=a$,$\lim\limits_{n\to\infty}x_{2n+1}=a$.证明 $\lim\limits_{n\to\infty}x_n=a$.

11. 求下列数列的极限:

(1) $\lim\limits_{n\to\infty}\dfrac{3n^2+4n-1}{n^2+1}$;   (2) $\lim\limits_{n\to\infty}\dfrac{4^n-5\cdot 3^{n+1}+1}{2\cdot 4^n+3^n}$;

(3) $\lim\limits_{n\to\infty}n(\sqrt{n^2+1}-\sqrt{n^2-1})$;   (4) $\lim\limits_{n\to\infty}\dfrac{3n-\sin n}{4n+2\cos n}$;

(5) $\lim\limits_{n\to\infty}\left(\dfrac{1}{1\cdot 2}+\dfrac{1}{2\cdot 3}+\cdots+\dfrac{1}{n(n+1)}\right)$;   (6) $\lim\limits_{n\to\infty}\left(1-\dfrac{1}{2^2}\right)\left(1-\dfrac{1}{3^2}\right)\cdots\left(1-\dfrac{1}{n^2}\right)$.

12. 利用极限的夹逼性质求下列极限:

(1) $\lim\limits_{n\to\infty}\left[\dfrac{1}{(n+1)^3}+\dfrac{2}{(n+2)^3}+\cdots+\dfrac{n}{(2n)^3}\right]$;

(2) $\lim\limits_{n\to\infty}\left[1+\dfrac{1}{2}+\cdots+\dfrac{1}{n}\right]^{\frac{1}{n}}$.

13. 利用"单调有界数列必有极限"的结论,证明下列数列收敛,并求其极限:

(1) $x_1=\sqrt{2}$,$x_{n+1}=\sqrt{2+x_n}$,$n=1,2,\cdots$;

(2) $x_1=1$,$x_{n+1}=1+\dfrac{x_n}{1+x_n}$,$n=1,2,\cdots$.

14. 按函数极限的定义证明:

(1) $\lim\limits_{x\to 4}(4x-1)=15$;   (2) $\lim\limits_{x\to -2}\dfrac{x^2-4}{x+2}=-4$;

（3）$\lim\limits_{x\to\infty}\dfrac{3x+5}{x}=3$；

（4）$\lim\limits_{x\to+\infty}\dfrac{\sin x}{\sqrt{x}}=0$.

15. 求下列函数极限：

（1）$\lim\limits_{x\to 2}\dfrac{x^2-3}{x^2+1}$；

（2）$\lim\limits_{x\to 1}\dfrac{x^2+2x-3}{x^2-1}$；

（3）$\lim\limits_{x\to 0}\dfrac{x^2}{1-\sqrt{1+x^2}}$；

（4）$\lim\limits_{x\to 4}\dfrac{\sqrt{2x+1}-3}{\sqrt{x-2}-\sqrt{2}}$；

（5）$\lim\limits_{h\to 0}\dfrac{(x+h)^3-x^3}{h}$；

（6）$\lim\limits_{x\to\infty}\left(1+\dfrac{3}{x}\right)\left(2-\dfrac{5}{x^2}\right)$；

（7）$\lim\limits_{x\to\infty}\dfrac{4x^3+5x^2+7x-2}{x^3+8x^2+3x+1}$；

（8）$\lim\limits_{x\to+\infty}\dfrac{\sqrt[4]{1+x^3}}{1+x}$；

（9）$\lim\limits_{x\to\infty}\dfrac{(2x-1)^{30}(3x-4)^{20}}{(2x+3)^{50}}$；

（10）$\lim\limits_{x\to+\infty}\left(\sqrt{x^2+x+1}-\sqrt{x^2-x+1}\right)$；

（11）$\lim\limits_{x\to-\infty}\left(\sqrt{x^2+x}+x\right)$；

（12）$\lim\limits_{x\to\infty}\dfrac{x^2+6x-5}{x^3+3x+4}(4+\cos x)$.

16. 设

$$f(x)=\begin{cases} 3x^3+5, & x\leqslant 0, \\ x^2+1, & 0<x\leqslant 1, \\ \dfrac{2}{x^2}, & 1<x, \end{cases}$$

分别讨论当 $x\to 0$ 和 $x\to 1$ 时，$f(x)$ 的极限是否存在.

17. 若 $\lim\limits_{x\to 1}\dfrac{x^2+ax+b}{1-x}=5$，求 a,b 的值.

18. 求下列函数极限：

（1）$\lim\limits_{x\to 0}\dfrac{\sin 5x}{\sin 6x}$；

（2）$\lim\limits_{x\to 0}\dfrac{\tan x-\sin x}{x}$；

（3）$\lim\limits_{x\to 0}\dfrac{x-\sin 2x}{x+\sin 2x}$；

（4）$\lim\limits_{x\to 0}\dfrac{\arcsin x}{\sin 3x}$；

（5）$\lim\limits_{x\to 0}\dfrac{\tan x-\sin x}{\sin^3 x}$；

（6）$\lim\limits_{x\to\infty}\left(1+\dfrac{2}{x}\right)^{2x}$；

（7）$\lim\limits_{x\to 0}\left(\dfrac{2-x}{2}\right)^{\frac{2}{x}}$；

（8）$\lim\limits_{x\to\infty}\left(\dfrac{x-1}{x+1}\right)^x$；

（9）$\lim\limits_{x\to\frac{\pi}{2}}(1+\cos x)^{3\sec x}$；

（10）$\lim\limits_{x\to\infty}\left(\dfrac{x^2}{x^2-1}\right)^x$.

19. 证明：

（1）$\sqrt{3+x}-2=o(1)\ (x\to 1)$；

（2）当 $x\to 0$ 时，$x\sin\sqrt{x}$ 是与 $x^{\frac{3}{2}}$ 同阶的无穷小量；

（3）$\sqrt{1+x}-1\sim\dfrac{1}{2}x\ (x\to 0)$；

（4）$(1+x)^n=1+nx+o(x)\ (x\to 0)$；

(5) $\frac{1}{2}(1-x^2)\sim 1-x\ (x\to 1)$；

(6) $\frac{1}{\sin x+x^2}\sim\frac{1}{x^2}\ (x\to\infty)$.

20. 试确定 α 的值，使得当 $x\to 0$ 时下列函数与 x^α 是同阶无穷小量：

(1) $\sin 2x-2\sin x$；　　　　　　　(2) $\frac{1}{1+x}-(1-x)$；

(3) $\sqrt[5]{3x^2-4x^3}$；　　　　　　(4) $\sqrt{1+\tan x}-\sqrt{1-\sin x}$.

21. 利用等价无穷小量的性质，求下列极限：

(1) $\lim\limits_{x\to 0}\frac{\sin(x^5)}{(\sin x)^4}$；　　　　　(2) $\lim\limits_{x\to 0}\frac{\sqrt{1+x^2}-1}{1-\cos x}$；

(3) $\lim\limits_{x\to 0}\frac{\sin x-\tan x}{(\sqrt[3]{1+x^2}-1)(\sqrt{1+\sin x}-1)}$；　(4) $\lim\limits_{x\to\infty}\frac{x\arctan\dfrac{1}{x}}{x-\cos x}$.

22. 证明下列函数在 $(-\infty,+\infty)$ 上是连续函数：

(1) $f(x)=4x^2+5$；　　　　　　(2) $f(x)=\cos x$.

23. 下列函数在 $x=0$ 点是否连续？为什么？

(1) $f(x)=\begin{cases}x-2, & x\leqslant 0,\\ -\dfrac{\sin x}{x}, & x>0;\end{cases}$

(2) $f(x)=\begin{cases}x^2\sin\dfrac{1}{x^3}, & x\neq 0,\\ 0, & x=0;\end{cases}$

(3) $f(x)=\begin{cases}\mathrm{e}^{-\frac{1}{x^3}}, & x\neq 0,\\ 0, & x=0.\end{cases}$

24. 设
$$f(x)=\begin{cases}\dfrac{\sqrt{1+x}-1}{x}, & x>0,\\ k, & x=0,\\ x\sin\dfrac{1}{x}+\dfrac{1}{2}, & x<0,\end{cases}$$

问当 k 为何值时，函数 f 在其定义域上连续？为什么？

25. 利用等价无穷小量的性质，求下列极限：

(1) $\lim\limits_{x\to 0}\frac{\ln(1+2x)}{\sin 3x}$；　　　　(2) $\lim\limits_{x\to 0}\left(\cot x-\dfrac{\mathrm{e}^{2x}}{\sin x}\right)$；

(3) $\lim\limits_{x\to 0}\frac{1-\sqrt[3]{1-x+x^3}}{x}$；　　(4) $\lim\limits_{x\to 0}\frac{\mathrm{e}^{x^3}-1}{(2^x-1)(1-\cos x)}$.

26. 证明方程 $3^x-5x+1=0$ 在 $(0,1)$ 内有实根.

27. 设 $a>0,b>0$，证明：方程

$$x = a\sin x + b$$

至少有一个不超过 $a+b$ 的正根.

28. 某保险公司开展养老保险业务,当存入 R_0 元时,t 年后可得养老金 $R(t)=R_0 e^{at}$ 元 $(a>0)$.如果银行存款的年利率为 r,按连续复利计息,问 t 年后的养老金的现在价值(即养老金的现值)$A(t)$ 是多少?

(B)

1. 判断函数 $f(x)=\dfrac{1}{1+a^x}-\dfrac{1}{2}$ $(a>0,a\neq 1)$ 的奇偶性.

2. 证明 $\lim\limits_{n\to\infty}\sqrt[n]{n}=1$.

3. 证明 $\lim\limits_{n\to\infty}\dfrac{a^n}{n!}=0$.

4. 设 $\lim\limits_{n\to\infty}x_n=0$,且数列 $\{y_n\}$ 有界.证明 $\lim\limits_{n\to\infty}x_n y_n=0$.并利用此结论证明

$$\lim_{n\to\infty}(\sin\sqrt{n+1}-\sin\sqrt{n})=0.$$

5. 求极限 $\lim\limits_{n\to\infty}\sqrt[n]{2^n+5^n}$.

6. 设 $\lim\limits_{x\to\infty}\left(\dfrac{x^2+3}{x-2}+ax+b\right)=0$,求 a,b 的值.

7. 求下列极限:

(1) $\lim\limits_{n\to\infty}2^n\sin\dfrac{x}{2^n}$;   (2) $\lim\limits_{n\to\infty}\left(1+\dfrac{1}{n}-\dfrac{1}{n^2}\right)^n$;

(3) $\lim\limits_{x\to 0}(1+2x+4x^2)^{\frac{2}{\sin x}}$;   (4) $\lim\limits_{x\to 1}(1-\sin\pi x)^{\tan\frac{\pi}{2}x}$;

(5) $\lim\limits_{x\to 0}\dfrac{\ln\cos ax}{\ln\cos bx}$ $(b\neq 0)$;   (6) $\lim\limits_{x\to +\infty}\dfrac{\ln(1+5^x)}{\ln(1+7^x)}$;

(7) $\lim\limits_{x\to 0}(x+e^x)^{\frac{1}{x}}$;   (8) $\lim\limits_{x\to 1^+}\dfrac{(\ln x)\ln(2x-1)}{1+\cos(\pi x)}$.

8. 设函数 f 在 $[a,+\infty)$ 上连续,且 $\lim\limits_{x\to+\infty}f(x)=A$,证明函数 f 在 $[a,+\infty)$ 上有界.

9. 求函数 $y=\lim\limits_{n\to\infty}(x-1)\arctan(|x|^n)$ 的间断点.

10. 证明 $\lim\limits_{x\to 0}x\left[\dfrac{1}{x}\right]=1$.

11. 证明方程在 $x^3-4x+1=0$ 在 $(0,1)$ 内有且仅有一个实根.

12. 设 f 是 $[a,b]$ 上的连续函数,且 $f(x)\neq 0$,$x\in[a,b]$,证明 $f(x)$ 在 $[a,b]$ 上恒正或恒负.

13. 设 f 是 $[a,b]$ 上的连续函数,$a\leqslant x_1<x_2<\cdots<x_n\leqslant b$,证明在 $[x_1,x_n]$ 上必有 ξ,使得

$$f(\xi)=\dfrac{1}{n}[f(x_1)+f(x_2)+\cdots+f(x_n)].$$

导数与微分

在上一章中，我们利用极限研究了函数的变化趋势以及连续性. 函数在一点的连续性态，只由函数值的改变量是否随自变量的改变量趋于零而趋于零而决定. 因此，连续性还只是对函数变化性态的粗略描述，还不能描述函数值随自变量的变化而变化的快慢，而导数就是刻画这种变化快慢的有效工具，它是函数值随自变量变化的变化率. 微分的基本思想是将函数在一点附近线性化，并由此提供函数变化的线性主要部分等重要信息. 本章首先用极限思想引入导数的定义，并建立导数的运算法则. 然后给出微分的概念及其与导数的关系，并将微分的运算归结为导数的运算.

§1 导数的概念

两个实例

（一）直线运动的速度

设有一质点沿直线运动，其位移 s 是时间 t 的函数 $s=s(t)$，要求出在时刻 t_0 时质点运动的（瞬时）速度.

如果质点做的是匀速运动，考察时段 $[t_0, t_0+\Delta t]$ 中位移的变化 $\Delta s = s(t_0+\Delta t) - s(t_0)$，则有

$$v = \frac{\Delta s}{\Delta t} = \frac{s(t_0+\Delta t) - s(t_0)}{\Delta t}.$$

如果质点做的是变速运动，上式只能表示相应时段中的平均速度. 当

时间间隔$|\Delta t|$很小时,质点的速度变化会很小,可以认为上述平均速度是t_0时刻(瞬时)速度的一个近似. 当$|\Delta t|$越来越小时,平均速度就越来越接近t_0时刻的速度. 因而当$\Delta t \to 0$时,平均速度的极限就是(瞬时)速度,即

$$v(t_0) = \lim_{\Delta t \to 0} \frac{s(t_0 + \Delta t) - s(t_0)}{\Delta t}.$$

例如,自由落体的运动方程为$s = \dfrac{1}{2} g t^2$,因此在时刻t_0的速度为

$$
\begin{aligned}
v(t_0) &= \lim_{\Delta t \to 0} \frac{\Delta s}{\Delta t} = \lim_{\Delta t \to 0} \frac{\dfrac{1}{2} g (t_0 + \Delta t)^2 - \dfrac{1}{2} g t_0^2}{\Delta t} \\
&= \lim_{\Delta t \to 0} \left(g t_0 + \frac{1}{2} g \Delta t \right) \\
&= g t_0.
\end{aligned}
$$

（二）切线的斜率

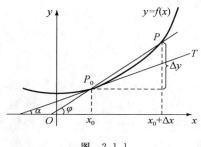

图 2.1.1

设平面上有一条曲线$y = f(x)$,$P_0(x_0, y_0)$是曲线上一点(见图 2.1.1). 在曲线上P_0点的附近取一点$P(x, y)$,作割线$P_0 P$(即过P_0和P的直线). 当点P沿曲线趋于P_0时,如果割线$P_0 P$趋于一个确定的极限位置$P_0 T$,就称$P_0 T$为曲线在P_0点的切线. 记

$$\Delta x = x - x_0, \quad \Delta y = f(x_0 + \Delta x) - f(x_0),$$

则割线$P_0 P$的斜率为

$$\bar{k} = \tan\varphi = \frac{\Delta y}{\Delta x}.$$

当$P \to P_0$时,有$x \to x_0$,即$\Delta x \to 0$,因此切线的斜率$k = \tan\alpha$为

$$k = \lim_{\Delta x \to 0} \bar{k} = \lim_{\Delta x \to 0} \frac{\Delta y}{\Delta x}.$$

导数的概念

上面两个实例的核心思想就是计算函数的改变量与自变量的改变量之比的极限. 这就引出下面的导数概念.

定义 2.1.1 设函数f在x_0的某个邻域上有定义. 如果极限

$$\lim_{\Delta x \to 0} \frac{\Delta y}{\Delta x} = \lim_{\Delta x \to 0} \frac{f(x_0 + \Delta x) - f(x_0)}{\Delta x}$$

存在,则称函数f在x_0点**可导**,并称此极限值为f在x_0点的**导数**,记作

$$f'(x_0) \quad 或 \quad y' \big|_{x=x_0}, \quad 或 \quad \frac{\mathrm{d}y}{\mathrm{d}x} \bigg|_{x=x_0}.$$

如果上述极限不存在,就称函数f在x_0点**不可导**,或称f在x_0点的导数不存在.

在定义 2.1.1 中令$\Delta x = x - x_0$,则可得到f在x_0点的导数的一个等价定义:

$$f'(x_0) = \lim_{x \to x_0} \frac{f(x) - f(x_0)}{x - x_0}.$$

由导数的定义可以看出,它是用来度量某个量(函数)变化的快慢,即变化速度的.这类问题其实随处可见.诸如物理学中的光、热、磁、电的各种传导率、化学中的反应速率乃至经济学中的资金流动比率、人口学中的人口增长速率等,都是各种广义的"速度",因而都可以用导数表述.一言以蔽之,导数是因变量关于自变量的变化率.

导数的几何意义

由关于曲线的切线斜率的讨论及导数的定义可知:如果函数在 x_0 点可导,那么 $f'(x_0)$ 就是曲线 $y=f(x)$ 在 $P_0(x_0,f(x_0))$ 点的切线的斜率,这就是导数的几何意义.由此进一步可得,曲线 $y=f(x)$ 在 $P_0(x_0,f(x_0))$ 点的切线方程是

$$y-f(x_0)=f'(x_0)(x-x_0).$$

过 P_0 点且与切线垂直的直线称为曲线 $y=f(x)$ 在 P_0 点的**法线**.于是,当 $f'(x_0)\neq0$ 时,在 P_0 点的法线方程是

$$y-f(x_0)=-\frac{1}{f'(x_0)}(x-x_0).$$

例 2.1.1 求曲线 $y=\sqrt{x}$ 在 $(1,1)$ 点的切线方程和法线方程.

解 记 $f(x)=\sqrt{x}$,则曲线在 $(1,1)$ 点的切线斜率为

$$\begin{aligned}f'(1)&=\lim_{\Delta x\to0}\frac{f(1+\Delta x)-f(1)}{\Delta x}\\&=\lim_{\Delta x\to0}\frac{\sqrt{1+\Delta x}-\sqrt{1}}{\Delta x}\\&=\lim_{\Delta x\to0}\frac{\Delta x}{(\sqrt{1+\Delta x}+1)\cdot\Delta x}\\&=\lim_{\Delta x\to0}\frac{1}{\sqrt{1+\Delta x}+1}=\frac{1}{2}.\end{aligned}$$

因此曲线在 $(1,1)$ 点的切线方程为

$$y-1=\frac{1}{2}(x-1),$$

即 $x-2y+1=0$.

法线方程为

$$y-1=(-2)(x-1),$$

即 $2x+y-3=0$.

单侧导数

把定义 2.1.1 中的 $\Delta x\to0$ 改为 $\Delta x\to0^-$ 或 $\Delta x\to0^+$,相应地有如下定义.

定义 2.1.2 设函数 f 在 x_0 的某个邻域上有定义.如果极限

$$\lim_{\Delta x\to0^+}\frac{f(x_0+\Delta x)-f(x_0)}{\Delta x}$$

存在,则称此极限值为 f 在 x_0 点的**右导数**,记做 $f'_+(x_0)$,此时也称 f 在 x_0 点的右导数存在.

类似地可定义 f 在 x_0 点的**左导数**

$$f'_-(x_0) = \lim_{\Delta x \to 0^-} \frac{f(x_0 + \Delta x) - f(x_0)}{\Delta x}.$$

左导数和右导数统称为**单侧导数**.

由左、右极限与极限之间的关系立即得到

定理 2.1.1 设函数 f 在 x_0 的某个邻域上有定义，则 f 在 x_0 点可导的充分必要条件是：f 在 x_0 点处的左、右导数均存在且相等，且这时成立

$$f'_-(x_0) = f'_+(x_0) = f'(x_0).$$

例 2.1.2 考察函数 $f(x) = |x|$ 在 $x = 0$ 点的可导情况.

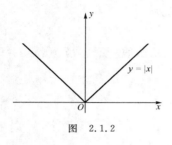

图 2.1.2

解 当 $\Delta x < 0$ 时，$f(\Delta x) = |\Delta x| = -\Delta x$，所以 $f(x)$ 在 $x = 0$ 点的左导数为

$$f'_-(0) = \lim_{\Delta x \to 0^-} \frac{f(0 + \Delta x) - f(0)}{\Delta x} = \lim_{\Delta x \to 0^-} \frac{-\Delta x}{\Delta x} = -1;$$

而当 $\Delta x > 0$ 时，$f(\Delta x) = |\Delta x| = \Delta x$，所以 $f(x)$ 在 $x = 0$ 点的右导数为

$$f'_+(0) = \lim_{\Delta x \to 0^+} \frac{f(0 + \Delta x) - f(0)}{\Delta x} = \lim_{\Delta x \to 0^+} \frac{\Delta x}{\Delta x} = 1,$$

因此，$f(x) = |x|$ 在 $x = 0$ 点的左、右导数都存在却不相等，所以它在 $x = 0$ 点不可导（见图 2.1.2）.

例 2.1.3 考察函数

$$f(x) = \begin{cases} x \sin \dfrac{1}{x}, & x > 0, \\ 0, & x \leqslant 0 \end{cases}$$

在 $x = 0$ 点的可导情况.

解 当 $\Delta x \leqslant 0$ 时，$f(\Delta x) = 0$，于是显然有

$$f'_-(0) = \lim_{\Delta x \to 0^-} \frac{f(\Delta x) - f(0)}{\Delta x} = 0;$$

而当 $\Delta x > 0$ 时，有

$$\frac{f(\Delta x) - f(0)}{\Delta x} = \frac{\Delta x \cdot \sin \dfrac{1}{\Delta x}}{\Delta x} = \sin \frac{1}{\Delta x}.$$

当 $\Delta x \to 0^+$ 时，上式的极限不存在（见例 1.3.3），即函数 f 在 $x = 0$ 点的右导数不存在，因此它在 $x = 0$ 点不可导.

显然，以上两个例子中的函数都在 $x = 0$ 点连续.

可导性与连续性的关系

例 2.1.2 和例 2.1.3 说明了若一个函数在某点连续，它不一定在该点可导. 但下面这个定理说明，若一个函数在某点可导，则它必在该点连续.

定理 2.1.2 若函数 f 在 x_0 点可导，则它在 x_0 点连续.

证 由于 $f'(x_0) = \lim_{\Delta x \to 0} \dfrac{f(x_0 + \Delta x) - f(x_0)}{\Delta x}$ 存在，由定理 1.3.10 知

$$\frac{f(x_0+\Delta x)-f(x_0)}{\Delta x}=f'(x_0)+o(1),$$

其中，$o(1)$ 为当 $\Delta x\to 0$ 时的无穷小量. 于是

$$f(x_0+\Delta x)-f(x_0)=f'(x_0)\Delta x+o(1)\cdot\Delta x,$$

所以

$$\lim_{\Delta x\to0}[f(x_0+\Delta x)-f(x_0)]=0,$$

即函数 f 在 x_0 点连续.

证毕

例 2.1.4 设函数

$$f(x)=\begin{cases} x^2, & x>1,\\ ax+b, & x\leqslant1,\end{cases}$$

确定常数 a,b，使得函数 f 在 $x=1$ 点可导.

解　要使 f 在 $x=1$ 点可导，首先它必须在 $x=1$ 点连续，所以由

$$\lim_{x\to1^+}f(x)=\lim_{x\to1^+}x^2=1,$$

及

$$\lim_{x\to1^-}f(x)=\lim_{x\to1^-}(ax+b)=a+b,$$

得

$$f(1)=a+b=1.$$

要使 f 在 $x=1$ 点可导，必须成立 $f'_-(1)=f'_+(1)$，而由定义及上式得

$$f'_-(1)=\lim_{x\to1^-}\frac{f(x)-f(1)}{x-1}=\lim_{x\to1^-}\frac{ax+b-(a+b)}{x-1}=\lim_{x\to1^-}a=a;$$

$$f'_+(1)=\lim_{x\to1^+}\frac{f(x)-f(1)}{x-1}=\lim_{x\to1^+}\frac{x^2-1}{x-1}=\lim_{x\to1^+}\frac{(x+1)(x-1)}{x-1}$$
$$=\lim_{x\to1^+}(x+1)=2.$$

因此 $a=2$，进而得 $b=-1$. 此时 $f'(1)=2$.

导函数

如果函数 f 在开区间 (a,b) 上的每一点可导，则称 f 在 (a,b) 上可导，此时称 f 是 (a,b) 上的**可导函数**.

如果函数 f 在开区间 (a,b) 上可导，且 f 在 a 点有右导数 $f'_+(a)$，f 在 b 点有左导数 $f'_-(b)$，则称 f 在 $[a,b]$ 上可导，此时称 f 是 $[a,b]$ 上的**可导函数**.

设 f 是区间 I 上的可导函数（如果区间含有端点，在端点仅考虑相应的单侧导数），那么我们可得到定义于 I 上的一个新函数

$$f':x\longmapsto f'(x),\quad x\in I,$$

称 f' 为 f 的在 I 上的**导函数**. 导函数也常记做 y' 或 $\frac{\mathrm dy}{\mathrm dx}$，并常简称它为导数.

显然 $f'(x_0)$ 就是导函数 $f'(x)$ 在 $x=x_0$ 点的值.

可以直接通过导数的定义来计算一些简单函数的导函数，下面我们来看几个例子.

显然，常数函数 $y=C$ 的导函数恒等于零.

例 2.1.5 求 $f(x)=x^n$ 的导函数，其中 n 为正整数.

解　因为

$$f(x+\Delta x)-f(x)=(x+\Delta x)^n-x^n=\sum_{k=1}^{n}C_n^k x^{n-k}(\Delta x)^k$$

$$=nx^{n-1}\Delta x+\sum_{k=2}^{n}C_n^k x^{n-k}(\Delta x)^k,$$

所以

$$f'(x)=\lim_{\Delta x\to 0}\frac{f(x+\Delta x)-f(x)}{\Delta x}=\lim_{\Delta x\to 0}\left(nx^{n-1}+\sum_{k=2}^{n}C_n^k x^{n-k}(\Delta x)^{k-1}\right)=nx^{n-1}.$$

这就是说，$(x^n)'=nx^{n-1}$.

例 2.1.6　求正弦函数 $f(x)=\sin x$ 的导函数.

解　因为

$$f(x+\Delta x)-f(x)=\sin(x+\Delta x)-\sin x=2\cos\left(x+\frac{\Delta x}{2}\right)\sin\frac{\Delta x}{2},$$

由 $\cos x$ 的连续性可知

$$f'(x)=\lim_{\Delta x\to 0}\frac{\sin(x+\Delta x)-\sin x}{\Delta x}$$

$$=\lim_{\Delta x\to 0}2\cos\left(x+\frac{\Delta x}{2}\right)\frac{\sin\frac{\Delta x}{2}}{\Delta x}$$

$$=\lim_{\Delta x\to 0}\cos\left(x+\frac{\Delta x}{2}\right)\cdot\lim_{\Delta x\to 0}\frac{\sin\frac{\Delta x}{2}}{\frac{\Delta x}{2}}$$

$$=\cos x.$$

这就是说，$(\sin x)'=\cos x$. 同理可得

$$(\cos x)'=-\sin x.$$

例 2.1.7　求指数函数 $f(x)=a^x$ $(a>0,a\neq 1)$ 的导函数.

解　利用等价关系式 $a^{\Delta x}-1=e^{\Delta x\ln a}-1\sim\Delta x\ln a$ $(\Delta x\to 0)$，可得

$$f'(x)=\lim_{\Delta x\to 0}\frac{a^{x+\Delta x}-a^x}{\Delta x}=\lim_{\Delta x\to 0}\frac{a^x(a^{\Delta x}-1)}{\Delta x}$$

$$=a^x\lim_{\Delta x\to 0}\frac{a^{\Delta x}-1}{\Delta x}=a^x\ln a.$$

这就是说，$(a^x)'=a^x\ln a$. 特别地，若 $a=e$，则有

$$(e^x)'=e^x.$$

例 2.1.8　求幂函数 $f(x)=x^\alpha$ $(x>0)$ 的导函数，其中 α 为实数.

解　利用等价关系式 $\left(1+\frac{\Delta x}{x}\right)^\alpha-1\sim\frac{\alpha\Delta x}{x}$ $(\Delta x\to 0)$ 得

$$f'(x)=\lim_{\Delta x\to 0}\frac{(x+\Delta x)^\alpha-x^\alpha}{\Delta x}=\lim_{\Delta x\to 0}\frac{x^\alpha\left[\left(1+\frac{\Delta x}{x}\right)^\alpha-1\right]}{x\cdot\frac{\Delta x}{x}}$$

$$=x^{\alpha-1}\lim_{\Delta x\to 0}\frac{\left(1+\frac{\Delta x}{x}\right)^\alpha-1}{\frac{\Delta x}{x}}=\alpha x^{\alpha-1}.$$

这就是说，$(x^a)'=ax^{a-1}$.

注意，对于具体给定的实数 a，幂函数 $y=x^a$ 的定义域与可导范围可能扩大，例如我们已经知道，函数 $y=x^n$（n 为正整数）在 $(-\infty,+\infty)$ 上可导，且成立 $y'=nx^{n-1}$.

§2　求 导 法 则

求导的四则运算法则

计算一个函数的导函数的运算称为对这个函数**求导**. 在上一节我们从定义出发计算了几个简单函数的导函数，对于一般函数的导函数，直接用定义来计算是极为困难的. 因此，有必要对一般的函数导出一系列的求导运算法则，利用这些法则，可以简便地计算初等函数的导函数.

定理 2.2.1　设函数 f 和 g 在区间 I 上可导，则函数 $f\pm g$ 也在区间 I 上可导，且在区间 I 上成立

$$[f(x)\pm g(x)]'=f'(x)\pm g'(x).$$

证　由 f 和 g 的可导性，且根据导数的定义可得，对于 $x\in I$，当 $x+\Delta x\in I$ 时，

$$[f(x)\pm g(x)]'=\lim_{\Delta x\to0}\frac{[f(x+\Delta x)\pm g(x+\Delta x)]-[f(x)\pm g(x)]}{\Delta x}$$
$$=\lim_{\Delta x\to0}\frac{f(x+\Delta x)-f(x)}{\Delta x}\pm\lim_{\Delta x\to0}\frac{g(x+\Delta x)-g(x)}{\Delta x}$$
$$=f'(x)\pm g'(x).$$

证毕

定理 2.2.2　设 f 和 g 在区间 I 上可导，则它们的积函数 $f\cdot g$ 也在区间 I 上可导，且在区间 I 上成立

$$[f(x)\cdot g(x)]'=f'(x)g(x)+f(x)g'(x).$$

证　由于当 $x\in I$，$x+\Delta x\in I$ 时，有

$$\frac{f(x+\Delta x)\cdot g(x+\Delta x)-f(x)\cdot g(x)}{\Delta x}$$
$$=\frac{[f(x+\Delta x)\cdot g(x+\Delta x)-f(x+\Delta x)\cdot g(x)]+[f(x+\Delta x)\cdot g(x)-f(x)\cdot g(x)]}{\Delta x}$$
$$=f(x+\Delta x)\frac{g(x+\Delta x)-g(x)}{\Delta x}+g(x)\frac{f(x+\Delta x)-f(x)}{\Delta x},$$

由 f 和 g 的可导性（因此 f 也具有连续性），便可得到

$$[f(x)\cdot g(x)]'$$
$$=\lim_{\Delta x\to0}\frac{f(x+\Delta x)\cdot g(x+\Delta x)-f(x)\cdot g(x)}{\Delta x}$$
$$=\lim_{\Delta x\to0}f(x+\Delta x)\lim_{\Delta x\to0}\frac{g(x+\Delta x)-g(x)}{\Delta x}+g(x)\lim_{\Delta x\to0}\frac{f(x+\Delta x)-f(x)}{\Delta x}$$
$$=f(x)g'(x)+f'(x)g(x).$$

证毕

推论 2.2.1 设函数 f 在区间 I 上可导，c 是常数，则函数 cf 也在区间 I 上可导，且在区间 I 上成立

$$[cf(x)]' = cf'(x).$$

例 2.2.1 求 $y = 5a^x + 4\sqrt{x}$ 的导函数 $(a > 0, a \neq 1)$.

解 由定理 2.2.1、推论 2.2.1，以及和上一节所得到的关于指数函数和幂函数的导数公式，即得

$$y' = (5a^x + 3\sqrt{x})' = 5(a^x)' + 3(\sqrt{x})' = 5a^x \ln a + \frac{3}{2\sqrt{x}}.$$

例 2.2.2 求 $y = 5^x \cos x + 5^5$ 的导函数.

解 由定理 2.2.1 和定理 2.2.2 得

$$y' = (5^x \cos x)' + (5^5)' = (5^x)' \cos x + 5^x (\cos x)' + 0$$
$$= \ln 5 \cdot (5^x) \cdot \cos x - 5^x \sin x = 5^x (\ln 5 \cdot \cos x - \sin x).$$

定理 2.2.3 设 f 和 g 在区间 I 上可导，且 $g(x) \neq 0$，则它们的商函数 $\dfrac{f}{g}$ 也在区间 I 可导，且在区间 I 上成立

$$\left[\frac{f(x)}{g(x)}\right]' = \frac{f'(x)g(x) - f(x)g'(x)}{[g(x)]^2}.$$

证 由于当 $x \in I, x + \Delta x \in I$ 时，有

$$\frac{\dfrac{f(x+\Delta x)}{g(x+\Delta x)} - \dfrac{f(x)}{g(x)}}{\Delta x} = \frac{f(x+\Delta x)g(x) - g(x+\Delta x)f(x)}{g(x+\Delta x) \cdot g(x) \cdot \Delta x}$$

$$= \frac{1}{g(x)}\left(\frac{f(x+\Delta x) - f(x)}{\Delta x}g(x) - \frac{g(x+\Delta x) - g(x)}{\Delta x}f(x)\right) \cdot \left(\frac{1}{g(x+\Delta x)}\right).$$

由 f 和 g 的可导性（因此 g 也具有连续性）得

$$\lim_{\Delta x \to 0} \frac{f(x+\Delta x) - f(x)}{\Delta x} = f'(x),$$

$$\lim_{\Delta x \to 0} \frac{g(x+\Delta x) - g(x)}{\Delta x} = g'(x),$$

$$\lim_{\Delta x \to 0} g(x+\Delta x) = g(x) \neq 0,$$

所以

$$\left[\frac{f(x)}{g(x)}\right]' = \lim_{\Delta x \to 0} \frac{\dfrac{f(x+\Delta x)}{g(x+\Delta x)} - \dfrac{f(x)}{g(x)}}{\Delta x} = \frac{f'(x)g(x) - f(x)g'(x)}{[g(x)]^2}.$$

证毕

定理 2.2.3 有如下推论：

推论 2.2.2 设 f 在区间 I 上可导，且 $f(x) \neq 0$，则它的倒数 $\dfrac{1}{f}$ 也在区间 I 上可导，且在区间 I 上成立

$$\left[\frac{1}{f(x)}\right]' = -\frac{f'(x)}{[f(x)]^2}.$$

例 2.2.3　求 $y = \sec x$ 的导函数.

解　因为 $\sec x = \dfrac{1}{\cos x}$，于是由推论 2.2.2 得

$$(\sec x)' = \left(\frac{1}{\cos x}\right)' = -\frac{(\cos x)'}{\cos^2 x} = \frac{\sin x}{\cos^2 x} = \tan x \sec x.$$

同理可得

$$(\csc x)' = -\cot x \csc x.$$

例 2.2.4　求 $y = \tan x$ 的导函数.

解　因为 $\tan x = \dfrac{\sin x}{\cos x}$，由定理 2.2.3 得

$$(\tan x)' = \left(\frac{\sin x}{\cos x}\right)' = \frac{(\sin x)' \cos x - \sin x (\cos x)'}{\cos^2 x}$$

$$= \frac{\cos^2 x + \sin^2 x}{\cos^2 x} = \sec^2 x.$$

同理可得

$$(\cot x)' = -\csc^2 x.$$

例 2.2.5　求 $y = \dfrac{\cos x}{x^2}$ 的导函数.

解　由定理 2.2.3 得

$$y' = \left(\frac{\cos x}{x^2}\right)' = \frac{x^2 (\cos x)' - (x^2)' \cos x}{x^4}$$

$$= \frac{-x^2 \sin x - 2x \cos x}{x^4} = -\frac{x \sin x + 2 \cos x}{x^3}.$$

定理 2.2.1、定理 2.2.2 和推论 2.2.1 的结论可以推广到多个函数的情况：

（1）多个可导函数的线性组合的导函数

$$\left[\sum_{i=1}^{n} c_i f_i(x)\right]' = \sum_{i=1}^{n} c_i f_i'(x),$$

其中 $c_i (i = 1, 2, \cdots, n)$ 为常数.

（2）多个可导函数的乘积的导函数

$$\left[\prod_{i=1}^{n} f_i(x)\right]' = \sum_{j=1}^{n} \left\{ f_j'(x) \prod_{\substack{i=1 \\ i \neq j}}^{n} f_i(x) \right\}.$$

例如，三个函数乘积的情况：

$$[f(x)g(x)h(x)]' = f'(x)g(x)h(x) + f(x)g'(x)h(x) + f(x)g(x)h'(x).$$

请读者不难用数学归纳法自行证明这两个公式，下面我们分别举一个例子.

例 2.2.6　求 n 次多项式 $y = a_n x^n + a_{n-1} x^{n-1} + \cdots + a_1 x + a_0$ 的导函数.

解　由多个函数线性的组合的导数公式

$$y' = (a_n x^n + a_{n-1} x^{n-1} + \cdots + a_1 x + a_0)'$$

$$= (a_n x^n)' + (a_{n-1} x^{n-1})' + \cdots + (a_1 x)' + (a_0)'$$

$$= a_n n x^{n-1} + a_{n-1}(n-1) x^{n-2} + \cdots + a_1.$$

这说明了，n 次多项式的导函数是一个 $n-1$ 次多项式．

例 2.2.7 求函数 $y=\mathrm{e}^x(x^5+6x-3)\sin x$ 的导函数．

解 由多个函数的乘积的导数公式得

$$
\begin{aligned}
y' &= \left[\mathrm{e}^x(x^5+6x-3)\sin x\right]' \\
&= (\mathrm{e}^x)'(x^5+6x-3)\sin x + \mathrm{e}^x(x^5+6x-3)'\sin x + \mathrm{e}^x(x^5+6x-3)(\sin x)' \\
&= \mathrm{e}^x(x^5+6x-3)\sin x + \mathrm{e}^x(5x^4+6)\sin x + \mathrm{e}^x(x^5+6x-3)\cos x \\
&= \left[(x^5+5x^4+6x+3)\sin x + (x^5+6x-3)\cos x\right]\mathrm{e}^x.
\end{aligned}
$$

反函数求导法

定理 2.2.4 若函数 f 在开区间 I_x 上连续、严格单调、可导，且 $f'(x)\neq0$．记 $I_y=\{y\mid y=f(x),x\in I_x\}$，则 f 的反函数 f^{-1} 在 I_y 上可导，且有

$$
f^{-1\,\prime}(y)=\frac{1}{f'(x)},
$$

其中 $y=f(x)$．

证 因为函数 $y=f(x)$ 在 I_x 上连续且严格单调，由反函数的连续性定理，它的反函数 $x=f^{-1}(y)$ 在 I_y 上存在、连续，且严格单调．这时 $\Delta y=f(x+\Delta x)-f(x)\neq0$ 等价于 $\Delta x=f^{-1}(y+\Delta y)-f^{-1}(y)\neq0$，并且当 $\Delta y\to0$ 时有 $\Delta x\to0$．因此

$$
\begin{aligned}
f^{-1\,\prime}(y) &= \lim_{\Delta y\to0}\frac{f^{-1}(y+\Delta y)-f^{-1}(y)}{\Delta y}=\lim_{\Delta x\to0}\frac{\Delta x}{f(x+\Delta x)-f(x)} \\
&= \frac{1}{\displaystyle\lim_{\Delta x\to0}\frac{f(x+\Delta x)-f(x)}{\Delta x}}=\frac{1}{f'(x)}.
\end{aligned}
$$

证毕

例 2.2.8 求对数函数 $y=\log_a x\ (a>0,a\neq1)$ 的导函数．

解 由于 $y=\log_a x,\ x\in(0,+\infty)$ 是 $x=a^y,\ y\in(-\infty,+\infty)$ 的反函数，由定理 2.2.4 得

$$
(\log_a x)'=\frac{1}{(a^y)'}=\frac{1}{a^y\ln a}=\frac{1}{x\ln a}.
$$

特别地，当 $a=\mathrm{e}$ 时，有

$$
(\ln x)'=\frac{1}{x}.
$$

例 2.2.9 求 $y=\arcsin x$ 和 $y=\arctan x$ 的导函数．

解 由于 $y=\arcsin x,\ x\in(-1,1)$ 是 $x=\sin y,\ y\in\left(-\dfrac{\pi}{2},\dfrac{\pi}{2}\right)$ 的反函数，由定理 2.2.4 得

$$
(\arcsin x)'=\frac{1}{(\sin y)'}=\frac{1}{\cos y}=\frac{1}{\sqrt{1-\sin^2 y}}=\frac{1}{\sqrt{1-x^2}}.
$$

由于 $y=\arctan x,\ x\in(-\infty,\infty)$ 是 $x=\tan y,\ y\in\left(-\dfrac{\pi}{2},\dfrac{\pi}{2}\right)$ 的反函数，于是有

$$(\arctan x)' = \frac{1}{(\tan y)'} = \frac{1}{\sec^2 y} = \frac{1}{1 + \tan^2 y} = \frac{1}{1 + x^2}.$$

不难用同样的方法得到

$$(\arccos x)' = -\frac{1}{\sqrt{1 - x^2}} \quad \text{和} \quad (\text{arccot} x)' = -\frac{1}{1 + x^2}.$$

下面我们列出基本初等函数的导数公式：

(1) $(C)' = 0$； (2) $(x^\alpha)' = \alpha x^{\alpha - 1}$ $(\alpha \neq 0)$；

(3) $(a^x)' = a^x \ln a$，特别地，$(\mathrm{e}^x)' = \mathrm{e}^x$；

(4) $(\log_a x)' = \frac{1}{x \ln a}$，特别地，$(\ln x)' = \frac{1}{x}$；

(5) $(\sin x)' = \cos x$； (6) $(\cos x)' = -\sin x$；

(7) $(\tan x)' = \sec^2 x$； (8) $(\cot x)' = -\csc^2 x$；

(9) $(\sec x)' = \tan x \sec x$； (10) $(\csc x)' = -\cot x \csc x$；

(11) $(\arcsin x)' = \frac{1}{\sqrt{1 - x^2}}$； (12) $(\arccos x)' = -\frac{1}{\sqrt{1 - x^2}}$；

(13) $(\arctan x)' = \frac{1}{1 + x^2}$； (14) $(\text{arccot} x)' = -\frac{1}{1 + x^2}$.

复合函数求导法

定理 2.2.5（链式求导法则） 设函数 g 在 x_0 点可导，函数 f 在 $u_0 = g(x_0)$ 点可导. 则复合函数 $f \circ g$ 在 x_0 点可导，且成立

$$(f \circ g)'(x_0) = f'(u_0) g'(x_0) = f'(g(x_0)) g'(x_0).$$

证 定义函数

$$H(u) = \begin{cases} \dfrac{f(u) - f(u_0)}{u - u_0}, & u \neq u_0, \\[2mm] f'(u_0), & u = u_0, \end{cases}$$

则由 f 在 u_0 点可导知

$$\lim_{u \to u_0} H(u) = \lim_{u \to u_0} \frac{f(u) - f(u_0)}{u - u_0} = f'(u_0) = H(u_0),$$

所以函数 H 在 u_0 点连续. 再将 $u = g(x)$ 代入等式

$$f(u) - f(u_0) = H(u)(u - u_0)$$

（它在 $u = u_0$ 点显然也成立）得

$$f(g(x)) - f(g(x_0)) = H(g(x))(g(x) - g(x_0)),$$

因此 $$\frac{f(g(x)) - f(g(x_0))}{x - x_0} = H(g(x)) \frac{g(x) - g(x_0)}{x - x_0}.$$

由复合函数的连续性得

$$\lim_{x \to x_0} H(g(x)) = H(g(x_0)) = H(u_0) = f'(u_0).$$

又由函数 g 在 x_0 点可导知

$$\lim_{x \to x_0} \frac{g(x) - g(x_0)}{x - x_0} = g'(x_0),$$

所以

$$
\begin{aligned}
(f \circ g)'(x_0) &= \lim_{x \to x_0} \frac{f(g(x)) - f(g(x_0))}{x - x_0} \\
&= \lim_{x \to x_0} H(g(x)) \cdot \frac{g(x) - g(x_0)}{x - x_0} \\
&= f'(u_0) g'(x_0) \\
&= f'(g(x_0)) g'(x_0).
\end{aligned}
$$

证毕

于是，若函数 $f(u)$ 的定义域包含函数 $u = g(x)$ 的值域，且这两个函数在各自的定义域上可导，则复合函数 $y = f \circ g(x)$ 在其定义域上可导，且导函数为

$$(f \circ g)'(x) = f'(u) g'(x) = f'(g(x)) g'(x).$$

上式还可表为

$$\frac{\mathrm{d}y}{\mathrm{d}x} = \frac{\mathrm{d}y}{\mathrm{d}u} \frac{\mathrm{d}u}{\mathrm{d}x}.$$

上述公式可推广到有限多个函数的复合的情形. 例如，可导函数 $y = f(u)$，$u = g(v)$，$v = h(x)$ 的复合函数的导函数为

$$(f \circ g \circ h)'(x) = f'(u) g'(v) h'(x) = f'(g(h(x))) g'(h(x)) h'(x).$$

上式还可表为

$$\frac{\mathrm{d}y}{\mathrm{d}x} = \frac{\mathrm{d}y}{\mathrm{d}u} \frac{\mathrm{d}u}{\mathrm{d}v} \frac{\mathrm{d}v}{\mathrm{d}x}.$$

例 2.2.10 求 $y = \sin(2x)$ 的导数.

解 函数 $y = \sin(2x)$ 可看作函数 $y = \sin u$ 与 $u = 2x$ 的复合，于是

$$y' = (\sin u)'(2x)' = (\cos u) \cdot 2 = 2\cos(2x).$$

例 2.2.11 求 $y = \dfrac{1}{\sqrt{1-x^2}}$ 的导数.

解 函数 $y = \dfrac{1}{\sqrt{1-x^2}}$ 可看做函数 $y = u^{-\frac{1}{2}}$ 与 $u = 1 - x^2$ 的复合，于是

$$y' = (u^{-\frac{1}{2}})'(1-x^2)' = -\frac{1}{2} u^{-\frac{3}{2}} (-2x) = \frac{x}{(1-x^2)^{\frac{3}{2}}}.$$

读者在运算熟练后，在运算时就不必把中间变量写出来.

例 2.2.12 证明 $(\ln|x|)' = \dfrac{1}{x}$ $(x \neq 0)$.

证 当 $x > 0$ 时，$\ln|x| = \ln x$，所以

$$(\ln|x|)' = (\ln x)' = \frac{1}{x};$$

当 $x < 0$ 时，$\ln|x| = \ln(-x)$. 利用复合函数的链式求导法则得

$$(\ln|x|)' = [\ln(-x)]' = \frac{1}{-x}(-x)' = \frac{1}{-x}\cdot(-1) = \frac{1}{x}.$$

综合以上两种情况即得$(\ln|x|)'=\dfrac{1}{x}\ (x\neq 0)$.

证毕

例 2.2.13　求 $y=\mathrm{e}^x\sqrt{1-\mathrm{e}^{2x}}+\arcsin \mathrm{e}^x$ 的导数.

解　利用求导的四则运算法则和复合函数的链式求导法则得

$$\begin{aligned} y' &= (\mathrm{e}^x)'\sqrt{1-\mathrm{e}^{2x}}+\mathrm{e}^x(\sqrt{1-\mathrm{e}^{2x}})'+(\arcsin \mathrm{e}^x)' \\ &= \mathrm{e}^x\sqrt{1-\mathrm{e}^{2x}}+\mathrm{e}^x\frac{1}{2\sqrt{1-\mathrm{e}^{2x}}}(-\mathrm{e}^{2x})\cdot 2+\frac{1}{\sqrt{1-(\mathrm{e}^x)^2}}\mathrm{e}^x \\ &= \frac{\mathrm{e}^x}{\sqrt{1-\mathrm{e}^{2x}}}(1-\mathrm{e}^{2x}-\mathrm{e}^{2x}+1) \\ &= \frac{2\mathrm{e}^x(1-\mathrm{e}^{2x})}{\sqrt{1-\mathrm{e}^{2x}}} \\ &= 2\mathrm{e}^x\sqrt{1-\mathrm{e}^{2x}}. \end{aligned}$$

例 2.2.14　求函数 $y=\ln(x+\sqrt{x^2+a^2})\ (a>0)$的导数.

解　利用复合函数的链式求导法则得

$$\begin{aligned} y' &= \frac{1}{x+\sqrt{x^2+a^2}}(x+\sqrt{x^2+a^2})' = \frac{1}{x+\sqrt{x^2+a^2}}[1+(\sqrt{x^2+a^2})'] \\ &= \frac{1}{x+\sqrt{x^2+a^2}}\left[1+\frac{x}{\sqrt{x^2+a^2}}\right] = \frac{1}{\sqrt{x^2+a^2}}. \end{aligned}$$

例 2.2.15　如图 2.2.1 所示，有一根金属棒 AB 长 5 m，设其一端 A 沿 y 轴以速度 $y(5-y)$ m/s 向下滑动(其中 y 为 A 与原点的距离)，从而另一端 B 沿 x 轴向右滑动，求点 B 在离坐标原点 3 m 处的滑动速度.

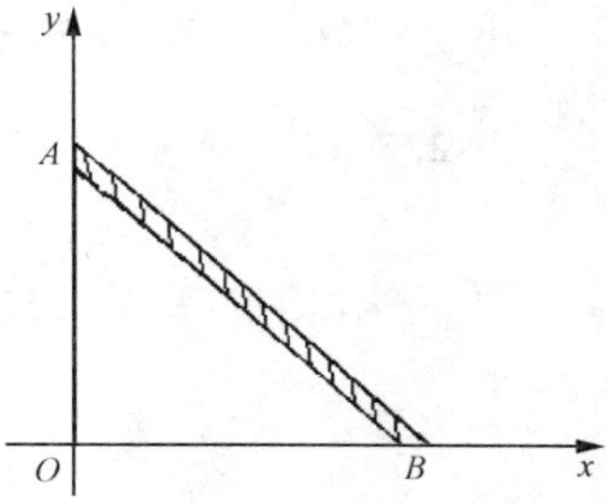

图　2.2.1

解　记 A 点的坐标为$(0,y)$，B 点的坐标为$(x,0)$(x,y 的单位为 m)，棒 AB 滑动的时间为 t(单位：s). 则由问题的条件知

$$x^2+y^2=5^2,$$

于是

$$x=\sqrt{5^2-y^2}.$$

显然 x,y 都是 t 的函数，将上式对 t 求导得

$$\frac{\mathrm{d}x}{\mathrm{d}t}=-\frac{y}{\sqrt{5^2-y^2}}\frac{\mathrm{d}y}{\mathrm{d}t}=-\frac{y}{x}\frac{\mathrm{d}y}{\mathrm{d}t}.$$

点 B 在离坐标原点 3 m 处，即 $x=3$ 时，$y=\sqrt{5^2-x^2}=4$. 由题设$\dfrac{\mathrm{d}y}{\mathrm{d}t}=-y(5-y)$(负号表示速度方向与 y 轴正向相反). 于是由上式得，在离坐标原点 3 m 处点 B 的滑动速度为

$$\left.\frac{\mathrm{d}x}{\mathrm{d}t}\right|_{x=3}=-\left.\frac{y}{x}\frac{\mathrm{d}y}{\mathrm{d}t}\right|_{\substack{x=3\\y=4}}=-\frac{4}{3}\times[-4(5-4)]=\frac{16}{3}(\mathrm{m/s}).$$

对数求导法

所谓"对数求导法"，主要用于形如

$$y = u(x)^{v(x)} \quad (u(x) > 0)$$

的函数的求导，这类函数被称为**幂指函数**.

对上式取自然对数得

$$\ln y = v(x)\ln u(x).$$

等式两边对 x 求导得（注意 y 是 x 的函数）

$$\frac{y'}{y} = (\ln y)' = \left[v(x)\ln u(x)\right]' = v'(x)\ln u(x) + v(x)\frac{u'(x)}{u(x)},$$

于是

$$y' = y\left[v'(x)\ln u(x) + \frac{u'(x)}{u(x)}v(x)\right] = u(x)^{v(x)}\left[v'(x)\ln u(x) + \frac{u'(x)}{u(x)}v(x)\right].$$

例 2.2.16 求 $y = x^{\sin x}$ ($x>0$) 的导数.

解 对 $y = x^{\sin x}$ 取自然对数即得

$$\ln y = \sin x \ln x,$$

两端对 x 求导得

$$\frac{y'}{y} = \cos x \ln x + \sin x \cdot \frac{1}{x},$$

于是

$$y' = y\left(\cos x \ln x + \frac{\sin x}{x}\right) = x^{\sin x}\left(\cos x \ln x + \frac{\sin x}{x}\right).$$

由于对数的性质，对数求导法还适用于类似下例类型的函数的求导.

例 2.2.17 求 $y = \sqrt[5]{\dfrac{(x-2)(x+6)^3}{(x+4)^4}}$ 的导数.

解 对 $y = \sqrt[5]{\dfrac{(x-2)(x+6)^3}{(x+4)^4}}$ 两边先取绝对值，再取自然对数可得

$$\ln|y| = \frac{1}{5}\left[\ln|x-2| + 3\ln|x+6| - 4\ln|x+4|\right],$$

两端对 x 求导，注意到例 2.2.12 的结论就得

$$\frac{y'}{y} = \frac{1}{5}\left(\frac{1}{x-2} + \frac{3}{x+6} - \frac{4}{x+4}\right),$$

于是

$$y' = \frac{1}{5}\sqrt[5]{\frac{(x-2)(x+6)^3}{(x+4)^4}}\left(\frac{1}{x-2} + \frac{3}{x+6} - \frac{4}{x+4}\right).$$

隐函数求导法

前面研究的函数关系，都是通过显函数形式 $y=f(x)$ 给出的. 我们在第一章中已经指出，常可由方程 $F(x,y)=0$ 来确定 y 为 x 的隐函数. 即，如果存在实数集合 X，对任意 $x \in X$，存在唯一确定的实数 y，使得这对 x,y 满足方程 $F(x,y)=0$，则称方程所确定的 y 为 x

的隐函数.记这个对应规则为 f,则该隐函数可表示为

$$y = f(x), \quad x \in X,$$

且这时成立

$$F(x, f(x)) \equiv 0, \quad x \in X.$$

下面在隐函数存在且可导的前提下,讨论隐函数的求导法. 由于上式左端是一个将 $y=f(x)$ 代入到 $F(x,y)$ 所得到的复合函数,因此可根据复合函数求导法将上式两边对 x 求导,便可得到该隐函数的导数. 以下我们举例说明.

例 2.2.18　设由方程 $x^2-xy+y^2=1$ 确定 y 为 x 的隐函数 $y=y(x)$,求 y'.

解　方程两边同时对 x 求导,得

$$2x - y - xy' + 2yy' = 0,$$

从而解得

$$y' = \frac{2x-y}{x-2y}.$$

例 2.2.19　设由方程 $\mathrm{e}^{x+y}+xy=1$ 确定隐函数 $y=y(x)$,求 $\dfrac{\mathrm{d}y}{\mathrm{d}x}\bigg|_{x=0}$.

解　方程两边同时对 x 求导,得

$$\mathrm{e}^{x+y}\left(1+\frac{\mathrm{d}y}{\mathrm{d}x}\right) + y + x\frac{\mathrm{d}y}{\mathrm{d}x} = 0,$$

从而解得

$$\frac{\mathrm{d}y}{\mathrm{d}x} = -\frac{y+\mathrm{e}^{x+y}}{x+\mathrm{e}^{x+y}}.$$

当 $x=0$ 时,从原方程解得 $y=0$,所以

$$\frac{\mathrm{d}y}{\mathrm{d}x}\bigg|_{x=0} = -\frac{y+\mathrm{e}^{x+y}}{x+\mathrm{e}^{x+y}}\bigg|_{\substack{x=0 \\ y=0}} = -1.$$

参数形式的函数的求导法

设自变量 x 和因变量 y 的函数关系由参数形式

$$\begin{cases} x = \varphi(t), \\ y = \psi(t), \end{cases} \quad \alpha < t < \beta$$

确定,其中 $\varphi(t)$ 和 $\psi(t)$ 都是 t 的可导函数,$\varphi(t)$ 严格单调,且 $\varphi'(t)\neq 0$. 由定理 2.2.4 可知 $x=\varphi(t)$ 的反函数 $t=\varphi^{-1}(x)$ 存在,且成立

$$\varphi^{-1\prime}(x) = \frac{1}{\varphi'(t)}.$$

于是,y 关于 x 的函数关系便可写成

$$y = \psi(t) = \psi(\varphi^{-1}(x)),$$

由复合函数求导法则,即得到

$$\frac{\mathrm{d}y}{\mathrm{d}x} = \frac{\mathrm{d}y}{\mathrm{d}t} \cdot \frac{\mathrm{d}t}{\mathrm{d}x} = \frac{\mathrm{d}(\psi(t))}{\mathrm{d}t} \cdot \frac{\mathrm{d}(\varphi^{-1}(x))}{\mathrm{d}x} = \frac{\psi'(t)}{\varphi'(t)},$$

这就是参数形式的函数的导数公式,它也可以看成是由微分形式

$$\begin{cases} \mathrm{d}y = \psi'(t)\mathrm{d}t, \\ \mathrm{d}x = \varphi'(t)\mathrm{d}t, \end{cases}$$

两边分别相除的结果.

显然，$\dfrac{\mathrm{d}y}{\mathrm{d}x}=\dfrac{\psi'(t)}{\varphi'(t)}$ 就是由上述参数方程所确定的曲线在参数 t 对应的点的切线的斜率.

例 2.2.20 已知曲线的参数方程为

$$\begin{cases} x = a(t-\sin t), \\ y = a(1-\cos t), \end{cases} 0 \leqslant t \leqslant 2\pi,$$

其中 $a>0$. 求这条曲线在 $t=\dfrac{\pi}{2}$ 所对应的点的切线方程.

注 这是位于上半平面、与 x 轴相切的半径为 a 的圆,沿 x 轴无滑动地滚动一周时,圆周初始触地点(取为原点)的运动轨迹,称为**旋轮线**或**摆线**(见图 2.2.2).

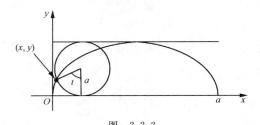

图 2.2.2

解 由参数形式的函数的求导公式得

$$\frac{\mathrm{d}y}{\mathrm{d}x} = \frac{[a(1-\cos t)]'}{[a(t-\sin t)]'} = \frac{a\sin t}{a(1-\cos t)} = \cot\frac{t}{2}, \quad t \in (0, 2\pi).$$

因此曲线在 $t=\dfrac{\pi}{2}$ 所对应的点 $\left(a\left(\dfrac{\pi}{2}-1\right),a\right)$ 处切线的斜率为

$$\left.\frac{\mathrm{d}y}{\mathrm{d}x}\right|_{t=\frac{\pi}{2}} = \cot\frac{\pi}{4} = 1.$$

于是在该点的切线方程为

$$y-a = 1 \cdot \left[x - a\left(\frac{\pi}{2}-1\right)\right],$$

即

$$x - y + a\left(2 - \frac{\pi}{2}\right) = 0.$$

§3 高 阶 导 数

高阶导数的概念

在直线运动中,速度是位移关于时间的变化率,而加速度则是速度关于时间的变化率.在变速直线运动中,加速度 a 一般并非常值,而是随时间变化而变化的函数 $a(t)$. 因此要研究速度关于时间的变化率,还应该考虑平均加速度 $\dfrac{\Delta v}{\Delta t}$ 的极限,即物体在时刻 t 的瞬时

加速度应为当 $\Delta t \to 0$ 时,平均加速度 $\dfrac{\Delta v}{\Delta t}$ 的极限值,即

$$a(t) = \lim_{\Delta t \to 0} \frac{\Delta v}{\Delta t} = \lim_{\Delta t \to 0} \frac{v(t + \Delta t) - v(t)}{\Delta t} = v'(t).$$

这就是说,加速度函数 $a(t)$ 是速度函数 $v(t)$ 的导函数. 而前面已经知道,$v(t)$ 是位移函数 $s(t)$ 的导函数,那么 $a(t)$ 就成了 $s(t)$ 的导函数的导函数,我们将它称为 $s(t)$ 的二阶导数.

　　如果函数 f 的导数(导函数)f' 仍是可导函数,则可进而求出它的导数 $(f')'$,称之为 f 的**二阶导数**,记作 f'',或 y'',$\dfrac{\mathrm{d}^2 y}{\mathrm{d}x^2}$,$\dfrac{\mathrm{d}^2 f}{\mathrm{d}x^2}$. 若 f'' 仍是个可导函数,则它的导数称为 f 的**三阶导数**,记为 f''',或 y''',$\dfrac{\mathrm{d}^3 y}{\mathrm{d}x^3}$,$\dfrac{\mathrm{d}^3 f}{\mathrm{d}x^3}$.

　　一般地,若 f 的 $n-1$ 阶导数 $f^{(n-1)}$ 是可导函数,则 f 的 n **阶导数**被递推定义为

$$f^{(n)} = (f^{(n-1)})'.$$

它也记作 $y^{(n)}$,$\dfrac{\mathrm{d}^n y}{\mathrm{d}x^n}$,$\dfrac{\mathrm{d}^n f}{\mathrm{d}x^n}$. 并称 f 是 n 阶可导函数,这时也称 f 的 n 阶导数存在.

　　由定义知,若 f 的 n 阶导数存在,则意味着它的低于 n 阶的导数都存在. 二阶及二阶以上的导数统称**高阶导数**.

　　利用上述记号,加速度函数可以写成

$$a(t) = s''(t).$$

　　由高阶导数的定义,只须按求导法则对 f 逐次求导,就能得到它的任意阶的导数(如果存在的话). 作为例子,我们先来求几个常用的基本初等函数的高阶导数.

　　例 2.3.1　求 $y = e^x$ 的 n 阶导数.

　　解　由于

$$(e^x)' = e^x,$$

显然有

$$(e^x)^{(n)} = e^x.$$

　　类似地可以得到

$$(a^x)^{(n)} = (\ln a)^n a^x.$$

　　例 2.3.2　求正弦函数 $y = \sin x$ 的 n 阶导数.

　　解　因为

$$(\sin x)' = \cos x = \sin\left(x + \frac{\pi}{2}\right),$$

利用复合函数的求导法则

$$(\sin x)'' = \left[\sin\left(x + \frac{\pi}{2}\right)\right]' = \cos\left(x + \frac{\pi}{2}\right)\left(x + \frac{\pi}{2}\right)'$$

$$= \cos\left(x + \frac{\pi}{2}\right) = \sin\left(x + \frac{2\pi}{2}\right),$$

如此下去,用数学归纳法容易证明

$$(\sin x)^{(n)} = \sin\left(x + \frac{n\pi}{2}\right).$$

类似地可得到余弦函数 $\cos x$ 的 n 阶导数为

$$(\cos x)^{(n)} = \cos\left(x + \frac{n\pi}{2}\right).$$

例 2.3.3 求幂函数 $y = x^m$（m 是正整数）的 n 阶导数.

解 利用幂函数的求导公式得

$$(x^m)' = m x^{m-1},$$
$$(x^m)'' = m(m-1)x^{m-2},$$
$$(x^m)''' = m(m-1)(m-2)x^{m-3},$$
$$\cdots\cdots$$

因此，不难得到它的 n 阶导数的一般形式为

$$(x^m)^{(n)} = \begin{cases} m(m-1)\cdots(m-n+1)x^{m-n}, & n \leqslant m, \\ 0, & n > m. \end{cases}$$

特别地，

$$(x^m)^{(m)} = m!.$$

例 2.3.4 求 $y = \dfrac{1}{x+a}$ 的 n 阶导数（a 是常数）.

解 逐次求导得

$$\left(\frac{1}{x+a}\right)' = -\frac{1}{(x+a)^2},$$
$$\left(\frac{1}{x+a}\right)'' = \left(-\frac{1}{(x+a)^2}\right)' = \frac{2}{(x+a)^3} = \frac{2!}{(x+a)^3},$$
$$\left(\frac{1}{x+a}\right)''' = \left(\frac{2!}{(x+a)^3}\right)' = -\frac{2! \cdot 3}{(x+a)^4} = -\frac{3!}{(x+a)^4},$$
$$\left(\frac{1}{x+a}\right)^{(4)} = \left(-\frac{3!}{(x+a)^4}\right)' = \frac{3! \cdot 4}{(x+a)^5} = \frac{4!}{(x+a)^5},$$
$$\cdots\cdots$$

如此下去，就可以导出它的一般规律

$$\left(\frac{1}{x+a}\right)^{(n)} = (-1)^n \frac{n!}{(x+a)^{n+1}}.$$

例 2.3.5 求 $y = \sin 2\sqrt{x}$ 的二阶导数.

解 由复合函数求导的链式规则得

$$(\sin 2\sqrt{x})' = \cos 2\sqrt{x} \cdot 2(\sqrt{x})' = \frac{1}{\sqrt{x}}\cos 2\sqrt{x}.$$

再求一次导数，就有

$$(\sin 2\sqrt{x})'' = \left(\frac{1}{\sqrt{x}}\cos 2\sqrt{x}\right)'$$
$$= \left(\frac{1}{\sqrt{x}}\right)' \cos 2\sqrt{x} + \frac{1}{\sqrt{x}}(\cos 2\sqrt{x})'$$
$$= -\frac{1}{2\sqrt{x^3}}\cos 2\sqrt{x} - \frac{1}{x}\sin 2\sqrt{x}.$$

例 2.3.6 设由方程 $e^y + xy = 1$ 确定隐函数 $y = y(x)$,求它的二阶导数 $y''(x)$.

解 注意到 y 是 x 的函数,对方程的两边关于 x 求导,得到

$$e^y y' + y + xy' = 0,$$

从而

$$y' = -\frac{y}{x + e^y}.$$

对已得到的等式 $e^y y' + y + xy' = 0$ 的两边再次关于 x 求导,并注意到 y 和 y' 都是 x 的函数,便有

$$e^y (y')^2 + e^y y'' + y' + y' + xy'' = 0,$$

整理后得

$$y'' = -\frac{e^y (y')^2 + 2y'}{x + e^y};$$

将已经解出的 $y' = -\dfrac{y}{x + e^y}$ 代入上式,就得到隐函数 $y = y(x)$ 的二阶导数

$$y'' = \frac{(2y - y^2) e^y + 2xy}{(e^y + x)^3}.$$

例 2.3.7 设 $a > 0$,求由参数方程

$$\begin{cases} x = a(t - \sin t), \\ y = a(1 - \cos t), \end{cases} \quad 0 \leqslant t \leqslant 2\pi$$

所确定的函数在 $t = \pi$ 处的二阶导数 $\dfrac{\mathrm{d}^2 y}{\mathrm{d} x^2}$.

解 在例 2.2.20 中,利用参数形式的函数的求导法得到了

$$\frac{\mathrm{d} y}{\mathrm{d} x} = \cot \frac{t}{2}.$$

再利用参数形式的函数的求导法,对函数

$$\begin{cases} x = a(t - \sin t), \\ \dfrac{\mathrm{d} y}{\mathrm{d} x} = \cot \dfrac{t}{2} \end{cases}$$

求关于 x 的导数,便得

$$\frac{\mathrm{d}^2 y}{\mathrm{d} x^2} = \frac{\left(\cot \dfrac{t}{2}\right)'}{[a(t - \sin t)]'} = \frac{-\dfrac{1}{2} \csc^2 \dfrac{t}{2}}{a(1 - \cos t)} = -\frac{1}{4a} \csc^4 \frac{t}{2},$$

所以当 $t = \pi$ 时,$\dfrac{\mathrm{d}^2 y}{\mathrm{d} x^2}$ 的值为 $-\dfrac{1}{4a}$.

高阶导数的运算法则

对于两个函数的线性组合的高阶导数有如下运算法则:

定理 2.3.1 设 f 和 g 都是在区间 I 上的 n 阶可导函数,则对任意常数 c_1 和 c_2,它们的线性组合 $c_1 f + c_2 g$ 也是在区间 I 上的 n 阶可导函数,且在区间 I 上成立如下的线性运算关系:

$$[c_1 f(x) + c_2 g(x)]^{(n)} = c_1 f^{(n)}(x) + c_2 g^{(n)}(x).$$

这个定理可由求导的线性运算法则直接得到，它还可以推广到多个函数线性组合的情况，即

$$\left[\sum_{i=1}^{m} c_i f_i(x)\right]^{(n)} = \sum_{i=1}^{m} c_i f_i^{(n)}(x).$$

例 2.3.8 求 $y=\dfrac{1}{x(x-1)}$ 的 n 阶导数.

解 由于

$$\frac{1}{x(x-1)} = \frac{1}{x-1} - \frac{1}{x},$$

所以由例 2.3.4 得到

$$\left(\frac{1}{x(x-1)}\right)^{(n)} = \left(\frac{1}{x-1}\right)^{(n)} - \left(\frac{1}{x}\right)^{(n)} = (-1)^n n!\left(\frac{1}{(x-1)^{n+1}} - \frac{1}{x^{n+1}}\right).$$

最后我们讨论当 f 和 g 均为 n 阶可导函数时，其乘积的 n 阶导数的运算法则.

因为

$$(fg)' = f'g + fg',$$

继续求导，可得

$$(fg)'' = f''g + 2f'g' + fg'',$$
$$(fg)''' = f'''g + 3f''g' + 3f'g'' + fg'''.$$

用数学归纳法，可以证明下面的莱布尼茨公式.

定理 2.3.2（莱布尼茨公式） 设 f 和 g 都是在区间 I 上的 n 阶可导函数，则它们的积函数 $f \cdot g$ 也是在区间 I 上的 n 阶可导函数，且在区间 I 上成立

$$[f(x) \cdot g(x)]^{(n)} = \sum_{k=0}^{n} C_n^k f^{(n-k)}(x) g^{(k)}(x),$$

其中 $C_n^k = \dfrac{n!}{k!(n-k)!}$ 是组合数，且规定 $f^{(0)}=f$，$g^{(0)}=g$.

这个定理的具体证明从略.读者可将莱布尼茨公式和二项式展开公式

$$(a+b)^n = \sum_{k=0}^{n} C_n^k a^{n-k} b^k$$

加以比较，以便于记忆.

例 2.3.9 求 $y=(4x^2-5)\mathrm{e}^{-2x}$ 的 10 阶导数.

解 由于

$$(4x^2-5)' = 8x,$$
$$(4x^2-5)'' = 8,$$
$$(4x^2-5)^{(n)} = 0 \quad (n \geqslant 3).$$

由例 2.3.1 容易知道

$$(\mathrm{e}^{-2x})^{(n)} = (-2)^n \mathrm{e}^{-2x}.$$

于是，利用莱布尼茨公式，注意到在和式中只有三项不为零，便得

$$y^{(10)} = \sum_{k=0}^{10} C_{10}^k (\mathrm{e}^{-2x})^{(10-k)} (4x^2-5)^{(k)}$$

$$= (e^{-2x})^{(10)}(4x^2 - 5) + C_{10}^1(e^{-2x})^{(9)}(4x^2 - 5)' + C_{10}^2(e^{-2x})^{(8)}(4x^2 - 5)''$$

$$= 2^{10}(4x^2 - 5)e^{-2x} - 10 \cdot 2^9 \cdot (8x)e^{-2x} + 45 \cdot 2^8 \cdot 8 \cdot e^{-2x}$$

$$= 2^8(16x^2 - 160x + 340)e^{-2x}.$$

§4 微 分

微分的概念

一般说来,当函数关系中的自变量有微小变化时,因变量随之有相应的变化. 微分的原始思想在于寻找一种方法,使得当因变量的改变也很小时,能够简便而又精确地估计出这个改变量.

我们先看一个实例. 一块正方形金属薄片,其边长为 x,则其面积为

$$S = x^2.$$

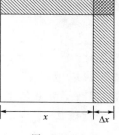

若该薄片受温度变化的影响,其边长由 x 变为 $x + \Delta x$(见图 2.4.1),其面积改变的就是

$$\Delta S = (x + \Delta x)^2 - x^2 = 2x\Delta x + (\Delta x)^2.$$

由此可见,ΔS 可分为两部分:第一部分 $2x\Delta x$ 是 Δx 的"线性函数",即图中带有斜线的两个小矩形面积之和,而第二部分为 $(\Delta x)^2$,它是图中右上角的小正方形的面积. 因为当 $\Delta x \to 0$ 时 $(\Delta x)^2 = o(\Delta x)$,所以当边长 x 的改变量很小,即 $|\Delta x|$ 很小时,面积的改变量 ΔS 就可以用第一部分近似代替,这一部分是 ΔS 的主要部分,称为 S 的微分. 略去关于自变量的改变量 Δx 的高阶无穷小量,而以 Δx 的线性函数取代函数的改变量的处理方法,正是微分概念的本质所在,这就引出了下面微分的定义.

定义 2.4.1 设函数 $y = f(x)$ 在 x 的某个邻域上有定义. 如果存在与 Δx 无关的数 A,使得

$$\Delta y = f(x + \Delta x) - f(x) = A\Delta x + o(\Delta x),$$

其中 $o(\Delta x)$ 是当 $\Delta x \to 0$ 时比 Δx 高阶的无穷小量,则称函数 f 在 x 点**可微**,并称 $A\Delta x$ 为因变量 $y = f(x)$ 在 x 点的对应于自变量改变量 Δx 的**微分**,简称为 f 在 x 点的微分,记做 $\mathrm{d}y$ 或 $\mathrm{d}f(x)$,即

$$\mathrm{d}y = A\Delta x.$$

我们再对这个定义作几点说明.

首先,这里的 A 仅与 x 有关而与 Δx 无关,因而 A 是使函数 f 可微的点所成集合上的一个函数:$A = A(x)$.

若函数 f 在区间 I 上的每一点都可微,则称 f 在区间 I 上可微,也称 f 是区间 I 上的**可微函数**. 此时函数 $y = f(x)$ 在 I 上任一点 x 处的微分便记为 $\mathrm{d}y$ 或 $\mathrm{d}f(x)$,即

$$\mathrm{d}y = \mathrm{d}f(x) = A(x)\Delta x.$$

其次,取函数 $y = x$,则

$$\Delta y = \Delta x,$$

于是
$$dy = dx = \Delta x.$$

因此我们规定自变量的微分 dx 等于自变量的改变量 Δx. 于是,对于函数 $y=f(x)$,其微分 $dy=A\Delta x$ 又可写作

$$dy = A dx.$$

由于一般来说,A 随 x 的变化而变化,因此由

$$dy = A(x)dx$$

可见,因变量的微分 dy 依赖于两个量:自变量和自变量的改变量,即 x 和 dx.

由定义可知,如果函数 $y=f(x)$ 在 x 处可微,则当 $\Delta x \to 0$ 时,成立

$$\Delta y - dy = o(\Delta x).$$

因此,我们称微分 dy 为函数改变量的**线性主要部分**. 如果 $A \neq 0$,则当 $\Delta x \to 0$ 时,有

$$\frac{\Delta y}{dy} = \frac{A\Delta x + o(\Delta x)}{A\Delta x} = 1 + o(1),$$

即 $\Delta y \sim dy$ $(\Delta x \to 0)$.

可以想象,若函数较为复杂,按可微的定义去找出函数改变量 Δy 的分解式是很困难的,但有了导数的工具,就使问题变得简单,因为有以下的定理:

定理 2.4.1 函数 f 在 x 点可微的充分必要条件是:f 在 x 点可导,且此时成立

$$dy = f'(x)dx.$$

证 **充分性** 若 f 在 x 点可导,即 $f'(x) = \lim\limits_{\Delta x \to 0} \dfrac{f(x+\Delta x)-f(x)}{\Delta x}$ 存在,由定理 1.3.10 知

$$\frac{f(x+\Delta x)-f(x)}{\Delta x} = f'(x) + o(1),$$

其中 $o(1)$ 为当 $\Delta x \to 0$ 时的无穷小量. 于是

$$f(x+\Delta x)-f(x) = f'(x)\Delta x + o(1) \cdot \Delta x.$$

显然 $o(1) \cdot \Delta x = o(\Delta x)$ $(\Delta x \to 0)$,因此 f 在 x 点可微.

必要性 若 f 在 x 点可微,由定义得

$$f(x+\Delta x)-f(x) = A\Delta x + o(\Delta x),$$

于是

$$\lim\limits_{\Delta x \to 0} \frac{f(x+\Delta x)-f(x)}{\Delta x} = \lim\limits_{\Delta x \to 0} \frac{A\Delta x + o(\Delta x)}{\Delta x} = \lim\limits_{\Delta x \to 0} \left(A + \frac{o(\Delta x)}{\Delta x} \right) = A.$$

这就是说,f 在 x 点可导,且 $f'(x) = A$.

证毕

在 $dy = f'(x)dx$ 两端除以 dx 即得

$$\frac{dy}{dx} = f'(x),$$

这就是说,函数的导数等于函数的微分与自变量的微分之商. 因此导数又称为**微商**,这也是把导数记为 $\dfrac{dy}{dx}$ 的原因.

例 2.4.1 求函数 $y=x^4$ 当 $x=1$,$\Delta x=0.2$ 时的微分.

解 由定理 2.4.1 得，$y = x^4$ 当 $x=1, \Delta x = 0.2$ 时的微分为

$$\mathrm{d}y = y' \mid_{x=1} \Delta x = (4x^3) \mid_{x=1} \Delta x = 4 \cdot 1^3 \cdot 0.02 = 0.08.$$

例 2.4.2 设 $y = 2^{-\frac{1}{\sin x}}$，求 $\mathrm{d}y$.

解 由定理 2.4.1 得

$$\mathrm{d}y = (2^{-\frac{1}{\sin x}})' \mathrm{d}x = 2^{-\frac{1}{\sin x}} \cdot \ln 2 \cdot \frac{\cos x}{\sin^2 x} \mathrm{d}x = \frac{(\ln 2)\cos x}{2^{\frac{1}{\sin x}}\sin^2 x} \mathrm{d}x.$$

微分的几何意义

由导数的几何意义可以作出微分的几何解释.

设 $P_0(x_0, y_0)$ 是曲线 $y = f(x)$ 上的一点，当自变量有微小改变量 Δx 时，得到曲线上另一点 $P(x_0 + \Delta x, y_0 + \Delta y)$，过 P_0 作切线 $P_0 T$，则在图 2.4.2 中，有

$$\Delta y = QP,$$
$$\mathrm{d}y = f'(x_0)\Delta x = QM.$$

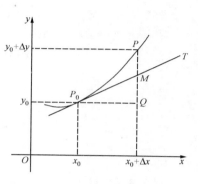

图 2.4.2

这就是说，相应于 Δy 作为曲线 $y = f(x)$ 上点的纵坐标的改变，$\mathrm{d}y$ 就是曲线的切线上点的纵坐标的对应改变量. 在 $\Delta x \to 0$ 的过程中，$MP = |\Delta y - \mathrm{d}y|$ 是比 Δx 高阶的无穷小量. 因此，在点 P_0 附近我们可以用切线段近似地代替原有的曲线段.

基本初等函数的微分公式

对于可微函数 $y = f(x)$，其微分为

$$\mathrm{d}y = f'(x)\mathrm{d}x,$$

因而微分运算和求导运算有直接的联系，微分的运算可以归结到导数的运算上去. 由求导公式可以直接得到如下的微分公式.

基本初等函数的微分公式：

(1) $\mathrm{d}(C) = 0$；　　　　　　　(2) $\mathrm{d}(x^\alpha) = \alpha x^{\alpha-1}\mathrm{d}x \ (\alpha \neq 0)$；

(3) $\mathrm{d}(a^x) = a^x \ln a \mathrm{d}x$，特别地，$\mathrm{d}(\mathrm{e}^x) = \mathrm{e}^x \mathrm{d}x$；

(4) $\mathrm{d}(\log_a x) = \dfrac{1}{x \ln a}\mathrm{d}x$，特别地，$\mathrm{d}(\ln x) = \dfrac{\mathrm{d}x}{x}$；

(5) $\mathrm{d}(\sin x) = \cos x \mathrm{d}x$；　　　　(6) $\mathrm{d}(\cos x) = -\sin x \mathrm{d}x$；

(7) $\mathrm{d}(\tan x) = \sec^2 x \mathrm{d}x$；　　　(8) $\mathrm{d}(\cot x) = -\csc^2 x \mathrm{d}x$；

(9) $\mathrm{d}(\sec x) = \tan x \sec x \mathrm{d}x$；　　(10) $\mathrm{d}(\csc x) = -\cot x \csc x \mathrm{d}x$；

(11) $\mathrm{d}(\arcsin x) = \dfrac{\mathrm{d}x}{\sqrt{1-x^2}}$；　　(12) $\mathrm{d}(\arccos x) = -\dfrac{\mathrm{d}x}{\sqrt{1-x^2}}$；

(13) $\mathrm{d}(\arctan x) = \dfrac{\mathrm{d}x}{1+x^2}$；　　(14) $\mathrm{d}(\text{arccot} x) = -\dfrac{\mathrm{d}x}{1+x^2}$.

微分的四则运算法则

由求导的四则运算法则可以直接得到：

设 f 和 g 都是可微函数，则

(1) $\mathrm{d}(f\pm g)=\mathrm{d}f\pm\mathrm{d}g$;   (2) $\mathrm{d}(fg)=f\mathrm{d}g+g\mathrm{d}f$;

(3) $\mathrm{d}\left(\dfrac{f}{g}\right)=\dfrac{g\mathrm{d}f-f\mathrm{d}g}{g^2}$ $(g(x)\neq 0)$.

例如，(3)式可如下得到：

$$\mathrm{d}\left(\frac{f}{g}\right)=\left(\frac{f}{g}\right)'\mathrm{d}x=\frac{gf'-fg'}{g^2}\mathrm{d}x=\frac{gf'\mathrm{d}x-fg'\mathrm{d}x}{g^2}=\frac{g\mathrm{d}f-f\mathrm{d}g}{g^2}.$$

例 2.4.3 设 $y=x\sqrt{x^2-a^2}$，求 $\mathrm{d}y$.

解 由微分运算法则得

$$\begin{aligned}
\mathrm{d}y&=\mathrm{d}(x\sqrt{x^2-a^2})\\
&=\sqrt{x^2-a^2}\,\mathrm{d}x+x\mathrm{d}\sqrt{x^2-a^2}\\
&=\sqrt{x^2-a^2}\,\mathrm{d}x+\frac{x^2}{\sqrt{x^2-a^2}}\mathrm{d}x\\
&=\frac{2x^2-a^2}{\sqrt{x^2-a^2}}\mathrm{d}x.
\end{aligned}$$

例 2.4.4 设 $y=\dfrac{\cos x}{1-x^2}$，求 $\mathrm{d}y$.

解 由微分运算法则得

$$\begin{aligned}
\mathrm{d}y&=\mathrm{d}\left(\frac{\cos x}{1-x^2}\right)=\frac{(1-x^2)\mathrm{d}\cos x-\cos x\mathrm{d}(1-x^2)}{(1-x^2)^2}\\
&=\frac{-(1-x^2)\sin x\mathrm{d}x+2x\cos x\mathrm{d}x}{(1-x^2)^2}\\
&=\frac{(x^2-1)\sin x+2x\cos x}{(1-x^2)^2}\mathrm{d}x.
\end{aligned}$$

一阶微分的形式不变性

设 $y=f(u)$ 为可微函数，若 u 是自变量，则有

$$\mathrm{d}y=f'(u)\mathrm{d}u.$$

若 u 是中间变量，即 $u=g(x)$，如果 g 是可微函数，此时 $\mathrm{d}u=g'(x)\mathrm{d}x$，那么 $y=(f\circ g)(x)$ 也是可微函数，且由复合函数的求导公式可得

$$\mathrm{d}y=(f\circ g)'(x)\mathrm{d}x=f'(g(x))g'(x)\mathrm{d}x=f'(u)\mathrm{d}u.$$

由此可见，无论 u 是自变量还是中间变量，微分形式

$$\mathrm{d}y=f'(u)\mathrm{d}u$$

始终保持不变. 我们把这一特性称为**一阶微分的形式不变性**.

因此，一个复合函数的微分既可以利用链式法则求出其导数后再乘以 $\mathrm{d}x$ 得到，也可以利用一阶微分的形式不变性，在上式中代入中间变量得到，这常被用于计算较复杂的函数的微分.

例 2.4.5 设 $y = \ln(1 + \sin^2 x) - \arctan(\sin x)$，求 $\mathrm{d}y$.

解 由一阶微分的形式不变性得

$$\mathrm{d}y = \mathrm{d}\ln(1 + \sin^2 x) - \mathrm{d}\arctan(\sin x)$$

$$= \frac{1}{1 + \sin^2 x}\mathrm{d}(1 + \sin^2 x) - \frac{1}{1 + \sin^2 x}\mathrm{d}(\sin x)$$

$$= \frac{1}{1 + \sin^2 x}2\sin x \mathrm{d}(\sin x) - \frac{1}{1 + \sin^2 x}\cos x \mathrm{d}x$$

$$= \frac{1}{1 + \sin^2 x}2\sin x \cos x \mathrm{d}x - \frac{1}{1 + \sin^2 x}\cos x \mathrm{d}x$$

$$= \frac{2\sin x - 1}{1 + \sin^2 x}\cos x \mathrm{d}x.$$

微分在近似计算中的应用

微分作为函数的改变量的近似,对研究函数的变化起着重要作用. 对于可微函数,用微分代替函数的改变量的方法,即将函数局部线性化,是一个行之有效的近似计算方法.

设函数 f 在 x_0 点可微,则有

$$f(x_0 + \Delta x) - f(x_0) = f'(x_0)\Delta x + o(\Delta x).$$

当 $|\Delta x|$ 很小时,略去关于 Δx 高阶无穷小量的项,得到

$$f(x_0 + \Delta x) - f(x_0) \approx f'(x_0)\Delta x,$$

即

$$f(x_0 + \Delta x) \approx f(x_0) + f'(x_0)\Delta x.$$

以上两式就是微分用作近似计算的基本依据.

线性函数

$$L(x) = f(x_0) + f'(x_0)(x - x_0)$$

称为 f 在 x_0 点的**线性化**. 在上面的近似关系式中令 $x = x_0 + \Delta x$,便得在 x_0 点附近有近似关系

$$f(x) \approx L(x),$$

它称为 f 在 x_0 点的**标准线性近似**.

例 2.4.6 求 $\sin 61°$ 的近似值.

解 把近似计算公式应用于正弦函数,得

$$\sin(x_0 + \Delta x) \approx \sin x_0 + (\sin x)'\big|_{x = x_0}\Delta x$$

$$= \sin x_0 + \cos x_0 \cdot \Delta x.$$

于是取 $x_0 = 60° = \dfrac{\pi}{3}$, $\Delta x = 1° = \dfrac{\pi}{180}$,则

$$\sin 61° = \sin\left(\frac{\pi}{3} + \frac{\pi}{180}\right) \approx \sin\frac{\pi}{3} + \cos\frac{\pi}{3} \cdot \frac{\pi}{180}$$

$$= \frac{\sqrt{3}}{2} + \frac{1}{2} \cdot \frac{\pi}{180} \approx 0.8660 + 0.0087$$

$$= 0.8747.$$

例 2.4.7 求外直径为 20 cm,厚度为 0.1 cm 的球壳的体积.

解 半径为 r 的球体积为 $V(r) = \dfrac{4}{3}\pi r^3$. 若一个球壳的外直径为 $2r$,其厚度为 $\Delta r\ (\Delta r > 0)$,则球壳的体积为 $V(r) - V(r - \Delta r)$.

把近似计算公式应用于 $V(r)$ 得

$$\Delta V = V(r - \Delta r) - V(r) = V(r + (-\Delta r)) - V(r)$$
$$\approx V'(r)(-\Delta r) = -4\pi r^2 \Delta r.$$

取 $r = 10\,\text{cm}, \Delta r = 0.1\,\text{cm}$，代入上式得

$$\Delta V \approx -4\pi \cdot (10^2) \cdot 0.1\,\text{cm}^3 = -40\pi\,\text{cm}^3 = -125.6\,\text{cm}^3.$$

于是球壳的体积约为 $125.6\,\text{cm}^3$.

在近似公式 $f(x_0 + \Delta x) \approx f(x_0) + f'(x_0)\Delta x$ 中，取 $x_0 = 0$，记 Δx 为 x，则可得到当 $|x|$ 很小时的近似关系式：

$$f(x) \approx f(0) + f'(0)x.$$

把这个关系式用于具体函数，可以得到一些常用的近似计算公式：

$$\sqrt[n]{1+x} \approx 1 + \frac{1}{n}x;$$
$$\sin x \approx x;$$
$$\tan x \approx x;$$
$$e^x \approx 1 + x;$$
$$\ln(1+x) \approx x.$$

例 2.4.8 求 $\sqrt[3]{7.95}$ 的近似值.

解 利用近似公式 $\sqrt[3]{1+x} \approx 1 + \frac{1}{3}x$ 得

$$\sqrt[3]{7.95} = \sqrt[3]{8 - 0.05} = \sqrt[3]{8\left(1 - \frac{0.05}{8}\right)}$$
$$= 2\left(1 - \frac{0.05}{8}\right)^{\frac{1}{3}} \approx 2\left(1 - \frac{1}{3} \cdot \frac{0.05}{8}\right) \approx 1.995833.$$

§5 边际与弹性

边际的概念

我们知道变化率又分为平均变化率和瞬时变化率，平均变化率就是函数的改变量与自变量的改变量之比. 而瞬时变化率就是导数，是当自变量的改变量趋于 0 时平均变化率的极限. 在经济学中，也常常研究变化率的问题，这就是所谓的边际问题.

定义 2.5.1 设函数 f 在区间 I 上可导，则称其导函数 f' 为 f 的**边际函数**，f' 在 $x_0 \in I$ 点的值 $f'(x_0)$ 称为**边际函数值**.

显然，在 x_0 点的边际函数值 $f'(x_0)$ 就是 f 在 x_0 点的（瞬时）变化速度.

例 2.5.1 设 $f(x) = x^4$，求 f 在 $x = 2$ 点的边际函数值.

解 因为

$$f'(x) = 4x^3,$$

所以 f 在 $x = 2$ 点的边际函数值为

$$f'(2) = 4 \cdot 2^3 = 32.$$

　　为讨论问题简单起见,如果不特别指出,今后将经济学中常用函数的自变量都记为 x. 根据边际函数的定义,总成本函数 $C(x)$、总需求函数 $Q_d(x)$、供给函数 $Q_s(x)$、总收益函数 $R(x)$ 和利润函数 $L(x)$ 等,它们对各自的自变量的导数,相应地分别称为边际成本(函数)、边际需求(函数)、边际供给(函数)、边际收益(函数)和边际利润(函数)等.

　　设函数 $y = f(x)$ 在 x_0 点可导,因此 f 可微. 则在 x_0 附近成立

$$\Delta y = f(x_0 + \Delta x) - f(x_0) \approx f'(x_0)\Delta x.$$

因此当 $\Delta x = 1$ 时有

$$\Delta y \approx f'(x_0),$$

即当 $x = x_0$ 时,自变量 x 产生一个单位的改变,因变量 y 近似产生 $f'(x_0)$ 个单位的改变. 习惯上,在应用问题中解释边际的具体意义时,常常略去"近似"二字.

　　上式在经济学中有其实际意义,以成本函数 $C(x)$ 为例,则

$$\Delta C \approx C'(x_0).$$

它表明边际成本可近似看成是产量 x 达到 x_0 时,在 x_0 之前生产最后一个单位产品或在 x_0 之后再生产一个单位产品时所增加的成本.

　　例 2.5.2　设生产某种产品 x 单位的成本函数为(单位:元)

$$C(x) = 0.001x^3 - 0.4x^2 + 60x + 500.$$

试求:

(1) 边际成本函数;

(2) 生产 40 单位产品时的平均成本和边际成本,并解释后者的经济意义.

　　解　(1) 边际成本函数为

$$C'(x) = 0.003x^2 - 0.8x + 60.$$

(2) 生产 40 单位产品时的平均成本为

$$\bar{C} = \frac{C(40)}{40} = \frac{0.001 \cdot 40^3 - 0.4 \cdot 40^2 + 60 \cdot 40 + 500}{40} \text{ 元} = 58.1 \text{ 元}.$$

　　生产 40 单位产品时的边际成本为

$$C'(40) = (0.003 \cdot 40^2 - 0.8 \cdot 40 + 60) \text{ 元} = 32.8 \text{ 元},$$

它表示生产第 40 个或第 41 个单位产品时所追加的成本为 32.8 元.

　　例 2.5.3　设某种产品的需求函数为

$$P = 500 - \frac{x}{10},$$

其中,P 为价格(单位:元/单位产品),x 为销售量(单位:单位产品). 求销售量为 100 单位产品时的总收益、平均收益与边际收益,并解释此时边际收益的经济学意义.

　　解　总收益=销售量×价格. 所以总收益函数

$$R(x) = xP = 500x - \frac{x^2}{10}.$$

于是销售 100 单位产品时的总收益为

$$R(100) = \left(500 \times 100 - \frac{100^2}{10}\right) \text{ 元} = 49000 \text{ 元}.$$

平均收益为

$$\frac{R(100)}{100} 元 = 490 元.$$

因为边际收益函数为

$$R'(x) = 500 - \frac{x}{5},$$

于是销售 100 单位产品时的边际收益为

$$R'(100) = \left(500 - \frac{100}{5}\right)元 = 480 元.$$

它表示销售 100 单位产品时，再多销售一个（或少销售一个）单位产品，其增加（或减少）的收益为 480 元.

弹性的概念

在边际分析中，我们讨论的函数的改变量与变化率均是绝对改变量与绝对变化率. 但在经济学中，仅仅用绝对改变量与绝对变化率层次上的概念还不能对问题进行更深入的分析. 例如，有甲、乙两种商品，甲商品的单价为 10 元，乙商品的单价为 20 元. 现在两种商品均涨价 1 元，哪种商品的涨价幅度大呢？显然这个问题可通过价格的各自改变量与原价格之比来说明，甲商品涨价的幅度为 10%，乙涨价的幅度为 5%，所以甲商品的涨价幅度大. 从这个问题我们就可以看出，有必要引入函数的相对改变量和相对变化率的概念.

定义 2.5.2 设函数 f 在点 x_0 附近有定义，若自变量在 x_0 处产生了某个改变量，变成 $x_0 + \Delta x$，那么函数 f 也相应地产生一个改变量 $\Delta y = f(x_0 + \Delta x) - f(x_0)$. 称 $\frac{\Delta x}{x_0}$ 为**自变量的相对改变量**. 若 $y_0 = f(x_0) \neq 0$，则称 $\frac{\Delta y}{y_0} = \frac{f(x_0 + \Delta x) - f(x_0)}{f(x_0)}$ 为**函数的相对改变量**；称函数的相对改变量与自变量的相对改变量之比

$$\frac{\Delta y / y_0}{\Delta x / x_0} = \frac{f(x_0 + \Delta x) - f(x_0)}{\Delta x} \cdot \frac{x_0}{f(x_0)}$$

为函数 f 从 x_0 到 $x_0 + \Delta x$ 两点间的**平均相对变化率**或**平均弹性**[①].

注意，在以上定义中，当 $x_0 = 0$ 时自变量的相对改变量的定义是没有意义的，但在平均弹性定义中的最后的式子还是有意义的，所以还可以定义平均弹性，但它为 0.

例 2.5.4 设 $y = x^2$，那么当 x 从 2 变到 3 时，这时 $x_0 = 2$，$\Delta x = 1$，函数在 $x_0 = 2$ 点的值为 $y_0 = 2^2 = 4$，$\Delta y = 3^2 - 2^2 = 5$，则自变量的相对改变量为

$$\frac{\Delta x}{x_0} = \frac{1}{2} = 50\%.$$

函数的相对改变量为

$$\frac{\Delta y}{y_0} = \frac{5}{4} = 125\%,$$

函数从 2 到 3 时平均弹性为

---

① 经济学中，称其为弧弹性.

$$\frac{\Delta y / y_0}{\Delta x / x_0} = \frac{5/4}{1/2} = \frac{5}{2}.$$

注意到平均弹性的极限

$$\lim_{\Delta x \to 0} \frac{f(x_0 + \Delta x) - f(x_0)}{\Delta x} \frac{x_0}{f(x_0)} = f'(x_0) \frac{x_0}{f(x_0)},$$

我们引入下面的定义.

定义 2.5.3 设函数 f 在 x_0 点可导,且 $f(x_0) \neq 0$. 称

$$f'(x_0) \frac{x_0}{f(x_0)}$$

为函数 f 在 x_0 点的**相对变化率**或**弹性**,记为

$$\left. \frac{\mathrm{E} y}{\mathrm{E} x} \right|_{x=x_0}, \quad \left. \frac{\mathrm{E} f}{\mathrm{E} x} \right|_{x=x_0} \quad \text{或} \quad \frac{\mathrm{E}}{\mathrm{E} x} f(x_0).$$

设函数 $y = f(x)$ 在 $x_0 (x_0 \neq 0)$ 点可导,且 $f(x_0) \neq 0$,则由弹性的定义与极限的性质可知,在 x_0 附近成立

$$\left. \frac{\mathrm{E} y}{\mathrm{E} x} \right|_{x=x_0} \approx \frac{\Delta y / y_0}{\Delta x / x_0}.$$

上式说明当自变量在 x_0 点的相对改变量为 1% 时,函数 f 的相对改变量近似地为 $\left. \frac{\mathrm{E} y}{\mathrm{E} x} \right|_{x=x_0} \%$. 习惯上,在应用问题中解释弹性的具体意义时,常常略去"近似"二字.

若函数 f 在区间 I 上可导,且在 I 上成立 $f(x) \neq 0$,则我们可得到定义于 I 上的一个新的函数

$$\frac{\mathrm{E} y}{\mathrm{E} x} : x \longmapsto f'(x) \frac{x}{f(x)}, \quad x \in I,$$

它称为 f 的在 I 上的**弹性函数**,记为 $\frac{\mathrm{E} y}{\mathrm{E} x}$,$\frac{\mathrm{E} f}{\mathrm{E} x}$,或 $\frac{\mathrm{E}}{\mathrm{E} x} f(x)$.

显然,$\frac{\mathrm{E} y}{\mathrm{E} x}$ 在 x_0 点的值就是 f 在 x_0 点的弹性.

例 2.5.5 设函数 $f(x) = \mathrm{e}^{-2x}$,求它的弹性函数和在 $x = 2$ 点的弹性.

解 因为 $f'(x) = -2\mathrm{e}^{-2x}$,所以弹性函数为

$$\frac{\mathrm{E} f}{\mathrm{E} x} = f'(x) \frac{x}{f(x)} = (-2)\mathrm{e}^{-2x} \frac{x}{\mathrm{e}^{-2x}} = -2x.$$

于是,在 $x = 2$ 点的弹性为

$$\frac{\mathrm{E}}{\mathrm{E} x} f(2) = -2 \times 2 = -4.$$

函数的弹性表示的是当自变量变化时因变量变化幅度的大小. 在经济问题中,经常需要在不同量之间进行比较,而这些量使用的计量单位未必一定相同. 由弹性的定义可以看出,弹性是一个无量纲的量,使用时可以不受计量单位的限制,这使弹性概念在经济学中得到了广泛应用.

对于经济学中的一些函数,常常会考虑其弹性(函数). 以需求函数为例,我们再说明一下它的概念. 设某种产品的需求函数为

$$Q_d = Q_d(x),$$

其中 x 为价格. 由需求定律,我们知道商品涨价时,购买的人会减少,降价时购买的人会增多,因此一般认为需求函数为价格的单调减少函数,从而 $Q_d'(x) \leqslant 0$(常常就认为 $Q_d'(x) < 0$),故其弹性 $Q_d'(x) \dfrac{x}{Q_d(x)}$ 取负值. 因此经济学中通常规定需求价格弹性(简称需求弹性)为 $-Q_d'(x) \dfrac{x}{Q_d(x)}$,记为 $\eta(x)$,即

$$\eta(x) = -Q_d'(x) \frac{x}{Q_d(x)}.$$

这样需求弹性就取正值,但解释需求价格弹性的经济学意义时,仍认为需求量的变化与价格变化是反方向的.

如我们对弹性的解释一样,需求弹性的经济学意义是:当商品价格上涨(或下降)1%时,需求量减少(或增加)$\eta(x)$%.

从弹性的定义可以看出,需求弹性越大的商品,需求量对价格变化反应越灵敏,只要稍微提价或降价,就会导致需求量大幅度减少或提高. 经验表明,生活必需品的需求弹性较小,而奢侈品的需求弹性较大.

例 2.5.6 设某种商品的需求函数为

$$Q_d(x) = 20 - \frac{x}{4},$$

其中 x 为商品的价格. 求价格为 16 时的需求弹性,并说明其经济学意义.

解 需求弹性函数为

$$\eta(x) = -Q_d'(x) \frac{x}{Q_d(x)} = -\left(-\frac{1}{4}\right) \cdot \frac{x}{20 - \dfrac{x}{4}} = \frac{x}{80 - x},$$

因此价格为 16 时的需求弹性为

$$\eta(16) = \frac{16}{80 - 16} = 0.25.$$

其经济学意义是:当该种商品价格上涨(或下降)1%时,需求量减少(或增加)0.25%. 这时需求量的减少(增加)幅度小于价格的增加(减少)幅度.

常见函数的弹性公式

设 a, b, c 为常数.

(1) 常数函数 $y = c$,则 $\dfrac{Ey}{Ex} = 0$;

(2) 线性函数 $y = ax + b$,则 $\dfrac{Ey}{Ex} = \dfrac{ax}{ax + b}$. 特别地,当 $b = 0$ 时,$\dfrac{Ey}{Ex} = 1$;

(3) 幂函数 $y = x^a (a \neq 0)$,则 $\dfrac{Ey}{Ex} = a$;

(4) 指数函数 $y = e^{ax}$,则 $\dfrac{Ey}{Ex} = ax$;

(5) 对数函数 $y = \ln ax$,则 $\dfrac{Ey}{Ex} = \dfrac{1}{\ln ax}$;

(6) 三角函数:若 $y = \sin x$,则 $\dfrac{Ey}{Ex} = x \cot x$;若 $y = \cos x$,则 $\dfrac{Ey}{Ex} = -x \tan x$.

这些公式可根据弹性的定义轻易证明,这里只举(4)的证明为例:若 $y=e^{ax}$,则

$$\frac{Ey}{Ex}=y'\frac{x}{y}=(e^{ax})'\frac{x}{e^{ax}}=ae^{ax}\frac{x}{e^{ax}}=ax.$$

弹性的四则运算法则

定理 2.5.1 设函数 f 和 g 在 x 点的弹性存在,则

(1) $\dfrac{E}{Ex}(f\pm g)(x)=\dfrac{f(x)\dfrac{E}{Ex}f(x)\pm g(x)\dfrac{E}{Ex}g(x)}{f(x)\pm g(x)}$ (其中 $f(x)\pm g(x)\neq 0$);

(2) $\dfrac{E}{Ex}(f\cdot g)(x)=\dfrac{E}{Ex}f(x)+\dfrac{E}{Ex}g(x)$;

(3) $\dfrac{E}{Ex}\left(\dfrac{f}{g}\right)(x)=\dfrac{E}{Ex}f(x)-\dfrac{E}{Ex}g(x)$.

证 只证(1)和(3),(2)类似.

(1) 由弹性的定义得

$$\frac{E}{Ex}(f\pm g)(x)=[f(x)\pm g(x)]'\frac{x}{f(x)\pm g(x)}$$
$$=\frac{x[f'(x)\pm g'(x)]}{f(x)\pm g(x)}$$
$$=\frac{f(x)\frac{x}{f(x)}f'(x)\pm g(x)\frac{x}{g(x)}g'(x)}{f(x)\pm g(x)}$$
$$=\frac{f(x)\frac{E}{Ex}f(x)\pm g(x)\frac{E}{Ex}g(x)}{f(x)\pm g(x)}$$

(3) 由弹性的定义得

$$\frac{E}{Ex}\left(\frac{f}{g}\right)(x)=\left(\frac{f(x)}{g(x)}\right)'\frac{x}{\frac{f}{g}}$$
$$=\frac{f'(x)g(x)-f(x)g'(x)}{g^2(x)}\cdot x\cdot\frac{g(x)}{f(x)}$$
$$=\frac{xf'(x)}{f(x)}-\frac{xg'(x)}{g(x)}$$
$$=\frac{E}{Ex}f(x)-\frac{E}{Ex}g(x)$$

证毕

推论 2.5.1 设函数 f 在 x 点的弹性存在,k 是常数,则

$$\frac{E}{Ex}(kf)(x)=\frac{E}{Ex}f(x).$$

这可由定理 2.5.1 的(2)与常数函数的弹性为零的结论相结合得到.

例 2.5.7 求 $y=x^a e^{\lambda x}$ $(\alpha\neq 0)$ 的弹性函数.

解 由弹性的四则运算法则得

$$\frac{Ey}{Ex}=\frac{E(x^a)}{Ex}+\frac{E(e^{\lambda x})}{Ex}=\alpha+\lambda x.$$

§6　综合型例题

例 2.6.1　双曲函数

双曲正弦函数：$\mathrm{sh}x=\dfrac{\mathrm{e}^x-\mathrm{e}^{-x}}{2}\ (x\in(-\infty,+\infty))$.

双曲余弦函数：$\mathrm{ch}x=\dfrac{\mathrm{e}^x+\mathrm{e}^{-x}}{2}\ (x\in(-\infty,+\infty))$.

双曲正切函数：$\mathrm{th}x=\dfrac{\mathrm{e}^x-\mathrm{e}^{-x}}{\mathrm{e}^x+\mathrm{e}^{x}}\ (x\in(-\infty,+\infty))$.

双曲余切函数：$\mathrm{cth}x=\dfrac{\mathrm{e}^x+\mathrm{e}^{x}}{\mathrm{e}^x-\mathrm{e}^{-x}}\ (x\ne0)$.

注意有恒等式

$$\mathrm{ch}^2x-\mathrm{sh}^2x=1,\quad \mathrm{th}^2x+\frac{1}{\mathrm{ch}^2x}=1,\quad \mathrm{cth}^2x-\frac{1}{\mathrm{sh}^2x}=1.$$

利用四则运算的求导法则与复合函数的求导法则，可以算出双曲函数的导数：

$$(\mathrm{sh}x)'=\frac{1}{2}[(\mathrm{e}^x)'-(\mathrm{e}^{-x})']=\frac{1}{2}[\mathrm{e}^x-\mathrm{e}^{-x}(-x)']=\frac{1}{2}[\mathrm{e}^x+\mathrm{e}^{-x}]=\mathrm{ch}x.$$

类似地可得

$$(\mathrm{ch}x)'=\mathrm{sh}x.$$

显然 $\mathrm{th}x=\dfrac{\mathrm{sh}x}{\mathrm{ch}x}$，$\mathrm{cth}x=\dfrac{\mathrm{ch}x}{\mathrm{sh}x}$，于是有

$$(\mathrm{th}x)'=\left(\frac{\mathrm{sh}x}{\mathrm{ch}x}\right)'=\frac{(\mathrm{sh}x)'\mathrm{ch}x-\mathrm{sh}x(\mathrm{ch}x)'}{\mathrm{ch}^2x}=\frac{\mathrm{ch}^2x-\mathrm{sh}^2x}{\mathrm{ch}^2x}=\frac{1}{\mathrm{ch}^2x},$$

以及

$$(\mathrm{cth}x)'=-\frac{1}{\mathrm{sh}^2x}.$$

例 2.6.2　设曲线 $y=x^n$（n 为正整数）在点 $(1,1)$ 处的切线与 x 轴的交点为 $(\xi_n,0)$，求 $\lim\limits_{n\to\infty}\xi_n^n$.

解　因为

$$y'\Big|_{x=1}=nx^{n-1}\Big|_{x=1}=n,$$

则曲线 $y=x^n$ 在点 $(1,1)$ 处的切线方程为

$$y-1=n(x-1),$$

它与 x 轴的交点为 $\left(1-\dfrac{1}{n},0\right)$，因此 $\xi_n=1-\dfrac{1}{n}$. 于是

$$\lim_{n\to\infty}\xi_n^n=\lim_{n\to\infty}\left(1-\frac{1}{n}\right)^n=\lim_{n\to\infty}\left[\left(1-\frac{1}{n}\right)^{-n}\right]^{-1}=\frac{1}{\mathrm{e}}.$$

例 2.6.3　设函数

$$f(x)=\begin{cases}\ln(1+x)&x\geqslant0,\\[2mm]\dfrac{\sin^2x}{x},&x<0,\end{cases}$$

求 $f'(x)$.

解 当 $x>0$ 时,

$$f'(x) = \left[\ln(1+x)\right]' = \frac{1}{1+x}.$$

当 $x<0$ 时,

$$f'(x) = \left(\frac{\sin^2 x}{x}\right)' = \frac{x(2\sin x\cos x) - \sin^2 x}{x^2} = \frac{\sin 2x}{x} - \left(\frac{\sin x}{x}\right)^2.$$

当 $x=0$ 时,由于在该点的两侧函数的表达式不同,因此需考虑其左、右导数.

$$f'_-(0) = \lim_{x\to 0^-}\frac{f(x)-f(0)}{x-0} = \lim_{x\to 0^-}\frac{\frac{\sin^2 x}{x}-0}{x-0} = \lim_{x\to 0^-}\frac{\sin^2 x}{x^2} = 1,$$

$$f'_+(0) = \lim_{x\to 0^+}\frac{f(x)-f(0)}{x-0} = \lim_{x\to 0^+}\frac{\ln(1+x)-0}{x-0} = \lim_{x\to 0^+}\frac{\ln(1+x)}{x} = 1,$$

于是 $f'(0)=1$.

综上所述,

$$f'(x) = \begin{cases} \dfrac{1}{1+x}, & x\geqslant 0, \\ \dfrac{\sin 2x}{x} - \left(\dfrac{\sin x}{x}\right)^2, & x<0. \end{cases}$$

例 2.6.4 求函数 $y=f(x^2)+\ln f(x)$ 的二阶导数,其中函数 f 二阶可导,且 $f(x)>0$.

解 由复合函数求导的链式规则得

$$y' = f'(x^2)\cdot 2x + \frac{1}{f(x)}\cdot f'(x) = 2xf'(x^2) + \frac{f'(x)}{f(x)},$$

$$y'' = 2f'(x^2) + 2xf''(x^2)\cdot 2x + \frac{f(x)f''(x) - [f'(x)]^2}{f^2(x)}$$

$$= 2f'(x^2) + 4x^2 f''(x^2) + \frac{f(x)f''(x) - [f'(x)]^2}{f^2(x)}.$$

例 2.6.5 已知函数 f 在 $(-\infty,+\infty)$ 上有定义,且对于任意 x,成立

$$\lim_{x\to 0}\frac{f(x)-f(x-2\Delta x)}{\Delta x} = x^2+2x+2.$$

问 f 在 $(-\infty,+\infty)$ 上是否可导? 若可导,求 $d[f(x^2)]$.

解 对于任意 $x\in(-\infty,+\infty)$,因为

$$f'(x) = \lim_{h\to 0}\frac{f(x+h)-f(x)}{h} \xlongequal{h=-2\Delta x} \lim_{\Delta x\to 0}\frac{f(x-2\Delta x)-f(x)}{-2\Delta x}$$

$$= \frac{1}{2}\lim_{\Delta x\to 0}\frac{f(x)-f(x-2\Delta x)}{\Delta x} = \frac{1}{2}(x^2+2x+2),$$

所以 f 在 $(-\infty,+\infty)$ 上可导.

由微分的形式的不变性得

$$d[f(x^2)] = f'(x^2)d(x^2) = 2xf'(x^2)dx$$

$$= 2x\cdot\frac{1}{2}[(x^2)^2+2x^2+2]dx = (x^5+2x^3+2x)dx.$$

例 2.6.6 设 $u = f[\varphi(x) + y^2]$，其中 y 是由方程 $y + \mathrm{e}^y = x$ 确定的 x 的函数，且函数 f, φ 均二阶可导，求 $\dfrac{\mathrm{d}u}{\mathrm{d}x}$ 和 $\dfrac{\mathrm{d}^2 u}{\mathrm{d}x^2}$.

解 在等式 $y + \mathrm{e}^y = x$ 两边对 x 求导得

$$y' + \mathrm{e}^y y' = 1,$$

因此 $y' = \dfrac{1}{1 + \mathrm{e}^y}$. 将以上等式两边再对 x 求导得

$$y'' + \mathrm{e}^y (y')^2 + \mathrm{e}^y y'' = 0,$$

所以

$$y'' = -\frac{\mathrm{e}^y (y')^2}{1 + \mathrm{e}^y} = -\frac{\mathrm{e}^y}{(1 + \mathrm{e}^y)^3}.$$

由复合函数求导的链式规则得

$$\frac{\mathrm{d}u}{\mathrm{d}x} = f'[\varphi(x) + y^2](\varphi'(x) + 2yy'),$$

$$\frac{\mathrm{d}^2 u}{\mathrm{d}x^2} = f''[\varphi(x) + y^2](\varphi'(x) + 2yy')^2$$
$$+ f'[\varphi(x) + y^2](\varphi''(x) + 2(y')^2 + 2yy'').$$

将 $y' = \dfrac{1}{1 + \mathrm{e}^y}$，$y'' = -\dfrac{\mathrm{e}^y}{(1 + \mathrm{e}^y)^3}$ 代入得

$$\frac{\mathrm{d}u}{\mathrm{d}x} = f'[\varphi(x) + y^2]\left(\varphi'(x) + \frac{2y}{1 + \mathrm{e}^y}\right),$$

$$\frac{\mathrm{d}^2 u}{\mathrm{d}x^2} = f''[\varphi(x) + y^2]\left(\varphi'(x) + \frac{2y}{1 + \mathrm{e}^y}\right)^2$$
$$+ f'[\varphi(x) + y^2]\left[\varphi''(x) + \frac{2}{(1 + \mathrm{e}^y)^2} - \frac{2y\mathrm{e}^y}{(1 + \mathrm{e}^y)^3}\right].$$

例 2.6.7 设 $y = \mathrm{e}^x + 2\log_2 x \, (x > 0)$，求其反函数 $x = x(y)$ 的二阶导数.

解 显然

$$\frac{\mathrm{d}y}{\mathrm{d}x} = \mathrm{e}^x + \frac{2}{x\ln 2},$$

于是反函数 $x = x(y)$ 的导数为

$$\frac{\mathrm{d}x}{\mathrm{d}y} = \frac{1}{\dfrac{\mathrm{d}y}{\mathrm{d}x}} = \frac{1}{\mathrm{e}^x + \dfrac{2}{x\ln 2}} = \frac{x\ln 2}{x\mathrm{e}^x \ln 2 + 2}.$$

二阶导数为

$$\frac{\mathrm{d}^2 x}{\mathrm{d}y^2} = \frac{\mathrm{d}}{\mathrm{d}y}\left(\frac{\mathrm{d}x}{\mathrm{d}y}\right) = \frac{\mathrm{d}}{\mathrm{d}x}\left(\frac{\mathrm{d}x}{\mathrm{d}y}\right) \cdot \frac{\mathrm{d}x}{\mathrm{d}y}$$

$$= \frac{\mathrm{d}}{\mathrm{d}x}\left(\frac{x\ln 2}{x\mathrm{e}^x \ln 2 + 2}\right) \cdot \frac{\mathrm{d}x}{\mathrm{d}y} = \frac{(2 - x^2 \mathrm{e}^x \ln 2)\ln 2}{(x\mathrm{e}^x \ln 2 + 2)^2} \cdot \frac{x\ln 2}{x\mathrm{e}^x \ln 2 + 2}$$

$$= \frac{x(\ln 2)^2 (2 - x^2 \mathrm{e}^x \ln 2)}{(x\mathrm{e}^x \ln 2 + 2)^3}.$$

例 2.6.8 求函数 $y = \arctan x$ 在 $x = 0$ 处的各阶导数.

解 因为 $y' = \dfrac{1}{1 + x^2}$，故

$$y'(1+x^2)=1,$$

且

$$y''=\left(\frac{1}{1+x^2}\right)'=-\frac{2x}{(1+x^2)^2}.$$

注意到

$$(1+x^2)'=2x,$$
$$(1+x^2)''=2,$$
$$(1+x^2)^{(n)}=0 \quad (n\geqslant 3),$$

在等式 $y'(1+x^2)=1$ 两边对 x 求 n 阶导数 $(n\geqslant 3)$,并应用莱布尼茨公式,便得

$$(1+x^2)y^{(n+1)}+2nxy^{(n)}+n(n-1)y^{(n-1)}=0.$$

令 $x=0$ 得

$$y^{(n+1)}(0)=-n(n-1)y^{(n-1)}(0).$$

因为 $y'(0)=1$,所以对所有正整数 $m(m\geqslant 1)$,

$$y^{(2m+1)}(0)=-(2m-1)2my^{(2m-1)}(0)=\cdots=(-1)^m(2m)!.$$

又因为 $y''(0)=-\dfrac{2x}{(1+x^2)^2}\Big|_{x=0}=0$,所以对所有正整数 m,

$$y^{(2m)}(0)=0.$$

综上所述

$$y^{(n)}(0)=\begin{cases} (-1)^m(2m)!, & n=2m+1, \\ 0, & n=2m. \end{cases}$$

习　题　二

(A)

1. 根据导数定义求下列函数的导数:

(1) $y=\sqrt{x}$;　　　　　　　　　　(2) $y=\dfrac{1}{x}$.

2. 讨论函数

$$f(x)=\begin{cases} 1, & x\leqslant 0, \\ 4x+1, & 0<x\leqslant 2, \\ x^2+5, & 2<x \end{cases}$$

在 $x=0$ 和 $x=2$ 点的连续性与可导性.

3. 函数 $f(x)=|\sin x|$ 在 $x=0$ 点的导数是否存在? 为什么?

4. 求下列函数的导数:

(1) $y=4x^3-5x^2+6x$;　　　　　(2) $y=2\sqrt{x}-\dfrac{1}{x^2}+\sqrt[4]{3}$;

(3) $y=\dfrac{1-x^3}{\sqrt{x}}$;　　　　　　　(4) $y=(\sqrt{x}+1)\left(\dfrac{1}{\sqrt{x}}-1\right)$;

(5) $y=(x+1)^2(x-1)$;　　　　　(6) $y=\dfrac{x+1}{x-1}$;

(7) $y=\dfrac{x}{x^2+1}$;　　　　　　　(8) $u=\dfrac{v^5}{v^3-2}$.

5. 设 $f(x)=(1+x^3)\left(5-\dfrac{1}{x^2}\right)$,求 $f'(1)$.

6. 求下列函数的导数:

(1) $y=x10^x$;　　　　　　　(2) $s=\dfrac{t}{4^t}$;

(3) $y=x\sin x+\cos x$;　　　　　(4) $y=\dfrac{x}{1-\cos x}$;

(5) $y=\mathrm{e}^x(\sin x-2\cos x)$;　　　(6) $y=\dfrac{\tan x}{1+\sin x}$;

(7) $y=x\log_5 x$;　　　　　　(8) $y=\dfrac{\ln x}{x^n}$;

(9) $y=x\sin x\ln x$;　　　　　(10) $y=x\arcsin x$;

(11) $y=\sqrt[3]{x}\arctan x$;　　　　(12) $y=\mathrm{arccot}x\arccos x$;

(13) $y=x\arccos x-\sqrt{1-x^2}$;　　(14) $y=\dfrac{x^2}{\arctan x}$.

7. 求曲线 $y=\ln x$ 在点 $(\mathrm{e},1)$ 处的切线方程与法线方程.

8. 问曲线 $y=x-\mathrm{e}^x$ 上哪一点的切线与 x 轴平行?

9. 求下列函数的导数:

(1) $y=(4x+5)^5$;　　　　　　(2) $y=\dfrac{x}{\sqrt{1-x^2}}$;

(3) $y=\sqrt{x^2+a^2}$;　　　　　(4) $y=\sin^2 x$;

(5) $y=\tan\dfrac{x}{2}-\dfrac{x}{2}$;　　　　(6) $y=\sin^n x\cos nx$;

(7) $y=\sin\sqrt{1+x^2}$;　　　　(8) $y=\mathrm{e}^{\sqrt{1+x}}$;

(9) $y=\sqrt{1+a^x}$;　　　　　(10) $y=3^{\sin x}$;

(11) $y=\mathrm{e}^{\tan\frac{1}{x}}$;　　　　　(12) $y=x^2\mathrm{e}^{-2x}\sin 3x$;

(13) $y=\ln\tan\dfrac{x}{2}$;　　　　(14) $y=\ln[\ln(\ln x)]$;

(15) $y=\sqrt{1+\ln^2 x}$;　　　　(16) $y=\left(\arcsin\dfrac{x}{2}\right)^2$;

(17) $y=\mathrm{arccot}\dfrac{1}{x}$;　　　　(18) $y=\arctan\dfrac{2x}{1-x^2}$.

10. 求曲线 $y=(x+1)\cdot\sqrt[3]{3-x}$ 在 $(2,3)$ 点的切线方程和法线方程.

11. 求下列隐函数 $y=y(x)$ 的导数:

(1) $\dfrac{x^2}{a^2}+\dfrac{y^2}{b^2}=1$;　　　　(2) $x^3+y^3-3axy=0$;

(3) $\cos(xy)=x$;　　　　　(4) $\mathrm{e}^{xy}+x^2y=1$;

(5) $y=x+\ln y$;　　　　　(6) $\ln y-\cos(xy)+1=0$.

12. 设方程 $y^5 + 2y - x - 3x^7 = 0$ 确定 y 是 x 的隐函数,求 $\left.\dfrac{dy}{dx}\right|_{x=0}$.

13. 利用对数求导法求下列函数的导数:

(1) $y = x^x$;

(2) $y = (\ln x)^x$;

(3) $y = \left(\dfrac{x}{1+x}\right)^x$;

(4) $y = (\tan 2x)^{\cot\frac{x}{2}}$;

(5) $y = x\sqrt{\dfrac{1-x}{1+x}}$;

(6) $y = \dfrac{\sqrt{x+2}\,(3-x)^4}{(x+1)^5}$.

14. 对下列参数形式的函数求 $\dfrac{dy}{dx}$:

(1) $\begin{cases} x = at^2, \\ y = bt^3; \end{cases}$

(2) $\begin{cases} x = a\cos^3 t, \\ y = a\sin^3 t; \end{cases}$

(3) $\begin{cases} x = \dfrac{t+1}{t}, \\ y = \dfrac{t-1}{t}; \end{cases}$

(4) $\begin{cases} x = e^{-2t}\cos^2 t, \\ y = e^{-2t}\sin^2 t. \end{cases}$

15. 设 f 为可导函数,求下列函数的导数:

(1) $y = [f(x)]^2$;

(2) $y = \arctan f(x)$;

(3) $y = f(\sqrt{x})$;

(4) $y = f(\sin^2 x)$.

16. 求下列函数的二阶导数:

(1) $y = \ln(1+x^2)$;

(2) $y = x\ln x$;

(3) $y = (1+x^2)\arctan x$;

(4) $y = xe^{x^2}$;

(5) $y = e^{\sqrt{x}}$;

(6) $y = \sin^4 x + \cos^4 x$.

17. 设 $f(x) = \dfrac{x}{\sqrt{1+x^2}}$,求 $f''(0), f''(1)$ 和 $f''(-1)$.

18. 求函数 $y = \ln(1+x)$ 的 n 阶导数.

19. 设 f 为二阶可导函数,求下列函数的二阶导数:

(1) $y = f(\ln x)$;

(2) $y = \arctan f(x)$.

20. 证明函数 $y = A\sin\omega x$ $(A, \omega$ 为常数$)$ 满足方程

$$\frac{d^2 y}{dx^2} + \omega^2 y = 0.$$

21. 设方程 $y = \sin(x+y)$ 确定 y 是 x 的函数,求 y''.

22. 对下列参数形式的函数求 $\dfrac{d^2 y}{dx^2}$:

(1) $\begin{cases} x = at^2, \\ y = bt^3; \end{cases}$

(2) $\begin{cases} x = ae^{-t}, \\ y = be^t. \end{cases}$

23. 求下列函数的所指定阶的导数:

(1) $y = e^x \cos x$,求 $y^{(4)}$;

(2) $y = x^3 e^x$，求 $y^{(10)}$；

(3) $y = x^2 \sin 2x$，求 $y^{(50)}$.

24. 证明：

(1) 可导的偶函数的导函数是奇函数；

(2) 可导的奇函数的导函数是偶函数；

(3) 可导的周期函数的导函数仍是周期函数.

25. 在中午 12 时整，甲船以 6 km/h 的速度向东行驶，乙船在甲船之北 16 km 处以 8 km/h 的速度向南行驶，求下午 1 时整时两船距离的变化速度.

26. 一截面为倒置等边三角形的水槽，长 20 m. 如以 3 m³/s 的速度将水注入，求在水面高为 4 m 时水面的上升速度.

27. 求函数 $y = x^3 - x$ 当 $x = 2, \Delta x = 0.01$ 时的微分.

28. 求下列函数的微分：

(1) $y = \dfrac{2}{x^2}$；

(2) $y = e^{-3x} \cos 2x$；

(3) $y = \arcsin \sqrt{x}$；

(4) $y = 5^{\ln \tan x}$；

(5) $y = \dfrac{x^3 - 1}{x^3 + 1}$；

(6) $y = x^{5x}$.

29. 设方程 $y = 1 + x e^y$ 确定 y 是 x 的函数，求 dy.

30. 计算下列各式的近似值：

(1) $\sqrt{1.05}$；

(2) $\sin 33°$.

31. 设生产某种产品 x 单位的成本函数为（单位：元）
$$C(x) = 0.001x^3 - 0.3x^2 + 40x + 1000.$$
试求：(1) 边际成本函数；(2) 生产 50 单位产品时的平均成本和边际成本，并解释后者的经济学意义.

32. 设生产某产品 x 单位的总收益 R 为 x 的函数
$$R = R(x) = 200x - 0.01x^2.$$
试求：(1) 生产 50 单位产品时的总收益以及平均单位产品收益；(2) 生产 50 单位产品时的边际收益，并解释其经济学意义.

33. 求下列函数的弹性函数：

(1) $f(x) = 5 + 8x$；

(2) $f(x) = 4x - 5x^2$.

34. 设某种商品的需求函数为
$$Q_d(x) = 12 - \frac{x}{2},$$
其中 x 为商品的价格.

(1) 求需求弹性函数；

(2) 求价格为 4 与 14 时的需求弹性，并说明其经济学意义.

(B)

1. 证明：双曲线 $xy=a^2$ 上的任一点的切线与两坐标轴围成的三角形面积等于 $2a^2$.

2. 设函数 $f(x)$ 满足 $f(0)=0$. 证明 $f(x)$ 在 $x=0$ 点可导的充分必要条件是：存在在 $x=0$ 点连续的函数 $g(x)$，使得 $f(x)=xg(x)$，且此时成立
$$f'(0)=g(0).$$

3. 设函数
$$f(x)=\begin{cases} 2\mathrm{e}^x+a, & x<0, \\ x^2+bx+1, & x\geqslant 0. \end{cases}$$
问 a,b 为何值时，f 在 $x=0$ 点可导？

4. 设函数
$$f(x)=\begin{cases} ax^2+bx+c, & x<0, \\ \ln(1+x), & x\geqslant 0. \end{cases}$$
问 a,b,c 为何值时，f 在 $x=0$ 点二阶可导？

5. 设方程 $x^y=y^x$ 确定 y 是 x 的函数，求 $\dfrac{\mathrm{d}y}{\mathrm{d}x}$.

6. 当 a 为何值时，直线 $y=x$ 能与曲线 $y=\log_a x$ 相切？切点在哪里？

7. 设方程 $x^3-y^3-6x-3y=0$ 确定 y 是 x 的函数，求 y''.

8. 设 $f\left(\dfrac{x}{2}\right)=\sin x$，求 $f'[f(x)]$，$\{f[f(x)]\}'$，$\{f[f(x)]\}''$.

9. 设 $y=\dfrac{1}{x^2-3x+2}$，求 $y^{(n)}$.

10. 设函数 f 为 $(-\infty,+\infty)$ 上的可导函数，且在 $x=0$ 的某个邻域上成立
$$f(1+\sin x)-3f(1-\sin x)=8x+\alpha(x),$$
其中 $\alpha(x)$ 是当 $x\to 0$ 时比 x 高阶的无穷小量. 求曲线 $y=f(x)$ 在 $(1,f(1))$ 点的切线方程.

11. 利用反函数的求导公式 $\dfrac{\mathrm{d}x}{\mathrm{d}y}=\dfrac{1}{y'}$，证明：

(1) $\dfrac{\mathrm{d}^2 x}{\mathrm{d}y^2}=-\dfrac{y''}{(y')^3}$；

(2) $\dfrac{\mathrm{d}^3 x}{\mathrm{d}y^3}=\dfrac{3(y'')^2-y'y'''}{(y')^5}$.

微分中值定理及其应用

导数和微分是研究函数局部变化性态的有效工具,为了应用这一工具来研究函数的整体性质,需要一个联系局部与整体的媒介,这就是微分中值定理.本章首先引入微分中值定理,并以中值定理为基础,研究函数的单调性、待定型的极限、函数的极值和最值、曲线的凸性、函数图形的描绘和函数的更精确的近似公式.

§1 微分中值定理

费马(Fermat)定理

微分中值定理是微分学的重要理论基础,是联系局部与整体的媒介.为了研究函数的局部性质与整体性质的联系,先要找出其局部的一些显著特征,其中之一就是极值.

定义 3.1.1 设函数 f 在 x_0 附近有定义,如果在 x_0 的某个邻域 $O(x_0,\delta)$ 上恒成立

$$f(x) \leqslant f(x_0) \quad (\text{或 } f(x) \geqslant f(x_0)),$$

则称 x_0 为函数 f 的**局部极大值点**(或**局部极小值点**),简称为**极大值点**(或**极小值点**),称 $f(x_0)$ 是函数 f 的**局部极大值**(或**局部极小值**),简称为**极大值**(或**极小值**).

极大值与极小值统称为**极值**,极大值点与极小值点统称为**极值点**.

例如,在图 3.1.1 中,x_1 和 x_3 是函数 f 的极小值点,$f(x_1)$ 和 $f(x_3)$ 是

极小值；x_2 和 x_4 是 f 的极大值点，$f(x_2)$ 和 $f(x_4)$ 是极大值.

注意，极值只取决于函数 f 在点 x_0 邻近的性状，即只是在 x_0 的某个邻域内 $f(x_0)$ 才相对地是最大或最小，所以它是一种局部性质. 由于极值的局部性，在同一个区间内，f 的一个极小值完全有可能大于 f 的某些极大值，例如，在图 3.1.1 中，极小值 $f(x_1)$ 就大于极大值 $f(x_4)$. 而且，甚至在有限区间上，函数 f 的极值点都可能有无数个. 例如，在区间 $(0,1)$ 上，$x = \dfrac{2}{(2n+1)\pi}(n=0,1,2,\cdots)$ 都是函数 $f(x) = \sin\dfrac{1}{x}$ 的极值点，且当 n 为偶数时为极大值点，当 n 为奇数时为极小值点.

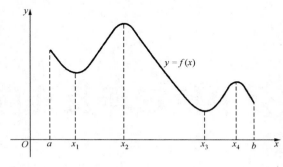

图　3.1.1

极值点有一个显著特征，这就是下面的费马定理：

定理 3.1.1（费马定理）　设 x_0 是函数 f 的极值点，且 f 在 x_0 点可导，则
$$f'(x_0) = 0.$$

证　不妨设 x_0 是极大值点，所以在 x_0 某个邻域 $O(x_0,\delta)$ 上成立 $f(x) \leqslant f(x_0)$. 于是，当 $x < x_0$ 时，
$$\frac{f(x) - f(x_0)}{x - x_0} \geqslant 0,$$

当 $x > x_0$ 时，
$$\frac{f(x) - f(x_0)}{x - x_0} \leqslant 0.$$

由于 f 在 x_0 点可导，则由导数定义和极限性质，便得
$$f'(x_0) = f'_-(x_0) = \lim_{x \to x_0^-} \frac{f(x) - f(x_0)}{x - x_0} \geqslant 0,$$

以及
$$0 \geqslant \lim_{x \to x_0^+} \frac{f(x) - f(x_0)}{x - x_0} = f'_+(x_0) = f'(x_0),$$

因此，$f'(x_0) = 0.$

证毕

费马定理的几何意义是：若 x_0 是函数 f 的极值点，且 f 的图像（即曲线 $y = f(x)$）在 $(x_0, f(x_0))$ 点处有切线的话，那么它一定是一条水平切线.

容易看出，当函数 f 可导时，条件"$f'(x_0) = 0$"只是 x_0 为 f 的极值点的必要条件，而

不是充分条件. 例如, 函数 $f(x) = x^3$, 点 $x_0 = 0$ 不是它的极值点, 但 $f'(0) = 0$. 注意, 一个函数的导数不存在的点也可能是该函数的极值点. 例如, 函数 $f(x) = |x|$, $x = 0$ 是 f 的极小值点, 但 f 在 $x = 0$ 点的导数不存在.

罗尔 (Rolle) 定理

为了导出微分中值定理, 我们先介绍它的一种特殊形式.

定理 3.1.2 (罗尔定理)　设函数 f 在 $[a, b]$ 上连续, 在 (a, b) 上可导, 且 $f(a) = f(b)$, 则至少存在一点 $\xi \in (a, b)$, 使得 $f'(\xi) = 0$.

证　因为 f 在 $[a, b]$ 上连续, 所以它在 $[a, b]$ 上必定能取得最大值 M 和最小值 m.

如果 $M = m$, 则 f 在 $[a, b]$ 上恒取常值 M, 此时可取 (a, b) 内任何一点作为 ξ, 就有 $f'(\xi) = 0$.

如果 $M > m$, 因为 $f(a) = f(b)$, 所以 M 和 m 之一必不等于 $f(a)$, 不妨设 $M \neq f(a)$ ($m \neq f(a)$ 的情况可类似讨论), 此时必有点 $\xi \in (a, b)$, 使得 $f(\xi) = M$. 因为 f 在 ξ 处可导, 且 $f(\xi)$ 为最大值, 由费马定理得 $f'(\xi) = 0$.

证毕

罗尔定理的几何意义是: 在定理的条件下, 曲线 $y = f(x)$ 上必有一点, 该点处的切线与 x 轴平行 (见图 3.1.2).

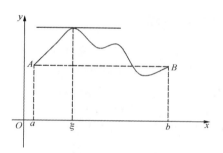

图　3.1.2

注意, 罗尔定理中的三个条件缺一不可. 例如函数 $f(x) = |x|$, 它在 $[-1, 1]$ 上连续, 且 $f(-1) = f(1)$, 但在 $(-1, 1)$ 中没有 ξ, 使得 $f'(\xi) = 0$. 这时 f 在 $x = 0$ 点不可导. 又例如函数 $f(x) = \begin{cases} x, & 0 < x \leqslant 1, \\ 1, & x = 0, \end{cases}$ 它在 $(0, 1)$ 上可导, 且满足 $f(0) = f(1) = 1$, 但也没有 ξ, 使得 $f'(\xi) = 0$. 这时 f 在 $x = 0$ 点不连续. 最后看函数 $f(x) = x$, 它在 $[0, 1]$ 上连续, 且在 $(0, 1)$ 上可导, 但没有 ξ, 使得 $f'(\xi) = 0$. 这时 $f(0) = 0 \neq 1 = f(1)$.

例 3.1.1　设函数
$$f(x) = x(x-1)(x-2)(x-3).$$
证明方程 $f'(x) = 0$ 有三个不同实根, 并指出它们所在的区间.

证　函数 f 为四次多项式, 所以它在 $(-\infty, +\infty)$ 上连续且可导. 因为
$$f(0) = f(1) = f(2) = f(3) = 0.$$
所以在区间 $[0, 1], [1, 2], [2, 3]$ 上分别对函数 f 应用罗尔定理便知, 存在 $\xi_1 \in (0, 1), \xi_2 \in$

$(1,2),\xi_3\in(2,3)$,使得

$$f'(\xi_1)=f'(\xi_2)=f'(\xi_3)=0.$$

即方程 $f'(x)=0$ 有三个不同实根,它们分别在区间 $(0,1),(1,2)$ 和 $(2,3)$ 上.

由于 $f'(x)$ 是三次多项式,所以方程 $f'(x)=0$ 只有上述三个实根.

证毕

例 3.1.2 证明:方程 $3^{x+2}-26x-29=0$ 有且只有两个不同实根.

证 作函数 $f(x)=3^{x+2}-26x-29$,容易看出,$f(-1)=f(2)=0$,这说明方程 $3^{x+2}-26x-29=0$ 至少有两个实根.

下面用反证法证明 f 只有两个零点,即所给方程只有两个根. 若不然,设 x_1,x_2,x_3 $(x_1<x_2<x_3)$ 是 f 的三个零点,即

$$f(x_1)=f(x_2)=f(x_3)=0.$$

则由罗尔定理可知 f' 在区间 (x_1,x_2) 和 (x_2,x_3) 中都至少有一个零点,即 f' 至少有两个零点. 但直接计算可知,

$$f'(x)=3^{x+2}\ln3-26$$

只有一个零点 $x=\dfrac{\ln26-\ln\ln3}{\ln3}-2$,这是一个矛盾.

证毕

拉格朗日(Lagrange)中值定理

罗尔定理中的 $f(a)=f(b)$ 是一个相当特殊的条件,它使这个定理的应用受到很大的限制,为取消这个条件,再说明一下罗尔定理的几何背景. 实际上,它也说明了在条件 $f(a)=f(b)$ 下,曲线 $y=f(x)$ 上必有一点,该点处的切线与曲线的连接点 $(a,f(a))$ 和点 $(b,f(b))$ 的弦平行,从这个观点出发,就得到了下面的拉格朗日中值定理.

定理 3.1.3(拉格朗日中值定理) 设函数 f 在 $[a,b]$ 上连续,在 (a,b) 上可导,则至少存在一点 $\xi\in(a,b)$,使得

$$f'(\xi)=\frac{f(b)-f(a)}{b-a}.$$

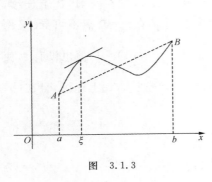

图 3.1.3

注 在证明之前,再说明一下拉格朗日中值定理的几何意义. 在直角坐标系中作 $[a,b]$ 上函数 f 的图像,即曲线 $y=f(x)$,连接曲线上两个端点 $A(a,f(a))$, $B(b,f(b))$(见图 3.1.3),易见弦 AB 的斜率为 $\dfrac{f(b)-f(a)}{b-a}$. 拉格朗日中值定理告诉我们,在相应的条件下,可以在图像上找到一点,使得曲线在该点处的切线与弦 AB 平行.

显然,罗尔定理是拉格朗日中值定理的特殊情况.

证 引入辅助函数

$$\varphi(x)=f(x)-\frac{f(b)-f(a)}{b-a}(x-a).$$

显然,φ 在$[a,b]$上连续,在(a,b)上可导,且
$$\varphi'(x) = f'(x) - \frac{f(b)-f(a)}{b-a}.$$

又显然 $\varphi(a)=\varphi(b)=f(a)$. 由罗尔定理知,至少存在一点 $\xi\in(a,b)$,使得 $\varphi'(\xi)=0$,即
$$f'(\xi) = \frac{f(b)-f(a)}{b-a}.$$

证毕

拉格朗日中值定理也常称为**微分中值定理**,它还可表述为
$$f(b) = f(a) + f'(\xi)(b-a),$$
或
$$f(b) = f(a) + f'(a+\theta(b-a))(b-a),$$
其中 $0<\theta<1$. 如果记 $x=a,\Delta x=b-a$,则上式可表述为
$$f(x+\Delta x) = f(x) + f'(x+\theta\Delta x)\Delta x,$$
其中 $0<\theta<1$. 这些关系式都被称做**拉格朗日公式**.

我们已经知道常值函数的导数为 0,由拉格朗日中值定理,还可以得

推论 3.1.1　设 f 是(a,b)上的可导函数,如果对于每个 $x\in(a,b)$,都有 $f'(x)=0$,则 f 在(a,b)上为常数.

证　对于任何 $a<x_0<x_1<b$,由拉格朗日中值公式得
$$f(x_1) - f(x_0) = f'(\xi)(x_1-x_0) = 0,$$
其中 $x_0<\xi<x_1$,因此 $f(x_1)=f(x_0)$,从而 f 为常数.

证毕

推论 3.1.2　设 f 和 g 均是(a,b)上的可导函数,且在(a,b)上成立 $f'(x)=g'(x)$,则存在常数 c,使得在(a,b)上成立
$$f(x) = g(x) + c.$$
这只要对函数 $f-g$ 应用推论 3.1.1 的结论即可.

例 3.1.3　证明:当 $x>0$ 时成立
$$\frac{x}{1+x^2} < \arctan x < x.$$

证　作函数 $f(x)=\arctan x$,则
$$f'(x) = \frac{1}{1+x^2}.$$
应用拉格朗日公式得
$$\arctan x = f(x) - f(0) = f'(\xi)(x-0) = \frac{x}{1+\xi^2},$$
其中 $0<\xi<x$,注意到 $1<1+\xi^2<1+x^2$ 便得结论.

证毕

例 3.1.4　证明:在$[-1,1]$上成立
$$\arcsin x + \arccos x = \frac{\pi}{2}.$$

证　作函数
$$f(x) = \arcsin x + \arccos x, \quad x \in [-1,1].$$

则在$(-1,1)$上成立
$$f'(x) = (\arcsin x)' + (\arccos x)' = \frac{1}{\sqrt{1-x^2}} - \frac{1}{\sqrt{1-x^2}} = 0,$$

所以由推论 3.1.1 知,在$(-1,1)$上成立
$$f(x) = c.$$

注意到
$$c = f(0) = \arcsin 0 + \arccos 0 = \frac{\pi}{2}.$$

从而在$(-1,1)$上成立
$$\arcsin x + \arccos x = \frac{\pi}{2}.$$

由于 f 在$[-1,1]$上连续,上式在$[-1,1]$上也成立.

证毕

例 3.1.5　证明:当 $0 \leqslant a, b \leqslant \pi$ 时成立
$$|a\sin a - b\sin b| \leqslant (\pi + 1)|a - b|.$$

证　作函数 $f(x) = x\sin x$,则 $f'(x) = \sin x + x\cos x$. 当 $a, b \in [0, \pi]$ 时,由拉格朗日公式得
$$f(a) - f(b) = f'(\xi)(a - b),$$

即
$$a\sin a - b\sin b = (\sin\xi + \xi\cos\xi)(a - b),$$
其中 ξ 在 a, b 之间,于是 $0 < \xi < \pi$. 此时成立
$$|a\sin a - b\sin b| = |\sin\xi + \xi\cos\xi| \cdot |a - b|$$
$$\leqslant (|\sin\xi| + |\xi| \cdot |\cos\xi|)|a - b| \leqslant (\pi + 1)|a - b|.$$

证毕

柯西(Cauchy)中值定理

下面的柯西中值定理是拉格朗日中值定理的推广.

定理 3.1.4 (柯西中值定理)　设函数 f 和 g 均在$[a,b]$上连续,在(a,b)上可导,且 $g'(x) \neq 0$ $(x \in (a,b))$,则至少存在一点 $\xi \in (a,b)$,使得
$$\frac{f(b) - f(a)}{g(b) - g(a)} = \frac{f'(\xi)}{g'(\xi)}.$$

证　因为当 $x \in (a,b)$ 时 $g'(x) \neq 0$,由拉格朗日公式知 $g(b) - g(a) \neq 0$. 作辅助函数
$$\varphi(x) = f(x) - \frac{f(b) - f(a)}{g(b) - g(a)}[g(x) - g(a)],$$

则 φ 在$[a,b]$上连续,在(a,b)上可导,且
$$\varphi'(x) = f'(x) - \frac{f(b) - f(a)}{g(b) - g(a)}g'(x).$$

又显然 $\varphi(a)=\varphi(b)=f(a)$，从而由罗尔定理知，必有 $\xi\in(a,b)$，使得 $\varphi'(\xi)=0$，即

$$f'(\xi)-\frac{f(b)-f(a)}{g(b)-g(a)}g'(\xi)=0,$$

从而定理的结论成立.

证毕

注 当 $g(x)=x$ 时，柯西中值定理就退化为拉格朗日中值定理.

例 3.1.4 证明：当 $x>0$ 时，成立不等式

$$\frac{1}{2(1+x)}<\frac{x-\ln(1+x)}{x^2}<\frac{1}{2}.$$

证 作函数

$$f(x)=x-\ln(1+x),\quad g(x)=x^2.$$

则

$$f'(x)=1-\frac{1}{1+x}=\frac{x}{1+x},\quad g'(x)=2x.$$

当 $x>0$ 时，应用柯西中值定理得

$$\frac{x-\ln(1+x)}{x^2}=\frac{f(x)-f(0)}{g(x)-g(0)}=\frac{f'(\xi)}{g'(\xi)}=\frac{\frac{\xi}{1+\xi}}{2\xi}=\frac{1}{2(1+\xi)},$$

其中 $0<\xi<x$.注意到 $1<1+\xi<1+x$ 便得结论.

证毕

§2 洛必达法则

在计算两个无穷小量或两个无穷大量之商的极限时，由于分母的极限为零或不存在，不能直接用"商的极限等于极限的商"这个极限运算法则，因此在求极限时，常常会遇到困难.这两类极限可能存在，也有可能不存在，因此被称为**待定型极限**，分别记为 $\frac{0}{0}$ 待定型或 $\frac{\infty}{\infty}$ 待定型，简称 $\frac{0}{0}$ 型或 $\frac{\infty}{\infty}$ 型.本节介绍的洛必达(L'Hospital)法则就是用来处理各种待定型极限的有效方法.

除以上两种待定型之外，还有以下几种形式的待定型：$0\cdot\infty$ 型，$\infty-\infty$ 型，0^0 型，∞^0 型，1^∞ 型，但 $\frac{0}{0}$ 和 $\frac{\infty}{\infty}$ 是最基本的待定型，其他待定型都可先化为这两类待定型，再进行计算.

$\frac{0}{0}$ 待定型的洛必达法则

我们先考虑 $x\to a$ 时的情形.

定理 3.2.1 设函数 f 和 g 在点 a 的某个空心邻域 $O(a,\delta)\backslash\{a\}$ 上有定义，且满足：
(1) $\lim\limits_{x\to a}f(x)=\lim\limits_{x\to a}g(x)=0$；
(2) f 和 g 在 $O(a,\delta)\backslash\{a\}$ 上可导，且 $g'(x)\neq0$；

(3) $\lim\limits_{x\to a}\dfrac{f'(x)}{g'(x)}=A$（$A$ 可为实数，也可为 $\pm\infty$ 或 ∞）.

则

$$\lim_{x\to a}\frac{f(x)}{g(x)}=\lim_{x\to a}\frac{f'(x)}{g'(x)}=A.$$

证 因为 $x\to a$ 时的极限与点 a 处的函数值无关，故不妨重新定义 $f(a)=g(a)=0$. 这时对于任意 $x\in O(a,\delta)\backslash\{a\}$，在以 x 和 a 为端点的区间上，柯西中值定理的条件均满足，因而必有介于 x 与 a 之间的点 ξ，使得

$$\frac{f(x)}{g(x)}=\frac{f(x)-f(a)}{g(x)-g(a)}=\frac{f'(\xi)}{g'(\xi)}.$$

注意到当 $x\to a$ 时有 $\xi\to a$，即得

$$\lim_{x\to a}\frac{f(x)}{g(x)}=\lim_{x\to a}\frac{f'(\xi)}{g'(\xi)}=\lim_{\xi\to a}\frac{f'(\xi)}{g'(\xi)}=A.$$

注 对自变量 x 其他的变化过程，如 $x\to a^+$，$x\to a^-$，$x\to\infty$，$x\to+\infty$，$x\to-\infty$，只要适当地修正定理 3.2.1 的条件（2）中的 f 和 g 的可导范围，相应的处理 $\dfrac{0}{0}$ 待定型的洛必达法则也成立.

例 3.2.1 求极限 $\lim\limits_{x\to\pi}\dfrac{1+\cos x}{\sin^2 x}$.

解 这是 $\dfrac{0}{0}$ 型的极限. 应用洛必达法则得

$$\lim_{x\to\pi}\frac{1+\cos x}{\sin^2 x}=\lim_{x\to\pi}\frac{-\sin x}{2\sin x\cos x}=\lim_{x\to\pi}\left(-\frac{1}{2\cos x}\right)=\frac{1}{2}.$$

在应用洛必达法则时，如果 $\lim\limits_{x\to a}\dfrac{f'(x)}{g'(x)}$ 仍是 $\dfrac{0}{0}$ 型待定式极限，只要有可能，可以对该待定式再次应用洛必达法则，如此下去，直到计算出结果. 但要注意的是，在每次使用洛必达法则后，都要判断所求极限是否仍是待定型的极限，还是可以利用极限的四则运算法则及函数性质可以计算出来的极限，否则将导致错误的结果.

例 3.2.2 求极限 $\lim\limits_{x\to 0}\dfrac{\sin x-x+\dfrac{x^3}{6}}{x^5}$.

解 这是 $\dfrac{0}{0}$ 型的极限，连续使用洛必达法则得

$$\lim_{x\to 0}\frac{\sin x-x+\dfrac{x^3}{6}}{x^5}=\lim_{x\to 0}\frac{\cos x-1+\dfrac{x^2}{2}}{5x^4}=\lim_{x\to 0}\frac{-\sin x+x}{20x^3}$$
$$=\lim_{x\to 0}\frac{-\cos x+1}{60x^2}=\lim_{x\to 0}\frac{\sin x}{120x}=\frac{1}{120}.$$

有时对于较复杂的极限，可以先使用等价无穷小量的代换的方法，或利用极限的四则运算法则，将待定型的极限化为简单的形式，再使用洛必达法则.

例 3.2.3 求极限 $\lim\limits_{x\to 0}\dfrac{\tan x-\sin x}{x\ln(1+x^2)}$.

解 这是 $\dfrac{0}{0}$ 型的极限,由于 $\ln(1+x^2) \sim x^2 \ (x \to 0)$,先利用等价无穷小量的代换,再利用极限的四则运算法则,最后使用洛必达法则,得

$$\lim_{x \to 0} \frac{\tan x - \sin x}{x \ln(1+x^2)} = \lim_{x \to 0} \frac{\tan x - \sin x}{x^3}$$

$$= \lim_{x \to 0} \frac{\tan x \cdot (1 - \cos x)}{x^3}$$

$$= \lim_{x \to 0} \frac{\tan x}{x} \cdot \frac{1 - \cos x}{x^2}$$

$$= \lim_{x \to 0} \frac{1 - \cos x}{x^2}$$

$$= \lim_{x \to 0} \frac{\sin x}{2x}$$

$$= \frac{1}{2}.$$

$\dfrac{\infty}{\infty}$ 待定型的洛必达法则

我们先考虑 $x \to a$ 时的情形.

定理 3.2.2 设函数 f 和 g 在点 a 的某个空心邻域 $O(a, \delta) \backslash \{a\}$ 上有定义,且满足:

(1) $\lim\limits_{x \to a} f(x) = \lim\limits_{x \to a} g(x) = \infty$;

(2) f 和 g 在 $O(a, \delta) \backslash \{a\}$ 上可导,且 $g'(x) \neq 0$;

(3) $\lim\limits_{x \to a} \dfrac{f'(x)}{g'(x)} = A$($A$ 可为实数,也可为 $\pm\infty$ 或 ∞).

则

$$\lim_{x \to a} \frac{f(x)}{g(x)} = \lim_{x \to a} \frac{f'(x)}{g'(x)} = A.$$

这个定理的证明在此从略.还要指出的是,上述定理中的自变量的变化过程"$x \to a$"也可以改为 $x \to a^+$,$x \to a^-$,$x \to +\infty$,$x \to -\infty$ 或 $x \to \infty$.

例 3.2.4 求极限 $\lim\limits_{x \to +\infty} \dfrac{\ln x}{x^\alpha}$ ($\alpha > 0$).

解 这是 $\dfrac{\infty}{\infty}$ 型的极限.使用洛必达法则,得

$$\lim_{x \to +\infty} \frac{\ln x}{x^\alpha} = \lim_{x \to +\infty} \frac{\dfrac{1}{x}}{\alpha x^{\alpha-1}} = \lim_{x \to +\infty} \frac{1}{\alpha x^\alpha} = 0.$$

例 3.2.5 求极限 $\lim\limits_{x \to +\infty} \dfrac{x^\alpha}{e^{\lambda x}}$,$\lambda$ 和 α 均为正数.

解 这是 $\dfrac{\infty}{\infty}$ 型的极限.当 α 为正整数时,连续运用 α 次洛必达法则,得

$$\lim_{x \to +\infty} \frac{x^\alpha}{e^{\lambda x}} = \lim_{x \to +\infty} \frac{\alpha x^{\alpha-1}}{\lambda e^{\lambda x}} = \cdots = \lim_{x \to +\infty} \frac{\alpha!}{\lambda^\alpha e^{\lambda x}} = 0.$$

当 α 不是正整数时,取 $n = [\alpha] + 1$,连续运用 n 次洛必达法则得

$$\lim_{x \to +\infty} \frac{x^\alpha}{e^{\lambda x}} = \lim_{x \to +\infty} \frac{\alpha x^{\alpha-1}}{\lambda e^{\lambda x}} = \cdots = \lim_{x \to +\infty} \frac{\alpha(\alpha-1)\cdots(\alpha-n+1)}{\lambda^n e^{\lambda x} x^{n-\alpha}} = 0.$$

其他待定型的极限

下面通过一些例子说明求其他各种待定型极限的方法.

例 3.2.6 求极限 $\lim\limits_{x \to 0}\left[\dfrac{1}{\ln(1+x)} - \dfrac{1}{e^x - 1}\right]$.

解 这是一个 $\infty - \infty$ 型极限, 先变形成 $\dfrac{0}{0}$ 型极限, 运用等价无穷小量代换后, 再连续使用洛必达法则, 得

$$
\begin{aligned}
\lim_{x \to 0}\left[\frac{1}{\ln(1+x)} - \frac{1}{e^x - 1}\right] &= \lim_{x \to 0} \frac{e^x - 1 - \ln(1+x)}{(e^x - 1)\ln(1+x)} \\
&= \lim_{x \to 0} \frac{e^x - 1 - \ln(1+x)}{x^2} \\
&= \lim_{x \to 0} \frac{e^x - \dfrac{1}{1+x}}{2x} \\
&= \lim_{x \to 0} \frac{e^x + \dfrac{1}{(1+x)^2}}{2} \\
&= 1.
\end{aligned}
$$

例 3.2.7 求极限 $\lim\limits_{x \to 0^+} x^\alpha \ln x \ (\alpha > 0)$.

解 这是 $0 \cdot \infty$ 型的极限, 利用 $x^\alpha \ln x = \dfrac{\ln x}{\dfrac{1}{x^\alpha}}$ 可将以上极限化为 $\dfrac{\infty}{\infty}$ 型的极限, 再运用洛必达法则, 得

$$
\lim_{x \to 0^+} x^\alpha \ln x = \lim_{x \to 0^+} \frac{\ln x}{\dfrac{1}{x^\alpha}} = \lim_{x \to 0^+} \frac{\dfrac{1}{x}}{\dfrac{-\alpha}{x^{\alpha+1}}} = -\frac{1}{\alpha} x^\alpha = 0.
$$

注 有时也将 $0 \cdot \infty$ 型的极限化为 $\dfrac{0}{0}$ 型的极限, 再运用洛必达法则.

例 3.2.8 求极限 $\lim\limits_{x \to +\infty} x\left(\ln \dfrac{2}{\pi}\arctan x\right)$.

解 这是 $0 \cdot \infty$ 型的极限, 将它化为 $\dfrac{0}{0}$ 型的极限, 再运用洛必达法则, 得

$$
\begin{aligned}
\lim_{x \to +\infty} x\left(\ln \frac{2}{\pi}\arctan x\right) &= \lim_{x \to +\infty} \frac{\ln \dfrac{2}{\pi} + \ln\arctan x}{\dfrac{1}{x}} = \lim_{x \to +\infty} \frac{\dfrac{1}{(1+x^2)\arctan x}}{-\dfrac{1}{x^2}} \\
&= \lim_{x \to +\infty} \left(-\frac{1}{\arctan x} \cdot \frac{x^2}{1+x^2}\right) = -\frac{2}{\pi}.
\end{aligned}
$$

例 3.2.9 求极限 $\lim\limits_{x \to \frac{\pi}{2}^-} (\cos x)^{\frac{\pi}{2}-x}$.

解 这是 0^0 型的极限. 因为 $(\cos x)^{\frac{\pi}{2}-x} = \mathrm{e}^{\left(\frac{\pi}{2}-x\right)\ln\cos x}\left(0 < x < \frac{\pi}{2}\right)$, 而

$$
\begin{aligned}
\lim_{x \to \frac{\pi}{2}^-} \left(\frac{\pi}{2} - x\right)\ln\cos x &= \lim_{x \to \frac{\pi}{2}^-} \frac{\ln\cos x}{\dfrac{1}{\dfrac{\pi}{2} - x}} \\
&= \lim_{x \to \frac{\pi}{2}^-} \frac{-\dfrac{\sin x}{\cos x}}{\dfrac{1}{\left(\dfrac{\pi}{2} - x\right)^2}} \\
&= \lim_{x \to \frac{\pi}{2}^-} \left[\frac{\left(\dfrac{\pi}{2} - x\right)^2}{\cos x} \cdot (-\sin x)\right] \\
&= -\lim_{x \to \frac{\pi}{2}^-} \frac{\left(\dfrac{\pi}{2} - x\right)^2}{\cos x} \\
&= -\lim_{x \to \frac{\pi}{2}^-} \frac{2\left(\dfrac{\pi}{2} - x\right)}{\sin x} \\
&= 0.
\end{aligned}
$$

于是利用函数 e^x 的连续性得

$$
\lim_{x \to \frac{\pi}{2}^-} (\cos x)^{\frac{\pi}{2}-x} = \mathrm{e}^{\lim\limits_{x \to \frac{\pi}{2}^-} \left(\frac{\pi}{2}-x\right)\ln\cos x} = \mathrm{e}^0 = 1.
$$

注 若函数 f 满足 $f(x) > 0$ 时, 则成立

$$
f(x) = \mathrm{e}^{\ln f(x)}.
$$

通过这个公式将 0^0 型, ∞^0 型, 1^∞ 型等待定型 f 的极限, 转化为可以运用洛必达法则的 $\ln f(x)$ 的极限, 是一种常用的方法.

例 3.2.10 求极限 $\lim\limits_{x \to 0^+} (\cot x)^{\frac{1}{\ln x}}$.

解 这是 ∞^0 型的极限. 显然

$$
(\cot x)^{\frac{1}{\ln x}} = \mathrm{e}^{\frac{\ln\cot x}{\ln x}}.
$$

由于

$$
\lim_{x \to 0^+} \frac{\ln\cot x}{\ln x} = \lim_{x \to 0^+} \frac{-\dfrac{\csc^2 x}{\cot x}}{\dfrac{1}{x}} = \lim_{x \to 0^+} \left(-\frac{x}{\sin x} \cdot \frac{1}{\cos x}\right) = -1,
$$

所以

$$
\lim_{x \to 0^+} (\cot x)^{\frac{1}{\ln x}} = \mathrm{e}^{-1}.
$$

例 3. 2. 11 求极限 $\lim\limits_{n\to\infty}\left[\dfrac{\left(1+\dfrac{1}{n}\right)^n}{\mathrm{e}}\right]^n$.

解 直接计算这个数列的极限有一定的难度. 但如果令 $x=\dfrac{1}{n}$，而考虑函数极限

$\lim\limits_{x\to 0}\left(\dfrac{(1+x)^{\frac{1}{x}}}{\mathrm{e}}\right)^{\frac{1}{x}}$，就会附带得到所求数列的极限值. 这个函数极限是 1^∞ 型的极限. 显然

$$\left(\frac{(1+x)^{\frac{1}{x}}}{\mathrm{e}}\right)^{\frac{1}{x}}=\mathrm{e}^{\frac{1}{x}\left[\frac{1}{x}\ln(1+x)-1\right]}.$$

而

$$\lim\limits_{x\to 0}\frac{1}{x}\left[\frac{1}{x}\ln(1+x)-1\right]=\lim\limits_{x\to 0}\frac{\ln(1+x)-x}{x^2}$$

$$=\lim\limits_{x\to 0}\frac{\dfrac{1}{1+x}-1}{2x}=\lim\limits_{x\to 0}\frac{-1}{2(1+x)}=-\frac{1}{2},$$

所以

$$\lim\limits_{x\to 0}\left(\frac{(1+x)^{\frac{1}{x}}}{\mathrm{e}}\right)^{\frac{1}{x}}=\mathrm{e}^{-\frac{1}{2}}.$$

于是

$$\lim\limits_{n\to\infty}\left[\frac{\left(1+\dfrac{1}{n}\right)^n}{\mathrm{e}}\right]^n\xlongequal{x=1/n}\lim\limits_{x\to 0}\left(\frac{(1+x)^{\frac{1}{x}}}{\mathrm{e}}\right)^{\frac{1}{x}}=\mathrm{e}^{-\frac{1}{2}}.$$

注意，如果在 x 的某个变化过程中，$\dfrac{f'(x)}{g'(x)}$ 的极限不存在时，$\dfrac{f(x)}{g(x)}$ 的极限还是可能存在的，只是此时不能使用洛必达法则来计算. 例如，

$$\lim\limits_{x\to\infty}\frac{x+\sin x}{x-\sin x}=\lim\limits_{x\to\infty}\frac{1+\dfrac{\sin x}{x}}{1-\dfrac{\sin x}{x}}=1.$$

但当 $x\to\infty$ 时，分子、分母的导数之商 $\dfrac{(x+\sin x)'}{(x-\sin x)'}=\dfrac{1+\cos x}{1-\cos x}$ 却无极限.

最后指出，有时尽管洛必达法则的条件都满足，但用这个法则也未必能直接计算出极限. 例如，极限

$$\lim\limits_{x\to+\infty}\frac{\mathrm{e}^x+\mathrm{e}^{-x}}{\mathrm{e}^x-\mathrm{e}^{-x}}=\lim\limits_{x\to+\infty}\frac{1+\mathrm{e}^{-2x}}{1-\mathrm{e}^{-2x}}=1.$$

但如果使用洛必达法则的话，得到

$$\lim\limits_{x\to+\infty}\frac{\mathrm{e}^x+\mathrm{e}^{-x}}{\mathrm{e}^x-\mathrm{e}^{-x}}=\lim\limits_{x\to+\infty}\frac{\mathrm{e}^x-\mathrm{e}^{-x}}{\mathrm{e}^x+\mathrm{e}^{-x}}=\lim\limits_{x\to+\infty}\frac{\mathrm{e}^x+\mathrm{e}^{-x}}{\mathrm{e}^x-\mathrm{e}^{-x}},$$

这又回到了开始的情况，出现了循环.

§3 利用导数研究函数性态

导数刻画了函数在局部的变化性态,确定了函数值在局部的变化率.本节进一步说明,在微分学中值定理的基础上,导数还可以有效地从整体上刻画函数的变化性态.

函数的单调性

下面的定理说明,可导函数的单调性可以由其导数的符号来确定.

定理 3.3.1 设函数 f 在区间 I 上可导,则

(1) f 在区间 I 上单调增加的充分必要条件是对任意 $x \in I$,成立
$$f'(x) \geqslant 0;$$

(2) f 在区间 I 上单调减少的充分必要条件是对任意 $x \in I$,成立
$$f'(x) \leqslant 0.$$

证 我们只证明(1),(2)的情况类似.

必要性 设函数 f 在区间 I 上单调增加.对于任何 $x \in I$,易知当 $x' \in I$ 且 $x' \neq x$ 时,成立
$$\frac{f(x') - f(x)}{x' - x} \geqslant 0.$$

因为函数 f 在区间 I 上可导,所以
$$f'(x) = \lim_{x' \to x} \frac{f(x') - f(x)}{x' - x} \geqslant 0.$$

充分性 设在区间 I 上成立 $f'(x) \geqslant 0$,对于 I 上任何两点 $x_1, x_2 \ (x_1 < x_2)$,由拉格朗日微分中值定理知,存在 $\xi \in (x_1, x_2)$,使得
$$f(x_2) - f(x_1) = f'(\xi)(x_2 - x_1) \geqslant 0,$$
所以 $f(x_2) \geqslant f(x_1)$,即函数 f 在区间 I 上单调增加.

证毕

以上定理中的充分性部分,还可以进一步深化为:

定理 3.3.2 如果函数 f 在区间 I 上可导,且对任何 $x \in I$,成立
$$f'(x) > 0 \quad (\text{或 } f'(x) < 0),$$
则函数 f 在区间 I 上严格单调增加(或严格单调减少).

注意,定理 3.3.2 的逆命题并不成立,例如,函数 $y = x^3$,它是严格单调增加的,但在 $x = 0$ 点有 $f'(0) = 0$.事实上,定理 3.3.2 还可以改进为:设函数 f 在区间 I 上连续,且在 I 上除有限个点之外,都有 $f'(x) > 0$(或 $f'(x) < 0$),则函数 f 在区间 I 上严格单调增加(或严格单调减少).

例 3.3.1 讨论函数 $f(x) = 2x^3 - 6x^2 - 18x - 9$ 的单调性.

解 函数 f 定义于 $(-\infty, +\infty)$,其导数为
$$f'(x) = 6x^2 - 12x - 18 = 6(x - 3)(x + 1).$$
f' 的零点为 $x = -1$ 和 $x = 3$.利用 f' 的零点把 $D(f) = (-\infty, +\infty)$ 分为三个区间,并在

表 3.3.1 列出 f' 在每个区间上的符号及推得的 f 的单调性（单调增加用记号 ↗ 表示，单调减少用记号 ↘ 表示）.

表　3.3.1

x	$(-\infty, -1)$	$(-1, 3)$	$(3, +\infty)$
f'	$+$	$-$	$+$
f	↗	↘	↗

由此可见，f 在区间 $(-\infty, -1]$ 及 $[3, +\infty)$ 上为单调增加，在 $[-1, 3]$ 上为单调减少.

例 3.3.2　证明：当 $x > -1$ 且 $x \neq 0$ 时，成立
$$\ln(1+x) < x.$$

证　令 $f(x) = x - \ln(1+x)$，则
$$f'(x) = 1 - \frac{1}{1+x}, \quad x \in (-1, +\infty).$$

显然，当 $x > 0$ 时，$f'(x) > 0$；当 $-1 < x < 0$ 时，$f'(x) < 0$. 因此函数 f 在 $[0, +\infty)$ 上严格单调增加，在 $(-1, 0]$ 上严格单调减少. 于是，当 $x > -1$ 且 $x \neq 0$ 时总成立
$$f(x) > f(0) = 0,$$
即
$$\ln(1+x) < x.$$

证毕

对于比较复杂的问题，有时需要多次应用上述方法才能奏效.

例 3.3.3　证明：当 $x > 0$ 时成立
$$\sin x > x - \frac{x^3}{6}.$$

证　令 $f(x) = \sin x - x + \frac{x^3}{6}$，则当 $x > 0$ 时，有
$$f'(x) = \cos x - 1 + \frac{x^2}{2}.$$

这时判别 f' 的符号比较困难，但
$$f''(x) = [f'(x)]' = \left[\cos x - 1 + \frac{x^2}{2}\right]' = x - \sin x > 0, \quad x > 0$$

所以 f' 在 $[0, +\infty)$ 上严格单调增加，于是当 $x > 0$ 时，成立
$$f'(x) = \cos x - 1 + \frac{x^2}{2} > f'(0) = 0.$$

由此可知 f 在 $[0, +\infty)$ 上也是严格单调增加的. 这样，当 $x > 0$ 时，便成立
$$f(x) = \sin x - x + \frac{x^3}{6} > f(0) = 0.$$

证毕

函数的极值

费马定理说明，若 x_0 为函数 f 的一个极值点，且 f 在 x_0 处可导，则必有 $f'(x_0) = 0$. 这就是说，可导函数在点 x_0 取极值的必要条件是 $f'(x_0) = 0$. 这为我们寻找极值点提供

了有效途径: f 的全部极值点必定都在 f' 的零点以及使 f' 不存在的点所成的集合之中. 称 f' 的零点为 f 的**驻点**. 所以, 我们可以先求出 f 的驻点与 f' 不存在的点, 再进行判别.

定理 3.3.3(极值判定的第一充分条件)　设函数 f 在 x_0 点的某个邻域上有定义, 且 f 在 x_0 点连续. 又设存在 $\delta>0$, 使得 f 在 $(x_0-\delta,x_0)$ 与 $(x_0,x_0+\delta)$ 上可导.

(1) 若在 $(x_0-\delta,x_0)$ 上成立 $f'(x)\geqslant0$, 在 $(x_0,x_0+\delta)$ 上成立 $f'(x)\leqslant0$, 则 $f(x_0)$ 是 f 的极大值;

(2) 若在 $(x_0-\delta,x_0)$ 上成立 $f'(x)\leqslant0$, 在 $(x_0,x_0+\delta)$ 上成立 $f'(x)\geqslant0$, 则 $f(x_0)$ 是 f 的极小值;

(3) 若 f' 在 $(x_0-\delta,x_0)$ 与 $(x_0,x_0+\delta)$ 上同号, 则 $f(x_0)$ 不是 f 的极值.

证　我们只证(1), 其他情形类似.

因为 f 在 x_0 点连续, 且在 $(x_0-\delta,x_0)$ 上成立 $f'(x)\geqslant0$, 则由定理 3.3.1, f 在 $(x_0-\delta,x_0]$ 上单调增加; 又由于在 $(x_0,x_0+\delta)$ 上成立 $f'(x)\leqslant0$, 则 f 在 $[x_0,x_0+\delta)$ 上单调减少(见图 3.3.1), 从而对任何 $x\in(x_0-\delta,x_0+\delta)$ 都成立
$$f(x)\leqslant f(x_0),$$
即 $f(x_0)$ 是 f 的极大值.

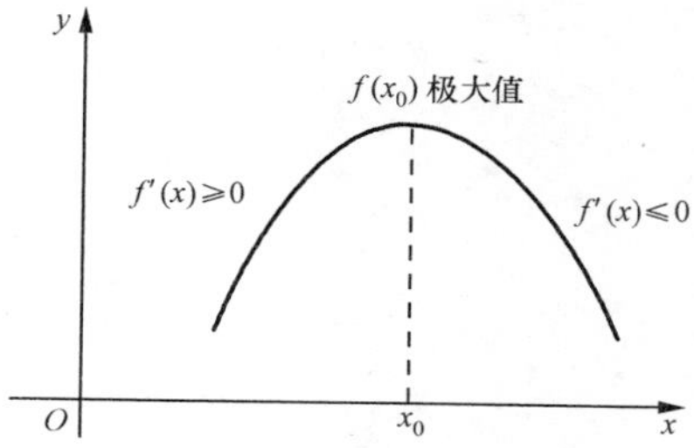

图　3.3.1

证毕

定理 3.3.4(极值判定的第二充分条件)　设函数 f 满足 $f'(x_0)=0$, 且它在 x_0 点二阶可导.

(1) 若 $f''(x_0)>0$, 则 $f(x_0)$ 是 f 的极小值;

(2) 若 $f''(x_0)<0$, 则 $f(x_0)$ 是 f 的极大值.

证　我们只证(1), (2)类似. 因为 $f'(x_0)=0$ 以及
$$\lim_{x\to x_0}\frac{f'(x)}{x-x_0}=\lim_{x\to x_0}\frac{f'(x)-f'(x_0)}{x-x_0}=f''(x_0)>0,$$
所以由推论 1.3.2 知, 存在 $\delta>0$, 使得在 $(x_0-\delta,x_0)$ 和 $(x_0,x_0+\delta)$ 上成立
$$\frac{f'(x)}{x-x_0}>0.$$
这说明在 $(x_0-\delta,x_0)$ 上成立 $f'(x)<0$, 在 $(x_0,x_0+\delta)$ 上成立 $f'(x)>0$, 所以由定理 3.3.3 知, $f(x_0)$ 是 f 的极小值.

证毕

注意, 当 $f''(x_0)=0$ 时, $f(x_0)$ 可能是 f 的极值, 也可能不是 f 的极值, 须另行判定. 例如, 函数 $y=x^4$ 和 $y=x^3$. $x=0$ 是 $y=x^4$ 的极小值点, 而不是 $y=x^3$ 的极值点, 但它们的一阶和二阶导数在 $x=0$ 点都为 0.

例 3.3.4　求函数 $f(x)=(2x-5)\cdot\sqrt[3]{x^2}$ 的极值.

解　函数 f 定义于 $(-\infty,+\infty)$, 且在其上连续. 当 $x\neq0$ 时,
$$f'(x)=\frac{10}{3}\cdot\frac{x-1}{\sqrt[3]{x}},$$

显然 f' 的零点为 $x=1$，而 $x=0$ 是 f' 不存在的点. 用这两点把 $D(f)=(-\infty,+\infty)$ 分为三个区间，并在表 3.3.2 列出在每个区间 f' 的符号及推得的 f 的单调性.

表 3.3.2

x	$(-\infty,0)$	0	$(0,1)$	1	$(1,+\infty)$
f'	$+$	不存在	$-$	0	$+$
f	↗	0	↘	-3	↗

由此可见，$f(0)=0$ 为极大值；$f(1)=-3$ 为极小值（见图 3.3.2）.

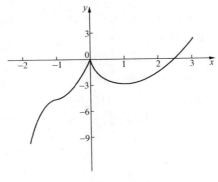

图 3.3.2

例 3.3.5 求函数 $f(x)=x^2\mathrm{e}^{-x}$ 的极值.

解 函数 f 的定义域为 $(-\infty,+\infty)$，且在其上有

$$f'(x)=x\mathrm{e}^{-x}(2-x), \quad f''(x)=(x^2-4x+2)\mathrm{e}^{-x}.$$

令 $f'=0$ 得 f 的驻点为 $x=0,x=2$.

由于 $f''(0)=2>0$，所以由定理 3.3.4 知，$f(0)=0$ 是极小值.

由于 $f''(2)=-2\mathrm{e}^{-2}<0$，所以 $f(2)=4\mathrm{e}^{-2}$ 是极大值.

例 3.3.6 求函数 $f(x)=(x^2-1)^3+1$ 的极值.

解 函数 f 的定义域为 $(-\infty,+\infty)$，且在其上有

$$f'(x)=6x(x^2-1)^2, \quad f''(x)=6(x^2-1)(5x^2-1).$$

显然 f 的驻点为 $x=0,x=1$ 和 $x=-1$. 由于 $f''(0)=6>0$，所以由定理 3.3.4 知 $f(0)=0$ 是极小值.

由于 $f''(\pm1)=0$，不能用定理 3.3.4 的结论. 但由于在 $(-\infty,-1)$ 上，$f'(x)<0$；在 $(-1,0)$ 上，$f'(x)<0$，所以 f' 在点 $x=-1$ 附近的左、右两侧保持同号，由定理 3.3.3 知，$f(-1)$ 不是函数 f 的极值.

由于在 $(0,1)$ 上，$f'(x)>0$；在 $(1,+\infty)$ 上，$f'(x)>0$，所以 f' 在点 $x=1$ 附近的左、右两侧保持同号，因此 $f(1)$ 也不是函数 f 的极值.

函数的最值

在自然科学、生产实践、经济管理等领域，经常需要研究如何以最小代价去获取最大收益的问题，这在许多情况下，可以归结为求一个函数在某一范围内的最大值或最小值问题.

函数的最大值与最小值统称为函数的**最值**,使函数取到最大值(或最小值)的点称为函数的**最大值点**(或**最小值点**),最大值点与最小值点统称为函数的**最值点**.与极值是函数的一种局部性质相对应,最大值与最小值则是函数在整体范围上的性质.

如果函数 f 在闭区间 $[a,b]$ 上连续,由连续函数的性质可知它在该区间上必能取到最大值和最小值.如果最大值或最小值不是函数在区间端点的值,那么它们必定在 (a,b) 中某极值点上达到.这样,函数 f 在 $[a,b]$ 上的最大值或最小值点必是下列三类点之一:f 的驻点、使 f 不可导的点以及区间端点.比较这些点上的函数值,其最大、最小者就是函数 f 在 $[a,b]$ 上的最大值和最小值.

例 3.3.7 求函数 $f(x)=(2x-5)\cdot\sqrt[3]{x^2}$ 在区间 $[-1,2]$ 上的最大值与最小值.

解 由例 3.3.4 知,函数 f 在区间 $[-1,2]$ 上的驻点为 $x=1$,不可导的点为 $x=0$,而
$$f(0)=0, \quad f(1)=-3, \quad f(-1)=-7, \quad f(2)=-\sqrt[3]{4}.$$
所以 f 在区间 $[-1,2]$ 上的最大值为 $f(0)=0$,最小值为 $f(-1)=-7$.

求函数 f 在开区间 I 上的最大值和最小值比较复杂,因为开区间上的连续函数甚至可能没有最大值或最小值.通常可利用 f' 的符号,即 f 的单调性,对 f 的全局性态作分析,进而确定函数的最大值与最小值的情况.特别地,如果函数 f 在区间 I 上只有一个极值点 x_0,那么当 $f(x_0)$ 为极大值时,它就是 f 在 I 上的最大值;当 $f(x_0)$ 为极小值时,它就是 f 在 I 上的最小值(见图 3.3.3).

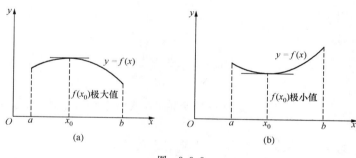

图 3.3.3

例 3.3.8 求点 $(0,1)$ 到曲线 $y=x^2-x$ 的最短距离.

解 因为点 $(0,1)$ 到曲线上点 (x,y) 的距离为 $d=\sqrt{x^2+(x^2-x-1)^2}$,要使 d 最小,只要 d^2 最小即可.

考虑函数
$$f(x)=x^2+(x^2-x-1)^2, \quad x\in(-\infty,+\infty),$$
令
$$f'(x)=2x+2(2x-1)(x^2-x-1)=2(x-1)^2(2x+1)=0$$
得
$$x=1, \quad x=-\frac{1}{2}.$$

因为当 $x<-\dfrac{1}{2}$ 时 $f'(x)<0$,当 $x>-\dfrac{1}{2}$ 时 $f'(x)>0$,所以 $x=1$ 不是极值点,$x=$

$-\dfrac{1}{2}$ 是极小值点,它也是唯一极值点,因此是最小值点.于是,点 $(0,1)$ 到曲线 $y=x^2-x$ 的最短距离为

$$d\left(-\dfrac{1}{2}\right)=\sqrt{\left(-\dfrac{1}{2}\right)^2+\left[\left(-\dfrac{1}{2}\right)^2-\left(-\dfrac{1}{2}\right)-1\right]^2}=\dfrac{\sqrt{5}}{4}.$$

例 3.3.9 工厂 A 与铁路的垂直距离为 a 千米,它的垂足 B 到火车站 C 的铁路长 b 千米,工厂的产品必须经火车站 C 才能销往外地.已知每单位产品每千米的汽车运费为 m 元,火车运费为 n 元 $(m>n)$,为使运费最省,准备在铁路上修一小站 D 作为转运站.问转运站应修在离火车站 C 多少千米处,才能使运费最省?

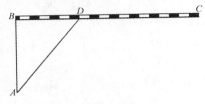

图 3.3.4

解 设 BD 为 x 千米(见图 3.3.4),则

$$CD=b-x,\quad AD=\sqrt{a^2+x^2}.$$

因此,从工厂 A 先经公路再经铁路到火车站 C 的运费为

$$f(x)=m\sqrt{a^2+x^2}+n(b-x),\quad x\in[0,b],$$

问题是求 f 的最小值.

由于

$$f'(x)=\dfrac{mx}{\sqrt{a^2+x^2}}-n,$$

令 $f'=0$ 得 $x=\dfrac{na}{\sqrt{m^2-n^2}}$. 由于

$$f''(x)=\dfrac{ma^2}{\sqrt{(a^2+x^2)^3}}>0,$$

所以 $x=\dfrac{na}{\sqrt{m^2-n^2}}$ 为极小值点,也是唯一的极值点,从而它是最小值点.于是,转运站应修在距离火车站 C 的 $b-\dfrac{na}{\sqrt{m^2-n^2}}$ 千米处,才能使运费最省.

函数的凸性

我们已经很熟悉函数 $y=\mathrm{e}^x$ 和 $y=\ln x$ 的图像,这两个函数都是严格单调增加的,但它们的图像的弯曲方向却不同.函数 $y=\mathrm{e}^x$ 的图像上任意两点间的弧段总是位于连接这两点的弦的下方,我们称具有这种特点的曲线为下凸的;而函数 $y=\ln x$ 的图像上任意两点间的弧段总是位于连接这两点的弦的上方,我们称具有这种特点的曲线为上凸的.

那么如何来描述这种现象呢?以下凸曲线 $y=f(x)$ 为例.对于曲线上任意两个不同点 $(x_1,f(x_1))$ 和 $(x_2,f(x_2))$,作连接这两点的弦(见图 3.3.5).

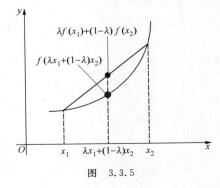

图 3.3.5

由于区间 (x_1, x_2) 中任意一点 ξ 可表示成

$$\xi = \lambda x_1 + (1-\lambda)x_2, \quad \lambda \in (0,1),$$

过该点作垂直于 x 轴的直线,曲线 $y = f(x)$ 为下凸曲线意味着,这条直线与弦交点的纵坐标 $\lambda f(x_1) + (1-\lambda)f(x_2)$ 必定大于它与曲线交点的纵坐标 $f(\lambda x_1 + (1-\lambda)x_2)$,从而我们引进如下定义:

定义 3.3.1　设函数 f 在区间 I 上定义,若对 I 上的任意两点 x_1 和 x_2,以及任意 $\lambda \in (0,1)$,都成立

$$f(\lambda x_1 + (1-\lambda)x_2) \leqslant \lambda f(x_1) + (1-\lambda)f(x_2),$$

则称 f 在 I 上是**下凸函数**.若上式中的不等号总是严格成立,则称 f 在 I 上是**严格下凸函数**.

若恒成立

$$f(\lambda x_1 + (1-\lambda)x_2) \geqslant \lambda f(x_1) + (1-\lambda)f(x_2),$$

则称 f 在 I 上是**上凸函数**.若上式中的不等号总是严格成立,则称 f 在 I 上是**严格上凸函数**.

下面的定理说明了,如果函数 f 在区间 I 上二阶可导,那么可以利用二阶导数的符号来判断函数在 I 上的凸性.

定理 3.3.5　设函数 f 在区间 I 上二阶可导.

(1) 若对于任意 $x \in I$,成立

$$f''(x) \geqslant 0,$$

则 f 在区间 I 上是下凸函数;

(2) 若对于任意 $x \in I$,成立

$$f''(x) \leqslant 0,$$

则 f 在区间 I 上是上凸函数.

特别地,若此时在区间 I 中有 $f''(x) > 0 (f''(x) < 0)$,则 f 在 I 上是严格下凸(上凸)函数.

证　只证明(1),(2)的情形类似.若在 I 上成立 $f''(x) \geqslant 0$,则 $f'(x)$ 在 I 上单调增加.对 I 上任意两点 x_1, x_2(不妨设 $x_1 < x_2$)及 $\lambda \in (0,1)$,取 $x_0 = \lambda x_1 + (1-\lambda)x_2$,那么 $x_1 < x_0 < x_2$,且

$$x_1 - x_0 = (1-\lambda)(x_1 - x_2), \quad x_2 - x_0 = \lambda(x_2 - x_1).$$

在 $[x_1, x_0]$ 和 $[x_0, x_2]$ 上分别应用拉格朗日中值定理,便知存在 $\eta_1 \in (x_1, x_0)$ 和 $\eta_2 \in (x_0, x_2)$,使得

$$f(x_1) = f(x_0) + f'(\eta_1)(x_1 - x_0),$$
$$f(x_2) = f(x_0) + f'(\eta_2)(x_2 - x_0).$$

因此利用 $f'(x)$ 在 I 上的单调增加性质得

$$f(x_1) \geqslant f(x_0) + f'(x_0)(x_1 - x_0) = f(x_0) + (1-\lambda)f'(x_0)(x_1 - x_2),$$
$$f(x_2) \geqslant f(x_0) + f'(x_0)(x_2 - x_0) = f(x_0) + \lambda f'(x_0)(x_2 - x_1),$$

分别用 λ 和 $1-\lambda$ 乘以上两式并相加得

$$\lambda f(x_1) + (1-\lambda)f(x_2) \geqslant f(x_0) = f(\lambda x_1 + (1-\lambda)x_2).$$

由定义,函数 f 是 I 上的下凸函数.

如果定理条件中的严格不等号成立,则以上证明中的不等号皆为严格不等号,因此定理关于严格凸性部分的结论成立.

若 f 为区间 I 上的连续上凸函数(下凸函数),则称曲线 $y = f(x) (x \in I)$ 是**上凸曲线**

（下凸曲线）.

证毕

例 3.3.10　（1）**(杨(Young)不等式)** 设 $a,b \geqslant 0$，p,q 为满足 $\dfrac{1}{p} + \dfrac{1}{q} = 1$ 的正数. 证明

$$ab \leqslant \frac{1}{p}a^p + \frac{1}{q}b^q;$$

（2）**(赫尔德(Hölder)不等式)** 设 $a_i, b_i \geqslant 0 (i=1,2,\cdots,n)$，$p,q$ 是满足 $\dfrac{1}{p} + \dfrac{1}{q} = 1$ 的正数. 证明

$$\sum_{i=1}^{n} a_i b_i \leqslant \left(\sum_{i=1}^{n} a_i^p\right)^{\frac{1}{p}} \left(\sum_{i=1}^{n} b_i^q\right)^{\frac{1}{q}}.$$

证　（1）当 a,b 其中之一为 0 时，结论显然成立.

现设 a,b 都大于 0. 考虑函数 $f(x) = \ln x (x > 0)$，则在 $(0, +\infty)$ 上成立

$$f''(x) = -\frac{1}{x^2} < 0,$$

所以 f 在 $(0, +\infty)$ 上是严格上凸函数. 于是由定义得

$$\frac{1}{p}f(a^p) + \frac{1}{q}f(b^q) \leqslant f\left(\frac{1}{p}a^p + \frac{1}{q}b^q\right)$$

（请读者想想为什么等号可能成立），即

$$\ln(ab) = \frac{1}{p}\ln a^p + \frac{1}{q}\ln b^q \leqslant \ln\left(\frac{1}{p}a^p + \frac{1}{q}b^q\right).$$

再利用 $\ln x$ 在 $(0, +\infty)$ 上的单调增加性便得

$$ab \leqslant \frac{1}{p}a^p + \frac{1}{q}b^q.$$

（2）记 $A_i = \dfrac{a_i}{\left(\sum\limits_{i=1}^{n} a_i^p\right)^{\frac{1}{p}}}$，$B_i = \dfrac{b_i}{\left(\sum\limits_{i=1}^{n} b_i^q\right)^{\frac{1}{q}}}(i=1,2,\cdots,n)$. 则由（1）得

$$A_i B_i \leqslant \frac{1}{p}A_i^p + \frac{1}{q}B_i^q = \frac{1}{p}\frac{a_i^p}{\sum\limits_{i=1}^{n} a_i^p} + \frac{1}{q}\frac{b_i^q}{\sum\limits_{i=1}^{n} b_i^q}, \quad i=1,2,\cdots,n.$$

将这 n 个不等式相加得

$$\sum_{i=1}^{n} A_i B_i \leqslant \frac{1}{p}\sum_{i=1}^{n}\frac{a_i^p}{\sum\limits_{i=1}^{n} a_i^p} + \frac{1}{q}\sum_{i=1}^{n}\frac{b_i^q}{\sum\limits_{i=1}^{n} b_i^q} = \frac{1}{p} + \frac{1}{q} = 1.$$

再将这个不等式两边同乘 $\left(\sum\limits_{i=1}^{n} a_i^p\right)^{\frac{1}{p}} \left(\sum\limits_{i=1}^{n} b_i^q\right)^{\frac{1}{q}}$，便得

$$\sum_{i=1}^{n} a_i b_i \leqslant \left(\sum_{i=1}^{n} a_i^p\right)^{\frac{1}{p}} \left(\sum_{i=1}^{n} b_i^q\right)^{\frac{1}{q}}.$$

证毕

利用数学归纳法从下凸（上凸）函数的定义出发，还可以直接推出如下结论：

定理 3.3.6（詹森(Jensen)不等式）　若 f 为区间 I 上的下凸（上凸）函数，则对于任意 $x_i \in I$ 和满足 $\sum\limits_{i=1}^{n}\lambda_i = 1$ 的正数 $\lambda_i (i=1,2,\cdots,n)$，成立

$$f\Big(\sum_{i=1}^{n}\lambda_i x_i\Big)\leqslant\sum_{i=1}^{n}\lambda_i f(x_i)\quad\Big(f\Big(\sum_{i=1}^{n}\lambda_i x_i\Big)\geqslant\sum_{i=1}^{n}\lambda_i f(x_i)\Big).$$

特别地,取 $\lambda_i=\dfrac{1}{n}(i=1,2,\cdots,n)$ 就有

$$f\Big(\frac{1}{n}\sum_{i=1}^{n}x_i\Big)\leqslant\frac{1}{n}\sum_{i=1}^{n}f(x_i)\quad\Big(f\Big(\frac{1}{n}\sum_{i=1}^{n}x_i\Big)\geqslant\frac{1}{n}\sum_{i=1}^{n}f(x_i)\Big).$$

证明留作习题.詹森不等式有很多重要的应用.例如,利用 $\ln x$ 在 $(0,+\infty)$ 上的严格上凸性,由詹森不等式得到,对于任意正数 $x_1,x_2,\cdots,x_n$,成立

$$\frac{\ln x_1+\ln x_2+\cdots+\ln x_n}{n}\leqslant\ln\Big(\frac{x_1+x_2+\cdots+x_n}{n}\Big),$$

由此便得到熟知的不等式

$$\sqrt[n]{x_1 x_2\cdots x_n}\leqslant\frac{x_1+x_2+\cdots+x_n}{n}.$$

曲线的拐点

细心的读者会发现,曲线 $y=\sin x$ 上的点 $(\pi,0)$ 和曲线 $y=x^3$ 上的点 $(0,0)$ 具有这样一个共同的性质:曲线在该点两侧的凸性不同,也就是说,它们是曲线上凸与下凸的分界点,称这样的点为曲线的**拐点**.拐点位置的确定对于函数作图的准确性起着重要的作用.

例 3.3.11　讨论曲线 $y=\ln(1+x^2)$ 的凸性并确定其拐点.

解　由计算知在 $(-\infty,+\infty)$ 上有

$$y'=\frac{2x}{1+x^2},\quad y''=\frac{2(1-x^2)}{(1+x^2)^2}.$$

显然 f'' 的零点为 $x=-1$ 和 $x=1$.用这两点把函数的定义域 $(-\infty,+\infty)$ 分为三个区间,并在表 3.3.3 列出在每个区间 f'' 的符号及推得的 f 的凸性.

表　3.3.3

x	$(-\infty,-1)$	-1	$(-1,1)$	1	$(1,+\infty)$
f''	$-$	0	$+$	0	$-$
f	上凸	拐点 $(-1,\ln2)$	下凸	拐点 $(1,\ln2)$	上凸

由此可见,在 $(-\infty,-1]$ 和 $[1,+\infty)$ 上的曲线 $y=\ln(1+x)$ 是上凸的,而在 $[-1,1]$ 上的曲线是下凸的;$(-1,\ln2)$ 和 $(1,\ln2)$ 为曲线的拐点(见图 3.3.6).

设函数 f 在开区间 I 上连续,$x_0\in I$.若存在 $\delta>0$,使得 f 在 $(x_0-\delta,x_0)$ 与 $(x_0,x_0+\delta)$ 上二阶可导(注意并不要求 f 在 x_0 点二阶可导),则由定理 3.3.5 可知,若 f'' 在 $(x_0-\delta,x_0)$ 上的符号与在 $(x_0,x_0+\delta)$ 上的符号相反,那么点 $(x_0,f(x_0))$ 是曲线 $y=f(x)$ 的拐点;若符号相同,那么点 $(x_0,f(x_0))$ 不是该曲线的拐点.

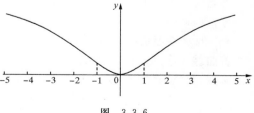

图　3.3.6

可以证明，若函数 f 在 $(x_0-\delta,x_0+\delta)$ 上二阶可导，而 $(x_0,f(x_0))$ 是曲线 $y=f(x)$ 的拐点，则 $f''(x_0)=0$. 但这只是曲线的拐点所满足的必要条件，而非充分条件. 例如，函数 $y=x^4$ 在 $x=0$ 点满足条件 $y''(0)=0$，但 $(0,0)$ 点不是曲线的拐点. 另外，即使连续函数 f 的二阶导数在 x_0 点不存在，点 $(x_0,f(x_0))$ 也可能是曲线 $y=f(x)$ 的拐点. 例如，在 $x=0$ 点函数 $y=x^{\frac{1}{3}}$ 的二阶导数不存在，但 $(0,0)$ 是曲线的拐点. 因此，当我们利用 f 的二阶导数来确定拐点时，既要考虑 f'' 的零点，又要考虑 f'' 不存在的点.

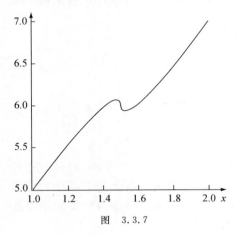

图 3.3.7

例 3.3.12 求曲线 $y=4x-(2x-3)^{\frac{3}{5}}$ 的拐点.

解 这个函数在 $(-\infty,+\infty)$ 上连续，且当 $x\neq\dfrac{3}{2}$ 时

$$y'=4-\frac{6}{5}(2x-3)^{-\frac{2}{5}},\quad y''=\frac{12}{25}(2x-3)^{-\frac{7}{5}}.$$

显然 y'' 没有零点，但它在 $x=\dfrac{3}{2}$ 点不存在. 由于当 $x<\dfrac{3}{2}$ 时，$y''<0$；当 $x>\dfrac{3}{2}$ 时，$y''>0$. 所以 $\left(\dfrac{3}{2},6\right)$ 是曲线 $y=4x-(2x-3)^{\frac{3}{5}}$ 的拐点.

函数的图像如图 3.3.7 所示.

§4 函 数 作 图

我们已经借助于导数研究了函数的主要特征：单调性、极值、凸性以及其图像的拐点，利用函数的这些特性，就可以大致勾勒出函数图像的形状，从而可以直观地去了解它的某些性态. 虽然现在有了电子计算机和许多数学软件，可以画出各种各样的函数图像，但能够及时了解函数大致的图像，却是很有实际意义的，是用数学工具研究问题的重要手段之一.

曲线的渐近线

为了了解函数图像向无穷远处延伸时呈现出的规律性渐近性质，我们还要讨论曲线的渐近线概念.

若当 $x\to+\infty$ 或 $x\to-\infty$ 时，曲线 $y=f(x)$ 上的点 $(x,f(x))$ 到直线 $y=ax+b$ 的距离趋于零，则称直线 $y=ax+b$ 为曲线 $y=f(x)$ 的**渐近线**. 如果 $a=0$，则称直线 $y=b$ 为曲线 $y=f(x)$ 的**水平渐近线**，否则称直线 $y=ax+b$ 为**斜渐近线**.

若曲线 $y=f(x)$ 的渐近线存在，如何确定它呢？

显然，直线 $y=ax+b$ 是曲线 $y=f(x)$ 的渐近线的充分必要条件为

$$\lim_{x\to+\infty}[f(x)-(ax+b)]=0,$$

或

$$\lim_{x\to-\infty}[f(x)-(ax+b)]=0.$$

如果 $y=ax+b$ 是曲线 $y=f(x)$ 的渐近线,则

$$\lim_{x\to+\infty}\frac{f(x)-(ax+b)}{x}=0 \quad \left(\text{或}\lim_{x\to-\infty}\frac{f(x)-(ax+b)}{x}=0\right),$$

因此首先有

$$a=\lim_{x\to+\infty}\frac{f(x)}{x} \quad \left(\text{或}\ a=\lim_{x\to-\infty}\frac{f(x)}{x}\right).$$

再由 $\displaystyle\lim_{x\to+\infty}[f(x)-(ax+b)]=0$ $\left(\text{或}\displaystyle\lim_{x\to-\infty}[f(x)-(ax+b)]=0\right)$ 可得

$$b=\lim_{x\to+\infty}[f(x)-ax] \quad \left(\text{或}\ b=\lim_{x\to-\infty}[f(x)-ax]\right).$$

这样就确定了曲线 $y=f(x)$ 的渐近线.

反之,如果我们由以上两式确定了 a 和 b,那么 $y=ax+b$ 就是曲线 $y=f(x)$ 的一条渐近线.

注意,如果上面的极限计算对于 $x\to\infty$ 成立,则说明直线 $y=ax+b$ 关于曲线 $y=f(x)$ 在 $x\to+\infty$ 和 $x\to-\infty$ 两个方向上都是渐近线.

除上述情况外,如果当 $x\to a^{+}$ 或 a^{-} 时,$f(x)$ 趋于 ∞,即

$$\lim_{x\to a^{+}}f(x)=\infty$$

或

$$\lim_{x\to a^{-}}f(x)=\infty,$$

则称直线 $x=a$ 为曲线 $y=f(x)$ 的**垂直渐近线**.

例 3.4.1 求曲线 $y=\arctan x$ 的渐近线方程.

解 因为

$$\lim_{x\to+\infty}\arctan x=\frac{\pi}{2},$$

所以直线 $y=\dfrac{\pi}{2}$ 是曲线 $y=\arctan x$ 的水平渐近线. 又由于

$$\lim_{x\to-\infty}\arctan x=-\frac{\pi}{2},$$

所以直线 $y=-\dfrac{\pi}{2}$ 也是曲线 $y=\arctan x$ 的水平渐近线(见图 1.1.13).

例 3.4.2 求曲线 $y=\dfrac{1}{x-1}$ 的渐近线方程.

解 由于

$$\lim_{x\to\infty}\frac{1}{x-1}=0,$$

所以直线 $y=0$ 是曲线 $y=\dfrac{1}{x-1}$ 的水平渐近线. 由于

$$\lim_{x\to1}\frac{1}{x-1}=\infty,$$

所以直线 $x=1$ 是曲线 $y=\dfrac{1}{x-1}$ 的垂直渐近线(见图 3.4.1).

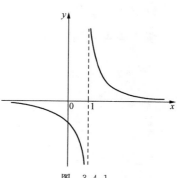

图 3.4.1

例 3.4.3 求曲线 $y = \dfrac{(x+1)^2}{4(1-x)}$ 的渐近线方程.

解 由于

$$a = \lim_{x \to \infty} \frac{y}{x} = \lim_{x \to \infty} \frac{(x+1)^2}{4x(1-x)} = -\frac{1}{4},$$

$$b = \lim_{x \to \infty} \left[\frac{(x+1)^2}{4(1-x)} - ax \right] = \lim_{x \to \infty} \left[\frac{(x+1)^2}{4(1-x)} + \frac{1}{4}x \right]$$

$$= \frac{1}{4} \lim_{x \to \infty} \frac{3x+1}{1-x} = -\frac{3}{4},$$

因此直线 $y = -\dfrac{x}{4} - \dfrac{3}{4}$ 为曲线 $y = \dfrac{(x+1)^2}{4(1-x)}$ 的斜渐近线. 又由于

$$\lim_{x \to 1^-} \frac{(x+1)^2}{4(1-x)} = +\infty, \qquad \lim_{x \to 1^+} \frac{(x+1)^2}{4(1-x)} = -\infty,$$

所以直线 $x = 1$ 是曲线 $y = \dfrac{(x+1)^2}{4(1-x)}$ 的垂直渐近线（见图 3.4.3）.

注意，在本例中我们给出了函数在 $x \to 1^+$ 和 $x \to 1^-$ 两个方向趋于 1 的变化趋势，这对函数作图很有用处，它可以指出函数沿这两个方向的变化趋势.

函数作图

一般可按下列步骤作出函数的图像.

(1) 确定函数 f 的定义域；

(2) 判定函数 f 是否具有奇偶性、周期性等其他对称性；

(3) 计算 f'，找出 f 的驻点和不可导的点，确定 f 的单调区间和极值点；

(4) 计算 f''，确定函数图像的上凸和下凸的区间，找出拐点；

(5) 确定函数的图像是否有渐近线；

(6) 标出函数图像上的特殊点，如对应于极值的点、拐点、与坐标轴的交点等. 然后描点连线作图.

在作图之前，考察函数的几何性质如奇偶性、周期性等非常重要. 例如，若函数 f 是奇函数或偶函数，那么只要画出一半图像，而另一半图像就可通过对称性画出；对于周期函数，只要画出一个周期的函数图像就可以了，而其余部分可通过周期延拓画出.

以下我们按上述步骤作出几个函数的图像.

例 3.4.4 作出函数 $f(x) = \dfrac{1}{\sqrt{2\pi}} e^{-\frac{x^2}{2}}$ 的图像.

解 因为 $f(x) = \dfrac{1}{\sqrt{2\pi}} e^{-\frac{x^2}{2}}$ 是定义于 $(-\infty, +\infty)$ 上的偶函数，我们只要考察 $x \geqslant 0$ 就可以了.

先计算 $f(x) = \dfrac{1}{\sqrt{2\pi}} e^{-\frac{x^2}{2}}$ 的一阶导数和二阶导数，得

$$f'(x) = -\frac{1}{\sqrt{2\pi}} x e^{-\frac{x^2}{2}}, \quad f''(x) = \frac{1}{\sqrt{2\pi}} e^{-\frac{x^2}{2}} (x^2 - 1).$$

在 $[0, +\infty)$ 上，f' 的零点为 $x = 0$，f'' 的零点为 $x = 1$. 根据 f' 和 f'' 的特征，列表如表

3.4.1 所示：

表 3.4.1

x	0	$(0,1)$	1	$(1,+\infty)$
$f'(x)$	0	$-$	$-$	$-$
$f''(x)$	$-$	$-$	0	$+$
$f(x)$	极大值 $\dfrac{1}{\sqrt{2\pi}}$	$\searrow$ 上凸	拐点 $\left(1,\dfrac{1}{\sqrt{2\pi e}}\right)$	$\searrow$ 下凸

由于 $\lim\limits_{x\to\infty}\dfrac{1}{\sqrt{2\pi}}\mathrm{e}^{-\frac{x^2}{2}}=0$，所以 $y=0$（即 x 轴）是函数图像的水平渐近线，容易看出，该图像不再有其他的渐近线.

根据这些信息，便可作出函数 $f(x)=\dfrac{1}{\sqrt{2\pi}}\mathrm{e}^{-\frac{x^2}{2}}$ 在右半平面的图像，然后利用对称性，就可作出函数的整个图像（见图 3.4.2）.

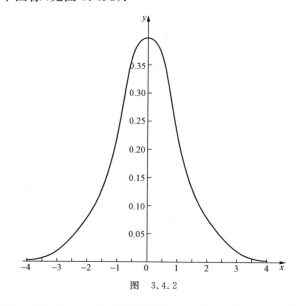

图 3.4.2

以后在学习概率论与数理统计课程时就会知道，该曲线是一条非常重要的曲线.

例 3.4.5 作出函数 $f(x)=\dfrac{(x+1)^2}{4(1-x)}$ 的图像.

解 由于函数 $f(x)=\dfrac{(x+1)^2}{4(1-x)}$ 的定义域为 $(-\infty,1)\bigcup(1,+\infty)$，可知函数的图像为两条曲线，它们被直线 $x=1$ 左、右分开.

经计算得
$$f'(x)=\frac{(3-x)(1+x)}{4(1-x)^2}, \quad f''(x)=\frac{2}{(1-x)^3}.$$

f' 的零点为 $x=-1$ 和 $x=3$，f'' 没有零点（因此函数图像也没有拐点）. 注意在 $x=1$ 点函数没有定义，根据 f' 和 f'' 的特征，列表如表 3.4.2 所示：

表 3.4.2

x	$(-\infty,-1)$	-1	$(-1,1)$	1	$(1,3)$	3	$(3,+\infty)$
$f'(x)$	$-$	0	$+$	无定义	$+$	0	$-$
$f''(x)$	$+$	$+$	$+$	无定义	$-$	$-$	$-$
$f(x)$	↘ 下凸	极小值 0	↗ 下凸	无定义	↗ 上凸	极大值 -2	↘ 上凸

由例 3.4.3 知，直线 $y=-\dfrac{x}{4}-\dfrac{3}{4}$ 为曲线 $y=\dfrac{(x+1)^2}{4(1-x)}$ 的斜渐近线. $x=1$ 是它的垂直渐近线，且根据 x 趋于 1 的左、右两个极限，就知道曲线 $y=\dfrac{(x+1)^2}{4(1-x)}$ 在 $x=1$ 的左、右两侧是以怎样的方式趋于渐近线的.

根据这些信息，再找出几个特殊点上的函数值，就不难作出函数的图形了（见图 3.4.3）.

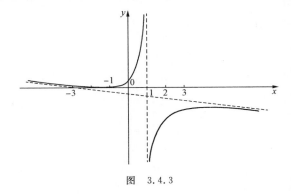

图 3.4.3

例 3.4.6 作出函数 $f(x)=\dfrac{a}{1+be^{-cx}}$ 的图像 $(a,b,c>0)$.

解 函数 $f(x)=\dfrac{a}{1+be^{-cx}}$ 的定义域为 $(-\infty,+\infty)$.

经计算得

$$f'(x)=\frac{abce^{-cx}}{(1+be^{-cx})^2},\quad f''(x)=\frac{abc^2e^{-cx}(be^{-cx}-1)}{(1+be^{-cx})^3}.$$

显然在 $(-\infty,+\infty)$ 上总成立 $f'>0$，因此函数 f 在 $(-\infty,+\infty)$ 上严格单调增加. 而 f'' 的零点为 $x=\dfrac{\ln b}{c}$. 根据 f' 和 f'' 的特征，列表如表 3.4.3 所示：

表 3.4.3

x	$\left(-\infty,\dfrac{\ln b}{c}\right)$	$\dfrac{\ln b}{c}$	$\left(\dfrac{\ln b}{c},+\infty\right)$
$f'(x)$	$+$	$+$	$+$
$f''(x)$	$+$	0	$-$
$f(x)$	↗ 下凸	拐点 $\left(\dfrac{\ln b}{c},\dfrac{a}{2}\right)$	↗ 上凸

由于
$$\lim_{x\to-\infty}\frac{a}{1+be^{-cx}}=0,$$
及
$$\lim_{x\to+\infty}\frac{a}{1+be^{-cx}}=a,$$

所以直线 $y=0$（即 x 轴）与 $y=a$ 均为曲线 $y=\frac{a}{1+be^{-cx}}$ 的水平渐近线.

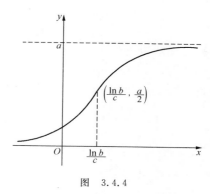

图　3.4.4

根据这些信息,再找出几个特殊点上的函数值,就不难作出函数的图形了(见图 3.4.4).

这条曲线称为**逻辑斯谛(Logistic)曲线**,是实际应用中的一条重要曲线.

§5　泰 勒 公 式

用简单的函数近似表示复杂的函数是一种经常使用的数学方法. 前面已经指出,若 f 在 x_0 点可导(因此可微),那么在 x_0 点附近就成立
$$f(x)=f(x_0)+f'(x_0)(x-x_0)+o(x-x_0).$$
但这只这意味着用一次多项式 $f(x_0)+f'(x_0)(x-x_0)$ 近似代替 f,其精确度对于 $x-x_0$ 而言,只达到一阶,即我们只能知道其误差是比 $x-x_0$ 高阶的无穷小量. 为了提高误差的精确度,很自然地会考虑用更高次数的多项式作逼近. 多项式是一类比较简单的函数,借助于近似多项式来研究函数的性态无疑会带来很大方便. 而且,在实际计算中,由于多项式只涉及加、减、乘三种运算,用它取代复杂函数来作运算将有效地节约工作量.

泰勒(Taylor)公式提供了用多项式逼近函数的一条有效途径,在理论研究和实际应用中都起着重要的作用.

带佩亚诺(Peano)余项的泰勒公式

将上面提出的问题具体说来就是:若函数 f 在 x_0 点 n 阶可导,试找出一个关于 $x-x_0$ 的 n 次多项式
$$a_0+a_1(x-x_0)+a_2(x-x_0)^2+\cdots+a_n(x-x_0)^n,$$
使得这个多项式与 f 之差是比 $(x-x_0)^n$ 高阶的无穷小量.

首先,我们先试图找出这个多项式的具体表示形式. 如果在 x_0 点附近成立 f 的表达式
$$f(x)=a_0+a_1(x-x_0)+a_2(x-x_0)^2+\cdots+a_n(x-x_0)^n+o((x-x_0)^n).$$
那么在上式两边令 $x\to x_0$,利用 f 在 x_0 点的连续性得
$$a_0=f(x_0).$$
把 a_0 代入 f 的表达式,移项后即得

$$\frac{f(x) - f(x_0)}{x - x_0} = a_1 + a_2(x - x_0) + \cdots + a_n(x - x_0)^{n-1} + o((x - x_0)^{n-1}),$$

在上式两边再令 $x \to x_0$，由 $f'(x_0)$ 的定义可得

$$f'(x_0) = a_1.$$

再把 a_0, a_1 代入 f 的表达式，移项后即得

$$\frac{f(x) - f(x_0) - f'(x_0)(x - x_0)}{(x - x_0)^2}$$

$$= a_2 + a_3(x - x_0) + \cdots + a_n(x - x_0)^{n-2} + o((x - x_0)^{n-2}),$$

在上式两边再令 $x \to x_0$，右边的极限为 a_2，左边的极限为

$$\lim_{x \to x_0} \frac{f(x) - f(x_0) - f'(x_0)(x - x_0)}{(x - x_0)^2} = \lim_{x \to x_0} \frac{f'(x) - f'(x_0)}{2(x - x_0)} = \frac{1}{2} f''(x_0).$$

因此，$a_2 = \dfrac{1}{2!} f''(x_0)$. 依此类推，可得

$$a_k = \frac{1}{k!} f^{(k)}(x_0), \quad k = 0, 1, 2, \cdots, n,$$

其中记 $f^{(0)}(x) = f(x)$.

这说明了 $a_k (k = 0, 1, 2, \cdots, n)$ 可由 f 及其导数在 x_0 点的值来确定. 因此我们引入如下的定义：

定义 3.5.1 若函数 f 在 x_0 点 n 阶可导，称

$$T_n(x) = f(x_0) + f'(x_0)(x - x_0) + \frac{f''(x_0)}{2!}(x - x_0)^2 + \cdots + \frac{f^{(n)}(x_0)}{n!}(x - x_0)^n$$

为 f 在 x_0 点的 **n 次泰勒多项式**.

事实上，若函数 f 在 x_0 点 n 阶可导，则有如下更精确的估计：

定理 3.5.1（带佩亚诺余项的泰勒公式） 设函数 f 在 x_0 点 n 阶可导，则存在 x_0 的一个邻域，使得在该邻域上成立

$$f(x) = f(x_0) + f'(x_0)(x - x_0) + \frac{f''(x_0)}{2!}(x - x_0)^2 + \cdots$$

$$+ \frac{f^{(n)}(x_0)}{n!}(x - x_0)^n + R_n(x),$$

其中 $R_n(x)$ 满足

$$R_n(x) = o((x - x_0)^n).$$

上述公式称为 f 在 x_0 点的**带佩亚诺余项的（n 阶）泰勒公式**. 注意，它的前 $n+1$ 项所组成的多项式就是 f 在 x_0 点的 n 次泰勒多项式. 称 $R_n(x) = o((x - x_0)^n)$ 为**佩亚诺余项**.

证 考虑函数

$$R_n(x) = f(x) - \sum_{k=0}^{n} \frac{1}{k!} f^{(k)}(x_0)(x - x_0)^k,$$

只要证明 $R_n(x) = o((x - x_0)^n)$ 即可. 显然

$$R_n'(x) = f'(x) - \sum_{k=1}^{n} \frac{1}{(k-1)!} f^{(k)}(x_0)(x - x_0)^{k-1},$$

$$R_n''(x) = f''(x) - \sum_{k=2}^{n} \frac{1}{(k-2)!} f^{(k)}(x_0)(x-x_0)^{k-2},$$

$$\cdots\cdots$$

$$R_n^{(n-1)}(x) = f^{(n-1)}(x) - [f^{(n-1)}(x_0) + f^{(n)}(x_0)(x-x_0)],$$

于是

$$R_n(x_0) = R_n'(x_0) = R_n''(x_0) = \cdots = R_n^{(n-1)}(x_0) = 0.$$

反复运用洛必达法则,可得

$$\lim_{x \to x_0} \frac{R_n(x)}{(x-x_0)^n} = \lim_{x \to x_0} \frac{R_n'(x)}{n(x-x_0)^{n-1}} = \lim_{x \to x_0} \frac{R_n''(x)}{n(n-1)(x-x_0)^{n-2}}$$

$$= \cdots = \lim_{x \to x_0} \frac{R_n^{(n-1)}(x)}{n(n-1)\cdots 2 \cdot (x-x_0)}$$

$$= \frac{1}{n!} \lim_{x \to x_0} \left[\frac{f^{(n-1)}(x) - f^{(n-1)}(x_0) - f^{(n)}(x_0)(x-x_0)}{x-x_0} \right]$$

$$= \frac{1}{n!} \lim_{x \to x_0} \left[\frac{f^{(n-1)}(x) - f^{(n-1)}(x_0)}{x-x_0} - f^{(n)}(x_0) \right]$$

$$= \frac{1}{n!} [f^{(n)}(x_0) - f^{(n)}(x_0)] = 0.$$

其中倒数第二步使用了 f 在 x_0 点 n 阶可导的条件. 因此

$$R_n(x) = o((x-x_0)^n).$$

带拉格朗日余项的泰勒公式

另一种常见的余项形式由下面的定理给出,它给出了余项的一种定量化的形式.

定理 3.5.2(带拉格朗日余项的泰勒公式) 设函数 f 在 $[a,b]$ 上具有 n 阶连续导数,且在 (a,b) 上具有 $n+1$ 阶导数. 设 x_0 为 $[a,b]$ 上一定点,则对于任意 $x \in [a,b]$,成立

$$f(x) = f(x_0) + f'(x_0)(x-x_0) + \frac{f''(x_0)}{2!}(x-x_0)^2 + \cdots$$

$$+ \frac{f^{(n)}(x_0)}{n!}(x-x_0)^n + R_n(x),$$

其中 $R_n(x)$ 满足

$$R_n(x) = \frac{f^{(n+1)}(\xi)}{(n+1)!}(x-x_0)^{n+1}, \quad \xi \text{ 在 } x \text{ 和 } x_0 \text{ 之间}.$$

上述公式称为 f 在 x_0 点的**带拉格朗日余项的(n 阶)泰勒公式**. 而称 $R_n(x) = \frac{f^{(n+1)}(\xi)}{(n+1)!}(x-x_0)^{n+1}$ 为**拉格朗日余项**.

证 作辅助函数

$$G(t) = f(x) - \sum_{k=0}^{n} \frac{1}{k!} f^{(k)}(t)(x-t)^k \quad \text{和} \quad H(t) = (x-t)^{n+1}, \quad t \in [a,b]$$

那么需要证明的就是

$$G(x_0) = \frac{f^{(n+1)}(\xi)}{(n+1)!} H(x_0),$$

其中 ξ 在 x 和 x_0 之间. 显然有

$$G'(t) = -\sum_{k=0}^{n} \frac{1}{k!} f^{(k+1)}(t)(x-t)^k + \sum_{k=1}^{n} \frac{1}{(k-1)!} f^{(k)}(t)(x-t)^{k-1}$$

$$= -\sum_{k=0}^{n} \frac{1}{k!} f^{(k+1)}(t)(x-t)^k + \sum_{k=0}^{n-1} \frac{1}{k!} f^{(k+1)}(t)(x-t)^k$$

$$= -\frac{f^{(n+1)}(t)}{n!}(x-t)^n,$$

及

$$H'(t) = -(n+1)(x-t)^n.$$

不妨设 $x_0 < x$. 由于 $G(t)$ 和 $H(t)$ 在 $[x_0, x]$ 上连续，在 (x_0, x) 上可导，且 $H'(t)$ 在 (x_0, x) 上不等于零. 又由于 $G(x) = H(x) = 0$，由柯西中值定理便得

$$\frac{G(x_0)}{H(x_0)} = \frac{G(x) - G(x_0)}{H(x) - H(x_0)} = \frac{G'(\xi)}{H'(\xi)} = \frac{f^{(n+1)}(\xi)}{(n+1)!}, \quad \xi \in (x_0, x),$$

因此 $G(x_0) = \dfrac{f^{(n+1)}(\xi)}{(n+1)!} H(x_0)$.

证毕

注 记 $\xi = x_0 + \theta(x - x_0) \ (0 < \theta < 1)$，则拉格朗日余项还可表示为

$$R_n(x) = \frac{f^{(n+1)}(x_0 + \theta(x - x_0))}{(n+1)!}(x - x_0)^{n+1}.$$

特别当 $n = 0$ 时，定理 3.5.2 就是

$$f(x) = f(x_0) + f'(\xi)(x - x_0), \quad \xi \text{ 在 } x \text{ 和 } x_0 \text{ 之间},$$

这恰为拉格朗日中值定理的结论. 所以，带拉格朗日余项的泰勒公式是拉格朗日中值定理的推广.

如果函数 f 的 $n+1$ 阶导数在 (a, b) 上有界，即存在正数 M，使得对于任何 $x \in (a, b)$，成立 $|f^{(n+1)}(x)| \leqslant M$，那么在 (a, b) 上就成立如下的余项估计：

$$|R_n(x)| \leqslant \frac{M}{(n+1)!} |x - x_0|^{n+1} \leqslant \frac{M}{(n+1)!}(b-a)^{n+1}.$$

由于 $\lim\limits_{n \to \infty} \dfrac{(b-a)^{n+1}}{(n+1)!} = 0$（见习题一 (B) 第 3 题），所以若用 $T_n(x)$ 来近似代替 $f(x)$，其绝对误差 $|R_n(x)|$ 随 n 的增大而变小，从而可以选择适当的 n 使得这种近似达到需要的精确度.

几个常见初等函数的泰勒公式

如果 $x_0 = 0$，那么以上两种泰勒公式便为

$$f(x) = f(0) + f'(0)x + \frac{f''(0)}{2!}x^2 + \cdots + \frac{f^{(n)}(0)}{n!}x^n + o(x^n)$$

和

$$f(x) = f(0) + f'(0)x + \frac{f''(0)}{2!}x^2 + \cdots + \frac{f^{(n)}(0)}{n!}x^n$$

$$+ \frac{f^{(n+1)}(\theta x)}{(n+1)!}x^{n+1} \quad (0 < \theta < 1),$$

它们又分别称为带佩亚诺余项和带拉格朗日余项的 **(n 阶) 麦克劳林 (Maclaurin) 公式**, 是泰勒公式常用的情形.

下面我们先计算几个最基本的初等函数的麦克劳林公式.

例 3.5.1　求 $f(x) = e^x$ 的麦克劳林公式.

解　由于 $f^{(k)}(x) = e^x (k = 0, 1, 2, \cdots)$, 所以

$$f^{(k)}(0) = 1, \quad k = 0, 1, 2, \cdots$$

因此 e^x 的麦克劳林公式为

$$e^x = 1 + x + \frac{x^2}{2!} + \frac{x^3}{3!} + \cdots + \frac{x^n}{n!} + R_n(x),$$

相应的拉格朗日余项为

$$R_n(x) = \frac{e^{\theta x}}{(n+1)!} x^{n+1}, \quad \theta \in (0, 1).$$

例 3.5.2　求 $f(x) = \sin x$ 的麦克劳林公式.

解　由于 $f^{(k)}(x) = \sin\left(x + \frac{k}{2}\pi\right) (k = 0, 1, 2, \cdots)$, 所以

$$f^{(k)}(0) = \begin{cases} 0, & k = 2n, \\ (-1)^n, & k = 2n+1, \end{cases}$$

因此 $\sin x$ 的麦克劳林公式为

$$\sin x = x - \frac{x^3}{3!} + \frac{x^5}{5!} - \cdots + (-1)^{n-1} \frac{x^{2n-1}}{(2n-1)!} + R_{2n}(x),$$

相应的拉格朗日余项为

$$R_{2n}(x) = \frac{x^{2n+1}}{(2n+1)!} \sin\left(\theta x + \frac{2n+1}{2}\pi\right), \quad \theta \in (0, 1).$$

注意, 这里我们认为 $\sin x$ 的麦克劳林公式中, 已经有 x^{2n} 这一项, 只不过其系数为 0 而已, 所以余项写作 R_{2n} 而不是 R_{2n-1}.

同理, $\cos x$ 的麦克劳林公式为

$$\cos x = 1 - \frac{x^2}{2!} + \frac{x^4}{4!} - \cdots + (-1)^n \frac{x^{2n}}{(2n)!} + R_{2n+1}(x),$$

相应的拉格朗日余项为

$$R_{2n+1}(x) = \frac{x^{2n+2}}{(2n+2)!} \cos\left(\theta x + \frac{2n+2}{2}\pi\right), \quad \theta \in (0, 1).$$

例 3.5.3　求 $f(x) = \ln(1+x)$ 的麦克劳林公式.

解　显然 $f(0) = 0$. 由例 2.3.4 得

$$(\ln(1+x))^{(k)} = \left(\frac{1}{1+x}\right)^{(k-1)} = (-1)^{k-1} \frac{(k-1)!}{(1+x)^k}, \quad k = 1, 2, \cdots,$$

所以

$$f^{(k)}(0) = (-1)^{k-1}(k-1)!, \quad k = 1, 2, \cdots.$$

于是, $\ln(1+x)$ 的麦克劳林公式为

$$\ln(1+x) = x - \frac{x^2}{2} + \frac{x^3}{3} - \frac{x^4}{4} + \cdots + (-1)^{n-1} \frac{x^n}{n} + R_n(x),$$

相应的拉格朗日余项为

$$R_n(x) = \frac{1}{(n+1)(1+\theta x)^{n+1}} x^{n+1}, \quad \theta \in (0,1).$$

例 3.5.4 求 $f(x) = (1+x)^\alpha$(α 为任意实数)的麦克劳林公式.

解 显然 $f(0) = 1$. 因为

$$f^{(k)}(x) = \alpha(\alpha-1)\cdots(\alpha-k+1)(1+x)^{\alpha-k}, \quad k = 1, 2, \cdots,$$

所以

$$f^{(k)}(0) = \alpha(\alpha-1)\cdots(\alpha-k+1), \quad k = 1, 2, \cdots.$$

记

$$\binom{\alpha}{k} = \frac{\alpha(\alpha-1)\cdots(\alpha-k+1)}{k!},$$

并规定

$$\binom{\alpha}{0} = 1$$

(当 α 为正整数 n 时,$\binom{n}{k} = C_n^k (1 \leqslant k \leqslant n)$,因而它是组合数的推广. 由此得到

$$(1+x)^\alpha = \binom{\alpha}{0} + \binom{\alpha}{1}x + \binom{\alpha}{2}x^2 + \binom{\alpha}{3}x^3 + \cdots + \binom{\alpha}{n}x^n + R_n(x),$$

相应的拉格朗日余项为

$$R_n(x) = \binom{\alpha}{n+1}(1+\theta x)^{\alpha-(n+1)} \cdot x^{n+1}, \quad \theta \in (0,1).$$

下面是几种最常见的情况.

(1) 当 α 为正整数 n 时,上式即成为

$$(1+x)^n = \sum_{k=0}^{n}\binom{n}{k}x^k = \sum_{k=0}^{n}C_n^k x^k,$$

这就是熟知的二项式定理,此时的余项为零.

(2) 当 $\alpha = -1$ 时,易知 $\binom{-1}{k} = (-1)^k$,因此

$$\frac{1}{1+x} = 1 - x + x^2 - x^3 + x^4 - \cdots + (-1)^n x^n + R_n(x),$$

余项为

$$R_n(x) = (-1)^{n+1}\frac{x^{n+1}}{(1+\theta x)^{n+2}}, \quad \theta \in (0,1).$$

(3) 当 $\alpha = \frac{1}{2}$ 时,对于 $k \geqslant 1$,有

$$\binom{\frac{1}{2}}{k} = \frac{\frac{1}{2}\left(\frac{1}{2}-1\right)\cdots\left(\frac{1}{2}-k+1\right)}{k!}$$

$$= \frac{(1-2)(1-4)\cdots(1-2(k-1))}{2^k k!}$$

$$= \begin{cases} \dfrac{1}{2}, & k=1, \\ (-1)^{k-1}\dfrac{(2k-3)!!}{(2k)!!}, & k>1, \end{cases}$$

其中记号 $k!!$ 的含义如下：

$$k!! = \begin{cases} k(k-2)(k-4)\cdots 6\cdot 4\cdot 2, & k=2n, \\ k(k-2)(k-4)\cdots 5\cdot 3\cdot 1, & k=2n+1. \end{cases}$$

因此，

$$\sqrt{1+x} = 1 + \frac{1}{2}x - \frac{1}{2\cdot 4}x^2 + \frac{1\cdot 3}{2\cdot 4\cdot 6}x^3 - \cdots$$
$$+ (-1)^{n-1}\frac{(2n-3)!!}{(2n)!!}x^n + R_n(x),$$

相应的拉格朗日余项为

$$R_n(x) = (-1)^n \frac{(2n-1)!!}{(2n+2)!!}\frac{x^{n+1}}{(1+\theta x)^{n+\frac{1}{2}}}, \quad \theta\in(0,1).$$

注　在以上例子中，将拉格朗日余项 $R_n(x)$ 改为 $R_n(x)=o(x^n)$，就得到相应的带佩亚诺余项的麦克劳林公式.

在本节开始时已经指出，若
$$f(x)=a_0+a_1(x-x_0)+a_2(x-x_0)^2+\cdots+a_n(x-x_0)^n+o((x-x_0)^n),$$
则多项式 $a_0+a_1(x-x_0)+a_2(x-x_0)^2+\cdots+a_n(x-x_0)^n$ 就是 f 在 x_0 点的 n 次泰勒多项式. 这个结论为我们寻找初等函数的带佩亚诺余项的泰勒公式提供了方便. 从以上我们得到的泰勒公式出发，利用换元、四则运算、待定系数、求导数以及以后要学的积分等方法，可以较方便地得到许多常用的初等函数的泰勒公式.

例 3.5.5　求 $f(x)=\mathrm{e}^{-2x^2}$ 的带佩亚诺余项的麦克劳林公式.
解　已知

$$\mathrm{e}^x = 1 + x + \frac{x^2}{2!} + \frac{x^3}{3!} + \cdots + \frac{x^n}{n!} + o(x^n).$$

将 $-2x^2$ 替换以上公式中的 x，即得到带佩亚诺余项的麦克劳林公式

$$\mathrm{e}^{-2x^2} = 1 - 2x^2 + \frac{2^2}{2!}x^4 - \frac{2^3}{3!}x^6 + \cdots + (-1)^n\frac{2^n}{n!}x^{2n} + o(x^{2n}).$$

例 3.5.6　求 $f(x)=\ln x$ 在 $x=5$ 点的带佩亚诺余项的泰勒公式.
解　由于

$$\ln(1+x) = x - \frac{x^2}{2} + \cdots + (-1)^{n-1}\frac{x^n}{n} + o(x^n),$$

所以 $\ln x$ 在 $x=5$ 处的泰勒公式为

$$\ln x = \ln[5+(x-5)] = \ln 5 + \ln\left(1+\frac{x-5}{5}\right)$$

$$= \ln 5 + \frac{1}{5}(x-5) - \frac{1}{2 \cdot 5^2}(x-5)^2 + \cdots$$

$$+ (-1)^{n-1} \frac{1}{n \cdot 5^n}(x-5)^n + o((x-5)^n).$$

例 3.5.7 求函数 $\ln \dfrac{\sin x}{x}$（它在 $x=0$ 点的函数值定义为 0）的带佩亚诺余项的麦克劳林公式（至 x^4 的项）.

解 由于

$$\sin x = x - \frac{x^3}{3!} + \frac{x^5}{5!} + o(x^5),$$

$$\ln(1+u) = u - \frac{u^2}{2} + o(u^2),$$

所以

$$\begin{aligned}
\ln \frac{\sin x}{x} &= \ln\left[1 - \frac{x^2}{3!} + \frac{x^4}{5!} + o(x^4) \right] \\
&= \ln\left[1 + \left(-\frac{x^2}{3!} + \frac{x^4}{5!} + o(x^4) \right) \right] \\
&= \left(-\frac{x^2}{3!} + \frac{x^4}{5!} + o(x^4) \right) - \frac{1}{2}\left(-\frac{x^2}{3!} + \frac{x^4}{5!} + o(x^4) \right)^2 + o(x^4) \\
&= -\frac{x^2}{6} - \frac{x^4}{180} + o(x^4).
\end{aligned}$$

泰勒公式的应用

泰勒公式具有广泛的用途，这里先举一些简单的例子.

（一）近似计算

例 3.5.8 求 e 的近似值，要求精确到小数点后第五位.

解 在 e^x 的带拉格朗日余项的麦克劳林公式中取 $x=1$ 得

$$e = 1 + 1 + \frac{1}{2} + \frac{1}{3!} + \cdots + \frac{1}{n!} + \frac{e^\theta}{(n+1)!}, \quad 0 < \theta < 1.$$

由于 $e^\theta < e < 3$，所以

$$R_n(1) = \frac{e^\theta}{(n+1)!} < \frac{3}{(n+1)!}.$$

取 $n=8$ 时，用

$$1 + 1 + \frac{1}{2} + \frac{1}{3!} + \cdots + \frac{1}{8!}$$

作为 e 的近似值，其误差 $R_8 < \dfrac{3}{9!} < 10^{-5}$，它保证了小数点后面的 5 位有效数字. 所以

$$e \approx 1 + 1 + \frac{1}{2} + \frac{1}{3!} + \cdots + \frac{1}{8!} \approx 2.71828.$$

例 3.5.9 求 $\sqrt{37}$ 的近似值，要求精确到小数点后第五位.

解　由于 $\sqrt{37}=\sqrt{36+1}=6\left(1+\dfrac{1}{36}\right)^{\frac{1}{2}}$，我们可以利用 $(1+x)^{\frac{1}{2}}$ 的麦克劳林公式来进

行近似计算. 已知 $(1+x)^{\frac{1}{2}}$ 的二阶麦克劳林公式为

$$(1+x)^{\frac{1}{2}}=1+\frac{1}{2}x-\frac{1}{8}x^2+\frac{1}{16}(1+\theta x)^{-\frac{5}{2}}x^3,\quad 0<\theta<1.$$

因为当 $x>0$ 时，成立

$$R_2(x)=\frac{1}{16}(1+\theta x)^{-\frac{5}{2}}x^3<\frac{1}{16}x^3.$$

所以取 $x=\dfrac{1}{36}$，则误差不会超过

$$R_2\left(\frac{1}{36}\right)<6\cdot\frac{1}{16}\cdot\frac{1}{36^3}<0.5\times10^{-5}.$$

它保证了小数点后面的 5 位有效数字. 因此

$$\sqrt{37}\approx6\left(1+\frac{1}{2}\cdot\frac{1}{36}-\frac{1}{8}\cdot\frac{1}{36^2}\right)\approx6.08275.$$

（二）求极限

我们计算过极限

$$\lim_{x\to0}\frac{\sin x-x+\dfrac{x^3}{6}}{x^5},$$

其方法是连续运用四次洛必达法则. 现在我们知道了 $\sin x$ 的麦克劳林公式

$$\sin x=x-\frac{x^3}{3!}+\frac{x^5}{5!}+o(x^5),$$

利用它便得

$$\lim_{x\to0}\frac{\sin x-x+\dfrac{x^3}{6}}{x^5}=\lim_{x\to0}\frac{\dfrac{1}{5!}x^5+o(x^5)}{x^5}=\lim_{x\to0}\left[\frac{1}{5!}+\frac{o(x^5)}{x^5}\right]=\frac{1}{120}.$$

计算过程就简便多了.

例 3.5.10　求极限 $\lim\limits_{x\to0}\dfrac{\mathrm{e}^{-2x^2}-\cos2x}{x^4}$.

解　由于

$$\cos x=1-\frac{x^2}{2!}+\frac{x^4}{4!}+o(x^4),$$

所以

$$\cos2x=1-\frac{(2x)^2}{2!}+\frac{(2x)^4}{4!}+o((2x)^4)=1-2x^2+\frac{2}{3}x^4+o(x^4).$$

我们已经计算过

$$\mathrm{e}^{-2x^2}=1-2x^2+2x^4+o(x^4).$$

所以

$$\mathrm{e}^{-2x^2}-\cos2x=2x^4-\frac{2}{3}x^4+o(x^4)=\frac{4}{3}x^4+o(x^4).$$

于是

$$\lim_{x\to 0}\frac{e^{-2x^2}-\cos 2x}{x^4}=\lim_{x\to 0}\left(\frac{\frac{4}{3}x^4+o(x^4)}{x^4}\right)=\lim_{x\to 0}\left(\frac{4}{3}+\frac{o(x^4)}{x^4}\right)=\frac{4}{3}.$$

（三）证明不等式

例 3.5.11　设 $\alpha>1$. 证明当 $x>-1$ 时成立

$$(1+x)^\alpha\geqslant 1+\alpha x,$$

且等号仅当 $x=0$ 时成立.

证　设 $f(x)=(1+x)^\alpha$，则它在 $(-1,+\infty)$ 上二阶可导，且有

$$f'(x)=\alpha(1+x)^{\alpha-1},$$
$$f''(x)=\alpha(\alpha-1)(1+x)^{\alpha-2}.$$

注意到 $f(0)=1$ 和 $f'(0)=\alpha$，于是 f 的带拉格朗日余项的一阶麦克劳林公式为

$$(1+x)^\alpha=1+\alpha x+\frac{\alpha(\alpha-1)}{2}(1+\theta x)^{\alpha-2}x^2\quad(0<\theta<1,x>-1).$$

注意到上式中最后一项是非负的，且仅当 $x=0$ 时为零. 所以

$$(1+x)^\alpha\geqslant 1+\alpha x,\quad x>-1,$$

且等号仅当 $x=0$ 时成立.

证毕

函数方程的近似求解

在实际应用中，常常需要求函数方程

$$f(x)=0$$

的解（根）. 例如，若需求函数为 $Q_d(P)$，供给函数为 $Q_s(P)$，则均衡价格就是方程 $Q_d(P)-Q_s(P)=0$ 的解. 但是，除了一些简单的方程以外，能精确求解的方程很少. 这就驱使人们寻找并发展求函数方程解的近似值的方法. **数值方法**就是一种常用的方法，它是通过数值运算来得到问题的数值解答的方法.

数值方法的思想是对数学问题设计一种可计算的算法程序，并通过计算机来实现这个程序，产生问题的解的一系列近似值. 在一定的条件下，这些近似值将收敛于问题的精确解，因此可以用精度较高的近似值来代替精确解，我们称其为**数值解**或**近似解**.

由于实际问题中遇到的函数方程绝大多数都难于找到精确解，因此，数值方法是用数学工具解决实际问题中的一个行之有效的方法. 下面介绍一种常用的求函数方程近似解的数值方法：**牛顿切线法**.

从几何上看，求函数方程 $f(x)=0$ 的解实际上是求曲线 $y=f(x)$ 与 x 轴的交点的横坐标 ξ，我们先直观地看一下牛顿切线法的思想. 在图 3.5.1

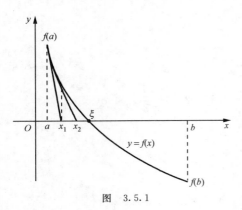

图　3.5.1

中,函数 f 在 $[a,b]$ 上连续,满足 $f(a)>0$,$f(b)<0$,这就保证了方程 $f(x)=0$ 在 (a,b) 内有解.在 $[a,b]$ 上 $f'(x)<0$ 保证了方程 $f(x)=0$ 在 (a,b) 内有唯一的解,进一步 $f''(x)>0$ 保证了曲线在其每点的切线的上方,促使曲线 $y=f(x)$ 在 $(a,f(a))$ 点的切线与 x 轴的交点的横坐标 x_1 从左方比 a 更接近于方程 $f(x)=0$ 的解 ξ(这可以利用泰勒公式来证明).

进一步,我们利用曲线在 $(a,f(a))$ 点的切线方程

$$y-f(a)=f'(a)(x-a)$$

还可以解得

$$x_1=a-\frac{f(a)}{f'(a)}.$$

再在点 $(x_1,f(x_1))$ 处作曲线的切线,类似地可得 x_2,它比 x_1 更接近于 ξ.如此继续下去,可得一个数列 $\{x_k\}$,满足 $x_0=a$,

$$x_{k+1}=x_k-\frac{f(x_k)}{f'(x_k)},\quad k=0,1,2,\cdots,$$

它的每一项比前一项更接近于 ξ.

事实上,可以从理论上证明下面的结论:

定理 3.5.3 设函数 f 在 $[a,b]$ 上有二阶连续导数,且满足

(1) $f(a)\cdot f(b)<0$;

(2) $f'(x)$ 在 $[a,b]$ 上保号;

(3) $f''(x)$ 在 $[a,b]$ 上保号.

又设 x_0 是 a 和 b 中满足

$$f(x_0)\cdot f''(x_0)>0$$

的点,则以 x_0 为初值的迭代过程

$$x_{k+1}=x_k-\frac{f(x_k)}{f'(x_k)}\quad(k=0,1,2,\cdots)$$

所产生的数列 $\{x_k\}$,将单调收敛于方程 $f(x)=0$ 在 (a,b) 中的唯一解.

这样一来,对于给定的函数方程,通过适当取初值 x_0,利用定理中所给出的迭代过程就可以计算出 $x_1,x_2,\cdots$,直至得到方程满足预定精度要求的近似解.

注 可以证明,对于定理 3.5.3 中的 x_k 有误差估计式

$$|x_k-\xi|\leqslant\frac{|f(x_k)|}{m},\quad k=0,1,2,\cdots,$$

其中 m 为 $|f'(x)|$ 在 $[a,b]$ 上的最小值.

进一步,由泰勒公式可容易得出如下估计:

$$|x_{k+1}-\xi|\leqslant\frac{M}{2m}|x_k-\xi|^2,\quad k=1,2,\cdots,$$

其中 M 为 $|f''(x)|$ 在 $[a,b]$ 上的最大值.因为上式右端有误差的平方的因子,它可以保证至少从某一项开始,x_k 将很快接近 ξ.

例 3.5.11 利用牛顿切线法构造收敛于方程 $x^2-2=0$ 的正根的迭代数列.

解 作函数 $f(x)=x^2-2$.在区间 $[1,2]$ 上考察函数 f,有

$$f'(x)=2x,\quad f''(x)=2.$$

显然在$[1,2]$上成立 $f'(x)>0$，$f''(x)>0$，且 $f(1)=-1$，$f(2)=2$. 所以 f 满足定理 3.5.3 的全部条件. 取 $x_1=2$，此时 $f(2)f''(2)=4>0$，构造迭代数列

$$x_{k+1}=x_k-\frac{f(x_k)}{f'(x_k)}=x_k-\frac{x_k^2-2}{2x_k}=\frac{1}{2}x_k+\frac{1}{x_k},\quad k=1,2,\cdots,$$

则它收敛于方程 $x^2-2=0$ 的正根$\sqrt{2}$. 这就是例 1.2.10 中已经讨论过的数列.

表 3.5.1 列出了$\{x_n\}$的前 6 项：

表 3.5.1

n	1	2	3	4	5	6
x_n	2	1.5	1.416666666667	1.414215686275	1.414213562375	1.414213562373

事实上，以 x_6 近似$\sqrt{2}$，其误差已不超过10^{-12}.

例 3.5.12 设某商品的需求函数为 $Q_d(P)=-2P+3$，供给函数为 $Q_s(P)=2P^3-P+2$，求均衡价格的近似值.

解 作函数 $f(P)=Q_s(P)-Q_d(P)=2P^3+P-1$，则均衡价格便是方程 $f(P)=0$ 的解.

在$(0,+\infty)$上

$$f'(P)=6P^2+1>0,\quad f''(P)=12P>0.$$

$f'(P)>0$ 说明 $f(P)$ 是严格单调增加函数，由于 $f\left(\frac{1}{2}\right)=-\frac{1}{4}<0$，$f(1)=2>0$，所以均衡价格在$\left(\frac{1}{2},1\right)$中. 取 $x_0=1$，此时 $f(1)f''(1)=24>0$. 构造迭代数列

$$x_{k+1}=x_k-\frac{f(x_k)}{f'(x_k)}=x_k-\frac{2x_k^3+x_k-1}{6x_k^2+1}=\frac{4x_k^3+1}{6x_k^2+1},\quad k=0,1,2,\cdots.$$

表 3.5.2 列出了$\{x_n\}$的前 4 项：

表 3.5.2

n	1	2	3	4
x_n	0.714286	0.605169	0.590022	0.589755

事实上，以 x_4 近似均衡价格，其误差已不超过 6.1×10^{-7}.

§6 导数在经济学中的应用举例

导数的概念及方法在社会科学的许多方面，尤其是在经济学中得到了广泛的应用，它渗透到经济领域的各个方面，在经济分析中起着重要的作用. 本节只介绍导数工具在研究经济问题中的几个简单的应用.

需求弹性与总收益

我们知道总收益 R 是商品价格 x 与销售量 Q 的乘积，而销售量（需求量）Q 又受商品价格 x 的影响，所以它是价格的函数 $Q=Q(x)$，于是总收益与价格的关系为

$$R = R(x) = xQ(x).$$

当 $Q(x) \neq 0$ 时，有

$$R'(x) = Q(x) + xQ'(x) = Q(x)\left[1 + \frac{x}{Q(x)}Q'(x)\right],$$

我们已经知道需求价格弹性 $\eta(x) = -\dfrac{x}{Q(x)}Q'(x)$，所以

$$R'(x) = Q(x)(1 - \eta(x)).$$

若商品的需求价格弹性 $\eta(x) < 1$，则称该商品的需求量对价格缺乏弹性，这时价格变化只引起需求量的很小变化；若商品的需求价格弹性 $\eta(x) = 1$，则称该商品具有单位弹性，这时价格上升（或下降）的幅度与需求量下降（或上升）的幅度相同；若商品的需求价格弹性 $\eta(x) > 1$，则称该商品的需求量对价格富有弹性；这时价格变化会引起需求量的较大变化.

从关系式 $R'(x) = Q(x)(1 - \eta(x))$ 可以看出：

（1）当需求价格弹性 $\eta(x) < 1$ 时，$R'(x) > 0$，因此 $R(x)$ 单调增加. 由此得出：若价格上涨，则总收益增加；若价格下降，则总收益减少. 这说明：对价格缺乏弹性的商品，提价会使总收益增加，减价会使总收益减少；

（2）当需求价格弹性 $\eta(x) > 1$ 时，$R'(x) < 0$，因此 $R(x)$ 单调减少. 由此得出：若价格上涨，则总收益减少；若价格下降，则总收益增加. 这说明：对价格富有弹性的商品，提价会使总收益减少，减价会使总收益增加；

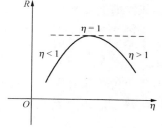

图 3.6.1

（3）当 $\eta(x) = 1$ 时，$R'(x) = 0$，此时提高价格或降低价格对总收益都无明显影响. 由（1）和（2）可知，$R(x)$ 取得最大值.

综上所述，总收益的变化受需求价格弹性的制约，随其变化而变化，其关系如图 3.6.1 所示.

例 3.6.1 设甲、乙两地每天的火车票的需求量为（单位：张）

$$Q(x) = 60\sqrt{120 - x}, \quad 0 \leqslant x \leqslant 120,$$

其中 x 为票价（单位：元）. 问票价在什么范围内，需求量对价格分别为缺乏弹性的和富有弹性的？最合理的票价是多少？

解 由计算得

$$Q'(x) = -\frac{30}{\sqrt{120 - x}},$$

所以

$$\eta(x) = -\frac{x}{Q(x)}Q'(x) = -\frac{x}{60\sqrt{120 - x}}\left(-\frac{30}{\sqrt{120 - x}}\right) = \frac{x}{2(120 - x)}.$$

因此当 $\eta(x) < 1$，即 $x \in (0, 80)$ 时，需求缺乏弹性；当 $\eta(x) > 1$，即 $x \in (80, 120)$ 时，需求富有弹性.

这说明，当票价低于 80 元时，提高票价会使收益增加，但票价高于 80 元时再提价反而会使收益减少，因此最合理的票价为 80 元/张（注意，这时需求价格弹性恰为 1）.

利润最大化问题

我们已经指出，在经济学中总收益 $R(x)$，总成本 $C(x)$ 都是产量 x 的函数，而且总利润

$$L(x) = R(x) - C(x).$$

现在的问题是在生产过程中，厂商怎样合理地规划产品的产量才能使利润最大呢？

首先，为使总利润最大，利润的一阶导数必须为零，即必须成立

$$L'(x) = R'(x) - C'(x) = 0.$$

由于 $R'(x)$ 为边际收益，$C'(x)$ 为边际成本，因此上式说明：要使总利润最大，必须使边际收益等于边际成本. 这是经济学中关于厂商行为的一个重要命题.

其次，根据极值存在的充分条件，当总利润的二阶导数

$$L''(x) = R''(x) - C''(x) < 0, \quad 即 \quad R''(x) < C''(x)$$

时，总利润达到最大. 这说明：当边际收益的变化率小于边际成本的变化率时，总利润取最大值.

综合以上讨论就得到：当边际成本与边际收益相等，并且边际收益的变化率小于边际成本的变化率时，取得最大利润.

例 3.6.2 设生产某种产品 x 单位的总成本为（单位：元）

$$C(x) = \frac{1}{6}x^3 - 6x^2 + 142x + 500.$$

若每单位产品的价格为 120 元，求使利润最大的产量.

解 因为生产 x 个单位产品时，总收益为

$$R(x) = 120x,$$

则总利润函数为

$$
\begin{aligned}
L(x) &= R(x) - C(x) \\
&= 120x - \left(\frac{1}{6}x^3 - 6x^2 + 142x + 500\right) \\
&= -\frac{1}{6}x^3 + 6x^2 - 22x - 500,
\end{aligned}
$$

其定义域是 $[0, +\infty)$.

由计算得

$$L'(x) = -\frac{1}{2}x^2 + 12x - 22 = -\frac{1}{2}(x-2)(x-22),$$

$$L''(x) = -x + 12.$$

令 $L'(x) = 0$ 得 $x = 2, x = 22$.

由于

$$L''(2) = 10 > 0, \quad L''(22) = -10 < 0,$$

所以 $L(2)$ 是极小值，$L(22)$ 是极大值. 显然 $L(0) = -500$ 不是最大值，且 $\lim\limits_{x \to +\infty} L(x) = -\infty$，所以最大值在 $(0, +\infty)$ 上取到，因此它必是极大值. 而 $L(22) = \dfrac{436}{3} \approx 145.33$ 是唯一的极大值，它就是最大值.

因此当产量为 22 单位时,利润最大,最大利润约为 145.33 元.

库存问题

企业、商店都要预存原料、货物、商品,称为库存.合理的库存并非越少越好,它必须达到三个标准:

(1) 库存要少,以便降低保管费用和流动资金的占有量;

(2) 原料或商品等短缺的程度小,以便使生产活动或商业活动正常进行;

(3) 进货的次数要少,以便降低订购费用.

因此,库存问题就是要找出使总费用(保管费用和订购费用之和)最小的订购批量,它称为最优订购批量,这时的订购次数称为最优订购次数.

假设某企业某种物资的年需用量为 D,每次订购费为 C_1,每次订购量为 Q,单位商品的年保管费为 C_2.我们要找出最优订购批量、最优订购次数和最小年总费用.

总费用 C 由两部分组成:

(1) 保管费用.在每一进货周期内都是周期开始库存最大,周期末库存量为零,所以每天的平均库存量为 $\frac{1}{2}Q$,从而保管费用为 $\frac{1}{2}QC_2$.

(2) 订购费用.由于每年订购的次数为 $\frac{D}{Q}$,所以订购费用为 $\frac{C_1 D}{Q}$.

于是总费用

$$C = \frac{1}{2}QC_2 + \frac{C_1 D}{Q}.$$

要使总费用最小,则必须 $\frac{\mathrm{d}C}{\mathrm{d}Q} = 0$,即

$$\frac{1}{2}C_2 - \frac{C_1 D}{Q^2} = 0,$$

所以 $Q = \sqrt{\dfrac{2C_1 D}{C_2}}$. 又因为 $\dfrac{\mathrm{d}^2 C}{\mathrm{d}Q^2} = \dfrac{2C_1 D}{Q^3} > 0$,从而当 $Q = \sqrt{\dfrac{2C_1 D}{C_2}}$ 时总费用达到极小值,因为它是总费用函数的唯一极值点,从而它也是最小值点.所以,最优订购批量为

$$Q = \sqrt{\frac{2C_1 D}{C_2}}.$$

从而得到,最优订购次数为

$$\frac{D}{Q} = \sqrt{\frac{C_2 D}{2C_1}}.$$

最小年总费用为

$$C = \frac{1}{2}QC_2 + \frac{C_1 D}{Q} = \sqrt{2C_1 C_2 D}.$$

例 3.6.3　某工厂对一种电子元件的一年需用量为 24000 件,电子元件每件价格为 40 元,其年保管费为其价格的 12%.已知每次订购费为 64 元,求最优订购批量、最优订购次数和最小年总费用.

解 由已知条件知，每件电子元件的年保管费为

$$C_2 = 40 \times 12\% = 4.8 \text{ 元}.$$

又由已知，年需用量 $D = 24000$ 件，每次订购费 $C_1 = 64$ 元，所以最优订购批量为

$$Q = \sqrt{\frac{2C_1 D}{C_2}} = \sqrt{\frac{2 \times 64 \times 24000}{4.8}} = 800 \text{ 件}.$$

最优订购次数为

$$\frac{24000}{800} = 30 \text{ 次}.$$

最小年总费用为

$$C = \sqrt{2C_1 C_2 D} = \sqrt{2 \times 64 \times 4.8 \times 24000} \text{ 元} = 3840 \text{ 元}.$$

§7 综合型例题

例 3.7.1 设函数 f 在 $[a, a+\delta]$ 上连续，在 $(a, a+\delta)$ 上可导．若

$$\lim_{x \to a^+} f'(x) = A,$$

证明：f 在 $x = a$ 点的右导数存在，且 $f'_+(a) = A$．

证 对于任意 $x \in (a, a+\delta]$，由拉格朗日中值定理得

$$f(x) - f(a) = f'(\xi)(x-a), \quad a < \xi < x.$$

于是由 $\lim_{x \to a^+} f'(x) = A$ 得

$$f'_+(a) = \lim_{x \to a^+} \frac{f(x)-f(a)}{x-a} = \lim_{x \to a^+} f'(\xi) = \lim_{\xi \to a^+} f'(\xi) = A.$$

证毕

例 3.7.2 (1) 设函数 f 在 $[a, +\infty)$ 上连续，在 $(a, +\infty)$ 上可导，且 $\lim_{x \to +\infty} f(x) = f(a)$．证明：至少存在一点 $\xi \in (a, +\infty)$，使得

$$f'(\xi) = 0 ;$$

(2) 设函数 f 在 $[0, +\infty)$ 上连续，在 $(0, +\infty)$ 上可导，且 $f(0) = 1$，$|f(x)| \leqslant \dfrac{1}{1+x^2}$（$x \in (0, +\infty)$）．证明：至少存在一点 $\xi \in (0, +\infty)$，使得

$$f'(\xi) = -\frac{2\xi}{(1+\xi^2)^2}.$$

证 (1) 若在 $(a, +\infty)$ 上总成立 $f(x) = f(a)$，则在 $(0, +\infty)$ 上恒有 $f'(x) = 0$，取 ξ 为 $(0, +\infty)$ 上任一点即可.

若有 $x_0 \in (a, +\infty)$，使得 $f(x_0) \neq f(a)$．不妨设 $f(x_0) > f(a)$．因为 $\lim_{x \to +\infty} f(x) = f(a)$，所以存在 $x_1 \in (x_0, +\infty)$，使得 $f(x_1) < f(x_0)$．

因为 f 在 $[a, x_1]$ 上连续，所以在 $[a, x_1]$ 上必取到最大值，记 $\xi \in [a, x_1]$ 使得 $f(\xi)$ 为 f 在 $[a, x_1]$ 上的最大值．因为 $a < x_0 < x_1$ 满足 $f(x_0) > f(a)$，$f(x_0) > f(x_1)$，所以 $a < \xi < x_1$，于是 ξ 也是 f 的极大值点．由费马定理知，必有 $f'(\xi) = 0$.

(2) 作函数 $F(x) = f(x) - \dfrac{1}{1+x^2}$（$x \in [0, +\infty)$），则 $F'(x) = f'(x) + \dfrac{2x}{(1+x^2)^2}$，且

$F(0) = f(0) - 1 = 0$. 又因为 $|f(x)| \leqslant \dfrac{1}{1+x^2}$，而 $\lim\limits_{x \to +\infty} \dfrac{1}{1+x^2} = 0$，由极限的夹逼性质知

$\lim\limits_{x \to +\infty} f(x) = 0$. 于是

$$\lim_{x \to +\infty} F(x) = \lim_{x \to +\infty} \left(f(x) - \frac{1}{1+x^2} \right) = 0.$$

由(1)的结论知，至少存在一点 $\xi \in (0, +\infty)$，使得 $F'(\xi) = 0$，即

$$f'(\xi) = -\frac{2\xi}{(1+\xi^2)^2}.$$

证毕

例 3.7.3 求 a, b 的值，使得当 $x \to 0$ 时，$e^x - (ax^2 + bx + 1)$ 是比 x^2 高阶的无穷小量.

解 题目要求找 a, b 使得

$$\lim_{x \to 0} \frac{e^x - (ax^2 + bx + 1)}{x^2} = 0.$$

运用洛必达法则得

$$\lim_{x \to 0} \frac{e^x - (ax^2 + bx + 1)}{x^2} = \lim_{x \to 0} \frac{e^x - 2ax - b}{2x}.$$

因此要使右边的极限存在，必须 $b = 1$. 再用一次洛必达法则得

$$\lim_{x \to 0} \frac{e^x - 2ax - 1}{2x} = \lim_{x \to 0} \frac{e^x - 2a}{2} = \frac{1 - 2a}{2},$$

题目要求右边的极限为零，所以 $a = \dfrac{1}{2}$. 于是，$a = \dfrac{1}{2}$，$b = 1$ 即为所求.

例 3.7.4 求极限 $\lim\limits_{x \to \infty} \left[x - x^2 \ln\left(1 + \dfrac{1}{x}\right) \right]$.

解 由泰勒公式，在 $u = 0$ 附近成立

$$\ln(1 + u) = u - \frac{1}{2}u^2 + o(u^2).$$

由于当 $x \to \infty$ 时 $\dfrac{1}{x} \to 0$，所以将 $u = \dfrac{1}{x}$ 代入上式得

$$\ln\left(1 + \frac{1}{x}\right) = \frac{1}{x} - \frac{1}{2}\left(\frac{1}{x}\right)^2 + o\left(\frac{1}{x^2}\right) \quad (x \to \infty),$$

所以

$$x - x^2 \ln\left(1 + \frac{1}{x}\right) = \frac{1}{2} + o(1) \quad (x \to \infty).$$

于是

$$\lim_{x \to \infty} \left[x - x^2 \ln\left(1 + \frac{1}{x}\right) \right] = \frac{1}{2}.$$

例 3.7.5 讨论方程 $\ln x = ax (a > 0)$ 有几个实根.

解 作函数

$$f(x) = \ln x - ax, \quad x \in (0, +\infty).$$

则 $f'(x) = \dfrac{1}{x} - a$. 令 $f'(x) = 0$ 即得驻点 $x = \dfrac{1}{a}$.

由于当 $x \in \left(0, \dfrac{1}{a}\right)$ 时 $f'(x) > 0$，所以函数 f 在 $\left(0, \dfrac{1}{a}\right]$ 上严格单调增加；由于当 $x \in \left(\dfrac{1}{a}, +\infty\right)$ 时 $f'(x) < 0$，所以函数 f 在 $\left[\dfrac{1}{a}, +\infty\right)$ 上严格单调减少，从而 $f\left(\dfrac{1}{a}\right)$ 为 f 在 $(0, +\infty)$ 上的最大值.

进一步，注意到 $\lim\limits_{x \to 0^+} f(x) = -\infty$，$\lim\limits_{x \to +\infty} f(x) = -\infty$，于是

(1) 当 $f\left(\dfrac{1}{a}\right) = \ln\dfrac{1}{a} - 1 = 0$ 时，即 $a = \dfrac{1}{e}$ 时，曲线 $y = \ln x - ax$ 与 x 轴仅有一个交点，这时方程 $\ln x = ax$ 有唯一的实根.

(2) 当 $f\left(\dfrac{1}{a}\right) = \ln\dfrac{1}{a} - 1 > 0$ 时，即 $0 < a < \dfrac{1}{e}$ 时，曲线 $y = \ln x - ax$ 与 x 轴有两个交点，这时方程 $\ln x = ax$ 有两个实根.

(3) 当 $f\left(\dfrac{1}{a}\right) = \ln\dfrac{1}{a} - 1 < 0$ 时，即 $a > \dfrac{1}{e}$ 时，曲线 $y = \ln x - ax$ 与 x 轴没有交点，这时方程 $\ln x = ax$ 没有实根.

例 3.7.6 设 f 在 $[0,1]$ 上连续，在 $(0,1)$ 上可导，且 $f(0) = 0$，$f(1) = 1$. 证明：对于任何两个正数 a 和 b，存在不同的 $\xi, \eta \in (0,1)$，使得

$$\frac{a}{f'(\xi)} + \frac{b}{f'(\eta)} = a + b.$$

证 显然 $0 < \dfrac{a}{a+b} < 1$. 由于 $f(0) = 0$，$f(1) = 1$，由连续函数的介值定理知，存在 $c \in (0,1)$，使得 $f(c) = \dfrac{a}{a+b}$. 在 $[0,c]$，$[c,1]$ 上分别应用拉格朗日中值定理得

$$f(c) - f(0) = f'(\xi)(c - 0), \quad \xi \in (0, c),$$
$$f(1) - f(c) = f'(\eta)(1 - c), \quad \eta \in (c, 1),$$

即

$$\frac{a}{a+b} = f'(\xi)c, \quad \frac{b}{a+b} = f'(\eta)(1 - c).$$

注意此时有 $f'(\xi) \neq 0$，$f'(\eta) \neq 0$. 因此

$$c = \frac{a}{(a+b)f'(\xi)}, \quad 1 - c = \frac{b}{(a+b)f'(\eta)}.$$

这两式相加后再整理，便得

$$\frac{a}{f'(\xi)} + \frac{b}{f'(\eta)} = a + b.$$

证毕

例 3.7.7 设函数 f 在 $[a,b]$ $(0 < a < b)$ 上连续，在 (a,b) 上可导. 证明：存在 $\xi \in (a,b)$，使得

$$\frac{1}{a-b}\begin{vmatrix} a & b \\ f(a) & f(b) \end{vmatrix} = f(\xi) - \xi f'(\xi).$$

证 考虑函数

$$F(x) = \frac{f(x)}{x}, \quad G(x) = \frac{1}{x}, \quad x \in [a,b].$$

则

$$F'(x) = \frac{xf'(x) - f(x)}{x^2}, \quad G'(x) = -\frac{1}{x^2}, \quad x \in [a,b].$$

显然 $F(x), G(x)$ 在 $[a,b]$ 上满足柯西中值定理的条件,因此存在 $\xi \in (a,b)$,使得

$$\frac{F(b) - F(a)}{G(b) - G(a)} = \frac{F'(\xi)}{G'(\xi)},$$

即

$$\frac{\dfrac{f(b)}{b} - \dfrac{f(a)}{a}}{\dfrac{1}{b} - \dfrac{1}{a}} = \frac{\dfrac{\xi f'(\xi) - f(\xi)}{\xi^2}}{-\dfrac{1}{\xi^2}} = f'(\xi) - \xi f'(\xi).$$

而

$$\frac{\dfrac{f(b)}{b} - \dfrac{f(a)}{a}}{\dfrac{1}{b} - \dfrac{1}{a}} = \frac{af(b) - bf(a)}{a - b} = \frac{1}{a-b}\begin{vmatrix} a & b \\ f(a) & f(b) \end{vmatrix},$$

于是

$$\frac{1}{a-b}\begin{vmatrix} a & b \\ f(a) & f(b) \end{vmatrix} = f(\xi) - \xi f'(\xi).$$

例 3.7.8 设 $1 < a < b, f(x) = \dfrac{1}{x} + \ln x$,证明

$$0 < f(b) - f(a) \leqslant \frac{1}{4}(b-a).$$

证 显然 $f'(x) = \dfrac{x-1}{x^2}$. 由拉格朗日中值定理得

$$f(b) - f(a) = \frac{\xi - 1}{\xi^2}(b-a) > 0, \quad 1 < a < \xi < b.$$

为证明右边的不等式,考察函数 $g(x) = \dfrac{x-1}{x^2}$. 易知 $g'(x) = \dfrac{2-x}{x^3}$,令 $g'(x) = 0$ 得驻点 $x = 2$. 因为当 $1 < x < 2$ 时 $g'(x) > 0$;当 $x > 2$ 时 $g'(x) < 0$,所以 $g(2) = \dfrac{1}{4}$ 为极大值,且它是 $g(x)$ 在 $(1, +\infty)$ 上的唯一极值,因此也是最大值,即

$$g(x) = \frac{x-1}{x^2} \leqslant \frac{1}{4}, \quad x \in (1, +\infty).$$

于是

$$f(b) - f(a) = \frac{\xi - 1}{\xi^2}(b-a) \leqslant \frac{1}{4}(b-a).$$

证毕

例 3.7.9 证明对于任何 $x \in (0,1)$,成立

(1) $(1+x)\ln^2(1+x)<x^2$;

(2) $\dfrac{1}{\ln2}-1<\dfrac{1}{\ln(1+x)}-\dfrac{1}{x}<\dfrac{1}{2}$.

证 考虑函数 $f(x)=(1+x)\ln^2(1+x)-x^2$ $(-1<x\leqslant1)$. 计算得

$$f'(x)=\ln^2(1+x)+2\ln(1+x)-2x;$$

$$f''(x)=\frac{2}{1+x}[\ln(1+x)-x].$$

由于当 $x\in(0,1)$ 时,成立 $\ln(1+x)<x$,所以 $f''(x)<0$,因此 f' 在 $[0,1]$ 上严格单调减少,那么当 $x\in(0,1)$ 时成立

$$f'(x)<f'(0)=0.$$

这又说明了 f 在 $[0,1]$ 上严格单调减少,所以当 $x\in(0,1)$ 时成立

$$f(x)<f(0)=0,$$

即当 $x\in(0,1)$ 时成立

$$(1+x)\ln^2(1+x)<x^2.$$

(2) 考虑函数

$$g(x)=\frac{1}{\ln(1+x)}-\frac{1}{x},\quad 0<x\leqslant1.$$

计算得

$$g'(x)=\frac{(1+x)\ln^2(1+x)-x^2}{x^2(1+x)\ln^2(1+x)},$$

于是由(1)的结论得

$$g'(x)<0,\quad 0<x<1,$$

所以 g 在 $(0,1]$ 上严格单调减少. 于是当 $x\in(0,1)$ 时,成立

$$g(1)<g(x)<\lim_{t\to0^+}g(t).$$

注意到 $g(1)=\dfrac{1}{\ln2}-1$,以及

$$\lim_{t\to0^+}g(t)=\lim_{t\to0^+}\left(\frac{1}{\ln(1+t)}-\frac{1}{t}\right)=\lim_{t\to0^+}\left(\frac{t-\ln(1+t)}{t\ln(1+t)}\right)$$

$$=\lim_{t\to0^+}\frac{t-\ln(1+t)}{t^2}=\lim_{t\to0^+}\frac{1-\dfrac{1}{1+t}}{2t}$$

$$=\lim_{t\to0^+}\frac{1}{2(1+t)}=\frac{1}{2}.$$

所以当 $x\in(0,1)$ 时,成立

$$\frac{1}{\ln2}-1<\frac{1}{\ln(1+x)}-\frac{1}{x}<\frac{1}{2}.$$

证毕

例 3.7.10 设函数 f 在 $[0,1]$ 上具有二阶导数,且在 $[0,1]$ 上成立

$$|f(x)|\leqslant\frac{1}{2},\quad |f''(x)|\leqslant2.$$

证明：

$$|f'(x)|\leqslant 2,\quad x\in[0,1].$$

证　对于任意 $x_0\in[0,1]$，则由 f 在 x_0 点的带拉格朗日余项的泰勒公式得

$$f(x)=f(x_0)+f'(x_0)(x-x_0)+\frac{1}{2}f''(\xi)(x-x_0)^2,\quad x\in[0,1],$$

其中 ξ 在 x_0 与 x 之间，因此 $\xi\in(0,1)$．特别地有

$$f(0)=f(x_0)+f'(x_0)(0-x_0)+\frac{1}{2}f''(\xi_1)(0-x_0)^2,$$

$$f(1)=f(x_0)+f'(x_0)(1-x_0)+\frac{1}{2}f''(\xi_2)(1-x_0)^2,$$

其中 $\xi_1,\xi_2\in(0,1)$．将以上两式相减得

$$f'(x_0)=f(1)-f(0)-\frac{1}{2}[f''(\xi_2)(1-x_0)^2-f''(\xi_1)x_0^2],$$

于是由已知条件得

$$|f'(x_0)|\leqslant|f(1)|+|f(0)|+\frac{1}{2}[|f''(\xi_2)|(1-x_0)^2+|f''(\xi_1)|x_0^2]$$

$$\leqslant 1+(1-x_0)^2+x_0^2.$$

注意到 $(1-x_0)^2+x_0^2\leqslant 1$（$x_0\in[0,1]$），那么

$$|f'(x_0)|\leqslant 2.$$

由 x_0 在 $[0,1]$ 上的任意性，便得结论．

证毕

习　题　三

（A）

1. 设函数 $f(x)=(x-3)(x-5)(x-7)(x-9)$，说明方程 $f'(x)=0$ 的实根个数，并指出这些根所在的区间．

2. (1) 设 $f(x)=ax^4+bx^3+cx^2-(a+b+c)x$，验证函数 f 在 $[0,1]$ 上满足罗尔定理的条件；

(2) 证明方程 $4ax^3+3bx^2+2cx=a+b+c$ 在区间 $(0,1)$ 上至少有一个实根．

3. 证明下列不等式：

(1) $|\arctan b-\arctan a|\leqslant|b-a|$；

(2) $\dfrac{x}{1+x}<\ln(1+x),x>0$；

(3) $na^{n-1}(b-a)\leqslant b^n-a^n\leqslant nb^{n-1}(b-a)$（$n\geqslant 1,b>a>0$）．

4. 证明：在 $(-\infty,+\infty)$ 上成立

$$\arctan x=\arcsin\frac{x}{\sqrt{1+x^2}}.$$

5. 设 $\lim\limits_{x\to+\infty}f'(x)=A$．证明：对任意的 $B>0$ 成立

$$\lim_{x \to +\infty} [f(x+B) - f(x)] = AB.$$

6. 求下列极限：

(1) $\lim\limits_{x \to 0} \dfrac{e^x - e^{-x}}{\sin x}$；

(2) $\lim\limits_{x \to \pi} \dfrac{\sin 3x}{\tan 5x}$；

(3) $\lim\limits_{x \to 1} \dfrac{\ln x}{x-1}$；

(4) $\lim\limits_{x \to \frac{\pi}{2}^+} \dfrac{\ln\left(x - \dfrac{\pi}{2}\right)}{\tan x}$；

(5) $\lim\limits_{x \to \frac{\pi}{2}} \dfrac{\ln(\sin x)}{(\pi - 2x)^2}$；

(6) $\lim\limits_{x \to \frac{\pi}{2}} \dfrac{\tan 3x}{\tan x}$；

(7) $\lim\limits_{x \to +\infty} \dfrac{\ln\left(1 + \dfrac{1}{x}\right)}{\text{arccot} x}$；

(8) $\lim\limits_{x \to 0} \dfrac{\ln(1+x^2)}{\sec x - \cos x}$；

(9) $\lim\limits_{x \to 1} \left(\dfrac{1}{\ln x} - \dfrac{1}{x-1} \right)$；

(10) $\lim\limits_{x \to 0} \left(\dfrac{1}{\sin x} - \dfrac{1}{x} \right)$；

(11) $\lim\limits_{x \to 0} \left(\dfrac{1}{x} - \dfrac{1}{e^x - 1} \right)$；

(12) $\lim\limits_{x \to 0} x \cot 2x$；

(13) $\lim\limits_{x \to 0} x^2 e^{\frac{1}{x^2}}$；

(14) $\lim\limits_{x \to \pi} (\pi - x) \tan \dfrac{x}{2}$；

(15) $\lim\limits_{x \to +\infty} \left(\dfrac{2}{\pi} \arctan x \right)^x$；

(16) $\lim\limits_{x \to 0^+} \left(\dfrac{1}{x} \right)^{\tan x}$；

(17) $\lim\limits_{x \to 1} x^{\frac{1}{1-x}}$；

(18) $\lim\limits_{x \to 0^+} \left(\ln \dfrac{1}{x} \right)^{\sin x}$.

7. 求下列函数的单调区间：

(1) $y = 2x^3 - 3x^2$；

(2) $y = 2x + \dfrac{8}{x}$ $(x > 0)$；

(3) $y = x^4 - 2x^2 + 2$；

(4) $y = x - e^x$；

(5) $y = \sqrt[3]{(2x-1)(1-x)^2}$；

(6) $y = \dfrac{x}{\ln x}$.

8. 证明函数 $y = \ln(x + \sqrt{1 + x^2})$ 在 $(-\infty, +\infty)$ 上严格单调增加.

9. 证明不等式：

(1) $3 - \dfrac{1}{x} < 2\sqrt{x}$, $x > 1$；

(2) $x - \dfrac{x^2}{2} < \ln(1+x)$, $x > 0$；

(3) $\dfrac{2}{\pi} x < \sin x < x$, $x \in \left(0, \dfrac{\pi}{2}\right)$；

(4) $\sin x + \tan x > 2x$, $x \in \left(0, \dfrac{\pi}{2}\right)$.

10. 求下列函数的极值：

(1) $y = x^3 - 3x^2 + 7$；

(2) $y = \dfrac{x}{1+x^2}$；

(3) $y = x - \ln(1+x)$；

(4) $y = x + \sqrt{1-x}$；

(5) $y = \dfrac{1+3x}{\sqrt{4+5x^2}}$；

(6) $y = (x+1)^{\frac{2}{3}} (x-5)^2$；

(7) $y = 2x - \ln(4x)^2$；

(8) $y = 2e^x + e^{-x}$；

(9) $y=x^2\ln x$; (10) $y=x^{\frac{1}{x}}\ (x>0)$.

11. 求下列函数在指定区间上的最大值与最小值:

(1) $y=x^5-5x^4+5x^3+1$, $[-1,2]$; (2) $y=\dfrac{x^2}{1+x}$, $\left[-\dfrac{1}{2},1\right]$;

(3) $y=x^2-\dfrac{54}{x}$, $(-\infty,0)$; (4) $y=2\tan x-\tan^2 x$, $\left[0,\dfrac{\pi}{2}\right)$;

(5) $y=\sqrt{x}\ln x$, $(0,+\infty)$.

12. 设 $p>1$. 证明: $\dfrac{1}{2^{p-1}}\leqslant x^p+(1-x)^p\leqslant 1$, $x\in[0,1]$.

13. 利用函数的凸性证明不等式:

(1) $\dfrac{x^n+y^n}{2}\geqslant\left(\dfrac{x+y}{2}\right)^n$, $x,y>0\ (n>1)$;

(2) $a\ln a+b\ln b\geqslant(a+b)[\ln(a+b)-\ln 2]$, $a,b>0$.

14. 在底为 a 高为 h 的三角形中作内接矩形,矩形的一条边与三角形的底边重合,求此矩形的最大面积.

15. 求内接于椭圆 $\dfrac{x^2}{a^2}+\dfrac{y^2}{b^2}=1$,边与椭圆的轴平行的最大矩形.

16. 要做一个容积为 V 的有盖的圆柱形容器,上下两个底面的材料价格为每单位面积 a 元,侧面的材料价格为每单位面积 b 元,问直径与高的比例为多少时造价最省?

17. 求下列曲线的凸性与拐点:

(1) $y=-x^3+3x^2$; (2) $y=\sqrt{1+x^2}$;

(3) $y=x\mathrm{e}^{-x}$; (4) $y=\dfrac{1-x}{1+x^2}$;

(5) $y=x-\ln(1+x)$; (6) $y=\arctan x-x$;

(7) $y=(x+1)^4+\mathrm{e}^x$; (8) $y=\mathrm{e}^{\arctan x}$.

18. 作出下列函数的图像:

(1) $y=3x-x^3$; (2) $y=\dfrac{2x}{1+x^2}$;

(3) $y=\dfrac{(x-1)^2}{3(x+1)}$; (4) $y=\sqrt{6x^2-8x+3}$;

(5) $y=x\mathrm{e}^{-x}$; (6) $y=(2+x)\mathrm{e}^{\frac{1}{x}}$;

(7) $y=x+\mathrm{arccot}x$; (8) $y=\ln\dfrac{1+x}{1-x}$.

19. 求下列函数的带佩亚诺余项的麦克劳林公式:

(1) $f(x)=\dfrac{1}{1-x}$; (2) $f(x)=\dfrac{1}{2}(\mathrm{e}^x+\mathrm{e}^{-x})$.

20. 求下列函数在指定点处带佩亚诺余项的泰勒公式:

(1) $f(x)=-2x^3+3x^2-2$, $x_0=1$; (2) $f(x)=\ln x$, $x_0=\mathrm{e}$;

(3) $f(x)=\sin x$, $x_0=\dfrac{\pi}{6}$;

(4) $f(x) = \sqrt[3]{1-3x+x^2}$, $x=0$(展开至 x^3 的项).

21. 利用函数的泰勒公式求极限:

(1) $\lim\limits_{x\to 0} \dfrac{e^x \sin x - x(1+x)}{x^3}$;　　(2) $\lim\limits_{x\to 0^+} \dfrac{a^x + a^{-x} - 2}{x^2}$ $(a>0)$;

(3) $\lim\limits_{x\to 0} \dfrac{e^{-x^2} - 1}{\ln(1+x) - x}$;　　(4) $\lim\limits_{x\to 0} \dfrac{\sqrt{1-2x} - 1 + x}{1 - \cos x}$;

(5) $\lim\limits_{x\to +\infty} (\sqrt[5]{x^5 + x^4} - \sqrt[5]{x^5 - x^4})$;　　(6) $\lim\limits_{x\to 0} \dfrac{1}{x} \left(\dfrac{1}{x} - \dfrac{1}{\tan x} \right)$.

22. 利用泰勒公式证明:当 $x>0$ 时成立

$$\ln(1+x) \leqslant x - \frac{x^2}{2} + \frac{x^3}{3}.$$

23. 利用泰勒公式计算近似值:

(1) e(精确到 10^{-9});　　(2) lg11(精确到 10^{-5}).

24. 设生产某产品 x 单位的总成本为(单位:元)

$$C(x) = \frac{1}{12}x^3 - 5x^2 + 170x + 300.$$

若每单位产品的价格为 134 元,求使利润最大的产量.

25. 设某商品的需求函数为

$$Q_d(x) = 75 - x^2,$$

其中 x 为价格,求

(1) 需求价格弹性函数;

(2) 当 $x=4$ 时的需求价格弹性,并说明其经济意义;

(3) 当 $x=4$ 时,价格上涨 1%,总收益增加还是减少? 变化幅度是多少?

(4) 当价格 x 为多少时,总收益最大?

(B)

1. 设 $\dfrac{a_0}{n+1} + \dfrac{a_1}{n} + \cdots + a_n = 0$,证明方程

$$a_0 x^n + a_1 x^{n-1} + \cdots + a_n = 0$$

在 $(0,1)$ 内至少有一个实根.

2. 设 $a,b>0$,证明存在 $\xi \in (a,b)$,使得

$$ae^b - be^a = (1-\xi)e^\xi(a-b).$$

3. 对于每个正整数 n $(n \geqslant 2)$,证明方程

$$x^n + x^{n-1} + \cdots + x^2 + x = 1$$

在 $(0,1)$ 内必有唯一的实根 x_n,并求极限 $\lim\limits_{n\to\infty} x_n$.

4. 设函数 $f(x)$ 在 $[0,1]$ 上连续,在 $(0,1)$ 上可导,且 $f(0)=f(1)=0$,$f\left(\dfrac{1}{2}\right)=1$.

证明:

(1) 存在 $\xi \in \left(\dfrac{1}{2}, 1\right)$,使得 $f(\xi)=\xi$;

(2) 对于任意实数 λ，必存在 $\eta \in (0, \xi)$，使得
$$f'(\eta) - \lambda[f(\eta) - \eta] = 1.$$

5. 设
$$f(x) = \begin{cases} \dfrac{g(x)}{x}, & x \neq 0, \\ 0, & x = 0, \end{cases}$$

其中 $g(0) = 0, g'(0) = 0, g''(0) = 18$. 求 $f'(0)$.

6. 比较 e^π 与 π^e 的大小.

7. 设函数 f 在 $[a, b]$ 上有二阶连续导数，且满足方程
$$f''(x) + x^2 f'(x) - 2f(x) = 0.$$
证明：若 $f(a) = f(b) = 0$，则 f 在 $[a, b]$ 上恒为零.

8. (**詹森不等式**) 设 f 为 $[a, b]$ 上的连续下凸函数，证明对于任意 $x_i \in [a, b]$ 和 $\lambda_i > 0 (i = 1, 2, \cdots, n)$，$\sum_{i=1}^{n} \lambda_i = 1$，成立
$$f\left(\sum_{i=1}^{n} \lambda_i x_i \right) \leqslant \sum_{i=1}^{n} \lambda_i f(x_i).$$

9. 求下列数列的最大项：

(1) $\left\{ \dfrac{n^{10}}{2^n} \right\}$；   (2) $\{ \sqrt[n]{n} \}$.

10. 求极限 $\lim\limits_{n \to \infty} \tan^n \left(\dfrac{\pi}{4} + \dfrac{1}{n} \right)$.

11. 设函数 f 在 $[0, 1]$ 上二阶可导，且满足 $|f''(x)| \leqslant 1$. 又已知 f 在区间 $(0, 1)$ 内取到最大值 $\dfrac{1}{4}$. 证明：$|f(0)| + |f(1)| \leqslant 1$.

12. 设函数 f 在 $[0, 1]$ 上有二阶连续导数，且 $f(0) = f(1) = 0$，$\min\limits_{0 \leqslant x \leqslant 1} f(x) = -1$. 证明：
$$\max\limits_{0 \leqslant x \leqslant 1} f''(x) \geqslant 8.$$

13. 设函数 f 在点 x_0 的某个邻域上有 $n-1$ 阶导数 $(n > 1)$，且在 x_0 点 n 阶可导. 若 $f^{(k)}(x_0) = 0 (k = 1, 2, \cdots, n-1)$，且 $f^{(n)}(x_0) \neq 0$. 证明：

(1) 当 n 为偶数时，x_0 是 f 的极值点. 且当 $f^{(n)}(x_0) > 0$ 时，x_0 为 f 的极小值点；当 $f^{(n)}(x_0) < 0$ 时，x_0 为 f 的极大值点；

(2) 当 n 为奇数时，x_0 不是 f 的极值点.

14. 说明方程 $x^3 + 1.1x^2 + 0.9x - 1.4 = 0$ 只有一个实根，且这个根在 $(0, 1)$ 中，并利用牛顿切线法求其近似值，精确到 10^{-3}.

不 定 积 分

在数学中,许多运算都有逆运算,例如减法是加法的逆运算,除法是乘法的逆运算.不定积分就是求导运算的逆运算.本章介绍不定积分的概念和性质,以及不定积分的计算方法.

§1 不定积分的概念和运算法则

不定积分的概念

我们知道,若已知作变速直线运动的质点的位移函数 $s=s(t)$,则质点的运动速度 $v(t)$ 就是位移函数的导数,即 $v(t)=s'(t)$.但往往要提出相反的问题,已知速度函数 $v(t)$,要求位移函数 $s(t)$.这就是已知一个函数的导数,要反回去找原来的函数的问题.因此引出了如下概念.

定义 4.1.1 设函数 F 和 f 在区间 I 上均有定义,若成立

$$F'(x)=f(x), \quad x \in I$$

或等价地,

$$\mathrm{d}(F(x))=f(x)\mathrm{d}x, \quad x \in I,$$

则称 F 是 f 在区间 I 上的一个**原函数**.

例如,$\frac{1}{3}x^3$ 是 x^2 在 $(-\infty,+\infty)$ 上的原函数,因为在 $(-\infty,+\infty)$ 上成立 $\left(\frac{1}{3}x^3\right)'=x^2$.同样地,$\frac{1}{3}x^3+1$ 和 $\frac{1}{3}x^3+\frac{1}{2}$ 都是 x^2 在 $(-\infty,+\infty)$ 上的原函数,更一般地,对于任意的常数函数 c(今后我们既把 c 看作常数函数,

又把它看作该常数函数的函数值. 在不致混淆时, 以后常说"c 为任意常数"）, $\frac{1}{3}x^3 + c$ 也是 x^2 在 $(-\infty, +\infty)$ 上的原函数. 这说明 x^2 在 $(-\infty, +\infty)$ 上的原函数有无穷多个, 那么 x^2 的原函数是否都具有这种形式呢? 我们下面更一般地讨论这个问题.

已知函数 F 是函数 f 在区间 I 上的一个原函数, 即在 I 上成立 $F'(x) = f(x)$. 那么对任何常数 c, 都有 $[F(x) + c]' = f(x)$, 因此, 函数 $F + c$ 也是 f 的原函数.

反之, 若函数 G 是 f 在区间 I 上的任意一个原函数, 则 I 上成立 $G'(x) = f(x)$, 于是在 I 上也成立

$$[F(x) - G(x)]' = F'(x) - G'(x) = f(x) - f(x) = 0,$$

由推论 3.1.2 知存在常数 c, 使得在 I 上成立 $G(x) = F(x) + c$.

综上所述, 我们得到

定理 4.1.1 若函数 F 是函数 f 在区间 I 上的一个原函数, 则函数族 $F + c$ 是 f 的全体原函数, 其中 c 是任意常数.

于是, 只要找出了函数 f 在区间 I 上的一个原函数 F, 就可以用函数族 $F + c$ 来代表 f 在区间 I 上的全部原函数了.

定义 4.1.2 函数 f 在区间 I 上的原函数全体称为 f 在区间 I 上的**不定积分**, 记作

$$\int f(x)\mathrm{d}x,$$

其中, "$\int$" 称为积分号, f 称为**被积函数**, $f(x)\mathrm{d}x$ 称为**被积表达式**, x 称为**积分变量**.

于是, 如果函数 F 是 f 的一个原函数, 则

$$\int f(x)\mathrm{d}x = F(x) + c,$$

其中 c 是任意常数.

由定义可见, 求不定积分的运算恰是求导运算（或求微分运算）的逆运算, 因此有

(1) $\left(\int f(x)\mathrm{d}x\right)' = f(x)$, 等价地, $\mathrm{d}\left(\int f(x)\mathrm{d}x\right) = f(x)\mathrm{d}x$;

(2) $\int F'(x)\mathrm{d}x = F(x) + c$, 等价地, $\int \mathrm{d}F(x) = F(x) + c$.

例 4.1.1 求不定积分 $\int \sin x\mathrm{d}x$.

解 由于 $(\cos x)' = -\sin x$, 所以

$$\int \sin x\mathrm{d}x = -\cos x + c.$$

例 4.1.2 求不定积分 $\int x^a\mathrm{d}x$.

解 当 $\alpha \neq -1$ 时, 由于 $\left(\frac{1}{\alpha+1}x^{\alpha+1}\right)' = x^\alpha$, 因此有

$$\int x^\alpha\mathrm{d}x = \frac{1}{\alpha+1}x^{\alpha+1} + c.$$

当 $\alpha = -1$ 时, 由例 2.2.12 知, $(\ln|x|)' = \frac{1}{x}$, 因此

$$\int \frac{\mathrm{d}x}{x} = \ln|x| + c.$$

基本不定积分公式

因为求不定积分是求导数的逆运算,根据求导的基本公式,我们可以得到以下的基本不定积分公式表:

(1) $\int x^a \mathrm{d}x = \dfrac{1}{a+1} x^{a+1} + c \ (a \neq -1)$;

(2) $\int \dfrac{\mathrm{d}x}{x} = \ln|x| + c$;

(3) $\int a^x \mathrm{d}x = \dfrac{a^x}{\ln a} + c$,特别地,$\int \mathrm{e}^x \mathrm{d}x = \mathrm{e}^x + c$;

(4) $\int \cos x \mathrm{d}x = \sin x + c$;

(5) $\int \sin x \mathrm{d}x = -\cos x + c$;

(6) $\int \sec^2 x \mathrm{d}x = \tan x + c$;

(7) $\int \csc^2 x \mathrm{d}x = -\cot x + c$;

(8) $\int \tan x \sec x \mathrm{d}x = \sec x + c$;

(9) $\int \cot x \csc x \mathrm{d}x = -\csc x + c$;

(10) $\int \dfrac{\mathrm{d}x}{\sqrt{1-x^2}} = \arcsin x + c$;

(11) $\int \dfrac{\mathrm{d}x}{1+x^2} = \arctan x + c$.

一个函数的不定积分不是一个函数,而是一族函数,它们的图像是一族曲线.只要画出其中一条,其他曲线可通过将它沿 y 轴方向平移而得到. 在这些曲线上,横坐标相同的点的切线的斜率相等,因此切线彼此平行(见图 4.1.1).

例 4.1.3 已知曲线 $y = f(x)$ 在任意一点 $(x, f(x))$ 处的切线的斜率等于 x^2,并且曲线经过 $(3, 2)$ 点,求该曲线的方程.

解 由已知得 $y' = x^2$,因此

$$y = \int x^2 \mathrm{d}x = \frac{x^3}{3} + c,$$

这是 xy 平面上的一族曲线,它们在横坐标相同的点上的切线都是互相平行的.

为确定常数 c,利用曲线经过点 $(3, 2)$ 的条件,将 $x = 3, y = 2$ 代入上式,即得 $c = -7$,于是所求曲线为

$$y = \frac{x^3}{3} - 7.$$

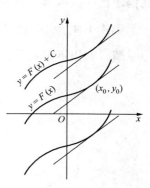

图 4.1.1

不定积分的线性性质

定理 4.1.2 若函数 f 和 g 在区间 I 上的原函数均存在,则函数 $f\pm g$ 的原函数在区间 I 上也存在,且有

$$\int [f(x)\pm g(x)]\mathrm{d}x=\int f(x)\mathrm{d}x\pm\int g(x)\mathrm{d}x.$$

上式应理解为等式两端所表示的函数族相同.

证 设函数 F 和 G 分别为 f 和 g 在区间 I 上的一个原函数,所以

$$\int f(x)\mathrm{d}x=F(x)+c,\quad \int g(x)\mathrm{d}x=g(x)+c.$$

显然函数 $F\pm G$ 是函数 $f\pm g$ 在区间 I 上的一个原函数,因此

$$\int [f(x)\pm g(x)]\mathrm{d}x=F(x)\pm G(x)+c=\int f(x)\mathrm{d}x\pm\int g(x)\mathrm{d}x.$$

证毕

定理 4.1.3 若函数 f 在区间 I 上的原函数存在,k 为常数.则函数 kf 在区间 I 上的原函数也存在,且有

$$\int kf(x)\mathrm{d}x=k\int f(x)\mathrm{d}x.$$

上式应理解为等式两端所表示的函数族相同. 当 $k=0$ 时,等式右端应理解为常数 c.

证 设函数 F 为 f 在区间 I 上的一个原函数,所以

$$\int f(x)\mathrm{d}x=F(x)+c.$$

显然函数 kF 是函数 kf 在区间 I 上的一个原函数,因此

$$\int kf(x)\mathrm{d}x=kF(x)+c=k\int f(x)\mathrm{d}x.$$

证毕

注 由于任意常数的线性组合仍是任意常数,所以在上面两个定理的论证中,任意常数可始终用同一个字符 c 表示. 这种思想在今后不再一一说明.

以上的性质称为不定积分的**线性性质**,利用这个性质和上面的不定积分表可以帮助我们求出一些简单函数的不定积分.

例 4.1.4 求不定积分 $\int \sqrt{x}(x-3)\mathrm{d}x$.

解 利用不定积分的线性性质得

$$
\begin{aligned}
\int \sqrt{x}(x-3)\mathrm{d}x &=\int (x^{\frac{3}{2}}-3x^{\frac{1}{2}})\mathrm{d}x\\
&=\int x^{\frac{3}{2}}\mathrm{d}x-3\int x^{\frac{1}{2}}\mathrm{d}x\\
&=\frac{1}{\frac{3}{2}+1}x^{\frac{3}{2}+1}-3\cdot\frac{1}{\frac{1}{2}+1}x^{\frac{1}{2}+1}+c\\
&=\frac{2}{5}x^{\frac{5}{2}}-2x^{\frac{3}{2}}+c.
\end{aligned}
$$

例 4.1.5 求不定积分 $\displaystyle\int \sin^2 \frac{x}{2}\mathrm{d}x$.

解 利用三角函数的半角公式 $\sin^2 \dfrac{x}{2} = \dfrac{1-\cos x}{2}$ 得

$$\int \sin^2 \frac{x}{2}\mathrm{d}x = \int \frac{1-\cos x}{2}\mathrm{d}x = \frac{1}{2}\int (1-\cos x)\mathrm{d}x$$

$$= \frac{1}{2}\left(\int \mathrm{d}x - \int \cos x\mathrm{d}x\right) = \frac{1}{2}(x - \sin x) + c.$$

注意,这里记 $\displaystyle\int \mathrm{d}x = \int 1\mathrm{d}x$,下同.

例 4.1.6 求不定积分 $\displaystyle\int (2^x + 5^x)^2 \mathrm{d}x$.

解 利用不定积分的线性性质得

$$\int (2^x + 5^x)^2 \mathrm{d}x = \int (4^x + 2 \cdot 10^x + 25^x)\mathrm{d}x$$

$$= \int 4^x \mathrm{d}x + 2\int 10^x \mathrm{d}x + \int 25^x \mathrm{d}x$$

$$= \frac{4^x}{\ln 4} + \frac{2 \cdot 10^x}{\ln 10} + \frac{25^x}{2\ln 5} + c.$$

例 4.1.7 求不定积分 $\displaystyle\int \frac{x^4}{1+x^2}\mathrm{d}x$.

解 利用不定积分的线性性质得

$$\int \frac{x^4}{1+x^2}\mathrm{d}x = \int \frac{x^4 + x^2 - x^2}{1+x^2}\mathrm{d}x$$

$$= \int x^2 \mathrm{d}x - \int \frac{x^2}{1+x^2}\mathrm{d}x$$

$$= \int x^2 \mathrm{d}x - \int \frac{1+x^2-1}{1+x^2}\mathrm{d}x$$

$$= \frac{1}{3}x^3 - \int \mathrm{d}x + \int \frac{1}{1+x^2}\mathrm{d}x$$

$$= \frac{1}{3}x^3 - x + \arctan x + c.$$

例 4.1.8 求不定积分 $\displaystyle\int \frac{\mathrm{d}x}{\sin^2 x\cos^2 x}$.

解 利用三角恒等式 $\sin^2 x + \cos^2 x = 1$ 得

$$\int \frac{\mathrm{d}x}{\sin^2 x\cos^2 x} = \int \frac{\sin^2 x + \cos^2 x}{\sin^2 x\cos^2 x}\mathrm{d}x$$

$$= \int \sec^2 x\mathrm{d}x + \int \csc^2 x\mathrm{d}x$$

$$= \tan x - \cot x + c.$$

§2 换元积分法和分部积分法

直接通过查阅基本积分公式表来求出其不定积分的函数类是非常有限的,即使对于 $y=\tan x, y=\mathrm{e}^{2x}, y=\ln x$ 这些常用的函数,这种方法也无能为力.所以必须寻找新的方法来求函数的不定积分,下面我们介绍两种基本方法:换元积分法和分部积分法.

第一类换元积分法

变量代换是最常用的数学方法之一,在函数的积分学中起着重要的作用.

我们先来看一个例子:计算不定积分 $\displaystyle\int \mathrm{e}^{2x} \mathrm{d}x$.

首先注意到基本积分公式 $\displaystyle\int \mathrm{e}^{u} \mathrm{d}u = \mathrm{e}^{u} + c$. 其次,设法把不定积分中的微分形式 $\mathrm{e}^{2x} \mathrm{d}x$ 凑成上述基本积分中的微分形式.因为 $\mathrm{e}^{2x} \mathrm{d}x = \dfrac{1}{2} \mathrm{e}^{2x} \mathrm{d}(2x)$,则有

$$\int \mathrm{e}^{2x} \mathrm{d}x = \frac{1}{2} \int \mathrm{e}^{2x} \mathrm{d}(2x) = \frac{1}{2} \mathrm{e}^{2x} + c.$$

这种凑微分的积分法称为**第一类换元积分法**,俗称"凑微分"法.更一般地,对于形式为

$$\int f[\varphi(x)]\varphi'(x) \mathrm{d}x$$

我们有

定理 4.2.1 设函数 F 为 f 在区间 I_f 上的原函数,即在 I_f 上成立 $F'(x)=f(x)$. 又设 φ 是在区间 I 上的可微函数,且 φ 的值域 $R_\varphi \subset I_f$. 则 $f[\varphi(x)]\varphi'(x)$ 在 I 上有原函数 $F[\varphi(x)]$,且

$$\int f[\varphi(x)]\varphi'(x) \mathrm{d}x = F[\varphi(x)] + c.$$

证 由复合函数求导法则得

$$\{F[\varphi(x)]\}' = F'[\varphi(x)]\varphi'(x) = f[\varphi(x)]\varphi'(x),$$

所以 $F[\varphi(x)]$ 是 $f[\varphi(x)]\varphi'(x)$ 的原函数.于是,由定义得到

$$\int f[\varphi(x)]\varphi'(x) \mathrm{d}x = F[\varphi(x)] + c.$$

证毕

由上述定理证明可见,第一换元积分法的过程就是复合函数求导法的逆过程,实施这个过程的方法是:作变量代换 $u = \varphi(x)$,则

$$\int f[\varphi(x)]\varphi'(x) \mathrm{d}x = \int f[\varphi(x)] \mathrm{d}\varphi(x) = \int f(u) \mathrm{d}u$$
$$= F(u) + c = F[\varphi(x)] + c.$$

在实施以上过程时,注意最后要将变量还原回原来的 x.

例 4.2.1 计算 $\displaystyle\int x \mathrm{e}^{x^2} \mathrm{d}x$.

解 作变量代换 $u = x^2$ 得

$$\int x e^{x^2} \, dx = \frac{1}{2} \int e^{x^2} \, dx^2 = \frac{1}{2} \int e^u \, du = \frac{1}{2} e^u + c = \frac{1}{2} e^{x^2} + c.$$

例 4.2.2　计算 $\int \cos^5 x \sin x \, dx$.

解　作变量代换 $u = \cos x$ 得

$$\int \cos^5 x \sin x \, dx = -\int \cos^5 x \, d\cos x = -\int u^5 \, du = -\frac{1}{6} u^6 + c = -\frac{1}{6} \cos^6 x + c.$$

在运算熟练之后,可以略去设立中间变量的步骤,直接写出计算结果.

例 4.2.3　计算

(1) $\int \sin 7x \, dx$;　　　　　(2) $\int \sin 7x \cos 4x \, dx$.

解　(1) 利用第一类换元积分法得

$$\int \sin 7x \, dx = \frac{1}{7} \int \sin 7x \, d(7x) = -\frac{1}{7} \cos 7x + c.$$

(2) 由于 $\sin 7x \cos x 4x = \frac{1}{2}(\sin 11x + \sin 3x)$,所以

$$\int \sin 7x \cos 4x \, dx = \frac{1}{2} \int (\sin 11x + \sin 3x) \, dx$$

$$= \frac{1}{2} \left[\frac{1}{11} \int \sin 11x \, d(11x) + \frac{1}{3} \int \sin 3x \, d(3x) \right]$$

$$= \frac{1}{2} \left(-\frac{1}{11} \cos 11x - \frac{1}{3} \cos 3x \right) + c$$

$$= -\frac{1}{22} \cos 11x - \frac{1}{6} \cos 3x + c.$$

例 4.2.4　计算 $\int \frac{dx}{a^2 - x^2}$ $(a \neq 0)$.

解　由于 $\frac{1}{a^2 - x^2} = \frac{1}{2a} \left(\frac{1}{a+x} + \frac{1}{a-x} \right)$,所以

$$\int \frac{dx}{a^2 - x^2} = \frac{1}{2a} \int \left(\frac{1}{a+x} + \frac{1}{a-x} \right) dx$$

$$= \frac{1}{2a} \int \frac{d(a+x)}{a+x} - \frac{1}{2a} \int \frac{d(a-x)}{a-x}$$

$$= \frac{1}{2a} \ln |a+x| - \frac{1}{2a} \ln |a-x| + c$$

$$= \frac{1}{2a} \ln \left| \frac{a+x}{a-x} \right| + c.$$

读者应把这个结果补充列入基本积分公式表中,并加以熟记.

例 4.2.5　计算 $\int \frac{\cos \sqrt{x}}{\sqrt{x}} \, dx$.

解　利用第一类换元积分法得

$$\int \frac{\cos \sqrt{x}}{\sqrt{x}} \, dx = 2 \int \cos \sqrt{x} \, d\sqrt{x} = 2 \sin \sqrt{x} + c.$$

例 4.2.6 计算 $\int \dfrac{(\ln x + 1)^2 \mathrm{d}x}{x}$.

解 利用第一类换元积分法得

$$\int \frac{(\ln x + 1)^2 \mathrm{d}x}{x} = \int (\ln x + 1)^2 \mathrm{d}\ln x = \int (\ln x + 1)^2 \mathrm{d}(\ln x + 1) = \frac{1}{3}(\ln x + 1)^3 + c.$$

例 4.2.7 计算 $\int \dfrac{\mathrm{d}x}{a^2 + x^2}$ $(a \neq 0)$.

解 利用第一类换元积分法得

$$\int \frac{\mathrm{d}x}{a^2 + x^2} = \frac{1}{a} \int \frac{\mathrm{d}\left(\frac{x}{a}\right)}{1 + \left(\frac{x}{a}\right)^2} = \frac{1}{a} \arctan \frac{x}{a} + c.$$

类似地可得

$$\int \frac{\mathrm{d}x}{\sqrt{a^2 - x^2}} = \arcsin \frac{x}{a} + c.$$

例 4.2.8 计算 $\int \tan x \mathrm{d}x$.

解 利用第一类换元积分法得

$$\int \tan x \mathrm{d}x = \int \frac{\sin x}{\cos x} \mathrm{d}x = -\int \frac{\mathrm{d}\cos x}{\cos x} = -\ln |\cos x| + c.$$

类似地可得

$$\int \cot x \mathrm{d}x = \ln |\sin x| + c.$$

例 4.2.9 计算 $\int \sec x \mathrm{d}x$.

解 利用第一类换元积分法，并利用例 4.2.3 的结果，可得

$$\int \sec x \mathrm{d}x = \int \frac{\mathrm{d}x}{\cos x} = \int \frac{\cos x}{\cos^2 x} \mathrm{d}x = \int \frac{\cos x \mathrm{d}x}{1 - \sin^2 x}$$

$$= \int \frac{\mathrm{d}\sin x}{1 - \sin^2 x}$$

$$= \frac{1}{2} \ln \left| \frac{1 + \sin x}{1 - \sin x} \right| + c$$

$$= \frac{1}{2} \ln \left| \frac{(1 + \sin x)^2}{(1 - \sin x)(1 + \sin x)} \right| + c$$

$$= \ln \left| \frac{1 + \sin x}{\cos x} \right| + c$$

$$= \ln |\sec x + \tan x| + c.$$

类似地可得

$$\int \csc x \mathrm{d}x = \ln |\csc x - \cot x| + c.$$

这样，所有六个基本三角函数的不定积分公式就都已得到，读者应把它们补充列入基本积分公式表中，并加以熟记.

第二类换元积分法

第一类换元积分法的关键是使被积表达式 $g(x)\mathrm{d}x$ 能凑成 $f[\varphi(x)]\varphi'(x)\mathrm{d}x$ 的形式，再选择变量代换 $u=\varphi(x)$，使被积表达式变为 $f(u)\mathrm{d}u$ 的形式，而 $f(u)$ 的原函数容易求出来，进而可求出 $g(x)$ 的原函数. 但是，很多情况下这种方法却不易奏效，甚至无法实施. 这时我们可以反过来看，适当选择变换 $x=\varphi(u)$，使被积表达式 $g(x)\mathrm{d}x$ 变为 $g[\varphi(u)]\varphi'(u)\mathrm{d}u$，而 $g[\varphi(u)]\varphi'(u)$ 的原函数却易于求出来，进而可求出 $g(x)$ 的原函数. 这就是**第二类换元积分法**.

定理 4.2.2　设函数 g 在区间 I 上连续. 又设函数 $x=\varphi(u)$ 在区间 I_φ 上有连续导数，且 $\varphi'(u)\neq 0$. 若 $f(u)=g[\varphi(u)]\varphi'(u)$ 在 I_φ 上有原函数 $F(u)$，且 φ 的值域 $R_\varphi=I$，则函数 $g(x)$ 在 I 上有原函数 $F[\varphi^{-1}(x)]$，且

$$\int g(x)\mathrm{d}x = F[\varphi^{-1}(x)] + c.$$

证　由于 φ 在 I_φ 上有连续导数，且 $\varphi'(u)\neq 0$，所以 $x=\varphi(u)$ 在 I_φ 上连续且严格单调，故有反函数 $u=\varphi^{-1}(x)$，且它满足

$$\varphi^{-1'}(x) = \frac{1}{\varphi'(u)}.$$

因为 $F(u)$ 是 $g[\varphi(u)]\varphi'(u)$ 的原函数，即 $F'(u)=g[\varphi(u)]\varphi'(u)$，所以，

$$\{F[\varphi^{-1}(x)]\}' = F'(u)\varphi^{-1'}(x) = g[\varphi(u)]\varphi'(u)\frac{1}{\varphi'(u)}$$

$$= g[\varphi(u)] = g(x).$$

因此 $F[\varphi^{-1}(x)]$ 是 $g(x)$ 的原函数. 于是

$$\int g(x)\mathrm{d}x = F[\varphi^{-1}(x)] + c.$$

证毕

由上面的叙述可知，实施第二类换元积分法的过程就是：令 $x=\varphi(u)$，则

$$\int g(x)\mathrm{d}x = \int g[\varphi(u)]\varphi'(u)\mathrm{d}u = F(u) + c = F[\varphi^{-1}(x)] + c.$$

在实施以上过程时，注意最后要将变量还原回原来的 x.

例 4.2.10　计算 $\displaystyle\int \sqrt{a^2-x^2}\,\mathrm{d}x\ (a>0)$.

解　作变量代换

$$x = a\sin t,\quad t\in\left[-\frac{\pi}{2},\frac{\pi}{2}\right],$$

则有

$$\mathrm{d}x = a\cos t\,\mathrm{d}t,\quad \sqrt{a^2-x^2} = a\cos t.$$

于是

$$\int \sqrt{a^2-x^2}\,\mathrm{d}x = \int a\cos t \cdot a\cos t\,\mathrm{d}t$$

$$= a^2\int \cos^2 t\,\mathrm{d}t$$

$$= \frac{a^2}{2} \int (1 + \cos 2t) \, \mathrm{d}t$$

$$= \frac{a^2}{2} \left(t + \frac{1}{2} \sin 2t \right) + c$$

$$= \frac{a^2}{2} (t + \sin t \cos t) + c.$$

注意到 $t = \arcsin \dfrac{x}{a}$, $\cos t = \sqrt{1 - \left(\dfrac{x}{a}\right)^2}$（见图 4.2.1），则

$$\int \sqrt{a^2 - x^2} \, \mathrm{d}x = \frac{a^2}{2} \left[\arcsin \frac{x}{a} + \frac{x}{a} \sqrt{1 - \left(\frac{x}{a}\right)^2} \right] + c$$

$$= \frac{x}{2} \sqrt{a^2 - x^2} + \frac{a^2}{2} \arcsin \frac{x}{a} + c.$$

例 4.2.11　计算 $\displaystyle\int \frac{\mathrm{d}x}{\sqrt{x^2 + a^2}}$.

解　作变量代换

$$x = a \tan t, \quad t \in \left(-\frac{\pi}{2}, \frac{\pi}{2} \right),$$

则有

$$\mathrm{d}x = a \sec^2 t \, \mathrm{d}t, \quad \sqrt{a^2 + x^2} = a \sec t.$$

于是

$$\int \frac{\mathrm{d}x}{\sqrt{x^2 + a^2}} = \int \frac{a \sec^2 t \, \mathrm{d}t}{a \sec t} = \int \sec t \, \mathrm{d}t = \ln(\sec t + \tan t) + c,$$

注意到 $\tan t = \dfrac{x}{a}$, $\sec t = \sqrt{1 + \left(\dfrac{x}{a}\right)^2}$（见图 4.2.2），则

$$\int \frac{\mathrm{d}x}{\sqrt{x^2 + a^2}} = \ln \left(\frac{x}{a} + \sqrt{1 + \left(\frac{x}{a}\right)^2} \right) + c$$

$$= \ln(x + \sqrt{x^2 + a^2}) + c.$$

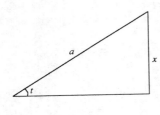

图　4.2.1

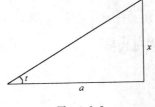

图　4.2.2

例 4.2.12　计算 $\displaystyle\int \frac{\mathrm{d}x}{\sqrt{x^2 - a^2}}$.

解　作变量代换

$$x = a \sec t, \quad t \in \left(0, \frac{\pi}{2} \right) \text{或} t \in \left(\pi, \frac{3\pi}{2} \right),$$

则有

$$\mathrm{d}x = a\sec t\tan t\mathrm{d}t, \quad \sqrt{x^2 - a^2} = a\tan t.$$

于是

$$\int \frac{\mathrm{d}x}{\sqrt{x^2 - a^2}} = \int \frac{a\sec t\tan t\mathrm{d}t}{a\tan t} = \int \sec t\mathrm{d}t = \ln|\sec t + \tan t| + c.$$

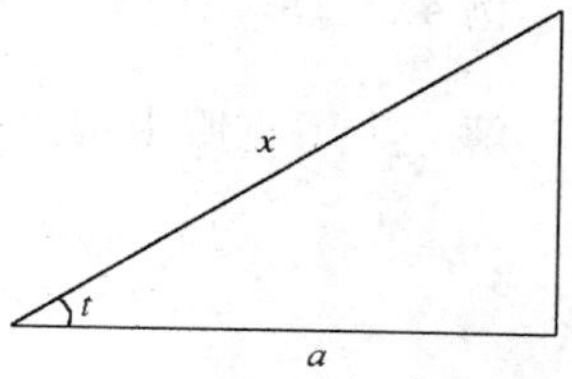

图　4.2.3

注意到 $\sec t = \frac{x}{a}$，$\tan x = \sqrt{\left(\frac{x}{a}\right)^2 - 1}$（见图 4.2.3），则

$$\int \frac{\mathrm{d}x}{\sqrt{x^2 - a^2}} = \ln\left|\frac{x}{a} + \sqrt{\left(\frac{x}{a}\right)^2 - 1}\right| + c = \ln|x + \sqrt{x^2 - a^2}| + c.$$

这个例子中 t 的变化范围是 $\left(0, \frac{\pi}{2}\right)$ 或 $\left(\pi, \frac{3\pi}{2}\right)$，它既可使 $\varphi(t) = a\sec t$ 单调地取遍所有 $|x| > a$ 的值，也保证了 $\sqrt{x^2 - a^2} = a\tan t$.

若被积函数中含有诸如 $\sqrt{a^2 - x^2}$，$\sqrt{x^2 - a^2}$，$\sqrt{x^2 + a^2}$ 形式的根式，可以分别考虑将变换取为 $x = a\sin t$，$x = a\sec t$ 和 $x = a\tan t$ 以消去根号.

例 4.2.11 和例 4.2.12 的结果可合并表述为

$$\int \frac{\mathrm{d}x}{\sqrt{x^2 \pm a^2}} = \ln|x + \sqrt{x^2 \pm a^2}| + c,$$

读者应把它补充列入基本积分公式表中，并加以熟记.

例 4.2.13　计算 $\int \frac{x+3}{\sqrt{x^2+2x+5}}\mathrm{d}x$.

解　利用例 4.2.11 的结果得

$$\begin{aligned}\int \frac{x+3}{\sqrt{x^2+2x+5}}\mathrm{d}x &= \frac{1}{2}\int \frac{2x+2}{\sqrt{x^2+2x+5}}\mathrm{d}x + 2\int \frac{1}{\sqrt{x^2+2x+5}}\mathrm{d}x \\ &= \frac{1}{2}\int \frac{\mathrm{d}(x^2+2x+5)}{\sqrt{x^2+2x+5}} + 2\int \frac{\mathrm{d}(x+1)}{\sqrt{(x+1)^2+4}} \\ &= \sqrt{x^2+2x+5} + 2\ln|x+1+\sqrt{x^2+2x+5}| + c.\end{aligned}$$

例 4.2.14　求 $\int x(3x-4)^{100}\mathrm{d}x$.

从理论上来说，可以利用二项式定理将被积函数 $x(3x-4)^{100}$ 展开成多项式，再进行计算，其不定积分是可以算出来的，但因工作量很大，所以实际上采用如下的方法.

解　令 $3x-4=t$ 即 $x=\frac{t+4}{3}$，则 $\mathrm{d}x=\frac{1}{3}\mathrm{d}t$，于是

$$\begin{aligned}\int x(3x-4)^{100}\mathrm{d}x &= \frac{1}{9}\int (t+4)t^{100}\mathrm{d}t \\ &= \frac{1}{9}\left(\int t^{101}\mathrm{d}t + 4\int t^{100}\mathrm{d}t\right) \\ &= \frac{1}{9}\left(\frac{t^{102}}{102} + \frac{4t^{101}}{101}\right) + c\end{aligned}$$

$$= \frac{1}{9}(3x-4)^{101}\left(\frac{3x-4}{102}+\frac{4}{101}\right)+c.$$

例 4.2.15 计算 $\displaystyle\int \frac{\mathrm{d}x}{\sqrt{x}+\sqrt[3]{x}}$.

解 为了克服由根式带来的困难,作变换 $x=t^6(t>0)$,则 $\mathrm{d}x=6t^5\mathrm{d}t$. 所以

$$\int \frac{\mathrm{d}x}{\sqrt{x}+\sqrt[3]{x}} = \int \frac{6t^5\mathrm{d}t}{t^3+t^2}$$

$$= 6\int \frac{t^3}{t+1}\mathrm{d}t$$

$$= 6\int \frac{t^3+1-1}{t+1}\mathrm{d}t$$

$$= 6\int \frac{(t+1)(t^2-t+1)-1}{t+1}\mathrm{d}t$$

$$= 6\int \left(t^2-t+1-\frac{1}{t+1}\right)\mathrm{d}t$$

$$= 6\left(\frac{t^3}{3}-\frac{t^2}{2}+t-\ln|t+1|\right)+c$$

$$= 2\sqrt{x}-3\sqrt[3]{x}+6\sqrt[6]{x}-6\ln(\sqrt[6]{x}+1)+c.$$

有许多不定积分的计算,既可以采用第一类换元积分法,也可以采用第二类换元积分法,变量代换的形式也大不相同,要根据具体情况灵活运用.

例 4.2.16 求 $\displaystyle\int \frac{\mathrm{d}x}{x^2\sqrt{1+x^2}}$.

解法一 用第一类换元积分法. 当 $x>0$ 时,原式可变形为

$$\int \frac{\mathrm{d}x}{x^2\sqrt{1+x^2}} = \int \frac{\mathrm{d}x}{x^3\sqrt{1+\frac{1}{x^2}}}$$

$$= -\int \frac{1}{2\sqrt{1+\frac{1}{x^2}}}\mathrm{d}\left(\frac{1}{x^2}\right)$$

$$= -\int \frac{1}{2\sqrt{1+\frac{1}{x^2}}}\mathrm{d}\left(1+\frac{1}{x^2}\right)$$

$$= -\sqrt{1+\frac{1}{x^2}}+c$$

$$= -\frac{\sqrt{1+x^2}}{x}+c.$$

容易验证,它也是被积函数在 $x<0$ 时的原函数(对类似情况,我们以后不再一一加以说明了).

解法二 用第二类换元积分法. 做变换 $x=\frac{1}{t}$,则 $\mathrm{d}x=-\frac{1}{t^2}\mathrm{d}t$,于是

$$\int \frac{\mathrm{d}x}{x^2 \sqrt{1+x^2}} = -\int \frac{t\mathrm{d}t}{\sqrt{1+t^2}} = -\sqrt{1+t^2} + c$$

$$= -\sqrt{1+\frac{1}{x^2}} + c = -\frac{\sqrt{1+x^2}}{x} + c.$$

解法三　将两种换元法结合起来. 先用第二类换元积分法, 做变换 $x = \tan t$ $\left(t \in \left(-\frac{\pi}{2}, \frac{\pi}{2}\right)\right)$, 则 $\mathrm{d}x = \sec^2 t\mathrm{d}t$, 于是

$$\int \frac{\mathrm{d}x}{x^2 \sqrt{1+x^2}} = \int \frac{\sec^2 t\mathrm{d}t}{\tan^2 t \sec t} = \int \frac{\cos t\mathrm{d}t}{\sin^2 t}.$$

再用第一类换元积分法

$$\int \frac{\cos t\mathrm{d}t}{\sin^2 t} = \int \frac{\mathrm{d}(\sin t)}{\sin^2 t} = -\frac{1}{\sin t} + c.$$

最后还原变量, 因为

$$\sin t = \frac{\tan t}{\sec t} = \frac{\tan t}{\sqrt{1+\tan^2 t}} = \frac{x}{\sqrt{1+x^2}},$$

所以

$$\int \frac{\mathrm{d}x}{x^2 \sqrt{1+x^2}} = -\frac{\sqrt{1+x^2}}{x} + c.$$

分部积分法

换元积分法是将复合函数求导法则逆转而成的, 分部积分法则是将函数乘积的求导法则逆转而成的.

设函数 u, v 在区间 I 上有连续导数, 则在区间 I 上成立

$$[u(x)v(x)]' = u'(x)v(x) + u(x)v'(x),$$

两边同时取不定积分并移项, 便有

$$\int u(x)v'(x)\mathrm{d}x = u(x)v(x) - \int v(x)u'(x)\mathrm{d}x$$

或

$$\int u(x)\mathrm{d}v(x) = u(x)v(x) - \int v(x)\mathrm{d}u(x).$$

于是我们有下面的**分部积分公式**:

定理 4.2.3　设函数 u, v 在区间 I 上有连续导数. 若 $u'v$ 在区间 I 上有原函数, 则 uv' 在区间 I 上也有原函数, 且成立

$$\int u(x)v'(x)\mathrm{d}x = u(x)v(x) - \int v(x)u'(x)\mathrm{d}x$$

或

$$\int u(x)\mathrm{d}v(x) = u(x)v(x) - \int v(x)\mathrm{d}u(x).$$

这个公式的核心是, 如果直接求 $\int u\mathrm{d}v$ 比较困难, 则转换为求 $\int v\mathrm{d}u$. 下面我们将看到,

通过这一转换,许多函数的求不定积分的困难就迎刃而解了.

例 4. 2. 17 计算 $\int x\mathrm{e}^x\mathrm{d}x$.

解 取 $u(x)=x, v(x)=\mathrm{e}^x$,则 $u'(x)=1$. 于是由分部积分公式得

$$\int x\mathrm{e}^x\mathrm{d}x=\int x\mathrm{d}\mathrm{e}^x=x\mathrm{e}^x-\int \mathrm{e}^x\mathrm{d}x=x\mathrm{e}^x-\mathrm{e}^x+c.$$

例 4. 2. 18 计算 $\int \ln x\mathrm{d}x$.

解 取 $u(x)=\ln x, v(x)=x$,则 $u'(x)=\dfrac{1}{x}$. 于是由分部积分公式得

$$\int \ln x\mathrm{d}x=x\ln x-\int x\cdot\frac{1}{x}\mathrm{d}x=x\ln x-\int \mathrm{d}x=x(\ln x-1)+c.$$

读者在运算熟练以后,可以不必写出 u, v 的具体表达式,而直接计算出结果.

例 4. 2. 19 计算 $\int x^2\sin 3x\mathrm{d}x$.

解 连续利用分部积分公式得

$$\begin{aligned}
\int x^2\sin 3x\mathrm{d}x&=-\frac{1}{3}\int x^2\mathrm{d}\cos 3x\\
&=-\frac{1}{3}x^2\cos 3x+\frac{2}{3}\int x\cos 3x\mathrm{d}x\\
&=-\frac{1}{3}x^2\cos 3x+\frac{2}{3}\cdot\frac{1}{3}\int x\mathrm{d}\sin 3x\\
&=-\frac{1}{3}x^2\cos 3x+\frac{2}{9}x\sin 3x-\frac{2}{9}\int \sin 3x\mathrm{d}x\\
&=-\frac{1}{3}x^2\cos 3x+\frac{2}{9}x\sin 3x+\frac{2}{27}\cos 3x+c.
\end{aligned}$$

例 4. 2. 20 计算 $\int x\arcsin x\mathrm{d}x$.

解 利用分部积分公式得

$$\begin{aligned}
\int x\arcsin x\mathrm{d}x&=\frac{1}{2}\int \arcsin x\mathrm{d}x^2\\
&=\frac{x^2}{2}\arcsin x-\frac{1}{2}\int \frac{x^2}{\sqrt{1-x^2}}\mathrm{d}x\\
&=\frac{x^2}{2}\arcsin x-\frac{1}{2}\int \frac{x^2-1+1}{\sqrt{1-x^2}}\mathrm{d}x\\
&=\frac{x^2}{2}\arcsin x-\frac{1}{2}\int \left(\frac{1}{\sqrt{1-x^2}}-\sqrt{1-x^2}\right)\mathrm{d}x\\
&=\frac{x^2}{2}\arcsin x-\frac{1}{2}\int \frac{1}{\sqrt{1-x^2}}\mathrm{d}x+\frac{1}{2}\int \sqrt{1-x^2}\mathrm{d}x\\
&=\frac{x^2}{2}\arcsin x-\frac{1}{2}\arcsin x+\frac{x}{4}\sqrt{1-x^2}+\frac{1}{4}\arcsin x+c\\
&=\frac{2x^2-1}{4}\arcsin x+\frac{x}{4}\sqrt{1-x^2}+c,
\end{aligned}$$

其中 $\int \sqrt{1-x^2}\mathrm{d}x$ 的计算是利用了例 4.2.10 的结果.

例 4.2.21　计算 $\int \mathrm{e}^{ax}\sin bx\,\mathrm{d}x\ (ab\neq 0)$.

解　利用分部积分公式得

$$\int \mathrm{e}^{ax}\sin bx\,\mathrm{d}x = \frac{1}{a}\int \sin bx\,\mathrm{d}\mathrm{e}^{ax}$$

$$= \frac{1}{a}\Big(\mathrm{e}^{ax}\sin bx - b\int \mathrm{e}^{ax}\cos bx\,\mathrm{d}x\Big)$$

$$= \frac{1}{a}\mathrm{e}^{ax}\sin bx - \frac{b}{a^2}\int \cos bx\,\mathrm{d}\mathrm{e}^{ax}$$

$$= \frac{1}{a}\mathrm{e}^{ax}\sin bx - \frac{b}{a^2}\mathrm{e}^{ax}\cos bx - \frac{b^2}{a^2}\int \mathrm{e}^{ax}\sin bx\,\mathrm{d}x.$$

等式的两边都出现了 $\int \mathrm{e}^{ax}\sin bx\,\mathrm{d}x$，把它们都移到等式的左边，从而解出

$$\int \mathrm{e}^{ax}\sin bx\,\mathrm{d}x = \frac{\mathrm{e}^{ax}(a\sin bx - b\cos bx)}{a^2+b^2} + c.$$

类似地可以得到

$$\int \mathrm{e}^{ax}\cos bx\,\mathrm{d}x = \frac{\mathrm{e}^{ax}(b\sin bx + a\cos bx)}{a^2+b^2} + c.$$

例 4.2.22　计算 $\int \sqrt{x^2+a^2}\mathrm{d}x\ (a>0)$.

解　这个不定积分也可以用第二类换元积分法来计算，但用分部积分法更为简单.

$$\int \sqrt{x^2+a^2}\mathrm{d}x = x\sqrt{x^2+a^2} - \int \frac{x^2}{\sqrt{x^2+a^2}}\mathrm{d}x$$

$$= x\sqrt{x^2+a^2} - \int \frac{x^2+a^2-a^2}{\sqrt{x^2+a^2}}\mathrm{d}x$$

$$= x\sqrt{x^2+a^2} + a^2\int \frac{\mathrm{d}x}{\sqrt{x^2+a^2}} - \int \sqrt{x^2+a^2}\mathrm{d}x.$$

等式的两边都出现了 $\int \sqrt{x^2+a^2}\mathrm{d}x$，把它们都移到等式的左边，从而解出

$$\int \sqrt{x^2+a^2}\mathrm{d}x = \frac{1}{2}\Big(x\sqrt{x^2+a^2} + a^2\int \frac{1}{\sqrt{x^2+a^2}}\mathrm{d}x\Big)$$

$$= \frac{1}{2}(x\sqrt{x^2+a^2} + a^2\ln(x+\sqrt{x^2+a^2})) + c,$$

其中 $\int \frac{1}{\sqrt{x^2+a^2}}\mathrm{d}x$ 的计算是利用了例 4.2.11 的结果.

类似地可以算出

$$\int \sqrt{x^2-a^2}\mathrm{d}x = \frac{1}{2}(x\sqrt{x^2-a^2} - a^2\ln|x+\sqrt{x^2-a^2}|) + c.$$

对某些形如 $\int f^n(x)\mathrm{d}x$ 的不定积分，可利用分部积分法降幂，从而导出递推公式.

例 4.2.23 计算 $I_n = \int \dfrac{\mathrm{d}x}{(x^2+a^2)^n}$.

解 由例 4.2.7 知

$$I_1 = \int \frac{\mathrm{d}x}{x^2+a^2} = \frac{1}{a}\arctan\frac{x}{a} + c,$$

而对于 $n \geqslant 2$, 有

$$\begin{aligned}
I_n &= \int \frac{\mathrm{d}x}{(x^2+a^2)^n} \\
&= \frac{1}{a^2}\int \frac{x^2+a^2-x^2}{(x^2+a^2)^n}\mathrm{d}x \\
&= \frac{1}{a^2}\int \frac{\mathrm{d}x}{(x^2+a^2)^{n-1}} - \frac{1}{a^2}\int \frac{x^2}{(x^2+a^2)^n}\mathrm{d}x \\
&= \frac{I_{n-1}}{a^2} - \frac{1}{a^2}\int \frac{x^2}{(x^2+a^2)^n}\mathrm{d}x.
\end{aligned}$$

对最后一项应用分部积分公式得

$$\begin{aligned}
I_n &= \frac{I_{n-1}}{a^2} + \frac{1}{2a^2(n-1)}\int x\mathrm{d}\left[\frac{1}{(x^2+a^2)^{n-1}}\right] \\
&= \frac{I_{n-1}}{a^2} + \frac{1}{2a^2(n-1)}\frac{x}{(x^2+a^2)^{n-1}} - \frac{1}{2a^2(n-1)}\int \frac{\mathrm{d}x}{(x^2+a^2)^{n-1}} \\
&= \frac{I_{n-1}}{a^2} + \frac{1}{2a^2(n-1)}\frac{x}{(x^2+a^2)^{n-1}} - \frac{I_{n-1}}{2a^2(n-1)}.
\end{aligned}$$

于是得到递推关系

$$\begin{cases}
I_n = \dfrac{2n-3}{2a^2(n-1)}I_{n-1} + \dfrac{x}{2a^2(n-1)(x^2+a^2)^{n-1}}, & n \geqslant 2, \\
I_1 = \dfrac{1}{a}\arctan\dfrac{x}{a} + c.
\end{cases}$$

利用这个结果可得

$$I_2 = \frac{1}{2a^2}I_1 + \frac{x}{2a^2(x^2+a^2)} = \frac{1}{2a^3}\arctan\frac{x}{a} + \frac{x}{2a^2(x^2+a^2)} + c.$$

$$\begin{aligned}
I_3 &= \frac{3}{4a^2}I_2 + \frac{x}{4a^2(x^2+a^2)^2} \\
&= \frac{3}{4a^2}\left[\frac{1}{2a^3}\arctan\frac{x}{a} + \frac{x}{2a^2(x^2+a^2)}\right] + \frac{x}{4a^2(x^2+a^2)^2} + c.
\end{aligned}$$

§3 有理函数和三角函数有理式的不定积分

读者可能已经发现，求不定积分比求导数或微分要困难得多. 有些积分要用很高的技巧或很烦琐的计算才能求出来. 事实上还有许多不定积分，被积函数看起来很简单，却无法计算. 例如，$\int \mathrm{e}^{x^2}\mathrm{d}x, \int \dfrac{\sin x}{x}\mathrm{d}x, \int \dfrac{1}{\ln x}\mathrm{d}x$ 和 $\int \sqrt{1-k^2\sin^2 x}\,\mathrm{d}x\ (0<k<1)$ 等. 虽然这些积分的被积函数都是初等函数，并且在下一章我们会知道，在它们的各自的定义区间上，被

积函数的原函数都存在. 但人们早已证明, 这些原函数不能用初等函数表示, 这与初等函数的导数仍是初等函数不同. 通常把被积函数能用初等函数表示的不定积分称为**积得出**的, 否则称为**积不出**的. 究竟哪些不定积分积得出, 哪些积不出, 是一个很复杂的问题, 没有一般的判别方法. 下面我们讨论几类积得出的不定积分.

有理函数的积分

有理函数为多项式之商, 这是一类有广泛应用的函数. 设有理函数

$$R(x) = \frac{P_m(x)}{Q_n(x)},$$

其中 $P_m(x)$ 和 $Q_n(x)$ 分别是 m 次和 n 次多项式. 若 $m<n$, 则称它为**真分式**, 否则称它为**假分式**. 由多项式除法可知, 可以将有理函数化为多项式与真分式之和. 当我们讨论有理函数 $R(x)$ 的不定积分时, 不妨假设 $m<n$. 不然的话, 把它化为多项式与真分式之和, 而多项式部分的积分是毫无困难的, 问题在于真分式部分的积分. 下面将指出, 真分式部分的积分关键在于再把它拆成几个简单分式的代数和.

由代数学基本定理, n 次多项式 $Q_n(x)$ 恰有 n 个根 (含重根). 由于这里的 $Q_n(x)$ 是实系数多项式, 所以它的根或为实数, 或为成对出现的共轭复根. 如果在实数域上作 $Q_n(x)$ 的因式分解, 便有

$$Q_n(x) = A(x-a_1)^{\lambda_1} \cdots (x-a_p)^{\lambda_p} (x^2+\alpha_1 x+\beta_1)^{\mu_1} \cdots (x^2+\alpha_q x+\beta_q)^{\mu_q},$$

其中 A 为实数, $\lambda_1, \cdots, \lambda_p, \mu_1, \cdots, \mu_q$ 为正整数, 且 $\alpha_j^2-4\beta_j<0$ $(j=1,\cdots,q)$.

可以证明, 这时有理函数 $\dfrac{P_m(x)}{Q_n(x)}$ $(m<n)$ 必可分解为如下形式:

$$
\begin{aligned}
\frac{P_m(x)}{Q_n(x)} =\ & \frac{A_1^{(1)}}{x-a_1} + \frac{A_2^{(1)}}{(x-a_1)^2} + \cdots + \frac{A_{\lambda_1}^{(1)}}{(x-a_1)^{\lambda_1}} + \cdots \\
& + \frac{A_1^{(p)}}{x-a_p} + \frac{A_2^{(p)}}{(x-a_p)^2} + \cdots + \frac{A_{\lambda_p}^{(p)}}{(x-a_p)^{\lambda_p}} \\
& + \frac{B_1^{(1)} x+C_1^{(1)}}{x^2+\alpha_1 x+\beta_1} + \frac{B_2^{(1)} x+C_2^{(1)}}{(x^2+\alpha_1 x+\beta_1)^2} + \cdots \\
& + \frac{B_{\mu_1}^{(1)} x+C_{\mu_1}^{(1)}}{(x^2+\alpha_1 x+\beta_1)^{\mu_1}} + \cdots + \frac{B_1^{(q)} x+C_1^{(q)}}{x^2+\alpha_q x+\beta_q} \\
& + \frac{B_2^{(q)} x+C_2^{(q)}}{(x^2+\alpha_q x+\beta_q)^2} + \cdots + \frac{B_{\mu_q}^{(q)} x+C_{\mu_q}^{(q)}}{(x^2+\alpha_q x+\beta_q)^{\mu_q}}.
\end{aligned}
$$

这就是真分式的部分分式分解.

因此对真分式的积分可以归结为计算以下两种形式的积分:

(1) $\displaystyle \int \frac{\mathrm{d}x}{(x-a)^k}$ (k 为正整数).

这种积分是我们熟知的, 即

$$\int \frac{\mathrm{d}x}{(x-a)^k} = \begin{cases} \ln|x-a|+c, & k=1, \\ \dfrac{1}{(1-k)(x-a)^{k-1}}+c, & k>1. \end{cases}$$

(2) $\int \dfrac{(Bx+C)\mathrm{d}x}{(x^2+\alpha x+\beta)^k}$ ($\alpha^2 - 4\beta < 0$, k 为正整数).

因为 $x^2+\alpha x+\beta=\left(x+\dfrac{\alpha}{2}\right)^2+\beta-\dfrac{\alpha^2}{4}$, 记 $a=\sqrt{\beta-\dfrac{\alpha^2}{4}}$, 并作变换 $t=x+\dfrac{\alpha}{2}$ 得

$$\int \frac{Bx+C}{(x^2+\alpha x+\beta)^k}\mathrm{d}x = \int \frac{Bt+\left(C-\dfrac{B\alpha}{2}\right)}{(t^2+a^2)^k}\mathrm{d}t$$

$$= B\int \frac{t\mathrm{d}t}{(t^2+a^2)^k} + \left(C-\frac{B\alpha}{2}\right)\int \frac{\mathrm{d}t}{(t^2+a^2)^k}.$$

由于

$$\int \frac{t\mathrm{d}t}{(t^2+a^2)^k} = \begin{cases} \dfrac{1}{2}\ln(t^2+a^2)+c, & k=1, \\[2mm] \dfrac{1}{2(1-k)(t^2+a^2)^{k-1}}+c, & k>1, \end{cases}$$

而在例 4.2.23 中对积分 $\int \dfrac{\mathrm{d}t}{(t^2+a^2)^k}$ 已计算出其递推公式, 所以它仍可以计算出来.

这说明在理论上, 有理函数的不定积分是积得出的, 即有理函数的原函数是初等函数.

下面将通过具体例子说明如何确定待定系数, 以便作出有理函数的部分分式分解, 进而求出其不定积分.

例 4.3.1 计算 $\int \dfrac{x^2}{(x+1)(x^2-1)}\mathrm{d}x$.

解 设被积函数有如下形式的部分分式分解

$$\frac{x^2}{(x+1)(x^2-1)} = \frac{x^2}{(x+1)^2(x-1)} = \frac{A}{x+1} + \frac{B}{(x+1)^2} + \frac{C}{x-1},$$

等式右端通分后, 比较左、右两边的分子, 即得

$$x^2 = A(x^2-1) + B(x-1) + C(x+1)^2.$$

在上式中, 取 $x=-1$ 得 $B=-\dfrac{1}{2}$, 再取 $x=1$, 得 $C=\dfrac{1}{4}$. 最后, 再任取一个 x 值, 例如取 $x=0$, 即得 $A=\dfrac{3}{4}$. 所以

$$\frac{x^2}{(x+1)(x^2-1)} = \frac{3}{4(x+1)} - \frac{1}{2(x+1)^2} + \frac{1}{4(x-1)}.$$

于是

$$\int \frac{x^2}{(x+1)(x^2-1)}\mathrm{d}x = \int \left[\frac{3}{4(x+1)} - \frac{1}{2(x+1)^2} + \frac{1}{4(x-1)}\right]\mathrm{d}x$$

$$= \frac{3}{4}\ln|x+1| + \frac{1}{2(x+1)} + \frac{1}{4}\ln|x-1| + c$$

$$= \frac{1}{4}\ln|(x+1)^3(x-1)| + \frac{1}{2(x+1)} + c.$$

例 4.3.2 计算 $\int \dfrac{\mathrm{d}x}{x^4+1}$.

解　因为
$$x^4 + 1 = (x^2 + 1)^2 - (\sqrt{2}x)^2 = (x^2 + \sqrt{2}x + 1)(x^2 - \sqrt{2}x + 1),$$
所以可设被积函数有如下形式的部分分式分解
$$\frac{1}{x^4 + 1} = \frac{Ax + B}{x^2 + \sqrt{2}x + 1} + \frac{Cx + D}{x^2 - \sqrt{2}x + 1}.$$
等式右端通分后,比较两边分子中 x 的同次幂的系数,得到
$$\begin{cases} A + C = 0, \\ -\sqrt{2}A + B + \sqrt{2}C + D = 0, \\ A - \sqrt{2}B + C + \sqrt{2}D = 0, \\ B + D = 1. \end{cases}$$
解此方程组得到
$$A = \frac{\sqrt{2}}{4}, \quad B = \frac{1}{2}, \quad C = -\frac{\sqrt{2}}{4}, \quad D = \frac{1}{2}.$$
所以
$$\frac{1}{x^4 + 1} = \frac{\sqrt{2}}{4}\left(\frac{x + \sqrt{2}}{x^2 + \sqrt{2}x + 1} - \frac{x - \sqrt{2}}{x^2 - \sqrt{2}x + 1} \right).$$
于是
$$\int \frac{\mathrm{d}x}{x^4 + 1} = \frac{\sqrt{2}}{4}\left(\int \frac{x + \sqrt{2}}{x^2 + \sqrt{2}x + 1}\mathrm{d}x - \int \frac{x - \sqrt{2}}{x^2 - \sqrt{2}x + 1}\mathrm{d}x \right)$$

$$= \frac{\sqrt{2}}{8}\int \frac{\mathrm{d}(x^2 + \sqrt{2}x + 1)}{x^2 + \sqrt{2}x + 1} + \frac{1}{4}\int \frac{\mathrm{d}\left(x + \frac{\sqrt{2}}{2}\right)}{\left(x + \frac{\sqrt{2}}{2}\right)^2 + \left(\frac{\sqrt{2}}{2}\right)^2}$$

$$- \frac{\sqrt{2}}{8}\int \frac{\mathrm{d}(x^2 - \sqrt{2}x + 1)}{x^2 - \sqrt{2}x + 1} + \frac{1}{4}\int \frac{\mathrm{d}\left(x - \frac{\sqrt{2}}{2}\right)}{\left(x - \frac{\sqrt{2}}{2}\right)^2 + \left(\frac{\sqrt{2}}{2}\right)^2}$$

$$= \frac{\sqrt{2}}{8}\ln\left(\frac{x^2 + \sqrt{2}x + 1}{x^2 - \sqrt{2}x + 1} \right) + \frac{\sqrt{2}}{4}\arctan(\sqrt{2}x + 1)$$

$$+ \frac{\sqrt{2}}{4}\arctan(\sqrt{2}x - 1) + c.$$

本例还可用更巧妙的技巧求解. 当 $x \neq 0$ 时,
$$\int \frac{\mathrm{d}x}{x^4 + 1} = \frac{1}{2}\int \frac{x^2 + 1}{x^4 + 1}\mathrm{d}x - \frac{1}{2}\int \frac{x^2 - 1}{x^4 + 1}\mathrm{d}x$$

$$= \frac{1}{2}\int \frac{1 + \frac{1}{x^2}}{x^2 + \frac{1}{x^2}}\mathrm{d}x - \frac{1}{2}\int \frac{1 - \frac{1}{x^2}}{x^2 + \frac{1}{x^2}}\mathrm{d}x$$

$$= \frac{1}{2}\int \frac{\mathrm{d}\left(x-\frac{1}{x}\right)}{\left(x-\frac{1}{x}\right)^2 + (\sqrt{2})^2} - \frac{1}{2}\int \frac{\mathrm{d}\left(x+\frac{1}{x}\right)}{\left(x+\frac{1}{x}\right)^2 - (\sqrt{2})^2}$$

$$= \frac{\sqrt{2}}{4}\arctan \frac{x-\frac{1}{x}}{\sqrt{2}} - \frac{\sqrt{2}}{8}\ln \frac{x+\frac{1}{x}-\sqrt{2}}{x+\frac{1}{x}+\sqrt{2}} + c.$$

可以验证以上两种方法所得到的结果是一致的. 由此可见, 将有理函数进行部分分式分解的方法虽然适用于任何有理函数的积分, 但计算量较大. 因此, 对具体问题, 应具体分析, 灵活处理.

一些无理函数的积分

形如

$$P(x,y) = \sum_{i=0}^{m}\sum_{j=0}^{n} a_{ij} x^i y^j$$

的表达式称为 x 与 y 的**二元多项式**, 其中 $a_{ij}\ (i=1,\cdots,m; j=1,\cdots,n)$ 为实数. 若 $R(x,y) = \frac{P(x,y)}{Q(x,y)}$, 其中 $P(x,y)$ 和 $Q(x,y)$ 为 x 与 y 的二元多项式, 则称 $R(x,y)$ 为 x 与 y 的**二元有理函数**.

一些无理函数的积分, 可以通过适当的变量代换, 化为有理函数的积分. 例如

$$\int R\left(x, \sqrt[n]{\frac{ax+b}{cx+d}}\right)\mathrm{d}x \quad (ad-bc \neq 0),$$

其中 $R(x,y)$ 为 x 与 y 的二元有理函数. 作变量代换

$$t = \sqrt[n]{\frac{ax+b}{cx+d}},$$

则 $x = \varphi(t) = \frac{b-dt^n}{ct^n-a}$, 这是一个 t 的有理函数. 由于有理函数的复合仍为有理函数, 有理函数的导数也是有理函数, 所以

$$\int R\left(x, \sqrt[n]{\frac{ax+b}{cx+d}}\right)\mathrm{d}x = \int R(\varphi(t), t)\varphi'(t)\mathrm{d}t,$$

为关于 t 的有理函数的积分, 用前面介绍的方法总可以将它积出来.

例 4.3.3 计算 $\displaystyle\int \frac{\mathrm{d}x}{1+\sqrt[3]{x+1}}$.

解 令 $t = \sqrt[3]{x+1}$, 则 $x = t^3-1$, $\mathrm{d}x = 3t^2\,\mathrm{d}t$. 因此

$$\int \frac{\mathrm{d}x}{1+\sqrt[3]{x+1}} = 3\int \frac{t^2\,\mathrm{d}t}{1+t}$$

$$= 3\int \frac{t^2-1+1}{1+t}\mathrm{d}t$$

$$= 3\int \left(t-1+\frac{1}{1+t}\right)\mathrm{d}t$$

$$= 3\int (t-1)\mathrm{d}t + 3\int \frac{1}{1+t}\mathrm{d}t$$

$$= \frac{3}{2}t^2 - 3t + 3\ln|1+t| + c$$

$$= \frac{3}{2}\sqrt[3]{(x+1)^2} - 3\sqrt[3]{x+1} + 3\ln|1+\sqrt[3]{x+1}| + c.$$

例 4.3.4 计算 $\displaystyle\int \frac{\mathrm{d}x}{(1+x)\sqrt{2+x-x^2}}$ $(x\in(-1,2))$.

解 因为

$$\int \frac{\mathrm{d}x}{(1+x)\sqrt{2+x-x^2}} = \int \frac{1}{(1+x)^2}\sqrt{\frac{1+x}{2-x}}\mathrm{d}x,$$

作变量代换 $t=\sqrt{\dfrac{1+x}{2-x}}$,则有

$$x = \frac{2t^2-1}{1+t^2}, \quad \mathrm{d}x = \frac{6t}{(1+t^2)^2}\mathrm{d}t.$$

于是

$$\int \frac{\mathrm{d}x}{(1+x)\sqrt{2+x-x^2}} = \int \frac{1}{(1+x)^2}\sqrt{\frac{1+x}{2-x}}\mathrm{d}x$$

$$= \int \frac{(1+t^2)^2}{9t^4}\cdot t\cdot\frac{6t}{(1+t^2)^2}\mathrm{d}t$$

$$= \int \frac{2}{3t^2}\mathrm{d}t$$

$$= -\frac{2}{3t} + c$$

$$= -\frac{2}{3}\sqrt{\frac{2-x}{1+x}} + c.$$

三角函数有理式的积分

三角函数有理式指形如 $R(\sin x,\cos x)$ 的函数,其中 $R(u,v)$ 是 u 与 v 的二元有理函数. 现在考虑不定积分 $\displaystyle\int R(\sin x,\cos x)\mathrm{d}x$.

作**万能代换**

$$t = \tan\frac{x}{2},$$

则

$$x = 2\arctan t, \quad \mathrm{d}x = \frac{2}{1+t^2}\mathrm{d}t;$$

$$\sin x = 2\sin\frac{x}{2}\cos\frac{x}{2} = \frac{2\tan\frac{x}{2}}{1+\tan^2\frac{x}{2}} = \frac{2t}{1+t^2};$$

$$\cos x = \cos^2 \frac{x}{2} - \sin^2 \frac{x}{2} = \frac{1 - \tan^2 \dfrac{x}{2}}{1 + \tan^2 \dfrac{x}{2}} = \frac{1 - t^2}{1 + t^2}.$$

所以

$$\int R(\sin x, \cos x) \mathrm{d}x = \int R\left(\frac{2t}{1 + t^2}, \frac{1 - t^2}{1 + t^2}\right) \frac{2\mathrm{d}t}{1 + t^2}.$$

这说明任何三角函数有理式的积分都可以通过万能代换化为关于 t 的有理函数的积分，于是其不定积分是积得出的，即三角函数有理式的原函数仍是初等函数.

例 4.3.5 计算 $\displaystyle\int \frac{\mathrm{d}x}{1 + \sin x + \cos x}$.

解 作万能代换 $t = \tan \dfrac{x}{2}$，得

$$\begin{aligned}
\int \frac{\mathrm{d}x}{1 + \sin x + \cos x} &= \int \frac{1}{1 + \dfrac{2t}{1 + t^2} + \dfrac{1 - t^2}{1 + t^2}} \frac{2\mathrm{d}t}{1 + t^2} \\
&= \int \frac{\mathrm{d}t}{1 + t} \\
&= \ln |1 + t| + c \\
&= \ln \left|1 + \tan \frac{x}{2}\right| + c.
\end{aligned}$$

例 4.3.6 计算 $\displaystyle\int \frac{1 + \sin x}{1 + \cos x} \mathrm{d}x$.

解 作万能代换 $t = \tan \dfrac{x}{2}$，则

$$\begin{aligned}
\int \frac{1 + \sin x}{1 + \cos x} \mathrm{d}x &= \int \frac{1 + \dfrac{2t}{1 + t^2}}{1 + \dfrac{1 - t^2}{1 + t^2}} \cdot \frac{2\mathrm{d}t}{1 + t^2} \\
&= \int \frac{1 + t^2 + 2t}{1 + t^2} \mathrm{d}t \\
&= \int \left(1 + \frac{2t}{1 + t^2}\right) \mathrm{d}t \\
&= t + \ln(1 + t^2) + c \\
&= \tan \frac{x}{2} + \ln\left(1 + \tan^2 \frac{x}{2}\right) + c \\
&= \tan \frac{x}{2} + \ln\left(\sec^2 \frac{x}{2}\right) + c \\
&= \tan \frac{x}{2} - \ln(1 + \cos x) + c.
\end{aligned}$$

万能代换虽然"万能"，却也可能带来复杂的计算，所以一般不轻易使用. 实际上，在一些具体情况下，还有会更便捷的方法. 例如，在例 4.3.6 中，可以作如下计算.

$$\int \frac{1+\sin x}{1+\cos x} dx = \int \frac{1}{1+\cos x} dx + \int \frac{\sin x}{1+\cos x} dx$$

$$= \frac{1}{2}\int \frac{1}{\cos^2 \frac{x}{2}} dx + \int \frac{\sin x}{1+\cos x} dx$$

$$= \tan \frac{x}{2} - \int \frac{d(1+\cos x)}{1+\cos x}$$

$$= \tan \frac{x}{2} - \ln(1+\cos x) + c.$$

例 4.3.7 计算 $\int \frac{\sin^2 x \cos x}{1+\sin^2 x} dx$.

解 作变换 $u=\sin x$ 得

$$\int \frac{\sin^2 x \cos x}{1+\sin^2 x} dx = \int \frac{\sin^2 x}{1+\sin^2 x} d\sin x$$

$$= \int \frac{u^2}{1+u^2} du$$

$$= \int \left(1 - \frac{1}{1+u^2}\right) du$$

$$= u - \arctan u + c$$

$$= \sin x - \arctan(\sin x) + c.$$

§4 综合型例题

例 4.4.1 已知 $\int x f(x) dx = e^{2x} + c$ (c 是任意常数),求 $\int \frac{1}{f(x)} dx$.

解 因为 $\int x f(x) dx = e^{2x} + c$,所以 $x f(x) = (e^{2x})' = 2e^{2x}$,因此

$$f(x) = \frac{2}{x} e^{2x}.$$

于是

$$\int \frac{1}{f(x)} dx = \frac{1}{2} \int x e^{-2x} dx$$

$$= -\frac{1}{4} \int x de^{-2x}$$

$$= -\frac{1}{4} \left(x e^{-2x} - \int e^{-2x} dx\right)$$

$$= -\frac{1}{8}(2x+1) e^{-2x} + c.$$

例 4.4.2 设 $f(x) = \frac{\sin x}{x}$,求 $\int x f''(x) dx$.

解 容易算得

$$f'(x) = \frac{x\cos x - \sin x}{x^2}.$$

利用分部积分法得

$$
\begin{aligned}
\int x f''(x) \mathrm{d}x &= \int x \mathrm{d}f'(x) \\
&= x f'(x) - \int f'(x) \mathrm{d}x \\
&= x \frac{x \cos x - \sin x}{x^2} - f(x) + c \\
&= \cos x - \frac{\sin x}{x} - \frac{\sin x}{x} + c \\
&= \cos x - \frac{2\sin x}{x} + c.
\end{aligned}
$$

例 4.4.3 设 $f(\ln x) = \dfrac{\ln(1+x)}{x}$，求 $\displaystyle\int f(x)\mathrm{d}x$.

解 作变量代换 $x = \ln t$，则 $\mathrm{d}x = \dfrac{1}{t}\mathrm{d}t, t = \mathrm{e}^x$，于是

$$
\begin{aligned}
\int f(x)\mathrm{d}x &= \int \frac{f(\ln t)}{t}\mathrm{d}t \\
&= \int \frac{\ln(1+t)}{t^2}\mathrm{d}t \\
&= -\int \ln(1+t)\mathrm{d}\left(\frac{1}{t}\right) \\
&= -\frac{\ln(1+t)}{t} + \int \frac{1}{t(1+t)}\mathrm{d}t \\
&= -\frac{\ln(1+t)}{t} + \int \left(\frac{1}{t} - \frac{1}{1+t}\right)\mathrm{d}t \\
&= -\frac{\ln(1+t)}{t} + \ln\left|\frac{t}{1+t}\right| + c \\
&= -\frac{\ln(1+\mathrm{e}^x)}{\mathrm{e}^x} + \ln\frac{\mathrm{e}^x}{1+\mathrm{e}^x} + c \\
&= x - (1+\mathrm{e}^{-x})\ln(1+\mathrm{e}^x) + c.
\end{aligned}
$$

例 4.4.4 计算 $I = \displaystyle\int \frac{\sin x}{\sin x + \cos x}\mathrm{d}x$ 和 $J = \displaystyle\int \frac{\cos x}{\sin x + \cos x}\mathrm{d}x$.

解 因为

$$
I + J = \int \frac{\sin x + \cos x}{\sin x + \cos x}\mathrm{d}x = \int \mathrm{d}x = x + c,
$$

$$
J - I = \int \frac{\cos x - \sin x}{\sin x + \cos x}\mathrm{d}x = \int \frac{\mathrm{d}(\sin x + \cos x)}{\sin x + \cos x} = \ln|\sin x + \cos x| + c,
$$

所以

$$
I = \int \frac{\sin x}{\sin x + \cos x}\mathrm{d}x = \frac{1}{2}(x - \ln|\sin x + \cos x|) + c;
$$

$$
J = \int \frac{\cos x}{\sin x + \cos x}\mathrm{d}x = \frac{1}{2}(x + \ln|\sin x + \cos x|) + c.
$$

例 4.4.5 计算 $\int e^{2x}(1+\tan x)^2 dx$.

解 利用分部积分法得

$$
\begin{aligned}
\int e^{2x}(1+\tan x)^2 dx &= \int e^{2x}(1+\tan^2 x + 2\tan x)dx \\
&= \int e^{2x}\sec^2 x dx + 2\int e^{2x}\tan x dx \\
&= \int e^{2x} d\tan x + 2\int e^{2x}\tan x dx \\
&= e^{2x}\tan x - 2\int e^{2x}\tan x dx + 2\int e^{2x}\tan x dx \\
&= e^{2x}\tan x + c.
\end{aligned}
$$

例 4.4.6 计算 $\int \dfrac{\ln \sin x}{\sin^2 x}\cos x dx$.

解 令 $u = \dfrac{1}{\sin x}$，则

$$
\begin{aligned}
\int \frac{\ln \sin x}{\sin^2 x}\cos x dx &= \int \frac{\ln \sin x}{\sin^2 x} d\sin x \\
&= -\int \ln \sin x\, d\frac{1}{\sin x} \\
&= \int \ln u\, du \\
&= u\ln u - \int du \\
&= u\ln u - u + c \\
&= -\frac{\ln \sin x}{\sin x} - \frac{1}{\sin x} + c.
\end{aligned}
$$

例 4.4.7 计算 $\int \dfrac{\arcsin e^x}{e^x}dx$.

解 利用分部积分法得

$$
\int \frac{\arcsin e^x}{e^x}dx = -\int \arcsin e^x de^{-x} = -e^{-x}\arcsin e^x + \int \frac{1}{\sqrt{1-e^{2x}}}dx.
$$

令 $u = \sqrt{1-e^{2x}}$，则 $x = \dfrac{1}{2}\ln(1-u^2)$，$dx = -\dfrac{u}{1-u^2}du$. 因此

$$
\begin{aligned}
\int \frac{1}{\sqrt{1-e^{2x}}}dx &= \int \frac{1}{u^2-1}du \\
&= \frac{1}{2}\int \left(\frac{1}{u-1} - \frac{1}{u+1}\right)du \\
&= \frac{1}{2}\ln \left|\frac{u-1}{u+1}\right| + c \\
&= \ln \frac{e^x}{\sqrt{1-e^{2x}}+1} + c.
\end{aligned}
$$

于是

$$\int \frac{\arcsin e^x}{e^x}dx = -e^{-x}\arcsin e^x + \ln\frac{e^x}{\sqrt{1-e^{2x}}+1}+c.$$

例 4.4.8 计算 $\int \frac{dx}{a\sin x + b\cos x}$ $(ab\neq 0)$.

解 因为 $a\sin x + b\cos x = \sqrt{a^2+b^2}\sin(x+\varphi)$，其中 $\cos\varphi = \frac{a}{\sqrt{a^2+b^2}}$, $\sin\varphi = \frac{b}{\sqrt{a^2+b^2}}$，所以

$$\int \frac{dx}{a\sin x + b\cos x} = \frac{1}{\sqrt{a^2+b^2}}\int\frac{dx}{\sin(x+\varphi)}$$
$$= \frac{1}{\sqrt{a^2+b^2}}\ln|\csc(x+\varphi)-\cot(x+\varphi)|+c.$$

例 4.4.9 计算 $\int \frac{x^3}{\sqrt{4+x^2}}dx$.

我们分别用两种换元积分法来求此不定积分：

解法一 作变量代换 $x=2\tan t$ $(t\in(-\pi/2,\pi/2))$，则
$$4+x^2 = 4\sec^2 t, \quad dx = 2\sec^2 t\, dt,$$
于是

$$\int \frac{x^3}{\sqrt{4+x^2}}dx = \int \frac{8\tan^3 t}{2\sec t}2\sec^2 t\, dt$$
$$= 8\int \tan^3 t\sec t\, dt$$
$$= 8\int \tan^2 t\tan t\sec t\, dt$$
$$= 8\int (\sec^2 t - 1)d\sec t$$
$$= 8\left(\frac{1}{3}\sec^3 t - \sec t\right)+c.$$

由于 $\sec t = \sqrt{1+\tan^2 x} = \frac{\sqrt{4+x^2}}{2}$，代入上式得

$$\int \frac{x^3}{\sqrt{4+x^2}} = 8\left(\frac{1}{3}\frac{(4+x^2)^{\frac{3}{2}}}{8}-\frac{\sqrt{4+x^2}}{2}\right)+c$$
$$= \frac{1}{3}(4+x^2)^{\frac{3}{2}} - 4\sqrt{4+x^2}+c.$$

解法二 作变量代换 $4+x^2 = t^2$，则 $x dx = t dt$，于是
$$\int \frac{x^3}{\sqrt{4+x^2}}dx = \int \frac{x^2}{\sqrt{4+x^2}}\cdot x dx$$
$$= \int \frac{t^2-4}{t}\cdot t dt$$
$$= \int (t^2-4)dt$$
$$= \frac{1}{3}t^3 - 4t + c$$

$$= \frac{1}{3}(4+x^2)^{\frac{3}{2}} - 4\sqrt{4+x^2} + c.$$

例 4.4.10 计算 $\int (x+1)\sqrt{x^2-2x+5}\,\mathrm{d}x.$

我们分别用换元积分法与分部积分法来求此不定积分:

解法一 作变量代换 $x-1=2\tan t$,那么 $\mathrm{d}x = 2\sec^2 t\,\mathrm{d}t$,于是

$$\int (x+1)\sqrt{x^2-2x+5}\,\mathrm{d}x = \int (x+1)\sqrt{(x-1)^2+4}\,\mathrm{d}x$$

$$= \int 8(1+\tan t)\sec^3 t\,\mathrm{d}t$$

$$= 8\int \sec^3 t\,\mathrm{d}t + 8\int \tan t\sec^3 t\,\mathrm{d}t$$

$$= 8\int \sec^3 t\,\mathrm{d}t + 8\int \sec^2 t\,\mathrm{d}(\sec t)$$

$$= 8\int \sec^3 t\,\mathrm{d}t + \frac{8}{3}\sec^3 t.$$

对于计算 $\int \sec^3 t\,\mathrm{d}t$,利用分部积分法与例 4.2.9 的结果,就有

$$\int \sec^3 t\,\mathrm{d}t = \int \sec t\,\mathrm{d}\tan t$$

$$= \sec t\tan t - \int \tan^2 t\sec t\,\mathrm{d}t$$

$$= \sec t\tan t - \int (\sec^2 t - 1)\sec t\,\mathrm{d}t$$

$$= \sec t\tan t - \int \sec^3 t\,\mathrm{d}t + \int \sec t\,\mathrm{d}t$$

$$= \sec t\tan t - \int \sec^3 t\,\mathrm{d}t + \ln|\sec t + \tan t|,$$

于是移项得到

$$\int \sec^3 t\,\mathrm{d}t = \frac{1}{2}\left[\sec t\tan t + \ln|\sec t + \tan t|\right] + c.$$

注意到 $\tan t = \dfrac{x-1}{2}$ 及 $\sec t = \sqrt{1+\tan^2 t} = \sqrt{1+\left(\dfrac{x-1}{2}\right)^2} = \dfrac{\sqrt{x^2-2x+5}}{2}$,便得

$$\int (x+1)\sqrt{x^2-2x+5}\,\mathrm{d}x$$

$$= \frac{8}{3}\sec^3 t + 4\left[\sec t\tan t + \ln|\sec t + \tan t|\right] + c$$

$$= \frac{1}{3}(x^2-2x+5)^{\frac{3}{2}} + (x-1)\sqrt{x^2-2x+5}$$

$$+ 4\ln|(x-1) + \sqrt{x^2-2x+5}| + c.$$

解法二 直接利用例 4.2.22 的结果.

$$\int (x+1)\sqrt{x^2-2x+5}\,\mathrm{d}x$$

$$= \frac{1}{2}\int (2x-2)\sqrt{x^2-2x+5}\,\mathrm{d}x + 2\int \sqrt{x^2-2x+5}\,\mathrm{d}x$$

$$= \frac{1}{2} \int \sqrt{x^2 - 2x + 5} \mathrm{d}(x^2 - 2x + 5) + 2 \int \sqrt{(x-1)^2 + 4} \mathrm{d}x$$

$$= \frac{1}{3}(x^2 - 2x + 5)^{\frac{3}{2}} + 2 \int \sqrt{(x-1)^2 + 4} \mathrm{d}x.$$

对于 $\int \sqrt{(x-1)^2 + 4} \mathrm{d}x$，由例 4.2.22 得

$$\int \sqrt{(x-1)^2 + 4} \mathrm{d}x = \int \sqrt{(x-1)^2 + 4} \mathrm{d}(x-1)$$

$$= \frac{1}{2}(x-1)\sqrt{(x-1)^2 + 4} + 2\ln|(x-1) + \sqrt{(x-1)^2 + 4}| + c$$

$$= \frac{1}{2}(x-1)\sqrt{x^2 - 2x + 5} + 2\ln|(x-1) + \sqrt{x^2 - 2x + 5}| + c,$$

因此

$$\int (x+1)\sqrt{x^2 - 2x + 5} \mathrm{d}x$$

$$= \frac{1}{3}(x^2 - 2x + 5)^{\frac{3}{2}} + (x-1)\sqrt{x^2 - 2x + 5}$$

$$+ 4\ln|(x-1) + \sqrt{x^4 - 2x + 5}| + c.$$

习 题 四

（A）

1. 求下列不定积分：

(1) $\int (x^3 + 2x^2 - 5\sqrt{x}) \mathrm{d}x$;

(2) $\int \left(x + \frac{1}{x}\right)^2 \mathrm{d}x$;

(3) $\int \frac{x^2 + \sqrt{x^3} + 3}{\sqrt{x}} \mathrm{d}x$;

(4) $\int (\sin x + 3\mathrm{e}^x) \mathrm{d}x$;

(5) $\int \left(2^x + \frac{1}{3^x}\right)^2 \mathrm{d}x$;

(6) $\int \frac{2 \cdot 3^x - 5 \cdot 2^x}{3^x} \mathrm{d}x$;

(7) $\int (2\csc^2 x - \sec x \tan x) \mathrm{d}x$;

(8) $\int (2 + \cot^2 x) \mathrm{d}x$;

(9) $\int \frac{\cos 2x}{\cos x - \sin x} \mathrm{d}x$;

(10) $\int \left(\frac{1}{1+x^2} - \frac{3}{\sqrt{1-x^2}}\right) \mathrm{d}x$.

2. 曲线 $y = f(x)$ 经过点 $(\mathrm{e}, -1)$，且在任一点处的切线斜率为该点横坐标的倒数，求该曲线的方程.

3. 已知曲线 $y = f(x)$ 在任意一点 $(x, f(x))$ 处的切线斜率都比该点横坐标的立方根少 1.

(1) 求出该曲线方程的所有可能形式，并在直角坐标系中画出示意图；

(2) 若已知该曲线经过 $(1, 1)$ 点，求该曲线的方程.

4. 求下列不定积分：

(1) $\int \frac{\mathrm{d}x}{4x - 3}$;

(2) $\int \frac{\mathrm{d}x}{\sqrt{1 - 2x^2}}$;

$(3)\ \displaystyle\int \frac{\mathrm{d}x}{\mathrm{e}^x-\mathrm{e}^{-x}}$;

$(4)\ \displaystyle\int \mathrm{e}^{3x+2}\mathrm{d}x$;

$(5)\ \displaystyle\int \frac{1}{x^2+4x+3}\mathrm{d}x$;

$(6)\ \displaystyle\int \frac{1}{2+5x^2}\mathrm{d}x$;

$(7)\ \displaystyle\int \sin^5 x\mathrm{d}x$;

$(8)\ \displaystyle\int \tan^{12} x\sec^2 x\mathrm{d}x$;

$(9)\ \displaystyle\int \sin5x\sin7x\mathrm{d}x$;

$(10)\ \displaystyle\int \cos^2 5x\mathrm{d}x$;

$(11)\ \displaystyle\int \frac{(2x+6)\mathrm{d}x}{(x^2+6x+5)^2}$;

$(12)\ \displaystyle\int \frac{\sin\sqrt{x}}{\sqrt{x}}\mathrm{d}x$;

$(13)\ \displaystyle\int \frac{\mathrm{d}x}{x^2-2x+2}$;

$(14)\ \displaystyle\int \frac{1}{1-\sin x}\mathrm{d}x$;

$(15)\ \displaystyle\int \frac{\sin x+\cos x}{\sqrt[3]{\sin x-\cos x}}\mathrm{d}x$;

$(16)\ \displaystyle\int \frac{\mathrm{d}x}{(\arcsin x)^2\ \sqrt{1-x^2}}$.

5. 求下列不定积分：

$(1)\ \displaystyle\int \frac{\mathrm{d}x}{\sqrt{1+\mathrm{e}^{2x}}}$;

$(2)\ \displaystyle\int \frac{\mathrm{d}x}{x\ \sqrt{1+x^2}}$;

$(3)\ \displaystyle\int \frac{\arctan\sqrt{x}}{\sqrt{x}(1+x)}\mathrm{d}x$;

$(4)\ \displaystyle\int \frac{1+\ln x}{(x\ln x)^2}\mathrm{d}x$;

$(5)\ \displaystyle\int \frac{\mathrm{d}x}{\sqrt{(1-x^2)^3}}$;

$(6)\ \displaystyle\int \frac{\sqrt{x^2-9}}{x}\mathrm{d}x$;

$(7)\ \displaystyle\int \frac{\mathrm{d}x}{\sqrt{(x^2+a^2)^3}}$;

$(8)\ \displaystyle\int (x-1)(x+2)^{20}\mathrm{d}x$;

$(9)\ \displaystyle\int \frac{\mathrm{d}x}{1+\sqrt{2x}}$;

$(10)\ \displaystyle\int \sqrt{\frac{x-a}{x+a}}\mathrm{d}x$;

$(11)\ \displaystyle\int x^2 \sqrt[3]{1-x}\mathrm{d}x$;

$(12)\ \displaystyle\int \frac{\mathrm{d}x}{x\ \sqrt{x^2-1}}$.

6. 求下列不定积分：

$(1)\ \displaystyle\int x\mathrm{e}^{-2x}\mathrm{d}x$;

$(2)\ \displaystyle\int x\ln(x-1)\mathrm{d}x$;

$(3)\ \displaystyle\int x\cos \frac{x}{2}\mathrm{d}x$;

$(4)\ \displaystyle\int \frac{x}{\sin^2 x}\mathrm{d}x$;

$(5)\ \displaystyle\int x^2\cos x\mathrm{d}x$;

$(6)\ \displaystyle\int \arcsin x\mathrm{d}x$;

$(7)\ \displaystyle\int \arctan x\mathrm{d}x$;

$(8)\ \displaystyle\int \frac{\arcsin x}{\sqrt{1-x}}\mathrm{d}x$;

$(9)\ \displaystyle\int x^2\ln x\mathrm{d}x$;

$(10)\ \displaystyle\int \frac{\ln^3 x}{x^2}\mathrm{d}x$;

$(11)\ \displaystyle\int \mathrm{e}^{-x}\sin5x\mathrm{d}x$;

$(12)\ \displaystyle\int \mathrm{e}^x\sin^2 x\mathrm{d}x$;

(13) $\displaystyle\int \sqrt{x}\mathrm{e}^{\sqrt{x}}\mathrm{d}x$;　　　　　(14) $\displaystyle\int \mathrm{e}^{\sqrt{x+1}}\mathrm{d}x$.

7. 求下列不定积分的递推表达式(n 为正整数):

(1) $I_n = \displaystyle\int \sin^n x\,\mathrm{d}x$;　　　　　(2) $I_n = \displaystyle\int \dfrac{x^n}{\sqrt{1-x^2}}\mathrm{d}x$.

8. 求下列不定积分:

(1) $\displaystyle\int \dfrac{3x+1}{x^2-3x+2}\mathrm{d}x$;　　　　　(2) $\displaystyle\int \dfrac{x+1}{x^2+x+3}\mathrm{d}x$;

(3) $\displaystyle\int \dfrac{\mathrm{d}x}{(x-1)(x+1)^2}$;　　　　　(4) $\displaystyle\int \dfrac{2x+3}{(x^2-1)(x^2+1)}\mathrm{d}x$;

(5) $\displaystyle\int \dfrac{x\,\mathrm{d}x}{(x+1)(x+2)^2(x+3)^3}$;　　　(6) $\displaystyle\int \dfrac{1}{x^3+1}\mathrm{d}x$;

(7) $\displaystyle\int \dfrac{x^2}{1-x^4}\mathrm{d}x$;　　　　　(8) $\displaystyle\int \dfrac{\mathrm{d}x}{(x^2+1)(x^2+x+1)}$.

9. 求下列不定积分:

(1) $\displaystyle\int \dfrac{x}{\sqrt{2+4x}}\mathrm{d}x$;　　　　　(2) $\displaystyle\int \dfrac{\mathrm{d}x}{\sqrt{(x-a)(b-x)}}$;

(3) $\displaystyle\int \dfrac{x^2}{\sqrt{1+x-x^2}}\mathrm{d}x$;　　　(4) $\displaystyle\int \sqrt{\dfrac{x+1}{x-1}}\mathrm{d}x$;

(5) $\displaystyle\int \dfrac{\mathrm{d}x}{\sqrt{x(1+x)}}$;　　　　　(6) $\displaystyle\int \dfrac{\mathrm{d}x}{\sqrt{x}+\sqrt[4]{x}}$.

10. 求下列不定积分:

(1) $\displaystyle\int \dfrac{\mathrm{d}x}{4+5\cos x}$;　　　　　(2) $\displaystyle\int \dfrac{\mathrm{d}x}{2+\sin x}$;

(3) $\displaystyle\int \dfrac{\mathrm{d}x}{3+\sin^2 x}$;　　　　　(4) $\displaystyle\int \dfrac{\mathrm{d}x}{(2+\cos x)\sin x}$;

(5) $\displaystyle\int \dfrac{\mathrm{d}x}{\tan x+\sin x}$;　　　　　(6) $\displaystyle\int \dfrac{\mathrm{d}x}{\sin^2 x\cos^2 x}$.

(B)

1. 求下列不定积分:

(1) $\displaystyle\int \dfrac{x^2\,\mathrm{d}x}{\sqrt[4]{1-2x^3}}$;　　　　　(2) $\displaystyle\int \dfrac{1-x}{\sqrt{9-4x^2}}\mathrm{d}x$;

(3) $\displaystyle\int \dfrac{\sin x\cos x}{1+\sin^4 x}\mathrm{d}x$;　　　(4) $\displaystyle\int \dfrac{x^{15}}{(x^4-1)^3}\mathrm{d}x$;

(5) $\displaystyle\int \dfrac{1}{x(x^n+1)}\mathrm{d}x$;　　　　　(6) $\displaystyle\int \dfrac{\mathrm{d}x}{1+\sqrt{1-x^2}}$;

(7) $\displaystyle\int x^2\arctan x\,\mathrm{d}x$;　　　　　(8) $\displaystyle\int x\tan^2 x\,\mathrm{d}x$;

(9) $\displaystyle\int \dfrac{\arcsin x}{\sqrt{1-x}}\mathrm{d}x$;　　　　(10) $\displaystyle\int \cos(\ln x)\,\mathrm{d}x$;

(11) $\int (\arcsin x)^2 \, dx$；

(12) $\int \ln(x + \sqrt{1+x^2}) \, dx$；

(13) $\int (5x+3)\sqrt{x^2+x+2} \, dx$；

(14) $\int \dfrac{(x-1)\,dx}{\sqrt{x^2+x+1}}$；

(15) $\int \dfrac{dx}{\sqrt[3]{(x-2)(x+1)^2}}$；

(16) $\int \dfrac{x e^x}{(1+x)^2} \, dx$；

(17) $\int x^2 e^x \sin x \, dx$；

(18) $\int \dfrac{dx}{a^2 \sin^2 x + b^2 \cos^2 x} \quad (ab \neq 0)$；

(19) $\int \dfrac{x+\sin x}{1+\cos x} \, dx$；

(20) $\int x \ln \dfrac{1+x}{1-x} \, dx$.

2. 已知 $f(x)$ 的一个原函数为 $\dfrac{\sin x}{1+x\sin x}$，求 $\int f(x) f'(x) \, dx$.

3. 设 $f'(\sin^2 x) = \cos 2x + \tan^2 x$，求 $f(x)$.

4. 设 $R(u,v,w)$ 是 u,v,w 的有理函数，给出

$$\int R(x, \sqrt{a+x}, \sqrt{b+x}) \, dx$$

的求法.

定　积　分

　　在微分学中,导数描述了函数随自变量的变化而变化的变化率,但这仅仅是函数的局部性质,只是函数性质的一部分.在实际问题中,除了要揭示函数在给定时刻如何变化之外,还要描述这些瞬时变化在变量的整个变化过程中的积累,同时也要通过研究变量的改变来了解变量的本身.例如,通过作变速直线运动的物体的速度来确定物体的位移等.对这方面的研究,产生了微积分的另一个重要部分:积分学.

　　微分学和积分学的基本思想最初均系独立产生,并无紧密关连,直至牛顿、莱布尼茨发现它们之间的内在联系——微积分基本定理.这个重要的结论使定积分的计算转化为求导的逆运算,即求原函数的问题,从而使问题的研究从对个别问题的探讨,转向强大而有效的一般方法.同时也使求导和积分运算一起成为解决实际问题的有力工具,大大推动了微积分的飞速发展.

　　本章介绍定积分的概念和基本性质、定积分与不定积分的关系、定积分的计算方法,并在此基础上介绍定积分的应用,最后介绍广义积分.

§1　定积分的概念和性质

两个实例

(一)面积问题

　　面积问题包含两个方面:一是给出面积的定义,二是寻求计算面积的方法.

设 f 是定义在 $[a,b]$ 上的非负函数,称由曲线 $y=f(x)$ 与直线 $x=a,x=b,y=0$ 所围成的平面图形为曲边梯形(见图 5.1.1). 如何定义这个曲边梯形的面积,其面积又如何来计算呢?

作区间 $[a,b]$ 的一个分划

$$D：a=x_0<x_1<\cdots<x_n=b.$$

那么分划 D 把 $[a,b]$ 分为 n 个小区间,每个小区间 $[x_{i-1},x_i]$ 的长度为 $\Delta x_i=x_i-x_{i-1}(i=1,2,\cdots,n)$. 在 $[x_{i-1},x_i]$ 上任取一点 ξ_i,那么以直线 $y=f(\xi_i),x=x_{i-1},x=x_i,y=0$ 围成的小矩形的面积为 $f(\xi_i)\Delta x_i$,将它作为小区间 $[x_{i-1},x_i]$ 上对应的小曲边梯形的面积的近似. 把这 n 个小矩形面积相加便得到 $\sum_{i=1}^{n}f(\xi_i)\Delta x_i$,它就是所考虑的大曲边梯形的面积的近似. 记 $\lambda=\max_{1\leqslant i\leqslant n}\{\Delta x_i\}$. 如果分划越来越细,即 $\lambda\to0$ 时,上述和式的极限存在,就定义这个大曲边梯形的面积 A 为这个极限,即

$$A=\lim_{\lambda\to0}\sum_{i=1}^{n}f(\xi_i)\Delta x_i.$$

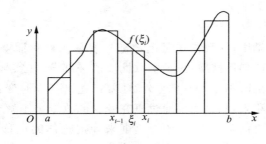

图 5.1.1

(二) 路程问题

设一质点作直线运动,已知它在时刻 t 的速度为 $v(t)$,要求它在时段 $[a,b]$ 中的路程 s.

当速度 $v(t)$ 是常数 v_0,即质点作匀速直线运动时,则 $s=v_0(b-a)$. 但是,当质点作变速直线运动时,$s(t)$ 的计算就不这么简单了. 为了计算质点在时段 $[a,b]$ 中的路程,我们作时段 $[a,b]$ 的一个分划

$$D：a=t_0<t_1<\cdots<t_n=b,$$

那么 D 把 $[a,b]$ 分为 n 个小区间,每个小区间 $[t_{i-1},t_i]$ 的长度为 $\Delta t_i=t_i-t_{i-1}(i=1,2,\cdots,n)$. 在 $[t_{i-1},t_i]$ 上任取一点 ξ_i,用质点在时刻 ξ_i 的速度去近似时段 $[t_{i-1},t_i]$ 的速度,即将质点在时段 $[t_{i-1},t_i]$ 中的运动近似看成匀速直线运动,则质点在时段 $[t_{i-1},t_i]$ 的位移就近似地为 $v(\xi_i)\Delta t_i$. 于是

$$\sum_{i=1}^{n}v(\xi_i)\Delta t_i$$

就是质点在时段 $[a,b]$ 中的路程的近似.

记 $\lambda=\max\limits_{1\leqslant i\leqslant n}\{\Delta t_i\}$. 当每个小时段越短,即 λ 越小时,这种以匀速代变速的精确度越高,从而质点在时段 $[a,b]$ 中的路程为

$$s=\lim_{\lambda\to 0}\sum_{i=1}^{n}v(\xi_i)\Delta t_i.$$

以上的几何量和物理量的计算方法,都是先做分割,再求和,最后取和式的极限. 这种形式的极限,还出现于大量其他问题的计算之中. 撇开各类问题的具体背景,抽象出其数量关系的共同特征,就引出了下述定积分的概念.

定积分的概念

定义 5.1.1 设函数 f 是 $[a,b]$ 上的有界函数,作 $[a,b]$ 的任意分划

$$D: a=x_0<x_1<\cdots<x_n=b,$$

并记 $\Delta x_i=x_i-x_{i-1}$ 为小区间 $[x_{i-1},x_i]$ 的长度 $(i=1,2,\cdots,n)$. 任取 $\xi_i\in[x_{i-1},x_i]$,作和式

$$\sum_{i=1}^{n}f(\xi_i)\Delta x_i,$$

称之为**黎曼(Riemann)和**. 记 $\lambda=\max\limits_{1\leqslant i\leqslant n}\{\Delta x_i\}$. 如果当 $\lambda\to 0$ 时黎曼和的极限存在,且极限值与分划 D 以及 $\xi_i(i=1,2,\cdots,n)$ 的取法无关,则称此极限值为 f 在 $[a,b]$ 上的**(黎曼)积分**,简称为**定积分**,记做 $\int_a^b f(x)\mathrm{d}x$,即

$$\int_a^b f(x)\mathrm{d}x=\lim_{\lambda\to 0}\sum_{i=1}^{n}f(\xi_i)\Delta x_i.$$

这时称 f 是 $[a,b]$ 上的**(黎曼)可积函数**,简称为**可积函数**,也称 f 在 $[a,b]$ 上**可积**.

在记号 $\int_a^b f(x)\mathrm{d}x$ 中,称 f 为**被积函数**,x 为**积分变量**,并分别称 a,b 为积分的**下限**与**上限**,$\int_a^b f(x)\mathrm{d}x$ 也称为**积分值**.

对定积分的定义,要作两点补充说明.

(1) 定积分是个数值,它仅与被积函数及积分的上、下限有关,而与积分变量符号的选取无关,因此

$$\int_a^b f(x)\mathrm{d}x=\int_a^b f(t)\mathrm{d}t.$$

(2) 在定积分的定义中要求 $a<b$. 为了运算和应用的方便,当 $a>b$ 时补充规定

$$\int_a^b f(x)\mathrm{d}x=-\int_b^a f(x)\mathrm{d}x,$$

并且当 $b=a$ 时,规定

$$\int_a^a f(x)\mathrm{d}x=0.$$

注意,并不是所有函数都是可积的.

例 5.1.1 讨论狄利克雷(Dirichlet)函数

$$D(x)=\begin{cases}1, & x \text{ 为有理数,}\\ 0, & x \text{ 为无理数.}\end{cases}$$

在[0,1]上的可积性.

解 由于有理数和无理数在实数集上的稠密性,因此不管用什么样的分划

$$D: 0 = x_0 < x_1 < \cdots < x_n = 1.$$

对[0,1]作分割,在每个小区间$[x_{i-1}, x_i]$中一定既有有理数,又有无理数$(i=1,2,\cdots,n)$.

记$\lambda = \max_{1 \leqslant i \leqslant n} \{\Delta x_i\}$,当将$\xi_i \in [x_{i-1}, x_i]$全部取为有理数时,成立

$$\lim_{\lambda \to 0} \sum_{i=1}^{n} f(\xi_i) \Delta x_i = \lim_{\lambda \to 0} \sum_{i=1}^{n} 1 \cdot \Delta x_i = 1,$$

而当将$\xi_i \in [x_{i-1}, x_i] (i=1,2,\cdots,n)$全部取为无理数时,则有

$$\lim_{\lambda \to 0} \sum_{i=1}^{n} f(\xi_i) \Delta x_i = \lim_{\lambda \to 0} \sum_{i=1}^{n} 0 \cdot \Delta x_i = 0.$$

尽管以上两个黎曼和的极限都存在,但极限并不相同,所以狄利克雷函数在[0,1]上是不可积的.

那么什么样的函数是可积的呢? 我们对此不进行深入讨论,只给出两个充分条件.

定理 5.1.1 设函数f在闭区间$[a,b]$上连续,则f在$[a,b]$上可积.

事实上,以上定理还可推广为: 设函数f在$[a,b]$上有界,且f在$[a,b]$上仅有有限个不连续点,则f在$[a,b]$上可积.

定理 5.1.2 设函数f在闭区间$[a,b]$上单调,则f在$[a,b]$上可积.

例 5.1.2 计算定积分$\int_a^b k \, \mathrm{d}x$,其中$k$是一个常数.

解 因为对$[a,b]$的任何分划$D: a=x_0 < x_1 < \cdots < x_n = b$和任何$\xi_i \in [x_{i-1}, x_i] (i=1,2,\cdots,n)$,均有

$$\sum_{i=1}^{n} f(\xi_i) \Delta x_i = \sum_{i=1}^{n} k \Delta x_i = k \sum_{i=1}^{n} \Delta x_i = k(b-a),$$

所以

$$\int_a^b k \, \mathrm{d}x = \lim_{\lambda \to 0} \sum_{i=1}^{n} f(\xi_i) \Delta x_i = k(b-a).$$

注 今后常把定积分$\int_a^b 1 \mathrm{d}x$记为$\int_a^b \mathrm{d}x$.

例 5.1.3 计算定积分$\int_0^1 x^2 \, \mathrm{d}x$.

解 因为$f(x) = x^2$在[0,1]上连续,由定理 5.1.1 知它在[0,1]上可积. 既然积分值与区间的分划及ξ_i的取法无关,不妨把[0,1]分为n等份,即取$x_i = \dfrac{i}{n}$,因此$\Delta x_i = \dfrac{1}{n} (i=1,2,\cdots,n)$,再取$\xi_i = x_i$. 这时黎曼和为

$$\sum_{i=1}^{n} f(\xi_i) \Delta x_i = \sum_{i=1}^{n} f(x_i) \Delta x_i = \sum_{i=1}^{n} \left(\frac{i}{n} \right)^2 \cdot \frac{1}{n}$$

$$= \frac{1}{n^3} \sum_{i=1}^{n} i^2 = \frac{n(n+1)(2n+1)}{6n^3}.$$

由于$\lambda = \max_{1 \leqslant i \leqslant n} \{\Delta x_i\} = \dfrac{1}{n}$,所以当$\lambda \to 0$时,$n \to \infty$. 于是

$$\int_0^1 x^2 \,\mathrm{d}x = \lim_{\lambda \to 0} \sum_{i=1}^n f(\xi_i) \Delta x_i = \lim_{n \to \infty} \frac{n(n+1)(2n+1)}{6n^3} = \frac{1}{3}.$$

定积分的性质

由于定积分是黎曼和的极限,虽然形式上这种极限与函数极限稍有不同,但本质上并没有什么差别,因此定积分的一些性质,可以利用极限的相应性质推导出来.

(一)线性性质

定理 5.1.3　设函数 f 和 g 在 $[a,b]$ 上可积,α,β 为常数,则函数 $\alpha f + \beta g$ 也在 $[a,b]$ 上可积,且成立

$$\int_a^b [\alpha f(x) + \beta g(x)] \,\mathrm{d}x = \alpha \int_a^b f(x) \,\mathrm{d}x + \beta \int_a^b g(x) \,\mathrm{d}x.$$

证　因为对 $[a,b]$ 的任何分划 $D: a = x_0 < x_1 < x_2 < \cdots < x_n = b$ 和任何 $\xi_i \in [x_{i-1}, x_i]$ $(i=1,2,\cdots,n)$ 均成立

$$\sum_{i=1}^n [\alpha f(\xi_i) + \beta g(\xi_i)] \Delta x_i = \alpha \sum_{i=1}^n f(\xi_i) \Delta x_i + \beta \sum_{i=1}^n g(\xi_i) \Delta x_i.$$

令 $\lambda = \max\limits_{1 \leqslant i \leqslant n} \{x_i\} \to 0$,由于函数 f 和 g 都在 $[a,b]$ 上可积,所以

$$\lim_{\lambda \to 0} \sum_{i=1}^n [\alpha f(\xi_i) + \beta g(\xi_i)] \Delta x_i$$

$$= \alpha \lim_{\lambda \to 0} \sum_{i=1}^n f(\xi_i) \Delta x_i + \beta \lim_{\lambda \to 0} \sum_{i=1}^n g(\xi_i) \Delta x_i$$

$$= \alpha \int_a^b f(x) \,\mathrm{d}x + \beta \int_a^b g(x) \,\mathrm{d}x.$$

由定义知函数 $\alpha f + \beta g$ 在 $[a,b]$ 上可积,且

$$\int_a^b [\alpha f(x) + \beta g(x)] \,\mathrm{d}x = \alpha \int_a^b f(x) \,\mathrm{d}x + \beta \int_a^b g(x) \,\mathrm{d}x.$$

证毕

(二)乘积函数的可积性

定理 5.1.4　设函数 f 和 g 都在 $[a,b]$ 上可积,则函数 $f \cdot g$ 在 $[a,b]$ 上也可积.

这个定理的证明从略.要注意的是,一般来说

$$\int_a^b f(x) g(x) \,\mathrm{d}x \neq \left(\int_a^b f(x) \,\mathrm{d}x \right) \cdot \left(\int_a^b g(x) \,\mathrm{d}x \right),$$

请读者自行举例说明.

(三)关于区间的可加性

定理 5.1.5　设函数 f 在 $[a,b]$ 上可积,则对任意 $c \in [a,b]$,f 在 $[a,c]$ 和 $[c,b]$ 上都可积;反之,若函数 f 在 $[a,c]$ 和 $[c,b]$ 上都可积,则 f 在 $[a,b]$ 上也可积.此时成立

$$\int_a^b f(x) \,\mathrm{d}x = \int_a^c f(x) \,\mathrm{d}x + \int_c^b f(x) \,\mathrm{d}x.$$

这个定理的证明从略.

注意上述公式在 c 在 $[a,b]$ 之外时也成立. 例如, 当 $a<b<c$ 时, 若函数 f 在 $[a,b]$ 和 $[b,c]$ 上可积, 则由以上定理得

$$\int_a^c f(x)\mathrm{d}x = \int_a^b f(x)\mathrm{d}x + \int_b^c f(x)\mathrm{d}x,$$

移项便得

$$\int_a^b f(x)\mathrm{d}x = \int_a^c f(x)\mathrm{d}x - \int_b^c f(x)\mathrm{d}x = \int_a^c f(x)\mathrm{d}x + \int_c^b f(x)\mathrm{d}x.$$

（四）保序性

定理 5.1.6 设函数 f 和 g 都在 $[a,b]$ 上可积, 且在 $[a,b]$ 上成立 $f(x)\leqslant g(x)$, 则

$$\int_a^b f(x)\mathrm{d}x \leqslant \int_a^b g(x)\mathrm{d}x.$$

这个定理的证明可由极限的保序性质直接得到.

定理 5.1.7 设函数 f 在 $[a,b]$ 上可积, 则函数 $|f|$ 在 $[a,b]$ 上也可积, 且成立

$$\left| \int_a^b f(x)\mathrm{d}x \right| \leqslant \int_a^b |f(x)|\,\mathrm{d}x.$$

函数 $|f|$ 在 $[a,b]$ 上的可积性证明从略. 不等式是源于

$$-|f(x)| \leqslant f(x) \leqslant |f(x)|$$

和定理 5.1.6 的结论.

（五）积分中值定理

定理 5.1.8 设 f 是 $[a,b]$ 上的连续函数, 则在 $[a,b]$ 上至少存在一点 ξ, 使得

$$\int_a^b f(x)\mathrm{d}x = f(\xi)(b-a).$$

证 因为函数 f 在 $[a,b]$ 上连续, 则它在 $[a,b]$ 上必能取到最大值 M 和最小值 m. 从

$$m \leqslant f(x) \leqslant M, \quad x\in[a,b],$$

以及定理 5.1.6 和例 5.1.2 得

$$m(b-a) \leqslant \int_a^b f(x)\mathrm{d}x \leqslant M(b-a),$$

因此

$$m \leqslant \frac{1}{b-a}\int_a^b f(x)\mathrm{d}x \leqslant M.$$

再由连续函数的介值定理知, 必存在 $\xi\in[a,b]$, 使得

$$f(\xi) = \frac{1}{b-a}\int_a^b f(x)\mathrm{d}x.$$

证毕

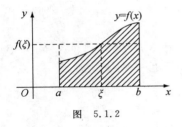

图 5.1.2

积分中值定理有明确的几何意义: 若 f 是 $[a,b]$ 上的非负函数, 则必存在 $\xi\in[a,b]$, 使得以 $[a,b]$ 为底, $f(\xi)$ 为高的矩形面积恰好等于由曲线 $y=f(x)$ 与直线 $x=a$, $x=b$, $y=0$ 所围成的曲边梯形的面积（见图 5.1.2）.

数值 $\dfrac{1}{b-a}\int_a^b f(x)\mathrm{d}x$ 称为函数 f 在 $[a,b]$ 上的**积分均值**.

§2 微积分基本定理

读者可能已经发现,利用定义来直接计算定积分是非常困难的.微积分基本定理说明,定积分的计算可以转化为求被积函数的原函数或不定积分问题,从而使定积分的计算有了强大而有效的一般方法.

变限积分

设函数 f 在 $[a,b]$ 上可积,则对于任意给定的 $x \in [a,b]$,f 在 $[a,x]$ 上可积,于是定积分 $\int_a^x f(t)\mathrm{d}t$ 就有唯一确定的值. 这样就确定了一个 $[a,b]$ 上的函数

$$F(x) = \int_a^x f(t)\mathrm{d}t, \quad x \in [a,b],$$

称之为**变上限积分**.

类似地,

$$\widetilde{F}(x) = \int_x^b f(t)\mathrm{d}t, \quad x \in [a,b]$$

也是一个 $[a,b]$ 上的函数,称之为**变下限积分**. 变上限积分与变下限积分统称为**变限积分**.

定理 5.2.1 设函数 f 在 $[a,b]$ 上可积,则函数

$$F(x) = \int_a^x f(t)\mathrm{d}t, \quad x \in [a,b]$$

在 $[a,b]$ 上连续.

证 我们只证函数 F 在 (a,b) 上连续,F 在 $x=a$ 点的右连续性与在 $x=b$ 点的左连续性类似可证.

因为函数 f 在 $[a,b]$ 上可积,所以函数 f 在 $[a,b]$ 上有界,因此存在常数 $M>0$,使得

$$|f(x)| \leqslant M, \quad x \in [a,b].$$

设 $x \in (a,b)$,则当 $x+\Delta x \in (a,b)$ 时成立

$$F(x+\Delta x) - F(x) = \int_a^{x+\Delta x} f(t)\mathrm{d}t - \int_a^x f(t)\mathrm{d}t = \int_x^{x+\Delta x} f(t)\mathrm{d}t,$$

所以

$$|F(x+\Delta x) - F(x)| = \left| \int_x^{x+\Delta x} f(t)\mathrm{d}t \right| \leqslant M|\Delta x|.$$

因此 $\lim\limits_{\Delta x \to 0}[F(x+\Delta x)-F(x)]=0$,即函数 F 在 x 点连续.

证毕

进一步,若函数 f 还在 $[a,b]$ 上连续,则函数 F 还在 $[a,b]$ 上可导,这就是:

定理 5.2.2 设函数 f 在 $[a,b]$ 上连续,则函数

$$F(x) = \int_a^x f(t)\mathrm{d}t, \quad x \in [a,b]$$

在 $[a,b]$ 上可导,且导数(导函数)为

$$F'(x) = f(x), \quad x \in [a,b].$$

证 我们只证在(a,b)上定理的结论成立,在区间$[a,b]$的端点的结论类似可证.

设 $x \in (a,b)$,则当 $x+\Delta x \in (a,b)$时成立

$$F(x+\Delta x)-F(x)=\int_x^{x+\Delta x}f(t)\mathrm{d}t.$$

由中值定理知,在 x 和 $x+\Delta x$ 之间存在 ξ,使得

$$\int_x^{x+\Delta x}f(t)\mathrm{d}t=f(\xi)\Delta x.$$

于是

$$F(x+\Delta x)-F(x)=f(\xi)\Delta x.$$

因为当 $\Delta x \to 0$ 时,$x+\Delta x \to x$,从而 ξ 也趋向 x,利用 f 的连续性便得

$$\lim_{\Delta x \to 0}\frac{F(x+\Delta x)-F(x)}{\Delta x}=\lim_{\Delta x \to 0}f(\xi)=\lim_{\xi \to x}f(\xi)=f(x),$$

这说明函数 F 在 x 点可导,且成立

$$F'(x)=f(x).$$

证毕

从定理 5.2.2 立即得到

定理 5.2.3(原函数存在定理) 设函数 f 在$[a,b]$上连续,则函数

$$F(x)=\int_a^x f(t)\mathrm{d}t,\quad x \in [a,b]$$

是 f 在$[a,b]$上的原函数.

推论 5.2.1 设函数 f 在$[a,b]$上连续,函数 g,h 在$[a,b]$上可导,且满足

$$a \leqslant g(x) \leqslant b,\quad a \leqslant h(x) \leqslant b,\quad x \in [a,b]$$

则函数

$$P(x)=\int_{g(x)}^{h(x)}f(t)\mathrm{d}t,\quad x \in [a,b]$$

在$[a,b]$上可导,且满足

$$P'(x)=f[h(x)]h'(x)-f[g(x)]g'(x),\quad x \in [a,b].$$

证 记 $F(u)=\int_a^u f(t)\mathrm{d}t,u \in [a,b]$. 则在$[a,b]$上成立 $F'(u)=f(u)$.

因为

$$P(x)=\int_{g(x)}^{h(x)}f(t)\mathrm{d}t=\int_a^{h(x)}f(t)\mathrm{d}t-\int_a^{g(x)}f(t)\mathrm{d}t$$
$$=F[h(x)]-F[g(x)],$$

所以由复合函数的求导法则得

$$P'(x)=F'[h(x)]h'(x)-F'[g(x)]g'(x)$$
$$=f[h(x)]h'(x)-f[g(x)]g'(x).$$

证毕

例 5.2.1 设 $F(x)=\int_0^{\sqrt{x}}\mathrm{e}^{t^2}\mathrm{d}t$,求 $F'(x)$.

解 由推论 5.2.1 得

$$F'(x) = \mathrm{e}^{(\sqrt{x})^2}(\sqrt{x})' = \mathrm{e}^x \cdot \frac{1}{2\sqrt{x}} = \frac{\mathrm{e}^x}{2\sqrt{x}}.$$

例 5.2.2 求极限 $\lim\limits_{x\to 0}\dfrac{\int_{\cos x}^{1}\sin(1-t^2)\mathrm{d}t}{x^4}$.

解 由定理 5.2.1 知,这是 $\dfrac{0}{0}$ 型的极限,所以由推论 5.2.1 及洛必达法则得

$$\lim_{x\to 0}\frac{\int_{\cos x}^{1}\sin(1-t^2)\mathrm{d}t}{x^4} = \lim_{x\to 0}\frac{-(\cos x)'\sin(1-\cos^2 x)}{4x^3}$$

$$= \lim_{x\to 0}\frac{\sin x \cdot \sin(\sin^2 x)}{4x^3} = \frac{1}{4}\lim_{x\to 0}\frac{\sin x}{x} \cdot \frac{\sin(\sin^2 x)}{x^2} = \frac{1}{4}.$$

微积分基本定理

定理 5.2.4(牛顿-莱布尼茨公式) 设函数 f 在 $[a,b]$ 上连续,函数 F 是 f 在 $[a,b]$ 上的一个原函数,则

$$\int_a^b f(t)\mathrm{d}t = F(b) - F(a).$$

这个定理也称为**微积分基本定理**.

证 记

$$G(x) = \int_a^x f(t)\mathrm{d}t, \quad x \in [a,b].$$

由定理 5.2.3 知,函数 G 是 f 在 $[a,b]$ 上的一个原函数.又已知 F 也是 f 在 $[a,b]$ 上的一个原函数,于是这两个函数只能相差一个常数,即存在常数 c,使得

$$G(x) = F(x) + c, \quad x \in [a,b],$$

即

$$\int_a^x f(t)\mathrm{d}t = F(x) + c, \quad x \in [a,b].$$

取 $x=a$ 便得 $0=F(a)+c$,即 $c=-F(a)$.再取 $x=b$,便得

$$\int_a^b f(t)\mathrm{d}t = F(b) - F(a).$$

证毕

注 在牛顿-莱布尼茨公式中,常简记 $F(b)-F(a)$ 为 $F(x)\big|_a^b$,于是

$$\int_a^b f(t)\mathrm{d}t = F(x)\big|_a^b.$$

例 5.2.3 求定积分 $\int_0^1 \sqrt[3]{x^2}\,\mathrm{d}x$.

解 显然 $\dfrac{3}{5}x^{\frac{5}{3}}$ 是 $\sqrt[3]{x^2}$ 的一个原函数,所以由牛顿-莱布尼茨公式得

$$\int_0^1 \sqrt[3]{x^2}\,\mathrm{d}x = \frac{3}{5}x^{\frac{5}{3}}\bigg|_0^1 = \frac{3}{5} - 0 = \frac{3}{5}.$$

例 5.2.4 求定积分 $\int_0^{\frac{\pi}{4}} \tan^2 x\,\mathrm{d}x$.

解 由定积分的线性性质和牛顿-莱布尼茨公式得

$$\int_0^{\frac{\pi}{4}} \tan^2 x \mathrm{d}x = \int_0^{\frac{\pi}{4}} (\sec^2 x - 1) \mathrm{d}x = \int_0^{\frac{\pi}{4}} \sec^2 x \mathrm{d}x - \int_0^{\frac{\pi}{4}} \mathrm{d}x$$

$$= \tan x \Big|_0^{\frac{\pi}{4}} - x \Big|_0^{\frac{\pi}{4}} = 1 - \frac{\pi}{4}.$$

例 5.2.5 求定积分 $\int_{-2}^{3} | x^2 - 2x - 3 | \mathrm{d}x$.

解 因为

$$| x^2 - 2x - 3 | = \begin{cases} x^2 - 2x - 3, & -2 \leqslant x \leqslant -1, \\ -(x^2 - 2x - 3), & -1 \leqslant x \leqslant 3, \end{cases}$$

由定积分的区间可加性和牛顿-莱布尼茨公式得

$$\int_{-2}^{3} | x^2 - 2x - 3 | \mathrm{d}x$$

$$= \int_{-2}^{-1} | x^2 - 2x - 3 | \mathrm{d}x + \int_{-1}^{3} | x^2 - 2x - 3 | \mathrm{d}x$$

$$= \int_{-2}^{-1} (x^2 - 2x - 3) \mathrm{d}x + \int_{-1}^{3} [-(x^2 - 2x - 3)] \mathrm{d}x$$

$$= \int_{-2}^{-1} (x^2 - 2x - 3) \mathrm{d}x - \int_{-1}^{3} (x^2 - 2x - 3) \mathrm{d}x$$

$$= \left(\frac{x^3}{3} - x^2 - 3x \right) \Big|_{-2}^{-1} - \left(\frac{x^3}{3} - x^2 - 3x \right) \Big|_{-1}^{3} = 13.$$

§3　定积分的计算

由牛顿-莱布尼茨公式可知,要计算定积分,只要求出被积函数的一个原函数,再将定积分的上、下限代入该原函数即可. 如果被积函数比较复杂,自然可以利用不定积分的换元法和分部积分法求出它的原函数,再将定积分的上、下限代入便可计算出定积分的值. 然而,在许多理论和实际问题中,还需要直接利用定积分的换元积分法和分部积分法.

换元积分法

定理 5.3.1 设函数 $f(x)$ 在区间 $[a,b]$ 上连续,函数 $x = \varphi(t)$ 在区间 $[\alpha, \beta]$(或区间 $[\beta, \alpha]$)上有连续导数,满足 $\varphi(\alpha) = a$ 和 $\varphi(\beta) = b$,且函数 φ 的值域包含于 $[a,b]$. 则成立

$$\int_a^b f(x) \mathrm{d}x = \int_\alpha^\beta f(\varphi(t)) \varphi'(t) \mathrm{d}t.$$

证 因为函数 f 在区间 $[a,b]$ 上连续,所以必有原函数. 设 F 为 f 在区间 $[a,b]$ 上的一个原函数,由复合函数求导法则可知

$$[F(\varphi(t))]' = F'(\varphi(t)) \varphi'(t) = f(\varphi(t)) \varphi'(t),$$

因此 $F(\varphi(t))$ 是 $f(\varphi(t)) \varphi'(t)$ 一个原函数. 由牛顿-莱布尼茨公式便得

$$\int_\alpha^\beta f(\varphi(t))\varphi'(t)\mathrm{d}t = F(\varphi(\beta)) - F(\varphi(\alpha))$$

$$= F(b) - F(a) = \int_a^b f(x)\mathrm{d}x.$$

证毕

注意,换元后的定积分 $\int_\alpha^\beta f(\varphi(t))\varphi'(t)\mathrm{d}t$ 的上下限 α 和 β 必须与原定积分的上下限 a 和 b 相对应,而不必考虑 α 与 β 之间的大小.

例 5.3.1 计算定积分 $\int_1^2 \dfrac{\mathrm{d}x}{x(1+x^3)}$.

解法一 令 $x=\varphi(t)=\sqrt[3]{t}$,则 $\mathrm{d}x=\dfrac{1}{3}t^{-\frac{2}{3}}\mathrm{d}t$. 此时关于变量 x 的积分区间 $[1,2]$ 对应于新变量 t 的积分区间 $[1,8]$,且 $\varphi(1)=1, \varphi(8)=2$. 应用换元积分公式便得到

$$\int_1^2 \frac{\mathrm{d}x}{x(1+x^3)} = \int_1^8 \frac{\mathrm{d}t}{3t(1+t)} = \left(\frac{1}{3}\ln\frac{t}{1+t}\right)\Big|_1^8 = \frac{2}{3}\ln\frac{4}{3}.$$

解法二 易知

$$\int_1^2 \frac{\mathrm{d}x}{x(1+x^3)} = \int_1^2 \frac{x^2\,\mathrm{d}x}{x^3(1+x^3)} = \int_1^2 \frac{\mathrm{d}x^3}{3x^3(1+x^3)}.$$

令 $u=\psi(x)=x^3$,则 $\psi(1)=1, \psi(2)=8$,于是由换元积分公式得

$$\int_1^2 \frac{\mathrm{d}x}{x(1+x^3)} = \int_1^2 \frac{\mathrm{d}x^3}{3x^3(1+x^3)} = \frac{1}{3}\int_1^8 \frac{\mathrm{d}u}{u(1+u)} = \frac{1}{3}\ln\frac{u}{1+u}\Big|_1^8 = \frac{2}{3}\ln\frac{4}{3}.$$

从上例可以看出,换元积分公式

$$\int_a^b f(x)\mathrm{d}x = \int_\alpha^\beta f(\varphi(t))\varphi'(t)\mathrm{d}t$$

可以从左端推到右端,也可以从右端推到左端. 解法一就是采用从左端推到右端的方法,这相当于不定积分的第二类换元积分法;解法二则是采用从右端推到左端的方法,这相当于不定积分的第一类换元积分法,即"凑微分法". 读者应该对具体的问题作具体的分析,选择恰当的变量代换,从而简化计算过程.

例 5.3.2 求半径为 a 的圆的面积.

解 设圆的方程为

$$x^2 + y^2 = a^2,$$

利用对称性,我们只需求它在第一象限部分的面积(见图 5.3.1),其 4 倍就是整个圆的面积(见图 5.3.1).

在第一象限,圆的方程可变为

$$y = \sqrt{a^2 - x^2}, \quad x \in [0, a],$$

因此,相应的四分之一圆面积为 $\int_0^a \sqrt{a^2 - x^2}\mathrm{d}x$.

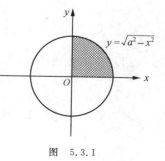

图 5.3.1

为计算这个积分,作变量代换 $x=a\sin t$,于是 $\mathrm{d}x=a\cos t\mathrm{d}t$. 由于当 $x=0$ 时,$t=0$;当 $x=a$ 时,$t=\dfrac{\pi}{2}$,于是

$$\int_0^a \sqrt{a^2 - x^2}\,\mathrm{d}x = a^2 \int_0^{\frac{\pi}{2}} \cos^2 t \,\mathrm{d}t = \frac{a^2}{2} \int_0^{\frac{\pi}{2}} (1 + \cos 2t)\,\mathrm{d}t$$

$$= \frac{a^2}{2} \left(t + \frac{\sin 2t}{2} \right) \Big|_0^{\frac{\pi}{2}} = \frac{\pi a^2}{4}.$$

所以,整个圆的面积为 $S = \pi a^2$.

例 5.3.3 计算定积分 $\displaystyle\int_0^{\ln 2} \sqrt{\mathrm{e}^x - 1}\,\mathrm{d}x$.

解 作变量代换 $\sqrt{\mathrm{e}^x - 1} = u$,则 $x = \ln(1 + u^2)$,所以 $\mathrm{d}x = \dfrac{2u}{1 + u^2}\,\mathrm{d}u$. 由于当 $x = 0$ 时,

$u = 0$;当 $x = \ln 2$ 时,$u = 1$,于是

$$\int_0^{\ln 2} \sqrt{\mathrm{e}^x - 1}\,\mathrm{d}x = \int_0^1 u \cdot \frac{2u}{1 + u^2}\,\mathrm{d}u = 2\int_0^1 \frac{u^2}{1 + u^2}\,\mathrm{d}u = 2\int_0^1 \left(1 - \frac{1}{1 + u^2}\right)\mathrm{d}u$$

$$= 2(u - \arctan u)\Big|_0^1 = 2 - \frac{\pi}{2}.$$

要补充说明的是,如果在计算中使用的是"凑微分"的换元法,在计算过程往往不必另行写出中间变量,因而也无须引入中间变量的变化区间. 这就是说,如果 $F(u)$ 是 $f(u)$ 的原函数,$\varphi(x)$ 在 $[a, b]$ 上具有连续导数,且 φ 的值域包含于 f 的定义域,则

$$\int_a^b f(\varphi(x))\varphi'(x)\,\mathrm{d}x = \int_a^b f(\varphi(x))\,\mathrm{d}\varphi(x) = F(\varphi(x))\Big|_a^b.$$

例 5.3.4 计算 $\displaystyle\int_1^{\sqrt{\mathrm{e}}} \frac{\mathrm{d}x}{x\sqrt{1 - \ln^2 x}}$.

解 利用"凑微分"法得

$$\int_1^{\sqrt{\mathrm{e}}} \frac{\mathrm{d}x}{x\sqrt{1 - \ln^2 x}} = \int_1^{\sqrt{\mathrm{e}}} \frac{\mathrm{d}\ln x}{\sqrt{1 - \ln^2 x}}$$

$$= \arcsin \ln x \Big|_1^{\sqrt{\mathrm{e}}} = \arcsin \frac{1}{2} - \arcsin 0 = \frac{\pi}{6}.$$

定理 5.3.2 设函数 f 在对称区间 $[-a, a]$ 上连续,则

$$\int_{-a}^a f(x)\,\mathrm{d}x = \int_0^a [f(x) + f(-x)]\,\mathrm{d}x.$$

从而

(1) 若 f 是偶函数,则

$$\int_{-a}^a f(x)\,\mathrm{d}x = 2\int_0^a f(x)\,\mathrm{d}x;$$

(2) 若 f 是奇函数,则

$$\int_{-a}^a f(x)\,\mathrm{d}x = 0.$$

证 由于

$$\int_{-a}^a f(x)\,\mathrm{d}x = \int_{-a}^0 f(x)\,\mathrm{d}x + \int_0^a f(x)\,\mathrm{d}x,$$

对积分 $\displaystyle\int_{-a}^0 f(x)\,\mathrm{d}x$ 作变量代换 $x = -t$ 得

$$\int_{-a}^{0}f(x)\mathrm{d}x=-\int_{a}^{0}f(-t)\mathrm{d}t=\int_{0}^{a}f(-t)\mathrm{d}t=\int_{0}^{a}f(-x)\mathrm{d}x,$$

于是

$$\int_{-a}^{a}f(x)\mathrm{d}x=\int_{0}^{a}f(-x)\mathrm{d}x+\int_{0}^{a}f(x)\mathrm{d}x=\int_{0}^{a}[f(x)+f(-x)]\mathrm{d}x.$$

证毕

这个定理中的结论(1)和(2)的几何意义是非常明显的,并且它们可使定积分的计算更为简单.例如,从结论(2)立刻可知

$$\int_{-1}^{1}x^3\sqrt{1-x^4}\mathrm{d}x=0,$$

这是因为被积函数是奇函数.

例 5.3.5　计算 $\int_{-\frac{\pi}{4}}^{\frac{\pi}{4}}\cos x(\sin^2 x+\sin 2x)\mathrm{d}x.$

解　因为 $\cos x\sin^2 x$ 是偶函数, $\cos x\sin 2x$ 是奇函数,由定理 5.3.2 得

$$\int_{-\frac{\pi}{4}}^{\frac{\pi}{4}}\cos x(\sin^2 x+\sin 2x)\mathrm{d}x$$

$$=\int_{-\frac{\pi}{4}}^{\frac{\pi}{4}}\cos x\sin^2 x\mathrm{d}x+\int_{-\frac{\pi}{4}}^{\frac{\pi}{4}}\cos x\sin 2x\mathrm{d}x$$

$$=2\int_{0}^{\frac{\pi}{4}}\cos x\sin^2 x\mathrm{d}x$$

$$=2\int_{0}^{\frac{\pi}{4}}\sin^2 x\mathrm{d}\sin x$$

$$=\frac{2}{3}\sin^3 x\Big|_{0}^{\frac{\pi}{4}}$$

$$=\frac{\sqrt{2}}{6}.$$

例 5.3.6　计算定积分 $\int_{0}^{\pi}\frac{x\sin x}{1+\cos^2 x}\mathrm{d}x.$

解　由定积分的区间可加性得

$$\int_{0}^{\pi}\frac{x\sin x}{1+\cos^2 x}\mathrm{d}x=\int_{0}^{\frac{\pi}{2}}\frac{x\sin x}{1+\cos^2 x}\mathrm{d}x+\int_{\frac{\pi}{2}}^{\pi}\frac{x\sin x}{1+\cos^2 x}\mathrm{d}x.$$

对等式右边的第二个积分作变量代换 $x=\pi-t$ 得

$$\int_{\frac{\pi}{2}}^{\pi}\frac{x\sin x}{1+\cos^2 x}\mathrm{d}x=-\int_{\frac{\pi}{2}}^{0}\frac{(\pi-t)\sin(\pi-t)}{1+\cos^2(\pi-t)}\mathrm{d}t$$

$$=\int_{0}^{\frac{\pi}{2}}\frac{(\pi-t)\sin t}{1+\cos^2 t}\mathrm{d}t$$

$$=\pi\int_{0}^{\frac{\pi}{2}}\frac{\sin t}{1+\cos^2 t}\mathrm{d}t-\int_{0}^{\frac{\pi}{2}}\frac{t\sin t}{1+\cos^2 t}\mathrm{d}t,$$

于是

$$\int_0^\pi \frac{x\sin x}{1+\cos^2 x}\mathrm{d}x = \pi\int_0^{\frac{\pi}{2}} \frac{\sin x}{1+\cos^2 x}\mathrm{d}x$$

$$=-\pi\int_0^{\frac{\pi}{2}} \frac{1}{1+\cos^2 x}\mathrm{d}\cos x$$

$$=-\pi\arctan\cos x \Big|_0^{\frac{\pi}{2}}$$

$$=\frac{\pi^2}{4}.$$

注意,在本题中我们实际上并没有求出函数 $\dfrac{x\sin x}{1+\cos^2 x}$ 的原函数,只是利用换元积分法把不易计算的部分消去了.因此定积分换元法的使用是有其自身特点的,不要简单地认为它与不定积分的换元法的作用相同.

分部积分法

设函数 u 和 v 在区间 $[a,b]$ 上有连续导数.由函数乘积的求导公式

$$(uv)' = uv' + vu'$$

可得

$$uv' = (uv)' - vu'.$$

将上式在 $[a,b]$ 上取定积分便得

$$\int_a^b u(x)v'(x)\mathrm{d}x = \int_a^b [u(x)v(x)]'\mathrm{d}x - \int_a^b v(x)u'(x)\mathrm{d}x$$

$$= [u(x)v(x)]\Big|_a^b - \int_a^b v(x)u'(x)\mathrm{d}x.$$

这样便有如下的分部积分公式:

定理 5.3.3 设函数 u 和 v 在 $[a,b]$ 上有连续导数,则

$$\int_a^b u(x)v'(x)\mathrm{d}x = [u(x)v(x)]\Big|_a^b - \int_a^b v(x)u'(x)\mathrm{d}x.$$

上式也可表成下列形式

$$\int_a^b u(x)\mathrm{d}v(x) = [u(x)v(x)]\Big|_a^b - \int_a^b v(x)\mathrm{d}u(x).$$

例 5.3.7 计算定积分 $\displaystyle\int_1^e \frac{\ln x}{x^2}\mathrm{d}x$.

解 应用分部积分公式得

$$\int_1^e \frac{\ln x}{x^2}\mathrm{d}x = -\int_1^e \ln x\,\mathrm{d}\frac{1}{x}$$

$$=-\frac{\ln x}{x}\Big|_1^e + \int_1^e \frac{1}{x^2}\mathrm{d}x$$

$$=-\frac{1}{e} - \frac{1}{x}\Big|_1^e$$

$$=1-\frac{2}{e}.$$

例 5.3.8 计算定积分 $\int_0^3 \sin\pi \sqrt{x+1}\,\mathrm{d}x$.

解 作变量代换 $\sqrt{x+1}=t$, 则 $x=t^2-1$, $\mathrm{d}x=2t\mathrm{d}t$, 所以

$$\int_0^3 \sin\pi \sqrt{x+1}\,\mathrm{d}x = 2\int_1^2 t\sin\pi t\,\mathrm{d}t.$$

应用分部积分公式得

$$\begin{aligned}
\int_1^2 t\sin\pi t\,\mathrm{d}t &= -\frac{1}{\pi}\int_1^2 t\,\mathrm{d}\cos\pi t \\
&= -\frac{1}{\pi}t\cos\pi t\Big|_1^2 + \frac{1}{\pi}\int_1^2 \cos\pi t\,\mathrm{d}t \\
&= -\frac{3}{\pi} + \frac{1}{\pi^2}\sin\pi t\Big|_1^2 \\
&= -\frac{3}{\pi},
\end{aligned}$$

因此

$$\int_0^3 \sin\pi \sqrt{x+1}\,\mathrm{d}x = -\frac{6}{\pi}.$$

例 5.3.9 计算定积分 $I_n = \int_0^{\frac{\pi}{2}} \sin^n x\,\mathrm{d}x$（$n$ 为正整数）.

解 显然

$$I_0 = \int_0^{\frac{\pi}{2}} \sin^0 x\,\mathrm{d}x = \frac{\pi}{2}, \quad I_1 = \int_0^{\frac{\pi}{2}} \sin x\,\mathrm{d}x = 1.$$

当 $n\geq 2$ 时, 利用分部积分法得

$$\begin{aligned}
I_n &= \int_0^{\frac{\pi}{2}} \sin^n x\,\mathrm{d}x \\
&= \int_0^{\frac{\pi}{2}} \sin^{n-1} x \cdot \sin x\,\mathrm{d}x \\
&= -\sin^{n-1} x\cos x\Big|_0^{\frac{\pi}{2}} + (n-1)\int_0^{\frac{\pi}{2}} \sin^{n-2} x \cdot \cos^2 x\,\mathrm{d}x \\
&= (n-1)\int_0^{\frac{\pi}{2}} \sin^{n-2} x \cdot \cos^2 x\,\mathrm{d}x \\
&= (n-1)\int_0^{\frac{\pi}{2}} \sin^{n-2} x \cdot (1-\sin^2 x)\,\mathrm{d}x \\
&= (n-1)(I_{n-2} - I_n),
\end{aligned}$$

于是得到递推关系

$$I_n = \frac{n-1}{n}I_{n-2}.$$

从这个递推关系得

$$\int_0^{\frac{\pi}{2}} \sin^n x \, dx = \begin{cases} \dfrac{n-1}{n} \cdot \dfrac{n-3}{n-2} \cdot \cdots \cdot \dfrac{1}{2} \cdot \dfrac{\pi}{2} = \dfrac{(n-1)!!}{n!!} \cdot \dfrac{\pi}{2}, & n \text{ 为偶数}, \\ \dfrac{n-1}{n} \cdot \dfrac{n-3}{n-2} \cdot \cdots \cdot \dfrac{2}{3} = \dfrac{(n-1)!!}{n!!}, & n \text{ 为奇数}. \end{cases}$$

例 5.3.10 计算定积分 $\displaystyle\int_0^1 x^4 \sqrt{1-x^2} \, dx$.

解 作变量代换 $x = \sin t$ 得

$$\int_0^1 x^4 \sqrt{1-x^2} \, dx = \int_0^{\frac{\pi}{2}} \sin^4 t \cdot \sqrt{1 - \sin^2 t} \cos t \, dt$$

$$= \int_0^{\frac{\pi}{2}} \sin^4 t \cdot \cos^2 t \, dt = \int_0^{\frac{\pi}{2}} \sin^4 t \cdot (1 - \sin^2 t) \, dt$$

$$= \int_0^{\frac{\pi}{2}} \sin^4 t \, dt - \int_0^{\frac{\pi}{2}} \sin^6 t \, dt.$$

由例 5.3.9 知

$$\int_0^{\frac{\pi}{2}} \sin^4 t \, dt = \frac{3!!}{4!!} \cdot \frac{\pi}{2} = \frac{3\pi}{16}, \qquad \int_0^{\frac{\pi}{2}} \sin^6 t \, dt = \frac{5!!}{6!!} \cdot \frac{\pi}{2} = \frac{5\pi}{32},$$

所以

$$\int_0^1 x^4 \sqrt{1-x^2} \, dx = \frac{3\pi}{16} - \frac{5\pi}{32} = \frac{\pi}{32}.$$

定积分的数值计算

牛顿-莱布尼茨公式远不足以解决定积分的计算问题. 一方面,许多可积函数的原函数难以或者根本不能用初等函数表示;另一方面,大量的实际问题还需要对并无解析表达式的函数计算定积分. 数值积分方法提供了根据被积函数在积分区间某些点上的函数值近似计算其积分值的各种途径,并可通过计算机完成复杂的计算且达到所需的精确度. 我们这里仅介绍数值计算定积分的**梯形法**,这是一种常用且又直观的方法.

为了直观地导出计算 $\displaystyle\int_a^b f(x) \, dx$ 的近似公式,不妨先假设 f 是非负函数,那么这个积分值就是由曲线 $y = f(x)$,直线 $x = a, x = b$ 及 x 轴所围成的曲边梯形的面积.

把 $[a, b]$ 等分为 n 个小区间,即在 $[a, b]$ 中插入分点

$$x_i = a + i \frac{b-a}{n}, \quad i = 0, 1, \cdots, n.$$

显然,每个小区间的长度为 $\dfrac{b-a}{n}$. 设对应于每个分点的函数值分别为

$$y_0, y_1, \cdots, y_n.$$

以直线 $x = x_i (i = 1, 2, \cdots, n-1)$ 把所考虑的曲边梯形分割为 n 个小曲边梯形. 在每个小区间 $[x_{i-1}, x_i]$ 上,用连结 (x_{i-1}, y_{i-1}) 和 (x_i, y_i) 的线段代替曲线段 $y = f(x) (x_{i-1} \leqslant x \leqslant x_i)$,以小梯形面积作为原小曲边梯形面积的近似(见图 5.3.2),即

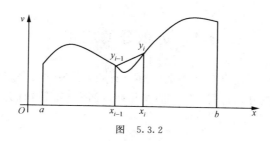

图 5.3.2

$$\int_{x_{i-1}}^{x_i} f(x)\mathrm{d}x \approx \frac{1}{2}(y_{i-1}+y_i)(x_i-x_{i-1}) = \frac{b-a}{2n}(y_{i-1}+y_i),$$

于是,

$$\int_a^b f(x)\mathrm{d}x = \sum_{i=1}^n \int_{x_{i-1}}^{x_i} f(x)\mathrm{d}x \approx \sum_{i=1}^n \frac{b-a}{2n}(y_{i-1}+y_i).$$

整理后即得

$$\int_a^b f(x)\mathrm{d}x \approx \frac{b-a}{n}\left[\frac{y_0}{2}+(y_1+\cdots+y_{n-1})+\frac{y_n}{2}\right].$$

实际上,这个结论适用于任意值的可积函数,它称为近似计算定积分值的**梯形公式**.

若 f'' 在 $[a,b]$ 上连续,$M=\max\limits_{x\in[a,b]}|f''(x)|$,则对于以上近似公式的误差 E_n 有如下估计(证明从略):

$$|E_n| \leqslant \frac{M(b-a)}{12}\left(\frac{b-a}{n}\right)^2.$$

例 5.3.11 将 $[0,1]$ 四等分,用梯形法计算 $I=\int_0^1 \frac{1}{1+x^2}\mathrm{d}x$.

解 在 $[0,1]$ 中取五个分点 $x_0=0,x_1=\frac{1}{4},x_2=\frac{1}{2},x_3=\frac{3}{4},x_4=1$ 将其四等分. 直接计算得

$$y_0=1,\quad y_1=\frac{16}{17},\quad y_2=\frac{4}{5},\quad y_3=\frac{16}{25},\quad y_4=\frac{1}{2}.$$

由梯形公式得

$$I \approx \frac{1}{4}\left(\frac{1}{2}y_0+y_1+y_2+y_3+\frac{1}{2}y_4\right)=0.782794.$$

由于

$$\left(\frac{1}{1+x^2}\right)''=\frac{2(3x^2-1)}{(1+x^2)^3},$$

它的绝对值在 $[0,1]$ 上的最大值为 2. 于是,用梯形公式近似计算 I 所产生的误差不超过 $\frac{2}{12}\left(\frac{1}{4}\right)^2<1.042\times10^{-2}$.

实际上,由牛顿-莱布尼茨公式,可得

$$I=\int_0^1 \frac{1}{1+x^2}\mathrm{d}x = \arctan x\,\Big|_0^1 = \frac{\pi}{4} \approx 0.7853981635.$$

§4 定积分的应用

与曲边梯形的面积、变速直线运动的位移一样,许多实际问题中的量都需要用黎曼和的极限来刻画,即用定积分来计算. 本节将以几何、经济学等领域的问题为例,介绍定积分的应用.

微元法

设 f 是定义在 $[a,b]$ 上的非负连续函数. 我们先回忆一下计算由曲线 $y=f(x)$ 与直线 $x=a,x=b,y=0$ 所围成的曲边梯形面积的步骤:先对区间 $[a,b]$ 作分划

$$a = x_0 < x_1 < x_2 < \cdots < x_n = b,$$

然后在小区间 $[x_{i-1},x_i]$ 中任取点 ξ_i,并记 $\Delta x_i = x_i - x_{i-1}$,这样就得到了小曲边梯形面积的近似值 $\Delta A_i \approx f(\xi_i)\Delta x_i$. 最后,将所有的小曲边梯形面积的近似值相加,再取极限,就得到所考虑的曲边梯形面积

$$A = \lim_{\lambda \to 0} \sum_{i=1}^{n} f(\xi_i)\Delta x_i = \int_a^b f(x)\mathrm{d}x.$$

对于上述步骤,我们可以换一个角度来看:将分点 x_{i-1} 和 x_i 分别记为 x 和 $x+\Delta x$,将区间 $[x,x+\Delta x]$ 上的小曲边梯形的面积记为 ΔA,并取 $\xi_i=x$,于是就有 $\Delta A \approx f(x)\Delta x$,这对应着微分表达式 $\mathrm{d}A=f(x)\mathrm{d}x$(事实上因为 f 连续,则 $[x,x+\Delta x]$ 上的小曲边梯形的面积

$$\Delta A = \int_x^{x+\Delta x} f(t)\mathrm{d}t = f(x)\Delta x + o(\Delta x),$$

因此 $\mathrm{d}A=f(x)\mathrm{d}x$. 最后,把对小曲边梯形面积的近似值进行相加,再取极限的过程视作对被积表达式 $\mathrm{d}A=f(x)\mathrm{d}x$ 在区间 $[a,b]$ 上求定积分,就得到

$$A = \int_a^b f(x)\mathrm{d}x.$$

了解了这种处理问题方法的实质以后,就可以将上述过程推广到一般情形:设函数 f 在 $[a,b]$ 上连续,Q 为 f 所确定的在区间 $[a,b]$ 上连续分布的量(f 常称为 Q 的密度),并且对区间具有可加性,则计算 Q 在区间 $[a,b]$ 上的总量的步骤为:

(1) 任取一个小区间 $[x,x+\mathrm{d}x]$($\mathrm{d}x$ 称为 x 的微元);

(2) 计算 Q 在该小区间的近似值 $\mathrm{d}Q=f(x)\mathrm{d}x$($\mathrm{d}Q$ 称为 Q 的积分微元,简称微元);

(3) 在区间 $[a,b]$ 上对被积表达式 $\mathrm{d}Q=f(x)\mathrm{d}x$ 取定积分,便得到总量 Q 的精确值 $Q=\int_a^b f(x)\mathrm{d}x$.

这种处理问题和解决问题的方法称为微元法. 微元法的思想就是由计算微元 $f(x)\mathrm{d}x$ 出发导出积分,即由连续量的局部特征导出整体的累积效应.

平面图的面积

（一）直角坐标系下的区域

设函数 f 和 g 在 $[a,b]$ 上连续.考察由曲线 $y=f(x),y=g(x)$,直线 $x=a,x=b(b>a)$ 所围平面图形,要求它的面积.

先假设在 $[a,b]$ 上成立 $f\geqslant g$.任取 $[a,b]$ 中的小区间 $[x,x+\mathrm{d}x]$,则小区间 $[x,x+\mathrm{d}x]$ 对应的小平面图形(见图 5.4.1 中的阴影部分)的面积 ΔA 近似等于高为 $f(x)-g(x)$,宽为 $\mathrm{d}x$ 的矩形面积,即

$$\Delta A \approx [f(x)-g(x)]\mathrm{d}x,$$

所以,面积微元为

$$\mathrm{d}A = [f(x)-g(x)]\mathrm{d}x.$$

于是,所求的面积为

$$A = \int_a^b [f(x)-g(x)]\mathrm{d}x.$$

如果去掉条件 $f\geqslant g$,同样可得

$$\mathrm{d}A = |f(x)-g(x)|\mathrm{d}x,$$

从而

$$A = \int_a^b |f(x)-g(x)|\mathrm{d}x.$$

特别地,由曲线 $y=f(x)$,直线 $x=a,x=b(b>a)$ 及 x 轴所围平面图形的面积为

$$A = \int_a^b |f(x)|\mathrm{d}x.$$

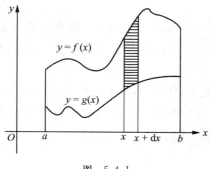

图　5.4.1

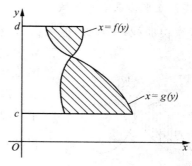

图　5.4.2

用同样思想可得:由曲线 $x=f(y),x=g(y)$,直线 $y=c,y=d\ (d>c)$ 所围平面图形的面积为(见图 5.4.2)

$$A = \int_c^d |f(y)-g(y)|\mathrm{d}y.$$

特别地,由曲线 $x=f(y)$,直线 $y=c,y=d\ (d>c)$ 及 y 轴所围平面图形的面积为

$$A = \int_c^d |f(y)|\mathrm{d}y.$$

例 5.4.1 求曲线 $y=x^3-2x$ 与抛物线 $y=x^2$ 所围平面图形的面积.

解 易求出两曲线的交点为 $(-1,1)$，$(0,0)$ 和 $(2,4)$（见图 5.4.3）. 则两曲线所围图形的面积为

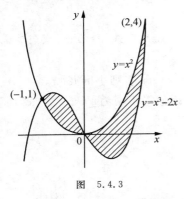

图 5.4.3

$$A = \int_{-1}^{2} |x^3-2x-x^2|\, dx$$

$$= \int_{-1}^{0} |x^3-2x-x^2|\, dx + \int_{0}^{2} |x^3-2x-x^2|\, dx$$

$$= \int_{-1}^{0} (x^3-2x-x^2)\, dx - \int_{0}^{2} (x^3-2x-x^2)\, dx$$

$$= \left(\frac{1}{4}x^4-x^2-\frac{1}{3}x^3\right)\Big|_{-1}^{0} - \left(\frac{1}{4}x^4-x^2-\frac{1}{3}x^3\right)\Big|_{0}^{2}$$

$$= \frac{37}{12}.$$

例 5.4.2 求抛物线 $y^2=2x$ 与直线 $y=x-4$ 所围平面图形的面积.

解 易求出两曲线的交点为 $(2,-2)$ 和 $(8,4)$（见图 5.4.4）. 选取 y 为积分变量，则两曲线所围平面图形的面积为

$$A = \int_{-2}^{4} \left(y+4-\frac{y^2}{2}\right) dy$$

$$= \left(\frac{1}{2}y^2+4y-\frac{1}{6}y^3\right)\Big|_{-2}^{4} = 18.$$

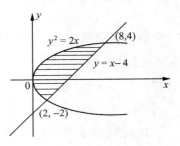

图 5.4.4

注意，在本题中如果选取 x 为积分变量，需对图形进行分块后，再应用面积计算公式来计算.

（二）极坐标系下的区域

考察由曲线 $r=r(\theta)$，射线 $\theta=\alpha$，$\theta=\beta$（$\beta>\alpha$）所围成的平面图形（称之为曲边扇形），要求它的面积，其中 $r(\theta)$ 是 $[\alpha,\beta]$ 上的连续函数（见图 5.4.5）.

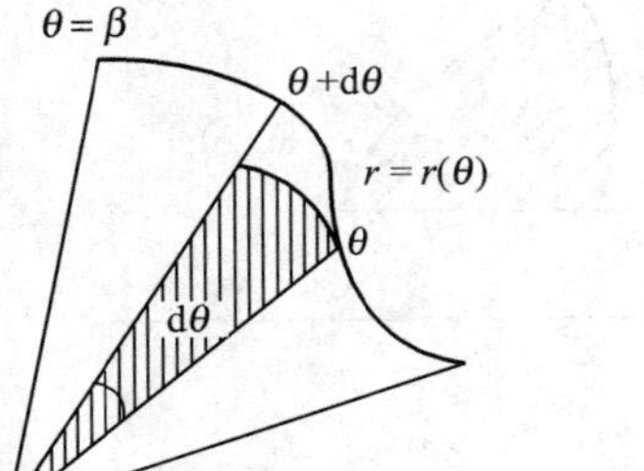

以 θ 为积分变量，任取 $[\alpha,\beta]$ 中的小区间 $[\theta,\theta+d\theta]$，由于 $[\theta,\theta+d\theta]$ 对应的小曲边扇形的面积近似于圆扇形的面积，即 $\Delta A \approx \frac{1}{2}[r(\theta)]^2 d\theta$，所以面积微元

$$dA = \frac{1}{2}[r(\theta)]^2 d\theta,$$

于是

$$A = \frac{1}{2}\int_{\alpha}^{\beta}[r(\theta)]^2 d\theta.$$

图 5.4.5

例 5.4.3　计算心脏线 $r=a(1+\cos\theta)(-\pi\leqslant\theta\leqslant\pi)$ 所围平面图形的面积(见图 5.4.6).

解　由面积计算公式,得

$$A=\frac{1}{2}\int_{-\pi}^{\pi}a^2(1+\cos\theta)^2\mathrm{d}\theta$$

$$=a^2\int_0^{\pi}(1+\cos\theta)^2\mathrm{d}\theta$$

$$=4a^2\int_0^{\pi}\cos^4\frac{\theta}{2}\mathrm{d}\theta$$

$$=8a^2\int_0^{\frac{\pi}{2}}\cos^4\theta\,\mathrm{d}\theta$$

$$=\frac{3}{2}\pi a^2.$$

已知截面面积的立体的体积

设空间立体 Ω 介于平面 $x=a$ 和 $x=b$ 之间.若对于任意 $x\in[a,b]$,过 x 点且与 x 轴垂直的平面与立体 Ω 相截,所截的截面的面积为 $A(x)$(假设 $A(x)$ 在 $[a,b]$ 上连续),那么相应于 $[a,b]$ 中的任意小区间 $[x,x+\mathrm{d}x]$,在 $[x,x+\mathrm{d}x]$ 上对应的小立体的体积近似于母线与 x 轴平行、高为 $\mathrm{d}x$,底面积为 $A(x)$ 的柱体体积(见图 5.4.7),因此

$$\mathrm{d}V=A(x)\mathrm{d}x,$$

所以

$$V=\int_a^b A(x)\mathrm{d}x.$$

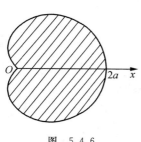

图　5.4.6

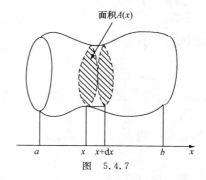

面积 $A(x)$

图　5.4.7

我国南北朝时的数学家祖暅(祖冲之之子)在计算出球的体积的同时,得到了一个重要的结论(后人称之为"祖暅原理"):"夫叠基成立积,缘幂势既同,则积不容异."用现代话讲就是,一个几何体("立积")是由一系列很薄的小片("基")叠成的;若两个几何体相应的小片的截面积("幂势")都相同,那它们的体积("积")必然相等.这一结论与上述求体积公式的推导思想是相同的.意大利数学家卡瓦列里(Cavalieri)在 1635 年得到了同样的结论,所以也称之为"卡瓦列里原理",但比祖暅迟了一千多年.

例 5.4.4　已知一直圆柱体的底面半径为 R,平面 π_1 过其底面圆周上一点,且与底面 π_2 成夹角 θ,求圆柱体被平面 π_1 和 π_2 所截得的立体的体积(见图 5.4.8).

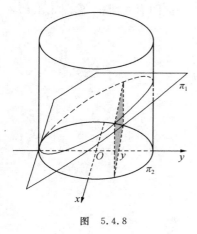

图 5.4.8

解 取圆柱体的底面圆周中心为原点，底面 π_2 为 Oxy 平面，并使平面 π_1 与圆周的交点在 y 轴上．这样一来，对于任意 $y\in[-R,R]$，过 $(0,y)$ 点且与 y 轴垂直的平面与立体相截的截面是一个矩形，它的底为 $2\sqrt{R^2-y^2}$，高为 $(y+R)\tan\theta$．因此

$$A(y)=2\sqrt{R^2-y^2}(y+R)\tan\theta,$$

那么所求体积为

$$V=2\tan\theta\left[\int_{-R}^{R}y\sqrt{R^2-y^2}\,\mathrm{d}y+R\int_{-R}^{R}\sqrt{R^2-y^2}\,\mathrm{d}y\right].$$

括号中的第一项是一个奇函数在对称区间上的积分，其值为 0；第二项积分值恰为半径为 R 的半圆的面积，因此

$$V=\pi R^3\tan\theta.$$

读者不难发现，如用与 x 轴垂直的平面与立体相截，截面是直角梯形，这样处理起来就会麻烦很多．所以应对不同问题作具体分析，寻求最简单的处理方案，以达到事半功倍的效果．

旋转体的体积

已知截面面积的立体的体积计算公式有一个直接的推论，就是求旋转体体积的公式．

设 f 是 $[a,b]$ 上的连续函数．空间立体 Ω 由平面图形

$$\{(x,y)\mid 0\leqslant y\leqslant |f(x)|,a\leqslant x\leqslant b\}$$

绕 x 轴旋转一周而成（见图 5.4.9）．如用过 $(x,0)$ 点且与 x 轴垂直的平面截此立体，所得截面显然是一个半径为 $|f(x)|$ 的圆，即截面积为

$$A(x)=\pi[f(x)]^2,$$

所以立体 Ω 的体积为

$$V=\pi\int_a^b[f(x)]^2\,\mathrm{d}x.$$

同样地，若 g 是 $[c,d]$ 上的连续函数，则平面图形

$$\{(x,y)\mid 0\leqslant x\leqslant |g(y)|,c\leqslant y\leqslant d\}$$

绕 y 轴旋转一周所成的空间立体的体积为（见图 5.4.10）

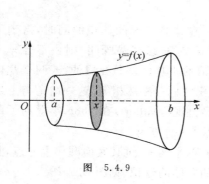

图 5.4.9

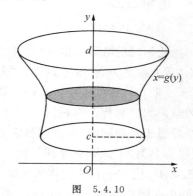

图 5.4.10

$$V = \pi \int_c^d [g(y)]^2 \mathrm{d}y.$$

例 5.4.5 求半径为 a 的球的体积.

解 半径为 a 的球可看做上半圆周 $y = \sqrt{a^2 - x^2}$ ($x \in [-a, a]$)与 x 轴所围图形绕 x 轴旋转一周所得的旋转体,则其体积为

$$V = \pi \int_{-a}^a (a^2 - x^2)\mathrm{d}x = \pi\left(a^2 x - \frac{x^3}{3}\right)\bigg|_{-a}^a = \frac{4}{3}\pi a^3.$$

定积分的经济学应用

(一) 由边际函数求总量函数

设函数 $u(x)$ 的边际函数 $u'(x)$ 连续,则由牛顿–莱布尼茨公式得

$$u(x) = u(x_0) + \int_{x_0}^x u'(t)\mathrm{d}t.$$

例如,已知边际成本函数为 $C'(x)$,那么当产量为 x 单位时,总成本为

$$C(x) = C(0) + \int_0^x C'(t)\mathrm{d}t,$$

其中 $C(0)$ 为固定成本.

再例如,已知收益的变化率(边际收益)$R'(x)$,则收益函数为

$$R(x) = R(0) + \int_0^x R'(t)\mathrm{d}t.$$

一般地,产量为零时总收益也是零,因此可假设 $R(0) = 0$,所以

$$R(x) = \int_0^x R'(t)\mathrm{d}t.$$

例 5.4.6 已知某水泥厂的生产的边际成本函数(单位:元)为

$$C'(x) = 100 + \frac{45}{\sqrt{x}},$$

其中 x 为产量(单位:吨),且固定成本为 100 万元. 求产量从 8100 吨增加到 10000 吨时,

(1) 需增加多少投资;

(2) 平均每吨要增加多少投资.

解 已知固定成本 $C(0) = 10^6$ 元,则总成本函数为

$$C(x) = C(0) + \int_0^x C'(t)\mathrm{d}t = 10^6 + \int_0^x \left(100 + \frac{45}{\sqrt{t}}\right)\mathrm{d}t$$

$$= 10^6 + 100x + 90\sqrt{x}.$$

(1) 当产量从 8100 吨增加到 10000 吨时,需要增加的投资为

$C(10000) - C(8100)$

$$= (10^6 + 100 \cdot 10^4 + 90 \cdot \sqrt{10000}) - (10^6 + 100 \cdot 8100 + 90 \cdot \sqrt{8100})$$

$$= 190900 \text{ 元}.$$

(2) 平均每吨要增加的投资为

$$\frac{C(10000) - C(8100)}{10000 - 8100} = \frac{190900}{1900} \approx 100.47 \text{ 元}.$$

例 5.4.7 某企业生产某产品的边际成本为 $C'(x) = x^2 - 4x + 6$(单位：元/单位产品)，边际收益为 $R'(x) = 105 - 2x$，其中 x 为产量. 已知没有产品时没有收益，且固定成本为 100 元. 若生产的产品都会售出，

(1) 求产量为多少时，利润最大；

(2) 问当利润最大时，最大利润是多少？

解 (1) 利润函数为

$$L(x) = R(x) - C(x).$$

因为

$$\begin{aligned}
L'(x) &= R'(x) - C'(x) \\
&= 105 - 2x - (x^2 - 4x + 6) \\
&= 99 + 2x - x^2 \\
&= (11 - x)(9 + x),
\end{aligned}$$

令 $L'(x) = 0$，得 $x = 11 (x = -9$ 舍去). 因为

$$L''(x) = 2 - 2x, \quad L''(11) = -20 < 0,$$

所以 $x = 11$ 为极大值点，又由于它是唯一的极值点，它就是最大值点. 因此当产量为 11 单位时，利润最大.

(2) 注意到 $R(0) = 0$，$C(0) = 100$，则最大利润为

$$\begin{aligned}
L(x) &= L(0) + \int_0^{11} L'(x) \, dx \\
&= R(0) - C(0) + \int_0^{11} [R'(x) - C'(x)] \, dx \\
&= -100 + \int_0^{11} (99 + 2x - x^2) \, dx \\
&= \left[-100 + \left(99x + x^2 - \frac{x^3}{3} \right) \Big|_0^{11} \right] \\
&\approx 666.33 \text{ 元}
\end{aligned}$$

(二) 投资问题

我们已经知道，若按年利率 r 作连续复利计息，A_0 元本金 t 年后的本息总和(将来值)为 $A = A_0 e^{rt}$ 元；反过来，若 t 年后有 A 元，则按连续复利计算，现在应有现金(现值)$A_0 = A e^{-rt}$ 元.

设收益是连续获得的，即收益被看作一种随时间连续变化的收益流 $P(t)$(如将企业或投资的收益看作连续时间的连续函数)，我们称收益流对时间的变化率(即 $P'(t)$)为收益流量. 若时间 t 以年为单位，收益以元为单位，则收益流量的单位就是元/年.

与单笔款项一样，收益流 $P(t)$ 的将来值定义为将其存入银行并加上利息后的存款值；而 $P(t)$ 的现值是这样一笔款项，若把它存入银行，到将来包括利息在内的存款值，与该款项在相同时段中从收益流获得的总收益相同.

在讨论连续收益时，为简单起见，我们总假设以连续复利 r 计息. 设有一个收益流量为 $f(t)$(元/年)的收益流，那么从开始($t = 0$)到 T 年后，它的总收益的现值与将来值是多少呢？

我们利用微元法.在区间 $[0,T]$ 中任取一小区间 $[t,t+\mathrm{d}t]$,在 $[t,t+\mathrm{d}t]$ 上将收益流量 $f(t)$ 看做常数,则在这个小时间段上从收益流所获得的收益微元等于 $f(t)\mathrm{d}t$(元).注意从现在($t=0$)算起,收益 $f(t)\mathrm{d}t$ 是经过 t 年后获得的,因此在时段 $[t,t+\mathrm{d}t]$ 上的收益的现值微元应为

$$[f(t)\mathrm{d}t]\mathrm{e}^{-rt} = f(t)\mathrm{e}^{-rt}\mathrm{d}t,$$

从而总收益的现值为

$$A_0 = \int_0^T f(t)\mathrm{e}^{-rt}\mathrm{d}t.$$

在计算将来值时,注意到在时段 $[t,t+\mathrm{d}t]$ 上的收益将在以后的 $T-t$ 年期间获息,从而在 $[t,t+\mathrm{d}t]$ 上,收益流的将来值微元为

$$[f(t)\mathrm{d}t]\mathrm{e}^{r(T-t)} = f(t)\mathrm{e}^{r(T-t)}\mathrm{d}t,$$

于是总收益的将来值为

$$A = \int_0^T f(t)\mathrm{e}^{r(T-t)}\mathrm{d}t.$$

设投资于某企业一笔款项 a,经测算该企业在 T 年中可以按每年 b 的均匀收益率(收益流量)产生收益.已知年利率为 r,则由以上的讨论知,T 年中总收益的现值为

$$A_0 = \int_0^T b\mathrm{e}^{-rt}\mathrm{d}t = \frac{b}{r}(1-\mathrm{e}^{-rT}).$$

所以,投资获得的纯收益的现值为 $\dfrac{b}{r}(1-\mathrm{e}^{-rT})-a$.

由于 T 年中总收益的将来值为

$$A = \int_0^T b\mathrm{e}^{r(T-t)}\mathrm{d}t = \frac{b}{r}(1-\mathrm{e}^{-rT})\mathrm{e}^{rT},$$

因此

$$A = A_0\mathrm{e}^{rT}.$$

这说明,按年利率 r 的连续复利计息,则从现在起到 T 年后的投资收益的将来值,恰好等于将该投资作为单笔款项存入银行 T 年后的将来值.

那么何时收回该笔投资呢? 收回投资意味着总收益的现值等于投资总额,即

$$\frac{b}{r}(1-\mathrm{e}^{-rT}) = a,$$

从而解得收回投资的时间

$$T = \frac{1}{r}\ln\frac{b}{b-ar}.$$

例 5.4.8　现准备对某企业投资 400 万元,经测算该企业在 10 年中有 100 万元/年的固定收益,且已知年利率为 10%.

(1) 求这十年的总收益的现值和将来值,并解释这两者的关系;

(2) 问多少年能收回投资?

解　(1) 这时 $a=400$ 万元,$b=100$ 万元/年,$T=10$,$r=0.1$.则由以上的讨论得到,总收益的现值为

$$A_0 = \frac{100}{0.1}(1 - e^{-0.1 \times 10}) = 1000(1 - e^{-1}) \approx 632.12 \, \text{万元}.$$

总收益的将来值为

$$A = \frac{100}{0.1}(1 - e^{-0.1 \times 10})e^{0.1 \times 10} = 1000(1 - e^{-1})e = 1718.28 \, \text{万元}.$$

显然

$$A = A_0 \cdot e.$$

这说明若以现值 $1000(1 - e^{-1})$ 万元存入银行,按年利率 10% 的连续复利计息,则 10 年中这笔单独款项的将来值为 $1000(1 - e^{-1})e$,它恰好是投资 400 万元在 10 年期间的总收益的将来值.

(2) 由于 $a = 400$ 万元,$b = 100$ 万元/年,$r = 0.1$. 所以由以上的讨论得到,收回投资的时间为

$$T = \frac{1}{0.1}\ln\frac{100}{100 - 400 \times 0.1} = 10\ln\frac{5}{3} \approx 5.1 \, \text{年}.$$

(三) 洛伦兹(Lorenz)曲线与基尼(Gini)系数

为了研究国民收入在国民之间的分配问题,美国统计学家洛伦兹 1907 年(一说 1905 年)提出了著名的**洛伦兹曲线**. 他先将一国人口按收入由低到高排队,然后从收入最低的任意百分比人口所得收入的百分比开始,将这样的人口累计百分比和收入累计百分比的对应关系描绘在图形上,即得到洛伦兹曲线(也称为**实际收入分配曲线**).

例如,把总人口按收入由低到高分为 10 个等级,每个等级组均为 10% 人口,再计算每个组的收入占总收入的比例. 然后以人口百分比为横轴,收入百分比为纵轴,便可绘出一条洛伦兹曲线 $L = L(x)$,如图 5.4.11 所示.

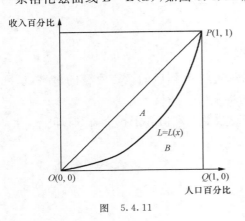

图 5.4.11

洛伦兹曲线是一条单调增加的下凸曲线,反映了收入分配的不平等程度. 弯曲程度越大,收入分配程度越不平等;反之亦然. 特别地,如果洛伦兹曲线是线段 OP(OP 称为**收入分配绝对平等线**),则人口累计百分比等于收入累计百分比,从而任一人口百分比等于其收入百分比,则收入分配是完全平等的. 如果洛伦兹曲线为折线 OQP(OQP 称为**收入分配绝对不平等线**),则所有收入都集中在某一个人手中,而其余的人均一无所有,收入分配达到完全不平等. 洛伦兹与 45 度线 OP 越接近,收入分配越平等.

反之,洛伦兹曲线与折线 OQP 越接近,收入越不平等.

1912 年意大利经济学家基尼在洛伦兹曲线基础上定义了基尼系数,定量测定收入分配差异程度,是国际上用来综合考察收入分配差异状况的一个重要分析指标.

记图 5.4.11 中的实际收入分配曲线和收入分配绝对平等线之间的面积为 A,实际收入分配曲线和收入分配绝对不平等线之间的面积为 B,则 $G = \dfrac{A}{A+B}$ 称为**基尼系数**. 如果

基尼系数为零,则收入分配完全平等;如果基尼系数为 1,则收入分配完全不平等.收入分配越是趋向于平等,洛伦兹曲线的弧度越小,基尼系数也越小;反之,收入分配越是趋向于不平等,洛伦兹曲线的弧度越大,那么基尼系数也越大.

显然,$A+B=\dfrac{1}{2}$,所以基尼系数

$$G = \frac{A}{A+B} = \frac{\dfrac{1}{2} - \displaystyle\int_0^1 L(x)\,\mathrm{d}x}{\dfrac{1}{2}} = 1 - 2\int_0^1 L(x)\,\mathrm{d}x.$$

计算基尼系数的方法有很多,我们只介绍利用数值计算定积分的梯形法来计算基尼系数的方法.

假定一定数量的人口按收入由低到高的顺序排队,分为人数相等的 n 组.从第 1 组到第 i 组人口的累计收入占全部人口总收入的比例为 $w_i(i=1,2,\cdots,n)$.

取 $x_i = \dfrac{i}{n}(i=0,1,\cdots,n)$ 将 $[0,1]$ 分为长度均为 $\dfrac{1}{n}$ 的 n 个小区间.对于 $L=L(x)$,由已知条件有

$$w_i = L(x_i)(i=1,2,\cdots,n), \quad \text{且 } w_0 = L(0) = 0, \quad w_n = 1.$$

利用上一节数值方法计算定积分的梯形公式得

$$\int_0^1 L(x)\,\mathrm{d}x \approx \frac{1}{n}\left(\frac{w_0}{2} + \sum_{i=1}^{n-1} w_i + \frac{w_n}{2}\right) = \frac{1}{n}\left(\sum_{i=1}^{n-1} w_i + \frac{1}{2}\right),$$

于是

$$G = 1 - 2\int_0^1 L(x)\,\mathrm{d}x \approx 1 - \frac{1}{n}\left(2\sum_{i=1}^{n-1} w_i + 1\right).$$

§5　广　义　积　分

在我们讨论定积分时,考虑的被积函数是有界函数,积分区间是有限区间.因此当问题涉及无限区间或无界函数时,需要把积分概念作进一步扩充.

我们先看一个例子.

由曲线 $y=\dfrac{1}{x^2}(x>0)$, $x=1$ 和 x 轴所围图形的面积是多少呢(见图 5.5.1)?

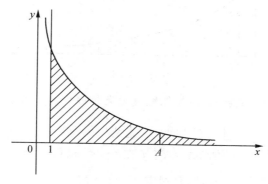

图　5.5.1

我们从求曲边梯形的面积入手.任取 $A>1$,则由曲线 $y=\dfrac{1}{x^2}$ $(x>0)$,$x=1$,$x=A$ 和 x 轴所围图形的面积是可计算的,它为

$$S_A = \int_1^A \frac{\mathrm{d}x}{x^2}.$$

显然,当 A 增大时,S_A 也增大,且当 A 无限增大时,S_A 就会无限接近于所求图形的面积,于是定义该图形的面积为

$$\lim_{A\to+\infty} S_A = \lim_{A\to+\infty} \int_1^A \frac{\mathrm{d}x}{x^2} = \lim_{A\to+\infty}\left(1 - \frac{1}{A}\right) = 1.$$

这个极限可以很自然地看成无限区间上的积分.显然,它已不属于通常的黎曼积分的范畴.这就引出了广义积分的概念.

无限区间上的广义积分

先讨论定义于区间 $[a,+\infty)$ 上的函数的广义积分.

定义 5.5.1　设函数 f 定义于无限区间 $[a,+\infty)$,且在任意有限区间 $[a,A]$ 上可积.如果极限

$$\lim_{A\to+\infty}\int_a^A f(x)\,\mathrm{d}x$$

存在,就称此极限值为 f 在 $[a,+\infty)$ 上的**广义积分**,记做 $\int_a^{+\infty} f(x)\,\mathrm{d}x$,即

$$\int_a^{+\infty} f(x)\,\mathrm{d}x = \lim_{A\to+\infty}\int_a^A f(x)\,\mathrm{d}x,$$

这时也称 $\int_a^{+\infty} f(x)\,\mathrm{d}x$ **收敛**,又称函数 f 在 $[a,+\infty)$ 上**可积**;若 $\int_a^{+\infty} f(x)\,\mathrm{d}x$ 不收敛,就称它**发散**.

广义积分 $\int_a^{+\infty} f(x)\,\mathrm{d}x$ 收敛的几何意义是:若 f 是在 $[a,+\infty)$ 上的非负连续函数,则介于曲线 $y=f(x)$,直线 $x=a$ 和 x 轴之间的平面图形的面积为 $\int_a^{+\infty} f(x)\,\mathrm{d}x$(见图 5.5.2).

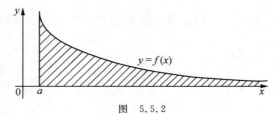

图　5.5.2

对定义于 $(-\infty,a]$ 上的函数 f,类似地可定义 f 在 $(-\infty,a]$ 上的广义积分

$$\int_{-\infty}^a f(x)\,\mathrm{d}x = \lim_{A\to-\infty}\int_A^a f(x)\,\mathrm{d}x.$$

对定义在 $(-\infty,+\infty)$ 上的函数 f,当 f 在 $(-\infty,a]$ 和 $[a,+\infty)$ 上的广义积分均收敛时,则称广义积分 $\int_{-\infty}^{+\infty} f(x)\,\mathrm{d}x$ 收敛,且规定

$$\int_{-\infty}^{+\infty} f(x) \mathrm{d}x = \int_{-\infty}^{a} f(x) \mathrm{d}x + \int_{a}^{+\infty} f(x) \mathrm{d}x,$$

其中 a 为任一实数. 否则, 称广义积分 $\int_{-\infty}^{+\infty} f(x) \mathrm{d}x$ 发散.

例 5.5.1 讨论广义积分 $\int_{0}^{+\infty} \mathrm{e}^{-ax} \mathrm{d}x$ 的收敛性.

解 当 $a \neq 0$ 时. 由于对任何 $A > 0$, 成立

$$\int_{0}^{A} \mathrm{e}^{-ax} \mathrm{d}x = \frac{1}{a}(1 - \mathrm{e}^{-aA}),$$

所以

$$\lim_{A \to +\infty} \int_{0}^{A} \mathrm{e}^{-ax} \mathrm{d}x = \begin{cases} \dfrac{1}{a}, & a > 0, \\ +\infty, & a < 0. \end{cases}$$

而当 $a = 0$ 时, 显然有

$$\lim_{A \to +\infty} \int_{0}^{A} \mathrm{e}^{-ax} \mathrm{d}x = \lim_{A \to +\infty} \int_{0}^{A} \mathrm{d}x = \lim_{A \to +\infty} A = +\infty.$$

于是, 当 $a > 0$ 时, 广义积分 $\int_{0}^{+\infty} \mathrm{e}^{-ax} \mathrm{d}x$ 收敛, 且 $\int_{0}^{+\infty} \mathrm{e}^{-ax} \mathrm{d}x = \dfrac{1}{a}$; 当 $a \leqslant 0$ 时, 广义积分 $\int_{0}^{+\infty} \mathrm{e}^{-ax} \mathrm{d}x$ 发散.

例 5.5.2 讨论广义积分 $\int_{1}^{+\infty} \dfrac{\mathrm{d}x}{x^{p}}$ 的收敛性.

解 当 $p \neq 1$ 时, 由于对任何 $A > 1$, 成立

$$\int_{1}^{A} \frac{\mathrm{d}x}{x^{p}} = \frac{1}{1-p}(A^{1-p} - 1),$$

所以

$$\lim_{A \to +\infty} \int_{1}^{A} \frac{\mathrm{d}x}{x^{p}} = \begin{cases} \dfrac{1}{p-1}, & p > 1, \\ +\infty, & p < 1. \end{cases}$$

当 $p = 1$ 时, 显然有

$$\lim_{A \to +\infty} \int_{1}^{A} \frac{1}{x} \mathrm{d}x = \lim_{A \to +\infty} \ln A = +\infty.$$

因此, 当 $p > 1$ 时, 广义积分 $\int_{1}^{+\infty} \dfrac{\mathrm{d}x}{x^{p}}$ 收敛, 且 $\int_{1}^{+\infty} \dfrac{1}{x^{p}} \mathrm{d}x = \dfrac{1}{p-1}$; 当 $p \leqslant 1$ 时, $\int_{1}^{+\infty} \dfrac{\mathrm{d}x}{x^{p}}$ 发散.

设函数 F 为 f 在 $[a, +\infty)$ 上的一个原函数, 若极限 $\lim\limits_{x \to +\infty} F(x)$ 存在, 定义

$$F(+\infty) = \lim_{x \to +\infty} F(x).$$

则由广义积分的定义和牛顿-莱布尼茨公式得

$$\int_{a}^{+\infty} f(x) \mathrm{d}x = \lim_{A \to +\infty} \int_{a}^{A} f(x) \mathrm{d}x = \lim_{A \to +\infty} F(x) \Big|_{a}^{A} = F(+\infty) - F(a).$$

此式说明了 $\int_{a}^{+\infty} f(x) \mathrm{d}x$ 收敛. 常记 $F(x) \Big|_{a}^{+\infty} = F(+\infty) - F(a)$, 则有

$$\int_a^{+\infty} f(x)\mathrm{d}x = F(x)\Big|_a^{+\infty} = F(+\infty) - F(a).$$

对于广义积分 $\int_{-\infty}^{a} f(x)\mathrm{d}x$ 和 $\int_{-\infty}^{+\infty} f(x)\mathrm{d}x$，也有类似的结论，请读者自行写出.

关于定积分的性质，如线性性质、保序性质、区间可加性质等，对于广义积分也相应成立. 但乘积可积性却不再成立(它们的证明或举例都比较容易，留给读者作为练习). 定积分的运算法则，如线性运算法则、换元积分法、分部积分法等，也都可以平行地运用到广义积分上来，但要注意每一步运算过程中的收敛性. 例如有如下结论：

定理 5.5.1 若广义积分 $\int_a^{+\infty} f(x)\mathrm{d}x$ 和 $\int_a^{+\infty} g(x)\mathrm{d}x$ 均收敛，α, β 为常数，则广义积分 $\int_a^{+\infty} [\alpha f(x) + \beta g(x)]\mathrm{d}x$ 也收敛，且成立

$$\int_a^{+\infty} [\alpha f(x) + \beta g(x)]\mathrm{d}x = \alpha\int_a^{+\infty} f(x)\mathrm{d}x + \beta\int_a^{+\infty} g(x)\mathrm{d}x.$$

例 5.5.3 计算广义积分 $\int_1^{+\infty} \dfrac{1}{x^3 + 2x^2}\mathrm{d}x$.

解 因为

$$\frac{1}{x^3 + 2x^2} = \frac{1}{2x^2} - \frac{1}{4}\left(\frac{1}{x} - \frac{1}{x+2}\right),$$

所以

$$\begin{aligned}
\int_1^{+\infty} \frac{1}{x^3 + 2x^2}\mathrm{d}x &= \frac{1}{2}\int_1^{+\infty} \frac{1}{x^2}\mathrm{d}x - \frac{1}{4}\int_1^{+\infty}\left(\frac{1}{x} - \frac{1}{x+2}\right)\mathrm{d}x \\
&= -\frac{1}{2x}\Big|_1^{+\infty} - \frac{1}{4}\ln\left|\frac{x}{x+2}\right|\Big|_1^{+\infty} \\
&= \frac{1}{4}(2 - \ln 3).
\end{aligned}$$

注意，以下的运算是错误的：

$$\int_1^{+\infty}\left(\frac{1}{x} - \frac{1}{x+2}\right)\mathrm{d}x = \int_1^{+\infty} \frac{1}{x}\mathrm{d}x - \frac{1}{2}\int_1^{+\infty} \frac{1}{x+2}\mathrm{d}x,$$

这是因为 $\int_1^{+\infty} \dfrac{1}{x}\mathrm{d}x$ 和 $\int_1^{+\infty} \dfrac{1}{x+2}\mathrm{d}x$ 都发散，不能直接运用定理 5.5.1 的结论.

例 5.5.4 计算广义积分 $\int_{-\infty}^{+\infty} \dfrac{\mathrm{e}^x\mathrm{d}x}{1 + \mathrm{e}^{2x}}$.

解 作变量代换 $u = \mathrm{e}^x$，则当 $x \to -\infty$ 时 $u \to 0$；当 $x \to +\infty$ 时 $u \to +\infty$. 于是应用换元积分法得

$$\int_{-\infty}^{+\infty} \frac{\mathrm{e}^x\mathrm{d}x}{1 + \mathrm{e}^{2x}} = \int_{-\infty}^{+\infty} \frac{\mathrm{d}\mathrm{e}^x}{1 + (\mathrm{e}^x)^2} = \int_0^{+\infty} \frac{\mathrm{d}u}{1 + u^2} = \arctan u\Big|_0^{+\infty} = \frac{\pi}{2}.$$

例 5.5.5 计算 $I_n = \int_0^{+\infty} \mathrm{e}^{-x}x^n\mathrm{d}x$ (n 是正整数).

解 由分部积分法知

$$I_1 = \int_0^{+\infty} x e^{-x} dx = -\int_0^{+\infty} x de^{-x} = -x e^{-x}\Big|_0^{+\infty} + \int_0^{+\infty} e^{-x} dx$$

$$= \int_0^{+\infty} e^{-x} dx = -e^{-x}\Big|_0^{+\infty} = 1.$$

当 $n>1$ 时，再利用分部积分法得

$$I_n = \int_0^{+\infty} e^{-x} x^n dx = -\int_0^{+\infty} x^n de^{-x} = -x^n e^{-x}\Big|_0^{+\infty} + n\int_0^{+\infty} x^{n-1} e^{-x} dx$$

$$= n\int_0^{+\infty} x^{n-1} e^{-x} dx = nI_{n-1}.$$

因此由这个递推公式得

$$I_n = n! \quad (n \text{ 是正整数}).$$

由于被积函数的原函数并不一定是初等函数，而且即便是初等函数，也常常不易求出．事实上，在理论研究和实际应用中，经常只需要确定广义积分的敛散性，而不必求出收敛积分的值．因此人们希望能直接根据被积函数的形式来判定广义积分的敛散性．下面介绍几个最常使用的广义积分的判别法．

定理 5.5.2（比较判别法） 设 f 和 g 均是 $[a,+\infty)$ 上的非负连续函数，$K>0$ 为常数．若存在常数 $A \geq a$，使得在 $[A,+\infty)$ 上成立

$$0 \leq f(x) \leq Kg(x),$$

则

(1) 当 $\int_a^{+\infty} g(x)dx$ 收敛时，$\int_a^{+\infty} f(x)dx$ 也收敛；

(2) 当 $\int_a^{+\infty} f(x)dx$ 发散时，$\int_a^{+\infty} g(x)dx$ 也发散．

这个定理的证明从略．

推论 5.5.1（比较判别法的极限形式） 设 f 和 g 均是 $[a,+\infty)$ 上的非负连续函数，且在 $[a,+\infty)$ 上成立 $g(x)>0$. 若

$$\lim_{x \to +\infty} \frac{f(x)}{g(x)} = l,$$

则

(1) 当 $0 \leq l < +\infty$ 时，若 $\int_a^{+\infty} g(x)dx$ 收敛，则 $\int_a^{+\infty} f(x)dx$ 也收敛；

(2) 当 $0 < l \leq +\infty$ 时，若 $\int_a^{+\infty} g(x)dx$ 发散，则 $\int_a^{+\infty} f(x)dx$ 也发散．

所以当 $0 < l < +\infty$ 时，广义积分 $\int_a^{+\infty} g(x)dx$ 和 $\int_a^{+\infty} f(x)dx$ 同时收敛或同时发散．

证 (1) 若 $\lim_{x \to +\infty} \frac{f(x)}{g(x)} = l < +\infty$，由函数极限的定义知，存在常数 $A(A \geq a)$，使得当 $x \geq A$ 时成立

$$\frac{f(x)}{g(x)} < l + 1,$$

于是在$[A,+\infty)$上成立

$$f(x) < (l+1)g(x).$$

所以由比较判别法知,当$\displaystyle\int_a^{+\infty} g(x)\mathrm{d}x$ 收敛时,$\displaystyle\int_a^{+\infty} f(x)\mathrm{d}x$ 也收敛.

(2)的证明类似,此处从略.

证毕

使用比较判别法,需要有一个敛散性已知且形式简单的参照的函数,$\dfrac{1}{x^p}$ 就是一个常用的参照函数. 在推论 5.5.1 中令 $g(x) = \dfrac{1}{x^p}$,就得到:

推论 5.5.2(柯西判别法) 设 f 是定义在 $[a,+\infty)$ $(a>0)$ 上的非负连续函数,且满足

$$\lim_{x\to+\infty} x^p f(x) = l.$$

则

(1) 若 $0 \leqslant l < +\infty$,且 $p > 1$,则 $\displaystyle\int_a^{+\infty} f(x)\mathrm{d}x$ 收敛;

(2) 若 $0 < l \leqslant +\infty$,且 $p \leqslant 1$,则 $\displaystyle\int_a^{+\infty} f(x)\mathrm{d}x$ 发散.

例 5.5.6 判别广义积分 $\displaystyle\int_1^{+\infty} \dfrac{\arctan x}{x\sqrt{1+x}}\mathrm{d}x$ 的敛散性.

解 因为

$$\lim_{x\to+\infty} x^{\frac{3}{2}} \frac{\arctan x}{x\sqrt{1+x}} = \frac{\pi}{2},$$

所以由推论 5.5.2 知,$\displaystyle\int_1^{+\infty} \dfrac{\arctan x}{x\sqrt{1+x}}\mathrm{d}x$ 收敛.

例 5.5.7 判别广义积分 $\displaystyle\int_1^{+\infty} \dfrac{\mathrm{d}x}{\ln^2 x}$ 的敛散性.

解 由洛必达法则得

$$\lim_{x\to+\infty} \frac{x}{\ln^2 x} = \lim_{x\to+\infty} \frac{1}{\frac{2\ln x}{x}} = \lim_{x\to+\infty} \frac{x}{2\ln x} = \lim_{x\to+\infty} \frac{1}{\frac{2}{x}} = \lim_{x\to+\infty} \frac{x}{2} = +\infty.$$

所以由推论 5.5.2 知,$\displaystyle\int_1^{+\infty} \dfrac{\mathrm{d}x}{\ln^2 x}$ 发散.

对于非正函数 f,我们只要考虑非负函数 $-f$ 即可. 而对于一般不保号的函数,我们有:

定理 5.5.3 设函数 f 定义于无限区间 $[a,+\infty)$ 上,且在任意有限区间 $[a,A]$ 上可积. 若广义积分 $\displaystyle\int_a^{+\infty} |f(x)|\mathrm{d}x$ 收敛,则 $\displaystyle\int_a^{+\infty} f(x)\mathrm{d}x$ 也收敛.

这个定理的证明此处从略. 注意,由广义积分 $\displaystyle\int_a^{+\infty} f(x)\mathrm{d}x$ 收敛并不能推出

$\int_a^{+\infty} |f(x)| \mathrm{d}x$ 也收敛,这可以从下面的例 5.5.9 看出.基于这些讨论,我们引入下面的定义.

定义 5.5.2 设函数 f 定义于无限区间 $[a, +\infty)$ 上,且在任意有限区间 $[a, A]$ 上可积.若广义积分 $\int_a^{+\infty} |f(x)| \mathrm{d}x$ 收敛,则称广义积分 $\int_a^{+\infty} f(x)\mathrm{d}x$ **绝对收敛**(又称函数 f 在 $[a, +\infty)$ 上**绝对可积**).若广义积分 $\int_a^{+\infty} f(x)\mathrm{d}x$ 收敛而非绝对收敛,则称 $\int_a^{+\infty} f(x)\mathrm{d}x$ **条件收敛**.

例 5.5.8 判别广义积分 $\int_1^{+\infty} \dfrac{\cos x}{x^2}\mathrm{d}x$ 的敛散性.

解 因为在 $[1, +\infty)$ 上成立

$$\left| \frac{\cos x}{x^2} \right| \leqslant \frac{1}{x^2},$$

而 $\int_1^{+\infty} \dfrac{1}{x^2}\mathrm{d}x$ 收敛,由比较判别法知, $\int_1^{+\infty} \left| \dfrac{\cos x}{x^2} \right| \mathrm{d}x$ 收敛,即 $\int_1^{+\infty} \dfrac{\cos x}{x^2}\mathrm{d}x$ 绝对收敛.

例 5.5.9 判别广义积分 $\int_1^{+\infty} \dfrac{\sin x}{x}\mathrm{d}x$ 的敛散性.

解 对于任意 $A > 1$,由分部积分法得

$$\begin{aligned}
\int_1^A \frac{\sin x}{x}\mathrm{d}x &= -\int_1^A \frac{1}{x}\mathrm{d}\cos x \\
&= -\left. \frac{\cos x}{x} \right|_1^A - \int_1^A \frac{\cos x}{x^2}\mathrm{d}x \\
&= \cos 1 - \frac{\cos A}{A} - \int_1^A \frac{\cos x}{x^2}\mathrm{d}x.
\end{aligned}$$

由例 5.5.8 知, $\int_1^{+\infty} \dfrac{\cos x}{x^2}\mathrm{d}x$ 收敛,所以极限 $\lim\limits_{A \to +\infty} \int_1^A \dfrac{\cos x}{x^2}\mathrm{d}x = \int_1^{+\infty} \dfrac{\cos x}{x^2}\mathrm{d}x$ 存在.于是

$$\lim_{A \to +\infty} \int_1^A \frac{\sin x}{x}\mathrm{d}x = \cos 1 - \int_1^{+\infty} \frac{\cos x}{x^2}\mathrm{d}x.$$

这说明 $\int_1^{+\infty} \dfrac{\sin x}{x}\mathrm{d}x$ 收敛.

下面说明 $\int_1^{+\infty} \dfrac{\sin x}{x}\mathrm{d}x$ 不绝对收敛.显然在 $[1, +\infty)$ 上成立

$$\left| \frac{\sin x}{x} \right| \geqslant \frac{\sin^2 x}{x} = \frac{1}{2x} - \frac{\cos 2x}{2x}.$$

易知广义积分 $\int_1^{+\infty} \dfrac{\cos 2x}{2x}\mathrm{d}x$ 收敛 $\left(\text{仿照上面对} \int_1^{+\infty} \dfrac{\sin x}{x}\mathrm{d}x \text{的讨论}\right)$,而广义积分 $\int_1^{+\infty} \dfrac{1}{2x}\mathrm{d}x$ 发散,所以 $\int_1^{+\infty} \dfrac{\sin^2 x}{x}\mathrm{d}x$ 发散.再由比较判别法知 $\int_1^{+\infty} \left| \dfrac{\sin x}{x} \right| \mathrm{d}x$ 发散.

综上所述,广义积分 $\int_1^{+\infty} \dfrac{\sin x}{x}\mathrm{d}x$ 条件收敛.

无界函数的广义积分

利用对有限区间上的定积分取极限导出无限区间上广义积分的思想方法,也可以用于导出无界函数的广义积分.

定义 5.5.3 设函数 f 定义于半开区间 $[a,b)$ 上. 若对于任意给定的 $\varepsilon>0$, 函数 f 在区间 $[b-\varepsilon,b)$ 上无界, 但在 $[a,b-\varepsilon]$ 上可积, 且极限

$$\lim_{\varepsilon\to 0^+}\int_a^{b-\varepsilon}f(x)\mathrm{d}x$$

存在, 则称此极限值为函数 f 在 $[a,b)$ 上的**广义积分**, 仍记做 $\int_a^b f(x)\mathrm{d}x$, 即

$$\int_a^b f(x)\mathrm{d}x = \lim_{\varepsilon\to 0^+}\int_a^{b-\varepsilon}f(x)\mathrm{d}x,$$

此时也称 $\int_a^b f(x)\mathrm{d}x$ **收敛**; 若 $\int_a^b f(x)\mathrm{d}x$ 不收敛, 就称它**发散**. 称点 b 为函数 f 的瑕点.

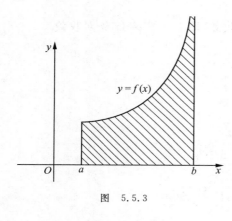

图 5.5.3

广义积分 $\int_a^b f(x)\mathrm{d}x$ 收敛的几何意义是: 若 f 是在 $[a,b)$ 上的非负连续函数, 则介于曲线 $y=f(x)$, 直线 $x=a$, $x=b$ 和 x 轴之间的平面图形的面积为 $\int_a^b f(x)\mathrm{d}x$ (见图 5.5.3).

设函数 f 定义于半开区间 $(a,b]$ 上. 若对于任意给定的 $\varepsilon>0$, 函数 f 在区间 $(a,a+\varepsilon]$ 上无界 (称点 a 为函数 f 的瑕点.), 但在 $[a+\varepsilon,b]$ 上可积, 类似地可定义 f 在 $(a,b]$ 上的广义积分

$$\int_a^b f(x)\mathrm{d}x = \lim_{\varepsilon\to 0}\int_{a+\varepsilon}^b f(x)\mathrm{d}x.$$

如果 $a<c<b$, 函数 f 在 c 的任何邻域上无界, 若 $\int_a^c f(x)\mathrm{d}x$ 和 $\int_c^b f(x)\mathrm{d}x$ 均收敛, 则称广义积分 $\int_a^b f(x)\mathrm{d}x$ 收敛, 并规定

$$\int_a^b f(x)\mathrm{d}x = \int_a^c f(x)\mathrm{d}x + \int_c^b f(x)\mathrm{d}x.$$

否则, 就称 $\int_a^b f(x)\mathrm{d}x$ 发散.

例 5.5.10 讨论广义积分 $\int_0^1 \dfrac{\mathrm{d}x}{x^p}$ 的敛散性.

解 当 $p\neq 1$ 时. 由于对于任意给定的 $\varepsilon>0$, 成立

$$\int_\varepsilon^1 \frac{1}{x^p}\mathrm{d}x = \frac{1}{1-p}(1-\varepsilon^{1-p}),$$

因此

$$\lim_{\varepsilon \to 0^+} \int_\varepsilon^1 \frac{1}{x^p} \mathrm{d}x = \begin{cases} +\infty, & p > 1, \\ \dfrac{1}{1-p}, & p < 1. \end{cases}$$

当 $p=1$ 时,显然成立

$$\lim_{\varepsilon \to 0^+} \int_\varepsilon^1 \frac{\mathrm{d}x}{x} = \lim_{\varepsilon \to 0^+}(-\ln\varepsilon) = +\infty.$$

因此,广义积分 $\int_0^1 \dfrac{\mathrm{d}x}{x^p}$ 当 $p<1$ 时收敛,当 $p \geqslant 1$ 时发散.

设函数 f 在 $[a,b)$ 上的广义积分收敛,函数 F 为 f 在 $[a,b)$ 上的一个原函数,若 $\lim\limits_{x \to b^-} F(x)$ 存在,补充(或修改)定义,使得

$$F(b) = \lim_{\varepsilon \to 0^+} F(b-\varepsilon),$$

则由广义积分的定义和牛顿-莱布尼茨公式得

$$\int_a^b f(x)\mathrm{d}x = \lim_{\varepsilon \to 0^+} \int_a^{b-\varepsilon} f(x)\mathrm{d}x$$
$$= \lim_{\varepsilon \to 0^+} F(x)\Big|_a^{b-\varepsilon} = F(b) - F(a).$$

此式说明了 $\int_a^b f(x)\mathrm{d}x$ 收敛,且

$$\int_a^b f(x)\mathrm{d}x = F(x)\Big|_a^b = F(b) - F(a).$$

例 5.5.11 计算广义积分 $\int_0^a \dfrac{\mathrm{d}x}{\sqrt{a^2-x^2}}$ $(a > 0)$.

解 因为

$$\lim_{x \to a-0} \frac{1}{\sqrt{a^2-x^2}} = +\infty,$$

所以点 a 为被积函数的瑕点.易知 $\arcsin\dfrac{x}{a}$ 为 $\dfrac{1}{\sqrt{a^2-x^2}}$ 在 $[0,a)$ 上的原函数,所以

$$\int_0^a \frac{\mathrm{d}x}{\sqrt{a^2-x^2}} = \arcsin\frac{x}{a}\Big|_0^a = \frac{\pi}{2}.$$

与无限区间上的广义积分类似,对无界函数的广义积分,同样也有线性性质、保序性质、区间可加性质.关于其敛散性,也有类似的比较判别法及相应的极限形式以及柯西判别法.无界函数的广义积分也有绝对收敛和条件收敛的概念,而且若一个无界函数的广义积分绝对收敛,那么它一定收敛.这些结论在此不一一详述,只举柯西判别法为例:

定理 5.5.4(柯西判别法) 设 f 为 $[a,b]$ 上的非负连续函数,且点 b 为 f 的瑕点.若

$$\lim_{x \to b^-} (b-x)^p f(x) = l,$$

则

(1) 若 $0 \leqslant l < +\infty$,且 $p<1$,则 $\int_a^b f(x)\mathrm{d}x$ 收敛;

(2) 若 $0 < l \leqslant +\infty$,且 $p \geqslant 1$,则 $\int_a^b f(x)\mathrm{d}x$ 发散.

例 5.5.12 讨论广义积分 $\int_0^1 \dfrac{\sin(1/x)}{\sqrt{x}}\mathrm{d}x$ 的敛散性.

解 因为

$$\left| \frac{\sin(1/x)}{\sqrt{x}} \right| \leqslant \frac{1}{\sqrt{x}},$$

且 $\int_0^1 \dfrac{\mathrm{d}x}{\sqrt{x}}$ 收敛,由比较判别法知, $\int_0^1 \dfrac{|\sin(1/x)|}{\sqrt{x}}\mathrm{d}x$ 收敛,因此 $\int_0^1 \dfrac{\sin(1/x)}{\sqrt{x}}\mathrm{d}x$ 收敛.

例 5.5.13 讨论广义积分 $\int_1^2 \dfrac{\sqrt{x}\,\mathrm{d}x}{\ln x}$ 的敛散性.

解 显然 $x=1$ 是被积函数 $\dfrac{\sqrt{x}}{\ln x}$ 的瑕点. 由洛必达法则得

$$\lim_{x\to 1^+}(x-1)\frac{\sqrt{x}}{\ln x} = \lim_{x\to 1^+}\frac{x-1}{\ln x} = \lim_{x\to 1^+}x = 1,$$

根据柯西判别法, $\int_1^2 \dfrac{\sqrt{x}\,\mathrm{d}x}{\ln x}$ 发散.

定积分的运算法则,如线性运算法则、换元积分法、分部积分法等,也都可以平行地运用到无界函数的广义积分上来,但要注意每一步运算过程中的收敛性.下面我们举例说明.

例 5.5.14 计算 $\int_0^3 \ln(3-x)\mathrm{d}x$.

解 由分部积分法知

$$\int_0^3 \ln(3-x)\mathrm{d}x = -\int_0^3 \ln(3-x)\mathrm{d}(3-x)$$

$$= -(3-x)\ln(3-x)\Big|_0^3 - \int_0^3 \mathrm{d}x = 3\ln 3 - 3.$$

这里利用了结论 $\lim\limits_{x\to 3^-}(3-x)\ln(3-x)=0$.

例 5.5.15 计算 $I = \int_0^{\frac{\pi}{2}} \ln\sin x\,\mathrm{d}x$.

解 因为

$$\lim_{x\to 0^+}\sqrt{x}\ln\sin x = 0,$$

所以积分 $\int_0^{\frac{\pi}{2}} \ln\sin x\,\mathrm{d}x$ 收敛.作变量代换 $x=2t$,则

$$I = \int_0^{\frac{\pi}{2}} \ln\sin x\,\mathrm{d}x$$

$$= 2\int_0^{\frac{\pi}{4}} \ln\sin 2t\,\mathrm{d}t$$

$$= 2\int_0^{\frac{\pi}{4}} \ln(2\sin t\cos t)\,\mathrm{d}t$$

$$= \frac{\pi}{2}\ln 2 + 2\int_0^{\frac{\pi}{4}} \ln\sin t\,\mathrm{d}t + 2\int_0^{\frac{\pi}{4}} \ln\cos t\,\mathrm{d}t,$$

对后一积分作变量代换 $t = \dfrac{\pi}{2} - u$ 便得

$$I = \frac{\pi}{2}\ln 2 + 2\int_0^{\frac{\pi}{4}} \ln\sin t\, \mathrm{d}t - 2\int_{\frac{\pi}{2}}^{\frac{\pi}{4}} \ln\sin t\, \mathrm{d}t = \frac{\pi}{2}\ln 2 + 2I,$$

于是

$$I = -\frac{\pi}{2}\ln 2.$$

Γ 函数和 B 函数

最后介绍两类重要函数：Γ 函数和 B 函数（分别读作伽玛（Gamma）函数和贝塔（Beta）函数），它们都是用广义积分定义的.

（一）Γ 函数

易知对于任意 $s > 0$，广义积分 $\displaystyle\int_0^{+\infty} x^{s-1}\mathrm{e}^{-x}\mathrm{d}x$ 收敛. 我们称 s 为**参变量**. 这样，对于每个 $s \in (0, +\infty)$，就有一个确定的积分值 $\displaystyle\int_0^{+\infty} x^{s-1}\mathrm{e}^{-x}\mathrm{d}x$ 与之对应，因此就有一个定义了参变量的函数

$$\Gamma(s) = \int_0^{+\infty} x^{s-1}\mathrm{e}^{-x}\mathrm{d}x, \quad s > 0,$$

称之为 **Γ 函数**.

Γ 函数具有以下性质：

(1) Γ 函数在 $(0, +\infty)$ 上任意阶可导. 证明从略.

(2) 当 $s > 0$ 时成立，$\Gamma(s+1) = s\Gamma(s)$.

证　当 $s > 0$ 时，由分部积分法得

$$\begin{aligned}
\Gamma(s+1) &= \int_0^{+\infty} x^s \mathrm{e}^{-x}\mathrm{d}x = -\int_0^{+\infty} x^s \mathrm{d}\mathrm{e}^{-x} \\
&= -x^s \mathrm{e}^{-x}\Big|_0^{+\infty} + s\int_0^{+\infty} x^{s-1}\mathrm{e}^{-x}\mathrm{d}x \\
&= s\int_0^{+\infty} x^{s-1}\mathrm{e}^{-x}\mathrm{d}x = s\Gamma(s).
\end{aligned}$$

证毕

因此对 Γ 函数性质的研究可以归结为对它在 $(0, 1]$ 上性质的研究，而且 Γ 函数在 $(0, 1]$ 上的函数值可以从 Γ 函数表中查得.

注意到（见例 5.5.1）

$$\Gamma(1) = \int_0^{+\infty} \mathrm{e}^{-x}\mathrm{d}x = 1$$

便得：当 n 为正整数时，

$$\Gamma(n+1) = n\Gamma(n) = \cdots = n!\Gamma(1) = n!.$$

(3)（**余元公式**）对于每个 $s \in (0, 1)$，成立

$$\Gamma(s)\Gamma(1-s) = \frac{\pi}{\sin s\pi}.$$

这是一个很有用的公式，其证明从略.

在余元公式中令 $s=1/2$ 便得

$$\Gamma\left(\frac{1}{2}\right)=\sqrt{\pi}.$$

例 5.5.16 计算 $\int_0^{+\infty} e^{-x^2} dx$.

解 作变量代换 $t=x^2$ 便得

$$\int_0^{+\infty} e^{-x^2} dx = \frac{1}{2}\int_0^{+\infty} t^{-\frac{1}{2}} e^{-t} dt = \frac{1}{2}\Gamma\left(\frac{1}{2}\right) = \frac{\sqrt{\pi}}{2}.$$

（二）B 函数

易知对于任意满足 $p>0, q>0$ 的参数 p 和 q，广义积分（或定积分）$\int_0^1 x^{p-1}(1-x)^{q-1} dx$ 收敛（或存在）. 称参变量 p 和 q 的函数

$$B(p,q) = \int_0^1 x^{p-1}(1-x)^{q-1} dx \quad (p>0, q>0)$$

为 B 函数.

B 函数具有以下性质：

（1）对称性：对于任意 $p>0, q>0$，成立

$$B(p,q) = B(q,p).$$

这只要在 $\int_0^1 x^{p-1}(1-x)^{q-1} dx$ 中作变量代换 $t=1-x$ 便可证明.

（2）B 函数与 Γ 函数的关系：对于任意 $p>0, q>0$，成立

$$B(p,q) = \frac{\Gamma(p)\Gamma(q)}{\Gamma(p+q)}.$$

这个结论的证明从略.

例 5.5.17 计算 $\int_0^1 \sqrt{x-x^2} dx$.

解 我们已经知道 $\Gamma\left(\frac{1}{2}\right)=\sqrt{\pi}$. 因此由 B 函数与 Γ 函数的关系得

$$\int_0^1 \sqrt{x-x^2} dx = \int_0^1 x^{\frac{1}{2}}(1-x)^{\frac{1}{2}} dx$$

$$= B\left(\frac{3}{2}, \frac{3}{2}\right) = \frac{\Gamma^2\left(\frac{3}{2}\right)}{\Gamma(3)}$$

$$= \frac{1}{2}\Gamma^2\left(\frac{1}{2}+1\right) = \frac{1}{2}\left(\frac{1}{2}\right)^2 \Gamma^2\left(\frac{1}{2}\right) = \frac{\pi}{8}.$$

§6 综合型例题

例 5.6.1 计算 $\int_0^\pi \sqrt{\sin^3 x - \sin^5 x} dx$.

解 因为当 $x \in [0, \pi]$ 时，

$$\sqrt{\sin^3 x - \sin^5 x} = \sqrt{\sin^3 x (1 - \sin^2 x)} = \sin^{\frac{3}{2}} x \mid \cos x \mid,$$

而

$$\cos x = \begin{cases} \cos x, & 0 \leqslant x \leqslant \pi/2, \\ -\cos x, & \pi/2 < x \leqslant \pi, \end{cases}$$

所以

$$\int_0^\pi \sqrt{\sin^3 x - \sin^5 x}\,dx$$

$$= \int_0^\pi \sin^{\frac{3}{2}} x \mid \cos x \mid \,dx$$

$$= \int_0^{\frac{\pi}{2}} \sin^{\frac{3}{2}} x \cos x\,dx + \int_{\frac{\pi}{2}}^\pi \sin^{\frac{3}{2}} x (-\cos x)\,dx$$

$$= \int_0^{\frac{\pi}{2}} \sin^{\frac{3}{2}} x\,d\sin x - \int_{\frac{\pi}{2}}^\pi \sin^{\frac{3}{2}} x\,d\sin x$$

$$= \frac{2}{5} \sin^{\frac{5}{2}} x \Big|_0^{\frac{\pi}{2}} - \frac{2}{5} \sin^{\frac{5}{2}} x \Big|_{\frac{\pi}{2}}^\pi$$

$$= \frac{4}{5}.$$

例 5.6.2 设 $f(x) = \begin{cases} \dfrac{1}{2(1+\sqrt{x})}, & x>0, \\ \dfrac{e^x}{1+e^x}, & x \leqslant 0. \end{cases}$ 计算 $I = \int_0^3 f(x-2)\,dx$.

解 令 $t = x-2$，则 $dx = dt$，且 $x=0$ 时，$t=-2$；$x=3$ 时，$t=1$. 于是

$$I = \int_{-2}^1 f(t)\,dt = \int_{-2}^0 \frac{e^t}{1+e^t}\,dt + \frac{1}{2}\int_0^1 \frac{1}{1+\sqrt{t}}\,dt.$$

显然

$$\int_{-2}^0 \frac{e^t}{1+e^t}\,dt = \ln(1+e^t) \Big|_{-2}^0 = 2 + \ln 2 - \ln(1+e^2).$$

作变换 $u = \sqrt{t}$ 得

$$\int_0^1 \frac{1}{1+\sqrt{t}}\,dt = 2\int_0^1 \frac{u}{1+u}\,du$$

$$= 2\int_0^1 \left(1 - \frac{1}{1+u}\right)du$$

$$= 2[u - \ln(1+u)] \Big|_0^1$$

$$= 2(1 - \ln 2).$$

于是

$$I = 3 - \ln(1+e^2).$$

例 5.6.3 设函数 f 在 $(-\infty, +\infty)$ 上连续，计算 $\lim\limits_{x \to 0} \dfrac{\int_0^x f(t)(x-t)\,dt}{x^2}$.

解 因为

$$\int_0^x f(t)(x-t)\mathrm{d}t = \int_0^x f(t)x\mathrm{d}t - \int_0^x f(t)t\mathrm{d}t$$

$$= x\int_0^x f(t)\mathrm{d}t - \int_0^x f(t)t\mathrm{d}t,$$

所以

$$\left(\int_0^x f(t)(x-t)\mathrm{d}t\right)' = \int_0^x f(t)\mathrm{d}t + xf(x) - xf(x) = \int_0^x f(t)\mathrm{d}t.$$

于是由洛必达法则得

$$\lim_{x\to 0}\frac{\displaystyle\int_0^x f(t)(x-t)\mathrm{d}t}{x^2} = \lim_{x\to 0}\frac{\displaystyle\int_0^x f(t)\mathrm{d}t}{2x} = \lim_{x\to 0}\frac{f(x)}{2} = \frac{1}{2}f(0).$$

例 5. 6. 4 计算 $\displaystyle\int_0^{\frac{\pi}{2}}\frac{\sin^2 x}{\sin x + \cos x}\mathrm{d}x$.

解 作变量代换 $x = \dfrac{\pi}{2} - t$ 便得

$$\int_0^{\frac{\pi}{2}}\frac{\sin^2 x}{\sin x + \cos x}\mathrm{d}x = \int_0^{\frac{\pi}{2}}\frac{\cos^2 t}{\sin t + \cos t}\mathrm{d}t,$$

因此

$$\int_0^{\frac{\pi}{2}}\frac{\sin^2 x}{\sin x + \cos x}\mathrm{d}x$$

$$= \frac{1}{2}\left(\int_0^{\frac{\pi}{2}}\frac{\sin^2 x}{\sin x + \cos x}\mathrm{d}x + \int_0^{\frac{\pi}{2}}\frac{\cos^2 x}{\sin x + \cos x}\mathrm{d}x\right)$$

$$= \frac{1}{2}\int_0^{\frac{\pi}{2}}\frac{1}{\sin x + \cos x}\mathrm{d}x$$

$$= \frac{1}{2\sqrt{2}}\int_0^{\frac{\pi}{2}}\frac{1}{\sin\left(x + \frac{\pi}{4}\right)}\mathrm{d}x$$

$$= \frac{1}{2\sqrt{2}}\int_{\frac{\pi}{4}}^{\frac{3\pi}{4}}\frac{1}{\sin x}\mathrm{d}x$$

$$= \frac{1}{2\sqrt{2}}\left(\ln\frac{1-\cos x}{\sin x}\right)\Big|_{\frac{\pi}{4}}^{\frac{3\pi}{4}}$$

$$= \frac{\sqrt{2}}{4}\ln(3+\sqrt{2}).$$

例 5. 6. 5 设 $[0,1]$ 上的连续函数 f 满足 $f(x) = \dfrac{1}{\sqrt{(x^2+1)^3}} - \displaystyle\int_0^1 f(x)\mathrm{d}x$，求 $f(x)$.

解 在已知条件 $f(x) = \dfrac{1}{\sqrt{(x^2+1)^3}} - \displaystyle\int_0^1 f(x)\mathrm{d}x$ 两边取从 0 到 1 的定积分得

$$\int_0^1 f(x)\,\mathrm{d}x = \int_0^1 \left(\frac{1}{\sqrt{(x^2+1)^3}} - \int_0^1 f(x)\,\mathrm{d}x \right)\mathrm{d}x$$

$$= \int_0^1 \frac{1}{\sqrt{(x^2+1)^3}}\,\mathrm{d}x - \int_0^1 \left[\int_0^1 f(x)\,\mathrm{d}x \right]\mathrm{d}x$$

$$= \int_0^1 \frac{1}{\sqrt{(x^2+1)^3}}\,\mathrm{d}x - \int_0^1 f(x)\,\mathrm{d}x,$$

于是

$$\int_0^1 f(x)\,\mathrm{d}x = \frac{1}{2}\int_0^1 \frac{1}{\sqrt{(x^2+1)^3}}\,\mathrm{d}x.$$

令 $x = \tan t$，则 $\mathrm{d}x = \sec^2 t\,\mathrm{d}t$，且 $x=0$ 时，$t=0$；$x=1$ 时，$t=\dfrac{\pi e}{4}$. 因此

$$\int_0^1 f(x)\,\mathrm{d}x = \frac{1}{2}\int_0^1 \frac{1}{\sqrt{(x^2+1)^3}}\,\mathrm{d}x = \frac{1}{2}\int_0^{\frac{\pi}{4}} \frac{\sec^2 t\,\mathrm{d}t}{\sec^3 t}$$

$$= \frac{1}{2}\int_0^{\frac{\pi}{4}} \cos t\,\mathrm{d}t = \frac{\sqrt{2}}{4}.$$

于是

$$f(x) = \frac{1}{\sqrt{(x^2+1)^3}} - \frac{\sqrt{2}}{4}.$$

例 5.6.6　设 $f(x) = \displaystyle\int_0^x \frac{\sin t}{\pi - t}\,\mathrm{d}t$，求 $\displaystyle\int_0^\pi f(x)\,\mathrm{d}x$.

解　易知

$$f'(x) = \begin{cases} \dfrac{\sin x}{\pi - x}, & 0 \leqslant x < \pi, \\ 1, & x = \pi. \end{cases}$$

它在 $[0,\pi]$ 上连续. 由分部积分法得

$$\int_0^\pi f(x)\,\mathrm{d}x = xf(x)\Big|_0^\pi - \int_0^\pi xf'(x)\,\mathrm{d}x$$

$$= xf(x)\Big|_0^\pi - \int_0^\pi \frac{x\sin x}{\pi - x}\,\mathrm{d}x$$

$$= \pi f(\pi) - \int_0^\pi \frac{x\sin x}{\pi - x}\,\mathrm{d}x$$

$$= \pi\int_0^\pi \frac{\sin x}{\pi - x}\,\mathrm{d}x - \int_0^\pi \frac{x\sin x}{\pi - x}\,\mathrm{d}x$$

$$= \int_0^\pi \frac{(\pi - x)\sin x}{\pi - x}\,\mathrm{d}x$$

$$= \int_0^\pi \sin x\,\mathrm{d}x$$

$$= -\cos x\Big|_0^\pi = 2.$$

例 5.6.7　(1) 计算 $\displaystyle\int_0^{+\infty}\frac{\ln x}{1+x^2}\mathrm{d}x$；　　　　(2) $\displaystyle\int_0^{+\infty}\frac{\ln x}{a^2+x^2}\mathrm{d}x(a>0)$.

解　(1) 因为

$$\int_0^{+\infty}\frac{\ln x}{1+x^2}\mathrm{d}x=\int_0^1\frac{\ln x}{1+x^2}\mathrm{d}x+\int_1^{+\infty}\frac{\ln x}{1+x^2}\mathrm{d}x.$$

对等式右端第二个积分作变量代换 $x=\dfrac{1}{t}$ 得

$$\int_1^{+\infty}\frac{\ln x}{1+x^2}\mathrm{d}x=\int_1^0\frac{\ln\dfrac{1}{t}}{1+\left(\dfrac{1}{t}\right)^2}\left(-\frac{1}{t^2}\right)\mathrm{d}t$$

$$=\int_1^0\frac{\ln t}{1+t^2}\mathrm{d}t$$

$$=-\int_0^1\frac{\ln t}{1+t^2}\mathrm{d}t,$$

所以

$$\int_0^{+\infty}\frac{\ln x}{1+x^2}\mathrm{d}x=0.$$

(2) 作变量代换 $x=at$，并利用(1)的结论得

$$\int_0^{+\infty}\frac{\ln x}{a^2+x^2}\mathrm{d}x=\frac{1}{a}\int_0^{+\infty}\frac{\ln t+\ln a}{1+t^2}\mathrm{d}t$$

$$=\frac{1}{a}\left(\int_0^{+\infty}\frac{\ln t}{1+t^2}\mathrm{d}t+\ln a\int_0^{+\infty}\frac{1}{1+t^2}\mathrm{d}t\right)$$

$$=\frac{\ln a}{a}\int_0^{+\infty}\frac{1}{1+t^2}\mathrm{d}t$$

$$=\frac{\ln a}{a}\arctan t\Big|_0^{+\infty}=\frac{\pi\ln a}{2a}.$$

例 5.6.8　设直线 $y=ax\ (0<a<1)$ 与抛物线 $y=x^2$ 所围成的图形的面积为 S_1，且它们与直线 $x=1$ 所围成图形的面积为 S_2（见图 5.6.1）.

(1) 确定 a 的值，使得 S_1+S_2 达到最小，并求出最小值；

(2) 求该最小值所对应的平面图形绕 x 轴旋转一周所得旋转体的体积.

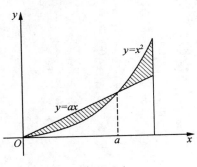

图　5.6.1

解　(1) 显然直线 $y=ax\ (0<a<1)$ 与抛物线 $y=x^2$ 的交点为 (a,a^2)，所以

$$S_1+S_2=\int_0^a(ax-x^2)\mathrm{d}x+\int_a^1(x^2-ax)\mathrm{d}x$$

$$=\frac{1}{3}a^3-\frac{1}{2}a+\frac{1}{3}.$$

记 $f(a)=\dfrac{1}{3}a^3-\dfrac{1}{2}a+\dfrac{1}{3}$，则

$$f'(a)=a^2-\frac{1}{2},\quad f''(a)=2a.$$

令 $f'(a)=0$ 得 $a=\dfrac{1}{\sqrt{2}}$，且 $f''\left(\dfrac{1}{\sqrt{2}}\right)=\sqrt{2}>0$. 所以 $f\left(\dfrac{1}{\sqrt{2}}\right)$ 为极小值，它是唯一的极值，

因此也是最小值. 这说明 S_1+S_2 在 $a=\dfrac{1}{\sqrt{2}}$ 点取到最小值

$$f\left(\frac{1}{\sqrt{2}}\right)=\frac{1}{3}\left(1-\frac{1}{\sqrt{2}}\right).$$

（2）对于任意 $a\in(0,1)$，平面图形绕 x 轴旋转一周所得旋转体的体积为

$$V=\pi\int_0^a\left[(ax)^2-x^4\right]\mathrm{d}x+\pi\int_a^1\left[x^4-(ax)^2\right]\mathrm{d}x$$
$$=\pi\left(\frac{4}{15}a^5-\frac{1}{3}a^2+\frac{1}{5}\right).$$

将 $a=\dfrac{1}{\sqrt{2}}$ 代入上式便得使 S_1+S_2 达到最小值时，所对应的平面图形绕 x 轴旋转一周所得旋转体的体积

$$V=\frac{\sqrt{2}+1}{30}\pi.$$

例 5.6.9　设函数 f 在 $[a,b]$ 上连续，在 (a,b) 上可导，且满足

$$\frac{2}{b-a}\int_a^{\frac{a+b}{2}}f(x)\mathrm{d}x=f(b).$$

证明：存在 $\xi\in(a,b)$，使得 $f'(\xi)=0$.

证　由积分中值定理知，存在 $\eta\in\left[a,\dfrac{a+b}{2}\right]$，使得

$$f(\eta)=\frac{2}{b-a}\int_a^{\frac{a+b}{2}}f(x)\mathrm{d}x=f(b),$$

再对 f 在 $[\eta,b]$ 上应用罗尔定理便知，存在 $\xi\in(\eta,b)\subset(a,b)$，使得 $f'(\xi)=0$.

　　　　　　　　　　　　　　　　　　　　　　　　　　　　　　　　证毕

例 5.6.10　设 $f(x)=\displaystyle\int_0^x(t-t^2)\sin^{2n}t\,\mathrm{d}t$（$n$ 是正整数），证明：当 $x\geqslant0$ 时成立

$$f(x)\leqslant\frac{1}{(2n+2)(2n+3)}.$$

证　由于 $f'(x)=(x-x^2)\sin^{2n}x$，则当 $0<x<1$ 时 $f'(x)>0$；当 $x>1$ 时 $f'(x)\leqslant0$，因此 f 在 $x=1$ 点取 $[0,+\infty)$ 上的最大值. 于是当 $x\geqslant0$ 时，

$$f(x)\leqslant f(1)=\int_0^1(t-t^2)\sin^{2n}t\,\mathrm{d}t\leqslant\int_0^1(t-t^2)t^{2n}\mathrm{d}t=\frac{1}{(2n+2)(2n+3)}.$$

例 5.6.11　设函数 f 在 $(0,+\infty)$ 上二阶可导，且 $f''(x)\geqslant0$. 又已知 u 是在 $[a,b]$ 上连续的正值函数. 证明

$$\frac{1}{b-a}\int_a^bf[u(t)]\mathrm{d}t\geqslant f\left[\frac{1}{b-a}\int_a^bu(t)\mathrm{d}t\right].$$

证　记 $x_0=\dfrac{1}{b-a}\displaystyle\int_a^bu(t)\mathrm{d}t$，显然 $x_0>0$. 因为 $f''(x)\geqslant0(x\in(0,+\infty))$，则由泰勒公

式得

$$f(x) = f(x_0) + f'(x_0)(x - x_0) + \frac{1}{2}f''(\xi)(x - x_0)^2$$

$$\geqslant f(x_0) + f'(x_0)(x - x_0),$$

其中 ξ 在 x_0 与 x 之间. 将 $x = u(t)$ 代入上式得

$$f[u(t)] \geqslant f\left[\frac{1}{b-a}\int_a^b u(t)\mathrm{d}t\right] + f'\left[\frac{1}{b-a}\int_a^b u(t)\mathrm{d}t\right]\left[u(t) - \frac{1}{b-a}\int_a^b u(t)\mathrm{d}t\right].$$

将上式两边取从 a 到 b 的定积分得

$$\int_a^b f[u(t)]\mathrm{d}t \geqslant (b-a)f\left[\frac{1}{b-a}\int_a^b u(t)\mathrm{d}t\right]$$

$$+ f'\left[\frac{1}{b-a}\int_a^b u(t)\mathrm{d}t\right]\left[\int_a^b u(t)\mathrm{d}t - \int_a^b u(t)\mathrm{d}t\right]$$

$$= (b-a)f\left[\frac{1}{b-a}\int_a^b u(t)\mathrm{d}t\right],$$

即

$$\frac{1}{b-a}\int_a^b f[u(t)]\mathrm{d}t \geqslant f\left[\frac{1}{b-a}\int_a^b u(t)\mathrm{d}t\right].$$

注 因为 $f(x) = -\ln x$ 满足 $f''(x) = \frac{1}{x^2} > 0 (x > 0)$，则由本例知，对于 $[a,b]$ 上连续的正值函数 u，成立

$$\frac{1}{b-a}\int_a^b \ln[u(t)]\mathrm{d}t \leqslant \ln\left[\frac{1}{b-a}\int_a^b u(t)\mathrm{d}t\right].$$

习 题 五

（A）

1. 根据定义计算定积分 $\int_0^1 x^2 \mathrm{d}x$.

2. 举出函数 f 和 g 在 $[a,b]$ 上都连续，但下式不成立的例子.

$$\int_a^b f(x)g(x)\mathrm{d}x \neq \left(\int_a^b f(x)\mathrm{d}x\right) \cdot \left(\int_a^b g(x)\mathrm{d}x\right).$$

3. 判断下列积分的大小：

(1) $\int_0^1 x\mathrm{d}x$ 和 $\int_0^1 x^2\mathrm{d}x$；

(2) $\int_1^2 x\mathrm{d}x$ 和 $\int_1^2 x^2\mathrm{d}x$；

(3) $\int_0^{\frac{\pi}{2}} \sin x\mathrm{d}x$ 和 $\int_0^{\frac{\pi}{2}} x\mathrm{d}x$；

(4) $\int_{-2}^{-1} \left(\frac{1}{2}\right)^x \mathrm{d}x$ 和 $\int_0^1 2^x \mathrm{d}x$.

4. 求下列函数的导数：

(1) $F(x) = \int_0^{\ln x} \sqrt{1 + t^2}\mathrm{d}t$；

(2) $F(x) = \int_{\sqrt{x}}^{x^3} \mathrm{e}^{-t^2}\mathrm{d}t$；

(3) $F(x) = \int_0^x (t^3 - x^3) \sin t \, dt$.

5. 求下列极限：

(1) $\lim\limits_{x \to 0} \dfrac{\displaystyle\int_0^x \cos t^2 \, dt}{x}$；

(2) $\lim\limits_{x \to 0} \dfrac{\displaystyle\int_0^x (1 + \sin 2t)^{\frac{1}{t}} \, dt}{x}$；

(3) $\lim\limits_{x \to +\infty} \dfrac{\displaystyle\int_0^x (\arctan u)^2 \, du}{\sqrt{1 + x^2}}$；

(4) $\lim\limits_{x \to +\infty} \dfrac{\left(\displaystyle\int_0^x e^{t^2} \, dt\right)^2}{\displaystyle\int_0^x e^{2t^2} \, dt}$.

6. 利用积分中值定理求下列极限：

(1) $\lim\limits_{n \to \infty} \displaystyle\int_0^1 \dfrac{x^n}{1 + x} \, dt$；

(2) $\lim\limits_{n \to \infty} \displaystyle\int_n^{n+p} \dfrac{\sin x}{x} \, dt$（$p$ 是正整数）.

7. 求下列定积分：

(1) $\displaystyle\int_0^1 x^2 (2 - x^2)^2 \, dx$；

(2) $\displaystyle\int_1^{27} \dfrac{dx}{\sqrt[3]{x}}$；

(3) $\displaystyle\int_0^2 (2^x + 3^x)^2 \, dx$；

(4) $\displaystyle\int_0^1 \dfrac{x \, dx}{1 + x^2}$；

(5) $\displaystyle\int_0^{\frac{1}{2}} x(1 - 4x^2)^{10} \, dx$；

(6) $\displaystyle\int_{-1}^1 \dfrac{(x + 1) \, dx}{(x^2 + 2x + 5)^2}$；

(7) $\displaystyle\int_0^{2\pi} |\sin x| \, dx$；

(8) $\displaystyle\int_0^1 \sqrt{4 - x^2} \, dx$；

(9) $\displaystyle\int_0^a x^2 \sqrt{a^2 - x^2} \, dx$；

(10) $\displaystyle\int_0^1 (1 + x^2)^{-\frac{3}{2}} \, dx$；

(11) $\displaystyle\int_1^2 \dfrac{\sqrt{x^2 - 1}}{x} \, dx$；

(12) $\displaystyle\int_0^8 \dfrac{dx}{1 + \sqrt[3]{x}}$；

(13) $\displaystyle\int_5^8 \dfrac{x + 2}{x \sqrt{x - 4}} \, dx$；

(14) $\displaystyle\int_0^{\frac{1}{2}} \sqrt{\dfrac{x}{1 - x}} \, dx$；

(15) $\displaystyle\int_0^1 \arcsin x \, dx$；

(16) $\displaystyle\int_{\frac{1}{e}}^e |\ln x| \, dx$；

(17) $\displaystyle\int_0^1 x e^{-x} \, dx$；

(18) $\displaystyle\int_0^{\frac{\pi}{2}} x \sin x \, dx$；

(19) $\displaystyle\int_{-\frac{\pi}{4}}^{\frac{\pi}{4}} \dfrac{x}{\cos^2 x} \, dx$；

(20) $\displaystyle\int_0^{\frac{\pi}{4}} x \tan^2 x \, dx$；

(21) $\displaystyle\int_0^{\frac{\pi}{2}} e^x \sin^2 x \, dx$；

(22) $\displaystyle\int_0^1 x^2 \arctan x \, dx$；

(23) $\displaystyle\int_1^{e+1} x^2 \ln(x - 1) \, dx$；

(24) $\displaystyle\int_0^1 e^{2\sqrt{x+1}} \, dx$.

8. 求函数 $f(x) = \int_0^x (t-1)(t-2)^2 \mathrm{d}t$ 的极值.

9. 设函数 f 在 $(0, +\infty)$ 上连续, 且满足 $f(x) = \ln x - \int_1^e f(x)\mathrm{d}x$, 求

$$\int_1^e f(x)\mathrm{d}x.$$

10. 设函数 $f(x) = \begin{cases} x\mathrm{e}^{-x^2}, & x \geqslant 0, \\ \dfrac{1}{1+\mathrm{e}^x}, & x < 0, \end{cases}$ 计算定积分 $\int_1^4 f(x-2)\mathrm{d}x$.

11. 设 f 是 $(-\infty, +\infty)$ 上以 T 为周期的连续函数. 证明: 对于任何实数 a 下式成立

$$\int_a^{a+T} f(x)\mathrm{d}x = \int_0^T f(x)\mathrm{d}x.$$

12. 求下列曲线所围平面图形的面积:

(1) $y = \dfrac{1}{x}$, $y = x$, $x = 2$;

(2) $y^2 = 4(x+1)$, $y^2 = 4(1-x)$;

(3) $y = x$, $y = x + \sin^2 x$, $x = 0$, $x = \pi$;

(4) $y = \mathrm{e}^x$, $y = \mathrm{e}^{-x}$, $x = 1$;

(5) 阿基米德螺线 $r = a\theta$, $\theta = 0$, $\theta = 2\pi$;

(6) 蚌线 $r = a\cos\theta + b$ $(b \geqslant a > 0)$;

(7) $r = 3\cos\theta$, $r = 1 + \cos\theta$ $\left(-\dfrac{\pi}{3} \leqslant \theta \leqslant \dfrac{\pi}{3}\right)$;

(8) 双纽线 $r^2 = a^2\cos 2\theta$.

13. 求函数 $y = x^3 - 3x + 2$ 的极大值点 x_1 和极小值点 x_2, 并求该函数的图形与直线 $x = x_1, x = x_2$ 以及 x 轴所围图形的面积.

14. 一立体的底面是半径为 R 的圆, 而每一垂直于底面上一条固定直径的平面截该立体的截面都是等边三角形, 求该立体的体积.

15. 求下列平面图形分别绕 x 轴、y 轴旋转一周形成的旋转体的体积:

(1) 曲线 $y = \sqrt{x}$ 与直线 $x = 1, x = 4, y = 0$ 所围图形;

(2) 曲线 $y = \sin x$ $\left(0 \leqslant x \leqslant \dfrac{\pi}{2}\right)$ 与直线 $x = \dfrac{\pi}{2}$, $y = 0$ 所围图形;

(3) 曲线 $y = x^3$ 与直线 $x = 2$, $y = 0$ 所围图形;

(4) 曲线 $x^2 + y^2 = 1$ 与 $y^2 = \dfrac{3}{2}x$ 所围的两个图形之中面积较小的一块.

16. 记 $V(\xi)$ 是曲线 $y = \dfrac{\sqrt{x}}{1+x^2}$ $(x \in [0, \xi])$, 直线 $x = \xi$ 及 x 轴所围图形绕 x 轴旋转一周所成旋转体的体积, 求常数 a 使得

$$V(a) = \dfrac{1}{2}\lim_{\xi \to +\infty} V(\xi).$$

17. 已知某产品的边际收益函数为

$$R'(x) = 10(10-x)\mathrm{e}^{-\frac{x}{10}},$$

其中 x 为销售量,求收益函数 $R(x)$.

18. 已知某产品的边际成本和边际收益函数分别为

$$C'(x) = 400 + \frac{x}{2}, \quad R'(x) = 1000 + x,$$

其中 x 为销售量(单位:台).求生产多少台产品时总利润最大,并求当总利润最大时总收入是多少?

19. 已知一笔投资连续 3 年内保持收入 15000 元不变.若假设利率为 7.5% 的连续复利计息,问收入的现值是多少?

20. 计算下列无限区间上的广义积分(发散也是一种计算结果):

(1) $\displaystyle\int_{-\infty}^{+\infty} \frac{1}{x^2+x+1}\mathrm{d}x$;

(2) $\displaystyle\int_{0}^{+\infty} \frac{1}{(x^2+1)(x^2+4)}\mathrm{d}x$;

(3) $\displaystyle\int_{0}^{+\infty} x\mathrm{e}^{-2x^2}\mathrm{d}x$;

(4) $\displaystyle\int_{-\infty}^{+\infty} \frac{1}{(x^2+1)^{3/2}}\mathrm{d}x$;

(5) $\displaystyle\int_{0}^{+\infty} \mathrm{e}^{-2x}\sin 5x\mathrm{d}x$;

(6) $\displaystyle\int_{2}^{+\infty} \frac{1}{x\ln^p x}\mathrm{d}x \ (p \in \mathbf{R})$.

21. 计算下列无界函数的广义积分(发散也是一种计算结果):

(1) $\displaystyle\int_{0}^{1} \frac{x}{\sqrt{1-x^2}}\mathrm{d}x$;

(2) $\displaystyle\int_{1}^{2} \frac{x}{\sqrt{x-1}}\mathrm{d}x$;

(3) $\displaystyle\int_{1}^{\mathrm{e}} \frac{1}{x\sqrt{1-\ln^2 x}}\mathrm{d}x$;

(4) $\displaystyle\int_{0}^{1} \frac{1}{(2-x)\sqrt{1-x}}\mathrm{d}x$;

(5) $\displaystyle\int_{-1}^{1} \frac{1}{x^3}\sin\frac{1}{x^2}\mathrm{d}x$;

(6) $\displaystyle\int_{0}^{\frac{\pi}{2}} \frac{1}{\sqrt{\tan x}}\mathrm{d}x$.

22. 讨论下列广义积分的敛散性:

(1) $\displaystyle\int_{2}^{+\infty} \frac{1}{x\sqrt{x^2-1}}\mathrm{d}x$;

(2) $\displaystyle\int_{1}^{+\infty} \frac{x^2}{x^3+5x+6}\mathrm{d}x$;

(3) $\displaystyle\int_{1}^{+\infty} \frac{\ln x}{x^2}\sin x\mathrm{d}x$;

(4) $\displaystyle\int_{1}^{+\infty} \frac{\ln(1+x)}{x}\mathrm{d}x$;

(5) $\displaystyle\int_{0}^{+\infty} x^n\mathrm{e}^{-x^2}\mathrm{d}x \ (n>0)$;

(6) $\displaystyle\int_{1}^{+\infty} \frac{\ln x\arctan x}{x^2+1}\mathrm{d}x$;

(7) $\displaystyle\int_{1}^{2} \frac{2x}{x^2-4}\mathrm{d}x$;

(8) $\displaystyle\int_{\frac{1}{\mathrm{e}}}^{\mathrm{e}} \frac{\ln x}{(1-x)^2}\mathrm{d}x$;

(9) $\displaystyle\int_{0}^{1} \frac{1}{\sqrt[3]{x^2(1-x)}}\mathrm{d}x$;

(10) $\displaystyle\int_{0}^{\frac{\pi}{2}} \frac{1}{\sqrt{\sin x}}\mathrm{d}x$.

23. 利用 Γ 函数和 B 函数的性质计算:

(1) $\dfrac{\Gamma(7)}{\Gamma(4)\Gamma(3)}$;

(2) $\dfrac{\Gamma(3)\Gamma\left(\frac{3}{2}\right)}{\Gamma\left(\frac{9}{2}\right)}$;

(3) $\displaystyle\int_0^{+\infty} x^4 \mathrm{e}^{-x}\,\mathrm{d}x$;

(4) $\displaystyle\int_0^{+\infty} x^2 \mathrm{e}^{-2x^2}\,\mathrm{d}x$;

(5) $\displaystyle\int_{-\infty}^{+\infty} \frac{1}{\sqrt{2\pi}}\mathrm{e}^{-\frac{x^2}{2}}\,\mathrm{d}x$;

(6) $\displaystyle\int_0^{+\infty} x^{\frac{1}{2}} \mathrm{e}^{-\alpha x}\,\mathrm{d}x\ (\alpha > 0)$;

(7) $\displaystyle\int_0^1 \frac{1}{\sqrt{1-\sqrt[3]{x}}}\,\mathrm{d}x$;

(8) $\displaystyle\int_0^{\frac{\pi}{2}} \cos^{\frac{1}{2}} x \sin^{\frac{3}{2}} x\,\mathrm{d}x$.

(B)

1. 设函数 f 在 $[a,b]$ 上连续、非负,但不恒为 0,证明
$$\int_a^b f(x)\,\mathrm{d}x > 0.$$

2. 设函数 f 在 $[0,1]$ 上连续,且单调减少,证明对任意 $a\in[0,1]$,成立
$$\int_0^a f(x)\,\mathrm{d}x \geqslant a\int_0^1 f(x)\,\mathrm{d}x.$$

3. 设函数 f 和 g 在 $[a,b]$ 上都可积,证明施瓦茨(Schwarz)不等式
$$\left[\int_a^b f(x)g(x)\,\mathrm{d}x\right]^2 \leqslant \int_a^b f^2(x)\,\mathrm{d}x \cdot \int_a^b g^2(x)\,\mathrm{d}x.$$

4. 设 f 是 $[0,+\infty)$ 上的连续函数,且恒有 $f(x)>0$,证明函数 $g(x)=\dfrac{\displaystyle\int_0^x tf(t)\,\mathrm{d}t}{\displaystyle\int_0^x f(t)\,\mathrm{d}t}$ 是 $[0,+\infty)$ 上的单调增加函数.

5. 设函数 $f(x)=\dfrac{1}{2}\displaystyle\int_0^x (x-t)^2 g(t)\,\mathrm{d}t$,其中函数 g 在 $(-\infty,+\infty)$ 上连续,且 $g(1)=5$, $\displaystyle\int_0^1 g(t)\,\mathrm{d}t = 2$,证明 $f'(x)=x\displaystyle\int_0^x g(t)\,\mathrm{d}t - \int_0^x tg(t)\,\mathrm{d}t$,并计算 $f''(1)$ 和 $f'''(1)$.

6. 设函数 f 连续,且满足 $\displaystyle\int_0^1 tf(2x-t)\,\mathrm{d}t = \dfrac{1}{2}\arctan(x^2)$,$f(1)=1$. 求
$$\int_1^2 f(x)\,\mathrm{d}x.$$

7. 设函数 $S(x)=\displaystyle\int_0^x |\cos t|\,\mathrm{d}t$,求极限 $\displaystyle\lim_{x\to+\infty}\frac{S(x)}{x}$.

8. 设函数 f 在 $(-\infty,+\infty)$ 上连续,证明
$$\int_0^x f(u)(x-u)\,\mathrm{d}u = \int_0^x \left\{\int_0^u f(t)\,\mathrm{d}t\right\}\mathrm{d}u.$$

9. 设函数 f 在 $[0,1]$ 上二阶可导,且在 $[0,1]$ 上成立 $f''(x)\leqslant 0$. 证明
$$\int_0^1 f(x^2)\,\mathrm{d}x \leqslant f\left(\frac{1}{3}\right).$$

10. 设函数 f 在 $[0,\pi]$ 上连续,且 $\displaystyle\int_0^\pi f(x)\,\mathrm{d}x = 0$,$\displaystyle\int_0^\pi f(x)\cos x\,\mathrm{d}x = 0$. 证明:在 $(0,\pi)$ 内至少存在两个不同的点 ξ_1,ξ_2,使得 $f(\xi_1)=f(\xi_2)=0$.

11. 求曲线 $x^4+y^4=a^2(x^2+y^2)$ 所围平面图形的面积.

12. 求 c 的值, 使得

$$\lim_{x \to +\infty} \left(\frac{x+c}{x-c} \right)^x = \int_{-\infty}^{c} t \mathrm{e}^{2t} \mathrm{d}t.$$

13. 设函数 f 在 $[0,a]$ 上二阶可导 $(a>0)$, 且 $f''(x) \geqslant 0$. 证明

$$\int_0^a f(x)\mathrm{d}x \geqslant af\left(\frac{a}{2} \right).$$

14. 计算反常积分 $\displaystyle\int_0^{+\infty} \frac{1}{(1+x^2)(1+x^a)}\mathrm{d}x.$

15. 将区间 $[0,1]$ 十等分, 利用梯形法求 $\displaystyle\int_1^2 \frac{1}{x}\mathrm{d}x = \ln 2$ 的近似值(被积函数值取到四位小数).

第六章

空间解析几何

　　空间解析几何是在三维坐标系中,用代数方法研究空间曲面和曲线几何性质的一个数学分支,它是代数与几何相结合的产物.由于在空间中引入了坐标系,空间上的点便与有序数对建立了一一对应关系,并且通过坐标法可以把几何性质数量化.由于许多空间曲线和曲面可以与代数方程(组)对应起来,几何问题便转化为代数问题,并且通过代数问题的研究可以得到新的几何结果.解析几何将变量引进了数学,使运动与变化的定量描述成为可能,因此它也是微积分的基础和必不可少的工具.本章先介绍三维空间中向量的基本知识,以及它们的内积和外积,然后介绍空间曲面和曲线,最后介绍各类二次曲面.这些知识也是学习多元微积分的必要准备.

§1　向量的数量积和向量积

空间直角坐标系

　　空间解析几何是在三维坐标系中,用代数方法研究空间曲面和曲线的几何性质的一种数学理论.

　　我们知道,建立了平面直角坐标系后,平面上的每一点都与其坐标一一对应,这样就定量地确定了平面上每一点的位置.为了定量地确定空间上每一点的位置,同样需要建立空间直角坐标系.

　　在空间取定一点 O,过点 O 作三条相互垂直的数轴,它们都以 O 为原

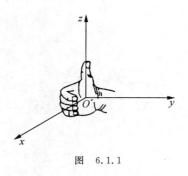

图 6.1.1

点,且都取相同的长度单位.这三条数轴通常分别称为 x 轴、y 轴和 z 轴,统称为坐标轴.它们的正向要符合**右手定则**,即以右手握住 z 轴,当右手的四个手指从 x 轴正向转过 $\pi/2$ 角度后指向 y 轴正向时,拇指的指向就是 z 轴的正向(见图 6.1.1).这样,三条坐标轴就构成了一个**空间直角坐标系**,常称为 $Oxyz$ 坐标系.点 O 称为**坐标原点**,简称原点.习惯上把 x 轴和 y 轴配置在水平面上,而 z 轴则垂直向上,当然它们要符合右手定则.

由 x 轴和 y 轴确定的平面称为 Oxy 平面,由 y 轴和 z 轴确定的平面称为 Oyz 平面,由 z 轴和 x 轴确定的平面称为 Ozx 平面.它们统称为坐标平面.三张坐标平面把空间分成八个部分,每一部分叫做卦限.含有 x 轴、y 轴和 z 轴正半轴的那个卦限称为第 I 卦限,第 II、第 III、第 IV 卦限在 Oxy 平面上方,依逆时针方向依次确定.第 V、VI、VII、VIII 卦限在 Oxy 平面下方,由第 I 卦限之下的第 V 卦限,依逆时针方向依次确定.

对于空间上的任一点 M,过点 M 作三张平面分别垂直于 x 轴、y 轴和 z 轴,且与这三个轴分别交于 P,Q,R 三点(见图 6.1.2),这三点在 x 轴、y 轴和 z 轴的坐标为依次为 x,y,z,那么点 M 唯一确定了一个三元有序数组 (x,y,z);反之,对于每个三元有序数组 (x,y,z),分别在 x 轴、y 轴和 z 轴上取坐标为 x,y,z 的点 P,Q,R,然后通过 P,Q,R 分别作垂直于 x 轴、y 轴和 z 轴的平面.这三张平面的交点便是由 (x,y,z) 所确定的唯一的点.这样一来,我们就建立了空间上的点 M 与三元有序数组 (x,y,z) 的一一对应关系.称 (x,y,z) 为点 M 的坐标,x,y,z 称为**坐标分量**.显然,原点 O 的坐标为 $(0,0,0)$.由三元有序数组 (x,y,z) 所确定的点 M 常记为 $M(x,$

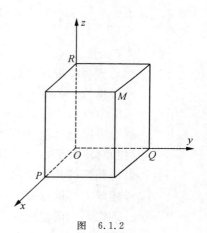

图 6.1.2

$y,z)$.由于空间上的点与三元有序数组的一一对应关系,在本书中,我们常常将空间上的点与其坐标不加区别.

坐标平面上的点的坐标 (x,y,z) 有其显著特征.例如,Oxy 平面上的点的坐标满足 $z=0$;Oyz 平面上的点的坐标满足 $x=0$;Ozx 平面上的点的坐标满足 $y=0$.同样地,坐标轴上的点 (x,y,z) 的坐标也有显著特征.例如,x 轴上的点 (x,y,z) 的坐标满足 $y=z=0$;y 轴上的点的坐标满足 $x=z=0$;z 轴上的点的坐标满足 $x=y=0$.

设 $M_1(x_1,y_1,z_1),M_2(x_2,y_2,z_2)$ 为空间上两点.过点 M_1 和 M_2 分别各作三张平面垂直于三个坐标轴,则这六张平面围成一个以线段 M_1M_2 为对角线的长方体(见图 6.1.3,这些平面与三个坐标轴的交点如图所示).

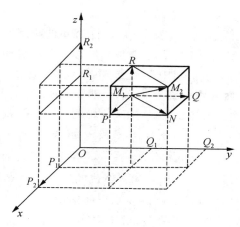

图 6.1.3

M_1 与 M_2 的**距离** d 定义为线段 M_1M_2 的长度 $\|M_1M_2\|$. 由于

$$d^2 = \|M_1M_2\|^2 = \|M_1N\|^2 + \|NM_2\|^2$$
$$= \|M_1P\|^2 + \|PN\|^2 + \|NM_2\|^2$$
$$= \|P_1P_2\|^2 + \|Q_1Q_2\|^2 + \|R_1R_2\|^2$$
$$= (x_2 - x_1)^2 + (y_2 - y_1)^2 + (z_2 - z_1)^2,$$

所以

$$d = \sqrt{(x_2 - x_1)^2 + (y_2 - y_1)^2 + (z_2 - z_1)^2}.$$

这就是空间中**两点间的距离公式**.

特别地,如果 M_1 和 M_2 都在 Oxy 平面上,则 M_1 与 M_2 的距离为

$$d = \sqrt{(x_2 - x_1)^2 + (y_2 - y_1)^2}.$$

这与平面直角坐标系中的情况相吻合.

显然,点 $M(x,y,z)$ 与原点 $O(0,0,0)$ 的距离为

$$d = \sqrt{x^2 + y^2 + z^2}.$$

向量

在实际生活中,我们常遇到一类量,如力、速度、加速度等,它们既有大小又有方向. 既有大小又有方向的量称为**向量**. 向量通常用黑斜体字母表示,如 a, b, c, x, y, z 等.

空间中的向量通常用有向线段表示. 所谓有向线段就是规定了一端为起点,另一端为终点,并确定由起点指向终点为方向的线段. 有向线段的长度表示向量的大小,方向表示向量的方向.

若向量 a 与 b 的大小相等,方向相同,我们就称它们是相等的,记为 $a=b$. 这就是说,如果一个向量通过平行移动,与另一个向量的大小和方向完全重合,我们就认为它们是相等的.

若将向量 a 或 b 平行移动使得它们的起点重合后,它们所在射线之间的夹角 $\theta (0 \leqslant \theta \leqslant \pi)$ 称为 a 与 b 的夹角.

若向量 a 与 b 的夹角为 0 或 π,则称 a 与 b **平行**;若向量 a 与 b 的夹角为 $\pi/2$,则称 a

与 **b** **垂直**.

向量 **a** 的大小(或长度)用 $\|a\|$ 表示,它也称为 **a** 的**模**. 若 $\|a\|=0$,则称 **a** 为**零向量**,记为 **0**. 零向量没有确定的方向;若 $\|a\|=1$,则称 **a** 为**单位向量**.

在空间直角坐标系中,对于空间中任一点 M,记 $\overrightarrow{OM}$ 为起点为坐标原点 O、终点为 M 的向量,过点 M 作三张平面分别垂直于 x 轴、y 轴和 z 轴,它们与这三个轴分别交于 P,Q,R 三点(见图 6.1.2),这三点在 x 轴、y 轴和 z 轴的坐标为依次为 x,y,z,由于 MP、MQ 和 MR 分别垂直于坐标轴,因而也分别称 x,y 和 z 为 $\overrightarrow{OM}$ 在 x 轴、y 轴和 z 轴上的(数量)**投影**. 由前面的一段的讨论知,$\|\overrightarrow{OM}\| = \sqrt{x^2+y^2+z^2}$. 显然,向量 $\overrightarrow{OM}$ 与点 M 是一一对应的,而由 $\overrightarrow{OM}$ 在三个坐标轴上的投影 x,y,z 组成的三元有序数组 (x,y,z) 即为点 M 的坐标. 于是,三元有序数组 (x,y,z) 既可以表示空间中的点 M,又可以表示向量 $\overrightarrow{OM}$. 进一步,由于我们规定了向量之间的相等关系,对于空间上的任意向量 x,我们可以将它平行移动,使它的起点重合于原点,便得到唯一的一个与 x 相等的向量 $\overrightarrow{OM}$. $\overrightarrow{OM}$ 在 x 轴、y 轴和 z 轴上的投影 x,y,z 称为 x 在 x 轴、y 轴和 z 轴上的**投影**,(x,y,z) 称为向量 x 的**坐标**,x,y,z 称为**坐标分量**. 于是,我们可以将 x 与 (x,y,z) 等同起来,即 $x=(x,y,z)$,且显然有 $\|x\| = \sqrt{x^2+y^2+z^2}$. 这也同时说明,空间向量可以由其坐标唯一确定. 在本书中,三元有序数组有时表示空间上的点,有时表示向量,请读者根据不同情况加以确认.

显然,空间中起点为 $M_1(x_1,y_1,z_1)$,终点为 $M_2(x_2,y_2,z_2)$ 的向量 $\overrightarrow{M_1M_2} = (x_2-x_1,y_2-y_1,z_2-z_1)$,且其长度为

$$\|M_1M_2\| = \sqrt{(x_2-x_1)^2+(y_2-y_1)^2+(z_2-z_1)^2}.$$

向量的线性运算

(一)向量的加法

从物理学和力学中我们知道,力可以合成,得到合力. 合力遵循平行四边形法则. 由此背景出发,我们定义向量的加法如下:

设有向量 a,b. 任取一点 A,作向量 $\overrightarrow{AB}=a$,$\overrightarrow{AD}=b$. 记以 AB,AD 为邻边的平行四边形的对角线为 AC,则定义向量 $\overrightarrow{AC}$ 为向量 a 与 b 的和,记为 $a+b$(见图 6.1.4).

这个法则也称为**平行四边形法则**. 但此法则对两个相互平行的向量没有说明,因此我们再给出一个更加完善的定义,它称为**三角形法则**:

设有向量 a,b. 任取一点 A,以 A 为起点,作向量 $\overrightarrow{AB}=a$,再以 B 为起点作向量 $\overrightarrow{BC}=b$. 则定义向量 $\overrightarrow{AC}$ 为向量 a 与 b 的和,记为 $a+b$(见图 6.1.5).

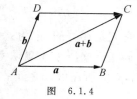

图 6.1.4

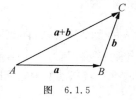

图 6.1.5

下面我们给出向量加法的坐标表达式.

在直角坐标系中，设 $a=(x_1,y_1,z_1)$，$b=(x_2,y_2,z_2)$. 作 $\overrightarrow{OA}=a$，$\overrightarrow{AB}=b$（见图 6.1.6）. 由三角形法则知 $\overrightarrow{OB}=a+b$. 设点 B 的坐标为 (x,y,z)，因为点 A 的坐标为 (x_1,y_1,z_1)，则

$$\overrightarrow{AB}=(x-x_1,y-y_1,z-z_1).$$

由于向量的坐标是唯一确定的，所以由 $b=(x_2,y_2,z_2)$ 得

$$x_2=x-x_1,\quad y_2=y-y_1,\quad z_2=z-z_1.$$

即

$$a+b=\overrightarrow{OB}=(x_1+x_2,y_1+y_2,z_1+z_2).$$

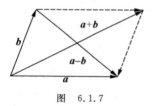
图　6.1.6

这说明，两个向量之和的坐标分量等于这两个向量的对应坐标分量之和.

（二）向量与数的乘法

设 λ 是一个实数，a 是向量，定义它们的乘积 λa 是这样一个向量：它的模 $\|\lambda a\|=|\lambda|\cdot\|a\|$. 且当 $\lambda>0$ 时，λa 与 a 的方向相同；当 $\lambda<0$ 时，λa 与 a 的方向相反；当 $\lambda=0$ 时，$\lambda a=0$，即 λa 为零向量.

可以证明，两个非零向量 a 与 b 平行的充分必要条件是：存在非零实数 λ 使得 $a=\lambda b$.

从以上定义易知：若 $a=(x,y,z)$，则 $\lambda a=(\lambda x,\lambda y,\lambda z)$，即，向量与数的乘积的每个坐标分量等于这个向量的对应坐标分量与该数之积.

（三）向量的减法

对于任意向量 a,b. 定义 $a-b=a+(-1)b$，称之为 a 与 b 的差.

显然，若 $a=(x_1,y_1,z_1)$，$b=(x_2,y_2,z_2)$，则

$$a-b=(x_1-x_2,y_1-y_2,z_1-z_2).$$

从几何上看，$a+b$ 和 $a-b$ 分别是以 a 和 b 为邻边的平行四边形的两条对角线向量. 其中 $a-b$ 就是以 b 的终点为起点，以 a 的终点为终点的向量（见图 6.1.7）.

很容易验证上面定义的运算满足以下规律，我们此处略去其证明.

定理 6.1.1 设 a,b,c 是向量，λ,μ 是实数，则成立

（1）**加法交换律**：$a+b=b+a$；

（2）**加法结合律**：$a+(b+c)=(a+b)+c$；

（3）**数乘分配律**：$\lambda(a+b)=\lambda a+\lambda b$；

（4）**数乘结合律**：$\lambda(\mu a)=(\lambda\mu)a$.

记空间直角坐标系中与 x 轴，y 轴，z 轴同向的单位向量为 i,j,k，即

$$i=(1,0,0),\quad j=(0,1,0),\quad k=(0,0,1).$$

那么，对于任意向量 $a=(x,y,z)$ 成立

$$a=xi+yj+zk.$$

例 6.1.1 已知向量 $a=(1,3,5)$，$b=(3,2,4)$，求 $a+3b$ 和 $3a-2b$.

解 由定义得

$$a+3b=(1,3,5)+3(3,2,4)=(1,3,5)+(9,6,12)=(10,9,17),$$

$$3a - 2b = 3(1,3,5) - 2(3,2,4) = (3,9,15) - (6,4,8) = (-3,5,7).$$

向量的数量积

在力学中我们知道，如果一个力 F 作用于一物体上使它产生位移 s，则力 F 所作的功为

$$W = \|F\| \|s\| \cos\theta,$$

其中 θ 是 F 与 s 的夹角. 我们抽去其物理背景，引入如下概念.

定义 6.1.1　设 a,b 是两个向量，θ 为 a 与 b 的夹角. 则称

$$\|a\| \|b\| \cos\theta$$

为 a 与 b 的**数量积**或**内积**，记为 $a \cdot b$，即

$$a \cdot b = \|a\| \|b\| \cos\theta.$$

我们称 $\|b\| \cos\theta$ 为向量 b 在 a 方向上的投影. 因此，a 和 b 的数量积等于 a 的模乘以 b 在 a 方向上的投影（见图 6.1.8）.

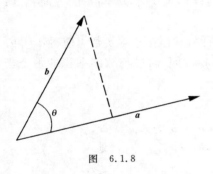

图　6.1.8

若向量 a 与 b 的夹角为 $\pi/2$，则称 a 与 b 垂直. 从数量积的定义立即推得，两个非零向量 a 与 b 垂直的充分必要条件是：$a \cdot b = 0$.

可以证明数量积满足以下运算规律，我们此处略去其证明.

定理 6.1.2　设 a,b,c 是向量，λ 是实数. 则

(1) **正定性**：$a \cdot a = \|a\|^2 \geqslant 0$，且 $a \cdot a = 0$ 当且仅当 $a = 0$；

(2) **交换律**：$a \cdot b = b \cdot a$；

(3) **分配律**：$(a+b) \cdot c = a \cdot c + b \cdot c$；

(4) **数乘结合律**：$(\lambda a) \cdot b = a \cdot (\lambda b) = \lambda(a \cdot b)$.

下面我们给出向量数量积的坐标表达式. 在直角坐标系中，设 $a = (x_1, y_1, z_1)$，$b = (x_2, y_2, z_2)$，则由以上运算规律得

$$a \cdot b = (x_1 i + y_1 j + z_1 k) \cdot (x_2 i + y_2 j + z_2 k)$$
$$= x_1 x_2 i \cdot i + x_1 y_2 i \cdot j + x_1 z_2 i \cdot k + y_1 x_2 j \cdot i + y_1 y_2 j \cdot j$$
$$+ y_1 z_2 j \cdot k + z_1 x_2 k \cdot i + z_1 y_2 k \cdot j + z_1 z_2 k \cdot k.$$

因为 i,j,k 是相互垂直的单位向量，则

$$i \cdot j = j \cdot i = 0, \quad j \cdot k = k \cdot j = 0, \quad i \cdot k = k \cdot i = 0,$$
$$i \cdot i = j \cdot j = k \cdot k = 1.$$

于是

$$a \cdot b = x_1 x_2 + y_1 y_2 + z_1 z_2.$$

特别地

$$a \cdot a = \|a\|^2 = x_1^2 + y_1^2 + z_1^2.$$

记 α, β, γ 分别为向量 a 与 x 轴，y 轴和 z 轴正向的夹角，称 $\cos\alpha, \cos\beta, \cos\gamma$ 为向量 a 的**方向余弦**. 若 $a = (x_1, y_1, z_1)$，则显然有

$$a \cdot i = x_1 = \|a\| \cos\alpha, \quad a \cdot j = y_1 = \|a\| \cos\beta,$$

$$a \cdot k = z_1 = \|a\| \cos\gamma.$$

例 6.1.2 设 $a = (1, -2, 3), b = (2, 3, -1)$，求 $a \cdot b$ 以及 a 与 b 的夹角 θ.

解 由定义得

$$a \cdot b = 1 \times 2 + (-2) \times 3 + 3 \times (-1) = -7.$$

因为

$$\|a\| = \sqrt{a \cdot a} = \sqrt{1^2 + (-2)^2 + 3^2} = \sqrt{14},$$
$$\|b\| = \sqrt{b \cdot b} = \sqrt{2^2 + 3^2 + (-1)^2} = \sqrt{14}.$$

所以

$$\cos\theta = \frac{a \cdot b}{\|a\| \|b\|} = \frac{-7}{\sqrt{14}\sqrt{14}} = -\frac{1}{2}.$$

于是

$$\theta = \frac{2\pi}{3}.$$

向量的向量积

定义 6.1.2 设 a, b 是两个向量，θ 为 a 与 b 的夹角. 定义 a 与 b 的向量积或外积 $a \times b$ 是这样一个向量，其模

$$\|a \times b\| = \|a\| \|b\| \sin\theta,$$

其方向与 a 和 b 都垂直，且使 $a, b, a \times b$ 符合右手定则.

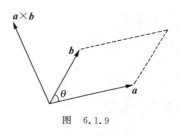

$a, b, a \times b$ 符合右手定则是指：伸平右手，先用除拇指外的四指指向 a 方向，再顺势向 b 方向弯曲，则拇指所指的方向就是 $a \times b$ 的方向（见图 6.1.9）.

由定义，$a \times b$ 垂直于 a 和 b 所确定的平面，且 $\|a \times b\| = \|a\| \|b\| \sin\theta$ 说明向量 $a \times b$ 的模等于以 a 和 b 为邻边的平行四边形的面积.

图 6.1.9

对于任何向量 a，显然成立 $a \times a = 0$. 进一步由定义可知，两个非零向量 a 与 b 平行的充分必要条件是：$a \times b = 0$.

可以证明向量积满足以下运算规律，我们此处略去其证明.

定理 6.1.3 设 a, b, c 是向量，λ 是实数. 则

（1）**反交换律**：$a \times b = -b \times a$；

（2）**分配律**：$a \times (b + c) = a \times b + a \times c$；

（3）**数乘结合律**：$(\lambda a) \times b = a \times (\lambda b) = \lambda(a \times b)$.

下面我们给出向量数量积的坐标表达式. 在直角坐标系中，设 $a = (x_1, y_1, z_1), b = (x_2, y_2, z_2)$，则由以上运算规律得

$$a \times b = (x_1 i + y_1 j + z_1 k) \times (x_2 i + y_2 j + z_2 k)$$
$$= x_1 x_2 i \times i + x_1 y_2 i \times j + x_1 z_2 i \times k + y_1 x_2 j \times i + y_1 y_2 j \times j$$
$$+ y_1 z_2 j \times k + z_1 x_2 k \times i + z_1 y_2 k \times j + z_1 z_2 k \times k.$$

因为

$$i \times i = j \times j = k \times k = 0,$$

以及

$$i \times j = k, \quad j \times k = i, \quad k \times i = j,$$
$$j \times i = -k, \quad k \times j = -i, \quad i \times k = -j,$$

于是

$$a \times b = (y_1 z_2 - z_1 y_2)i + (z_1 x_2 - x_1 z_2)j + (x_1 y_2 - y_1 x_2)k.$$

它也可以写为

$$a \times b = \begin{vmatrix} y_1 & z_1 \\ y_2 & z_2 \end{vmatrix} i + \begin{vmatrix} z_1 & x_1 \\ z_2 & x_2 \end{vmatrix} j + \begin{vmatrix} x_1 & y_1 \\ x_2 & y_2 \end{vmatrix} k,$$

或用三阶行列式形式地表为

$$a \cdot b = \begin{vmatrix} i & j & k \\ x_1 & y_1 & z_1 \\ x_2 & y_2 & z_2 \end{vmatrix}.$$

例 6.1.3 已知向量 $a = (1,3,5), b = (3,2,4).$

(1) 确定单位向量 c，使得 c 与 a 和 b 均垂直；

(2) 求以 a 和 b 为邻边的平行四边形面积.

解 (1) 因为 $a \times b$ 与 a 和 b 都垂直，因此所求向量 c 与 $a \times b$ 平行，且 $\|c\| = 1$. 于是

$$c = \pm \frac{a \times b}{\|a \times b\|}.$$

由于

$$a \times b = \begin{vmatrix} i & j & k \\ 1 & 3 & 5 \\ 3 & 2 & 4 \end{vmatrix} = 2i + 11j - 7k,$$

以及 $\|a \times b\| = \sqrt{2^2 + 11^2 + (-7)^2} = \sqrt{174}$. 所以

$$c = \pm \frac{1}{\sqrt{174}} (2i + 11j - 7k),$$

即

$$c = \left(\frac{2}{\sqrt{174}}, \frac{11}{\sqrt{174}}, -\frac{7}{\sqrt{174}} \right) \text{ 或 } \left(-\frac{2}{\sqrt{174}}, -\frac{11}{\sqrt{174}}, \frac{7}{\sqrt{174}} \right).$$

(2) 由外积的定义知，以 a 和 b 为邻边的平行四边形的面积为

$$\|a \times b\| = \sqrt{174}.$$

§2　曲面和曲线

曲面

在我们日常生活中，经常会看到各种各样的曲面. 例如，足球的表面、汽车灯的反射面、灯管的表面、漏斗的内表面等. 曲面可以看成满足一定条件的动点的轨迹，在空间直角

坐标系中,动点满足的条件可以用以动点坐标(x,y,z)为变量的三元方程表示.

定义 6.2.1 若空间中的曲面Σ上的任意一点的坐标(x,y,z)都满足方程$F(x,y,z)=0$;同时,坐标满足方程$F(x,y,z)=0$的点都在曲面Σ上,则称
$$F(x,y,z)=0$$
是曲面Σ的**轨迹方程**,简称为**曲面方程**.称曲面Σ的几何图形为方程$F(x,y,z)=0$的**图形**.

空间曲线也是动点的轨迹,位于曲线上的点的坐标(x,y,z)也满足一定的方程.一般地,一条空间曲线可以看成两个不同曲面的交线.

与平面解析几何类似,对空间曲面的研究有两个基本问题:一个问题是知道曲面上的点的变化规律,求相应的轨迹方程,即曲面方程;另一个问题是,已知方程$F(x,y,z)=0$,求相应曲面的几何形状.

例 6.2.1 求以点$P_0(x_0,y_0,z_0)$为中心,半径为r的球面的方程.

解 设$P(x,y,z)$是球面上的任意一点,则$\|PP_0\|=r$,即
$$\sqrt{(x-x_0)^2+(y-y_0)^2+(z-z_0)^2}=r,$$
因此,所求的球面方程是
$$(x-x_0)^2+(y-y_0)^2+(z-z_0)^2=r^2.$$
于是,中心为原点,半径为r的球面方程是
$$x^2+y^2+z^2=r^2.$$

例 6.2.2 求$x^2+y^2+z^2+4x-2y-10z-6=0$表示的曲面.

解 把所给的方程的左端配方,并移项得
$$(x+2)^2+(y-1)^2+(z-5)^2=36.$$
因此方程表示的是以$(-2,1,5)$为中心,半径为6的球面.

例 6.2.3 求与两点$P_1(1,-1,2)$和$P_2(2,0,1)$等距离的点P的轨迹方程.

解 设$P(x,y,z)$是轨迹上的任意一点,则$\|PP_1\|=\|PP_2\|$,即
$$\sqrt{(x-1)^2+(y+1)^2+(z-2)^2}=\sqrt{(x-2)^2+(y-0)^2+(z-1)^2}.$$
将其整理得到
$$2x+2y-2z+1=0.$$
这就是点P的轨迹方程.由立体几何知,P的轨迹就是线段P_1P_2的垂直平分面.

显然,方程$z=0$确定的平面就是Oxy平面,更一般地,方程$z=k$确定的平面就是过点$(0,0,k)$且与Oxy平面平行的平面.它们都与z轴垂直.

下面介绍一些常见的简单曲面.

(一) 平面

在空间中,若已知与平面垂直的一个方向和平面上的一个点,就可以唯一决定这个平面.与一个平面垂直的非零向量称为这个平面的**法向量**.

设平面π的法向量为$\boldsymbol{n}=(A,B,C)$(A,B,C不同时为零),而且该平面通过点$P_0(x_0,y_0,z_0)$.设$P(x,y,z)$为平面上的任何一点,则从P到P_0的线段属于平面π,因而向量$\overrightarrow{P_0P}=(x-x_0,y-y_0,z-z_0)$与$\boldsymbol{n}$垂直,所以

$$n \cdot \overrightarrow{P_0 P} = 0.$$

即

$$A(x - x_0) + B(y - y_0) + C(z - z_0) = 0.$$

这就是说，平面 π 上的点都满足以上方程. 显然，不在平面 π 上的点不满足以上方程. 因此上述关系式就是平面 π 的方程. 它称为平面的**点法式方程**.

记常数 $D = -(Ax_0 + By_0 + Cz_0)$，则上述方程可以写成

$$Ax + By + Cz + D = 0,$$

这个关系式称为平面的**一般方程**.

例 6.2.4 求过点 $(3,4,-5)$，且与平面 $x - 2y + 3z + 6 = 0$ 平行的平面的方程.

解 平面 $x - 2y + 3z + 6 = 0$ 的法向量为 $n = (1, -2, 3)$，所求平面与这个平面平行，则 n 也可看作所求平面的法向量. 于是由点法式方程得，所求平面的方程为

$$(x - 3) - 2(y - 4) + 3(z + 5) = 0,$$

即

$$x - 2y + 3z + 20 = 0.$$

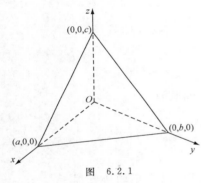

图 6.2.1

例 6.2.5 求过三点 $P_1(a,0,0)$，$P_2(0,b,0)$，$P_3(0,0,c)$ 的平面的方程，其中 a,b,c 为非零常数（见图 6.2.1）.

解 设平面方程为

$$Ax + By + Cz + D = 0.$$

因为平面过 P_1，P_2 和 P_3 点，所以这些点的坐标满足平面方程. 于是

$$\begin{cases} aA + D = 0, \\ bB + D = 0, \\ cC + D = 0, \end{cases}$$

所以 $A = -\dfrac{D}{a}$，$B = -\dfrac{D}{b}$，$C = -\dfrac{D}{c}$. 代入原方程并化简得

$$\frac{x}{a} + \frac{y}{b} + \frac{z}{c} = 1.$$

这种方程称为平面的**截距式方程**，a,b,c 依次称为平面在 x 轴，y 轴，z 轴上的**截距**.

（二）旋转曲面

我们知道，一个圆绕过其圆心的直线旋转一周的轨迹就是球面. 更一般地，我们引入如下定义.

定义 6.2.2 由一条定曲线 C 绕一条定直线 L 旋转一周而生成的曲面称为**旋转曲面**. 称曲线 C 为该旋转曲面的**母线**，直线 L 为该旋转曲面的**旋转轴**，简称**轴**.

已知 Oyz 平面上的一条曲线，其方程为

$$f(y, z) = 0.$$

把它绕 z 轴旋转一周，就生成一个旋转曲面，其方程可如下求得：

设点 $P_0(0, y_0, z_0)$ 是旋转曲面在 Oyz 平面上的点，因此

$$f(y_0, z_0) = 0.$$

曲线绕 z 轴旋转,当该点转到位置 $P(x,y,z)$ 时,显然有(见图 6.2.2)

$$z = z_0,$$

而 P 到 z 轴的距离与 P_0 到 z 轴的距离相等,即

$$\sqrt{x^2 + y^2} = |y_0|.$$

代入曲线方程,就得到 $P(x,y,z)$ 满足

$$f(\pm \sqrt{x^2 + y^2}, z) = 0,$$

这就是 $f(y,z) = 0$ 绕 z 轴旋转一周生成的旋转曲面的方程.

完全类似地可以导出,该曲线绕 y 轴旋转一周生成曲面的方程为

$$f(y, \pm \sqrt{x^2 + z^2}) = 0.$$

读者不难推出在 Oxy 平面上的曲线

$$g(x,y) = 0$$

分别绕 x 轴和 y 轴旋转一周生成的旋转曲面的方程以及 Ozx 平面上的曲线

$$h(x,z) = 0$$

分别绕 x 轴和 z 轴旋转一周生成的旋转曲面的方程.

例 6.2.6 求 Oyz 平面上的抛物线 $z^2 = y$ 绕 y 轴旋转一周而生成的旋转曲面的方程.

解 所给抛物线绕 y 轴旋转一周而生成的旋转曲面的方程为

$$(\pm \sqrt{x^2 + z^2})^2 = y,$$

即

$$y = x^2 + z^2.$$

这种曲面称为旋转抛物面(见图 6.2.3)

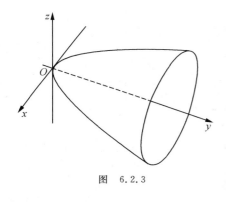

图 6.2.3

(三)柱面

我们先看一个例子.

例 6.2.7 求 $y = x^2$ 表示的曲面.

解 在 Oxy 平面上中,这是一条抛物线.现在考虑在空间上的情况.设 Oxy 平面上的点 $P(x_0, y_0, 0)$ 在抛物线上,即满足

$$y_0 = x_0^2,$$

由于方程 $y = x^2$ 中不含变量 z,因此,对任意 z,(x_0, y_0, z) 一定也满足方程,所以该点也在 $y = x^2$ 所表示的曲面上.

这就是说,若过 P_0 作一条垂直于 Oxy 平面(即与 z 轴平行)的直线,由于这条直线上的任意一点的坐标为 (x_0, y_0, z),那么这条直线包含于 $y = x^2$ 所表示的曲面中.取遍抛物线上所有的点,即这条直线沿抛物线平行移动,就得到了 $y = x^2$ 表示的曲面(见

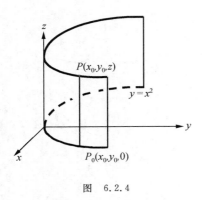

图 6.2.4

图 6.2.4），它称为抛物柱面．

定义 6.2.3 若给定一条曲线 C 和一条直线 L，平行于 L 的直线 L_C 沿曲线 C 移动所形成的曲面称为**柱面**，定曲线 C 称为柱面的**准线**，动直线 L_C 称为柱面的**母线**．

显然，平面是一种特殊的柱面：它的准线通常取作一条直线．

不含 z 的方程 $f(x,y)=0$ 表示以 Oxy 平面上的曲线 $f(x,y)=0$ 为准线，母线平行于 z 轴的柱面．例如，曲面 $x^2+y^2=1$ 是以 Oxy 平面上的单位圆为准线，母线平行于 z 轴的圆柱面（见图 6.2.5）；曲面 $\dfrac{x^2}{a^2}-\dfrac{y^2}{b^2}=1$ 是以 Oxy 平面上的双曲线为准线，母线平行于 z 轴的双曲柱面（见图 6.2.6）．而曲面 $x+y=0$ 是以 Oxy 平面上的直线为准线，母线平行于 z 轴的柱面，即平面（见图 6.2.7）．

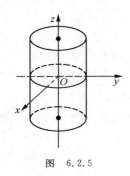

图 6.2.5

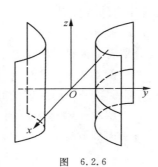

图 6.2.6

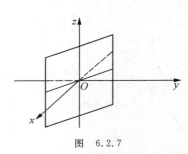

图 6.2.7

（四）锥面

我们再看一个例子．

例 6.2.8 已知点 $A(0,0,1)$ 及 Oxy 平面上的椭圆 $\dfrac{x^2}{9}+\dfrac{y^2}{25}=1$，求过点 A 及椭圆上的某点 B 的直线当 B 绕椭圆旋转一周时，该直线的轨迹生成的曲面方程．

解 记直线的轨迹生成的曲面为 Σ．设 $P(x,y,z)$ 为曲面 Σ 上的任一点，则由曲面 Σ 的定义知，过 A 和 P 的直线与椭圆有交点 $P_1(x_1,y_1,0)$，注意 $\overrightarrow{AP}$ 与 $\overrightarrow{AP_1}$ 共线，所以

$$\frac{x-0}{x_1-0}=\frac{y-0}{y_1-0}=\frac{z-1}{0-1}.$$

由于点 $P_1(x_1,y_1,0)$ 在椭圆上，所以

$$\frac{x_1^2}{9}+\frac{y_1^2}{25}=1.$$

从以上两式中消去 x_1,y_1 得

$$\frac{x^2}{9}+\frac{y^2}{25}=(z-1)^2.$$

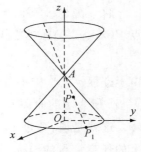

图 6.2.8

这就是所求曲面方程(其图形见图 6.2.8).

定义 6.2.4　给定一条空间曲线 C 和不在 C 上的一点 P,当 C 上的点 M 沿曲线 C 移动时,连接点 P 和 M 的直线 PM 所形成的曲面称为**锥面**,称点 P 为该锥面的**顶点**,曲线 C 为该锥面的**准线**,直线 PM 为该锥面的**母线**.

显然,例 6.2.8 中的曲面就是锥面.

例 6.2.9　求 Oxy 平面上的直线 $y=x$ 绕 y 轴旋转一周而生成的旋转曲面的方程.

解　Oxy 平面上的直线 $y=x$ 绕 y 轴旋转一周而生成的旋转曲面的方程为

$$y=\pm\sqrt{x^2+z^2},$$

即

$$y^2=x^2+z^2.$$

显然,这是一个顶点为原点,母线为 Oxy 平面上直线 $y=x$ 的锥面(见图 6.2.9).

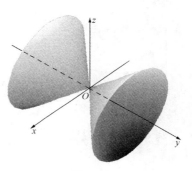

图　6.2.9

曲面的方程也常用如下的参数形式表示:

$$\begin{cases} x=x(u,v), \\ y=y(u,v), \quad u\in I_1, v\in I_2, \\ z=z(u,v), \end{cases}$$

其中 I_1 和 I_2 为区间,它称为**曲面的参数方程**(这里涉及了二元函数的概念,在下一章我们会提到).

例如,球心为原点,半径为 r 的球面的一种参数方程为

$$\begin{cases} x=r\sin\varphi\cos\theta, \\ y=r\sin\varphi\sin\theta, \quad 0\le\theta<2\pi, 0\le\varphi\le\pi. \\ z=r\cos\varphi, \end{cases}$$

再例如,圆柱面 $x^2+y^2=r^2$ 的一种参数方程为

$$\begin{cases} x=r\cos\theta, \\ y=r\sin\theta, \quad 0\le\theta<2\pi, -\infty<z<+\infty. \\ z=z, \end{cases}$$

曲线

空间曲线也是动点的轨迹,位于曲线上的点的坐标 (x,y,z) 也满足一定的方程. 一般地,一条空间曲线可以看成两个不同曲面的交线,若这两个曲面的方程分别为 $F(x,y,z)=0$ 和 $G(x,y,z)=0$,那么曲线方程可以表示为

$$\begin{cases} F(x,y,z)=0, \\ G(x,y,z)=0. \end{cases}$$

这种关系式称为**曲线的一般方程**.

例如,在空间中抛物柱面 $y=x^2$ 表示的是抛物柱面,而不是曲线,抛物柱面与 Oxy 坐标平面的交线,即方程

$$\begin{cases} y = x^2, \\ z = 0 \end{cases}$$

表示的曲线才是一条抛物线.

例 6.2.10 方程

$$\begin{cases} x^2 + z^2 = 4z, \\ x^2 = -4y \end{cases}$$

表示的曲线是圆柱面 $x^2 + z^2 = 4z$ 与抛物柱面 $x^2 = -4y$ 的交线(见图 6.2.10).

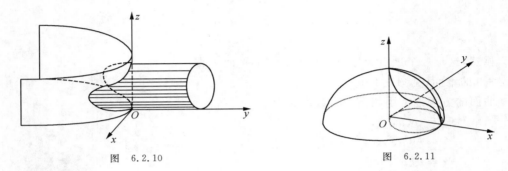

图 6.2.10   图 6.2.11

例 6.2.11 说明方程

$$\begin{cases} z = \sqrt{a^2 - x^2 - y^2}, \\ x^2 + y^2 = ax \end{cases}$$

表示的曲线.

解   方程 $z = \sqrt{a^2 - x^2 - y^2}$ 是以原点为球心,a 为半径的球面的上半部分,而 $x^2 + y^2 = ax$ 是以 Oxy 平面上的圆

$$\left(x - \frac{a}{2} \right)^2 + y^2 = \left(\frac{a}{2} \right)^2$$

为准线,母线平行于 z 轴的圆柱面.它们的交线如图 6.2.11 所示.

空间曲线还有一种常用的表示方式.设 $x(t),y(t),z(t)$ 是区间 I 上的连续函数,那么对于固定的 t_0,$(x(t_0),y(t_0),z(t_0))$ 就确定了空间中的一个点,当 t 在区间 I 上连续地变化时,点 $(x(t),y(t),z(t))$ 的轨迹就是空间中的一条连续曲线.因此关系式

$$\begin{cases} x = x(t), \\ y = y(t), \quad t \in I \\ z = z(t), \end{cases}$$

也表示了一条空间曲线,称为**曲线的参数方程**.曲线的参数方程对于求解某些具体问题很有效.

下面介绍一些常见的简单曲线.

(一) 直线

两张不平行的平面的交线就是直线.在空间中,若已知与直线的平行的一个方向和直线上的一个点,就可以唯一决定这条直线.平行于一条直线的非零向量称为该直线的**方向**

向量.

设直线 L 的方向向量为 $v=(l,m,n)$（l,m,n 不全为零），且该直线通过点 $P_0(x_0,y_0,z_0)$. 设 $P(x,y,z)$ 为直线 L 上的任何一点，则向量 $\overrightarrow{P_0P}$ 与 v 平行（见图6.2.12），从而存在实数 t 使得 $\overrightarrow{P_0P}=tv$. 按坐标表示就是

$$(x-x_0,y-y_0,z-z_0)=t(l,m,n),$$

即

$$\frac{x-x_0}{l}=\frac{y-y_0}{m}=\frac{z-z_0}{n}.$$

显然，不在直线上的点不满足以上方程. 因此上述关系式就是直线 L 的方程，它称为直线的**对称式方程**（或点向式方程）.

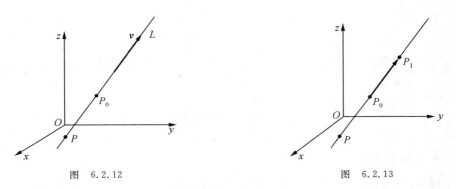

图 6.2.12   图 6.2.13

注意，若 l,m,n 中有某个等于 0，则它对应的分子应理解为 0. 例如 $l=0$，则关系式

$$\frac{x-x_0}{0}=\frac{y-y_0}{m}=\frac{z-z_0}{n}$$

应理解为

$$\begin{cases} x=x_0, \\ \dfrac{y-y_0}{m}=\dfrac{z-z_0}{n}. \end{cases}$$

若已知直线 L 通过两个点 $P_0(x_0,y_0,z_0)$ 和 $P_1(x_1,y_1,z_1)$，则 $\overrightarrow{P_0P_1}$ 就是该直线的方向向量（见图6.2.13），代入直线的对称式方程，便得到直线 L 的**两点式方程**

$$\frac{x-x_0}{x_1-x_0}=\frac{y-y_0}{y_1-y_0}=\frac{z-z_0}{z_1-z_0}.$$

例 6.2.12 求过点 $P_0(1,1,-1)$ 和 $P_1(2,5,-7)$ 的直线方程.

解 因为 $\overrightarrow{P_0P_1}=(1,4,-6)$，所以所求的直线方程为

$$\frac{x-1}{1}=\frac{y-1}{4}=\frac{z+1}{-6}.$$

例 6.2.13 用对称式方程表示直线

$$\begin{cases} x+y+z+1=0, \\ 2x-y+3z+4=0. \end{cases}$$

解 显然，方程组中的第一个方程表示的平面的一个法向量为 $n_1=(1,1,1)$，方程组中

的第二个方程表示的平面的一个法向量为 $n_2=(2,-1,3)$. 因为方程组所表示的直线在这两张平面上, 因此该直线的方向向量必与 n_1 和 n_2 垂直. 于是可取直线的一个方向向量为

$$v = n_1 \times n_2 = \begin{vmatrix} i & j & k \\ 1 & 1 & 1 \\ 2 & -1 & 3 \end{vmatrix} = 4i - j - 3k.$$

再在两张平面上任意找一个公共点(即直线上一点). 例如, 令 $x_0=0$, 代入方程组得

$$\begin{cases} y+z+1=0, \\ -y+3z+4=0. \end{cases}$$

从而可以解出 $y_0=\dfrac{1}{4}, z_0=-\dfrac{5}{4}$, 即 $\left(0,\dfrac{1}{4},-\dfrac{5}{4}\right)$ 为直线上一点. 于是直线的对称式方程为

$$\frac{x}{4} = \frac{y-\dfrac{1}{4}}{-1} = \frac{z+\dfrac{5}{4}}{-3}.$$

若在直线的对称式方程中令 $\dfrac{x-x_0}{l}=\dfrac{y-y_0}{m}=\dfrac{z-z_0}{n}=t$, 将这个等式写开, 就得到

$$\begin{cases} x = x_0 + tl, \\ y = y_0 + tm, \quad t \in (-\infty, +\infty), \\ z = z_0 + tn, \end{cases}$$

这称为直线的**参数方程**.

例 6.2.14 求直线 $\dfrac{x-1}{1}=\dfrac{y-2}{2}=\dfrac{z+3}{3}$ 与平面 $x+2y-3z-2=0$ 的交点.

解 该问题就是求方程 $\dfrac{x-1}{1}=\dfrac{y-2}{2}=\dfrac{z+3}{3}$ 与 $x+2y-3z-2=0$ 的公共解.

先将直线方程写成参数方程

$$\begin{cases} x = 1+t, \\ y = 2+2t, \quad t \in (-\infty, +\infty), \\ z = -3+3t, \end{cases}$$

将其代入平面的方程, 便得到

$$(1+t) + 2(2+2t) - 3(-3+3t) - 2 = 0,$$

解得 $t=3$. 再代入直线的参数方程, 得到

$$x = 4, \quad y = 8, \quad z = 6,$$

即, 交点为 $(4,8,6)$.

(二)螺旋线

日常生活与工业生产中还常见一类曲线, 就是螺旋线.

例 6.2.15 说明参数方程

$$\begin{cases} x = a\cos t, \\ y = a\sin t, \quad t \in (-\infty, +\infty) \\ z = ct, \end{cases}$$

表示的曲线,其中 $a>0,c>0$.

解 先考虑 $c=0$ 的特殊情况,当 t 连续地增大时,曲线在 Oxy 平面上逆时针连续地画出圆心在原点,半径为 a 的重叠的圆.

对一般的 $c>0$,易知当 t 连续地增大时,曲线上的点按速度 c 匀速地上升.

将上面两点综合起来,就得到了方程表示的曲线(见图 6.2.14),这条曲线称为**螺旋线**或**圆柱螺线**,旋转一周后 z 增加的高度 $2c\pi$ 称为**螺距**.

日常生活中用的平头螺钉上的螺纹就是一条螺旋线,用螺丝刀每旋紧一周,螺钉就往里移进一个螺距的长度.

类似地,可画出由参数方程

$$\begin{cases} x = t\cos t, \\ y = t\sin t, \quad t \in [0,+\infty) \\ z = ct, \end{cases}$$

表示的曲线($c>0$),称之为**圆锥螺线**(见图 6.2.15).

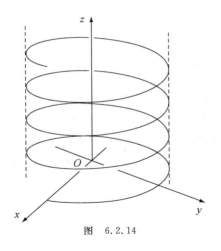

图 6.2.14

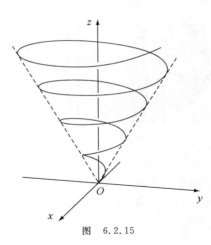

图 6.2.15

§3 二 次 曲 面

在空间直角坐标系中,由三元二次方程

$$a_{11}x^2 + a_{22}y^2 + a_{33}z^2 + 2a_{12}xy + 2a_{13}xz + 2a_{23}yz + b_1x + b_2y + b_3z + c = 0$$

确定的曲面称为**二次曲面**.二次曲面在曲面理论中占有重要地位,这不仅在于它们的形状比较简单,极为常用,而且在于许多复杂的曲面在一定的条件下可以用它们近似代替.

可以证明,经过适当的坐标变换,且变换不改变曲面的几何形状与大小,可以使二次曲面的方程中只有非交叉项(即两个不同变量的乘积项)的二次项,并可将其简化为不同时含有某个变量的一次项和二次项,且含一次项的变量只有一个(此时可化为不含常数项)的形式,共有十七种,此类方程称为**二次曲面的标准方程**.

下面就二次曲面的标准方程对几个典型的二次曲面的形状作一简单的介绍.讨论的

方法是用坐标平面及一些特殊的平面与二次曲面相截,考察其截痕(曲线)的形状,然后对截痕加以综合,进而得出曲面的全貌,这种方法称为**截痕法**.

椭球面

一般的椭球面方程为

$$\frac{x^2}{a^2} + \frac{y^2}{b^2} + \frac{z^2}{c^2} = 1 \quad (a,b,c > 0),$$

利用截痕法,我们用平面 $z = z_0 (|z_0| < c)$ 去截它,得曲线

$$\begin{cases} \dfrac{x^2}{a^2} + \dfrac{y^2}{b^2} + \dfrac{z^2}{c^2} = 1, \\ z = z_0, \end{cases}$$

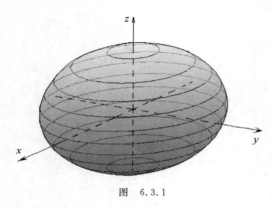

图 6.3.1

从方程中消去 z,便得到

$$\frac{x^2}{\left(a\sqrt{1 - \dfrac{z_0^2}{c^2}}\right)^2} + \frac{y^2}{\left(b\sqrt{1 - \dfrac{z_0^2}{c^2}}\right)^2} = 1.$$

这是平面 $z = z_0$ 上的以点 $(0,0,z_0)$ 为中心,两个半轴分别为 $a\sqrt{1 - \dfrac{z_0^2}{c^2}}$ 和 $b\sqrt{1 - \dfrac{z_0^2}{c^2}}$ 的椭圆,当 $z_0 \to c$ 时,椭圆收缩为一个点.

对 x 和 y 方向作类似的讨论,不难得到椭球面的图形(见图 6.3.1). 其中,$(\pm a, 0, 0)$,$(0, \pm b, 0)$,$(0, 0, \pm c)$ 称为椭球面的顶点,a, b, c 称为椭球的半轴.

当 $a = b = c$ 时,椭球面方程就变为球面方程

$$x^2 + y^2 + z^2 = a^2.$$

双曲面

(一) 单叶双曲面

一般的单叶双曲面方程为

$$\frac{x^2}{a^2} + \frac{y^2}{b^2} - \frac{z^2}{c^2} = 1 \quad (a,b,c > 0).$$

我们在两个方向上用截痕法讨论这个曲面. 先用平面 $z = z_0$ 去截,得曲线

$$\begin{cases} \dfrac{x^2}{a^2} + \dfrac{y^2}{b^2} - \dfrac{z^2}{c^2} = 1, \\ z = z_0, \end{cases}$$

从方程中消去 z,便得到

$$\frac{x^2}{\left[a\sqrt{1+\dfrac{z_0^2}{c^2}}\right]^2}+\frac{y^2}{\left[b\sqrt{1+\dfrac{z_0^2}{c^2}}\right]^2}=1,$$

这是平面 $z=z_0$ 上以 $(0,0,z_0)$ 为中心，两个半轴分别为 $a\sqrt{1+\dfrac{z_0^2}{c^2}}$ 和 $b\sqrt{1+\dfrac{z_0^2}{c^2}}$ 的椭圆，当

$z_0=0$ 时椭圆最小，它的两个半轴分别为 a 和 b，当 $z_0\to\pm\infty$ 时，椭圆的半轴趋向于无穷大.

再用平面 $y=y_0$ 去截，得曲线

$$\begin{cases}\dfrac{x^2}{a^2}+\dfrac{y^2}{b^2}-\dfrac{z^2}{c^2}=1,\\[2mm]y=y_0,\end{cases}$$

从方程中消去 y，便得到：

(1) 当 $|y_0|<b$ 时，

$$\frac{x^2}{\left[a\sqrt{1-\dfrac{y_0^2}{b^2}}\right]^2}-\frac{z^2}{\left[c\sqrt{1-\dfrac{y_0^2}{b^2}}\right]^2}=1,$$

这是平面 $y=y_0$ 上以 $(0,y_0,0)$ 为中心，实轴与 x 轴平行，虚轴与 z 轴平行的双曲线.

(2) 当 $|y_0|>b$ 时，

$$-\frac{x^2}{\left[a\sqrt{\dfrac{y_0^2}{b^2}-1}\right]^2}+\frac{z^2}{\left[c\sqrt{\dfrac{y_0^2}{b^2}-1}\right]^2}=1,$$

这是平面 $y=y_0$ 上以 $(0,y_0,0)$ 为中心，实轴与 z 轴平行，虚轴与 x 轴平行的双曲线.

(3) 当 $|y_0|=b$ 时，

$$\frac{x^2}{a^2}-\frac{z^2}{c^2}=0,$$

这是在平面 $y=b(y=-b)$ 上一对相交于 $(0,b,0)$($(0,-b,0)$)点，且关于 z 轴对称的直线.

对 x 方向的讨论与 y 方向的讨论是类似的. 于是得到单叶双曲面的图形(见图 6.3.2).

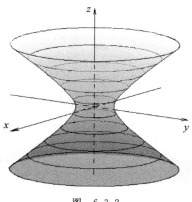

图　6.3.2

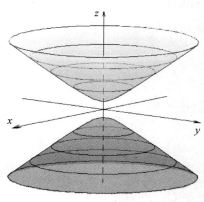

图　6.3.3

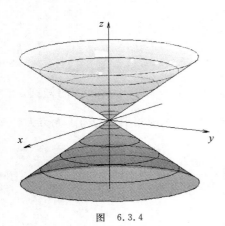

图　6.3.4

（二）双叶双曲面

一般的双叶双曲面方程为

$$\frac{x^2}{a^2}+\frac{y^2}{b^2}-\frac{z^2}{c^2}=-1 \quad (a,b,c>0).$$

与单叶双曲面方程的讨论类似,双叶双曲面的图形见图 6.3.3.

（三）锥面

一般的二次锥面方程为

$$\frac{x^2}{a^2}+\frac{y^2}{b^2}-\frac{z^2}{c^2}=0 \quad (a,b,c>0).$$

它可以看成是双曲面(无论是单叶还是双叶)的极限情况,其图形如图 6.3.4 所示,讨论的过程请读者自己完成.

抛物面

（一）椭圆抛物面

一般的椭圆抛物面方程为

$$z=\frac{x^2}{a^2}+\frac{y^2}{b^2} \quad (a,b>0).$$

用平面 $z=z_0(z_0>0)$ 去截,得曲线

$$\begin{cases} z=\dfrac{x^2}{a^2}+\dfrac{y^2}{b^2}, \\ z=z_0, \end{cases}$$

消去 z,便得到

$$\frac{x^2}{(a\sqrt{z_0})^2}+\frac{y^2}{(b\sqrt{z_0})^2}=1,$$

这是平面 $z=z_0$ 上以 $(0,0,z_0)$ 为中心,两个半轴分别为 $a\sqrt{z_0}$ 和 $b\sqrt{z_0}$ 的椭圆. 当 $z_0\to0$ 时,椭圆收缩于一个点.

再用平面 $y=y_0$ 去截,得曲线

$$\begin{cases} z=\dfrac{x^2}{a^2}+\dfrac{y^2}{b^2}, \\ y=y_0, \end{cases}$$

消去 y,便得到

$$z=\frac{x^2}{a^2}+\frac{y_0^2}{b^2},$$

这是平面 $y=y_0$ 上以 $\left(0,y_0,\dfrac{y_0^2}{b^2}\right)$ 为顶点,对称轴与 z 轴平行的一条抛物线,抛物线的顶点的轨迹是 Oyz 平面上的抛物线

$$\begin{cases} z = \dfrac{y^2}{b^2}, \\ y = 0. \end{cases}$$

对 x 方向作类似的讨论,就得到椭圆抛物面的图形(见图 6.3.5).

(二)双曲抛物面

双曲抛物面的标准方程为

$$z = \frac{x^2}{a^2} - \frac{y^2}{b^2} \quad (a,b>0),$$

同样地,可利用截痕法研究这个曲面,在此不再详述,其图形见图 6.3.6,它被形象地称为**马鞍面**.

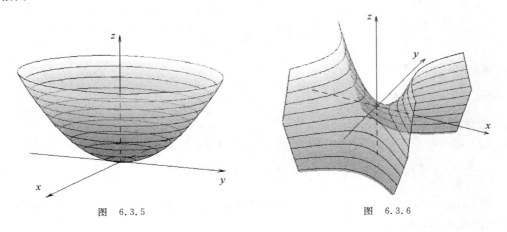

图 6.3.5   图 6.3.6

§4 综合型例题

例 6.4.1 设 $a=(3,5,-2)$,$b=(2,1,9)$,试求 λ 的值,使得 $\lambda a + b$ 与 a 垂直,并说明此时 $\|\lambda a + b\|$ 取最小值.

解 因为

$$(\lambda a + b) \cdot a = \lambda(a \cdot a) + b \cdot a,$$

所以当

$$\lambda = -\frac{b \cdot a}{(a \cdot a)} = -\frac{a \cdot b}{\|a\|^2} = \frac{7}{38}$$

时,$(\lambda a + b) \cdot a = 0$,即 $\lambda a + b$ 与 a 垂直.

直接计算得

$$\|\lambda a + b\|^2 = (\lambda a + b) \cdot (\lambda a + b) = \|a\|^2 \lambda^2 + 2(a \cdot b)\lambda + \|b\|,$$

由关于二次函数的结论知,当 $\lambda = -\dfrac{a \cdot b}{\|a\|^2}$ 时,$\|\lambda a + b\|^2$ 取最小值,从而 $\|\lambda a + b\|$ 也取最小值.

例 6.4.2 (1) 设 $P(x^*,y^*,z^*)$ 为一已知点,L 为方程是

$$\frac{x - x_0}{l} = \frac{y - y_0}{m} = \frac{z - z_0}{n}$$

的直线,求点 P 到直线 L 的距离 d;

(2) 已知直线 $L: x = y = z$ 是直圆柱面 Σ 的中心轴,且 $(1,2,-2)$ 为该圆柱面上的点,求圆柱面 Σ 的方程.

解 (1) 作线段联结点 P 和直线 L 上的点 $P_0(x_0, y_0, z_0)$. 显然直线 L 的方向向量为 $v(l,m,n)$,由图 6.4.1 可以看出,点 P 到直线 L 的距离 d 是以 $\overrightarrow{P_0 P}$ 和 v 为邻边的平行四边形的底边 v 上的高,由外积的几何意义,图 6.4.1 中的平行四边形的面积为

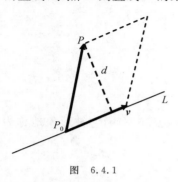

图 6.4.1

$$S = d \| v \| = \| \overrightarrow{P_0 P} \times v \|,$$

于是点 $P(x^*, y^*, z^*)$ 到直线 L 的距离为

$$d = \frac{1}{\| v \|} \| \overrightarrow{P_0 P} \times v \|$$

$$= \frac{1}{\sqrt{l^2 + m^2 + n^2}} \| (x^* - x_0, y^* - y_0, z^* - z_0) \times (l, m, n) \|.$$

这就是**点到直线的距离公式**.

(2) 显然原点 $(0,0,0)$ 直线 L 上的点,由(1)知,点 $(1,2,-2)$ 到直线 L 的距离为

$$d = \frac{1}{\sqrt{1^2 + 1^2 + 1^2}} \| (1, 2, -2) \times (1, 1, 1) \| = \sqrt{\frac{26}{3}}.$$

设 (x,y,z) 为圆柱面 Σ 上任一点,由于圆柱面的点到中心轴的距离相同,于是再次运用(1)的距离公式得

$$\frac{1}{\sqrt{1^2 + 1^2 + 1^2}} \| (x, y, z) \times (1, 1, 1) \| = \sqrt{\frac{26}{3}},$$

即

$$(x - y)^2 + (y - z)^2 + (z - x)^2 = 26.$$

这就是圆柱面 Σ 的方程.

注 空间中点 $P(x^*, y^*, z^*)$ 到平面 $Ax + By + Cz + D = 0$ 的距离为

$$d = \frac{| Ax^* + By^* + Cz^* + D |}{\sqrt{A^2 + B^2 + C^2}}.$$

虽然它也可以利用当前已学过的知识证明(请读者自行尝试),但我们将其放在下一章给出.

例 6.4.3 已知平面 $\pi_1: 2x - 3y - z + 3 = 0$ 和 $\pi_2: x + y + z = 0$. 求过 π_1 和 π_2 的交线,且与 π_2 垂直的平面的方程.

解 平面 π_1 的法向量 $n_1 = (2, -3, -1)$,π_2 的法向量 $n_2 = (1, 1, 1)$,因此 π_1 和 π_2 的交线的方向向量可取为

$$v = n_1 \times n_2 = \begin{vmatrix} i & j & k \\ 2 & -3 & -1 \\ 1 & 1 & 1 \end{vmatrix} = -2i - 3j + 5k.$$

所求平面的法向量既垂直于 v 又垂直于 π_2，因此该法向量可取为

$$n = v \times n_2 = \begin{vmatrix} i & j & k \\ -2 & -3 & 5 \\ 1 & 1 & 1 \end{vmatrix} = -8i + 7j + k.$$

在 π_1 和 π_2 的交线上任取一点 $(-1,0,1)$，则所求平面的方程为

$$-8(x+1) + 7(y-0) + (z-1) = 0,$$

即

$$8x - 7y - z + 9 = 0.$$

例 6.4.4 求通过两点 $M_1(0,0,1)$ 和 $M_2(3,0,0)$，且与平面 $y+z-1=0$ 夹角为 $\frac{\pi}{4}$ 的平面方程.

注 空间中两张平面的**夹角**就是它们的法向量之间的夹角.

解 设所求平面的方程为

$$Ax + By + Cz + D = 0.$$

因为这个平面过点 M_1 和 M_2，所以

$$\begin{cases} C + D = 0, \\ 3A + D = 0. \end{cases}$$

所求平面的法向量 $n_1 = (A,B,C)$，平面 $y+z-1=0$ 的法向量可取为 $n_2 = (0,1,1)$，由已知条件，它们的夹角为 $\frac{\pi}{4}$，因此

$$\frac{B+C}{\sqrt{2} \cdot \sqrt{A^2 + B^2 + C^2}} = \pm \frac{1}{\sqrt{2}}.$$

从而

$$A^2 - 2BC = 0.$$

结合上面得到的关系式得

$$A:B:C:D = 6:1:18:(-18), \quad 或 \quad A:B:C:D = 0:1:0:0.$$

于是所求平面方程为

$$6x + y + 18z - 18 = 0, \quad 或 \quad y = 0.$$

例 6.4.5 (1)求直线 $L: \frac{x-1}{1} = \frac{y}{1} = \frac{z-1}{-1}$ 在平面 $\pi: x-y+2z-1=0$ 上的垂直投影直线 L_0 的方程，

(2) 求 L_0 绕 y 轴旋转一周所成曲面的方程.

解 (1) 记过 L 且与平面 π 垂直的平面为 π_1，则 L_0 就是 π 与 π_1 的交线. L 的方向向量为 $v=(1,1,-1)$，平面 π 的法向量为 $n=(1,-1,2)$，于是 π_1 的法向量可取为

$$v \times n = \begin{vmatrix} i & j & k \\ 1 & 1 & -1 \\ 1 & -1 & 2 \end{vmatrix} = i - 3j - 2k.$$

显然直线 L 上的点 $(1,0,1)$ 也是平面 π_1 上的点，因此平面 π_1 的方程为

$$(x-1) - 3(y-0) - 2(z-1) = 0, 即 x - 3y - 2z + 1 = 0.$$

于是投影直线 L_0 的方程为

$$\begin{cases} x - 3y - 2z + 1 = 0, \\ x - y + 2z - 1 = 0. \end{cases}$$

（2）将投影直线 L_0 的方程改写为

$$\begin{cases} x = 2y, \\ z = \dfrac{1}{2} - \dfrac{y}{2}. \end{cases}$$

任取 L_0 上一点 $P_0(x_0, y_0, z_0)$，它到 y 轴的距离为 $\sqrt{x_0^2 + z_0^2}$，当它绕 y 轴旋转至 (x, y, z) 点时，显然有

$$y = y_0, \qquad \sqrt{x^2 + z^2} = \sqrt{x_0^2 + z_0^2},$$

注意到 P_0 在 L_0 上，则成立 $(x_0, y_0, z_0) = \left(2y_0, y_0, \dfrac{1}{2} - \dfrac{y_0}{2}\right)$，于是从上式得

$$\sqrt{x^2 + z^2} = \sqrt{(2y)^2 + \left(\dfrac{1}{2} - \dfrac{y}{2}\right)^2},$$

整理便得旋转曲面的方程

$$4x^2 - 17y^2 + 4z^2 + 2y - 1 = 0.$$

注 空间中两条直线的**夹角**就是它们的方向向量之间的夹角. 直线与平面的夹角是直线与它在平面上的垂直投影直线所夹的角.

例 6.4.6 求直线 $L_1: \dfrac{x-2}{1} = \dfrac{y-3}{1} = \dfrac{z-4}{2}$ 绕直线 $L_2: \begin{cases} x = 1, \\ y = z \end{cases}$ 旋转一周所产生的旋转曲面的方程.

解 易知 L_1 与 L_2 有交点 $P_0(1, 2, 2)$. L_1 的方向向量可取为 $\boldsymbol{v}_1 = (1, 1, 2)$，$L_2$ 的方向向量可取为 $\boldsymbol{v}_2 = (0, 1, 1)$，因此 L_1 与 L_2 的夹角 θ 满足

$$\cos\theta = \dfrac{|\boldsymbol{v}_1 \cdot \boldsymbol{v}_2|}{\|\boldsymbol{v}_1\| \cdot \|\boldsymbol{v}_2\|} = \dfrac{\sqrt{3}}{2}.$$

设 $P(x, y, z)$ 为所求旋转曲面上任一点，则 $\overrightarrow{P_0P}$ 与 L_2 的夹角也应为 θ，于是

$$\dfrac{|\overrightarrow{P_0P} \cdot \boldsymbol{v}_2|}{\|\overrightarrow{P_0P}\| \cdot \|\boldsymbol{v}_2\|} = \dfrac{\sqrt{3}}{2},$$

即

$$\dfrac{|y - 2 + z - 2|}{\sqrt{(x-1)^2 + (y-2)^2 + (z-2)^2} \cdot \sqrt{2}} = \dfrac{\sqrt{3}}{2}.$$

化简得

$$2(y + z - 4)^2 = 3\left[(x-1)^2 + (y-2)^2 + (z-2)^2\right].$$

这就是所求旋转曲面的方程.

习 题 六

（A）

1. 设 $a=(3,-1,-2)$，$b=(1,2,-1)$，求 $\|a\|$，$a \cdot b$，$a \times b$ 以及 a 与 b 的夹角.

2. 已知空间三点 $A(1,-1,2)$，$B(5,-6,2)$，$C(1,3,-1)$. 求

(1) 同时与 $\overrightarrow{AB}$，$\overrightarrow{AC}$ 垂直的单位向量；

(2) $\triangle ABC$ 的面积.

3. 证明：对任意向量 a,b,c，向量 $(a \cdot c)b-(c \cdot b)a$ 与 c 垂直.

4. 求过点 $(3,1,-1)$，且法向量为 $(1,2,-2)$ 的平面方程.

5. 求过三个点 $(3,2,1)$，$(0,1,0)$ 和 $(-1,0,2)$ 的平面方程.

6. 求过点 $(2,1,-4)$，方向向量为 $(3,-1,1)$ 的直线方程.

7. 求方程

$$\begin{cases} 2x+y-z+1=0, \\ x+2z+4=0 \end{cases}$$

所表示的直线的对称式方程.

8. 求直线 $\dfrac{x-2}{1}=\dfrac{y-3}{1}=\dfrac{z-4}{2}$ 与平面 $2x+y+z-6=0$ 的交点.

9. 求与原点 O 及点 $P(2,3,4)$ 的距离之比为 $1:2$ 的点的轨迹方程.

10. 求 Ozx 平面上的抛物线 $z^2=5x$ 绕 z 轴旋转一周生成的旋转曲面方程.

（B）

1. 设 $a \times b=c \times d$，$a \times c=b \times d$，证明 $a-d$ 与 $b-c$ 平行.

2. 求过四点 $(0,0,0)$，$(4,0,0)$，$(1,3,0)$ 和 $(0,0,-4)$ 的球面方程.

3. 已知平面 π 的法向量为 $(1,4,9)$，且与三个坐标平面所围的四面体的体积为 8，求该平面的方程.

4. 求过点 $(-2,3,-1)$ 和直线 $\begin{cases} 3x-2y+z-1=0, \\ 2x-y=0 \end{cases}$ 的平面方程.

5. 求过点 $(1,0,-2)$ 且和两直线 $\dfrac{x-1}{1}=\dfrac{y}{1}=\dfrac{z+1}{-1}$ 和 $\dfrac{x}{1}=\dfrac{y-1}{-1}=\dfrac{z+1}{0}$ 都垂直的直线的方程.

6. 设一柱面的母线平行于直线 $x=y=z$，准线为 $\begin{cases} x+y-z-1=0 \\ x-y+z=0 \end{cases}$，求该柱面的方程.

7. 求直线 $L:\begin{cases} x-3y-2z+2=0 \\ x-y+2z-2=0 \end{cases}$ 绕 y 轴旋转一周所成曲面的方程.

8. 根据 λ 的值讨论方程 $x^2+2y^2+\lambda z^2+2z+1=0$ 表示何种曲面.

第七章

多元函数的微积分学

在丰富多彩的现实世界中,事物的运动、发展和变化等过程往往受到众多因素的制约和影响,这些因素有些是彼此独立的,有些却相互关联、相互制约和相互影响,而这些因素之间的关系仅用一个自变量和一个因变量来刻画和描述是远远不能反映客观实际的. 例如,刻画空间中质点运动这么一个相对简单的问题,就需要考虑表示质点空间位置的三个变量和一个时间变量,以及它们之间的关系等,更不用说在自然科学、工程技术及社会科学领域中遇到的复杂问题. 这种多自变量和多因变量之间的关系,反映到数学上就是多元函数或多元函数组. 为了研究多元函数或多元函数组的性质及其应用,经常需要作多元分析,多元函数微积分就是多元分析的重要基础.

本章讨论多元函数的极限和连续性、多元函数的微分学、积分学及其应用等,重点在于二元函数. 多元函数的极限、连续、导数、微分和积分的概念虽然与一元函数微积分学中的相应概念源于对同类问题的思考,并遵循着类似的分析途径,但它们却有着一系列自身的特点、方法和技巧,并不是一元函数微积分学的简单推广.

§1 多元函数的极限与连续

n 维空间

我们记 n 元有序数组 $(x_1,x_2,\cdots,x_n)$ 的全体为 $\mathbf{R}^n$,即
$$\mathbf{R}^n = \{(x_1,x_2,\cdots,x_n) \mid x_i \in \mathbf{R}, i=1,2,\cdots,n\}.$$

称每个 $\mathbf{R}^n$ 中的元素 $(x_1, x_2, \cdots, x_n)$ 为 $\mathbf{R}^n$ 中的一个点,称 $\mathbf{R}^n$ 的子集为**点集**. $\mathbf{R}^n$ 中的点也常用粗体小写字母表示,如 $\boldsymbol{x}, \boldsymbol{y}$ 等,并记 $\boldsymbol{0} = (0, 0, \cdots, 0)$.

因此,数轴上的点与 $\mathbf{R}$ 有着一一对应关系;在平面直角坐标系中,平面上的点与 $\mathbf{R}^2$ 有着一一对应关系;在空间直角坐标系中,空间上的点与 $\mathbf{R}^3$ 有着一一对应关系.

在 $\mathbf{R}^n$ 中可以引入如下的线性运算.

(1) 加法运算:对于 $\mathbf{R}^n$ 中任意两点 $\boldsymbol{x} = (x_1, x_2, \cdots, x_n)$ 与 $\boldsymbol{y} = (y_1, y_2, \cdots, y_n)$,定义

$$\boldsymbol{x} + \boldsymbol{y} = (x_1 + y_1, x_2 + y_2, \cdots, x_n + y_n).$$

(2) 数乘运算:对于任意 $k \in \mathbf{R}, \boldsymbol{x} \in \mathbf{R}^n$,定义

$$k\boldsymbol{x} = (kx_1, kx_2, \cdots, kx_n).$$

(3) 减法运算:对于任意 $\boldsymbol{x}, \boldsymbol{y} \in \mathbf{R}^n$,定义

$$\boldsymbol{x} - \boldsymbol{y} = \boldsymbol{x} + (-1)\boldsymbol{y}.$$

显然对于任意 $\boldsymbol{x} \in \mathbf{R}^n$,成立 $\boldsymbol{x} - \boldsymbol{x} = \boldsymbol{0}, \boldsymbol{x} + \boldsymbol{0} = \boldsymbol{x}$.

容易证明这种线性运算满足以下性质:设 $\boldsymbol{x}, \boldsymbol{y}, \boldsymbol{z} \in \mathbf{R}^n, k \in \mathbf{R}$. 则

(1) **交换律**:$\boldsymbol{x} + \boldsymbol{y} = \boldsymbol{y} + \boldsymbol{x}$;

(2) **结合律**:$(\boldsymbol{x} + \boldsymbol{y}) + \boldsymbol{z} = \boldsymbol{x} + (\boldsymbol{y} + \boldsymbol{z})$;

(3) **分配律**:$k(\boldsymbol{x} + \boldsymbol{y}) = k\boldsymbol{x} + k\boldsymbol{y}$.

这样,由线性代数知识可知,$\mathbf{R}^n$ 为 n 维实线性空间. 也常称 $\mathbf{R}^n$ 中的每个点 $(x_1, x_2, \cdots, x_n)$ 为 n 维向量,并称 x_i 为该点的第 i 个坐标 $(i = 1, 2, \cdots, n)$.

我们将 $\mathbf{R}^n$ 中任意两点 $\boldsymbol{x} = (x_1, x_2, \cdots, x_n)$ 与 $\boldsymbol{y} = (y_1, y_2, \cdots, y_n)$ 的**距离**定义为

$$d(\boldsymbol{x}, \boldsymbol{y}) = \sqrt{(x_1 - y_1)^2 + (x_2 - y_2)^2 + \cdots + (x_n - y_n)^2};$$

并称

$$\|\boldsymbol{x}\| = \sqrt{\sum_{k=1}^{n} x_k^2}$$

为 $\boldsymbol{x}$ 的**范数**. 显然,$\boldsymbol{x}$ 的范数 $\|\boldsymbol{x}\|$ 就是点 $\boldsymbol{x}$ 到点 $\boldsymbol{0}$ 的距离.

定理 7.1.1 $\mathbf{R}^n$ 中的距离满足以下性质:设 $\boldsymbol{x}, \boldsymbol{y}, \boldsymbol{z} \in \mathbf{R}^n$,则

(1) **正定性**:$d(\boldsymbol{x}, \boldsymbol{y}) \geqslant 0$,且 $d(\boldsymbol{x}, \boldsymbol{y}) = 0$ 当且仅当 $\boldsymbol{x} = \boldsymbol{y}$;

(2) **对称性**:$d(\boldsymbol{x}, \boldsymbol{y}) = d(\boldsymbol{y}, \boldsymbol{x})$;

(3) **三角不等式**:$d(\boldsymbol{x}, \boldsymbol{z}) \leqslant d(\boldsymbol{x}, \boldsymbol{y}) + d(\boldsymbol{y}, \boldsymbol{z})$.

显然,当 $n = 1, 2, 3$ 时,$\mathbf{R}^n$ 中的距离与其在数轴、平面、空间上定义的距离相吻合.

定义 7.1.1 设点 $\boldsymbol{x} \in \mathbf{R}^n$,实数 $\delta > 0$. 称点集

$$O(\boldsymbol{x}, r) = \{\boldsymbol{y} \in \mathbf{R}^n \mid d(\boldsymbol{x}, \boldsymbol{y}) < \delta\}$$

为 $\boldsymbol{x}$ 的 δ **邻域**. 此时称 $\boldsymbol{x}$ 为邻域的**中心**,称 δ 为邻域的**半径**.

设 S 是 $\mathbf{R}^n$ 上的点集,记它在 $\mathbf{R}^n$ 上的补集 $\mathbf{R}^n \backslash S$ 为 S^c. 对于任意 $\boldsymbol{x} \in \mathbf{R}^n$,用邻域来刻画其与 S 的关系,无非是下列三种情况之一:

(1) 存在 $\boldsymbol{x}$ 的一个邻域 $O(\boldsymbol{x}, \delta)$ 完全包含在 S 中(注意:这时 $\boldsymbol{x}$ 必属于 S),这时称 $\boldsymbol{x}$ 是 S 的**内点**. S 的内点全体称为 S 的**内部**,记为 S°.

(2) 存在 $\boldsymbol{x}$ 的一个邻域 $O(\boldsymbol{x}, \delta)$ 完全不落在 S 中,这时称 $\boldsymbol{x}$ 是 S 的**外点**.

(3) 不存在 $\boldsymbol{x}$ 的具有上述性质的邻域,即 $\boldsymbol{x}$ 的任何邻域既包含 S 中的点,又包含不

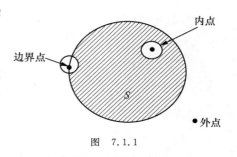

图 7.1.1

属于 S 的点(即属于 S^c 中的点),那么就称 x 是 S 的**边界点**. S 的边界点的全体称为 S 的**边界**,记为 ∂S.

要注意的是,内点必属于 S,外点必不属于 S(或者说必属于 S^c),但边界点可能属于 S,也可能不属于 S. 图 7.1.1 是内点、外点与边界点的示意图.

由定义可知 $\partial S = \partial(\mathbf{R}^n \backslash S)$,且对于任何 $x \in S$,$x \in S^\circ$ 当且仅当 $x \bar{\in} \partial S$.

例 7.1.1　设 $S = \{(x,y) \mid 1 \leqslant x^2 + y^2 < 2\}$ 为 $\mathbf{R}^2$ 中的点集. 那么
$$S^\circ = \{(x,y) \mid 1 < x^2 + y^2 < 2\};$$
$$\partial S = \{(x,y) \mid x^2 + y^2 = 1\} \bigcup \{(x,y) \mid x^2 + y^2 = 2\}.$$

若 x 的任何邻域都含有 S 中的点,则称 x 是 S 的**聚点**. 显然,S 的内点必是 S 的聚点;从上例可以看出:S 的聚点可能属于 S,也可能不属于 S.

定义 7.1.2　设 $S \subset \mathbf{R}^n$,如果 S 中的每一点均为 S 的内点,则称 S 为**开集**;如果 $\partial S \subset S$,则称 S 为**闭集**.

由定义可知,点集 S 为开集,当且仅当 S 不包含其任何边界点,这又等价于 S 的边界(即其补集的边界)包含于 S 的补集中,即其补集为闭集. 这就得到一个结论.

定理 7.1.2　开集的补集是闭集,闭集的补集是开集.

例 7.1.2　设 $a \in \mathbf{R}^n$,则球 $S = \{x \in \mathbf{R}^n \mid d(x,a) < r\}$ 是 $\mathbf{R}^n$ 中的开集.

证　设 x 为 S 中的任一点,则 $d(x,a) < r$. 因此存在正数 h 使得
$$d(x,a) = r - h.$$
于是对于任意 $y \in O(x,h)$,由三角不等式得
$$d(y,a) \leqslant d(y,x) + d(x,a) < h + (r-h) = r,$$
所以 $y \in S$. 这说明 $O(x,h) \subset S$,即 x 是 S 的内点. 由定义,S 是开集.

证毕

对于 $x,y \in \mathbf{R}^n$,称点集
$$\{tx + (1-t)y \mid 0 \leqslant t \leqslant 1\}$$
为 $\mathbf{R}^n$ 中连接 x 和 y 的线段. $\mathbf{R}^n$ 中有限条首尾彼此相接的线段构成 $\mathbf{R}^n$ 中的折线.

定义 7.1.3　设 $S \subset \mathbf{R}^n$ 为点集,如果对 S 中任意两点 x,y,都存在一条完全落在 S 中的折线将 x 和 y 连接起来,则称点集 S 为**连通集**.

定义 7.1.4　$\mathbf{R}^n$ 中连通的开集称为**开区域**,简称为**区域**. 开区域连同它的边界组成的点集称为**闭区域**.

例如,若 $r > 0$,则 $S = \{x \in \mathbf{R}^n \mid \|x\| < r\}$ 是 $\mathbf{R}^n$ 中的一个(开)区域;$S = \{x \in \mathbf{R}^n \mid \|x\| \leqslant r\}$ 是 $\mathbf{R}^n$ 中的一个闭区域.

设 D 是 $\mathbf{R}^n$ 中的一个点集,如果存在 $r > 0$,使得 $D \subset O(\mathbf{0}, r)$,即对所有 $x \in D$,均成立
$$\|x\| < r,$$
则称 D 是一个**有界点集**,否则称 D 是**无界点集**. 有界的区域称为**有界区域**,否则称为**无界区域**.

例如，$\mathbf{R}^2$ 中的区域 $D_1 = \{(x,y)\,\big|\,|x|+|y|<1\}$ 是有界区域（见图 7.1.2）；区域 $D_2 = \{(x,y)\,|\,x+y>0\}$ 是无界区域（见图 7.1.3）.

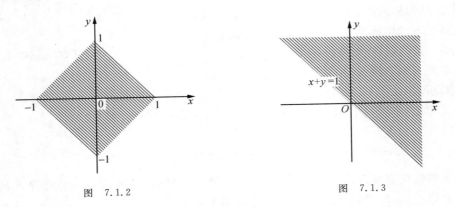

图　7.1.2　　　　　　　　　　　　图　7.1.3

易知，$\mathbf{R}$ 中的区域就是开区间，$\mathbf{R}$ 中的有界闭区域就是闭区间.

多元函数

多元函数反映了一个因变量对于多个自变量的依赖关系，是一元函数概念的拓广.

定义 7.1.5　设 D 为 $\mathbf{R}^n$ 中的点集，如果按规则 f，使得对于 D 中的每个点 $\boldsymbol{x}$，均有确定的实数 y 与之对应，则称 f 是以 D 为**定义域**的 n **元函数**，称 $\boldsymbol{x}$ 为**自变量**，y 为**因变量**，记为

$$f: D \to \mathbf{R},$$
$$x \longmapsto y.$$

又记为

$$y = f(\boldsymbol{x}), \quad 或\ y = f(x_1,\cdots,x_n), \quad \boldsymbol{x} = (x_1,\cdots,x_n) \in D.$$

记 $D(f)=D$，并称

$$R(f) = \{f(\boldsymbol{x}) \mid \boldsymbol{x} \in D\}$$

为函数 f 的**值域**，称 $G(f)=\{(\boldsymbol{x},z)\in\mathbf{R}^{n+1}\,|\,z=f(\boldsymbol{x}),\boldsymbol{x}\in D\}$ 称为 f 的**图像**.

例如，圆柱体的体积 V 取决于底面的半径 r 和高 h，它们间的依赖关系为

$$V = V(r,h) = \pi r^2 h,$$

显然，$D(V)=\{(r,h)\,|\,r>0,h>0\}$，$R(V)=(0,+\infty)$.

二元函数 $z=f(x,y)$ 的定义域 $D(f)$ 是 Oxy 平面上的一个点集，其图像

$$G(f) = \{(x,y,z) \mid z = f(x,y),(x,y) \in D(f)\}$$

是空间直角坐标系 $Oxyz$ 中的一个曲面.

例 7.1.3　$z=\sqrt{1-\dfrac{x^2}{a^2}-\dfrac{y^2}{b^2}}$ 是二元函数，其定义域为

$$D = \left\{(x,y) \in \mathbf{R}^2 \ \middle|\ \frac{x^2}{a^2} + \frac{y^2}{b^2} \leqslant 1\right\}.$$

函数的图像是一个上半椭球面(见图 7.1.4).

如同对一元函数的说明那样,如果在多元函数的解析表达式中未对定义域作附加说明,则其定义域应理解为一切使函数表达式有意义的自变量的变化范围,即自然定义域. 例如函数 $z = \dfrac{1}{\sqrt{1-|x|-|y|}}$ 的定义域为 $D = \{(x,y) \mid |x|+|y|<1\}$(见图 7.1.2);函数 $z = \ln(x+y)$ 的定义域为 $D = \{(x,y) \mid x+y>0\}$(见图 7.1.3)

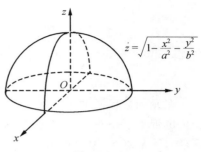

图　7.1.4

设函数 f 的定义域为 $D(f) \subset \mathbf{R}^n, D \subset D(f)$. 若存在常数 $M>0$,使得
$$|f(\boldsymbol{x})| \leqslant M, \quad \boldsymbol{x} \in D,$$
则称函数 f 在 D 上**有界**,此时也称 f 是 D 上的**有界函数**. 否则称 f 在 D 上**无界**.

例如,函数 $z=\ln(x+y)$ 在 $\{(x,y) \mid 1<x+y<2\}$ 上有界,但在 $\{(x,y) \mid x+y>0\}$ 上却是无界的.

多元函数的极限

多元函数的极限与一元函数的极限有完全类似的定义.

定义 7.1.6　设 f 是定义在点集 $D \subset \mathbf{R}^n$ 上的函数,$\boldsymbol{x}_0$ 是 D 的一个聚点,A 是常数. 如果对于任意给定的 $\varepsilon>0$,存在 $\delta>0$,使得当 $\boldsymbol{x} \in D$ 且 $0<d(\boldsymbol{x},\boldsymbol{x}_0)<\delta$ 时,成立
$$|f(\boldsymbol{x})-A|<\varepsilon,$$
则称当 $\boldsymbol{x}$ 趋于 $\boldsymbol{x}_0$ 时(记为 $\boldsymbol{x} \to \boldsymbol{x}_0$),函数 f 以 A 为**极限**(或称 A 为函数 f 在点 $\boldsymbol{x}_0$ 的**极限**),记为
$$\lim_{\boldsymbol{x} \to \boldsymbol{x}_0} f(\boldsymbol{x}) = A, \quad \text{或} \quad f(\boldsymbol{x}) \to A \quad (\boldsymbol{x} \to \boldsymbol{x}_0).$$
如果不存在具有上述性质的实数 A,则称当 $\boldsymbol{x}$ 趋于 $\boldsymbol{x}_0$ 时函数 f 的极限不存在(或称 f 在 $\boldsymbol{x}_0$ 点的极限不存在).

注　在以上定义中,如果 $\boldsymbol{x}_0$ 是 D 的内点,当"$\boldsymbol{x} \in D$ 且 $0<d(\boldsymbol{x},\boldsymbol{x}_0)<\delta$ 时,成立 $|f(\boldsymbol{x})-A|<\varepsilon$"意味着"当 $0<d(\boldsymbol{x},\boldsymbol{x}_0)<\delta$ 时,成立 $|f(\boldsymbol{x})-A|<\varepsilon$",这与一元函数极限的概念相对应;如果 $\boldsymbol{x}_0$ 是 D 的边界点,"当 $\boldsymbol{x} \in D$ 且 $0<d(\boldsymbol{x},\boldsymbol{x}_0)<\delta$ 时,成立 $|f(\boldsymbol{x})-A|<\varepsilon$",与一元函数单侧极限的概念相对应.

如果我们把 $\mathbf{R}^n$ 中的点用其坐标表示:记 $\boldsymbol{x} = (x_1,\cdots,x_n), \boldsymbol{x}_0 = (x_1^0,\cdots,x_n^0)$,则上述极限关系式又可写为
$$\lim_{(x_1,\cdots,x_n) \to (x_1^0,\cdots,x_n^0)} f(x_1,\cdots,x_n) = A.$$

例 7.1.4　证明 $\displaystyle\lim_{(x,y) \to (0,0)} \dfrac{xy}{\sqrt{x^2+y^2}} \sin \dfrac{1}{x^2+y^2} = 0$.

证　因为 $|xy| \leqslant \dfrac{x^2+y^2}{2}$,所以当 $(x,y) \neq (0,0)$ 时,
$$\left| \dfrac{xy}{\sqrt{x^2+y^2}} \sin \dfrac{1}{x^2+y^2} \right| \leqslant \left| \dfrac{xy}{\sqrt{x^2+y^2}} \right| \leqslant \dfrac{\sqrt{x^2+y^2}}{2}.$$

于是,对于任意给定的 $\varepsilon>0$,取 $\delta=2\varepsilon$,则当 $0<\sqrt{x^2+y^2}<\delta$ 时,成立

$$\left|\frac{xy}{\sqrt{x^2+y^2}}\sin\frac{1}{x^2+y^2}-0\right|\leqslant\frac{\sqrt{x^2+y^2}}{2}<\frac{\delta}{2}=\varepsilon,$$

因此 $\lim\limits_{(x,y)\to(0,0)}\dfrac{xy}{\sqrt{x^2+y^2}}\sin\dfrac{1}{x^2+y^2}=0.$

证毕

多元函数极限的定义虽然从形式到本质与一元函数是一致的，但多个自变量的同时变化也带来了一些复杂的现象. 这是因为在一元情况下，自变量 x 只能沿实轴从左、右两侧趋向于某点 x_0，因此，只要一个函数在 x_0 点的左、右极限均存在且相等，就可断言该函数在 x_0 点的极限存在. 而多元函数就没有这样简单. 在 $\mathbf{R}^n(n\geqslant2)$ 中，自变量 x 趋向于某点 x_0 的方式具有更大的自由度，只有当 x 以任意方式趋于 x_0 时，函数值都趋于同一个常数，该函数在 x_0 处的极限才是存在的. 但这也为我们判断一个函数的极限不存在提供了方便，因为若自变量沿不同的两条曲线趋于某一定点时，函数的极限不同或不存在，那么这个函数在该点的极限一定不存在.

例 7.1.5 讨论当 $(x,y)\to(0,0)$ 时，函数

$$f(x,y)=\frac{xy}{x^2+y^2}$$

的极限是否存在.

解 这个函数除点 $(0,0)$ 外均有定义，而且

$$f(x,0)=0,\quad x\neq0;$$
$$f(0,y)=0,\quad y\neq0.$$

因此，当点 (x,y) 沿 x 轴和 y 轴趋于 $(0,0)$ 时，$f(x,y)$ 的极限都是 0. 但它沿直线 $y=kx$ $(k\neq0)$ 趋于 $(0,0)$ 时，有

$$\lim_{\substack{x\to0\\y=kx}}f(x,y)=\lim_{x\to0}\frac{kx^2}{x^2+k^2x^2}=\frac{k}{1+k^2}.$$

上式对不同的 k 有不同的值. 这说明当 $(x,y)\to(0,0)$ 时，函数 f 的极限不存在.

下例说明即使点 x 沿任意直线趋于 x_0 时，函数 f 的极限都存在且相等，仍无法保证函数 f 在 x_0 点有极限.

例 7.1.6 讨论当 $(x,y)\to(0,0)$ 时，函数

$$f(x,y)=\frac{(y^2-x)^2}{y^4+x^2}$$

的极限是否存在.

解 这个函数除点 $(0,0)$ 外均有定义. 当点 (x,y) 沿直线 $y=kx$ 趋于 $(0,0)$ 时，有

$$\lim_{\substack{x\to0\\y=kx}}f(x,y)=\lim_{x\to0}\frac{(k^2x^2-x)^2}{k^4x^4+x^2}=1,$$

且当点 (x,y) 沿 y 轴趋于 $(0,0)$ 时，也成立 $\lim\limits_{\substack{y\to0\\x=0}}f(x,y)=1.$ 因此当点 (x,y) 沿任何直线趋于 $(0,0)$ 时，函数 f 的极限都存在且彼此相等.

但函数 f 在点 $(0,0)$ 的极限不存在. 事实上，函数 f 在抛物线 $y^2=x$ 上的值恒为 0，因此当点 (x,y) 沿这条抛物线趋于 $(0,0)$ 时，它的极限为 0.

多元函数的极限运算满足与一元情况相类似的运算法则，即和、差、积、商的极限等于

极限的和、差、积、商. 当然,在商的情况下,应以分母极限非零为条件.

多元函数的连续性

与一元函数的情况类似,利用极限概念定义多元函数的连续性.

定义 7.1.7　设函数 f 定义于 $\mathbf{R}^n$ 中的(开或闭)区域 D 上,$x_0 \in D$,如果

$$\lim_{x \to x_0} f(x) = f(x_0),$$

则称 f 在 x_0 点**连续**;如果 f 在 D 上的每一点都连续,则称 f 在 D 上连续(或 f 是 D 上的**连续函数**).

例 7.1.7　讨论函数

$$f(x,y) = \begin{cases} \dfrac{xy}{x^2 + y^2}, & x^2 + y^2 \neq 0, \\ 0, & x^2 + y^2 = 0 \end{cases}$$

在 $(0,0)$ 点的连续性.

解　由例 7.1.5 知,当 $(x,y) \to (0,0)$ 时,函数 f 的极限不存在,所以 f 在 $(0,0)$ 点不连续.

使函数不连续的点,称为该函数的**不连续点**. 由于多元函数的极限比一元函数的极限复杂,多元函数的不连续点的结构也更为复杂. 例如,函数

$$f(x,y) = \begin{cases} \dfrac{1}{x^2 + y^2 - 1}, & x^2 + y^2 \neq 1, \\ 1, & x^2 + y^2 = 1 \end{cases}$$

在单位圆周 $x^2 + y^2 = 1$ 上处处不连续.

由于连续性是用极限定义的,根据对多元函数极限运算的说明可知,多元连续函数的和、差、积、商(在商的情形,是在分母不为零的点集上)仍是连续函数. 多元连续函数的复合也是连续函数. 例如,二元函数 $\sin[xy(x^2 + y^2)]$ 是由一元连续函数 $\sin u$ 与二元连续函数 $u = xy(x^2 + y^2)$ 复合而成,因此它是一个二元连续函数.

一般地,由各个自变量的一元基本初等函数经过有限次四则运算和复合所得到的函数称为**多元初等函数**. 例如,$x^2 y^2 + z$,$\dfrac{xy}{x^2 - y^2} e^{x+y}$ 和 $\sin(x^2 + y^2 + z^2)$ 等都是多元初等函数. 多元初等函数在其定义区域上是连续的. 所谓定义区域,是指包含在自然定义域内的区域.

如果一个多元函数在某个自变量的变化过程中趋于零,则称该函数为在这个自变量的变化过程中的**无穷小量**. 例如,$\sqrt{x^2 + y^2}$ 就是当 $(x,y) \to (0,0)$ 时的无穷小量. 与一元函数类似,也可定义高阶无穷小量的概念以及讨论无穷小量的性质等,在此不再详述.

例 7.1.8　计算极限 $\displaystyle\lim_{(x,y) \to (3,4)} \dfrac{\sin \dfrac{\pi}{2} \sqrt{x^2 + y^2}}{\sqrt{x+y}}$.

解　由于 $\dfrac{\sin \dfrac{\pi}{2} \sqrt{x^2 + y^2}}{\sqrt{x+y}}$ 是二元初等函数,它在区域 $\{(x,y) \mid x+y > 0\}$ 上是连续的,因此由连续函数的性质得到

$$\lim_{(x,y) \to (3,4)} = \frac{\sin \dfrac{\pi}{2} \sqrt{x^2 + y^2}}{\sqrt{x+y}} = \frac{\sin \dfrac{\pi}{2} \sqrt{3^2 + 4^2}}{\sqrt{3+4}} = \frac{1}{\sqrt{7}}.$$

例 7.1.9 计算极限 $\lim\limits_{(x,y)\to(0,0)} \dfrac{\sin[(2+x^2)(x^2+y^2)]}{x^2+y^2}$.

解 因为 $\lim\limits_{(x,y)\to(0,0)}(2+x^2)(x^2+y^2)=0$，以及 $\lim\limits_{u\to0}\dfrac{\sin u}{u}=1$，所以

$$\lim\limits_{(x,y)\to(0,0)} \frac{\sin[(2+x^2)(x^2+y^2)]}{x^2+y^2}$$

$$=\lim\limits_{(x,y)\to(0,0)} \frac{\sin[(2+x^2)(x^2+y^2)]}{(2+x^2)(x^2+y^2)}\cdot(2+x^2)$$

$$=\lim\limits_{(x,y)\to(0,0)} \frac{\sin[(2+x^2)(x^2+y^2)]}{(2+x^2)(x^2+y^2)}\cdot\lim\limits_{(x,y)\to(0,0)}(2+x^2)=2.$$

例 7.1.10 计算极限 $\lim\limits_{(x,y)\to(0,1)} x^2y^2\sin\dfrac{1}{x^2+(y-1)^2}$.

解 因为 $\lim\limits_{(x,y)\to(0,1)}x^2y^2=0$，即 x^2y^2 为当 $(x,y)\to(0,1)$ 时的无穷小量. 又因为

$$\left|\sin\frac{1}{x^2+(y-1)^2}\right|\leqslant1,$$

所以 $x^2y^2\sin\dfrac{1}{x^2+(y-1)^2}$ 为当 $(x,y)\to(0,1)$ 时的无穷小量，即

$$\lim\limits_{(x,y)\to(0,1)} x^2y^2\sin\frac{1}{x^2+(y-1)^2}=0.$$

有界闭区域上连续函数的性质

在 $\mathbf{R}^n$ 中有界闭区域上连续的多元函数也具有与闭区间上连续函数相类似的性质，我们不加证明地叙述如下：

定理 7.1.2(有界性定理) 设 f 是 $\mathbf{R}^n$ 中有界闭区域 D 上的连续函数，则 f 在 D 上有界.

定理 7.1.3(最大最小值定理) 设 f 是 $\mathbf{R}^n$ 中有界闭区域 D 上的连续函数，则它必定能在 D 上取到其最大值与最小值，即存在 $\boldsymbol{x}_1,\boldsymbol{x}_2\in D$，使得

$$f(\boldsymbol{x}_1)\leqslant f(\boldsymbol{x})\leqslant f(\boldsymbol{x}_2),\quad \boldsymbol{x}\in D.$$

定理 7.1.4(介值定理) 设 f 是 $\mathbf{R}^n$ 中有界闭区域 D 上的连续函数，M 和 m 分别是 f 在 D 上的最大值和最小值. 则对介于 m 和 M 之间的任何实数 c，必存在 $\xi\in D$，使得

$$f(\xi)=c.$$

推论 7.1.1 设 f 是 $\mathbf{R}^n$ 中有界闭区域 D 上的连续函数，M 和 m 分别是 f 在 D 上的最大值与最小值，则 f 的值域是闭区间 $[m,M]$.

§2 偏导数与全微分

偏导数

我们知道，圆柱体的体积为

$$V=V(r,h)=\pi r^2h,$$

其中，r 为圆柱体的底面半径，h 为高.

当圆柱体的高固定为 h_0 时, 体积 V 就成了一元函数

$$V = \pi r^2 h_0.$$

这时体积关于底面半径的变化率, 就是 V 关于 r 的导数, 即

$$\frac{\mathrm{d}V}{\mathrm{d}r} = 2\pi r h_0.$$

因此

$$\left.\frac{\mathrm{d}V}{\mathrm{d}r}\right|_{r=r_0} = 2\pi r_0 h_0.$$

这就得到了一个有趣的结论: 当圆柱体的高 h_0 固定时, 体积在关于底面半径当 $r = r_0$ 时的变化率, 就是此时圆柱体的侧面积.

　　这种将其他变量视为常数, 而只对一个变量求导, 从而得到函数关于这个变量的变化率的方法, 就是多元函数的偏导数的概念.

　　首先对二元函数引入偏导数的概念.

　　定义 7.2.1　设二元函数 $z = f(x, y)$ 在 (x_0, y_0) 点的某个邻域上有定义. 如果极限

$$\lim_{\Delta x \to 0} \frac{f(x_0 + \Delta x, y_0) - f(x_0, y_0)}{\Delta x}$$

存在, 则称函数 f 在 (x_0, y_0) 点关于 x **可偏导**, 并称此极限值为 f 在 (x_0, y_0) 点关于 x 的**偏导数**, 记为

$$\frac{\partial z}{\partial x}(x_0, y_0), \quad \text{或} \quad f_x'(x_0, y_0), \quad \text{或} \frac{\partial f}{\partial x}(x_0, y_0).$$

　　如果函数 f 在 (开) 区域 D 上每一点都关于 x 可偏导, 则对于 D 上每一点 (x, y), 都存在 f 关于 x 的偏导数 $f_x'(x, y)$, 这就构成了一种对应关系, 即二元函数关系, 它称为 f 关于 x 的**偏导函数**(常简称为**偏导数**), 记为

$$\frac{\partial z}{\partial x}, \quad \text{或} \quad f_x'(x, y), \quad \text{或} \quad \frac{\partial f}{\partial x}.$$

　　类似地可定义 f 在点 (x_0, y_0) 关于 y 的偏导数, 并记为 $\dfrac{\partial z}{\partial y}(x_0, y_0)\left(\text{或} f_y'(x_0, y_0), \text{或} \dfrac{\partial f}{\partial y}(x_0, y_0)\right)$; 如果函数 f 在区域 D 上每一点都关于 y 可偏导, 同样也可定义关于 y 的偏导函数 $\dfrac{\partial z}{\partial y}\left(\text{或} f_y'(x, y), \text{或} \dfrac{\partial f}{\partial y}\right)$.

　　若函数 f 在 (x_0, y_0) 点关于 x 和 y 均可偏导, 就简称 f 在 (x_0, y_0) 点可偏导. 如果函数 f 在区域 D 上每一点都可偏导, 则称 f 在区域 D 上可偏导.

　　现在来看偏导数的几何意义. 考虑函数

$$z = f(x, y), \quad (x, y) \in D,$$

它的图像是一张曲面. 平面 $y = y_0$ 与这张曲面的交线 l 的方程为 (见图 7.2.1)

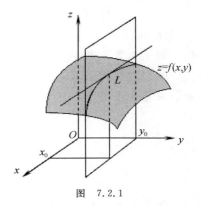

图　7.2.1

$$l: \begin{cases} x = x, \\ y = y_0, \\ z = f(x, y_0). \end{cases}$$

由定义可知偏导数 $f'_x(x_0, y_0)$ 就是一元函数 $z = f(x, y_0)$ 在 x_0 点的导数，所以由一元函数导数的几何意义知，$f'_x(x_0, y_0)$ 是平面 $y = y_0$ 上的曲线 l 在点 (x_0, y_0) 处的切线关于 x 轴的斜率.

二元函数的偏导数的概念可以推广到一般的多元函数上去：设 $\boldsymbol{x}_0 = (x_1^0, x_2^0, \cdots, x_n^0)$ 为 $\mathbf{R}^n$ 上一点. n 元函数 $u = f(x_1, x_2, \cdots, x_n)$ 在 $\boldsymbol{x}_0$ 点的某个邻域上有定义，如果下式中的极限存在，就定义函数 f 在 $\boldsymbol{x}_0$ 点关于 $x_i (i = 1, 2, \cdots, n)$ 的偏导数为

$$\frac{\partial f}{\partial x_i}(\boldsymbol{x}_0) = \frac{\partial f}{\partial x_i}(x_1^0, x_2^0, \cdots, x_n^0)$$

$$= \lim_{\Delta x_i \to 0} \frac{f(x_1^0, \cdots, x_{i-1}^0, x_i^0 + \Delta x_i, x_{i+1}^0, \cdots, x_n^0) - f(x_1^0, x_2^0, \cdots, x_n^0)}{\Delta x_i}.$$

若函数 f 在 $\boldsymbol{x}_0$ 点关于每个变量可偏导，则称 f 在 $\boldsymbol{x}_0$ 点可偏导，并称

$$\mathbf{grad} f(\boldsymbol{x}_0) = \left(\frac{\partial f}{\partial x_1}(\boldsymbol{x}_0), \frac{\partial f}{\partial x_2}(\boldsymbol{x}_0), \cdots, \frac{\partial f}{\partial x_n}(\boldsymbol{x}_0) \right).$$

为 f 在 $\boldsymbol{x}_0$ 点的**梯度**.

从多元函数的偏导数的定义可以看出，一个函数关于某个变量求偏导数，就是将其他变量看成常数，对该变量求导数. 例如，求函数 $f(x, y)$ 对 x 的偏导数，只要把 y 视为常数，将 $f(x, y)$ 对 x 求导即可.

例 7.2.1　设 $f(x, y) = x^3 y - y^3 x$，求 $f'_x(x, y)$，$f'_y(x, y)$，$f'_x(0, 1)$ 和 $f'_y(0, 1)$.

解　把 y 看成常数，对 x 求导便得

$$f'_x(x, y) = 3x^2 y - y^3.$$

于是 $f'_x(0, 1) = -1$.

把 x 看成常数，对 y 求导便得

$$f'_y(x, y) = x^3 - 3y^2 x.$$

于是 $f'_y(0, 1) = 0$.

例 7.2.2　求函数 $u = \sin(x^2 + y^3 + e^z)$ 的偏导数.

解　因为对 x 求偏导数，就是把 y, z 视为常数，对 x 求导，所以利用一元函数的复合函数求导法则得

$$\frac{\partial u}{\partial x} = 2x \cos(x^2 + y^3 + e^z),$$

同理

$$\frac{\partial u}{\partial y} = 3y^2 \cos(x^2 + y^3 + e^z); \quad \frac{\partial u}{\partial z} = e^z \cos(x^2 + y^3 + e^z).$$

例 7.2.3　设 $z = x^y (x > 0, x \neq 1)$. 证明它满足方程

$$\frac{x}{y} \frac{\partial z}{\partial x} + \frac{1}{\ln x} \frac{\partial z}{\partial y} = 2z.$$

证　由于 $\frac{\partial z}{\partial x} = yx^{y-1}, \frac{\partial z}{\partial y} = x^y \ln x$. 所以

$$\frac{x}{y}\frac{\partial z}{\partial x}+\frac{1}{\ln x}\frac{\partial z}{\partial y}=\frac{x}{y}\cdot yx^{y-1}+\frac{1}{\ln x}\cdot x^y\ln x=2x^y=2z.$$

我们知道,如果一个一元函数在某点可导,那么它在该点连续.但对多元函数而言,类似性质并不成立,即多元函数在一点的偏导数的存在性并不能保证它在该点的连续性.

例 7.2.4 设

$$f(x,y)=\begin{cases}\dfrac{xy}{x^2+y^2}, & (x,y)\neq(0,0),\\ 0, & (x,y)=(0,0).\end{cases}$$

计算 $f'_x(0,0),f'_y(0,0)$.

解 由定义得到

$$f'_x(0,0)=\lim_{\Delta x\to0}\frac{f(0+\Delta x,0)-f(0,0)}{\Delta x}=\lim_{\Delta x\to0}\frac{\frac{\Delta x\cdot0}{\Delta x^2+0^2}-0}{\Delta x}=\lim_{\Delta x\to0}\frac{0}{\Delta x}=0.$$

同理 $f'_y(0,0)=0$. 这说明了 $f(x,y)$ 在 $(0,0)$ 点可偏导.

但例 7.1.7 已经指出,$f(x,y)$ 在 $(0,0)$ 点不连续.

全微分

多元函数的偏导数是将其余自变量都固定时,函数值对一个自变量的变化率.然而,在实际问题中自变量却可以自由变化,而函数值也会随这些自变量的变化而变化.例如,设有一个长为 x、宽为 y 的矩形金属薄片,则其面积为

$$S=xy.$$

当薄片受温度变化的影响,其长会由 x 变为 $x+\Delta x$,同时,宽会由 y 变为 $y+\Delta y$.那么该金属薄片的面积就有如下改变

$$\Delta S=(x+\Delta x)(y+\Delta y)-xy$$
$$=y\Delta x+x\Delta y+\Delta x\Delta y.$$

显然,面积的改变量 ΔS 的表达式中包含两部分,第一部分 $y\Delta x+x\Delta y$ 是 Δx 和 Δy 的线性函数,第二部分 $\Delta x\Delta y$ 是比 $\sqrt{\Delta x^2+\Delta y^2}$ 高阶的无穷小量.这样,在允许略去高阶无穷小量的情况下,可以用主要部分 $y\Delta x+x\Delta y$ 近似替代 ΔS.

一般地,对于函数 $z=f(x,y)$,称

$$\Delta z=f(x_0+\Delta x,y_0+\Delta y)-f(x_0,y_0)$$

为 f 的**全改变量**或**全增量**.

定义 7.2.2 设二元函数 $z=f(x,y)$ 在点 (x_0,y_0) 的某个邻域上有定义.若存在只与点 (x_0,y_0) 有关而与 Δx 和 Δy 无关的数 A 和 B,使得

$$\Delta z=A\Delta x+B\Delta y+o(\sqrt{\Delta x^2+\Delta y^2}),$$

这里 $o(\sqrt{\Delta x^2+\Delta y^2})$ 表示当 $\sqrt{\Delta x^2+\Delta y^2}\to0$ 时比 $\sqrt{\Delta x^2+\Delta y^2}$ 高阶的无穷小量,则称函数 f 在 (x_0,y_0) 点**可微**,并称其**线性主要部分** $A\Delta x+B\Delta y$ 为 f 在 (x_0,y_0) 点的**全微分**,记为 $\mathrm{d}z(x_0,y_0)$ 或 $\mathrm{d}f(x_0,y_0)$.

我们规定自变量的改变量等于自变量的微分,即 $\Delta x=\mathrm{d}x,\Delta y=\mathrm{d}y$,那么

$$dz(x_0, y_0) = A dx + B dy.$$

下面作两点说明：

(1) 容易看出,如果函数 f 在 (x_0, y_0) 点可微,则 f 在 (x_0, y_0) 点是连续的.因此"可微必连续".

(2) 若函数 f 在 (x_0, y_0) 点可微,则 f 在 (x_0, y_0) 点可偏导,且成立**全微分公式**

$$df(x_0, y_0) = \frac{\partial f}{\partial x}(x_0, y_0) dx + \frac{\partial f}{\partial y}(x_0, y_0) dy.$$

事实上,在

$$f(x_0 + \Delta x, y_0 + \Delta y) - f(x_0, y_0) = A \Delta x + B \Delta y + o(\sqrt{\Delta x^2 + \Delta y^2})$$

中令 $\Delta y = 0$ 便得到

$$f(x_0 + \Delta x, y_0) - f(x_0, y_0) = A \Delta x + o(\Delta x),$$

于是

$$\lim_{\Delta x \to 0} \frac{f(x_0 + \Delta x, y_0) - f(x_0, y_0)}{\Delta x} = A,$$

即 $\frac{\partial f}{\partial x}(x_0, y_0) = A$. 同理可得 $\frac{\partial f}{\partial y}(x_0, y_0) = B$. 这说明 f 在 (x_0, y_0) 点可偏导,且全微分公式成立.

例 7.2.5 求函数 $z = e^{xy}$ 在 $(1,1)$ 点的全微分.

解 由于

$$\frac{\partial z}{\partial x} = y e^{xy}, \quad \frac{\partial z}{\partial y} = x e^{xy},$$

则 $\frac{\partial z}{\partial x}(1,1) = e, \frac{\partial z}{\partial y}(1,1) = e$. 所以函数在 $(1,1)$ 点的全微分为

$$dz = e dx + e dy = e(dx + dy).$$

如果函数 f 在区域 D 上的每一点都是可微的,则称 f 在 D 上可微,且此时成立

$$dz = \frac{\partial f}{\partial x}(x, y) dx + \frac{\partial f}{\partial y}(x, y) dy.$$

与二元函数类似地可定义一般多元函数的全微分:设 $x_0 = (x_1^0, x_2^0, \cdots, x_n^0)$ 为 $\mathbf{R}^n$ 上一点, n 元函数 $u = f(x_1, x_2, \cdots, x_n)$ 在 x_0 点的某个邻域上有定义. 如果存在只与点 x_0 有关, 而与自变量的改变量 $\Delta x_1, \Delta x_2, \cdots, \Delta x_n$ 无关的数 $k_1, k_2, \cdots, k_n$, 使得

$$\Delta u = f(x_1^0 + \Delta x_1, x_2^0 + \Delta x_2, \cdots, x_n^0 + \Delta x_n) - f(x_1^0, x_2^0, \cdots, x_n^0)$$
$$= k_1 \Delta x_1 + k_2 \Delta x_2 + \cdots + k_n \Delta x_n + o(\rho),$$

其中 $\rho = \sqrt{(\Delta x_1)^2 + (\Delta x_2)^2 + \cdots + (\Delta x_n)^2}$, $o(\rho)$ 表示当 $\rho \to 0$ 时比 ρ 高阶的无穷小量,则称函数 f 在 x_0 点可微,并称其线性主要部分 $k_1 \Delta x_1 + k_2 \Delta x_2 + \cdots + k_n \Delta x_n$ 为 f 在 x_0 点的全微分,记为 $du(x_0)$ 或 $df(x_0)$.

同样地,我们规定自变量的改变量等于自变量的微分,即 $\Delta x_i = dx_i$ $(i = 1, 2, \cdots, n)$. 则类似地还可得到

$$du = \frac{\partial f}{\partial x_1} dx_1 + \frac{\partial f}{\partial x_2} dx_2 + \cdots + \frac{\partial f}{\partial x_n} dx_n.$$

例 7.2.6 求函数 $u=\sin(x^2+z)-\arctan\dfrac{z}{y}$ 的全微分.

解 由于

$$\frac{\partial u}{\partial x}=2x\cos(x^2+z),$$

$$\frac{\partial u}{\partial y}=-\frac{1}{1+\left(\dfrac{z}{y}\right)^2}\left(-\frac{z}{y^2}\right)=\frac{z}{y^2+z^2},$$

$$\frac{\partial u}{\partial z}=\cos(x^2+z)-\frac{1}{1+\left(\dfrac{z}{y}\right)^2}\cdot\frac{1}{y}=\cos(x^2+z)-\frac{y}{y^2+z^2}.$$

所以

$$\mathrm{d}u=2x\cos(x^2+z)\mathrm{d}x+\frac{z}{y^2+z^2}\mathrm{d}y+\left(\cos(x^2+z)-\frac{y}{y^2+z^2}\right)\mathrm{d}z.$$

注意,一元函数的可导性与可微性是等价的. 在多元函数情形下,可微性也必可推出可偏导性. 但与一元函数不同的是:可偏导性并不一定能推出可微性. 例如,函数

$$f(x,y)=\begin{cases}\dfrac{xy}{x^2+y^2}, & (x,y)\neq(0,0),\\ 0, & (x,y)=(0,0)\end{cases}$$

在 $(0,0)$ 点不连续,因此不可微,但它在 $(0,0)$ 点是可偏导的(见例 7.2.4).

关于函数的可微性有如下的充分条件:

定理 7.2.1 设函数 $z=f(x,y)$ 在 (x_0,y_0) 点的某个邻域上存在偏导数,且偏导数 $f_x'(x,y)$ 和 $f_y'(x,y)$ 在 (x_0,y_0) 点连续,则 f 在 (x_0,y_0) 点可微.

证 首先我们有

$f(x_0+\Delta x,y_0+\Delta y)-f(x_0,y_0)$
$=[f(x_0+\Delta x,y_0+\Delta y)-f(x_0,y_0+\Delta y)]+[f(x_0,y_0+\Delta y)-f(x_0,y_0)]$
$=f_x'(x_0+\theta_1\Delta x,y_0+\Delta y)\Delta x+f_y'(x_0,y_0+\theta_2\Delta y)\Delta y,$

其中 $0<\theta_1,\theta_2<1$. 上式中最后一步利用了微分中值定理.

因为 f_x' 和 f_y' 在 (x_0,y_0) 点连续,所以

$$f_x'(x_0+\theta_1\Delta x,y_0+\Delta y)=f_x'(x_0,y_0)+o(1),$$
$$f_y'(x_0,y_0+\theta_2\Delta y)=f_y'(x_0,y_0)+o(1),$$

其中 $o(1)$ 表示当 $\sqrt{\Delta x^2+\Delta y^2}\to0$ 时的无穷小量. 于是

$$\Delta z=f(x_0+\Delta x,y_0+\Delta y)-f(x_0,y_0)$$
$$=f_x'(x_0,y_0)\Delta x+f_y'(x_0,y_0)\Delta y+o(1)\Delta x+o(1)\Delta y$$
$$=f_x'(x_0,y_0)\Delta x+f_y'(x_0,y_0)\Delta y+o(\sqrt{\Delta x^2+\Delta y^2}),$$

这说明函数 f 在 (x_0,y_0) 点可微.

证毕

设函数 $z=f(x,y)$ 在 (x_0,y_0) 点可微,则在等式

$$f(x_0+\Delta x,y_0+\Delta y)-f(x_0,y_0)$$

$$= f'_x(x_0, y_0)\Delta x + f'_y(x_0, y_0)\Delta y + o(\sqrt{\Delta x^2 + \Delta y^2})$$

中略去高阶无穷小量得

$$f(x_0 + \Delta x, y_0 + \Delta y) \approx f(x_0, y_0) + f'_x(x_0, y_0)\Delta x + f'_y(x_0, y_0)\Delta y.$$

这就是全微分用于近似计算的关系式.

例 7.2.7　求 $\sqrt{(1.02)^3 + (1.97)^3}$ 的近似值.

解　考察二元函数 $f(x, y) = \sqrt{x^3 + y^3}$. 则

$$f'_x(x, y) = \frac{3x^2}{2\sqrt{x^3 + y^3}}, \quad f'_y(x, y) = \frac{3y^2}{2\sqrt{x^3 + y^3}}.$$

取 $x_0 = 1, y_0 = 2, \Delta x = 0.02, \Delta y = -0.03$, 这时

$$f(1, 2) = 3, \quad f'_x(1, 2) = \frac{1}{2}, \quad f'_y(1, 2) = 2.$$

所以

$$\begin{aligned}
\sqrt{(1.02)^3 + (1.97)^3} &= f(1.02, 1.97) \\
&= f(1 + \Delta x, 2 + \Delta y) \\
&\approx f(1, 2) + f'_x(1, 2)\Delta x + f'_y(1, 2)\Delta y \\
&= 3 + \frac{1}{2} \cdot (0.02) + 2 \cdot (-0.03) \\
&= 2.95.
\end{aligned}$$

高阶偏导数

设 $z = f(x, y)$ 在区域 $D \subset \mathbf{R}^2$ 上具有偏导数

$$\frac{\partial z}{\partial x} = f'_x(x, y) \quad \text{和} \quad \frac{\partial z}{\partial y} = f'_y(x, y).$$

那么在 D 上, $f'_x(x, y)$ 和 $f'_y(x, y)$ 也是 x, y 的二元函数. 如果这两个偏导函数的偏导数也存在, 则称它们的偏导数为 $f(x, y)$ 的**二阶偏导数**.

按照对自变量的求导次序的不同, 二阶偏导数有下列四种:

$$\frac{\partial^2 z}{\partial x^2} = \frac{\partial}{\partial x}\left(\frac{\partial z}{\partial x}\right) = (f'_x(x, y))'_x = f''_{xx}(x, y),$$

$$\frac{\partial^2 z}{\partial y \partial x} = \frac{\partial}{\partial y}\left(\frac{\partial z}{\partial x}\right) = (f'_x(x, y))'_y = f''_{xy}(x, y),$$

$$\frac{\partial^2 z}{\partial x \partial y} = \frac{\partial}{\partial x}\left(\frac{\partial z}{\partial y}\right) = (f'_y(x, y))'_x = f''_{yx}(x, y),$$

$$\frac{\partial^2 z}{\partial y^2} = \frac{\partial}{\partial y}\left(\frac{\partial z}{\partial y}\right) = (f'_y(x, y))'_y = f''_{yy}(x, y).$$

其中第二、第三两个二阶偏导数称为**混合偏导数**.

类似地可定义三阶、四阶以至于更高阶偏导数. 二阶及二阶以上的偏导数统称为**高阶偏导数**.

同样可对 n 元函数 $u = f(x_1, x_2, \cdots, x_n)$ 定义高阶偏导数.

例 7. 2. 8　设 $z = \ln(x + y^2)$，求 $\dfrac{\partial^2 z}{\partial x^2}, \dfrac{\partial^2 z}{\partial x \partial y}, \dfrac{\partial^2 z}{\partial y \partial x}, \dfrac{\partial^2 z}{\partial y^2}$.

解　显然

$$\frac{\partial z}{\partial x} = \frac{1}{x + y^2}.$$

因此

$$\frac{\partial^2 z}{\partial x^2} = \frac{\partial}{\partial x}\left(\frac{\partial z}{\partial x}\right) = \frac{\partial}{\partial x}\left(\frac{1}{x + y^2}\right) = -\frac{1}{(x + y^2)^2},$$

$$\frac{\partial^2 z}{\partial y \partial x} = \frac{\partial}{\partial y}\left(\frac{\partial z}{\partial x}\right) = \frac{\partial}{\partial y}\left(\frac{1}{x + y^2}\right) = -\frac{2y}{(x + y^2)^2}.$$

同理 $\dfrac{\partial z}{\partial y} = \dfrac{2y}{x + y^2}$，因此

$$\frac{\partial^2 z}{\partial x \partial y} = \frac{\partial}{\partial x}\left(\frac{\partial z}{\partial y}\right) = \frac{\partial}{\partial x}\left(\frac{2y}{x + y^2}\right) = -\frac{2y}{(x + y^2)^2},$$

$$\frac{\partial^2 z}{\partial y^2} = \frac{\partial}{\partial y}\left(\frac{\partial z}{\partial y}\right) = \frac{\partial}{\partial y}\left(\frac{2y}{x + y^2}\right)$$

$$= 2 \cdot \frac{x + y^2 - y(2y)}{(x + y^2)^2} = \frac{2(x - y^2)}{(x + y^2)^2}.$$

在上例中，两个混合偏导数 f''_{xy} 和 f''_{yx} 是相等的. 但要注意，由于求偏导运算的次序不同，两个混合偏导数 f''_{xy} 和 f''_{yx} 也未必相同(见习题七(B)第 4 题). 但是，当这两个混合偏导数均为连续时，它们是相等的，这就是如下的定理：

定理 7. 2. 2　如果函数 $z = f(x, y)$ 的两个混合偏导数 f''_{xy} 和 f''_{yx} 在 (x_0, y_0) 点连续，那么在 (x_0, y_0) 点成立

$$f''_{xy}(x_0, y_0) = f''_{yx}(x_0, y_0).$$

在实际应用中，往往认为所出现的偏导数是连续的，而不介意求偏导的次序. 例如 $\dfrac{\partial^3 f}{\partial x^2 \partial y}$ 就概括了三种不同次序的三阶混合偏导数：

$$\frac{\partial^3 f}{\partial x^2 \partial y}, \quad \frac{\partial^3 f}{\partial x \partial y \partial x}, \quad \frac{\partial^3 f}{\partial y \partial x^2}.$$

例 7. 2. 9　设 $u(x, y, z) = \cos(3x^2 + 4yz)$，求 u'''_{xyz}.

解　逐次求偏导得

$$u'_x = -6x\sin(3x^2 + 4yz),$$

$$u''_{xy} = -24xz\cos(3x^2 + 4yz),$$

$$u'''_{xyz} = -24x\cos(3x^2 + 4yz) + 96xyz\sin(3x^2 + 4yz).$$

例 7. 2. 10　设函数 $u = \dfrac{1}{r}$，其中 $r = \sqrt{(x - a)^2 + (y - b)^2 + (z - c)^2}$. 证明

$$\frac{\partial^2 u}{\partial x^2} + \frac{\partial^2 u}{\partial y^2} + \frac{\partial^2 u}{\partial z^2} = 0.$$

证　直接求导可得 $\dfrac{\partial r}{\partial x} = \dfrac{x - a}{r}$，且易知

$$\frac{\partial u}{\partial x} = \frac{\mathrm{d}u}{\mathrm{d}r}\frac{\partial r}{\partial x} = -\frac{x-a}{r^3}.$$

再对 x 求偏导便得到

$$\frac{\partial^2 u}{\partial x^2} = -\frac{1}{r^6}\Big[r^3 - (x-a)\cdot 3r^2\frac{\partial r}{\partial x}\Big]$$

$$= -\frac{1}{r^6}\Big[r^3 - 3(x-a)r^2\cdot\frac{x-a}{r}\Big]$$

$$= -\frac{1}{r^3} + \frac{3}{r^5}(x-a)^2.$$

同样可得

$$\frac{\partial u}{\partial y} = -\frac{y-b}{r^3}, \quad \frac{\partial u}{\partial z} = -\frac{z-c}{r^3},$$

以及

$$\frac{\partial^2 u}{\partial y^2} = -\frac{1}{r^3} + \frac{3}{r^5}(y-b)^2, \quad \frac{\partial^2 u}{\partial z^2} = -\frac{1}{r^3} + \frac{3}{r^5}(z-c)^2.$$

于是

$$\frac{\partial^2 u}{\partial x^2} + \frac{\partial^2 u}{\partial y^2} + \frac{\partial^2 u}{\partial z^2} = -\frac{3}{r^3} + \frac{3}{r^5}\big[(x-a)^2 + (y-b)^2 + (z-c)^2\big] = 0.$$

证毕

边际与偏弹性

（一）边际问题

一元函数的导数在经济学中称为边际函数. 同样地，n 元函数 $f(x_1,x_2,\cdots,x_n)$ 关于 x_i 的偏导函数 $f'_{x_i}(x_1,x_2,\cdots,x_n)$ 称为 f 关于 x_i 的**边际函数**（$i=1,2,\cdots,n$），其在一点的值称为**边际函数值**.

下面我们以成本函数为例解释一下边际的经济学意义. 设某工厂生产 A 和 B 两种产品，已知生产 A 产品 x 单位，B 产品 y 单位时的成本为

$$C = C(x,y),$$

它也称为**联合成本函数**. 此时 $\frac{\partial C}{\partial x}$ 就是关于产品 A 的边际成本，$\frac{\partial C}{\partial y}$ 就是关于产品 B 的边际成本. 而 $\frac{\partial C}{\partial x}(x,y)$ 就是当产品 B 的产量为 y 时，A 产品的产量在 x 单位的基础上再生产一个单位时所需追加的成本；$\frac{\partial C}{\partial y}(x,y)$ 就是当产品 A 的产量为 x 时，B 产品的产量在 y 单位的基础上再生产一个单位时所需追加的成本.

例 7.2.11 某厂生产 Ⅰ 型和 Ⅱ 型两种型号的电视机，其成本函数为

$$C(x,y) = \frac{1}{2}x^2 + 20xy + 3y^2 + 200000,$$

其中 x,y 分别表示 Ⅰ 型和 Ⅱ 型电视机的产量（单位：台）. 厂商为 Ⅰ 型和 Ⅱ 型电视机的定价分别为 2000 元/台和 8000 元/台. 假设生产的产品全部能够售出，当生产 Ⅰ 型电视机 300

台和Ⅱ型电视机 50 台时,求:(1) 边际成本;(2) 边际利润.并解释它们的经济学意义.

解　(1) 易知,关于Ⅰ型和Ⅱ型电视机产量 x 和 y 的边际成本函数分别为

$$C_x'(x,y) = x + 20y,$$
$$C_y'(x,y) = 20x + 6y,$$

所以生产Ⅰ型电视机 300 台和Ⅱ型电视机 50 台时的边际成本分别为

$$C_x'(300,50) = 300 + 20 \times 50 = 1300.$$
$$C_y'(300,50) = 20 \times 300 + 6 \times 50 = 6300.$$

这说明,在Ⅱ型电视机的产量保持 50 台不变的情况下,厂商在生产 300 台的基础上再生产一台Ⅰ型电视机所需的追加的成本为 1300 元;而在Ⅰ型电视机的产量保持 300 台不变的情况下,厂商在生产 50 台的基础上再生产一台Ⅱ型电视机所需的追加的成本为 6300 元.

(2) 显然厂商的收益函数为

$$R(x,y) = 2000x + 8000y.$$

因此利润函数为

$$L(x,y) = R(x,y) - C(x,y)$$
$$= 2000x + 8000y - \left(\frac{1}{2}x^2 + 20xy + 3y^2 + 200000 \right).$$

于是,关于Ⅰ型和Ⅱ型电视机产量 x 和 y 的边际利润函数分别为

$$L_x'(x,y) = 2000 - x - 20y,$$
$$L_y'(x,y) = 8000 - 20x - 6y.$$

所以生产Ⅰ型电视机 300 台和Ⅱ型电视机 50 台时的边际利润分别为

$$L_x'(300,50) = 700, \quad L_y'(300,50) = 1700.$$

这说明,在Ⅱ型电视机的产量保持 50 台不变的情况下,厂商在生产 300 台的基础上再多生产一台Ⅰ型电视机将获得利润 700 元;而在Ⅰ型电视机的产量保持 300 台不变的情况下,厂商在生产 50 台的基础上再多生产一台Ⅱ型电视机将获得利润 1700 元.

(二) 偏弹性

偏弹性是一元函数的弹性概念在多元函数情形下的推广,它是多元函数关于某个自变量的相对变化率.

定义 7.2.3　设 n 元函数 $u = f(x_1, x_2, \cdots, x_n)$ 在 $(x_1, x_2, \cdots, x_n)$ 点可偏导.若 $f(x_1, x_2, \cdots, x_n) \neq 0$,称

$$\frac{Eu}{Ex_i}(x_1, x_2, \cdots, x_n) = \frac{\partial f}{\partial x_i}(x_1, x_2, \cdots, x_n) \cdot \frac{x_i}{f(x_1, x_2, \cdots, x_n)}$$

为函数 f 在 $(x_1, x_2, \cdots, x_n)$ 点对于 x_i 的**偏弹性**,也常简称为**弹性**($i = 1, 2, \cdots, n$).

由偏弹性的定义可以看出,偏弹性是无量纲的.

下面我们以需求函数为例来介绍偏弹性的经济学意义.

设对 A 商品的需求量 Q_A 除与自身价格 P_A 有关外,还可能受其他 n 种商品的价格 $P_1, P_2, \cdots, P_n$ 的影响,所以 A 商品的需求函数可表为 $Q_A = f(P_A, P_1, \cdots, P_n)$.在需求函数可偏导的情况下,称偏弹性

$$\frac{EQ_A}{EP_i} = \frac{\partial Q_A}{\partial P_i} \cdot \frac{P_i}{Q_A}$$

为 A 商品的需求 Q_A 对 P_i 的**交叉弹性**$(i=1,2,\cdots,n)$.

A 商品的需求 Q_A 对第 i 种商品的价格 $P_i(i=1,2,\cdots,n)$ 的交叉弹性可能为正，也可能为负或零，视第 i 种商品是 A 商品的替代品、互补品或无关品而定. 一般来说，若第 i 种商品是 A 商品的替代品，则随着第 i 种商品的提价，对 A 商品的需求量将上升，这时 $\frac{EQ_A}{EP_i}>0$；若第 i 种商品是 A 商品的互补品，则随着第 i 种商品的提价，对 A 商品的需求量将下降，这时 $\frac{EQ_A}{EP_i}<0$；若第 i 种商品既不是 A 商品的替代品，也不是 A 商品的互补品，而是无关品，这时 $\frac{EQ_A}{EP_i}=0$. 对替代品而言，两种商品之间的可替代程度越大，交叉弹性越大；对互补品而言，两种商品的互补性越强，交叉弹性的绝对值越大.

例 7.2.12 某种数码相机的销售量 Q 除与它自身的价格 x（单位：百元）有关外，还与配套的存储卡的价格 y（单位：百元）有关，具体的关系为

$$Q = 100 + \frac{250}{x} - 100y - y^2.$$

求当 $x=25, y=2$ 时，

(1) 销售量 Q 对 x 的弹性；

(2) 销售量 Q 对 y 的交叉弹性.

解 (1) 销售量 Q 对 x 的弹性为

$$\frac{EQ}{Ex} = \frac{\partial Q}{\partial x} \cdot \frac{x}{Q} = -\frac{250}{x^2} \cdot \frac{x}{100 + \frac{250}{x} - 100y - y^2}$$

$$= -\frac{250}{100x + 250 - 100xy - xy^2}.$$

所以当 $x=25, y=2$ 时，销售量 Q 对 x 的弹性为

$$\frac{EQ}{Ex} = -\frac{250}{100 \times 25 + 250 - 100 \times 25 \times 2 - 25 \times 2^2} \approx 0.1.$$

(2) 销售量 Q 对 y 的交叉弹性为

$$\frac{EQ}{Ey} = \frac{\partial Q}{\partial y} \cdot \frac{y}{Q} = (-100 - 2y) \cdot \frac{y}{100 + \frac{250}{x} - 100y - y^2}$$

$$= -\frac{(100 + 2y)xy}{100x + 250 - 100xy - xy^2}.$$

所以当 $x=25, y=2$ 时，销售量 Q 对 y 的交叉弹性为

$$\frac{EQ}{Ey} = -\frac{(100 + 2 \times 2) \times 2 \times 25}{100 \times 25 + 250 - 100 \times 2 \times 25 - 25 \times 2^2} \approx -2.2.$$

§3　多元复合函数和隐函数的求导法则

复合函数的求导法则

在一元函数的求导时,复合函数的链式求导法则起着重要作用.事实上,对于多元函数也有这种求导法则.

定理 7.3.1(链式法则)　设函数 $x = x(u, v)$, $y = y(u, v)$ 均在 (u_0, v_0) 点可偏导.记 $x_0 = x(u_0, v_0)$, $y_0 = y(u_0, v_0)$.如果二元函数 $z = f(x, y)$ 在 (x_0, y_0) 点可微,则复合函数

$$z = f[x(u, v), y(u, v)]$$

在 (u_0, v_0) 点可偏导,且成立

$$\frac{\partial z}{\partial u}(u_0, v_0) = \frac{\partial z}{\partial x}(x_0, y_0)\frac{\partial x}{\partial u}(u_0, v_0) + \frac{\partial z}{\partial y}(x_0, y_0)\frac{\partial y}{\partial u}(u_0, v_0);$$

$$\frac{\partial z}{\partial v}(u_0, v_0) = \frac{\partial z}{\partial x}(x_0, y_0)\frac{\partial x}{\partial v}(u_0, v_0) + \frac{\partial z}{\partial y}(x_0, y_0)\frac{\partial y}{\partial v}(u_0, v_0).$$

证　只证明第一式,第二式的证明类似.

由于函数 f 在 (x_0, y_0) 点可微,因此

$$f(x_0 + \Delta x, y_0 + \Delta y) - f(x_0, y_0)$$
$$= \frac{\partial f}{\partial x}(x_0, y_0)\Delta x + \frac{\partial f}{\partial y}(x_0, y_0)\Delta y + \alpha(\Delta x, \Delta y)\sqrt{\Delta x^2 + \Delta y^2},$$

其中 $\alpha(\Delta x, \Delta y)$ 满足 $\lim\limits_{(\Delta x, \Delta y) \to 0} \alpha(\Delta x, \Delta y) = 0$,即 $\alpha(\Delta x, \Delta y)$ 为当 $\sqrt{\Delta x^2 + \Delta y^2}$ 趋于零时的无穷小量.定义 $\alpha(0, 0) = 0$,那么当 $(\Delta x, \Delta y) = (0, 0)$ 时上式也成立.

记

$$\Delta x = x(u_0 + \Delta u, v_0) - x(u_0, v_0), \quad \Delta y = y(u_0 + \Delta u, v_0) - y(u_0, v_0),$$

由于 $x = x(u, v)$, $y = y(u, v)$ 在 (u_0, v_0) 点可偏导,所以成立

$$\lim_{\Delta u \to 0}\frac{\Delta x}{\Delta u} = \lim_{\Delta u \to 0}\frac{x(u_0 + \Delta u, v_0) - x(u_0, v_0)}{\Delta u} = \frac{\partial x}{\partial u}(u_0, v_0),$$

$$\lim_{\Delta u \to 0}\frac{\Delta y}{\Delta u} = \lim_{\Delta u \to 0}\frac{y(u_0 + \Delta u, v_0) - y(u_0, v_0)}{\Delta u} = \frac{\partial y}{\partial u}(u_0, v_0),$$

并且有 $\lim\limits_{\Delta u \to 0}\sqrt{\Delta x^2 + \Delta y^2} = 0$.于是当 $\Delta u \to 0$ 时,成立

$$\frac{\alpha(\Delta x, \Delta y)\sqrt{\Delta x^2 + \Delta y^2}}{\Delta u} = \alpha(\Delta x, \Delta y) \cdot \frac{|\Delta u|}{\Delta u} \cdot \sqrt{\left(\frac{\Delta x}{\Delta u}\right)^2 + \left(\frac{\Delta y}{\Delta u}\right)^2} \to 0.$$

于是

$$\frac{\partial z}{\partial u}(u_0, v_0) = \lim_{\Delta u \to 0}\frac{f[x(u_0 + \Delta u, v_0), y(u_0 + \Delta u, v_0)] - f[x(u_0, v_0), y(u_0, v_0)]}{\Delta u}$$

$$= \lim_{\Delta u \to 0}\frac{f(x_0 + \Delta x, y_0 + \Delta y) - f(x_0, y_0)}{\Delta u}$$

$$= \lim_{\Delta u \to 0}\frac{\dfrac{\partial f}{\partial x}(x_0, y_0)\Delta x + \dfrac{\partial f}{\partial y}(x_0, y_0)\Delta y + \alpha(\Delta x, \Delta y)\sqrt{\Delta x^2 + \Delta y^2}}{\Delta u}$$

$$= \lim_{\Delta u \to 0} \left[\frac{\partial f}{\partial x}(x_0, y_0) \frac{\Delta x}{\Delta u} + \frac{\partial f}{\partial y}(x_0, y_0) \frac{\Delta y}{\Delta u} \right] + \lim_{\Delta u \to 0} \frac{\alpha(\Delta x, \Delta y) \sqrt{\Delta x^2 + \Delta y^2}}{\Delta u}$$

$$= \frac{\partial f}{\partial x}(x_0, y_0) \frac{\partial x}{\partial u}(u_0, v_0) + \frac{\partial f}{\partial y}(x_0, y_0) \frac{\partial y}{\partial u}(u_0, v_0).$$

证毕

推论 7.3.1 设函数 $x = x(t), y = y(t)$ 均在 t_0 点可偏导. 记 $x_0 = x(t_0), y_0 = y(t_0)$. 如果二元函数 $z = f(x, y)$ 在 (x_0, y_0) 点可微, 则复合函数

$$z = f[x(t), y(t)]$$

在 t_0 点可导, 且成立

$$\frac{\mathrm{d}z}{\mathrm{d}t}(t_0) = \frac{\partial z}{\partial x}(x_0, y_0) \frac{\mathrm{d}x}{\mathrm{d}t}(t_0) + \frac{\partial z}{\partial y}(x_0, y_0) \frac{\mathrm{d}y}{\mathrm{d}t}(t_0).$$

注意, 函数 f 在 (x_0, y_0) 点可微的条件不能减弱为可偏导. 考察函数

$$f(x, y) = \begin{cases} \dfrac{x^2 y}{x^4 + y^2}, & x^2 + y^2 \neq 0, \\ 0, & x^2 + y^2 = 0. \end{cases}$$

易知 f 在 $(0, 0)$ 点可偏导, 且 $f'_x(0, 0) = f'_y(0, 0) = 0$. 但它在 $(0, 0)$ 点的极限不存在, 因此不可微(请读者自行证明).

令 $x = t, y = t$, 则得复合函数 $z = \dfrac{t}{1 + t^2}$, 易知它在 $t = 0$ 点的导数为

$$\frac{\mathrm{d}z}{\mathrm{d}t}(0) = 1.$$

如果贸然套用链式规则, 就会导出以下的错误结果:

$$\frac{\mathrm{d}z}{\mathrm{d}t}(0) = \left[f'_x(t, t) \cdot \frac{\mathrm{d}x}{\mathrm{d}t} + f'_y(t, t) \cdot \frac{\mathrm{d}y}{\mathrm{d}t} \right]\bigg|_{t=0}$$

$$= f'_x(0, 0) \cdot 1 + f'_y(0, 0) \cdot 1 = 0.$$

例 7.3.1 设 $z = x^2 \ln y$, 而 $x = \dfrac{u}{v}, y = 4u - 3v$. 计算 $\dfrac{\partial z}{\partial u}, \dfrac{\partial z}{\partial v}$.

解 由链式法则得

$$\frac{\partial z}{\partial u} = \frac{\partial z}{\partial x} \frac{\partial x}{\partial u} + \frac{\partial z}{\partial y} \frac{\partial y}{\partial u} = 2x \ln y \cdot \left(\frac{1}{v} \right) + \frac{x^2}{y} \cdot 4$$

$$= \frac{2u}{v^2} \ln(4u - 3v) + \frac{4u^2}{(4u - 3v)v^2},$$

$$\frac{\partial z}{\partial v} = \frac{\partial z}{\partial x} \frac{\partial x}{\partial v} + \frac{\partial z}{\partial y} \frac{\partial y}{\partial v} = 2x \ln y \cdot \left(-\frac{u}{v^2} \right) + \frac{x^2}{y} \cdot (-3)$$

$$= -\frac{2u^2}{v^3} \ln(4u - 3v) - \frac{3u^2}{(4u - 3v)v^2}.$$

例 7.3.2 设 $z = (x^2 + y^2)^{xy}$, 计算 $\dfrac{\partial z}{\partial x}, \dfrac{\partial z}{\partial y}$.

解 设 $u = x^2 + y^2, v = xy$, 则 $z = u^v$. 于是由链式法则得

$$\frac{\partial z}{\partial x} = \frac{\partial z}{\partial u} \frac{\partial u}{\partial x} + \frac{\partial z}{\partial v} \frac{\partial v}{\partial x} = vu^{v-1} \cdot (2x) + u^v \ln u \cdot y$$

$$= 2x^2 y(x^2+y^2)^{xy-1} + y(x^2+y^2)^{xy} \ln(x^2+y^2)$$

$$= (x^2+y^2)^{xy} \left[\frac{2x^2 y}{x^2+y^2} + y\ln(x^2+y^2) \right],$$

$$\frac{\partial z}{\partial y} = \frac{\partial z}{\partial u} \frac{\partial u}{\partial y} + \frac{\partial z}{\partial v} \frac{\partial v}{\partial y} = vu^{v-1} \cdot (2y) + u^v \ln u \cdot x$$

$$= 2xy^2 (x^2+y^2)^{xy-1} + x(x^2+y^2)^{xy} \ln(x^2+y^2)$$

$$= (x^2+y^2)^{xy} \left[\frac{2xy^2}{x^2+y^2} + x\ln(x^2+y^2) \right].$$

最后,我们不加证明地介绍一般情况下的复合函数求导的链式法则:设 m 个 n 元函数 $y_1 = y_1(x_1, x_2, \cdots, x_n), y_2 = y_2(x_1, x_2, \cdots, x_n), \cdots, y_m = y_m(x_1, x_2, \cdots, x_n)$ 均可偏导,m 元函数 $z = f(y_1, y_2, \cdots, y_m)$ 可微,则复合函数

$$z = f[y_1(x_1, x_2, \cdots, x_n), y_2(x_1, x_2, \cdots, x_n), \cdots, y_m(x_1, x_2, \cdots, x_n)]$$

也可偏导,且成立

$$\frac{\partial z}{\partial x_i}(\boldsymbol{x}) = \frac{\partial z}{\partial y_1}(\boldsymbol{y}) \frac{\partial y_1}{\partial x_i}(\boldsymbol{x}) + \frac{\partial z}{\partial y_2}(\boldsymbol{y}) \frac{\partial y_2}{\partial x_i}(\boldsymbol{x}) + \cdots + \frac{\partial z}{\partial y_m}(\boldsymbol{y}) \frac{\partial y_m}{\partial x_i}(\boldsymbol{x}),$$

$$i = 1, 2, \cdots, n,$$

其中 $\boldsymbol{x} = (x_1, x_2, \cdots, x_n), \boldsymbol{y} = (y_1, y_2, \cdots, y_m)$.

这就是说,因变量 z 关于自变量 $x_i (i = 1, 2, \cdots, n)$ 的偏导数,等于 z 关于各个中间变量的偏导数与该中间变量关于自变量 x_i 的偏导数的乘积之和.

例 7.3.3 设 $u = e^{2x}(y-z), y = 2\sin x, z = \cos x$,求 $\dfrac{\mathrm{d}u}{\mathrm{d}x}\Big|_{x=\frac{\pi}{2}}$.

解 由链式法则得

$$\frac{\mathrm{d}u}{\mathrm{d}x} = \frac{\partial u}{\partial x} + \frac{\partial u}{\partial y} \frac{\mathrm{d}y}{\mathrm{d}x} + \frac{\partial u}{\partial z} \frac{\mathrm{d}z}{\mathrm{d}x}$$

$$= 2e^{2x}(y-z) + e^{2x} \cdot (2\cos x) - e^{2x}(-\sin x)$$

$$= 2e^{2x}(2\sin x - \cos x) + 2e^{2x}\cos x + e^{2x}\sin x$$

$$= 5e^{2x}\sin x.$$

于是

$$\frac{\mathrm{d}z}{\mathrm{d}x}\Big|_{x=\frac{\pi}{2}} = 5e^{2x}\sin x \Big|_{x=\frac{\pi}{2}} = 5e^{\pi}.$$

例 7.3.4 设 $w = f(x^2+y^2+z^2, xyz)$,其中 f 具有二阶连续偏导数,计算 $\dfrac{\partial w}{\partial x}$ 和 $\dfrac{\partial^2 w}{\partial z \partial x}$.

解 将函数 $w = f(x^2+y^2+z^2, xyz)$ 看成函数 $w = f(u, v)$ 与两个函数 $u = x^2+y^2+z^2, v = xyz$ 的复合函数.

显然

$$\frac{\partial u}{\partial x} = 2x, \qquad \frac{\partial v}{\partial x} = yz.$$

因此由链式法则得

$$\frac{\partial w}{\partial x} = \frac{\partial w}{\partial u}\frac{\partial u}{\partial x} + \frac{\partial w}{\partial v}\frac{\partial v}{\partial x} = 2x\frac{\partial w}{\partial u} + yz\frac{\partial w}{\partial v}.$$

注意$\dfrac{\partial w}{\partial u} = f'_u(u,v) = f'_u(x^2+y^2+z^2,xyz)$和$\dfrac{\partial w}{\partial u} = f'_v(u,v) = f'_v(x^2+y^2+z^2,xyz)$仍是复合函数，而

$$\frac{\partial u}{\partial z} = 2z, \qquad \frac{\partial v}{\partial z} = xy.$$

再运用链式法则就得到

$$\frac{\partial^2 w}{\partial z\partial x} = \frac{\partial}{\partial z}\left(\frac{\partial w}{\partial x}\right) = \frac{\partial}{\partial z}\left(2x\frac{\partial w}{\partial u} + yz\frac{\partial w}{\partial v}\right)$$

$$= 2x\frac{\partial}{\partial z}\left(\frac{\partial w}{\partial u}\right) + y\frac{\partial w}{\partial v} + yz\frac{\partial}{\partial z}\left(\frac{\partial w}{\partial v}\right)$$

$$= 2x\left(2z\frac{\partial^2 w}{\partial u^2} + xy\frac{\partial^2 w}{\partial v\partial u}\right) + y\frac{\partial w}{\partial v} + yz\left(2z\frac{\partial^2 w}{\partial u\partial v} + xy\frac{\partial^2 w}{\partial v^2}\right)$$

$$= 4xz\frac{\partial^2 w}{\partial u^2} + 2y(x^2+z^2)\frac{\partial^2 w}{\partial u\partial v} + xy^2z\frac{\partial^2 w}{\partial v^2} + y\frac{\partial w}{\partial v}.$$

若用函数符号加下标i表示对其第i个变量的偏导数，即

$$f'_1 = \frac{\partial f}{\partial u}, \quad f'_2 = \frac{\partial f}{\partial v}, \quad f''_{11} = \frac{\partial^2 f}{\partial u^2}, \quad f''_{12} = \frac{\partial^2 f}{\partial v\partial u}, \quad f''_{21} = \frac{\partial^2 f}{\partial u\partial v},$$

如此等等，则上面的结果可表示为（注意，因为f具有二阶连续偏导数，所以$f''_{12}=f''_{21}$）

$$\frac{\partial w}{\partial x} = 2xf'_1 + yzf'_2,$$

$$\frac{\partial^2 w}{\partial z\partial x} = 4xzf''_{11} + 2y(x^2+z^2)f''_{12} + xy^2zf''_{22} + yf'_2.$$

全微分的形式不变性

在本段中假设所讨论的函数总满足相应的可微条件.

设$z=f(x,y)$为二元函数，那么当x,y为自变量时，

$$dz = \frac{\partial z}{\partial x}dx + \frac{\partial z}{\partial y}dy.$$

而当x,y为中间变量时，例如

$$x = x(u,v),$$
$$y = y(u,v),$$

这时$dx=\dfrac{\partial x}{\partial u}du+\dfrac{\partial x}{\partial v}dv, dy=\dfrac{\partial y}{\partial u}du+\dfrac{\partial y}{\partial v}dv$，那么由链式法则得

$$dz = \frac{\partial z}{\partial u}du + \frac{\partial z}{\partial v}dv$$

$$= \left(\frac{\partial z}{\partial x}\frac{\partial x}{\partial u} + \frac{\partial z}{\partial y}\frac{\partial y}{\partial u}\right)du + \left(\frac{\partial z}{\partial x}\frac{\partial x}{\partial v} + \frac{\partial z}{\partial y}\frac{\partial y}{\partial v}\right)dv$$

$$= \frac{\partial z}{\partial x}\left(\frac{\partial x}{\partial u}du + \frac{\partial x}{\partial v}dv\right) + \frac{\partial z}{\partial y}\left(\frac{\partial y}{\partial u}du + \frac{\partial y}{\partial v}dv\right)$$

$$= \frac{\partial z}{\partial x} dx + \frac{\partial z}{\partial y} dy.$$

这说明无论 x,y 是自变量,还是中间变量,函数 $z=f(x,y)$ 的全微分具有相同的形式.这种性质对于任意的 n 元可微函数都成立,称为**全微分的形式不变性**.

例 7.3.5 设 $z = \sqrt[9]{\dfrac{x+y}{x-y}}$,求全微分 dz.

解 在 $z = \sqrt[9]{\dfrac{x+y}{x-y}}$ 的两边先取绝对值,再取对数得

$$\ln |z| = \frac{1}{9}[\ln |x+y| - \ln |x-y|].$$

两边求全微分,利用全微分的形式不变性便得到

$$\frac{dz}{z} = \frac{1}{9}\left[\frac{dx+dy}{x+y} - \frac{dx-dy}{x-y}\right],$$

即

$$dz = \frac{2}{9} \sqrt[9]{\frac{x+y}{x-y}} \cdot \frac{x\,dy - y\,dx}{x^2 - y^2}.$$

我们还顺便得到了

$$\frac{\partial z}{\partial x} = -\frac{2}{9} \sqrt[9]{\frac{x+y}{x-y}} \cdot \frac{y}{x^2 - y^2}, \qquad \frac{\partial z}{\partial y} = \frac{2}{9} \sqrt[9]{\frac{x+y}{x-y}} \cdot \frac{x}{x^2 - y^2}.$$

隐函数的存在定理与求导法则

在讨论一元函数时,我们在假定方程 $F(x,y)=0$ 确定了隐函数,且该函数可导等条件下得到了隐函数的求导法.但在什么条件下,隐函数是存在的? 这个函数是否连续、可导? 对于一般多元方程 $F(x_1,\cdots,x_n,y)=0$,同样存在着这种问题.

先考察一个简单的方程

$$F(x,y) = x^2 + y^2 - 1 = 0.$$

它的图形是平面上的单位圆周.容易看出在上半圆周(或下半圆周)上,除 $(1,0)$ 和 $(-1,0)$ 这两点外,对于任何点都能取到一个邻域,在该邻域上,由方程 $x^2+y^2-1=0$ 唯一确定了 x 与 y 间的函数关系,即 $y=\sqrt{1-x^2}$(或 $y=-\sqrt{1-x^2}$),其图像恰好是单位圆周落在该邻域中的一段弧(见图 7.3.1).另一方面,在 $(1,0)$ 和 $(-1,0)$ 的任何邻域内,一个 x 值可能有两个满足方程 $x^2+y^2-1=0$ 的 y 值与之对应,注意到 $(1,0)$ 和 $(-1,0)$ 是仅有的两个使 $F_y'(x,y)=0$ 的点,这提示 $F_y'(x,y)\neq 0$ 对于确定 y 是 x 的隐函数可能有着重要作用.

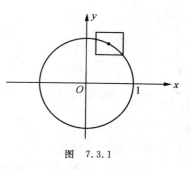

图　7.3.1

下面的定理给出了隐函数的存在性和可微性的充分条件.

定理 7.3.2(隐函数存在定理) 设二元函数 F 在点 $P_0(x_0,y_0)$ 的某个邻域 $O(P_0,r)$ 内有定义,而且

(1) $F(x_0,y_0)=0$;

(2) 在 $O(P_0, r)$ 上，F 的偏导数 F_x'，F_y' 均连续；

(3) $F_y'(x_0, y_0) \neq 0$.

则存在 $\delta > 0$ 和在 $(x_0 - \delta, x_0 + \delta)$ 上唯一确定的一元隐函数 $y = f(x)$，使得

(1) 在 $(x_0 - \delta, x_0 + \delta)$ 上成立 $F(x, f(x)) = 0$，且 $y_0 = f(x_0)$；

(2) 函数 f 在 $(x_0 - \delta, x_0 + \delta)$ 上具有连续导数，且

$$\frac{\mathrm{d}f}{\mathrm{d}x}(x) = -\frac{F_x'(x, y)}{F_y'(x, y)}.$$

这个定理中的隐函数存在性与可导性部分的证明从略. 当隐函数 f 存在且可导时，将等式 $F(x, f(x)) = 0$ 两边对 x 求导，便得

$$F_x'(x, y) + F_y'(x, y) f'(x) = 0,$$

其中 $y = f(x)$. 由 F_y' 的连续性，在点 (x_0, y_0) 的某个邻域上有 $F_y' \neq 0$. 因此

$$f'(x) = -\frac{F_x'(x, y)}{F_y'(x, y)}.$$

这就是定理中关于计算隐函数的导数的公式.

例 7.3.6 设 $0 < \varepsilon < 1$. 讨论由开普勒（Kepler）方程 $y - x - \varepsilon \sin y = 0$ 在原点 $(0, 0)$ 附近确定的 y 关于 x 的隐函数的存在性与可微性.

解 记 $F(x, y) = y - x - \varepsilon \sin y$. 则 $F(0, 0) = 0$，且

$$F_x'(x, y) = -1, \quad F_y'(x, y) = 1 - \varepsilon \cos y > 0.$$

显然，F, F_x', F_y' 均是 $\mathbf{R}^2$ 上的连续函数. 因而由隐函数存在定理知，在原点附近由开普勒方程确定了 y 是 x 的隐函数关系 $y = y(x)$，且这个隐函数是可导的，其导数为

$$\frac{\mathrm{d}y}{\mathrm{d}x} = -\frac{F_x'}{F_y'} = \frac{1}{1 - \varepsilon \cos y}.$$

例 7.3.7 设方程 $y \mathrm{e}^x + \arctan y = y$ 确定了隐函数 $y = y(x)$，求 $y'(0)$.

解 记 $F(x, y) = y \mathrm{e}^x + \arctan y - y$，则原方程为 $F(x, y) = 0$. 易知

$$F_x'(x, y) = y \mathrm{e}^x, \quad F_y'(x, y) = \mathrm{e}^x - \frac{y^2}{1 + y^2}.$$

于是

$$y'(x) = -\frac{F_x'(x, y)}{F_y'(x, y)} = -\frac{y \mathrm{e}^x}{\mathrm{e}^x - \dfrac{y^2}{1 + y^2}} = \frac{y(1 + y^2) \mathrm{e}^x}{y^2 - (1 + y^2) \mathrm{e}^x}.$$

当 $x = 0$ 时，由方程得 $y = 0$. 于是

$$y'(0) = \frac{y(1 + y^2) \mathrm{e}^x}{y^2 - (1 + y^2) \mathrm{e}^x} \bigg|_{\substack{x = 0 \\ y = 0}} = 0.$$

对于多元方程 $F(x_1, \cdots, x_n, y) = 0$，隐函数存在定理同样成立.

定理 7.3.3（多元隐函数存在定理） 设 $n + 1$ 元函数 F 在点 $P_0(x_1^0, \cdots, x_n^0, y_0)$ 的某个邻域 $O(P_0, r)$ 上有定义，而且

(1) $F(x_1^0, \cdots, x_n^0, y_0) = 0$；

(2) 在 $O(P_0, r)$ 上，函数 F 的各个偏导数 $F_{x_i}' (i = 1, \cdots, n)$，$F_y'$ 均连续；

(3) $F_y'(x_1^0, \cdots, x_n^0, y_0) \neq 0$.

则存在 $\delta>0$ 和在点 $\boldsymbol{x}_0=(x_1^0,\cdots,x_n^0)$ 的 δ 邻域 $O(\boldsymbol{x}_0,\delta)$ 上定义的 n 元隐函数 $y=f(x_1,\cdots,x_n)$，使得

(1) 在 $O(\boldsymbol{x}_0,\delta)$ 上成立 $F(x_1,\cdots,x_n,f(x_1,\cdots,x_n))=0$，且 $y_0=f(x_1^0,\cdots,x_n^0)$；

(2) 函数 f 在 $O(\boldsymbol{x}_0,\delta)$ 上有连续偏导数，且

$$\frac{\partial f}{\partial x_i}(x_1,\cdots,x_n)=-\frac{F'_{x_i}(x_1,\cdots,x_n,y)}{F'_y(x_1,\cdots,x_n,y)},\quad i=1,2,\cdots,n.$$

这个定理的证明从略. 在具体计算中，由方程

$$F(x_1,\cdots,x_n,y)=0$$

所确定的隐函数 $y=f(x_1,\cdots,x_n)$ 的偏导数通常可如下直接计算：将 y 看成 $x_1,\cdots,x_n$ 的函数，将方程两边对 x_i 求偏导，并利用复合函数求导的链式法则得

$$\frac{\partial F}{\partial x_i}+\frac{\partial F}{\partial y}\frac{\partial y}{\partial x_i}=0,$$

于是

$$\frac{\partial y}{\partial x_i}=-\frac{\dfrac{\partial F}{\partial x_i}}{\dfrac{\partial F}{\partial y}}=-\frac{F'_{x_i}}{F'_y},\quad i=1,2,\cdots,n.$$

这就是定理中关于计算隐函数的偏导数的公式. 注意在运用这个公式时，计算 F 的偏导数，不仅要将 $x_1,\cdots,x_n$ 看成自变量，而且也要将 y 看成自变量.

例 7.3.8　求由方程 $z^3-4xz+y^2-4=0$ 确定的隐函数 $z=z(x,y)$ 的偏导数 $\dfrac{\partial z}{\partial x},\dfrac{\partial z}{\partial y}$，并计算它们在点 $(1,-2,2)$ 处的值.

解　记 $F(x,y,z)=z^3-4xz+y^2-4$，则原方程为 $F(x,y,z)=0$. 易知

$$F'_x(x,y,z)=-4z,\quad F'_y(x,y,z)=2y,\quad F'_x(x,y,z)=3z^2-4x.$$

于是

$$\frac{\partial z}{\partial x}=-\frac{F'_x}{F'_z}=\frac{4z}{3z^2-4x};$$

$$\frac{\partial z}{\partial y}=-\frac{F'_y}{F'_z}=\frac{2y}{4x-3z^2}.$$

由此便得

$$\left.\frac{\partial z}{\partial x}\right|_{(1,-2,2)}=\left.\frac{4z}{3z^2-4x}\right|_{(1,-2,2)}=1;$$

$$\left.\frac{\partial z}{\partial y}\right|_{(1,-2,2)}=\left.\frac{2y}{4x-3z^2}\right|_{(1,-2,2)}=\frac{1}{2}.$$

例 7.3.9　证明：由方程 $\varphi(cx-az,cy-bz)=0$ 确定的隐函数 $z=z(x,y)$ 满足方程

$$a\frac{\partial z}{\partial x}+b\frac{\partial z}{\partial y}=c,$$

其中二元函数 φ 具有连续偏导数，且 $a\varphi_1'(cx-az,cy-bz)+b\varphi_2'(cx-az,cy-bz)\neq 0$，$a,b,c$ 均为非零常数.

证　记 $F(x,y,z)=\varphi(cx-az,cy-bz)$，则原方程为 $F(x,y,z)=0$. 由于

$$F'_x(x,y,z)=c\varphi_1'(cx-az,cy-bz),$$

$$F_y'(x,y,z) = c\varphi_2'(cx-az,cy-bz),$$
$$F_z'(x,y,z) = -a\varphi_1'(cx-az,cy-bz) - b\varphi_2'(cx-az,cy-bz),$$

所以

$$\frac{\partial z}{\partial x} = -\frac{F_x'}{F_z'} = \frac{c\varphi_1'(cx-az,cy-bz)}{a\varphi_1'(cx-az,cy-bz) + b\varphi_2'(cx-az,cy-bz)},$$

$$\frac{\partial z}{\partial y} = -\frac{F_y'}{F_z'} = \frac{c\varphi_2'(cx-az,cy-bz)}{a\varphi_1'(cx-az,cy-bz) + b\varphi_2'(cx-az,cy-bz)}.$$

于是

$$a\frac{\partial z}{\partial x} + b\frac{\partial z}{\partial y} = \frac{ac\varphi_1'(cx-az,cy-bz) + bc\varphi_2'(cx-az,cy-bz)}{a\varphi_1'(cx-az,cy-bz) + b\varphi_2'(cx-az,cy-bz)} = c.$$

证毕

还可以直接利用上面提到的导出隐函数求导公式的方法直接计算隐函数的导数或偏导数,这时要注意哪个变量为其他变量的函数,再利用复合函数的求导法则对方程两边求导,最后从得到的等式中解出导函数或偏导函数.

例 7.3.10 设方程 $x^2+y^2+z^2=4z$ 确定 z 为 x,y 的函数,求 $\dfrac{\partial^2 z}{\partial x^2}$ 和 $\dfrac{\partial^2 z}{\partial x \partial y}$.

解 将 z 视为 x,y 的函数,在方程 $x^2+y^2+z^2=4z$ 两边关于 x 求偏导,得

$$2x + 2z\frac{\partial z}{\partial x} = 4\frac{\partial z}{\partial x},$$

于是

$$\frac{\partial z}{\partial x} = \frac{x}{2-z}.$$

再在前一等式两边关于 x 求偏导,注意 z 为 x,y 的函数,便得

$$2 + 2\left(\frac{\partial z}{\partial x}\right)^2 + 2z\frac{\partial^2 z}{\partial x^2} = 4\frac{\partial^2 z}{\partial x^2},$$

于是

$$\frac{\partial^2 z}{\partial x^2} = \frac{1 + \left(\dfrac{\partial z}{\partial x}\right)^2}{2-z} = \frac{(2-z)^2 + x^2}{(2-z)^3}.$$

同样地,在方程 $x^2+y^2+z^2=4z$ 两边关于 y 求偏导,得

$$2y + 2z\frac{\partial z}{\partial y} = 4\frac{\partial z}{\partial y},$$

于是

$$\frac{\partial z}{\partial y} = \frac{y}{2-z}.$$

再对等式 $2y + 2z\dfrac{\partial z}{\partial y} = 4\dfrac{\partial z}{\partial y}$ 两边关于 x 求偏导,便得

$$2\frac{\partial z}{\partial x}\frac{\partial z}{\partial y} + 2z\frac{\partial^2 z}{\partial x \partial y} = 4\frac{\partial^2 z}{\partial x \partial y},$$

于是

$$\frac{\partial^2 z}{\partial x \partial y} = \frac{\dfrac{\partial z}{\partial x}\dfrac{\partial z}{\partial y}}{2-z} = \frac{xy}{(2-z)^3}.$$

函数方程组的隐函数存在定理与求导法则

由代数学的知识知道,当

$$\begin{vmatrix} a_1 & b_1 \\ a_2 & b_2 \end{vmatrix} \neq 0$$

时,从线性方程组

$$\begin{cases} a_1 u + b_1 v + c_1 x + d_1 y = 0, \\ a_2 u + b_2 v + c_2 x + d_2 y = 0 \end{cases}$$

中可以唯一解出

$$u = -\frac{(c_1 b_2 - b_1 c_2)x + (d_1 b_2 - b_1 d_2)y}{a_1 b_2 - b_1 a_2}, \quad v = -\frac{(a_1 c_2 - c_1 a_2)x + (a_1 d_2 - d_1 a_2)y}{a_1 b_2 - b_1 a_2}.$$

也就是说,此时可以确定 u, v 分别为 x, y 的函数.

事实上,对于一般的函数方程组

$$\begin{cases} F(x, y, u, v) = 0, \\ G(x, y, u, v) = 0, \end{cases}$$

在一定的条件下,也可以在某个局部确定 u, v 为 x, y 的函数,这就是下面的定理.

定理 7.3.5(函数方程组的隐函数存在定理) 设四元函数 F 和 G 在点 $P_0(x_0, y_0, u_0, v_0)$ 某个邻域 $O(P_0, r)$ 内有定义,且满足

(1) $F(x_0, y_0, u_0, v_0) = 0, G(x_0, y_0, u_0, v_0) = 0$;

(2) 在 $O(P_0, r)$ 上,F, G 的各个一阶偏导数均连续;

(3) 在 P_0 点处 $\begin{vmatrix} F'_u & F'_v \\ G'_u & G'_v \end{vmatrix} \neq 0.$

则存在 $\delta > 0$ 和在 (x_0, y_0) 的邻域 $O((x_0, y_0), \delta)$ 上定义的二元隐函数 $u = f(x, y)$ 和 $v = g(x, y)$,满足

(1) $\begin{cases} F(x, y, f(x, y), g(x, y)) = 0, \\ G(x, y, f(x, y), g(x, y)) = 0, \end{cases}$ 以及 $u_0 = f(x_0, y_0), v_0 = g(x_0, y_0)$;

(2) 函数 f 和 g 在 $O((x_0, y_0), \delta)$ 上具有连续偏导数,且

$$\frac{\partial u}{\partial x} = -\frac{1}{J}\begin{vmatrix} F'_x & F'_v \\ G'_x & G'_v \end{vmatrix}, \quad \frac{\partial u}{\partial y} = -\frac{1}{J}\begin{vmatrix} F'_y & F'_v \\ G'_y & G'_v \end{vmatrix},$$

$$\frac{\partial v}{\partial x} = -\frac{1}{J}\begin{vmatrix} F'_u & F'_x \\ G'_u & G'_x \end{vmatrix}, \quad \frac{\partial v}{\partial y} = -\frac{1}{J}\begin{vmatrix} F'_u & F'_y \\ G'_u & G'_y \end{vmatrix},$$

其中 $J = \begin{vmatrix} F'_u & F'_v \\ G'_u & G'_v \end{vmatrix}.$

这个定理的证明从略.在具体计算中,由方程组 $\begin{cases} F(x, y, u, u) = 0, \\ G(x, y, u, v) = 0 \end{cases}$ 所确定的隐函数 $u = f(x, y), v = g(x, y)$ 的偏导数通常可如下直接计算:将 u, v 看成 x, y 的函数,并应用多元函数求偏导的链式规则,就有

$$\begin{cases} \dfrac{\partial F}{\partial x}+\dfrac{\partial F}{\partial u}\dfrac{\partial u}{\partial x}+\dfrac{\partial F}{\partial v}\dfrac{\partial v}{\partial x}=0, \\ \dfrac{\partial G}{\partial x}+\dfrac{\partial G}{\partial u}\dfrac{\partial u}{\partial x}+\dfrac{\partial G}{\partial v}\dfrac{\partial v}{\partial x}=0, \end{cases}$$

因此把 $\dfrac{\partial u}{\partial x},\dfrac{\partial v}{\partial x}$ 看成未知量，解这个方程组，便得

$$\frac{\partial u}{\partial x}=-\frac{1}{J}\begin{vmatrix}\dfrac{\partial F}{\partial x}&\dfrac{\partial F}{\partial v}\\[2mm]\dfrac{\partial G}{\partial x}&\dfrac{\partial G}{\partial v}\end{vmatrix},\qquad \frac{\partial v}{\partial x}=-\frac{1}{J}\begin{vmatrix}\dfrac{\partial F}{\partial u}&\dfrac{\partial F}{\partial x}\\[2mm]\dfrac{\partial G}{\partial u}&\dfrac{\partial G}{\partial x}\end{vmatrix}.$$

同理可得定理中关于 $\dfrac{\partial u}{\partial y}$ 和 $\dfrac{\partial v}{\partial y}$ 的结论.

进一步，对于函数方程组

$$\begin{cases} F(x_1,\cdots,x_n,u,v)=0, \\ G(x_1,\cdots,x_n,u,v)=0, \end{cases}$$

若在点 $P_0(x_1^0,\cdots,x_n^0,u^0,v^0)$ 的某个邻域 $O(P_0,r)$ 上，函数 F 和 G 有定义，且（1）$F(x_1^0,\cdots,x_n^0,u^0,v^0)=0,G(x_1^0,\cdots,x_n^0,u^0,v^0)=0$；（2）$F$ 和 G 各个一阶偏导数均连续；（3）在 P_0 点处 $\begin{vmatrix}F_u'&F_v'\\G_u'&G_v'\end{vmatrix}\neq0$，那么，存在 $\delta>0$ 和在点 $x_0=(x_1^0,\cdots,x_n^0)$ 的 δ 邻域 $O(x_0,\delta)$ 上的具有一阶连续偏导数的 n 元函数 $u=f(x_1,\cdots,x_n)$ 和 $v=g(x_1,\cdots,x_n)$，它们满足 $\begin{cases}F(x_1,\cdots,x_n,f(x_1,\cdots,x_n),g(x_1\cdots,x_n))=0,\\G(x_1,\cdots,x_n,f(x_1,\cdots,x_n),g(x_1\cdots,x_n))=0,\end{cases}$，且 $u^0=f(x_1^0,\cdots,x_n^0),v^0=g(x_1^0,\cdots,x_n^0)$.
而且，应用以上介绍的方法，可以计算出隐函数 f 和 g 的各个一阶偏导数. 具体公式这里不再详述.

例 7.3.11 设 $\begin{cases}x+y+z=0,\\x^2+y^2+z^2=1\end{cases}$ 确定了函数 $y=y(x),z=z(x)$，求 $\dfrac{\mathrm{d}y}{\mathrm{d}x}\Big|_{(-\frac{1}{\sqrt2},0,\frac{1}{\sqrt2})},\dfrac{\mathrm{d}z}{\mathrm{d}x}\Big|_{(-\frac{1}{\sqrt2},0,\frac{1}{\sqrt2})}$.

解 对所给的两个方程关于 x 求导得

$$\begin{cases} 1+\dfrac{\mathrm{d}y}{\mathrm{d}x}+\dfrac{\mathrm{d}z}{\mathrm{d}x}=0, \\ 2x+2y\dfrac{\mathrm{d}y}{\mathrm{d}x}+2z\dfrac{\mathrm{d}z}{\mathrm{d}x}=0. \end{cases}$$

将 $\dfrac{\mathrm{d}y}{\mathrm{d}x},\dfrac{\mathrm{d}z}{\mathrm{d}x}$ 看成未知量，解这个方程组，便得

$$\frac{\mathrm{d}y}{\mathrm{d}x}=\frac{x-z}{z-y},\qquad \frac{\mathrm{d}z}{\mathrm{d}x}=\frac{y-x}{z-y}.$$

于是

$$\frac{\mathrm{d}y}{\mathrm{d}x}\Big|_{(-\frac{1}{\sqrt2},0,\frac{1}{\sqrt2})}=-2,\qquad \frac{\mathrm{d}z}{\mathrm{d}x}\Big|_{(-\frac{1}{\sqrt2},0,\frac{1}{\sqrt2})}=1.$$

例 7.3.12 设 $\begin{cases} u+v=x+y, \\ \dfrac{\sin u}{\sin v}=\dfrac{x}{y} \end{cases}$ 确定了函数 $u=u(x,y)$，$v=v(x,y)$，求 $\dfrac{\partial u}{\partial x}$，$\dfrac{\partial v}{\partial x}$.

解 将原方程组改写为

$$\begin{cases} u+v=x+y, \\ y\sin u = x\sin v. \end{cases}$$

对这两个方程关于 x 求偏导得

$$\begin{cases} \dfrac{\partial u}{\partial x} + \dfrac{\partial v}{\partial x} = 1, \\[2mm] y\cos u\,\dfrac{\partial u}{\partial x} = \sin v + x\cos v\,\dfrac{\partial v}{\partial x}. \end{cases}$$

将 $\dfrac{\partial u}{\partial x}$，$\dfrac{\partial v}{\partial x}$ 看成未知量，解这个方程组，便得

$$\frac{\partial u}{\partial x} = \frac{\sin v + x\cos v}{x\cos v + y\cos u}, \qquad \frac{\partial v}{\partial x} = \frac{y\cos u - \sin v}{x\cos v + y\cos u}.$$

§4　中值定理和泰勒公式

我们知道，一元函数的中值定理和泰勒公式在研究函数性质等方面上起着重要作用，因此对于多元函数，人们自然希望类似的结果依然成立. 事实上，关于多元函数也有中值定理和泰勒公式，它们是一元函数理论中相应结论的推广，并且在函数的性质的研究和近似计算等方面同样起着重要的作用.

中值定理

在叙述中值定理之前，先介绍 $\mathbf{R}^n$ 中凸区域的概念.

定义 7.4.1 设 $D \subset \mathbf{R}^n$ 是区域. 若连结 D 中任意两点的线段都完全属于 D，即对于任意两点 $\boldsymbol{x}_0, \boldsymbol{x}_1 \in D$ 和一切 $\lambda \in [0,1]$，恒有

$$\lambda \boldsymbol{x}_0 + (1-\lambda)\boldsymbol{x}_1 \in D \quad (\text{等价地}, \boldsymbol{x}_0 + \lambda(\boldsymbol{x}_1 - \boldsymbol{x}_0) \in D),$$

则称 D 为**凸区域**.

例如 $\mathbf{R}^2$ 上的椭圆盘

$$\left\{ (x,y) \in \mathbf{R}^2 \,\middle|\, \frac{(x-x_0)^2}{a^2} + \frac{(y-x_0)^2}{b^2} < 1 \right\}$$

就是凸区域.

$\mathbf{R}^2$ 上的矩形区域

$$\{ (x,y) \in \mathbf{R}^2 \mid a \leqslant x \leqslant b,\ c \leqslant y \leqslant d \}$$

也是凸区域.

定理 7.4.1(中值定理) 设二元函数 $f(x,y)$ 在凸区域 $D \subset \mathbf{R}^2$ 上可微，则对于 D 内任意两点 (x_0, y_0) 和 $(x_0+\Delta x, y_0+\Delta y)$，至少存在一个 $\theta(0<\theta<1)$，使得

$$f(x_0+\Delta x, y_0+\Delta y) - f(x_0, y_0)$$
$$= f'_x(x_0+\theta\Delta x, y_0+\theta\Delta y)\Delta x + f'_y(x_0+\theta\Delta x, y_0+\theta\Delta y)\Delta y.$$

证 对于 D 内任意两点 (x_0, y_0) 和 $(x_0+\Delta x, y_0+\Delta y)$，因为 D 是凸区域，所以

$$(x_0 + t\Delta x, y_0 + t\Delta y) \in D, \quad t \in [0,1].$$

作一元辅助函数

$$\varphi(t) = f(x_0 + t\Delta x, y_0 + t\Delta y), \quad t \in [0,1].$$

由推论 7.3.1 知,函数 φ 在 $[0,1]$ 上连续,在 $(0,1)$ 上可导,且成立

$$\varphi'(t) = f_x'(x_0 + t\Delta x, y_0 + t\Delta y)\Delta x + f_y'(x_0 + t\Delta x, y_0 + t\Delta y)\Delta y.$$

由拉格朗日中值定理知,存在 $\theta(0<\theta<1)$,使得

$$\varphi(1) - \varphi(0) = \varphi'(\theta).$$

注意 $\varphi(1) = f(x_0 + \Delta x, y_0 + \Delta y)$,$\varphi(0) = f(x_0, y_0)$,并将 $\varphi'(t)$ 的表达式代入上式,便得到定理的结论.

证毕

推论 7.4.1 如果二元函数 f 在区域 $D \subset \mathbf{R}^2$ 上的偏导数恒为零,那么它在 D 上必是常值函数.

这个结果是以上定理的直接推论,我们略去证明.

下面是关于一般 n 元函数的中值定理,请读者作为练习自行证明.

定理 7.4.2 设 n 元函数 $f(x_1, x_2, \cdots, x_n)$ 在凸区域 $D \subset \mathbf{R}^n$ 上可微,则对于 D 内任意两点 $(x_1^0, x_2^0, \cdots, x_n^0)$ 和 $(x_1^0 + \Delta x_1, x_2^0 + \Delta x_2, \cdots, x_n^0 + \Delta x_n)$,至少存在一个 $\theta(0<\theta<1)$,使得

$$f(x_1^0 + \Delta x_1, x_2^0 + \Delta x_2, \cdots, x_n^0 + \Delta x_n) - f(x_1^0, x_2^0, \cdots, x_n^0)$$

$$= \sum_{i=1}^{n} f_{x_i}'(x_1^0 + \theta\Delta x_1, x_2^0 + \theta\Delta x_2, \cdots, x_n^0 + \theta\Delta x_n)\Delta x_i.$$

泰勒公式

泰勒公式的基本想法就是在某点附近,利用一个函数的各阶(偏)导数在该点的值构造多项式来近似这个函数,从而达到所需的精度.

先考虑二元函数的泰勒公式,为此我们引入一些算子记号.若将 $\dfrac{\partial}{\partial x}$ 和 $\dfrac{\partial}{\partial y}$ 看作求偏导数的运算符号,并对它们的乘积作如下约定:对于任何正整数 p, q,

$$\left(\frac{\partial}{\partial x}\right)^p = \frac{\partial^p}{\partial x^p}, \quad \left(\frac{\partial}{\partial x}\right)^p \left(\frac{\partial}{\partial y}\right)^q = \frac{\partial^{p+q}}{\partial x^p \partial y^q}, \quad \left(\frac{\partial}{\partial y}\right)^p = \frac{\partial^p}{\partial y^p},$$

且规定它们可以进行线性运算.进一步,将它们对二元函数 $z = f(x,y)$ 的作用定义为

$$\left(\frac{\partial}{\partial x}\right)^p z = \frac{\partial^p z}{\partial x^p}, \quad \frac{\partial^{p+q}}{\partial x^p \partial y^q} z = \frac{\partial^{p+q} z}{\partial x^p \partial y^q}, \quad \left(\frac{\partial}{\partial y}\right)^p z = \frac{\partial^p z}{\partial y^p}.$$

例如,全微分公式可以表示为

$$\mathrm{d}z = \left(\mathrm{d}x\frac{\partial}{\partial x} + \mathrm{d}y\frac{\partial}{\partial y}\right)z.$$

再例如

$$\left(\Delta x\frac{\partial}{\partial x} + \Delta y\frac{\partial}{\partial y}\right)^2 f(x,y)$$

$$= \left[(\Delta x)^2\left(\frac{\partial}{\partial x}\right)^2 + 2\Delta x\Delta y\left(\frac{\partial}{\partial x}\right)\left(\frac{\partial}{\partial y}\right) + (\Delta y)^2\left(\frac{\partial}{\partial y}\right)^2\right]f(x,y)$$

$$= \left[(\Delta x)^2\frac{\partial^2}{\partial x^2} + 2\Delta x\Delta y\frac{\partial^2}{\partial x\partial y} + (\Delta y)^2\frac{\partial^2}{\partial y^2}\right]f(x,y)$$

$$= (\Delta x)^2 \frac{\partial^2 f}{\partial x^2}(x,y) + 2\Delta x \Delta y \frac{\partial^2 f}{\partial x \partial y}(x,y) + (\Delta y)^2 \frac{\partial^2 f}{\partial y^2}(x,y).$$

一般地,我们有

$$\left(\Delta x \frac{\partial}{\partial x} + \Delta y \frac{\partial}{\partial y}\right)^p f(x,y) = \sum_{i=0}^{p} C_p^i \frac{\partial^p f}{\partial x^{p-i} \partial y^i}(x,y)(\Delta x)^{p-i}(\Delta y)^i \quad (p \geqslant 1).$$

定理 7.4.3(泰勒公式) 设二元函数 $f(x,y)$ 在点 $P_0(x_0,y_0)$ 的 r 邻域 $O(P_0,r)$ 上具有 $k+1$ 阶连续偏导数,那么对于 $O(P_0,r)$ 上每一点 $(x_0+\Delta x, y_0+\Delta y)$ 都成立

$$f(x_0+\Delta x, y_0+\Delta y)$$

$$= f(x_0,y_0) + \left(\Delta x \frac{\partial}{\partial x} + \Delta y \frac{\partial}{\partial y}\right)f(x_0,y_0) + \frac{1}{2!}\left(\Delta x \frac{\partial}{\partial x} + \Delta y \frac{\partial}{\partial y}\right)^2 f(x_0,y_0)$$

$$+ \cdots + \frac{1}{k!}\left(\Delta x \frac{\partial}{\partial x} + \Delta y \frac{\partial}{\partial y}\right)^k f(x_0,y_0) + R_k,$$

其中 $R_k = \frac{1}{(k+1)!}\left(\Delta x \frac{\partial}{\partial x} + \Delta y \frac{\partial}{\partial y}\right)^{k+1} f(x_0+\theta \Delta x, y_0+\theta \Delta y)(0<\theta<1)$,称之为**拉格朗日余项**.

证 对于每个 $(x_0+\Delta x, y_0+\Delta y) \in O(P_0,r)$,构造辅助函数

$$\varphi(t) = f(x_0+t\Delta x, y_0+t\Delta y),$$

则由定理条件可知,一元函数 $\varphi(t)$ 在 $[0,1]$ 上具有 $k+1$ 阶连续导数,因此在 $t=0$ 处成立泰勒公式

$$\varphi(t) = \varphi(0) + \varphi'(0)t + \frac{1}{2!}\varphi''(0)t^2 + \cdots + \frac{1}{k!}\varphi^{(k)}(0)t^k + \frac{1}{(k+1)!}\varphi^{(k+1)}(\theta t)t^{k+1},$$

$$0 < \theta < 1.$$

特别当 $t=1$ 时,便有

$$\varphi(1) = \varphi(0) + \varphi'(0) + \frac{1}{2!}\varphi''(0) + \cdots + \frac{1}{k!}\varphi^{(k)}(0) + \frac{1}{(k+1)!}\varphi^{(k+1)}(\theta),$$

$$0 < \theta < 1.$$

应用复合函数求导的链式法则容易算出

$$\varphi'(t) = \left(\Delta x \frac{\partial}{\partial x} + \Delta y \frac{\partial}{\partial y}\right)f(x_0+t\Delta x, y_0+t\Delta y),$$

$$\varphi''(t) = \left(\Delta x \frac{\partial}{\partial x} + \Delta y \frac{\partial}{\partial y}\right)^2 f(x_0+t\Delta x, y_0+t\Delta y),$$

$$\vdots$$

$$\varphi^{(k+1)}(t) = \left(\Delta x \frac{\partial}{\partial x} + \Delta y \frac{\partial}{\partial y}\right)^{k+1} f(x_0+t\Delta x, y_0+t\Delta y),$$

代入上面 $\varphi(1)$ 的表示式便得定理结论.

证毕

当 $k=0$ 时,就得到在点 $P_0(x_0,y_0)$ 的 r 邻域 $O(P_0,r)$ 上的中值公式

$$f(x_0+\Delta x, y_0+\Delta y) - f(x_0,y_0)$$

$$= f_x'(x_0+\theta \Delta x, y_0+\theta \Delta y)\Delta x + f_y'(x_0+\theta \Delta x, y_0+\theta \Delta y)\Delta y, \quad 0<\theta<1.$$

这就是定理 7.4.1 在 $O(P_0,r)$ 上的形式.

如果二元函数 f 在点 $P_0(x_0,y_0)$ 的 r 邻域 $O(P_0,r)$ 上所有的 $k+1$ 阶偏导数都有界,

且其绝对值均不超过 M，则对泰勒公式中的拉格朗日余项有如下估计：

$$| R_k | \leqslant \frac{M}{(k+1)!}(| \Delta x |+| \Delta y |)^{k+1}$$

$$\leqslant \frac{M}{(k+1)!}\left[\sqrt{2(| \Delta x |^2+| \Delta y |^2)} \right]^{k+1}$$

$$= \frac{2^{\frac{k+1}{2}}M}{(k+1)!}\left[(\Delta x)^2+(\Delta y)^2 \right]^{\frac{k+1}{2}}.$$

记 $\rho=\sqrt{(\Delta x)^2+(\Delta y)^2}$，则这时显然成立 $R_k=o(\rho^k)$. 于是我们得到带佩亚诺余项的泰勒公式：

推论 7.4.2 设 $f(x,y)$ 在点 (x_0,y_0) 的某个邻域上具有 $k+1$ 阶连续偏导数，那么在点 (x_0,y_0) 附近成立

$$f(x_0 + \Delta x,y_0 + \Delta y)$$

$$= f(x_0,y_0) + \left(\Delta x \frac{\partial}{\partial x} + \Delta y \frac{\partial}{\partial y} \right)f(x_0,y_0) + \frac{1}{2!}\left(\Delta x \frac{\partial}{\partial x} + \Delta y \frac{\partial}{\partial y} \right)^2 f(x_0,y_0)$$

$$+ \cdots + \frac{1}{k!}\left(\Delta x \frac{\partial}{\partial x} + \Delta y \frac{\partial}{\partial y} \right)^k f(x_0,y_0) + o(\rho^k).$$

例 7.4.1 近似计算 $(1.08)^{3.96}$.

解 考虑函数 $f(x,y)=x^y$ 在 $(1,4)$ 点的泰勒公式. 由于

$$f(1,4) = 1,$$

$$f'_x(x,y) = yx^{y-1}, \quad f'_x(1,4) = 4,$$

$$f'_y(x,y) = x^y\ln x, \quad f'_y(1,4) = 0,$$

$$f''_{xx}(x,y) = y(y-1)x^{y-2}, \quad f''_{xx}(1,4) = 12,$$

$$f''_{yy}(x,y) = x^y(\ln x)^2, \quad f''_{yy}(1,4) = 0,$$

$$f''_{xy}(x,y) = x^{y-1} + yx^{y-1}\ln x, \quad f''_{xy}(1,4) = 1.$$

由带佩亚诺余项的泰勒公式（展开到二阶为止）得

$$f(1 + \Delta x,4 + \Delta y) = (1 + \Delta x)^{4+\Delta y}$$

$$= 1 + 4\Delta x + 6\Delta x^2 + \Delta x\Delta y + o(\Delta x^2 + \Delta y^2)$$

$$\approx 1 + 4\Delta x + 6\Delta x^2 + \Delta x\Delta y.$$

最后一步是略去了高阶无穷小量.

取 $\Delta x=0.08, \Delta y=-0.04$ 便得到

$$(1.08)^{3.96} \approx 1 + 4\times 0.08 + 6\times 0.08^2 - 0.08\times 0.04 = 1.3552.$$

它与精确值 $1.35630721\cdots$ 的误差已小于千分之二.

下面不加证明地写出一般 n 元函数的泰勒公式.

定理 7.4.4 设 n 元函数 f 在点 $\boldsymbol{x}_0 = (x_1^0,x_2^0,\cdots,x_n^0)$ 的邻域 $O(\boldsymbol{x}_0,r)$ 上具有 $k+1$ 阶的连续偏导数，那么对于 $O(\boldsymbol{x}_0,r)$ 上每一点 $(x_1^0+\Delta x_1,x_2^0+\Delta x_2,\cdots,x_n^0+\Delta x_n)$ 都成立

$$f(x_1^0 + \Delta x_1,x_2^0 + \Delta x_2,\cdots,x_n^0 + \Delta x_n)$$

$$= f(x_1^0,x_2^0,\cdots,x_n^0) + \left(\sum_{i=1}^{n}\Delta x_i \frac{\partial}{\partial x_i} \right)f(x_1^0,x_2^0,\cdots,x_n^0)$$

$$+ \frac{1}{2!}\left(\sum_{i=1}^{n}\Delta x_i \frac{\partial}{\partial x_i} \right)^2 f(x_1^0,x_2^0,\cdots,x_n^0)$$

$$+ \cdots + \frac{1}{k!} \Big(\sum_{i=1}^{n} \Delta x_i \frac{\partial}{\partial x_i} \Big)^k (x_1^0, x_2^0, \cdots, x_n^0) + R_k,$$

其中

$$R_k = \frac{1}{(k+1)!} \Big(\sum_{i=1}^{n} \Delta x_i \frac{\partial}{\partial x_i} \Big)^{k+1} f(x_1^0 + \theta \Delta x_1, x_2^0 + \theta \Delta x_2, \cdots, x_n^0 + \theta \Delta x_n),$$

$0 < \theta < 1$, 它被称为拉格朗日余项.

§5 极值问题

无条件极值

最大值和最小值问题大量地出现于理论研究和客观实际之中, 例如, 路程最短、用料最省、产量最多、收益最大等. 最大值或最小值问题统称为最值问题. 我们已经借助一元函数微分学, 研究了一些影响因素单一的最值问题. 但许多问题往往受到多个因素的影响和制约, 因此有必要讨论多元函数的最值问题. 与一元函数类似, 多元函数的最值与极值有着密切联系, 因此我们先引入多元函数的极值概念.

定义 7.5.1 设 n 元函数 f 在 $\boldsymbol{x}_0 = (x_1^0, x_2^0, \cdots, x_n^0)$ 点的邻域 $O(\boldsymbol{x}_0, r)$ 上有定义.

若在 $O(\boldsymbol{x}_0, r)$ 上成立

$$f(\boldsymbol{x}_0) \geqslant f(\boldsymbol{x}),$$

则称 $f(\boldsymbol{x}_0)$ 为函数 f 的**极大值**, 相应地, 称 $\boldsymbol{x}_0$ 为**极大值点**.

若在 $O(\boldsymbol{x}_0, r)$ 上成立

$$f(\boldsymbol{x}_0) \leqslant f(\boldsymbol{x}),$$

则称 $f(\boldsymbol{x}_0)$ 为函数 f 的**极小值**, 相应地, 称 $\boldsymbol{x}_0$ 为**极小值点**.

极大值与极小值统称为**极值**, 极大值点与极小值点统称为**极值点**.

例 7.5.1 函数 $f(x, y) = 4 - \sqrt{x^2 + y^2}$ 在 $(0, 0)$ 点取到极大值 4, 这是因为在任何点处都成立 $4 - \sqrt{x^2 + y^2} \leqslant 4$ (见图 7.5.1).

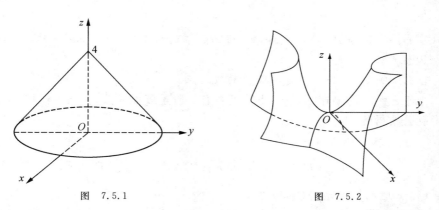

图 7.5.1   图 7.5.2

例 7.5.2 函数 $f(x, y) = xy$ 在 $(0, 0)$ 点处既不取到极大值, 也不取到极小值. 因为 $f(0, 0) = 0$, 而在 $(0, 0)$ 点的任何邻域上, 总是既有使 f 的函数值为正的点, 也有使 f 的函数值为负的点 (见图 7.5.2).

同一元函数一样，我们先从考察一个点为函数极值点的必要条件入手. 下面的结论是一元函数的费马定理在多元函数情况的推广.

定理 7.5.1（极值的必要条件） 设 $\boldsymbol{x}_0 = (x_1^0, x_2^0, \cdots, x_n^0)$ 为 n 元函数 f 的极值点，且 f 在 $\boldsymbol{x}_0$ 点可偏导，则 f 在 $\boldsymbol{x}_0$ 点的各个一阶偏导数均为零，即

$$f'_{x_1}(\boldsymbol{x}_0) = f'_{x_2}(\boldsymbol{x}_0) = \cdots = f'_{x_n}(\boldsymbol{x}_0) = 0.$$

证 只证明 $f'_{x_1}(\boldsymbol{x}_0) = 0$，其他类似. 考虑一元函数

$$\varphi(x_1) = f(x_1, x_2^0, \cdots, x_n^0),$$

则由假设可知，x_1^0 是 $\varphi(x_1)$ 的极值点. 由于函数 f 在 $\boldsymbol{x}_0$ 点可偏导，因此 $\varphi(x_1)$ 在 x_1^0 点可导. 于是由费马定理得

$$\varphi'(x_1^0) = f'_{x_1}(x_1^0, x_2^0, \cdots, x_n^0) = 0.$$

证毕

使函数 f 的各个一阶偏导数同时为零的点称为 f 的**驻点**.

下面给出的两点说明，它同样与一元函数的情况类似.

(1) 定理 7.5.1 的条件不是充分的，即驻点不一定是极值点. 例如，刚才讨论的函数 $f(x, y) = xy$，易知 $f'_x(0, 0) = f'_y(0, 0) = 0$，但 $(0, 0)$ 不是 f 的极值点.

(2) 偏导数不存在的点也可能是极值点. 例如，刚才讨论的函数，$f(x, y) = 4 - \sqrt{x^2 + y^2}$，$(0, 0)$ 点是 f 的极大值点. 但在该点处，f 的偏导数不存在.

那么，要加上什么条件才能保证驻点是极值点呢？对于二元函数情形，下面的定理给出了一个充分条件.

定理 7.5.2（极值判定的充分条件） 设 (x_0, y_0) 为二元函数 f 的驻点，即

$$f'_x(x_0, y_0) = f'_y(x_0, y_0) = 0,$$

且 f 在点 (x_0, y_0) 附近具有二阶连续偏导数. 记

$$A = f''_{xx}(x_0, y_0), \quad B = f''_{xy}(x_0, y_0), \quad C = f''_{yy}(x_0, y_0),$$

并记

$$H = AC - B^2.$$

则

(1) 若 $H > 0$，则当 $A > 0$ 时，(x_0, y_0) 为函数 f 的极小值点；当 $A < 0$ 时，(x_0, y_0) 为函数 f 的极大值点；

(2) 若 $H < 0$，则 (x_0, y_0) 不是函数 f 的极值点.

证 由于 $z = f(x, y)$ 在 (x_0, y_0) 点附近具有二阶连续偏导数，且 (x_0, y_0) 为 f 的驻点，那么由泰勒公式得到

$$f(x_0 + \Delta x, y_0 + \Delta y) - f(x_0, y_0)$$
$$= \frac{1}{2}\{f''_{xx}(\widetilde{P})\Delta x^2 + 2f''_{xy}(\widetilde{P})\Delta x \Delta y + f''_{yy}(\widetilde{P})\Delta y^2\},$$

其中 $\widetilde{P} = (x_0 + \theta \Delta x, y_0 + \theta \Delta y)(0 < \theta < 1)$.

(1) 设 $H = f''_{xx}(x_0, y_0)f''_{yy}(x_0, y_0) - [f''_{xy}(x_0, y_0)]^2 > 0, A = f''_{xx}(x_0, y_0) > 0$.

由于 f 的二阶偏导数在 (x_0, y_0) 点连续，因此必存在 $\delta > 0$，使得当 $\sqrt{(\Delta x)^2 + (\Delta y)^2} < \delta$ 时成立

$$f''_{xx}(\widetilde{P}) > 0, \quad \text{以及} \quad f''_{xx}(\widetilde{P})f''_{yy}(\widetilde{P}) - [f''_{xy}(\widetilde{P})]^2 > 0,$$

于是,当 $\sqrt{(\Delta x)^2 + (\Delta y)^2} < \delta$ 时,

$$f(x_0 + \Delta x, y_0 + \Delta y) - f(x_0, y_0)$$

$$= \frac{1}{2f''_{xx}(\widetilde{P})} \{[f''_{xx}(\widetilde{P})\Delta x + f''_{xy}(\widetilde{P})\Delta y]^2 + (\Delta y)^2 [f''_{xx}(\widetilde{P})f''_{yy}(\widetilde{P}) - (f''_{xy}(\widetilde{P}))^2]\}$$

$$> 0,$$

即 $f(x_0, y_0)$ 为极小值,(x_0, y_0) 为函数 f 的极小值点.

类似地,当 $H > 0, A < 0$ 时,(x_0, y_0) 为函数 f 的极大值点.

(2)的证明从略.

证毕

注 当 $H(x_0, y_0) = 0$ 时,(x_0, y_0) 可能是极值点,也可能不是极值点,读者可以轻易举出相应的例子.

例 7.5.3 求函数 $f(x, y) = x^3 + y^3 - 3xy$ 的极值.

解 解方程组

$$\begin{cases} f'_x(x, y) = 3(x^2 - y) = 0, \\ f'_y(x, y) = 3(y^2 - x) = 0 \end{cases}$$

得出驻点为 $(0, 0)$ 和 $(1, 1)$.

由于

$$f''_{xx}(x, y) = 6x, \quad f''_{xy}(x, y) = -3, \quad f''_{yy}(x, y) = 6y.$$

所以

$$H(x, y) = f''_{xx}(x, y)f''_{yy}(x, y) - [f''_{xy}(x, y)]^2 = 36xy - 9.$$

因为在 $(0, 0)$ 点成立

$$H = H(0, 0) = -9 < 0,$$

所以 $f(0, 0) = 0$ 不是极值.

因为在 $(1, 1)$ 点成立

$$A = f''_{xx}(1, 1) = 6 > 0, \quad H = H(1, 1) = 27 > 0,$$

所以 $f(1, 1) = -1$ 为极小值.

例 7.5.4 讨论 $f(x, y) = x^2 - 2xy^2 + y^4 - y^5$ 的极值.

解 解方程组

$$\begin{cases} f'_x(x, y) = 2x - 2y^2 = 0, \\ f'_y(x, y) = -4xy + 4y^3 - 5y^4 = 0 \end{cases}$$

得驻点 $(0, 0)$. 由于

$$f''_{xx}(x, y) = 2, \quad f''_{xy}(x, y) = -4y,$$

$$f''_{yy}(x, y) = -4x + 12y^2 - 20y^3,$$

所以在 $(0, 0)$ 点有 $H = AC - B^2 = 0$,这时无法用定理 7.5.2 判定.

注意到 $f(0, 0) = 0$,以及

$$f(x, y) = (x - y^2)^2 - y^5,$$

则在曲线 $x = y^2 (y > 0)$ 上 $f(x, y) < 0$;而在曲线 $x = y^2 (y < 0)$ 上 $f(x, y) > 0$,因此 $f(0, 0)$

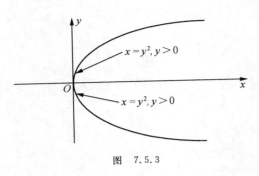

图 7.5.3

=0 不是极值(见图 7.5.3). 因此函数 f 没有极值.

一般地,设 n 元函数 f 在 $\boldsymbol{x}_0$ 点附近具有二阶连续偏导数,记 $a_{ij}=f''_{x_i x_j}(\boldsymbol{x}_0)$,并记

$$A_k = \begin{bmatrix} a_{11} & a_{12} & \cdots & a_{1k} \\ a_{21} & a_{22} & \cdots & a_{2k} \\ \vdots & \vdots & & \vdots \\ a_{k1} & a_{k2} & \cdots & a_{kk} \end{bmatrix}, \quad k=1,2,\cdots,n,$$

它称为 f 在 $\boldsymbol{x}_0$ 点的 **k 阶黑塞(Hesse)矩阵**. 特别地,A_n 就称为 f 在 $\boldsymbol{x}_0$ 点的**黑塞矩阵**.

如何判别一般多元函数的驻点是否为极值点? 下面的定理提供了一个充分条件.

定理 7.5.3 设 n 元函数 f 在点 $\boldsymbol{x}_0$ 附近具有二阶连续偏导数,且 $\boldsymbol{x}_0$ 为 f 的驻点. 则

(1) 若 $\det A_k > 0 (k=1,2,\cdots,n)$,则 $f(\boldsymbol{x}_0)$ 为 f 的极小值;

(2) 若 $(-1)^k \det A_k > 0 (k=1,2,\cdots,n)$,则 $f(\boldsymbol{x}_0)$ 为 f 的极大值.

(3) 若 $\det A_n \neq 0$,但(1)和(2)中的条件均不满足,则 $\boldsymbol{x}_0$ 不是 f 的极值点.

注 定理中结论(1)的条件就是:f 在 $\boldsymbol{x}_0$ 点的黑塞矩阵为正定矩阵. 结论(2)的条件就是:f 在 $\boldsymbol{x}_0$ 点的黑塞矩阵为负定矩阵.

显然,定理 7.5.2 的(1)的结论,就是这个定理在 $n=2$ 时的特殊情况.

例 7.5.5 求函数 $f(x,y,z)=x^2+3y^2+2z^2-2xy+2xz$ 的极值.

解 解方程组

$$\begin{cases} f'_x(x,y,z) = 2x-2y+2z = 0, \\ f'_y(x,y,z) = 6y-2x = 0, \\ f'_z(x,y,z) = 4z+2x = 0 \end{cases}$$

得唯一驻点 $(0,0,0)$,由于

$$f''_{xx}(x,y,z) = 2, \quad f''_{xy}(x,y,z) = -2, \quad f''_{xz}(x,y,z) = 2,$$
$$f''_{yy}(x,y,z) = 6, \quad f''_{yz}(x,y,z) = 0, \quad f''_{zz}(x,y,z) = 4,$$

所以函数 f 在 $(0,0,0)$ 点的黑塞矩阵为

$$\begin{bmatrix} 2 & -2 & 2 \\ -2 & 6 & 0 \\ 2 & 0 & 4 \end{bmatrix},$$

它满足

$$\det A_1 = 2 > 0, \quad \det A_2 = \begin{vmatrix} 2 & -2 \\ -2 & 6 \end{vmatrix} = 8 > 0,$$

$$\det A_3 = \begin{vmatrix} 2 & -2 & 2 \\ -2 & 6 & 0 \\ 2 & 0 & 4 \end{vmatrix} = 8 > 0.$$

所以,函数在 $(0,0,0)$ 点取极小值 $f(0,0,0)=0$.

函数的最值

函数的最大值和最小值统称为最值. 最值问题是求一个函数在其定义域中的某个区域上的最大值和最小值. 我们知道, 在有界闭区域上连续的函数在该区域上一定能取得最大值与最小值. 但这时要注意的是, 函数的最值点可能在区域内部(此时必是极值点), 也可能在区域的边界上. 因此, 在求有界闭区域上连续的函数的最值时, 不但要求出它在区域内部的所有极值, 而且也要求出它在区域边界上的最值, 再加以比较(如果可能的话), 从中找出该函数在整个闭区域上的最值.

求一般区域上的函数的最值问题更为复杂, 并且最大值和(或)最小值常常并不存在. 但在实际问题中, 往往可以根据问题的性质, 判定函数的最值存在, 而且最值点就在区域内部. 此时, 若函数的偏导数在区域内处处存在, 只要比较该函数在驻点的值就能得到最值. 特别地, 如果该函数在区域内只有一个驻点, 就可以断定它就是函数的最值点.

例 7.5.6　求函数 $f(x,y)=\sin x+\sin y-\sin(x+y)$ 在闭区域
$$D=\{(x,y)\mid x\geqslant 0, y\geqslant 0, x+y\leqslant 2\pi\}$$
上的最大值与最小值(见图 7.5.4).

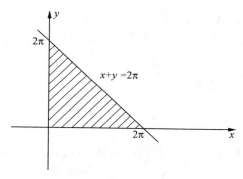

图　7.5.4

解　先求 f 在区域 D 的内部的驻点. 由
$$\begin{cases} f'_x(x,y)=\cos x-\cos(x+y)=0, \\ f'_y(x,y)=\cos y-\cos(x+y)=0 \end{cases}$$
得到关系式 $\cos x=\cos y=\cos(x+y)$. 因此函数 f 在 D 的内部的驻点的坐标必须满足 $x=y=2\pi-x-y$, 由此得驻点为 $\left(\dfrac{2}{3}\pi, \dfrac{2}{3}\pi\right)$, 它是函数 f 在区域内部唯一的驻点, 且
$$f\left(\frac{2}{3}\pi, \frac{2}{3}\pi\right)=\frac{3\sqrt{3}}{2}>0.$$

在区域 D 的边界上, 即当 $x=0$ 或 $y=0$ 或 $x+y=2\pi$ 时, 显然有 $f(x,y)=0$. 由于 f 在有界闭区域 D 上连续, 所以在 D 上一定能取得最大值与最小值. 综合以上讨论知, 函数 f 的最大值为 $f\left(\dfrac{2}{3}\pi, \dfrac{2}{3}\pi\right)=\dfrac{3\sqrt{3}}{2}$, 最小值为 0.

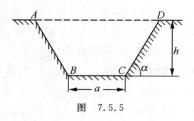

图 7.5.5

例 **7.5.7** 要建一条灌溉水渠，其横截面是等腰梯形. 由于事先对流量有所要求，所以横截面积是一定的. 问应怎样选取水渠两岸边的倾角 α 以及深度 h（见图 7.5.5），使得水渠的湿周最小（所谓湿周，使指水渠横截面上与水接触的各边总长）？

解 设水渠横截面的面积为 S，湿周长为 L，底边长为 a. 则

$$S = (a + h\cot\alpha)h,$$

$$L = AB + BC + CD = a + \frac{2h}{\sin\alpha}.$$

由于 $a = \dfrac{S}{h} - h\cot\alpha$，代入上式便得

$$L = \frac{S}{h} + \frac{(2 - \cos\alpha)h}{\sin\alpha}.$$

于是，L 是 α 与 h 的二元函数 $L = L(\alpha, h)$，问题归结为求它在

$$D = \{(\alpha, h) \mid h > 0, 0 < \alpha < \pi\}$$

上的最小值问题.

先求 $L(\alpha, h)$ 在 D 内的驻点. 令

$$\begin{cases} L_\alpha' = \dfrac{\sin^2\alpha - (2 - \cos\alpha)\cos\alpha}{\sin^2\alpha}h = \dfrac{1 - 2\cos\alpha}{\sin^2\alpha}h = 0, \\ L_h' = -\dfrac{S}{h^2} + \dfrac{2 - \cos\alpha}{\sin\alpha} = 0 \end{cases}$$

得 $\alpha = \dfrac{\pi}{3}, h = \dfrac{\sqrt{S}}{\sqrt[4]{3}}$.

由实际背景，湿周 L 的最小值一定存在，且在 D 内达到（事实上，当 (α, h) 趋于 D 的边界或 h 趋于正无穷大时，$L(\alpha, h)$ 会趋于正无穷大，因此 L 的最小值一定在 D 内取到）. 因为 L 在 D 内只有一个驻点 $\left(\dfrac{\pi}{3}, \dfrac{\sqrt{S}}{\sqrt[4]{3}}\right)$，所以它必为 L 的最小值点. 于是当 $\alpha = \dfrac{\pi}{3}, h = \dfrac{\sqrt{S}}{\sqrt[4]{3}}$ 时，湿周最小，最小值为

$$L\left(\frac{\pi}{3}, \frac{\sqrt{S}}{\sqrt[4]{3}}\right) = 2\sqrt[4]{3}\sqrt{S}.$$

条件极值

在前面讨论的极值问题中，多元函数的自变量都是在其定义区域中各自独立地变化着，没有其他的限制条件，因而称为无条件极值. 但在大量的实际问题中，自变量之间往往相互影响和制约，即它们之间还要满足一定的限制条件. 例如，在例 7.5.7 中，要求函数湿周长

$$L = a + \frac{2h}{\sin\alpha}$$

的最小值,但水渠两岸边的倾角 α、深度 h 和底边长 a 要满足限制条件

$$(a + h\cot\alpha)h = S.$$

我们称这种对自变量有附加限制条件的极值问题为**条件极值问题**.

以三元函数为例,条件极值问题的提法是:求函数

$$u = F(x, y, z)$$

在条件

$$G(x, y, z) = 0 \quad (\text{或} \begin{cases} G(x, y, z) = 0, \\ H(x, y, z) = 0 \end{cases})$$

下的极值.其中 $u = F(x, y, z)$ 称为**目标函数**,$G(x, y, z) = 0$(或 $\begin{cases} G(x, y, z) = 0, \\ H(x, y, z) = 0 \end{cases}$)称为**约束条件**.使目标函数取条件极值的点称为**条件极值点**.

下面我们对约束条件 $G(x, y, z) = 0$ 的情形探讨一下条件极值问题的解法.假设 F 和 G 的各个一阶偏导数均存在且连续,如果 $G_z' \neq 0$①,根据隐函数存在定理,由 $G(x, y, z) = 0$ 可以确定函数关系 $z = \varphi(x, y)$,且

$$z_x' = -\frac{G_x'}{G_z'}, \quad z_y' = -\frac{G_y'}{G_z'}.$$

这样一来,原来的条件极值问题便化为求函数

$$u = F(x, y, \varphi(x, y))$$

的无条件极值问题.利用求偏导数的链式法则得

$$u_x' = F_x' + F_z' z_x' = F_x' - F_z' \frac{G_x'}{G_z'},$$

$$u_y' = F_y' + F_z' z_y' = F_y' - F_z' \frac{G_y'}{G_z'}.$$

如果 (x_0, y_0, z_0) 是一个条件极值点,则在该点处必成立 $u_x' = 0$ 以及 $u_y' = 0$,即

$$F_x'(x_0, y_0, z_0) - F_z'(x_0, y_0, z_0)\frac{G_x'(x_0, y_0, z_0)}{G_z'(x_0, y_0, z_0)} = 0,$$

$$F_y'(x_0, y_0, z_0) - F_z'(x_0, y_0, z_0)\frac{G_y'(x_0, y_0, z_0)}{G_z'(x_0, y_0, z_0)} = 0.$$

记 $\lambda = -\dfrac{F_z'(x_0, y_0, z_0)}{G_z'(x_0, y_0, z_0)}$,则上式说明 (x_0, y_0, z_0) 必须满足以下方程

$$\begin{cases} F_x' + \lambda G_x' = 0, \\ F_y' + \lambda G_y' = 0, \\ F_z' + \lambda G_z' = 0, \\ G(x, y, z) = 0. \end{cases}$$

据此,我们引入关于条件极值问题的**拉格朗日函数**

$$L(x, y, z, \lambda) = F(x, y, z) + \lambda G(x, y, z)$$

---

① 本节中,在涉及隐函数存在定理中,我们总假设有关函数满足这个定理的相应条件.

（λ 称为**拉格朗日乘数**），则条件极值点就在方程组

$$
\begin{cases}
L_x' = F_x' + \lambda G_x' = 0, \\
L_y' = F_y' + \lambda G_y' = 0, \\
L_z' = F_z' + \lambda G_z' = 0, \\
L_\lambda' = G(x, y, z) = 0
\end{cases}
$$

的所有解 $(x_0, y_0, z_0, \lambda_0)$ 所对应的点 (x_0, y_0, z_0) 中. 用这种方法来求可能的条件极值点的方法,称为**拉格朗日乘数法**.

类似地,求函数 $u = F(x, y, z)$ 在条件 $\begin{cases} G(x, y, z) = 0, \\ H(x, y, z) = 0 \end{cases}$ 下的可能极值点的拉格朗日乘数法为:构造拉格朗日函数

$$
L(x, y, z, \lambda, \mu) = F(x, y, z) + \lambda G(x, y, z) + \mu H(x, y, z),
$$

则条件极值点就在方程组

$$
\begin{cases}
L_x' = F_x' + \lambda G_x' + \mu H_x' = 0, \\
L_y' = F_y' + \lambda G_y' + \mu H_y' = 0, \\
L_z' = F_z' + \lambda G_z' + \mu H_z' = 0, \\
L_\lambda' = G(x, y, z) = 0, \\
L_\mu' = H(x, y, z) = 0
\end{cases}
$$

的所有解 $(x_0, y_0, z_0, \lambda_0, \mu_0)$ 所对应的点 (x_0, y_0, z_0) 中.

在实际问题中往往遇到的是求最值问题,这时可以根据问题本身的性质判定最值的存在性. 这样的话,只要把用拉格朗日乘数法所解得的点的函数值加以比较,最大的（最小的）就是所考虑问题的最大值（最小值）.

例 7.5.8 试在斜边长为 l 的直角三角形中,找一个周长最长的直角三角形.

解 设直角三角形两直角边长分别为 x 和 y,问题就是求函数

$$
f(x, y) = x + y + l
$$

在条件 $x^2 + y^2 = l^2$ 下的最大值.

作拉格朗日函数

$$
L(x, y, \lambda) = x + y + l + \lambda(x^2 + y^2 - l^2),
$$

并构造方程组

$$
\begin{cases}
L_x' = 1 + 2\lambda x = 0, \\
L_y' = 1 + 2\lambda y = 0, \\
L_\lambda' = x^2 + y^2 - l^2 = 0.
\end{cases}
$$

由前两式解得 $x = y = -\dfrac{1}{2\lambda}$,再代入第三式便得 $\lambda = \pm\dfrac{1}{\sqrt{2}\,l}$. 根据问题的实际,$x, y$ 应取正值,于是

$$
x = \frac{l}{\sqrt{2}}, \quad y = \frac{l}{\sqrt{2}}.
$$

显然,这个实际问题的解是存在的,因而所求得的唯一可能的极值点就是最大值点,

即两直角边长均为 $\dfrac{l}{\sqrt{2}}$ 时,周长最大.

例 7.5.9 求点 (x_0,y_0,z_0) 到平面 $Ax+By+Cz+D=0$ 的距离(A,B,C 不全为 0).

解 设平面 $Ax+By+Cz+D=0$ 上的任一点为 (x,y,z),它与 (x_0,y_0,z_0) 的距离为 $d=\sqrt{(x-x_0)^2+(y-y_0)^2+(z-z_0)^2}$,问题就是求 d 的最小值.为此考虑函数
$$d^2=(x-x_0)^2+(y-y_0)^2+(z-z_0)^2$$
在约束条件 $Ax+By+Cz+D=0$ 下的最小值.

作拉格朗日函数
$$L(x,y,z,\lambda)=(x-x_0)^2+(y-y_0)^2+(z-z_0)^2$$
$$+\lambda(Ax+By+Cz+D).$$

并构造方程组
$$\begin{cases} L_x'=2(x-x_0)+\lambda A=0,\\ L_y'=2(y-y_0)+\lambda B=0,\\ L_z'=2(z-z_0)+\lambda C=0,\\ L_\lambda'=Ax+By+Cz+D=0. \end{cases}$$

将前三式分别乘以 A,B,C 并相加,再利用第四式得
$$\lambda=\frac{2(Ax_0+By_0+Cz_0+D)}{A^2+B^2+C^2}.$$

由前三式可得 $x-x_0=-\dfrac{\lambda A}{2},y-y_0=-\dfrac{\lambda B}{2},y-y_0=-\dfrac{\lambda C}{2}$,这三式平方和为
$$d^2=\frac{\lambda^2}{4}(A^2+B^2+C^2)=\frac{(Ax_0+By_0+Cz_0+D)^2}{A^2+B^2+C^2}.$$

这就是在满足方程组的点上 d^2 的取值.由于点 (x_0,y_0,z_0) 到平面 $Ax+By+Cz+D=0$（最小）距离必存在,因此该距离为
$$d=\frac{|Ax_0+By_0+Cz_0+D|}{\sqrt{A^2+B^2+C^2}}.$$

注意,在用拉格朗日乘数法解实际问题时,常常并不需要完全解出方程组就可以利用已知关系求得最值,上题解法是一种常用的方法,它可以使问题的解法和计算简化.

例 7.5.10 抛物面 $z=x^2+y^2$ 被平面 $x+y+z=1$ 截成一个椭圆,求原点到这个椭圆的最长距离与最短距离.

解 设椭圆上任一点的坐标为 (x,y,z),则它到原点的距离为 $d=\sqrt{x^2+y^2+z^2}$.我们只要求 $d^2=x^2+y^2+z^2$ 的最大值与最小值后,再取平方根即可得问题的解.为此作拉格朗日函数
$$L(x,y,z,\lambda,\mu)=x^2+y^2+z^2+\lambda(z-x^2-y^2)+\mu(1-x-y-z),$$
并得方程组

$$\begin{cases} L_x' = 2x - 2\lambda x - \mu = 0, \\ L_y' = 2y - 2\lambda y - \mu = 0, \\ L_z' = 2z + \lambda - \mu = 0, \\ L_\lambda' = z - x^2 - y^2 = 0, \\ L_\mu' = 1 - x - y - z = 0. \end{cases}$$

将前两式相减,得到 $(\lambda-1)(x-y)=0$. 易知 $\lambda \neq 1$,所以 $x=y$. 再由最后两式解出 $x=y=\frac{1}{2}(-1\pm\sqrt{3})$, $z=2\mp\sqrt{3}$,从而有 $d^2=9\mp5\sqrt{3}$.

由问题的实际,原点到该椭圆的距离必有最大和最小值. 于是最长距离为 $\sqrt{9+5\sqrt{3}}$,最短距离为 $\sqrt{9-5\sqrt{3}}$.

例 7.5.11 某工厂生产甲、乙两种产品,其利润函数为(单位:万元)
$$\pi(x,y) = -x^2 - 4y^2 + 2xy + 8x + 16y - 14,$$
其中 x,y 分别为甲、乙两种产品的产量(单位:千只). 如果现有原料 14000 kg(不要求用完),且已知生产两种产品每千只均要消耗原料 1000 kg.

(1) 求使利润最大的产量;

(2) 如果原料减少为 10600 kg,要使利润最大,产量应作如何调整?

解 由于原有的原料 14000 kg 并不要求用完,因此可先解无条件极值问题,如果使利润最大的产量所对应的原料消耗超过 14000 kg,那么就应改为解约束条件 $1000(x+y)=14000$ 下的条件极值问题. 而(2)的解决方案同(1)类似,根据(1)得出的使利润最大的产量所对应的原料消耗超过 10600 kg 与否而采用不同的解决方法.

(1) 先考虑无条件极值问题. 令
$$\begin{cases} \pi_x'(x,y) = -2x + 2y + 8 = 0, \\ \pi_y'(x,y) = -8y + 2x + 16 = 0 \end{cases}$$
得 $x=8,y=4$. 即 $(8,4)$ 为函数 π 的唯一的驻点. 这时所消耗的原料为
$$(8+4)\times1000 = 12000 < 14000,$$
它在原料使用的限额之内. 因为
$$\pi_{xx}''(x,y) = -2, \quad \pi_{xy}''(x,y) = 2, \quad \pi_{yy}''(x,y) = -8,$$
所以在 $(8,4)$ 点成立
$$\pi_{xx}''(8,4) = -2 < 0,$$
$$H(8,4) = \pi_{xx}''(8,4)\pi_{yy}''(8,4) - [\pi_{xy}''(8,8)]^2 = 12 > 0.$$
所以 $(8,4)$ 为利润 π 的极大值点,也是最大值点. 于是,甲乙两种产品各生产 8000 只和 4000 只时利润最大,最大利润为
$$\pi(8,4) = 50 \text{ 万元}.$$

(2) 当原料为 10600 kg 时,因为使利润最大的产量所对应的原料消耗超过 10600 kg,所以应考虑在约束条件 $1000(x+y)=10600$,即 $x+y=10.6$ 下的条件极值问题.

作拉格朗日函数
$$L(x,y,\lambda) = -x^2 - 4y^2 + 2xy + 8x + 16y - 14 + \lambda(x+y-10.6).$$

并构造方程组

$$\begin{cases} L_x' = -2x + 2y + 8 + \lambda = 0, \\ L_y' = -8y + 2x + 16 + \lambda = 0, \\ L_\lambda' = x + y - 10.6 = 0. \end{cases}$$

解此方程组得 $x = 7, y = 3.6$. 由问题实际可知必存在最大利润,因此所求得的唯一可能的极值点就是最大值点. 所以当原料为 10600 kg 时,甲乙两种产品各生产 7000 只和 3600 只时利润最大,最大利润为

$$\pi(7, 3.6) = 49.16 \text{ 万元}.$$

最后我们介绍一下关于拉格朗日乘数法的一般结论.

对于目标函数 $f(x_1, x_2, \cdots, x_n)$ 在 m 个约束条件

$$g_j(x_1, x_2, \cdots, x_n) = 0 \quad (j = 1, 2, \cdots, m; m < n)$$

下的极值问题,同样地构造拉格朗日函数

$$L(x_1, x_2, \cdots, x_n, \lambda_1, \lambda_2, \cdots, \lambda_m) = f(x_1, x_2, \cdots, x_n) + \sum_{k=1}^{m} \lambda_k g_k(x_1, x_2, \cdots, x_n),$$

则条件极值点就在方程组

$$\begin{cases} \dfrac{\partial L}{\partial x_i} = \dfrac{\partial f}{\partial x_i} + \sum_{k=1}^{m} \lambda_k \dfrac{\partial g_k}{\partial x_i} = 0, \\ \dfrac{\partial L}{\partial \lambda_j} = g_j(x_1, x_2, \cdots, x_n) = 0. \end{cases} \quad (i = 1, 2, \cdots, n; j = 1, 2, \cdots, m)$$

的所有解 $(x_1, x_2, \cdots, x_n, \lambda_1, \lambda_2, \cdots, \lambda_m)$ 所对应的点 $(x_1, x_2, \cdots, x_n)$ 中.

最小二乘法

最小二乘法是广泛用于实际生活和科学实验中的有效数学方法,物理学、化学、生物学、医学、经济学和商业统计等领域都要用它来确定经验公式.

我们先看一个实例,然后介绍这个方法.

从实验观察知,红铃虫的产卵数与温度有关,表 7.5.1 是一组实验观察值.

表 7.5.1

温度/℃	21	23	25	27	29	32	35
产卵数/个	7	11	21	24	66	105	325

将这批数据在直角坐标系中描成点,就是图 7.5.6,这种图形称为**散点图**.

从图中看出产卵数与温度呈指数关系,因此可设产卵数 z 与温度 x 的关系为

$$z = \beta e^{\alpha x}.$$

我们的目标是具体确定常数 α, β,从而可以建立产卵数与温度的关系,进而可以对产卵数进行估计和预测.

对上式两边取对数,令 $y = \ln z, a = \alpha, b = \ln \beta$,则原式变成了线性关系

$$y = ax + b,$$

而原来的表 7.5.1 变为表 7.5.2,散点图 7.5.6 变为图 7.5.7.

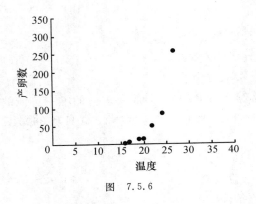

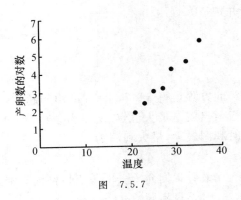

图　7.5.6　　　　　　　　　　　　图　7.5.7

这样，问题化为找一线性函数 $y=ax+b$（即找待定常数 a,b），使得表 7.5.2 中的数据基本满足这个函数关系.

表　7.5.2

x	21	23	25	27	29	32	35
$y=\ln z$	1.945910	2.397895	3.044522	3.178053	4.189654	4.653960	5.783825

现在将这种问题进行归纳.已知一组大致满足线性关系的实验数据

x	x_1	x_2	x_3	$\cdots$	x_n
y	y_1	y_2	y_3	$\cdots$	y_n

要确定线性函数 $y=ax+b$，使得它在观测点 $x_i(i=1,2,\cdots,n)$ 处所取的值 ax_i+b 与观测值 y_i 在某种尺度下最接近（从几何上看就是使这些数据点与直线 $y=ax+b$ 按这种尺度最接近）.如果这个尺度取为：使所有观测值 y_i 与函数值 ax_i+b 之差的平方和

$$Q = \sum_{i=1}^{n} (y_i - ax_i - b)^2$$

最小，那么这种方法叫作**最小二乘法**.将 $y=ax+b$ 视为变量 y 与 x 之间的近似函数关系，称之为这组数据在最小二乘意义下的**拟合曲线**（实践中常称为经验公式）.

确定常数 a,b 所用的方法就是二元函数求极值的方法.显然 Q 是 a,b 的函数 $Q=Q(a,b)$，令

$$\begin{cases} \dfrac{\partial Q}{\partial a} = -2\sum_{i=1}^{n}(y_i - ax_i - b)x_i = 2a\sum_{i=1}^{n}x_i^2 - 2\sum_{i=1}^{n}x_iy_i + 2b\sum_{i=1}^{n}x_i = 0, \\ \dfrac{\partial Q}{\partial b} = -2\sum_{i=1}^{n}(y_i - ax_i - b) = 2a\sum_{i=1}^{n}x_i - 2\sum_{i=1}^{n}y_i + 2nb = 0, \end{cases}$$

便得到线性方程组

$$\begin{cases} \left(\sum_{i=1}^{n}x_i^2\right)a + \left(\sum_{i=1}^{n}x_i\right)b = \sum_{i=1}^{n}x_iy_i, \\ \left(\sum_{i=1}^{n}x_i\right)a + nb = \sum_{i=1}^{n}y_i. \end{cases}$$

解这个方程组得

$$a = \frac{n\sum\limits_{i=1}^{n} x_i y_i - \sum\limits_{i=1}^{n} x_i \sum\limits_{i=1}^{n} y_i}{n\sum\limits_{i=1}^{n} x_i^2 - \left(\sum\limits_{i=1}^{n} x_i\right)^2}, \quad b = \frac{\sum\limits_{i=1}^{n} x_i^2 \sum\limits_{i=1}^{n} y_i - \sum\limits_{i=1}^{n} x_i \sum\limits_{i=1}^{n} x_i y_i}{n\sum\limits_{i=1}^{n} x_i^2 - \left(\sum\limits_{i=1}^{n} x_i\right)^2}.$$

由问题的实际情况知,Q 在 (a,b) 点取最小值.

现在解决本段开始时提出的问题. 从表 7.5.2 可得表 7.5.3.

表 7.5.3

i	1	2	3	4	5	6	7
x_i	21	23	25	27	29	32	35
y_i	1.945910	2.397895	3.044522	3.178053	4.189654	4.653960	5.783825

经计算得表 7.5.4.

表 7.5.4

$\sum\limits_{i=1}^{7} x_i$	$\sum\limits_{i=1}^{7} x_i^2$	$\sum\limits_{i=1}^{7} x_i y_i$	$\sum\limits_{i=1}^{7} y_i$	a	b	e^b
192	5414	730.7968	25.19382	0.269210	-3.784948	0.022710

所以表 7.5.2 的拟合直线方程为

$$y = 0.26921x - 3.784948.$$

于是,红铃虫的产卵数与温度的关系为

$$z = 0.02271e^{0.26921x}.$$

相应的拟合曲线见图 7.5.8 和图 7.5.9.

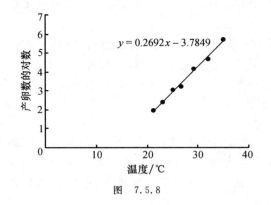

图 7.5.8

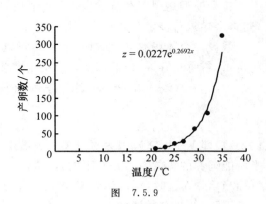

图 7.5.9

利用极值原理建立经济模型举例

(一) 最优产出水平

某企业生产两种产品,其产量(即**生产水平**)分别为 Q_1 和 Q_2. 假定 Q_1 和 Q_2 在市场上的价格分别为 P_1 和 P_2,它们不仅受自身产量的影响,而且受另一种产品产量的影响,因

此每种产品的价格都是两种产品产量的函数,即 $P_i=P_i(Q_1,Q_2)(i=1,2)$.因此总收益为
$$R(Q_1,Q_2) = P_1(Q_1,Q_2)Q_1 + P_2(Q_1,Q_2)Q_2.$$

显然生产成本 C 是这两种产品产量的函数,记为 $C=C(Q_1,Q_2)$.因此企业的利润函数为
$$\pi(Q_1,Q_2) = P_1(Q_1,Q_2)Q_1 + P_2(Q_1,Q_2)Q_2 - C(Q_1,Q_2).$$
如何确定每种产品的产量才能取得最大利润,便是求利润函数的最大值问题.

由取极值的必要条件得
$$\begin{cases} \dfrac{\partial \pi}{\partial Q_1} = \dfrac{\partial P_1}{\partial Q_1}Q_1 + \dfrac{\partial P_2}{\partial Q_1}Q_2 + P_1 - \dfrac{\partial C}{\partial Q_1} = 0, \\[3mm] \dfrac{\partial \pi}{\partial Q_2} = \dfrac{\partial P_1}{\partial Q_2}Q_1 + \dfrac{\partial P_2}{\partial Q_2}Q_2 + P_2 - \dfrac{\partial C}{\partial Q_2} = 0, \end{cases}$$
即
$$\dfrac{\partial P_1}{\partial Q_1}Q_1 + \dfrac{\partial P_2}{\partial Q_1}Q_2 + P_1 = \dfrac{\partial C}{\partial Q_1},$$
$$\dfrac{\partial P_1}{\partial Q_2}Q_1 + \dfrac{\partial P_2}{\partial Q_2}Q_2 + P_2 = \dfrac{\partial C}{\partial Q_2}.$$

注意 $\dfrac{\partial P_1}{\partial Q_i}Q_1 + \dfrac{\partial P_2}{\partial Q_i}Q_2 + P_i$ 是关于 Q_i 的边际收益,$\dfrac{\partial C}{\partial Q_i}$ 是关于 Q_i 的边际成本$(i=1,2)$,上式说明,取得最大利润的生产水平是生产各个产品的边际成本等于边际收益时的产量.

显然,这个结论也适用于任意有限多个产品的情形.因此,如果一个企业在制定生产规划时,应该寻求边际成本等于边际收益的生产水平.如果存在一个利润最高的生产水平的话,它就是这些生产水平中的某一个.

(二) 公共资源模型

这个模型是制度经济学家非常熟悉的,它说明了,如果一种资源没有适当的制度来管理,将会导致对该资源的过度使用.

假设一个牧场有 n 个牧民,他们共同拥有一片草地,并且每个牧民都有在草地上放牧的自由.若每年春天,他们都要自行决定养多少只羊,记 x_i 为第 i 个牧民饲养羊的数目,则 $x_i \in [0,+\infty)(i=1,2,\cdots,n)$.用 V 表示每只羊的平均价值,那么可以将 V 看作总的羊数
$$X = \sum_{i=1}^{n} x_i$$
的函数,即 $V=V(X)$.因为每只羊至少需要一定数量的草才不至于饿死,所以在这片草地上所能饲养的羊的数目是有限的,记 $X_{\max}$ 为这个最大数量.显然,当 $X<X_{\max}$ 时,$V(X)>0$;而当 $X \geqslant X_{\max}$ 时,可以认为 $V(X)=0$.注意到随着羊的总数的不断增加,羊的价值就会不断下降,并且总数增加得越快,价值也下降得越快,因此可以假定
$$\dfrac{\mathrm{d}V}{\mathrm{d}X} < 0, \qquad \dfrac{\mathrm{d}^2 V}{\mathrm{d}X^2} < 0.$$
其变化趋势如图 7.5.10 所示.

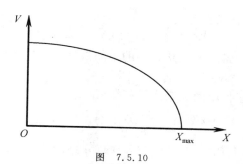

图　7.5.10

假设每个牧民都会根据自己的意愿来选择饲养的数目,以求最大化自己的利润.若购买一只羊羔的价格为 c,那么第 i 个牧民将得到的利润为

$$\pi_i(x_1, x_2, \cdots, x_n) = x_i V(X) - x_i c, \quad i = 1, 2, \cdots, n.$$

于是,要取得最大利润,羊的数目必须满足下面的**一阶最优化条件**

$$\frac{\partial \pi_i}{\partial x_i} = V(X) + x_i V'(X) - c = 0, \quad i = 1, 2, \cdots, n,$$

即每个牧民为取得最大利润所饲养羊的数目(即最优饲养量)$x_i (i=1,2,\cdots,n)$ 必是这个方程组的解.一方面,这个方程说明,最优解满足边际收益等于边际成本;另一方面,$\frac{\partial \pi_i}{\partial x_i}$ 的表达式也说明了,增加一只羊有正负两方面的效应,正的效应是这只羊本身的价值 $V(X)$,负的效应是这只羊的增加使在它之前已有的羊的价值减少(因为 $x_i V'(X) < 0$).

从这个一阶最优化条件还可以看出,第 i 个牧民的最优饲养量 x_i 是受其他牧民的饲养数目影响的,这也符合实际情况,因此可以认为这样的 x_i 是 $x_j (j=1,2,\cdots,n,j \neq i)$ 的函数,即

$$x_i = x_i(x_1, \cdots, x_{i-1}, x_{i+1}, \cdots, x_n).$$

那么在一阶最优化条件中对 $x_j (j \neq i)$ 求导得

$$V'(X)\left(\frac{\partial x_i}{\partial x_j} + 1\right) + V'(X)\frac{\partial x_i}{\partial x_j} + x_i V''(X)\left(\frac{\partial x_i}{\partial x_j} + 1\right) = 0.$$

因此

$$\frac{\partial x_i}{\partial x_j} = -\frac{V'(X) + x_i V''(X)}{2V'(X) + x_i V''(X)} < 0.$$

这说明第 i 个牧民的最优饲养量随其他牧民的饲养量的增加而减少.

解前面一阶最优化条件的方程组,得到每个牧民的最优饲养量 $x_i^* (i=1,2,\cdots,n)$.注意,以上的计算都是关于 x_i 来考虑的,也就是说,这样得到的最优数目 x_i^* 是在以下情况下得到的:每个牧民在决定增加饲养量时尽管考虑了对现有羊的价值的负效应,但他考虑的只是对自己的羊的影响,而不是对所有羊的影响.因此这样得到的个人最优饲养量的总和

$$X^* = \sum_{i=1}^{n} x_i^*$$

并不一定是整个牧场的总体最优饲养量.事实上,整个牧场获取的最大利润是以下函数

$$XV(X) - Xc$$

的最大值,它的一阶最优化条件为

$$V(X) + XV'(X) - c = 0.$$

记 X^{**} 为使整个牧场获取最大利润所饲养的羊的数目,即整个牧场的最优饲养量,那么

$$V(X^{**}) + X^{**}V'(X^{**}) - c = 0.$$

而将前一个一阶最优化条件中的 n 个式子相加,得到

$$V(X^*) + \frac{X^*}{n}V'(X^*) - c = 0.$$

将以上两个式子相比较,利用 $V(X)$ 和 $V'(X)$ 的单调减少性质就得到

$$X^* > X^{**},$$

即个人最优饲养量的总和大于整个牧场的最优饲养量.

上式说明,在没有适当的制度来管理的情况下,每个牧民为追求自身的最大利益,可使公有草地被过度使用. 这就是公共资源的悲剧(Tragedy of Commons).

公共资源的过度使用常常会导致严重的后果. 海洋鱼类的过度捕捞、森林的乱砍滥伐、大气污染等现象,都是这种例子.

§6　二　重　积　分

二重积分的概念

设 D 是 Oxy 平面上的有界闭区域①, f 是定义于 D 上的一个非负二元连续函数. 考察以区域 D 为底、曲面 $z = f(x,y)$ 为顶、侧面以 D 的边界为准线、母线平行于 z 轴的柱面所围成的空间立体,称这种立体为**曲顶柱体**. 我们先讨论如何定义并计算上述曲顶柱体的体积 V.

如果 f 是常数函数,那么 V 就等于区域 D 的面积乘以该常数;但是,当 f 不是常数函数时,事情就不这么简单了. 为了解决这个问题,注意到空间区域的体积具有可加性,即整个体积等于分割成若干部分后各部分体积之和. 于是,我们把区域 D 分割为 n 个内部互不相交的小闭区域 $\Delta D_1, \Delta D_2, \cdots, \Delta D_n$,并记 ΔD_i 的面积为 $\Delta\sigma_i (i=1,2,\cdots,n)$. 分别以这

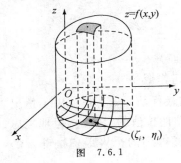

图　7.6.1

些子区域的边界为准线,作母线平行于 z 轴的柱面,这些柱面就把原来的曲顶柱体分割为以这些子区域为底的 n 个小曲顶柱体(见图7.6.1),记它们的体积分别为 $\Delta V_1, \Delta V_2, \cdots, \Delta V_n$. 任取 $(\xi_i, \eta_i) \in \Delta D_i (i=1,2,\cdots,n)$,用以 ΔD_i 为底, $f(\xi_i, \eta_i)$ 为高的平顶柱体的体积近似替代原来的以 ΔD_i 为底的小曲顶柱体,即

$$\Delta V_i \approx f(\xi_i, \eta_i)\Delta\sigma_i.$$

这样,整个曲顶柱体的体积 V 近似地为

$$V = \sum_{i=1}^{n} \Delta V_i \approx \sum_{i=1}^{n} f(\xi_i, \eta_i)\Delta\sigma_i.$$

---

① 在本节中,我们总假定所提到的平面有界区域是可求面积的.

如果把 ΔD_i 中任意两点间距离的最大值称为 ΔD_i 的直径,并记作 d_i,则当 $\lambda=\max(d_1,\cdots,d_n)$ 充分小时,上述近似值将充分接近于精确值. 因此,可以把当 $\lambda \to 0$ 时上述和式的极限定义为曲顶柱体的体积,即

$$V = \lim_{\lambda \to 0} \sum_{i=1}^{n} f(\xi_i, \eta_i) \Delta \sigma_i.$$

和定积分一样,这也是一个和式的极限. 将这种思想抽象化,我们引入以下的重积分概念.

定义 7.6.1　设 D 是 $\mathbf{R}^2$ 中的有界闭区域,$z=f(x,y)$ 是 D 上的二元有界函数. 把 D 分割为 n 个内部互不相交的小闭区域 $\Delta D_1, \Delta D_2, \cdots, \Delta D_n$. 记 ΔD_i 面积为 $\Delta \sigma_i$,并记其直径(即 ΔD_i 中任意两点距离的最大值)为 $d_i(i=1,2,\cdots,n)$. 在每个 ΔD_i 上任取一点 (ξ_i, η_i),作和式

$$\sum_{i=1}^{n} f(\xi_i, \eta_i) \Delta \sigma_i,$$

如果当 $\lambda=\max(d_1,\cdots,d_n)\to 0$ 时,上述和式的极限存在,且与区域 D 的分法和点 (ξ_i, η_i) 的取法无关,则称函数 f 在 D 上**可积**,并称该和式的极限值为 f 在 D 上的**二重积分**,记为 $\iint\limits_{D} f(x,y)\mathrm{d}\sigma$ 或 $\iint\limits_{D} f\mathrm{d}\sigma$,即

$$\iint\limits_{D} f(x,y)\mathrm{d}\sigma = \lim_{\lambda \to 0} \sum_{i=1}^{n} f(\xi_i, \eta_i) \Delta \sigma_i,$$

其中 f 为**被积函数**,D 为**积分区域**,x 和 y 为**积分变量**,$\mathrm{d}\sigma$ 为**面积元素**,$\iint\limits_{D} f(x,y)\mathrm{d}\sigma$ 也被称为**积分值**.

至于二元函数的可积性,我们不加证明地叙述一个充分条件.

定理 7.6.1　如果二元函数 f 在有界闭区域 $D \subset \mathbf{R}^2$ 上连续,则 f 在 D 上可积.

于是前面提到的曲顶柱体的体积为

$$V = \iint\limits_{D} f(x,y)\mathrm{d}\sigma.$$

在直角坐标系下,通常用 $\mathrm{d}x\mathrm{d}y$ 来表示面积元素 $\mathrm{d}\sigma$,因此

$$\iint\limits_{D} f(x,y)\mathrm{d}\sigma = \iint\limits_{D} f(x,y)\mathrm{d}x\mathrm{d}y.$$

二重积分的性质

比较二重积分与定积分的定义可以看出,它们都是和式的极限,因此二重积分具有与定积分类似的一系列性质,现不加证明地叙述如下,读者可仿照定积分相应性质的证明将它们补上.

以下设 $D \subset \mathbf{R}^2$ 为有界闭区域.

(1) **线性性质**:若二元函数 f 和 g 在 D 上可积,α, β 为常数. 则函数 $\alpha f + \beta g$ 也在 D 上可积,且成立

$$\iint\limits_{D}(\alpha f+\beta g)\mathrm{d}\sigma=\alpha\iint\limits_{D}f\mathrm{d}\sigma+\beta\iint\limits_{D}g\mathrm{d}\sigma.$$

（2）**关于区域的可加性**：设 D 可分解为内部互不相交的闭区域 D_1 与 D_2. 若二元函数 f 在 D 上可积，则 f 也在 D_1 和 D_2 上可积；反之，若 f 在 D_1 和 D_2 上可积，则 f 也在 D 上可积. 此时成立

$$\iint\limits_{D}f\mathrm{d}\sigma=\iint\limits_{D_1}f\mathrm{d}\sigma+\iint\limits_{D_2}f\mathrm{d}\sigma.$$

（3）**保序性**：若二元函数 f 和 g 在 D 上可积，且在 D 上成立 $f\leqslant g$，则

$$\iint\limits_{D}f\mathrm{d}\sigma\leqslant\iint\limits_{D}g\mathrm{d}\sigma.$$

特别地，

$$\left|\iint\limits_{D}f\mathrm{d}\sigma\right|\leqslant\iint\limits_{D}|f|\mathrm{d}\sigma.$$

（4）设在 D 上 $f\equiv1$. 记 σ 为 D 的面积，则

$$\iint\limits_{D}f\mathrm{d}\sigma=\iint\limits_{D}1\mathrm{d}\sigma=\sigma.$$

（5）若二元函数 f 在 D 上可积，常数 M,m 分别为 f 在 D 上的上、下界，即在 D 上成立 $m\leqslant f\leqslant M$. 记 σ 为 D 的面积，则

$$m\sigma\leqslant\iint\limits_{D}f\mathrm{d}\sigma\leqslant M\sigma.$$

（6）**中值定理**：若二元函数 f 为有界闭区域 D 上的连续函数，σ 为 D 的面积. 则存在 $(\xi,\eta)\in D$，使得

$$\iint\limits_{D}f(x,y)\mathrm{d}\sigma=f(\xi,\eta)\sigma.$$

二重积分的计算

我们先从几何上看如何来计算二重积分. 设平面闭区域
$$D=\{(x,y)\mid y_1(x)\leqslant y\leqslant y_2(x),a\leqslant x\leqslant b\},$$
其中 $y_1(x),y_2(x)$ 为 $[a,b]$ 上的一元连续函数（见图 7.6.2）.

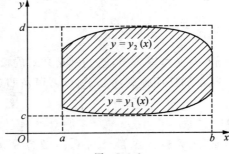

图 7.6.2

设 $z = f(x, y)$ 是 D 上的非负连续函数,则以 D 为底、曲面 $z = f(x, y)$ 为顶的曲顶柱体的体积 V 正是二重积分

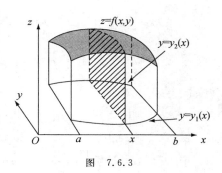

$$\iint\limits_D f(x, y) \mathrm{d}x \mathrm{d}y.$$

但若换一个角度来看,这块柱体被过 $(x, 0, 0)$ ($a \leqslant x \leqslant b$) 点,且与 Oyz 平面平行的平面所截的截面是曲边梯形(见图 7.6.3),其面积为

图　7.6.3

$$A(x) = \int_{y_1(x)}^{y_2(x)} f(x, y) \mathrm{d}y.$$

利用定积分中计算截面积已知的立体的体积的结论,便知此曲顶柱体的体积为

$$V = \int_a^b A(x) \mathrm{d}x = \int_a^b \left(\int_{y_1(x)}^{y_2(x)} f(x, y) \mathrm{d}y \right) \mathrm{d}x.$$

积分 $\int_a^b \left(\int_{y_1(x)}^{y_2(x)} f(x, y) \mathrm{d}y \right) \mathrm{d}x$ 称为 f 先对 y,再对 x 的**二次积分**或**累次积分**,习惯上记为 $\int_a^b \mathrm{d}x \int_{y_1(x)}^{y_2(x)} f(x, y) \mathrm{d}y$,因此有等式

$$\iint\limits_D f(x, y) \mathrm{d}x \mathrm{d}y = \int_a^b \mathrm{d}x \int_{y_1(x)}^{y_2(x)} f(x, y) \mathrm{d}y.$$

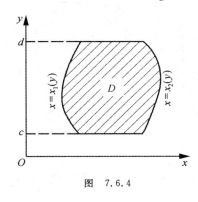

图　7.6.4

事实上,若去掉 f 在 D 上是非负函数这个条件,以上计算公式依然成立.这就是说,二重积分可以通过二次积分来计算,这正是计算二重积分的关键所在.注意在使用以上公式时,先把 x 看成常数,把 $f(x, y)$ 只看成 y 的函数来计算 $\int_{y_1(x)}^{y_2(x)} f(x, y) \mathrm{d}y$,算得的结果是 x 的函数,然后再计算这个函数在 $[a, b]$ 上的定积分.

类似地,如果函数 $f(x, y)$ 在区域 $D = \{(x, y) \mid x_1(y) \leqslant x \leqslant x_2(y), c \leqslant y \leqslant d\}$ 上连续,其中 $x_1(y), x_2(y)$ 是 $[c, d]$ 上的一元连续函数(见图 7.6.4),则有

$$\iint\limits_D f(x, y) \mathrm{d}x \mathrm{d}y = \int_c^d \mathrm{d}y \int_{x_1(y)}^{x_2(y)} f(x, y) \mathrm{d}x.$$

特别地,记

$$[a, b] \times [c, d] = \{(x, y) \mid a \leqslant x \leqslant b, c \leqslant y \leqslant d\},$$

若函数 f 在 $[a, b] \times [c, d]$ 上连续,则

$$\iint\limits_{[a, b] \times [c, d]} f(x, y) \mathrm{d}x \mathrm{d}y = \int_a^b \mathrm{d}x \int_c^d f(x, y) \mathrm{d}y = \int_c^d \mathrm{d}y \int_a^b f(x, y) \mathrm{d}x.$$

因此,若一元函数 $f(x)$ 在闭区间 $[a, b]$ 上连续,$g(y)$ 在闭区间 $[c, d]$ 上连续.则成立

$$\iint_{[a,b]\times[c,d]} f(x)g(y)\mathrm{d}x\mathrm{d}y = \int_a^b \left(\int_c^d f(x)g(y)\mathrm{d}y \right) \mathrm{d}x$$

$$= \int_a^b f(x) \left(\int_c^d g(y)\mathrm{d}y \right) \mathrm{d}x = \int_a^b f(x)\mathrm{d}x \cdot \int_c^d g(y)\mathrm{d}y.$$

例如,

$$\iint_{[0,1]\times[0,2]} x^3 y^4 \mathrm{d}x\mathrm{d}y = \int_0^1 x^3 \mathrm{d}x \cdot \int_0^2 y^4 \mathrm{d}y = \left(\frac{1}{4}x^4 \Big|_0^1 \right) \cdot \left(\frac{1}{5}y^5 \Big|_0^2 \right) = \frac{8}{5}.$$

例 7.6.1 计算 $\displaystyle\iint_D (x+6y)\mathrm{d}x\mathrm{d}y$,其中 D 是 $y=x, y=5x$ 和 $x=1$ 所围成的闭区域(见图 7.6.5).

解 显然 $D=\{(x,y)\,|\,x\leqslant y\leqslant 5x, 0\leqslant x\leqslant 1\}$,所以

$$\iint_D (x+6y)\mathrm{d}x\mathrm{d}y = \int_0^1 \mathrm{d}x \int_x^{5x} (x+6y)\mathrm{d}y$$

$$= \int_0^1 \left[(xy+3y^2) \Big|_x^{5x} \right] \mathrm{d}x = 76\int_0^1 x^2 \mathrm{d}x = \frac{76}{3}.$$

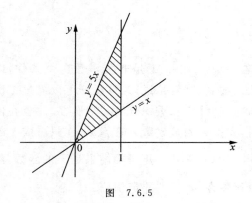

图 7.6.5

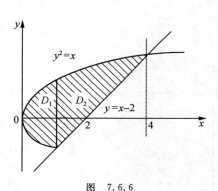

图 7.6.6

例 7.6.2 计算 $\displaystyle\iint_D xy\mathrm{d}x\mathrm{d}y$,其中 D 为抛物线 $y^2=x$ 和直线 $y=x-2$ 所围成的闭区域(见图 7.6.6).

解法一 易知抛物线 $y^2=x$ 和直线 $y=x-2$ 的交点为 $(1,-1)$ 和 $(4,2)$.

将二重积分化为先对 y 后对 x 的二次积分. 这时,区域边界的下部是由两段不同的曲线组成的,因此用直线 $x=1$ 将 D 分为 $D_1=\{(x,y)\,|\,-\sqrt{x}\leqslant y\leqslant\sqrt{x}, 0\leqslant x\leqslant 1\}$ 和 $D_2=\{(x,y)\,|\,x-2\leqslant y\leqslant\sqrt{x}, 1\leqslant x\leqslant 4\}$ 两部分. 那么

$$\iint_D xy\mathrm{d}x\mathrm{d}y = \iint_{D_1} xy\mathrm{d}x\mathrm{d}y + \iint_{D_2} xy\mathrm{d}x\mathrm{d}y$$

$$= \int_0^1 \mathrm{d}x \int_{-\sqrt{x}}^{\sqrt{x}} xy\mathrm{d}y + \int_1^4 \mathrm{d}x \int_{x-2}^{\sqrt{x}} xy\mathrm{d}y$$

$$= 0 + \frac{1}{2}\int_1^4 x[x - (x-2)^2]\mathrm{d}x = \frac{45}{8}.$$

解法二　将二重积分化为先对 x 后对 y 的二次积分来计算,这时 D 可统一表示为 $\{(x,y) \mid y^2 \leqslant x \leqslant y+2, -1 \leqslant y \leqslant 2\}$. 因此

$$\iint\limits_D xy\,\mathrm{d}x\mathrm{d}y = \int_{-1}^2 \mathrm{d}y \int_{y^2}^{y+2} xy\,\mathrm{d}x = \frac{1}{2}\int_{-1}^2 y[(y+2)^2 - y^4]\mathrm{d}y = \frac{45}{8}.$$

显然,第二种解法较为简单.

例 7.6.3　计算 $\iint\limits_D \mathrm{e}^{-x^2}\mathrm{d}x\mathrm{d}y$,其中 D 为直线 $y=0, x=1$ 和 $y=x$ 所围成的闭区域(见图 7.6.7).

解　显然 D 可表示为两种形式

$$D = \{(x,y) \mid 0 \leqslant y \leqslant 1, y \leqslant x \leqslant 1\} = \{(x,y) \mid 0 \leqslant x \leqslant 1, 0 \leqslant y \leqslant x\}.$$

若将此积分化为先对 x 后对 y 的累次积分,则

$$\iint\limits_D \mathrm{e}^{-x^2}\mathrm{d}x\mathrm{d}y = \int_0^1 \mathrm{d}y \int_y^1 \mathrm{e}^{-x^2}\mathrm{d}x,$$

但积分 $\int_y^1 \mathrm{e}^{-x^2}\mathrm{d}x$ 是积不出的. 但若将此二重积分化为先对 y 后对 x 的累次积分便得

$$\iint\limits_D \mathrm{e}^{-x^2}\mathrm{d}x\mathrm{d}y = \int_0^1 \mathrm{d}x \int_0^x \mathrm{e}^{-x^2}\mathrm{d}y = \int_0^1 x\mathrm{e}^{-x^2}\mathrm{d}x = -\left.\frac{1}{2}\mathrm{e}^{-x^2}\right|_0^1 = \frac{1}{2}\left(1 - \frac{1}{\mathrm{e}}\right).$$

由此可见,选取适当的二次积分次序非常重要.

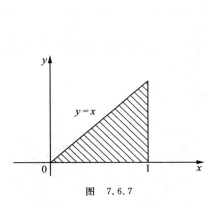

图　7.6.7

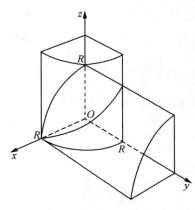

图　7.6.8

例 7.6.4　求两个圆柱面 $x^2 + y^2 = R^2$ 和 $x^2 + z^2 = R^2$ 所围立体的体积.

解　由于这个立体关于三个坐标平面都对称,所以其体积 V 是该立体在第一卦限部分(见图 7.6.8)的 8 倍. 因为立体在第一卦限部分是一个以 $z = \sqrt{R^2 - x^2}$ 为顶,以区域

$$D = \{(x,y) \mid 0 \leqslant y \leqslant \sqrt{R^2 - x^2}, 0 \leqslant x \leqslant R\}$$

为底的曲顶柱体. 所以

$$V = 8\iint\limits_D \sqrt{R^2 - x^2}\,\mathrm{d}x\mathrm{d}y$$

$$= 8\int_0^R \mathrm{d}x \int_0^{\sqrt{R^2-x^2}} \sqrt{R^2-x^2}\,\mathrm{d}y$$

$$= 8\int_0^R (R^2-x^2)\,\mathrm{d}x$$

$$= \frac{16R^3}{3}.$$

利用极坐标变换计算二重积分

在定积分的计算中,换元法是一种常用的方法. 通过变量代换 $x=\varphi(t)$,就有换元积分公式

$$\int_a^b f(x)\,\mathrm{d}x = \int_\alpha^\beta f(\varphi(t))\varphi'(t)\,\mathrm{d}t,$$

其中 $a=\varphi(\alpha),b=\varphi(\beta)$. 它可以将被积函数化为易于积分的形式. 对于二重积分的计算也有换元法,我们先介绍利用极坐标变换

$$\begin{cases} x = r\cos\theta, \\ y = r\sin\theta, \end{cases} \quad 0 \leqslant \theta \leqslant 2\pi, \quad 0 \leqslant r < +\infty$$

来进行变量代换的二重积分换元法. 当区域边界或被积函数易于用极坐标表示时,采用极坐标变换计算二重积分往往能带来很大的便利.

设二元函数 f 在 Oxy 平面的有界闭区域 D 上连续. 我们用微元法来导出极坐标变换下的变量代换公式. 设在 D 内的任一点 $(x,y)=(r\cos\theta,r\sin\theta)$ 处 r 有一增量 Δr,θ 有一增量 $\Delta\theta$,若 $\Delta\sigma$ 为小区域 $\{(\rho,\varphi)\,|\,r\leqslant\rho\leqslant r+\Delta r,\theta\leqslant\varphi\leqslant\theta+\Delta\theta\}$（见图 7.6.9）的面积,则有

$$\Delta\sigma = \frac{1}{2}(r+\Delta r)^2\Delta\theta - \frac{1}{2}r^2\Delta\theta = r\Delta r\Delta\theta + \frac{1}{2}(\Delta r)^2\Delta\theta.$$

于是,略去高阶无穷小量 $\dfrac{1}{2}(\Delta r)^2\Delta\theta$ 就得到 Oxy 平面的面积微元（即面积元素）$\mathrm{d}\sigma$ 与 $Or\theta$ 平面的面积微元 $\mathrm{d}r\mathrm{d}\theta$ 之间的关系

$$\mathrm{d}\sigma = r\mathrm{d}r\mathrm{d}\theta.$$

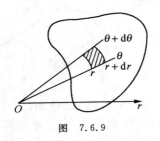

图　7.6.9

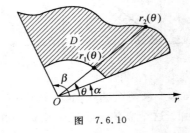

图　7.6.10

于是,若记 $D'=\{(r,\theta)\,|\,(r\cos\theta,r\sin\theta)\in D\}$（它是 D 在以 r 轴为横轴,θ 轴为纵轴的 $Or\theta$ 平面上所对应的区域）,则有极坐标变换下的变量代换公式

$$\iint\limits_D f(x,y)\,\mathrm{d}x\mathrm{d}y = \iint\limits_{D'} f(r\cos\theta,r\sin\theta)r\mathrm{d}r\mathrm{d}\theta.$$

在一些情况下,可以将上式右端的二重积分化成关于 r 及 θ 的二次积分.

（1）如果区域 D 对应于区域（见图 7.6.10）
$$D' = \{(r,\theta) \mid r_1(\theta) \leqslant r \leqslant r_2(\theta), \alpha \leqslant \theta \leqslant \beta\},$$
其中 $r_1(\theta), r_2(\theta)$ 是 $[\alpha,\beta]$ 上的连续函数，则
$$\iint\limits_D f(x,y)\mathrm{d}x\mathrm{d}y = \int_\alpha^\beta \mathrm{d}\theta \int_{r_1(\theta)}^{r_2(\theta)} f(r\cos\theta, r\sin\theta) r\mathrm{d}r.$$

（2）如果区域 D 对应于区域
$$D' = \{(r,\theta) \mid 0 \leqslant r \leqslant r(\theta), \alpha \leqslant \theta \leqslant \beta\} \quad （[\alpha,\beta] \text{ 是 } [0,2\pi] \text{ 的真子集}），$$
其中 $r(\theta)$ 是 $[\alpha,\beta]$ 上的连续函数. 这时原点在区域 D 的边界上（见图 7.6.11），则
$$\iint\limits_D f(x,y)\mathrm{d}x\mathrm{d}y = \int_\alpha^\beta \mathrm{d}\theta \int_0^{r(\theta)} f(r\cos\theta, r\sin\theta) r\mathrm{d}r.$$

（3）如果区域 D 对应于区域
$$D' = \{(r,\theta) \mid 0 \leqslant r \leqslant r(\theta), 0 \leqslant \theta \leqslant 2\pi\},$$
其中 $r(\theta)$ 是 $[0,2\pi]$ 上的连续函数. 这时原点在区域 D 的内部（见图 7.6.12），则
$$\iint\limits_D f(x,y)\mathrm{d}x\mathrm{d}y = \int_0^{2\pi} \mathrm{d}\theta \int_0^{r(\theta)} f(r\cos\theta, r\sin\theta) r\mathrm{d}r.$$

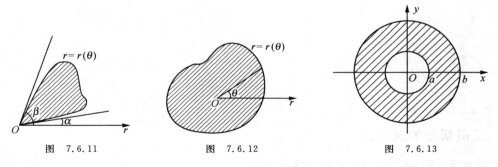

图 7.6.11　　　　　　　图 7.6.12　　　　　　　图 7.6.13

例 7.6.5 计算二重积分 $\iint\limits_D \sqrt{x^2 + y^2}\mathrm{d}x\mathrm{d}y$，其中 $D = \{(x,y) \mid a^2 \leqslant x^2 + y^2 \leqslant b^2\}$ $(b > a > 0)$.

解 显然，在极坐标 $x = r\cos\theta, y = r\sin\theta$ 变换下，积分区域 D（见图 7.6.13）对应于区域
$$\{(r,\theta) \mid a \leqslant r \leqslant b, 0 \leqslant \theta \leqslant 2\pi\}.$$
于是，作极坐标变换后得
$$\iint\limits_D \sqrt{x^2 + y^2}\mathrm{d}x\mathrm{d}y = \int_0^{2\pi} \mathrm{d}\theta \int_a^b r \cdot r\mathrm{d}r$$
$$= \int_0^{2\pi} \left[\frac{1}{3} r^3 \Big|_a^b \right] \mathrm{d}\theta$$
$$= \frac{1}{3} \int_0^{2\pi} (b^3 - a^3)\mathrm{d}\theta$$
$$= \frac{2}{3}\pi(b^3 - a^3).$$

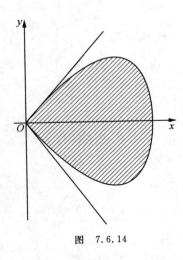

图 7.6.14

例 7.6.6 计算 $\displaystyle\iint_D \frac{\mathrm{d}x\mathrm{d}y}{(1+x^2+y^2)^2}$，其中 $D = \{(x,y)\mid$ $(x^2+y^2)^2 \leqslant x^2 - y^2,\ x \geqslant 0\}$（见图 7.6.14）.

解 将极坐标表示 $x = r\cos\theta, y = r\sin\theta$ 代入 $(x^2+y^2)^2$ $\leqslant x^2 - y^2$ 便得 $r^2 \leqslant \cos2\theta$. 所以在极坐标变换下，原积分区域 D 对应于区域

$$\left\{ (r,\theta)\mid 0 \leqslant r \leqslant \sqrt{\cos2\theta}, -\frac{\pi}{4} \leqslant \theta \leqslant \frac{\pi}{4} \right\}.$$

于是

$$\iint_D \frac{\mathrm{d}x\mathrm{d}y}{(1+x^2+y^2)^2} = \int_{-\frac{\pi}{4}}^{\frac{\pi}{4}} \mathrm{d}\theta \int_0^{\sqrt{\cos2\theta}} \frac{r\mathrm{d}r}{(1+r^2)^2}$$

$$= \int_{-\frac{\pi}{4}}^{\frac{\pi}{4}} \mathrm{d}\theta \int_0^{\cos2\theta} \frac{\mathrm{d}t}{2(1+t)^2} \quad (\text{作变换 } t = r^2)$$

$$= \frac{1}{2} \int_{-\frac{\pi}{4}}^{\frac{\pi}{4}} \left(1 - \frac{1}{1+\cos2\theta} \right) \mathrm{d}\theta$$

$$= \int_0^{\frac{\pi}{4}} \left(1 - \frac{1}{1+\cos2\theta} \right) \mathrm{d}\theta$$

$$= \int_0^{\frac{\pi}{4}} \left(1 - \frac{1}{2\cos^2\theta} \right) \mathrm{d}\theta$$

$$= \left[\theta - \frac{1}{2}\tan\theta \right] \Big|_0^{\frac{\pi}{4}} = \frac{\pi}{4} - \frac{1}{2}.$$

二重积分的换元法

下面我们介绍一般的二重积分的换元法.

设变换 F：

$$\begin{cases} x = x(u,v), \\ y = y(u,v) \end{cases}$$

将 Ouv 平面上的有界闭区域 D' 一一对应地映射为 Oxy 平面的有界闭区域 D，且函数 $x(u,v), y(u,v)$ 在 D' 上具有连续偏导数. 若变换 F 的雅可比（Jacobi）行列式

$$J(u,v) = \begin{vmatrix} x'_u & x'_v \\ y'_u & y'_v \end{vmatrix} = x'_u y'_v - x'_v y'_u \ ①$$

在 D' 上不等于零，则有如下二重积分的**变量代换公式**

$$\iint_D f(x,y)\mathrm{d}x\mathrm{d}y = \iint_{D'} f(x(u,v),y(u,v))\,|J(u,v)|\,\mathrm{d}u\mathrm{d}v,$$

其中 $|J(u,v)|$ 是 $J(u,v)$ 的绝对值.

---

① $J(u,v)$ 也常记为 $\dfrac{D(x,y)}{D(u,v)}$.

在极坐标 $x=r\cos\theta,y=r\sin\theta$ 变换下,由于

$$J(r,\theta)=\begin{vmatrix} \cos\theta & -r\sin\theta \\ \sin\theta & r\cos\theta \end{vmatrix}=r,$$

所以二重积分的极坐标变量代换公式是上述公式的特殊情况.

例 7.6.7　计算 $\displaystyle\iint\limits_{D}\sqrt{1-\frac{x^2}{a^2}-\frac{y^2}{b^2}}\,\mathrm{d}x\mathrm{d}y$,其中 $D=\left\{(x,y)\,\Big|\,\dfrac{x^2}{a^2}+\dfrac{y^2}{b^2}\leqslant 1\right\}$.

解　作广义极坐标变换

$$\begin{cases} x=ar\cos\theta, \\ y=br\sin\theta. \end{cases}$$

则 Oxy 平面上区域 D 对应于 $Or\theta$ 平面的区域

$$D'=\{(r,\theta)\mid 0\leqslant r\leqslant 1,0\leqslant\theta\leqslant 2\pi\}.$$

因为广义极坐标变换的雅可比行列式为 $J(r,\theta)=\begin{vmatrix} a\cos\theta & -ar\sin\theta \\ b\sin\theta & br\cos\theta \end{vmatrix}=abr.$ 所以应用变量

代换公式得

$$\iint\limits_{D}\sqrt{1-\frac{x^2}{a^2}-\frac{y^2}{b^2}}\,\mathrm{d}x\mathrm{d}y$$

$$=\iint\limits_{D'}ab\ \sqrt{1-r^2}\,r\mathrm{d}r\mathrm{d}\theta=\int_0^{2\pi}\mathrm{d}\theta\int_0^1 abr\ \sqrt{1-r^2}\,\mathrm{d}r$$

$$=2\pi\left(-\frac{1}{3}\right)ab(1-r^2)^{\frac{3}{2}}\ \Big|_0^1=\frac{2}{3}\pi ab.$$

注　从这个例子可以得到一个重要结论. 因为椭球面 $\dfrac{x^2}{a^2}+\dfrac{y^2}{b^2}+\dfrac{z^2}{c^2}=1$ 的上半部分的

方程为

$$z=c\sqrt{1-\frac{x^2}{a^2}-\frac{y^2}{b^2}},\quad (x,y)\in D.$$

而椭球面 $\dfrac{x^2}{a^2}+\dfrac{y^2}{b^2}+\dfrac{z^2}{c^2}=1$ 所围椭球的体积是其上半部分的两倍,因此整个椭球的体积为

$$V=2\iint\limits_{D}c\ \sqrt{1-\frac{x^2}{a^2}-\frac{y^2}{b^2}}\,\mathrm{d}x\mathrm{d}y=\frac{4}{3}\pi abc.$$

例 7.6.8　计算二重积分 $\displaystyle\iint\limits_{D}\sqrt{\frac{x}{y^2+xy^3}}\,\mathrm{d}x\mathrm{d}y$,其中 D 是由抛物线 $y^2=x,y^2=3x$ 与

双曲线 $xy=1,xy=3$ 所围成的闭区域(见图 7.6.15).

解　作变量代换 $u=\dfrac{y^2}{x},v=xy$,则区域 D 对应于 Ouv 平面

上的矩形区域

$$D'=\{(u,v)\mid 1\leqslant u\leqslant 3,1\leqslant v\leqslant 3\}.$$

因为

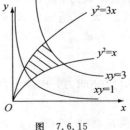

图　7.6.15

$$x = \sqrt[3]{\frac{v^2}{u}}, \quad y = \sqrt[3]{uv},$$

因此

$$J(u,v) = \begin{vmatrix} -\dfrac{1}{3}u^{-\frac{4}{3}}v^{\frac{2}{3}} & \dfrac{2}{3}u^{-\frac{1}{3}}v^{-\frac{1}{3}} \\ \dfrac{1}{3}u^{-\frac{2}{3}}v^{\frac{1}{3}} & \dfrac{1}{3}u^{\frac{1}{3}}v^{-\frac{2}{3}} \end{vmatrix} = -\frac{1}{3u}.$$

于是

$$\iint\limits_{D} \sqrt{\frac{x}{y^2 + xy^3}}\,\mathrm{d}x\mathrm{d}y = \iint\limits_{D'} \sqrt{\frac{1}{u(1+v)}} \cdot \frac{1}{3u}\,\mathrm{d}u\mathrm{d}v$$

$$= \frac{1}{3}\int_1^3 u^{-\frac{3}{2}}\,\mathrm{d}u \int_1^3 \frac{1}{\sqrt{1+v}}\,\mathrm{d}v$$

$$= \frac{4\sqrt{3}}{9}(\sqrt{3}-1)(2-\sqrt{2}).$$

无界区域上的广义二重积分

设 D 为平面 $\mathbf{R}^2$ 上的无界区域，Γ 为一条连续曲线，它将 D 割出一个有界子闭区域，记为 D_Γ，并记 $d(\Gamma) = \min\left\{ \sqrt{x^2+y^2}\ \middle|\ (x,y)\in\Gamma \right\}$ 为 Γ 到原点的距离（见图 7.6.16）.

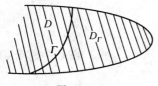

图 7.6.16

定义 7.6.2 设二元函数 f 在 D 上连续. 如果当 $d(\Gamma)$ 趋于正无穷大，即 D_Γ 趋于 D 时，$\iint\limits_{D_\Gamma} f(x,y)\,\mathrm{d}x\mathrm{d}y$ 的极限存在，则称 f 在 D **上可积**，并记

$$\iint\limits_{D} f(x,y)\,\mathrm{d}x\mathrm{d}y = \lim_{d(\Gamma)\to+\infty} \iint\limits_{D_\Gamma} f(x,y)\,\mathrm{d}x\mathrm{d}y,$$

且称这个极限值为 f 在 D 上的**广义二重积分**，这时也称广义二重积分 $\iint\limits_{D} f(x,y)\,\mathrm{d}x\mathrm{d}y$ **收敛**. 如果上述极限不存在，就称 $\iint\limits_{D} f(x,y)\,\mathrm{d}x\mathrm{d}y$ **发散**.

广义二重积分有一个重要特点：可积与绝对可积的概念是等价的，即

定理 7.6.2 设 D 为 $\mathbf{R}^2$ 上的无界区域，则二元函数 f 在 D 上可积的充分必要条件是：函数 $|f|$ 在 D 上可积.

设 D 是无界区域，$\Gamma_n(n=1,2,\cdots)$ 是一列连续曲线，记 Γ_n 割出 D 的有界子区域为 D_n，若成立

$$D_1 \subset D_2 \subset \cdots \subset D_n \subset \cdots, \ \text{及} \lim_{n\to\infty} d(\Gamma_n) = +\infty,$$

可以证明，对于 D 上的非负二元函数 f，广义二重积分 $\iint\limits_{D} f(x,y)\,\mathrm{d}x\mathrm{d}y$ 收敛的充分必要条件是数列 $\left\{ \iint\limits_{D_n} f(x,y)\,\mathrm{d}x\mathrm{d}y \right\}$ 收敛，且在收敛时成立

$$\iint\limits_{D} f(x,y)d\sigma = \lim_{n\to\infty}\iint\limits_{D_n} f(x,y)dxdy.$$

例 7.6.9 设 $D=\{(x,y)\,|\,1\leqslant x^2+y^2<+\infty\}$，$f(x,y)=\dfrac{1}{(x^2+y^2)^{\frac{p}{2}}}$．证明广义二重

积分 $\iint\limits_{D} f(x,y)dxdy$ 当 $p>2$ 时收敛；当 $p\leqslant 2$ 时发散.

证 取 $\Gamma_\rho = \{(x,y)\,|\,x^2+y^2=\rho^2\}(\rho>1)$，它割出 D 的有界部分为

$$D_\rho = \{(x,y)\,|\,1\leqslant x^2+y^2\leqslant \rho^2\}.$$

利用极坐标变换得

$$\iint\limits_{D_\rho} f(x,y)dxdy = \iint\limits_{D_\rho} \frac{1}{(x^2+y^2)^{\frac{p}{2}}}dxdy = \int_0^{2\pi}d\theta\int_1^\rho r^{1-p}dr = 2\pi\int_1^\rho r^{1-p}dr.$$

当 ρ 趋于正无穷大时，最后一个积分当 $p>2$ 时收敛，当 $p\leqslant 2$ 时发散. 因此当 $p>2$ 时，$\iint\limits_{D} f(x,y)dxdy$ 收敛，且

$$\iint\limits_{D} f(x,y)dxdy = \lim_{\rho\to+\infty}\iint\limits_{D_\rho} f(x,y)dxdy = \lim_{\rho\to+\infty}2\pi\int_1^\rho r^{1-p}dr = \frac{2\pi}{p-2};$$

当 $p\leqslant 2$ 时，$\iint\limits_{D} f(x,y)dxdy$ 发散.

证毕

至于如何计算，我们同样可以采用化成二次积分的计算方法. 如果一个广义二重积分化为二次积分后，该二次积分是收敛且绝对收敛的，就可以继续计算下去. 例如，我们有下面的定理：

定理 7.6.3 设二元函数 f 在无界区域 $D=\{(x,y)\,|\,a\leqslant x<+\infty,c\leqslant y<+\infty\}$ 上连续，且 $\displaystyle\int_a^{+\infty}dx\int_c^{+\infty}f(x,y)dy$ 和 $\displaystyle\int_a^{+\infty}dx\int_c^{+\infty}|f(x,y)|dy$ 都存在，则 f 在 D 上可积，而且

$$\iint\limits_{D} f(x,y)dxdy = \int_a^{+\infty}dx\int_c^{+\infty}f(x,y)dy.$$

同样地，可以利用换元法来计算广义二重积分，即公式

$$\iint\limits_{D} f(x,y)dxdy = \iint\limits_{D'} f(x(u,v),y(u,v))\,|\,J(u,v)\,|\,dudv$$

依然成立，其中 D 为 D' 在一一对应变换 $x=x(u,v)$，$y=y(u,v)$ 下所对应的区域. 并且，等式某一边的积分收敛可以推出另一个积分收敛.

例 7.6.10 计算 $\displaystyle\iint\limits_{D} e^{-(x+2y)}dxdy$，其中 $D=\{(x,y)\,|\,0\leqslant x\leqslant y\}$.

解 如图 7.6.17 所示，由于 D 可表为

$$D = \{(x,y)\,|\,x\leqslant y<+\infty,0\leqslant x<+\infty\}.$$

所以利用化成二次积分的方法得

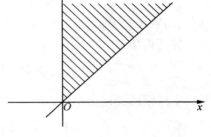

图 7.6.17

$$\iint\limits_{D} e^{-(x+2y)} \, dxdy = \int_0^{+\infty} dx \int_x^{+\infty} e^{-(x+2y)} \, dy$$

$$= -\frac{1}{2} \int_0^{+\infty} e^{-x} \left(e^{-2y} \bigg|_x^{+\infty} \right) dx$$

$$= \frac{1}{2} \int_0^{+\infty} e^{-3x} \, dx = \frac{1}{6}.$$

例 7.6.11   计算 $\iint\limits_{\mathbf{R}^2} e^{-(x^2+y^2)} \, dxdy$，并求 $\int_0^{+\infty} e^{-x^2} \, dx$.

解   利用极坐标变换 $x = r\cos\theta, y = r\sin\theta$，则 $\mathbf{R}^2$ 对应于

$$D = \{(r,\theta) \mid 0 \leqslant r < +\infty, 0 \leqslant \theta \leqslant 2\pi\}.$$

因此利用极坐标变换得

$$\iint\limits_{\mathbf{R}^2} e^{-(x^2+y^2)} \, dxdy = \iint\limits_{D} e^{-r^2} r \, drd\theta$$

$$= \int_0^{2\pi} d\theta \int_0^{+\infty} re^{-r^2} \, dr = 2\pi \int_0^{+\infty} re^{-r^2} \, dr = \pi.$$

又由于 $\mathbf{R}^2 = \{(x,y) \mid -\infty < x < +\infty, -\infty < y < +\infty\}$，所以利用化成二次积分的方法得

$$\pi = \iint\limits_{\mathbf{R}^2} e^{-(x^2+y^2)} \, dxdy = \int_{-\infty}^{+\infty} dx \int_{-\infty}^{+\infty} e^{-(x^2+y^2)} \, dy$$

$$= \int_{-\infty}^{+\infty} e^{-x^2} \, dx \int_{-\infty}^{+\infty} e^{-y^2} \, dy = \left(\int_{-\infty}^{+\infty} e^{-x^2} \, dx \right)^2.$$

因此 $\int_{-\infty}^{+\infty} e^{-x^2} \, dx = \sqrt{\pi}$. 进而得到

$$\int_0^{+\infty} e^{-x^2} \, dx = \frac{1}{2} \int_{-\infty}^{+\infty} e^{-x^2} \, dx = \frac{\sqrt{\pi}}{2}.$$

§7   综合型例题

例 7.7.1   证明函数

$$f(x,y) = \begin{cases} \dfrac{2xy^3}{x^2+y^4}, & x^2+y^2 \neq 0, \\ 0, & x^2+y^2 = 0 \end{cases}$$

在 $(0,0)$ 点连续，可偏导，但不可微.

证   由于

$$|f(x,y)| = \left| \frac{2xy^2}{x^2+y^4} y \right| \leqslant \left| \frac{x^2+y^4}{x^2+y^4} y \right| = |y|,$$

所以由极限的夹逼性质得

$$\lim_{(x,y) \to (0,0)} f(x,y) = 0 = f(0,0),$$

即函数 f 在 $(0,0)$ 点连续.

由于

$$f'_x(0,0) = \lim_{\Delta x \to 0} \frac{f(0+\Delta x,0) - f(0,0)}{\Delta x} = \lim_{\Delta x \to 0} \frac{0-0}{\Delta x} = 0.$$

同理 $f'_y(0,0)=0$，所以函数 f 在 $(0,0)$ 点可偏导.

因为

$$f(0+\Delta x,0+\Delta y) - f(0,0) - [f'_x(0,0)\Delta x + f'_y(0,0)\Delta y] = f(\Delta x,\Delta y),$$

而

$$\lim_{\substack{\Delta y \to 0^+ \\ \Delta x = \Delta y^2}} \frac{f(\Delta x,\Delta y)}{\sqrt{\Delta x^2 + \Delta y^2}} = \lim_{\substack{\Delta y \to 0^+ \\ \Delta x = \Delta y^2}} \frac{\dfrac{2\Delta x \Delta y^3}{\Delta x^2 + \Delta y^4}}{\sqrt{\Delta x^2 + \Delta y^2}}$$

$$= \lim_{\Delta y \to 0^+} \frac{\dfrac{2\Delta y^5}{\Delta y^4 + \Delta y^4}}{\Delta y \sqrt{1 + \Delta y^2}} = \lim_{\Delta y \to 0^+} \frac{1}{\sqrt{1 + \Delta y^2}} = 1 \neq 0,$$

即当 $\sqrt{\Delta x^2 + \Delta y^2} \to 0$ 时，

$$f(0+\Delta x,0+\Delta y) - f(0,0) - [f'_x(0,0)\Delta x + f'_y(0,0)\Delta y] \neq o(\sqrt{\Delta x^2 + \Delta y^2}),$$

所以函数 f 在 $(0,0)$ 点不可微.

证毕

例 7.7.2　设二元函数 f 在全平面上有定义，具有连续的偏导数，且满足方程

$$xf'_x(x,y) + yf'_y(x,y) = 0.$$

证明：f 为常数.

证　当 $r \neq 0$ 时，利用复合函数求偏导的链式法则得

$$\frac{\partial}{\partial r} f(r\cos\theta, r\sin\theta) = \cos\theta f'_x(r\cos\theta, r\sin\theta) + \sin\theta f'_y(r\cos\theta, r\sin\theta)$$

$$= \frac{1}{r}[xf'_x(x,y) + yf'_y(x,y)] = 0.$$

所以

$$f(r\cos\theta, r\sin\theta) = F(\theta),$$

其中 $F(\theta)$ 为 θ 的一元可导函数. 再利用 f 在 $(0,0)$ 点的连续性得，对于任何 $\theta \in [0,2\pi)$ 成立

$$F(\theta) = \lim_{r \to 0} F(\theta) = \lim_{r \to 0} f(r\cos\theta, r\sin\theta) = \lim_{(x,y) \to (0,0)} f(x,y) = f(0,0),$$

即 $F(\theta)$ 为常数，于是 f 为常数.

证毕

例 7.7.3　设二元函数 u 具有二阶连续偏导数，试求常数 a,b，使得在变换

$$\xi = x + ay, \quad \eta = x + by$$

下，可将方程 $\dfrac{\partial^2 u}{\partial x^2} + 4\dfrac{\partial^2 u}{\partial x \partial y} + 3\dfrac{\partial^2 u}{\partial y^2} = 0$ 化为 $\dfrac{\partial^2 u}{\partial \xi \partial \eta} = 0$.

解　将 u 看成以 ξ,η 为中间变量，以 x,y 为自变量的函数，则

$$\frac{\partial u}{\partial x} = \frac{\partial u}{\partial \xi} \frac{\partial \xi}{\partial x} + \frac{\partial u}{\partial \eta} \frac{\partial \eta}{\partial x} = \frac{\partial u}{\partial \xi} + \frac{\partial u}{\partial \eta},$$

$$\frac{\partial u}{\partial y} = \frac{\partial u}{\partial \xi}\frac{\partial \xi}{\partial y} + \frac{\partial u}{\partial \eta}\frac{\partial \eta}{\partial y} = a\frac{\partial u}{\partial \xi} + b\frac{\partial u}{\partial \eta}.$$

注意到 $\frac{\partial u}{\partial x}$ 和 $\frac{\partial u}{\partial y}$ 仍是以 ξ, η 为中间变量,以 x, y 为自变量的函数,因而

$$\frac{\partial^2 u}{\partial x^2} = \frac{\partial^2 u}{\partial \xi^2}\frac{\partial \xi}{\partial x} + \frac{\partial^2 u}{\partial \eta \partial \xi}\frac{\partial \eta}{\partial x} + \frac{\partial^2 u}{\partial \xi \partial \eta}\frac{\partial \xi}{\partial x} + \frac{\partial^2 u}{\partial \eta^2}\frac{\partial \eta}{\partial x}$$

$$= \frac{\partial^2 u}{\partial \xi^2} + 2\frac{\partial^2 u}{\partial \xi \partial \eta} + \frac{\partial^2 u}{\partial \eta^2}.$$

同理

$$\frac{\partial^2 u}{\partial x \partial y} = a\frac{\partial^2 u}{\partial \xi^2} + (a+b)\frac{\partial^2 u}{\partial \xi \partial \eta} + b\frac{\partial^2 u}{\partial \eta^2},$$

$$\frac{\partial^2 u}{\partial y^2} = a^2\frac{\partial^2 u}{\partial \xi^2} + 2ab\frac{\partial^2 u}{\partial \xi \partial \eta} + b^2\frac{\partial^2 u}{\partial \eta^2}.$$

于是

$$\frac{\partial^2 u}{\partial x^2} + 4\frac{\partial^2 u}{\partial x \partial y} + 3\frac{\partial^2 u}{\partial y^2}$$

$$= (1 + 4a + 3a^2)\frac{\partial^2 u}{\partial \xi^2} + [2 + 4(a+b) + 6ab]\frac{\partial^2 u}{\partial \xi \partial \eta} + (1 + 4b + 3b^2)\frac{\partial^2 u}{\partial \eta^2}.$$

要使上式仅含 $\frac{\partial^2 u}{\partial \xi \partial \eta}$ 项,只需

$$\begin{cases} 1 + 4a + 3a^2 = 0, \\ 1 + 4b + 3b^2 = 0, \\ 2 + 4(a+b) + 6ab \neq 0. \end{cases}$$

解得

$$\begin{cases} a = -1, \\ b = -1/3, \end{cases} \quad \text{或} \quad \begin{cases} a = -1/3, \\ b = -1. \end{cases}$$

注 对方程 $\frac{\partial^2 u}{\partial \xi \partial \eta} = 0$ 关于 η 积分得

$$\frac{\partial u}{\partial \xi} = \phi(\zeta),$$

再对上式关于 ζ 积分得

$$u = \int \phi(\zeta)\mathrm{d}\zeta + \psi(\eta).$$

记 $\varphi(\zeta) = \int \phi(\zeta)\mathrm{d}\zeta$,则得方程 $\frac{\partial^2 u}{\partial x^2} + 4\frac{\partial^2 u}{\partial x \partial y} + 3\frac{\partial^2 u}{\partial y^2} = 0$ 的解为

$$u = \varphi(\zeta) + \psi(\eta) = \varphi(x - y) + \psi\left(x - \frac{1}{3}y\right),$$

其中 φ 和 ψ 是任意具有二阶连续导数的一元函数.

例 7.7.4 设二元函数 $y = f(x, t)$,三元函数 $F(x, y, t)$ 均具有连续偏导数,已知方程 $F(x, y, t) = 0$ 确定隐函数 $t = t(x, y)$,且由 $y = f(x, t(x, y))$ 可确定隐函数 $y = y(x)$. 若 $F_t' + f_t'F_y' \neq 0$,求 $\frac{\mathrm{d}y}{\mathrm{d}x}$.

解 由题意，y,t 均为 x 的函数，于是将方程 $y=f(x,t)$ 和 $F(x,y,t)=0$ 两边对 x 求导得

$$\begin{cases} \dfrac{dy}{dx} = f'_x + f'_t \cdot \dfrac{dt}{dx}, \\ F'_x + F'_y \cdot \dfrac{dy}{dx} + F'_t \cdot \dfrac{dt}{dx} = 0. \end{cases}$$

解这个关于 $\dfrac{dy}{dx}, \dfrac{dt}{dx}$ 的二元一次方程组得

$$\frac{dy}{dx} = \frac{f'_x F'_t - f'_t F'_x}{F'_t + f'_t F'_y}.$$

例 7.7.5 求由方程 $2x^2+2y^2+z^2+8yz-z+8=0$ 所确定的隐函数 $z=z(x,y)$ 的极值.

解 实际上，所给方程是双叶双曲面的方程，曲面如图 7.7.1 所示. 这个方程实际上确定了两个函数. 一个函数的图像在上方且向上弯曲，另一个函数的图像在下方且向下弯曲.

我们现在求这两个函数的极值，为此先作统一处理.

设 $F(x,y,z)=2x^2+2y^2+z^2+8yz-z+8$. 则原方程为 $F(x,y,z)=0$. 显然

$$F'_x=4x, \quad F'_y=4y+8z, \quad F'_z=2z+8y-1,$$

于是

$$z'_x=-\frac{F'_x}{F'_z}=-\frac{4x}{2z+8y-1},$$

$$z'_y=-\frac{F'_y}{F'_z}=-\frac{4y+8z}{2z+8y-1}.$$

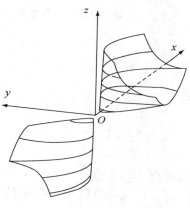

令 $z'_x=0$ 和 $z'_y=0$ 得 $x=0, y=-2z$. 代入方程 $2x^2+2y^2+z^2+8yz-z+8=0$ 得

$$\begin{cases} x=0, \\ y=-2, \\ z=1, \end{cases} \quad \text{和} \quad \begin{cases} x=0, \\ y=16/7, \\ z=-8/7. \end{cases}$$

图 7.7.1

所以驻点为 $(0,-2)$ 和 $(0,16/7)$.

易计算

$$z''_{xx}=-\frac{4(2z+8y-1)-8xz'_x}{(2z+8y-1)^2}, \quad z''_{xy}=\frac{4x(2z'_y+8)}{(2z+8y-1)^2},$$

$$z''_{yy}=-\frac{(4+8z'_y)(2z+8y-1)-(4y+8z)(2z'_y+8)}{(2z+8y-1)^2}.$$

所以在 $(0,-2,1)$ 点处

$$A=z''_{xx}(0,-2,1)=4/15>0, \quad B=z''_{xy}(0,-2,1)=0,$$

$$C=z''_{yy}(0,-2,1)=4/15, \quad H=AC-B^2=16/225>0,$$

所以 $z=z(x,y)$ 在 $(0,-2)$ 点取得极小值 $z=1$. 这就是图像在上方的函数的极小值.

在 $(0,16/7,-8/7)$ 点处

$$A=z''_{xx}(0,16/7,-8/7)=-28/105<0,\quad B=z''_{xy}(0,16/7,-8/7)=0,$$
$$C=z''_{yy}(0,16/7,-8/7)=-28/105,\quad H=AC-B^2=(28/105)^2>0,$$

所以 $z=z(x,y)$ 在 $(0,16/7)$ 点取得极大值 $z=-8/7$. 这就是图像在下方的函数的极大值.

例 7.7.6 求函数 $f(x,y,z)=x^2+y^2+z^3+2x+12yz+4$ 的极值.

解 解方程组

$$\begin{cases} f'_x(x,y,z)=2x+2=0, \\ f'_y(x,y,z)=2y+12z=0, \\ f'_z(x,y,z)=3z^2+12y=0. \end{cases}$$

得驻点 $(-1,0,0)$, $(-1,-144,24)$. 计算得

$$f''_{xx}(x,y,z)=2,\quad f''_{xy}(x,y,z)=0,\quad f''_{xz}(x,y,z)=0,$$
$$f''_{yx}(x,y,z)=0,\quad f''_{yy}(x,y,z)=2,\quad f''_{yz}(x,y,z)=12,$$
$$f''_{zx}(x,y,z)=0,\quad f''_{zy}(x,y,z)=12,\quad f''_{zz}(x,y,z)=6z.$$

在 $(-1,0,0)$ 点, f 的黑塞矩阵为

$$\begin{bmatrix} 2 & 0 & 0 \\ 0 & 2 & 12 \\ 0 & 12 & 0 \end{bmatrix},$$

此时

$$\det A_1=2,\quad \det A_2=\begin{vmatrix} 2 & 0 \\ 0 & 2 \end{vmatrix}=4,\quad \det A_3=\begin{vmatrix} 2 & 0 & 0 \\ 0 & 2 & 12 \\ 0 & 12 & 0 \end{vmatrix}=-288.$$

由定理 7.5.3 的 (3) 知, $(-1,0,0)$ 不是极值点.

在 $(-1,-144,24)$ 点, f 的黑塞矩阵为

$$\begin{bmatrix} 2 & 0 & 0 \\ 0 & 2 & 12 \\ 0 & 12 & 144 \end{bmatrix},$$

此时

$$\det A_1=2,\quad \det A_2=\begin{vmatrix} 2 & 0 \\ 0 & 2 \end{vmatrix}=4,\quad \det A_3=\begin{vmatrix} 2 & 0 & 0 \\ 0 & 2 & 12 \\ 0 & 12 & 144 \end{vmatrix}=288.$$

由定理 7.5.3 的 (1) 知, $(-1,-144,24)$ 是极小值点, $f(-1,-144,24)=-6909$ 为极小值.

例 7.7.7 当 $x>0,y>0,z>0$ 时, 求函数

$$f(x,y,z)=\ln x+2\ln y+3\ln z$$

在球面 $x^2+y^2+z^2=6R^2$ 上的最大值. 并由此证明: 当 a,b,c 为正实数时, 成立

$$ab^2c^3\leqslant 108\left(\frac{a+b+c}{6}\right)^6.$$

解　作拉格朗日函数
$$L(x,y,z,\lambda)=\ln x+2\ln y+3\ln z+\lambda(6R^2-x^2-y^2-z^2),$$
并得方程组
$$\begin{cases} L'_x=\dfrac{1}{x}-2\lambda x=0,\\[4pt] L'_y=\dfrac{2}{y}-2\lambda y=0,\\[4pt] L'_z=\dfrac{3}{z}-2\lambda z=0,\\[4pt] L'_\lambda=6R^2-x^2-y^2-z^2=0. \end{cases}$$

从而解得 $2\lambda=\dfrac{1}{x^2}=\dfrac{2}{y^2}=\dfrac{3}{z^2}$，代入最后一个方程得
$$x=R,\quad y=\sqrt{2}R,\quad z=\sqrt{3}R.$$

显然目标函数 f 无最小值，所以这个唯一的可能极值点必是最大值点，于是最大值为
$$f(R,\sqrt{2}R,\sqrt{3}R)=\ln[R(\sqrt{2}R)^2(\sqrt{3}R)^3]=\ln(6\sqrt{3}R^6).$$
这说明当 $x>0,y>0,z>0$，且 $x^2+y^2+z^2=6R^2$ 时，成立
$$\ln x+2\ln y+3\ln z\leqslant\ln(6\sqrt{3}R^6),$$
即
$$xy^2z^3\leqslant 6\sqrt{3}\left(\frac{x^2+y^2+z^2}{6}\right)^3.$$
令 $x^2=a,y^2=b,z^2=c$，便得到
$$ab^2c^3\leqslant 108\left(\frac{a+b+c}{6}\right)^6.$$

例 7.7.8　已知二元函数 f 在点 $(0,0)$ 的某个邻域上连续，且极限 $\lim\limits_{(x,y)\to(0,0)}\dfrac{f(x,y)-\ln(1+xy)}{(x^2+y^2)^2}$ 存在.

(1) 证明：$f'_x(0,0)=0,f'_y(0,0)=0$；

(2) 问点 $(0,0)$ 是否为 f 的极值点？

解　(1) **证**　记 $\lim\limits_{(x,y)\to(0,0)}\dfrac{f(x,y)-\ln(1+xy)}{(x^2+y^2)^2}=a$. 显然
$$\lim_{(x,y)\to(0,0)}[f(x,y)-\ln(1+xy)]=0,$$
因此
$$f(0,0)=\lim_{(x,y)\to(0,0)}f(x,y)=\lim_{(x,y)\to(0,0)}\ln(1+xy)=0.$$
进一步由假设得
$$\frac{f(x,y)-\ln(1+xy)}{(x^2+y^2)^2}=a+o(1)\quad(\rho=\sqrt{x^2+y^2}\to0),$$
所以
$$f(x,y)=\ln(1+xy)+a(x^2+y^2)^2+o((x^2+y^2)^2)\quad(\rho\to0).$$
注意到 $\ln(1+u)=u-\dfrac{1}{2}u^2+o(u^2)(u\to0)$，所以当 $\rho\to0$ 时，

$$f(x,y) = xy - \frac{1}{2}x^2y^2 + o((xy)^2) + a(x^2+y^2)^2 + o((x^2+y^2)^2)$$

$$= xy - \frac{1}{2}x^2y^2 + a(x^2+y^2)^2 + o((x^2+y^2)^2),$$

于是

$$f'_x(0,0) = 0, \quad f'_y(0,0) = 0.$$

（2）因为 $f(x,y) = xy - \dfrac{1}{2}x^2y^2 + a(x^2+y^2)^2 + o((x^2+y^2)^2)(\rho\to0)$，且 $f(0,0)=0$，

所以当 $y=x$ 时，

$$f(x,x) - f(0,0) = x^2 + \left(4a - \frac{1}{2}\right)x^4 + o(x^4) = x^2[1 + o(1)] \quad (x\to0).$$

因此，当 $|x|$ 充分小且 $x\neq0$ 时，$f(x,x) - f(0,0) > 0$.

同理，当 $y=-x$ 时，

$$f(x,-x) - f(0,0) = -x^2[1 + o(1)] \quad (x\to0),$$

因此当 $|x|$ 充分小且 $x\neq0$ 时，$f(x,-x) - f(0,0) < 0$.

因此，$(0,0)$ 不是 f 的极值点.

例 7.7.9 计算二次积分

$$\int_1^2 dx \int_{\sqrt{x}}^x \sin\frac{\pi x}{2y}dy + \int_2^4 dx \int_{\sqrt{x}}^2 \sin\frac{\pi x}{2y}dy.$$

解 如图 7.7.2 所示，设

$$D = \{(x,y) \mid \sqrt{x} \leqslant y \leqslant x, 1 \leqslant x \leqslant 2\} \cup \{(x,y) \mid \sqrt{x} \leqslant y \leqslant 2, 2 \leqslant x \leqslant 4\}$$

$$= \{(x,y) \mid y \leqslant x \leqslant y^2, 1 \leqslant y \leqslant 2\}.$$

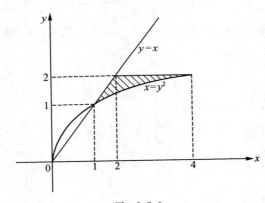

图 7.7.2

则交换积分次序得

$$\int_1^2 dx \int_{\sqrt{x}}^x \sin\frac{\pi x}{2y}dy + \int_2^4 dx \int_{\sqrt{x}}^2 \sin\frac{\pi x}{2y}dy$$

$$= \iint_D \sin\frac{\pi x}{2y}dxdy = \int_1^2 dy \int_y^{y^2} \sin\frac{\pi x}{2y}dx$$

$$= \int_1^2 \left[-\frac{2y}{\pi} \cos \frac{\pi x}{2y} \right] \Big|_y^{y^2} \mathrm{d}y$$

$$= \int_1^2 \frac{2y}{\pi} \cos \frac{\pi y}{2} \mathrm{d}y = \frac{4}{\pi^3}(\pi + 2).$$

例 7.7.10　设函数 f 在 $[a,b]$ 上连续,且恒大于零. 证明

$$\int_a^b f(x)\mathrm{d}x \int_a^b \frac{1}{f(x)}\mathrm{d}x \geqslant (b-a)^2.$$

证　设 $D=[a,b] \times [a,b]$,则

$$\int_a^b f(x)\mathrm{d}x \int_a^b \frac{1}{f(x)}\mathrm{d}x = \int_a^b f(x)\mathrm{d}x \int_a^b \frac{1}{f(y)}\mathrm{d}y = \iint\limits_D \frac{f(x)}{f(y)}\mathrm{d}x\mathrm{d}y.$$

同理

$$\int_a^b f(x)\mathrm{d}x \int_a^b \frac{1}{f(x)}\mathrm{d}x = \int_a^b f(y)\mathrm{d}y \int_a^b \frac{1}{f(x)}\mathrm{d}x = \iint\limits_D \frac{f(y)}{f(x)}\mathrm{d}x\mathrm{d}y.$$

显然 D 的面积为 $(b-a)^2$. 于是

$$\int_a^b f(x)\mathrm{d}x \int_a^b \frac{1}{f(x)}\mathrm{d}x = \frac{1}{2}\iint\limits_D \left[\frac{f(x)}{f(y)} + \frac{f(y)}{f(x)} \right]\mathrm{d}x\mathrm{d}y$$

$$= \frac{1}{2}\iint\limits_D \left[\frac{f^2(x) + f^2(y)}{f(x)f(y)} \right]\mathrm{d}x\mathrm{d}y \geqslant \frac{1}{2}\iint\limits_D \frac{2f(x)f(y)}{f(x)f(y)}\mathrm{d}x\mathrm{d}y$$

$$= \iint\limits_D \mathrm{d}x\mathrm{d}y = (b-a)^2.$$

证毕

例 7.7.11　计算二重积分 $\iint\limits_D (x+y)\mathrm{d}x\mathrm{d}y$,其中 D 是由 $x^2 + y^2 = x + y$ 所围的闭区域.

解　显然 $x^2 + y^2 = x + y$ 就是 $\left(x - \frac{1}{2} \right)^2 + \left(y - \frac{1}{2} \right)^2 = \frac{1}{2}$. 作变换

$$x = \frac{1}{2} + r\cos\theta, \quad y = \frac{1}{2} + r\sin\theta,$$

则区域 D 对应于

$$D' = \left\{ (r,\theta) \mid 0 \leqslant r \leqslant \frac{1}{\sqrt{2}}, 0 \leqslant \theta \leqslant 2\pi \right\}.$$

易知变换的雅可比行列式

$$J(r,\theta) = r,$$

于是

$$\iint\limits_D (x+y)\mathrm{d}x\mathrm{d}y = \iint\limits_{D'} [r(\cos\theta + \sin\theta) + 1]r\mathrm{d}r\mathrm{d}\theta$$

$$= \int_0^{\frac{1}{\sqrt{2}}} \mathrm{d}r \int_0^{2\pi} [r(\cos\theta + \sin\theta) + 1]r\mathrm{d}\theta = 2\pi \int_0^{\frac{1}{\sqrt{2}}} r\mathrm{d}r = \frac{\pi}{2}.$$

例 7.7.12 求曲线 $\left(\dfrac{x^2}{a^2}+\dfrac{y^2}{b^2}\right)^2=\dfrac{xy}{c^2}(a,b,c>0)$ 所围图形的面积（图 7.7.3）.

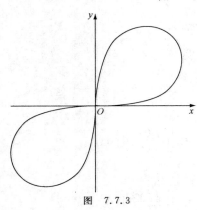

图 7.7.3

解 由曲线的方程 $\left(\dfrac{x^2}{a^2}+\dfrac{y^2}{b^2}\right)^2=\dfrac{xy}{c^2}$ 可以看出，该曲线在第一、三象限上，且关于原点对称. 因此只需计算该曲线所围图形在第一象限部分的面积，再乘以 2 便是整个图形的面积.

设该图形在第一象限的部分为 D. 作广义极坐标变换

$$x=ar\cos\theta,\quad y=br\sin\theta,$$

则这个变换的雅可比行列式为

$$J(r,\theta)=\begin{vmatrix} a\cos\theta & -ar\sin\theta \\ b\sin\theta & br\cos\theta \end{vmatrix}=abr.$$

在 $Or\theta$ 平面上，题目所给曲线的方程对应于

$$r^2=\dfrac{ab}{c^2}\sin\theta\cos\theta,$$

且 D 所对应的区域为

$$D'=\left\{(r,\theta)\,\middle|\,0\leqslant\theta\leqslant\dfrac{\pi}{2},0\leqslant r\leqslant\sqrt{\dfrac{ab}{c^2}\sin\theta\cos\theta}\right\}.$$

因此所求的面积为

$$2\iint\limits_{D}\mathrm{d}x\mathrm{d}y=2\iint\limits_{D'}abr\,\mathrm{d}r\mathrm{d}\theta=2ab\int_0^{\frac{\pi}{2}}\mathrm{d}\theta\int_0^{\sqrt{\frac{ab}{c^2}\sin\theta\cos\theta}}r\,\mathrm{d}r=\dfrac{a^2b^2}{c^2}\int_0^{\frac{\pi}{2}}\sin\theta\cos\theta\mathrm{d}\theta=\dfrac{a^2b^2}{2c^2}.$$

习 题 七

（A）

1. 求下列函数的定义域：

(1) $z=\sqrt{x}+y$；

(2) $z=\sqrt{1-\dfrac{x^2}{a^2}-\dfrac{y^2}{b^2}}$；

(3) $u=\ln(y-x)+\dfrac{x}{\sqrt{1-x^2-y^2}}$；

(4) $u=\arcsin\dfrac{z}{x^2+y^2}$；

(5) $u=\sqrt{R^2-x^2-y^2-z^2}+\sqrt{x^2+y^2+z^2-r^2}$ $(R>r)$.

2. 当 $(x,y)\rightarrow(0,0)$ 时，下列函数的极限是否存在？

(1) $f(x,y)=\dfrac{xy^2}{x^2+y^2}$；

(2) $f(x,y)=\dfrac{x^2y}{x^4+y^2}$.

3. 求下列极限：

(1) $\lim\limits_{(x,y)\rightarrow(0,0)}\dfrac{\sin\left[(y+1)\sqrt{x^2+y^2}\right]}{\sqrt{x^2+y^2}}$；

(2) $\lim\limits_{(x,y)\rightarrow(0,0)}\left(\dfrac{1}{x^2}+\dfrac{1}{y^2}\right)\mathrm{e}^{-\left(\frac{1}{x^2}+\frac{1}{y^2}\right)}$；

(3) $\lim\limits_{(x,y)\to(0,0)} \dfrac{\ln(x+\mathrm{e}^y)}{\sqrt{x^2+y^2}}$;

(4) $\lim\limits_{(x,y)\to(0,0)} \dfrac{x^2+y^2}{\sqrt{1+x^2+y^2}-1}$.

4. 求下列函数的偏导数：

(1) $z=x^5-6x^4y^2+y^6$;

(2) $z=x^2\ln(x^2+y^2)$;

(3) $z=xy+\dfrac{x}{y}$;

(4) $z=\sin(xy)+\cos^2(xy)$;

(5) $z=\mathrm{e}^x(\cos y+x\sin y)$;

(6) $z=\tan\left(\dfrac{x^2}{y}\right)$;

(7) $z=\sin\dfrac{x}{y}\cdot\cos\dfrac{y}{x}$;

(8) $z=(1+xy)^y$;

(9) $z=\ln(x+\ln y)$;

(10) $z=\arctan\dfrac{x+y}{1-xy}$;

(11) $u=\mathrm{e}^{x(x^2+y^2+z^2)}$;

(12) $u=\dfrac{1}{\sqrt{x^2+y^2+z^2}}$.

5. 求下列函数在指定点的全微分：

(1) $f(x,y)=3x^2y-xy^2$，在点$(1,2)$;

(2) $f(x,y)=\ln(1+x^2+y^2)$，在点$(2,4)$.

6. 求下列函数的全微分：

(1) $z=\dfrac{x+y}{x-y}$;

(2) $z=\arctan(xy)$;

(3) $u=\sqrt{x^2+y^2+z^2}$;

(4) $u=\ln(x^2+y^2+z^2)$.

7. 求下列函数的高阶偏导数：

(1) $z=\arctan\dfrac{y}{x}$，求$\dfrac{\partial^2 z}{\partial x^2}$,$\dfrac{\partial^2 z}{\partial x\partial y}$,$\dfrac{\partial^2 z}{\partial y^2}$;

(2) $z=x\sin(x+y)+y\cos(x+y)$，求$\dfrac{\partial^2 z}{\partial x^2}$,$\dfrac{\partial^2 z}{\partial x\partial y}$,$\dfrac{\partial^2 z}{\partial y^2}$;

(3) $z=x\mathrm{e}^{xy}$，求$\dfrac{\partial^3 z}{\partial x^2\partial y}$,$\dfrac{\partial^3 z}{\partial x\partial y^2}$;

(4) $u=\ln(ax+by+cz)$，求$\dfrac{\partial^4 u}{\partial x^4}$,$\dfrac{\partial^4 z}{\partial x^2\partial y^2}$.

8. 验证函数$u=z\arctan\dfrac{x}{y}$满足方程$\dfrac{\partial^2 u}{\partial x^2}+\dfrac{\partial^2 u}{\partial y^2}+\dfrac{\partial^2 u}{\partial z^2}=0$.

9. 利用链式法则求下列函数的偏导数：

(1) $z=\dfrac{y}{x}$,$x=\mathrm{e}^t$,$y=1-\mathrm{e}^{2t}$，求$\dfrac{\mathrm{d}z}{\mathrm{d}t}$;

(2) $z=\mathrm{e}^{x-2y}$,$x=\sin t$,$y=t^3$，求$\dfrac{\mathrm{d}^2 z}{\mathrm{d}t^2}$;

(3) $w=\dfrac{\mathrm{e}^{ax}(y-z)}{a^2+1}$,$y=a\sin x$,$z=\cos x$，求$\dfrac{\mathrm{d}w}{\mathrm{d}x}$;

(4) $z=u^2\ln v$,$u=\dfrac{x}{y}$,$v=3x-2y$，求$\dfrac{\partial z}{\partial x}$,$\dfrac{\partial z}{\partial y}$;

(5) $u=\mathrm{e}^{x^2+y^2+z^2}$，$z=y^2\sin x$，求$\dfrac{\partial u}{\partial x}$，$\dfrac{\partial u}{\partial y}$；

(6) $w=(x+y+z)\sin(x^2+y^2+z^2)$，$x=t\mathrm{e}^s$，$y=\mathrm{e}^t$，$z=\mathrm{e}^{s+t}$，求$\dfrac{\partial w}{\partial s}$，$\dfrac{\partial w}{\partial t}$.

10. 设 $z=u^v$，$u=\ln\sqrt{x^2+y^2}$，$v=\arctan\dfrac{y}{x}$，求 $\mathrm{d}z$.

11. 设函数 f 具有二阶连续偏导数，求下列函数的偏导数

(1) $u=f\left(xy,\dfrac{x}{y}\right)$，求$\dfrac{\partial u}{\partial x}$，$\dfrac{\partial u}{\partial y}$，$\dfrac{\partial^2 u}{\partial x\partial y}$，$\dfrac{\partial^2 u}{\partial y^2}$；

(2) $u=f(x^2+y^2+z^2)$，求$\dfrac{\partial u}{\partial x}$，$\dfrac{\partial u}{\partial y}$，$\dfrac{\partial u}{\partial z}$，$\dfrac{\partial^2 u}{\partial x^2}$，$\dfrac{\partial^2 u}{\partial x\partial y}$.

12. 求下列方程所确定的隐函数的导数或偏导数：

(1) $\sin y+\mathrm{e}^x-xy^2=0$，求$\dfrac{\mathrm{d}y}{\mathrm{d}x}$；

(2) $x^y=y^x$，求$\dfrac{\mathrm{d}y}{\mathrm{d}x}$；

(3) $\ln\sqrt{x^2+y^2}=\arctan\dfrac{y}{x}$，求$\dfrac{\mathrm{d}y}{\mathrm{d}x}$；

(4) $\dfrac{x}{z}=\ln\dfrac{x}{y}$，求$\dfrac{\partial z}{\partial x}$和$\dfrac{\partial z}{\partial y}$；

(5) $\mathrm{e}^z=xyz$，求$\dfrac{\partial z}{\partial x}$和$\dfrac{\partial z}{\partial y}$.

13. 求下列方程所确定的隐函数的二阶导数或偏导数：

(1) $\arctan\dfrac{x+y}{a}-\dfrac{y}{a}=0$，求$\dfrac{\mathrm{d}^2 y}{\mathrm{d}x^2}$；

(2) $z^3-3xyz=a^3$，求$\dfrac{\partial^2 z}{\partial x^2}$和$\dfrac{\partial^2 z}{\partial x\partial y}$.

14. 写出函数 $f(x,y)=3x^3+y^3-2x^2y-2xy^2-6x-8y+9$ 在点$(1,2)$的泰勒展开式.

15. 利用泰勒公式近似计算 $8.96^{2.03}$（展开到二阶导数）.

16. 求下列函数的极值：

(1) $f(x,y)=y^3-x^2+6x-12y+5$；

(2) $f(x,y)=x^4+y^4-x^2-2xy-y^2$；

(3) $f(x,y,z)=x^2+y^2-z^2$；

(4) $f(x,y)=(y-x^2)(y-x^4)$.

17. 在半径为 R 的圆上，求面积最大的内接三角形.

18. 在底半径为 r，高为 h 的正圆锥内，求体积最大的内接长方体.

19. 在 Oxy 平面上求一点，使它到三直线 $x=0$，$y=0$ 和 $x+2y-16=0$ 的距离的平方和最小.

20. 在周长为 $2p$ 的一切三角形中，找出面积最大的三角形.

21. 要做一个容积为 1 立方米的有盖铝圆桶，什么样的尺寸才能使用料最省？

22. 求椭圆 $x^2+3y^2=12$ 的内接等腰三角形，其底边平行于椭圆的长轴，而使面积最大.

23. 某企业通过电视和报纸两种方式作销售某种商品的广告. 根据统计资料，销售收入 R（万元）、电视广告费 x（万元）和报纸广告费 y（万元）之间的关系是

$$R=-x^2-3y^2-xy+7x+10y+15.$$

试求广告费限制在 3 万元时的最优广告策略.

24. 根据二重积分的性质，比较下列积分的大小：

(1) $\iint\limits_{D}(x+y)^2\mathrm{d}x\mathrm{d}y$ 与 $\iint\limits_{D}(x+y)^3\mathrm{d}x\mathrm{d}y$，其中 D 为 x 轴，y 轴与直线 $x+y=1$ 所围的区域；

(2) $\iint\limits_{D}\ln(x+y)\mathrm{d}x\mathrm{d}y$ 与 $\iint\limits_{D}[\ln(x+y)]^2\mathrm{d}x\mathrm{d}y$，其中 $D=[3,5]\times[0,1]$.

25. 在下列积分中改变二次积分的次序：

(1) $\displaystyle\int_{a}^{b}\mathrm{d}x\int_{a}^{x}f(x,y)\mathrm{d}y\quad(a<b)$；

(2) $\displaystyle\int_{0}^{2a}\mathrm{d}x\int_{\sqrt{2ax-x^2}}^{\sqrt{2ax}}f(x,y)\mathrm{d}y\quad(a>0)$；

(3) $\displaystyle\int_{0}^{1}\mathrm{d}y\int_{0}^{2y}f(x,y)\mathrm{d}x+\int_{1}^{3}\mathrm{d}y\int_{0}^{3-y}f(x,y)\mathrm{d}x$.

26. 计算下列二重积分：

(1) $\iint\limits_{D}(x^3+3x^2y+y^3)\mathrm{d}x\mathrm{d}y$，其中 $D=[0,1]\times[0,1]$；

(2) $\iint\limits_{D}xy^2\mathrm{d}x\mathrm{d}y$，其中 D 为抛物线 $y^2=2px$ 和直线 $x=\dfrac{p}{2}(p>0)$ 所围的区域；

(3) $\iint\limits_{D}\dfrac{\mathrm{d}x\mathrm{d}y}{\sqrt{2a-x}}(a>0)$，其中 D 为圆心在 (a,a)，半径为 a 并且和坐标轴相切的圆周上较短的一段弧和坐标轴所围的区域；

(4) $\iint\limits_{D}\mathrm{e}^{x+y}\mathrm{d}x\mathrm{d}y$，其中 D 为区域 $\{(x,y)\mid|x|+|y|\leqslant 1\}$；

(5) $\iint\limits_{D}(x^2+y^2)\mathrm{d}x\mathrm{d}y$，其中 D 为直线 $y=x,y=x+a,y=a$ 和 $y=3a(a>0)$ 所围的区域；

(6) $\iint\limits_{D}(2x-y)\mathrm{d}x\mathrm{d}y$，其中 D 为直线 $y=1,2x-y+3=0$ 和 $x+y-3=0$ 所围的区域；

(7) $\iint\limits_{D}x^2y\mathrm{d}x\mathrm{d}y$，其中 $D=\{(x,y)\mid x^2+y^2\geqslant 2x,0\leqslant x\leqslant 1,0\leqslant y\leqslant x\}$.

27. 求柱面 $y^2+z^2=1$ 与三张平面 $x=0,y=x,z=0$ 所围的在第一卦限的立体的体积.

28. 求旋转抛物面 $z=x^2+y^2$，三个坐标平面及平面 $x+y=1$ 所围有界区域的体积.

29. 利用极坐标变换计算下列二重积分：

(1) $\iint\limits_{D} e^{-(x^2+y^2)}\mathrm{d}x\mathrm{d}y$，其中 D 是由圆周 $x^2+y^2=R^2(R>0)$ 所围的区域；

(2) $\iint\limits_{D} \sqrt{x}\,\mathrm{d}x\mathrm{d}y$，其中 D 是由圆周 $x^2+y^2=x$ 所围的区域；

(3) $\iint\limits_{D} (x+y)\mathrm{d}x\mathrm{d}y$，其中 D 是由圆周 $x^2+y^2=x+y$ 所围的区域；

(4) $\iint\limits_{D} \sqrt{\dfrac{1-x^2-y^2}{1+x^2+y^2}}\,\mathrm{d}x\mathrm{d}y$，其中 D 是由圆周 $x^2+y^2=1$ 及坐标轴所围成的在第一象限上的区域.

(5) 计算 $\iint\limits_{D} \sin(\pi\sqrt{x^2+y^2})\mathrm{d}x\mathrm{d}y$，其中 D 是由圆周 $x^2+y^2=1$ 所围的区域.

30. 求抛物面 $x^2+y^2=az$ 和锥面 $z=2a-\sqrt{x^2+y^2}(a>0)$ 所围成立体的体积.

31. 求球面 $x^2+y^2+z^2=R^2$ 和圆柱面 $x^2+y^2=Rx(R>0)$ 所围立体的体积.

32. 求曲线 $(x-y)^2+x^2=a^2(a>0)$ 所围平面图形的面积.

33. 用适当变量代换计算下列二重积分：

(1) $\iint\limits_{D} \left(\dfrac{x^2}{a^2}+\dfrac{y^2}{b^2}\right)\mathrm{d}x\mathrm{d}y$，其中 D 是由椭圆周 $\dfrac{x^2}{a^2}+\dfrac{y^2}{b^2}=1$ 所围的区域；

(2) $\iint\limits_{D} e^{\frac{y}{x+y}}\mathrm{d}x\mathrm{d}y$，其中 D 为 x 轴，y 轴和直线 $x+y=1$ 所围的区域.

34. 计算下列反常二重积分：

(1) $\iint\limits_{D} \dfrac{\mathrm{d}x\mathrm{d}y}{x^p y^q}$，其中 $D=\{(x,y)\mid xy\geqslant 1,x\geqslant 1\}$，且 $p>q>1$；

(2) $\iint\limits_{x^2+y^2\geqslant 1} e^{-(x^2+y^2)}\mathrm{d}x\mathrm{d}y$.

(B)

1. 已知函数 $z=f(x,y)$ 满足
$$\frac{\partial z}{\partial x}=-\sin y+\frac{1}{1-xy}, \quad 及 \quad f(0,y)=2\sin y+y^3.$$
求函数 f 的表达式.

2. 设二元函数 f 具有连续偏导数，且 $f(1,1)=1$，$f_x'(1,1)=2$，$f_y'(1,1)=3$. 如果 $\varphi(x)=f(x,f(x,x))$，求 $\varphi'(1)$.

3. 设 $z=\dfrac{y}{f(x^2-y^2)}$，其中一元函数 f 具有连续导数，且 $f(t)\neq 0$，求 $\dfrac{1}{x}\dfrac{\partial z}{\partial x}+\dfrac{1}{y}\dfrac{\partial z}{\partial y}$.

4. 设函数

$$f(x,y) = \begin{cases} xy\dfrac{x^2 - y^2}{x^2 + y^2}, & x^2 + y^2 \neq 0, \\ 0, & x^2 + y^2 = 0. \end{cases}$$

试求 $f'_x(0,y)$ 及 $f'_y(x,0)$，并证明 $f''_{xy}(0,0) \neq f''_{yx}(0,0)$．

5. 设 $f(x,y) = \displaystyle\int_0^{xy} e^{-t^2} dt$，求 $\dfrac{x}{y}\dfrac{\partial^2 f}{\partial x^2} - 2\dfrac{\partial^2 f}{\partial x \partial y} + \dfrac{y}{x}\dfrac{\partial^2 f}{\partial y^2}$．

6. 求由方程 $x^2 + 2xy + 2y^2 = 1$ 所确定的隐函数 $y = y(x)$ 的极值．

7. 问函数 $f(x,y) = 2x^2 - 3xy^2 + y^4$ 是否有极值？

8. 证明函数 $f(x,y) = (1 + e^y)\cos x - ye^y$ 有无穷多个极大值点，但无极小值点．

9. 某养殖场饲养两种鱼，若甲种鱼放养 x（万尾），乙种鱼放养 y（万尾），收获时两种鱼的收获量分别为

$$(3 - \alpha x - \beta y)x \quad \text{和} \quad (4 - \beta x - 2\alpha y)y \quad (\alpha > \beta > 0).$$

求使产鱼总量最大的放养数．

10. 设生产某种产品必须投入两种要素，x_1 和 x_2 分别为两要素的投入量，Q 为产出量．若生产函数为 $Q = 2x_1^\alpha x_2^\beta$，其中 α,β 为正的常数，且 $\alpha + \beta = 1$．假定两种要素的价格分别为 p_1 和 p_2，试问：当产出量为 12 时，两种要素各投入多少可以使得投入总费用最小．

11. 求函数 $z = \dfrac{1}{2}(x^4 + y^4)$ 在条件 $x + y = a$ 下的最小值，其中 $x \geqslant 0, y \geqslant 0, a$ 为常数．并证明不等式

$$\frac{x^4 + y^4}{2} \geqslant \left(\frac{x + y}{2}\right)^4.$$

12. 利用最小二乘法求下表所给出的数据的经验公式 $y = ax + b$：

x	10	20	30	40	50	60
y	150	100	40	0	-60	-100

13. 设函数 f 在 $[0,1]$ 上连续，证明

$$\int_0^1 dy \int_y^{\sqrt{y}} e^y f(x) dx = \int_0^1 (e^x - e^{x^2}) f(x) dx.$$

14. 利用二重积分的性质和计算方法证明：设函数 f 在 $[a,b]$ 上连续，则

$$\left[\int_a^b f(x) dx\right]^2 \leqslant (b - a)\int_a^b [f(x)]^2 dx.$$

15. 设 $q > p > 0, b > a > 0$．求由抛物线 $y^2 = px, y^2 = qx$ 与双曲线 $xy = a, xy = b$ 所围成的平面区域的面积．

16. 设一元函数 $f(u)$ 在 $[-1,1]$ 上连续，证明

$$\iint\limits_{|x|+|y| \leqslant 1} f(x + y) dx dy = \int_{-1}^1 f(u) du.$$

无 穷 级 数

对于有限个数的相加人们已经很熟悉. 但理论研究和实际应用中还常常遇到无限个数相加的问题. 人们自然要问, 这无穷个数相加是否有"和"? 有限个数相加的运算规则是否对于无限个数相加依然成立? 这就是无穷级数理论所要研究的基本问题. 无穷级数就是无穷个数相加的表达式, 本质上它可以看成一种特殊数列的极限, 有"和"的无穷级数称为收敛级数, 否则称为发散级数. 由于它在结构上的特殊形式, 无穷级数已成为研究函数的表示、函数的性质和数值计算的重要工具, 成为微积分理论中不可缺少的一个部分, 并且在实际问题中得到了广泛的应用.

本章首先介绍无穷级数的概念和性质, 然后介绍正项级数, 进而介绍任意项级数的收敛与发散的判别法. 在此基础上, 研究函数项级数, 重点在于幂级数的基本性质、一些初等函数的幂级数表达式及其应用.

§1 级数的概念和性质

级数的概念

我们知道一个无限循环小数可以表示成两个整数之比, 即分数. 这是怎样实现的呢? 我们以 $S=0.232323\cdots$ 为例来说明这个方法.

记

$$a_1 = 0.23 = 23\left(\frac{1}{100}\right), \quad a_2 = 0.0023 = 23\left(\frac{1}{100}\right)^2, \quad \cdots,$$

$$a_n = 0.\underbrace{0\cdots 0}_{2(n-1)\text{个}}23 = 23\left(\frac{1}{100}\right)^n \quad (n = 1, 2, \cdots),$$

则

$$a_1 + a_2 + \cdots + a_n = 0.\underbrace{2323\cdots 23}_{n\text{个循环}}.$$

因此很自然地会想到,S 为无限个数 $a_1, a_2, \cdots, a_n, \cdots$ 的和,即

$$a_1 + a_2 + \cdots + a_n + \cdots.$$

我们从另一个观点来看这个问题. 因为

$$S - (a_1 + a_2 + \cdots + a_n) = 0.\underbrace{0\cdots 0}_{2n\text{个}0}2323\cdots,$$

所以

$$\lim_{n\to\infty}[S - (a_1 + a_2 + \cdots + a_n)] = 0.$$

即 S 为 $a_1 + a_2 + \cdots + a_n$ 的极限. 于是

$$S = \lim_{n\to\infty}(a_1 + a_2 + \cdots + a_n)$$

$$= \lim_{n\to\infty}23\left[\frac{1}{100} + \left(\frac{1}{100}\right)^2 + \cdots + \left(\frac{1}{100}\right)^n\right]$$

$$= \frac{23}{100}\frac{1 - \left(\frac{1}{100}\right)^n}{1 - \frac{1}{100}} = \frac{23}{99}.$$

我们引入无穷级数的定义.

定义 8.1.1 设 $x_1, x_2, \cdots, x_n, \cdots$ 是一列实数,称用加号将这列数按顺序连接起来的表达式

$$x_1 + x_2 + \cdots + x_n + \cdots$$

为**无穷级数**,简称**级数**,记为 $\sum\limits_{n=1}^{\infty} x_n$. 称 x_n 为级数的**通项**或**一般项**.

对于级数 $\sum\limits_{n=1}^{\infty} x_n$,记

$$S_1 = x_1, \quad S_2 = x_1 + x_2, \quad \cdots,$$
$$S_n = x_1 + x_2 + \cdots + x_n, \quad \cdots,$$

显然,S_n 就是级数的前 n 项和,也称为**部分和**,称数列 $\{S_n\}$ 为级数的**部分和数列**.

显然,我们无法直接对无穷多个实数逐个地相加,所以必须对上述的级数求和给出合理的定义. 上面的例子启示我们,可以用无穷级数的前 n 项和的极限来确定级数的和. 这使我们引入如下定义.

定义 8.1.2 如果级数 $\sum\limits_{n=1}^{\infty} x_n$ 的部分和数列 $\{S_n\}$ 收敛于有限数 S,则称级数 $\sum\limits_{n=1}^{\infty} x_n$ **收敛**,且称它的和为 S,记为

$$S = \sum_{n=1}^{\infty} x_n;$$

如果部分和数列 $\{S_n\}$ 发散，则称无穷级数 $\sum\limits_{n=1}^{\infty} x_n$ **发散**.

由定义可知，级数收敛与否取决于其部分和数列的收敛性. 注意发散级数没有和.

当级数 $\sum\limits_{n=1}^{\infty} x_n$ 收敛时，称

$$r_n = S - S_n = \sum_{k=n+1}^{\infty} x_k$$

为级数 $\sum\limits_{n=1}^{\infty} x_n$ 的**余项**. 这时显然有 $\lim\limits_{n\to\infty} r_n = 0$. 于是，当 n 适当大时，S_n 可以看成 S 的近似值，产生的误差就是 $|r_n|$.

例 8.1.1　考察几何级数（即**等比级数**）

$$\sum_{n=1}^{\infty} q^{n-1} = 1 + q + q^2 + \cdots + q^{n-1} + \cdots$$

的收敛性.

我们已经知道，几何级数的前 n 项的和

$$S_n = 1 + q + q^2 + \cdots + q^{n-1} = \frac{1-q^n}{1-q} \quad (q \neq 1),$$

因此

当 $|q| < 1$ 时，$\lim\limits_{n\to\infty} S_n = \dfrac{1}{1-q}$；

当 $|q| > 1$ 时，$\lim\limits_{n\to\infty} S_n = \infty$；

当 $q = 1$ 时，由于 $S_n = n$，因此 $\lim\limits_{n\to\infty} S_n = +\infty$；

当 $q = -1$ 时，由于 $S_n = \begin{cases} 0, & n\text{ 为偶数,} \\ 1, & n\text{ 为奇数,} \end{cases}$ 因此 $\{S_n\}$ 的极限不存在.

综上所述，几何级数 $\sum\limits_{n=1}^{\infty} q^{n-1}$ 当 $|q| < 1$ 时收敛，且和为 $\dfrac{1}{1-q}$，当 $|q| \geq 1$ 时发散.

例 8.1.2　判别级数 $\sum\limits_{n=1}^{\infty} \dfrac{1}{n(n+1)}$ 的收敛性.

解　由于该级数的通项可表示为

$$x_n = \frac{1}{n(n+1)} = \frac{1}{n} - \frac{1}{n+1} \quad (n = 1, 2, \cdots),$$

所以它的部分和为

$$S_n = \sum_{k=1}^{n} \frac{1}{k(k+1)}$$

$$= \left(1 - \frac{1}{2}\right) + \left(\frac{1}{2} - \frac{1}{3}\right) + \cdots + \left(\frac{1}{n} - \frac{1}{n+1}\right) = 1 - \frac{1}{n+1}.$$

因此，$\lim\limits_{n\to\infty} S_n = 1$. 这说明级数收敛，且和为 1.

例 8.1.3　求级数 $\sum\limits_{n=1}^{\infty} na^n$ 的和（$|a| < 1$）.

解 因为

$$(1-a)S_n = (1-a)(a+2a^2+\cdots+na^n)$$
$$= (a+2a^2+\cdots+na^n)-(a^2+2a^3+\cdots+na^{n+1})$$
$$= a+a^2+a^3+\cdots+a^n-na^{n+1} = a\frac{1-a^n}{1-a}-na^{n+1},$$

所以

$$S_n = \frac{1}{1-a}\left(a\frac{1-a^n}{1-a}-na^{n+1}\right).$$

由于 $|a|<1$,所以级数的和为

$$\lim_{n\to\infty}S_n = \frac{a}{(1-a)^2}.$$

例 8.1.4 证明**调和级数** $\sum\limits_{n=1}^{\infty}\dfrac{1}{n}$ 发散.

证 记级数 $\sum\limits_{n=1}^{\infty}\dfrac{1}{n}$ 的前 n 项的和为 S_n,即 $S_n = 1+\dfrac{1}{2}+\cdots+\dfrac{1}{n}$. 我们用反证法. 若该级数收敛,由定义可知数列 $\{S_n\}$ 收敛,设 $\lim\limits_{n\to\infty}S_n = S$. 由定理 1.2.7 可知 $\{S_{2n}\}$ 也收敛,且 $\lim\limits_{n\to\infty}S_{2n} = S$. 于是

$$\lim_{n\to\infty}(S_{2n}-S_n) = S-S = 0.$$

但

$$S_{2n}-S_n = \frac{1}{n+1}+\frac{1}{n+2}+\cdots+\frac{1}{2n} > \frac{n}{2n} = \frac{1}{2},$$

令 $n\to\infty$ 便得 $0\geqslant\dfrac{1}{2}$,这是一个矛盾. 因此调和级数 $\sum\limits_{n=1}^{\infty}\dfrac{1}{n}$ 发散.

证毕

级数的性质

我们再讨论本章开始时所提出的第二个问题,即,有限个数相加时的一些运算法则对于无限个数相加是否继续有效?

定理 8.1.1(线性性质) 设级数 $\sum\limits_{n=1}^{\infty}x_n$ 和 $\sum\limits_{n=1}^{\infty}y_n$ 收敛,α,β 为常数,则级数 $\sum\limits_{n=1}^{\infty}(\alpha x_n+\beta y_n)$ 也收敛,且成立

$$\sum_{n=1}^{\infty}(\alpha x_n+\beta y_n) = \alpha\sum_{n=1}^{\infty}x_n+\beta\sum_{n=1}^{\infty}y_n.$$

这只要将极限的线性性质用于级数的部分和数列便可证明. 这个定理说明,对收敛级数可以进行逐项相加和逐项数乘运算.

例 8.1.5 求级数 $\sum\limits_{n=1}^{\infty}\dfrac{4\cdot 3^{n-1}-5}{6^{n-1}}$ 的和.

解 利用例 8.1.1 和定理 8.1.1 得

$$\sum_{n=1}^{\infty} \frac{4 \cdot 3^{n-1}-5}{6^{n-1}} = \sum_{n=1}^{\infty}\left[4\left(\frac{1}{2}\right)^{n-1}-5\left(\frac{1}{6}\right)^{n-1}\right]$$

$$= 4\sum_{n=1}^{\infty}\left(\frac{1}{2}\right)^{n-1}-5\sum_{n=1}^{\infty}\left(\frac{1}{6}\right)^{n-1}$$

$$= 4\times\frac{1}{1-\frac{1}{2}}-5\times\frac{1}{1-\frac{1}{6}}=2.$$

定理 8.1.2 在级数中去掉有限项、加上有限项或改变有限项的值,都不会改变级数的收敛性或发散性.

这个定理的证明此处从略,留给读者自行完成.

定理 8.1.3 设级数 $\sum_{n=1}^{\infty} x_n$ 收敛,则在它的求和表达式中任意添加括号后所得的级数仍然收敛,且其和不变.

证 设级数 $\sum_{n=1}^{\infty} x_n$ 添加括号后表示为

$$(x_1 + x_2 + \cdots + x_{n_1}) + (x_{n_1+1} + x_{n_1+2} + \cdots + x_{n_2})$$
$$+ \cdots + (x_{n_{k-1}+1} + x_{n_{k-1}+2} + \cdots + x_{n_k}) + \cdots.$$

记

$$y_1 = x_1 + x_2 + \cdots + x_{n_1},$$
$$y_2 = x_{n_1+1} + x_{n_1+2} + \cdots + x_{n_2},$$
$$\vdots$$
$$y_k = x_{n_{k-1}+1} + x_{n_{k-1}+2} + \cdots + x_{n_k},$$

则 $\sum_{n=1}^{\infty} x_n$ 按上面方式添加括号后所得的级数为 $\sum_{k=1}^{\infty} y_k$. 令 $\sum_{n=1}^{\infty} x_n$ 的部分和数列为 $\{S_n\}$,那么 $\sum_{k=1}^{\infty} y_k$ 的部分和数列为 $\{S_{n_k}\}$(S_n 是这个级数的前 k 项和),若 $\sum_{n=1}^{\infty} x_n$ 收敛,则 $\{S_n\}$ 收敛,因此由定理 1.2.7 可知,其子列 $\{S_{n_k}\}$ 收敛于 $\{S_n\}$ 的极限,这就是说,级数 $\sum_{k=1}^{\infty} y_k$ 收敛,且其和与 $\sum_{n=1}^{\infty} x_n$ 的和相同.

证毕

上述结论可以理解为,收敛的级数满足加法结合律.注意,收敛级数去掉括号后所成级数不一定收敛.例如级数

$$(1-1) + (1-1) + \cdots + (1-1) + \cdots$$

收敛于 0,但例 8.1.1 已经说明,此级数去掉括号后所成的级数

$$\sum_{n=1}^{\infty}(-1)^{n-1} = 1-1+1-1+\cdots$$

却是发散的.

定理 8.1.4（级数收敛的必要条件） 若级数 $\sum\limits_{n=1}^{\infty} x_n$ 收敛，则其通项所构成的数列 $\{x_n\}$ 满足

$$\lim_{n\to\infty} x_n = 0.$$

证 因为 $\sum\limits_{n=1}^{\infty} x_n$ 收敛，记其和 S，即该级数的部分和数列 $\{S_n\}$ 满足 $\lim\limits_{n\to\infty} S_n = S$，所以

$$\lim_{n\to\infty} x_n = \lim_{n\to\infty}(S_n - S_{n-1}) = \lim_{n\to\infty} S_n - \lim_{n\to\infty} S_{n-1} = S - S = 0.$$

证毕

要注意的是，这个条件只是必要的. 例如调和级数 $\sum\limits_{n=1}^{\infty} \dfrac{1}{n}$ 的通项 $x_n = \dfrac{1}{n}$ 趋于 0，但它却发散.

这个定理还可以用来判断某些级数的发散性.

例 8.1.6 判断级数 $\sum\limits_{n=1}^{\infty} \sqrt{\dfrac{n}{n+1}}$ 的敛散性.

解 因为该级数的通项的极限

$$\lim_{n\to\infty} \sqrt{\frac{n}{n+1}} = 1,$$

所以由定理 8.1.4 可知，级数 $\sum\limits_{n=1}^{\infty} \sqrt{\dfrac{n}{n+1}}$ 发散.

§2 正 项 级 数

正项级数的收敛原理

若一个级数中各项均为非负或均为非正，则称它为同号级数. 对于同号级数，只要研究各项均为非负的级数，因为如果级数的各项均为非正的数，则它的各项均乘以 -1 后就得到一个各项均为非负的级数，而这两个级数具有相同的敛散性. 因此我们引入如下的定义.

定义 8.2.1 如果级数 $\sum\limits_{n=1}^{\infty} x_n$ 的各项都是非负实数，即

$$x_n \geqslant 0, \quad n = 1, 2, \cdots$$

则称该级数为**正项级数**.

设 $\{S_n\}$ 为正项级数 $\sum\limits_{n=1}^{\infty} x_n$ 的部分和数列，则

$$S_n = \sum_{k=1}^{n} x_k \leqslant \sum_{k=1}^{n+1} x_k = S_{n+1}, \quad n = 1, 2, \cdots$$

所以 $\{S_n\}$ 是单调增加的. 根据单调数列的性质便可以得到

定理 8.2.1（正项级数的收敛原理） 正项级数收敛的充分必要条件是：它的部分和数列有上界.

若正项级数的部分和数列无上界，则其必发散到 $+\infty$.

例 8.2.1　讨论级数 p 级数

$$\sum_{n=1}^{\infty}\frac{1}{n^p}=1+\frac{1}{2^p}+\frac{1}{3^p}+\cdots+\frac{1}{n^p}+\cdots\quad(p>0)$$

的收敛性.

解　设 p 级数的部分和为 S_n，即

$$S_n=1+\frac{1}{2^p}+\cdots+\frac{1}{n^p}.$$

当 $0<p\leqslant1$ 时，由于 $\dfrac{1}{n^p}\geqslant\dfrac{1}{n}$，所以级数 $\displaystyle\sum_{n=1}^{\infty}\frac{1}{n^p}$ 的部分和数列 $\{S_n\}$ 满足

$$S_n\geqslant1+\frac{1}{2}+\cdots+\frac{1}{n},$$

因为级数 $\displaystyle\sum_{n=1}^{\infty}\frac{1}{n}$ 发散，所以数列 $\left\{1+\dfrac{1}{2}+\cdots+\dfrac{1}{n}\right\}$ 无上界，所以 $\{S_n\}$ 也无上界. 于是当 $0<p\leqslant1$ 时，级数 $\displaystyle\sum_{n=1}^{\infty}\frac{1}{n^p}$ 发散.

当 $p>1$ 时，由于函数 $f(x)=\dfrac{1}{x^p}$ 是严格单调减少的，则对每个正整数 $k\geqslant2$ 成立

$$\frac{1}{k^p}\leqslant\int_{k-1}^{k}\frac{1}{x^p}\mathrm{d}x=\frac{1}{p-1}\left[\frac{1}{(k-1)^{p-1}}-\frac{1}{k^{p-1}}\right].$$

于是，对于每个正整数 n 成立

$$S_n=1+\frac{1}{2^p}+\frac{1}{3^p}+\cdots+\frac{1}{n^p}$$

$$\leqslant1+\frac{1}{p-1}\left[\left(1-\frac{1}{2^{p-1}}\right)+\left(\frac{1}{2^{p-1}}-\frac{1}{3^{p-1}}\right)+\cdots+\left(\frac{1}{(n-1)^{p-1}}-\frac{1}{n^{p-1}}\right)\right]$$

$$=1+\frac{1}{p-1}\left(1-\frac{1}{n^{p-1}}\right)<1+\frac{1}{p-1}.$$

这说明数列 $\{S_n\}$ 有上界. 因此当 $p>1$ 时，级数 $\displaystyle\sum_{n=1}^{\infty}\frac{1}{n^p}$ 收敛.

注　当 $p\leqslant0$ 时，由于级数 $\displaystyle\sum_{n=1}^{\infty}\frac{1}{n^p}$ 的通项不趋于零，所以它也发散.

正项级数的比较判别法

判断一个正项级数是否收敛，最常用的方法是用一个已知收敛或发散的级数与它进行比较，这是因为有如下的判别规则.

定理 8.2.2(比较判别法)　设 $\displaystyle\sum_{n=1}^{\infty}x_n$ 和 $\displaystyle\sum_{n=1}^{\infty}y_n$ 均为正项级数，若存在常数 $A>0$，使得

$$x_n\leqslant Ay_n,\quad n=1,2,\cdots$$

则

(1) 当 $\displaystyle\sum_{n=1}^{\infty}y_n$ 收敛时，$\displaystyle\sum_{n=1}^{\infty}x_n$ 也收敛；

(2) 当 $\sum\limits_{n=1}^{\infty} x_n$ 发散时，$\sum\limits_{n=1}^{\infty} y_n$ 也发散.

证 设级数 $\sum\limits_{n=1}^{\infty} x_n$ 的部分和数列为 $\{S_n\}$，级数 $\sum\limits_{n=1}^{\infty} y_n$ 的部分和数列为 $\{T_n\}$. 那么显然有

$$S_n = x_1 + x_2 + \cdots + x_n \leqslant Ay_1 + Ay_2 + \cdots + Ay_n$$
$$= AT_n, \quad n = 1, 2, \cdots$$

于是，当 $\{T_n\}$ 有上界时，$\{S_n\}$ 也有上界；而当 $\{S_n\}$ 无上界时，$\{T_n\}$ 也无上界. 因而由定理 8.2.1 便可得出结论.

证毕

注 由于改变级数的有限个项的值，并不会改变它的收敛性或发散性(虽然在收敛的情况下可能改变它的"和")，所以比较判别法的条件可放宽为："存在正整数 N 与常数 $A>0$，使得当 $n \geqslant N$ 时成立 $x_n \leqslant Ay_n$."

例 8.2.2 判断正项级数 $\sum\limits_{n=1}^{\infty} \dfrac{\ln(1+n)}{n}$ 的收敛性.

解 由于当 $n \geqslant 2$ 时成立

$$\frac{\ln(1+n)}{n} > \frac{1}{n}.$$

而级数 $\sum\limits_{n=1}^{\infty} \dfrac{1}{n}$ 发散，由比较判别法可知 $\sum\limits_{n=1}^{\infty} \dfrac{\ln(1+n)}{n}$ 发散.

例 8.2.3 判断正项级数 $\sum\limits_{n=1}^{\infty} \dfrac{2^n + (-1)^n}{3^n}$ 的收敛性.

解 由于对任何正整数 n 都成立

$$0 < \frac{2^n + (-1)^n}{3^n} \leqslant \frac{2^n+1}{3^n} = \left(\frac{2}{3}\right)^n + \left(\frac{1}{3}\right)^n.$$

而级数 $\sum\limits_{n=1}^{\infty} \left(\dfrac{2}{3}\right)^n$ 和 $\sum\limits_{n=1}^{\infty} \left(\dfrac{1}{3}\right)^n$ 都收敛，所以级数 $\sum\limits_{n=1}^{\infty} \left[\left(\dfrac{2}{3}\right)^n + \left(\dfrac{1}{3}\right)^n\right]$ 收敛. 于是，由比较判别法可知级数 $\sum\limits_{n=1}^{\infty} \dfrac{2^n + (-1)^n}{3^n}$ 收敛.

例 8.2.4 判断正项级数 $\sum\limits_{n=1}^{\infty} 3^n \sin\dfrac{1}{4^n}$ 的收敛性.

解 因为当 $0 < x < \dfrac{\pi}{2}$ 时成立，$0 < \sin x < x$，所以对于每个正整数 n 成立

$$0 < 3^n \sin\frac{1}{4^n} \leqslant 3^n \cdot \frac{1}{4^n} = \left(\frac{3}{4}\right)^n.$$

由于级数 $\sum\limits_{n=1}^{\infty} \left(\dfrac{3}{4}\right)^n$ 收敛，由比较判别法可知 $\sum\limits_{n=1}^{\infty} 3^n \sin\dfrac{1}{4^n}$ 收敛.

以下的比较判别法的极限形式在使用上常常更为方便.

定理 8.2.3(比较判别法的极限形式) 设 $\sum\limits_{n=1}^{\infty} x_n$ 与 $\sum\limits_{n=1}^{\infty} y_n$ 均为正项级数，且 $y_n > 0$

$(n = 1, 2, \cdots)$. 如果

$$\lim_{n \to \infty} \frac{x_n}{y_n} = l \quad (0 \leqslant l \leqslant +\infty),$$

则

(1) 当 $0 \leqslant l < +\infty$ 时,若 $\sum_{n=1}^{\infty} y_n$ 收敛,则 $\sum_{n=1}^{\infty} x_n$ 也收敛;

(2) 当 $0 < l \leqslant +\infty$ 时,若 $\sum_{n=1}^{\infty} y_n$ 发散,则 $\sum_{n=1}^{\infty} x_n$ 也发散.

所以当 $0 < l < +\infty$ 时,级数 $\sum_{n=1}^{\infty} x_n$ 与 $\sum_{n=1}^{\infty} y_n$ 同时收敛或同时发散.

证 这里只证(1),(2)的证明类似.

取 $\varepsilon = 1$. 由于 $\lim_{n \to \infty} \frac{x_n}{y_n} = l$,由极限的定义可知,存在正整数 N,使得当 $n > N$ 时成立

$$\left| \frac{x_n}{y_n} - l \right| < 1,$$

从而当 $n > N$ 时成立

$$x_n < (l+1) y_n.$$

由比较判别法便得所需结论.

证毕

注 从这个定理可以看出,若数列 $\{x_n\}$ 和 $\{y_n\}$ 是不等于 0 的等价无穷小量,则正项级数 $\sum_{n=1}^{\infty} x_n$ 与 $\sum_{n=1}^{\infty} y_n$ 同时收敛或同时发散. 因此,对于一个正项级数,找一个通项比较简单,且和原级数的通项为等价无穷小量的正项级数来判断敛散性,进而就能得出原级数的敛散性.

例 8.2.5 判断正项级数 $\sum_{n=1}^{\infty} \frac{1}{n \sqrt{n+2}}$ 的收敛性.

解 由于

$$\lim_{n \to \infty} \frac{\dfrac{1}{n \sqrt{n+2}}}{\dfrac{1}{n^{\frac{3}{2}}}} = 1.$$

而级数 $\sum_{n=1}^{\infty} \frac{1}{n^{\frac{3}{2}}}$ 收敛,由比较判别法的极限形式知 $\sum_{n=1}^{\infty} \frac{1}{n \sqrt{n+2}}$ 收敛.

例 8.2.6 判断正项级数 $\sum_{n=1}^{\infty} \ln\left(1 + \frac{1}{n}\right)$ 的收敛性.

解 由于 $\ln(1+x) \sim x \ (x \to 0)$,因此 $\ln\left(1 + \frac{1}{n}\right) \sim \frac{1}{n} \ (n \to \infty)$,即

$$\lim_{n \to \infty} \frac{\ln\left(1 + \dfrac{1}{n}\right)}{\dfrac{1}{n}} = 1.$$

而级数 $\sum\limits_{n=1}^{\infty} \dfrac{1}{n}$ 发散,所以 $\sum\limits_{n=1}^{\infty} \ln\left(1+\dfrac{1}{n}\right)$ 发散.

例 8.2.7 判断正项级数 $\sum\limits_{n=1}^{\infty}\left(1-\cos\dfrac{1}{n}\right)$ 的收敛性.

解 由泰勒公式得 $\cos x = 1 - \dfrac{1}{2}x^2 + o(x^2)$ $(x\to 0)$,所以

$$1 - \cos\frac{1}{n} = 1 - \left[1 - \frac{1}{2}\left(\frac{1}{n}\right)^2 + o\left(\frac{1}{n^2}\right)\right]$$

$$= \frac{1}{2}\cdot\frac{1}{n^2} + o\left(\frac{1}{n^2}\right) \sim \frac{1}{2n^2} \quad (n\to\infty).$$

由于级数 $\sum\limits_{n=1}^{\infty}\dfrac{1}{2n^2}$ 收敛,所以级数 $\sum\limits_{n=1}^{\infty}\left(1-\cos\dfrac{1}{n}\right)$ 收敛.

柯西判别法与达朗贝尔(D'Alembert)判别法

在应用比较判别法时,首先要大致估计出级数的通项趋于零的"速度",进而找一个敛散性已知的合适级数与之比较,但这两个步骤却常常是相当困难的.因此如果能用级数自身的特征来判断其敛散性是最理想的方法.下面介绍的两个判别法就是基于这种思想.

定理 8.2.4(达朗贝尔判别法) 设 $\sum\limits_{n=1}^{\infty} x_n$ 为正项级数,且 $x_n>0$ $(n=1,2,\cdots)$.若

$$\lim_{n\to\infty}\frac{x_{n+1}}{x_n} = r,$$

则

(1) 当 $r<1$ 时,级数 $\sum\limits_{n=1}^{\infty} x_n$ 收敛;

(2) 当 $r>1$ 时,级数 $\sum\limits_{n=1}^{\infty} x_n$ 发散.

注 这个判别法也称为**比值判别法**.

证 (1) 当 $r<1$ 时.取正数 q 使得 $r<q<1$.由于 $\lim\limits_{n\to\infty}\dfrac{x_{n+1}}{x_n}=r$,则由极限的定义可知,存在正整数 N,使得当 $n>N$ 时成立

$$\frac{x_{n+1}}{x_n} < q.$$

由于改变级数的有限项并不影响其敛散性,不妨设以上不等式对一切正整数 n 成立,于是

$$x_{n+1} < qx_n < q^2 x_{n-1} < \cdots < q^n x_1.$$

因为 $\sum\limits_{n=1}^{\infty} q^n$ 收敛,由比较判别法可知 $\sum\limits_{n=1}^{\infty} x_n$ 收敛.

(2) 当 $r>1$ 时.由极限的性质可知,存在正整数 N,使得当 $n>N$ 时成立 $\dfrac{x_{n+1}}{x_n}>1$.于是当 $n>N$ 时成立

$$x_{n+1} > x_n > x_{N+1} > 0.$$

这说明级数 $\sum\limits_{n=1}^{\infty} x_n$ 的一般项不趋于零,从而它发散.

证毕

注 当 $r=1$ 时,达朗贝尔判别法失效,即此时级数可能收敛,也可能发散. 这一点通过考察级数 $\sum\limits_{n=1}^{\infty} \dfrac{1}{n^2}$ 和 $\sum\limits_{n=1}^{\infty} \dfrac{1}{n}$ 便可知道.

例 8.2.8 判断正项级数 $\sum\limits_{n=1}^{\infty} n^2 a^n (a > 0)$ 的收敛性.

解 令 $x_n = n^2 a^n$,则

$$\lim_{n \to \infty} \frac{x_{n+1}}{x_n} = \lim_{n \to \infty} \frac{(n+1)^2 a^{n+1}}{n^2 a^n} = \lim_{n \to \infty} a \cdot \frac{(n+1)^2}{n^2} = a.$$

由达朗贝尔判别法可知,当 $a < 1$ 时,级数 $\sum\limits_{n=1}^{\infty} n^2 a^n$ 收敛;而当 $a > 1$ 时,级数发散. 当 $a = 1$ 时,不能用达朗贝尔判别法来判断,但这时级数的通项为 $x_n = n^2$,它趋于 $+\infty$,所以级数也发散.

例 8.2.9 判断正项级数 $\sum\limits_{n=1}^{\infty} \dfrac{n^n}{3^n \cdot n!}$ 的收敛性.

解 令 $x_n = \dfrac{n^n}{3^n \cdot n!}$,则

$$\lim_{n \to \infty} \frac{x_{n+1}}{x_n} = \lim_{n \to \infty} \frac{(n+1)^{n+1}}{3^{n+1} \cdot (n+1)!} \cdot \frac{3^n \cdot n!}{n^n}$$

$$= \lim_{n \to \infty} \frac{1}{3} \left(1 + \frac{1}{n}\right)^n = \frac{e}{3} < 1,$$

由达朗贝尔判别法可知,级数 $\sum\limits_{n=1}^{\infty} \dfrac{n^n}{3^n \cdot n!}$ 收敛.

定理 8.2.5(柯西判别法) 设 $\sum\limits_{n=1}^{\infty} x_n$ 为正项级数. 若

$$\lim_{n \to \infty} \sqrt[n]{x_n} = r,$$

则

(1) 当 $r < 1$ 时,级数 $\sum\limits_{n=1}^{\infty} x_n$ 收敛;

(2) 当 $r > 1$ 时,级数 $\sum\limits_{n=1}^{\infty} x_n$ 发散.

注 这个判别法也称为**根值判别法**.

证 (1) 当 $r < 1$ 时. 取 q 满足 $r < q < 1$. 因为 $\lim\limits_{n \to \infty} \sqrt[n]{x_n} = r$,则由极限的定义可知,存在正整数 N,使得当 $n > N$ 时成立

$$\sqrt[n]{x_n} < q,$$

于是

$$x_n < q^n.$$

因为 $0<q<1$，所以 $\sum\limits_{n=1}^{\infty}q^n$ 收敛，由比较判别法可知 $\sum\limits_{n=1}^{\infty}x_n$ 收敛.

（2）当 $r>1$ 时.由极限的性质可知，存在正整数 N，使得当 $n>N$ 时成立 $\sqrt[n]{x_n}>1$.于是 $x_n>1\ (n>N)$.故级数 $\sum\limits_{n=1}^{\infty}x_n$ 的一般项不趋于零，从而它发散.

证毕

注 当 $r=1$ 时，柯西判别法失效，即此时级数可能收敛，也可能发散.这一点可通过考察级数 $\sum\limits_{n=1}^{\infty}\frac{1}{n^2}$ 和 $\sum\limits_{n=1}^{\infty}\frac{1}{n}$ 便可知道.

例 8.2.10 判断正项级数 $\sum\limits_{n=1}^{\infty}\left(\frac{2n}{3n+1}\right)^n$ 的收敛性.

解 令 $x_n=\left(\frac{2n}{3n+1}\right)^n$，则

$$\lim_{n\to\infty}\sqrt[n]{x_n}=\lim_{n\to\infty}\sqrt[n]{\left(\frac{2n}{3n+1}\right)^n}=\lim_{n\to\infty}\frac{2n}{3n+1}=\frac{2}{3}.$$

于是由柯西判别法可知，级数 $\sum\limits_{n=1}^{\infty}\left(\frac{2n}{3n+1}\right)^n$ 收敛.

例 8.2.11 判断正项级数 $\sum\limits_{n=1}^{\infty}\frac{x^n}{1+x^{2n}}\ (x>0)$ 的收敛性.

解 由于

$$\max(1,x^2)\leqslant\sqrt[n]{1+x^{2n}}\leqslant\max(1,x^2)\sqrt[n]{2},$$

注意到 $\lim\limits_{n\to\infty}\sqrt[n]{2}=1$，利用极限的夹逼性可得 $\lim\limits_{n\to\infty}\sqrt[n]{1+x^{2n}}=\max(1,x^2)$.因此当 $x\neq1$ 时成立

$$\lim_{n\to\infty}\sqrt[n]{\frac{x^n}{1+x^{2n}}}=\frac{x}{\max(1,x^2)}<1.$$

所以柯西判别法可知，当 $x\neq1$ 时级数收敛.而当 $x=1$ 时级数的通项为 $\frac{1}{2}$，因此级数发散.

积分判别法

细心的读者会发现，正项级数的基本性质和比较判别法与非负函数在无限区间上的反常积分的相应性质和判别法十分相似.事实上，它们之间的确有着密切的联系.下面介绍的积分判别法，就是利用反常积分的敛散性来判别正项级数的敛散性的方法.

定理 8.2.6（积分判别法） 设函数 f 在 $[1,+\infty)$ 上非负，连续，且单调减少，正项级数 $\sum\limits_{n=1}^{\infty}f(n)$ 与反常积分 $\int_1^{+\infty}f(x)\mathrm{d}x$ 同时收敛或同时发散.

证 记正项级数 $\sum\limits_{n=1}^{\infty}f(n)$ 的部分和为 S_n，即

$$S_n=f(1)+f(2)+\cdots+f(n),$$

由于函数 f 在 $[1,+\infty)$ 上非负，连续，且单调减少，则有

$$0\leqslant f(n)\leqslant\int_{n-1}^n f(x)\mathrm{d}x\leqslant f(n-1),\quad n=2,3,\cdots.$$

因此

$$\int_1^{n+1} f(x)\mathrm{d}x = \int_1^2 f(x)\mathrm{d}x + \int_2^3 f(x)\mathrm{d}x + \cdots + \int_n^{n+1} f(x)\mathrm{d}x$$

$$\leqslant f(1) + f(2) + \cdots + f(n) = S_n$$

$$\leqslant f(1) + \int_1^2 f(x)\mathrm{d}x + \cdots + \int_{n-1}^n f(x)\mathrm{d}x$$

$$= f(1) + \int_1^n f(x)\mathrm{d}x.$$

当 $\int_1^{+\infty} f(x)\mathrm{d}x$ 收敛时,从上式可得 $S_n \leqslant f(1) + \int_1^{+\infty} f(x)\mathrm{d}x$,这说明数列 $\{S_n\}$ 有上界,因此级数 $\sum_{n=1}^{\infty} f(n)$ 收敛. 当 $\int_1^{+\infty} f(x)\mathrm{d}x$ 发散时,由于 $f(x) \geqslant 0\ (1 \leqslant x < +\infty)$,则数列 $\left\{\int_1^{n+1} f(x)\mathrm{d}x\right\}$ 无上界,于是再由上面的不等式知,数列 $\{S_n\}$ 也无上界,因此级数 $\sum_{n=1}^{\infty} f(n)$ 发散.

证毕

当 $p > 0$ 时,取函数 $f(x) = \dfrac{1}{x^p}\ (1 \leqslant x < +\infty)$,则利用积分判别法和广义积分 $\int_1^{+\infty} \dfrac{\mathrm{d}x}{x^p}$ 的敛散性很容易验证:p 级数 $\sum_{n=1}^{\infty} \dfrac{1}{n^p}$ 当 $p > 1$ 时收敛;当 $0 < p \leqslant 1$ 时发散.

例 8.2.12 判断正项级数 $\sum_{n=2}^{\infty} \dfrac{1}{n\ln^p n}$ 的收敛性($p > 0$).

解 取 $f(x) = \dfrac{1}{x\ln^p x}\ (2 \leqslant x < +\infty)$,则函数 f 在 $[2, +\infty)$ 上满足积分判别法的条件,且 $\sum_{n=2}^{\infty} f(n) = \sum_{n=2}^{\infty} \dfrac{1}{n\ln^p n}$. 由于对于任何 $A > 2$ 成立

$$\int_2^A f(x)\mathrm{d}x = \begin{cases} \dfrac{1}{1-p}\ln^{1-p}A - \dfrac{1}{1-p}\ln^{1-p}2, & p \neq 1, \\ \ln\ln A - \ln\ln 2, & p = 1, \end{cases}$$

所以广义积分 $\int_2^{+\infty} f(x)\mathrm{d}x$ 当 $p > 1$ 时收敛;当 $0 < p \leqslant 1$ 时发散. 于是由积分判别法可知,级数 $\sum_{n=2}^{\infty} \dfrac{1}{n\ln^p n}$ 当 $p > 1$ 时收敛;当 $0 < p \leqslant 1$ 时发散.

§3 任意项级数

由于改变级数有限个项的数值,并不改变级数的收敛性或发散性,因此,如果一个级数只有有限个负项或有限个正项,都可以用正项级数的各种判别法来判断其收敛性. 如果一个级数既有无限个正项,又有无限个负项,那么正项级数的各种判别法就不再适用. 因此,我们还得转向讨论任意项级数,也就是对级数的通项不作正负限制的级数.

交错级数

先考虑一类特殊的任意项级数.

定义 8.3.1　设 $u_n > 0$ $(n = 1, 2, \cdots)$. 称形式为

$$\sum_{n=1}^{\infty} (-1)^{n+1} u_n = u_1 - u_2 + u_3 - u_4 + \cdots + (-1)^{n+1} u_n + \cdots$$

或

$$\sum_{n=1}^{\infty} (-1)^n u_n = -u_1 + u_2 - u_3 + u_4 - \cdots + (-1)^n u_n + \cdots$$

的级数为**交错级数**.

由于定义中的第二类级数的各项均乘以 -1 后就成为第一类级数,且不改变其敛散性. 所以我们只考虑到第一类级数.

定理 8.3.1(莱布尼茨判别法)　若交错级数 $\sum\limits_{n=1}^{\infty} (-1)^{n+1} u_n$ 满足

(1) $u_n \geqslant u_{n+1}$ $(n = 1, 2, \cdots)$;

(2) $\lim\limits_{n \to \infty} u_n = 0$,

即数列 $\{u_n\}$ 单调减少地趋于零. 则级数 $\sum\limits_{n=1}^{\infty} (-1)^{n+1} u_n$ 收敛,且成立

$$0 \leqslant \sum_{n=1}^{\infty} (-1)^{n+1} u_n \leqslant u_1.$$

证　设交错级数 $\sum\limits_{n=1}^{\infty} (-1)^{n+1} u_n$ 的部分和数列为 $\{S_n\}$. 注意到数列 $\{u_n\}$ 是单调减少的,从而

$$S_{2(n+1)} = S_{2n} + (u_{2n+1} - u_{2n+2}) \geqslant S_{2n},$$

这说明数列 $\{S_{2n}\}$ 是单调增加的. 由于

$$S_{2n} = u_1 - (u_2 - u_3) - \cdots - (u_{2n-2} - u_{2n-1}) - u_{2n} \leqslant u_1,$$

因此数列 $\{S_{2n}\}$ 还有上界,所以它收敛. 设 $\lim\limits_{n \to \infty} S_{2n} = S$,则显然有 $S \leqslant u_1$.

由于 $\lim\limits_{n \to \infty} u_n = 0$,所以

$$\lim_{n \to \infty} S_{2n+1} = \lim_{n \to \infty} (S_{2n} + u_{2n+1}) = \lim_{n \to \infty} S_{2n} + \lim_{n \to \infty} u_{2n+1} = S,$$

因此 $\lim\limits_{n \to \infty} S_n = S$. 于是,交错级数 $\sum\limits_{n=1}^{\infty} (-1)^{n+1} u_n$ 收敛,且和为 S.

证毕

注　满足以上定理条件的级数也称为**莱布尼茨级数**,所以莱布尼茨级数必收敛. 利用定理的证明方法还可以知道,对于莱布尼茨级数的余项

$$r_n = \sum_{k=n+1}^{\infty} (-1)^{k+1} u_k$$

有如下估计

$$|r_n| \leqslant u_{n+1}.$$

它在近似计算中有着重要应用.

例 8.3.1 讨论级数 $\sum\limits_{n=1}^{\infty} \dfrac{(-1)^{n+1}}{n^p}$ ($p>0$) 的收敛性.

解 此级数是交错级数. 由于数列 $\left\{\dfrac{1}{n^p}\right\}$ 单调减少趋于零, 由莱布尼茨判别法知, 级数 $\sum\limits_{n=1}^{\infty} \dfrac{(-1)^{n+1}}{n^p}$ 收敛.

例 8.3.2 判断级数 $\sum\limits_{n=1}^{\infty} (-1)^{n+1} \sin\dfrac{1}{n}$ 的收敛性.

解 记 $u_n = \sin\dfrac{1}{n}$. 由于

$$u_n = \sin\frac{1}{n} > \sin\frac{1}{n+1} = u_{n+1},$$

且

$$\lim_{n\to\infty} u_n = \lim_{n\to\infty} \sin\frac{1}{n} = 0,$$

由莱布尼茨判别法知, $\sum\limits_{n=1}^{\infty} (-1)^{n+1} \sin\dfrac{1}{n}$ 收敛.

例 8.3.3 判断级数 $\sum\limits_{n=2}^{\infty} (-1)^n \dfrac{\ln n}{\ln(n+1)}$ 的收敛性.

解 此级数为交错级数. 但由于

$$\lim_{n\to\infty} \left| (-1)^n \frac{\ln n}{\ln(n+1)} \right| = \lim_{n\to\infty} \frac{\ln n}{\ln(n+1)} = 1,$$

所以级数的通项不趋于零, 因此级数 $\sum\limits_{n=2}^{\infty} (-1)^n \dfrac{\ln n}{\ln(n+1)}$ 发散.

绝对收敛与条件收敛

对于一般的任意项级数, 其通项通常不会有很强的规律性, 但若一个任意项级数的通项均取绝对值后所成的级数收敛, 则原级数还是收敛的, 这就是下面的定理:

定理 8.3.2 若级数 $\sum\limits_{n=1}^{\infty} |x_n|$ 收敛, 则级数 $\sum\limits_{n=1}^{\infty} x_n$ 也收敛.

证 设 $y_n = \dfrac{1}{2}(x_n + |x_n|)$, 则有

$$0 \leqslant y_n \leqslant |x_n|.$$

因为正项级数 $\sum\limits_{n=1}^{\infty} |x_n|$ 收敛, 由比较判别法知正项级数 $\sum\limits_{n=1}^{\infty} y_n$ 收敛. 再由定理 8.1.1 可知, 级数

$$\sum_{n=1}^{\infty} x_n = \sum_{n=1}^{\infty} (2y_n - |x_n|)$$

收敛.

证毕

注意,定理 8.3.2 的逆命题是不成立的,即不能由 $\sum_{n=1}^{\infty} x_n$ 收敛来断言 $\sum_{n=1}^{\infty} |x_n|$ 也收

敛. 例如,级数 $\sum_{n=1}^{\infty} \frac{(-1)^{n+1}}{n}$ 收敛,但它的每项取绝对值后,所得到的级数 $\sum_{n=1}^{\infty} \frac{1}{n}$ 却是发散

的. 这种现象也引出如下定义.

定义 8.3.2 如果级数 $\sum_{n=1}^{\infty} |x_n|$ 收敛,则称级数 $\sum_{n=1}^{\infty} x_n$ 为**绝对收敛**级数. 如果级数

$\sum_{n=1}^{\infty} x_n$ 收敛而 $\sum_{n=1}^{\infty} |x_n|$ 发散,则称 $\sum_{n=1}^{\infty} x_n$ 为**条件收敛**级数.

例如,级数 $\sum_{n=1}^{\infty} \frac{(-1)^{n+1}}{n}$ 就是一个条件收敛级数.

由于级数 $\sum_{n=1}^{\infty} |x_n|$ 是正项级数,所以关于正项级数的收敛性的判别法都可以用来判

别任意项级数的绝对收敛性. 例如,我们有

定理 8.3.3（达朗贝尔判别法） 若级数 $\sum_{n=1}^{\infty} x_n$ 的通项满足

$$\lim_{n \to \infty} \frac{|x_{n+1}|}{|x_n|} = r,$$

则

(1) 当 $r < 1$ 时,级数 $\sum_{n=1}^{\infty} x_n$ 绝对收敛;

(2) 当 $r > 1$ 时,级数 $\sum_{n=1}^{\infty} x_n$ 发散.

这个定理的(1)的证明可以直接利用定理 8.2.4 的结论. 事实上,这时由正项级数的

达朗贝尔判别法可知 $\sum_{n=1}^{\infty} |x_n|$ 收敛,因而 $\sum_{n=1}^{\infty} x_n$ 绝对收敛. 但(2)的证明却不能直接利用

定理 8.2.4 的结论,只能应用其证明方法. 事实上,由 $r > 1$ 可以推出 $|x_n|$ 不趋于 0,因此

x_n 也不趋于 0,这说明级数 $\sum_{n=1}^{\infty} x_n$ 发散.

类似地可给出关于绝对收敛的柯西判别法,这就是:

定理 8.3.4（柯西判别法） 若级数 $\sum_{n=1}^{\infty} x_n$ 的通项满足

$$\lim_{n \to \infty} \sqrt[n]{|x_n|} = r,$$

则

(1) 当 $r < 1$ 时,级数 $\sum_{n=1}^{\infty} x_n$ 绝对收敛;

(2) 当 $r > 1$ 时,级数 $\sum_{n=1}^{\infty} x_n$ 发散.

例 8.3.4 设 x 为实数. 讨论级数 $\sum_{n=1}^{\infty} \frac{1}{n^2} \sin nx$ 的收敛性.

解　因为

$$\left|\frac{1}{n^2}\sin nx\right|\leqslant\frac{1}{n^2},$$

而正项级数 $\sum\limits_{n=1}^{\infty}\frac{1}{n^2}$ 收敛,所以由比较判别法可知级数 $\sum\limits_{n=1}^{\infty}\left|\frac{1}{n^2}\sin nx\right|$ 收敛. 因此级数 $\sum\limits_{n=1}^{\infty}\frac{1}{n^2}\sin nx$ 绝对收敛.

例 8.3.5　设 x 为实数. 讨论级数 $\sum\limits_{n=1}^{\infty}\frac{x^n}{n4^n}$ 的收敛性.

解　记 $x_n=\frac{x^n}{n4^n}$. 因为

$$\lim_{n\to\infty}\frac{|x_{n+1}|}{|x_n|}=\lim_{n\to\infty}\frac{\frac{|x|^{n+1}}{(n+1)4^{n+1}}}{\frac{|x|^n}{n4^n}}=\lim_{n\to\infty}\frac{|x|}{4}\cdot\frac{n}{n+1}=\frac{|x|}{4},$$

所以由定理 8.3.3 知:

(1) 当 $\frac{|x|}{4}<1$, 即 $|x|<4$ 时,级数 $\sum\limits_{n=1}^{\infty}\frac{x^n}{n4^n}$ 绝对收敛;

(2) 当 $\frac{|x|}{4}>1$, 即 $|x|>4$ 时,级数 $\sum\limits_{n=1}^{\infty}\frac{x^n}{n4^n}$ 发散;

(3) 当 $|x|=4$ 时,不能应用定理 8.3.3. 但当 $x=4$ 时,原级数为 $\sum\limits_{n=1}^{\infty}\frac{1}{n}$, 它发散;当 $x=-4$ 时,原级数为 $\sum\limits_{n=1}^{\infty}(-1)^n\frac{1}{n}$, 它条件收敛.

综上所述,当 $-4\leqslant x<4$ 时,级数 $\sum\limits_{n=1}^{\infty}\frac{x^n}{n4^n}$ 收敛. 当 $x<-4$ 或 $x\geqslant4$ 时,级数 $\sum\limits_{n=1}^{\infty}\frac{x^n}{n4^n}$ 发散.

更序级数

在本章第一节中已经证明,加法结合律对收敛的级数是成立的. 那么,加法交换律对于收敛的级数是否也成立呢? 也就是说,将一个收敛级数 $\sum\limits_{n=1}^{\infty}x_n$ 的项任意重新排列,得到的新级数 $\sum\limits_{n=1}^{\infty}\widetilde{x}_n\left(称为\sum\limits_{n=1}^{\infty}x_n 的\textbf{更序级数}\right)$ 是否仍然收敛呢? 如果它收敛,其和是否保持不变,即是否成立 $\sum\limits_{n=1}^{\infty}\widetilde{x}_n=\sum\limits_{n=1}^{\infty}x_n$ 呢? 我们来看一个例子.

例 8.3.6　考虑交错级数 $\sum\limits_{n=1}^{\infty}\frac{(-1)^{n+1}}{n}$. 我们已经知道,它是一个条件收敛级数,设它的和为 A. 由定理 8.3.1 知 $\sum\limits_{n=3}^{\infty}\frac{(-1)^{n+1}}{n}\geqslant0$, 所以

$$A = 1 - \frac{1}{2} + \frac{1}{3} - \frac{1}{4} + \cdots + \frac{(-1)^{n+1}}{n} + \cdots$$

$$= 1 - \frac{1}{2} + \sum_{n=3}^{\infty} \frac{(-1)^{n+1}}{n} \geqslant 1 - \frac{1}{2} = \frac{1}{2}.$$

现在按下述规则构造 $\sum\limits_{n=1}^{\infty} \dfrac{(-1)^{n+1}}{n}$ 的更序级数 $\sum\limits_{n=1}^{\infty} \widetilde{x}_n$：顺次地在每一个正项后面接两个负项，即

$$\sum_{n=1}^{\infty} \widetilde{x}_n = 1 - \frac{1}{2} - \frac{1}{4} + \frac{1}{3} - \frac{1}{6} - \frac{1}{8} + \cdots + \frac{1}{2k-1} - \frac{1}{4k-2} - \frac{1}{4k} + \cdots.$$

设 $\sum\limits_{n=1}^{\infty} \dfrac{(-1)^{n+1}}{n}$ 的部分和为 S_n，$\sum\limits_{n=1}^{\infty} \widetilde{x}_n$ 的部分和为 $\widetilde{S}_n$. 则

$$\widetilde{S}_{3n} = \sum_{k=1}^{n} \left(\frac{1}{2k-1} - \frac{1}{4k-2} - \frac{1}{4k} \right) = \sum_{k=1}^{n} \left(\frac{1}{4k-2} - \frac{1}{4k} \right)$$

$$= \frac{1}{2} \sum_{k=1}^{n} \left(\frac{1}{2k-1} - \frac{1}{2k} \right) = \frac{1}{2} S_{2n},$$

于是

$$\lim_{n \to \infty} \widetilde{S}_{3n} = \frac{1}{2} S_{2n} = \frac{A}{2}.$$

由于 $\widetilde{S}_{3n-1} = \widetilde{S}_{3n} + \dfrac{1}{4n}$，$\widetilde{S}_{3n+1} = \widetilde{S}_{3n} + \dfrac{1}{2n+1}$，所以

$$\lim_{n \to \infty} \widetilde{S}_{3n-1} = \lim_{n \to \infty} \widetilde{S}_{3n+1} = \lim_{n \to \infty} \widetilde{S}_{3n} = \frac{A}{2}.$$

因而 $\lim\limits_{n \to \infty} \widetilde{S}_n = \dfrac{A}{2}$，于是

$$\sum_{n=1}^{\infty} \widetilde{x}_n = \frac{A}{2}.$$

这说明尽管级数 $\sum\limits_{n=1}^{\infty} \dfrac{(-1)^{n+1}}{n}$ 是收敛的，但加法交换律对它却不成立. 同时它也说明了，要使加法交换律对于级数仍成立，仅有收敛的条件是不够的. 下面的两个结论说明，加法交换律对于绝对收敛级数仍成立，但对条件收敛级数却不成立. 能否满足加法交换律，是绝对收敛级数与条件收敛级数的一个本质区别.

定理 8.3.5 若级数 $\sum\limits_{n=1}^{\infty} x_n$ 绝对收敛，则它的更序级数 $\sum\limits_{n=1}^{\infty} \widetilde{x}_n$ 也绝对收敛，且和不变，即

$$\sum_{n=1}^{\infty} \widetilde{x}_n = \sum_{n=1}^{\infty} x_n.$$

定理 8.3.6 若级数 $\sum\limits_{n=1}^{\infty} x_n$ 条件收敛，则对于任意给定的 $a\, (-\infty \leqslant a \leqslant +\infty)$，必存在 $\sum\limits_{n=1}^{\infty} x_n$ 的更序级数 $\sum\limits_{n=1}^{\infty} \widetilde{x}_n$，使得 $\sum\limits_{n=1}^{\infty} \widetilde{x}_n = a$.

这两个定理的证明从略.

§4 幂 级 数

函数项级数

前面我们讨论的级数的通项都是常数,因此我们也称这种级数为**数项级数**. 现在将级数的概念推广到通项为函数的情况. 设 $u_n(n=1,2,\cdots)$ 是一列定义在实数集 I 上的函数(这时也称 $\{u_n\}$ 为**函数序列**),称用加号将这列函数按顺序连接起来的表达式

$$u_1 + u_2 + \cdots + u_n + \cdots$$

为**函数项级数**,记为 $\sum\limits_{n=1}^{\infty} u_n$,也常记为 $\sum\limits_{n=1}^{\infty} u_n(x)$.

函数项级数的收敛性可以借助数项级数的收敛性得到.

定义 8.4.1 若对于固定的 $x_0 \in I$,数项级数 $\sum\limits_{n=1}^{\infty} u_n(x_0)$ 收敛,则称函数项级数 $\sum\limits_{n=1}^{\infty} u_n(x)$ 在点 x_0 收敛,或称 x_0 是 $\sum\limits_{n=1}^{\infty} u_n(x)$ 的**收敛点**. 这些收敛点全体所构成的集合 D 称为函数项级数 $\sum\limits_{n=1}^{\infty} u_n(x)$ 的**收敛域**.

对于收敛域 D 上的每一个点 x,都对应了一个收敛的函数项级数 $\sum\limits_{n=1}^{\infty} u_n(x)$,记其和为 $S(x)$,这样就定义了一个 D 上的函数

$$S(x) = \sum_{n=1}^{\infty} u_n(x), \quad x \in D,$$

称之为函数项级数 $\sum\limits_{n=1}^{\infty} u_n(x)$ 的**和函数**.

数项级数的和是由其部分和数列的极限来定义的,类似地,定义函数项级数 $\sum\limits_{n=1}^{\infty} u_n(x)$ 的**部分和函数**为

$$S_n(x) = \sum_{k=1}^{n} u_k(x), \quad x \in I.$$

因此由和函数的定义知,$\sum\limits_{n=1}^{\infty} u_n(x)$ 的和函数 S 在任一点 $x \in D$ 的值 $S(x)$ 就是每个函数 S_n 在 x 点的值 $S_n(x)$ 所构成的数列 $\{S_n(x)\}$ 的极限,即

$$S(x) = \lim_{n \to \infty} S_n(x) = \lim_{n \to \infty} \sum_{k=1}^{n} u_k(x), \quad x \in D.$$

与数项级数类似,在收敛域 D 上定义

$$r_n(x) = S(x) - S_n(x) = \sum_{k=n+1}^{\infty} u_k(x), \quad x \in D,$$

称之为函数项级数 $\sum\limits_{n=1}^{\infty} u_n(x)$ 的**余项**.

例 8.4.1 考虑定义于 $\mathbf{R}=(-\infty,+\infty)$ 上的函数序列：$u_n(x)=x^n(n=1,2,\cdots)$. 显然对于每个固定的 $x\in\mathbf{R}$，$\sum\limits_{n=1}^{\infty}u_n(x)=\sum\limits_{n=1}^{\infty}x^n$ 是几何级数. 这个函数项级数的收敛域为 $(-1,1)$，和函数为

$$S(x)=\sum_{n=1}^{\infty}x^n=x\sum_{n=1}^{\infty}x^{n-1}=\frac{x}{1-x}.$$

这个例子也说明了，函数项级数的收敛域并不一定是构成该级数的函数序列的公共定义域.

幂级数

一般来说，函数项级数的形式是很复杂的，要确定其收敛域与和函数非常困难. 但有一类函数项级数的形式与收敛域都比较简单，它可以认为是多项式的推广，这就是幂级数.

形如

$$\sum_{n=0}^{\infty}a_n(x-x_0)^n=a_0+a_1(x-x_0)+a_2(x-x_0)^2$$
$$+\cdots+a_n(x-x_0)^n+\cdots$$

的函数项级数称为 $x-x_0$ 的**幂级数**，简称为**幂级数**，其中 $a_n(n=0,1,2,\cdots)$ 为常数，称为该幂级数的**系数**.

例如，$\sum\limits_{n=0}^{\infty}(x-1)^n$ 和 $\sum\limits_{n=0}^{\infty}\dfrac{x^n}{n!}$ 都是幂级数.

显然幂级数 $\sum\limits_{n=0}^{\infty}a_n(x-x_0)^n$ 在 $x=x_0$ 点总是收敛的.

我们常取 $x_0=0$，也就是先讨论 x 的幂级数

$$\sum_{n=0}^{\infty}a_nx^n=a_0+a_1x+a_2x^2+\cdots+a_nx^n+\cdots$$

只要把这种幂级数研究清楚了，然后只要再做一个平移 $x=t-x_0$，所得的结果就可以平行推广到 $\sum\limits_{n=0}^{\infty}a_n(t-x_0)^n$，即 $\sum\limits_{n=0}^{\infty}a_n(x-x_0)^n$ 的情况.

我们自然要研究的问题是，对于给定的幂级数，它何时是收敛的？有什么性质？如何计算它的和函数的导数与积分等？

首先，下面的阿贝尔(Abel)定理说明，幂级数的收敛域是一个区间(可能包含端点也可能不包含端点，也可能仅为一点)

定理 8.4.1(阿贝尔定理) 若幂级数 $\sum\limits_{n=0}^{\infty}a_nx^n$ 在 $x_0(x_0\neq0)$ 点收敛，那么对于一切满足 $|x|<|x_0|$ 的 x，它绝对收敛；若幂级数 $\sum\limits_{n=0}^{\infty}a_nx^n$ 在 x_0 点发散，那么对于一切满足 $|x|>|x_0|$ 的 x，它也发散.

证　设 $x_0(x_0 \neq 0)$ 是幂级数 $\sum\limits_{n=0}^{\infty} a_n x^n$ 的收敛点. 根据数项级数收敛的必要条件知, $\lim\limits_{n\to\infty} a_n x_0^n = 0$. 因此存在正数 M, 使得

$$|a_n x_0^n| \leqslant M, \quad n = 0, 1, 2, \cdots.$$

于是, 对于每个满足 $|x| < |x_0|$ 的 x 有

$$|a_n x^n| = \left| a_n x_0^n \cdot \frac{x^n}{x_0^n} \right| \leqslant M \left| \frac{x}{x_0} \right|^n.$$

由于几何级数 $\sum\limits_{n=0}^{\infty} M \left| \dfrac{x}{x_0} \right|^n$ 收敛, 因此 $\sum\limits_{n=0}^{\infty} |a_n x^n|$ 也收敛, 即幂级数 $\sum\limits_{n=0}^{\infty} a_n x^n$ 在 x 点绝对收敛.

若幂级数 $\sum\limits_{n=0}^{\infty} a_n x^n$ 在 x_0 点发散, 则每个对于满足 $|x| > |x_0|$ 的 x, 它也发散. 否则的话, 由刚才的证明知道, 幂级数在 x 点收敛, 就决定了它在 x_0 点收敛, 这与假设矛盾.

证毕

这个定理说明, 一定存在一个 $R(0 \leqslant R \leqslant +\infty)$, 使得幂级数 $\sum\limits_{n=0}^{\infty} a_n x^n$ 的收敛域就是从 $-R$ 到 R 的整个区间 (R 为正实数时可能包含端点也可能不包含端点; $R = 0$ 时就是一点 $x = 0$), 并且在区间内部, 它绝对收敛. 这个区间也称为该幂级数的**收敛区间**, R 称为**收敛半径**.

对于幂级数 $\sum\limits_{n=0}^{\infty} a_n x^n$, 若 $l = \lim\limits_{n\to\infty} \left| \dfrac{a_{n+1}}{a_n} \right|$ 存在或为 $+\infty$, 则对于任意 $x \neq 0$ 有

$$\lim_{n\to\infty} \frac{|a_{n+1} x^{n+1}|}{|a_n x^n|} = \lim_{n\to\infty} \left| \frac{a_{n+1}}{a_n} \right| |x| = \begin{cases} l|x|, & l \neq +\infty, \\ +\infty, & l = +\infty. \end{cases}$$

根据数项级数的达朗贝尔判别法知:

(1) 若 $l = 0$, 则 $l|x| = 0$, 这时 $\sum\limits_{n=0}^{\infty} a_n x^n$ 对于任意 $x \in (-\infty, +\infty)$ 绝对收敛.

(2) 若 $0 < l < +\infty$, 则当 $l|x| < 1$, 即 $|x| < \dfrac{1}{l}$ 时, $\sum\limits_{n=0}^{\infty} a_n x^n$ 绝对收敛; 当 $l|x| > 1$, 即 $|x| > \dfrac{1}{l}$ 时, $\sum\limits_{n=0}^{\infty} a_n x^n$ 发散.

(3) 若 $l = +\infty$, 则对于任意 $x \neq 0$, $\sum\limits_{n=0}^{\infty} a_n x^n$ 发散. 即幂级数 $\sum\limits_{n=0}^{\infty} a_n x^n$ 的收敛域仅为单点集 $\{0\}$.

因此若令

$$R = \begin{cases} +\infty, & \text{当 } l = 0, \\ \dfrac{1}{l}, & \text{当 } l \in (0, +\infty), \\ 0, & \text{当 } l = +\infty. \end{cases}$$

则有

定理 8.4.2(达朗贝尔-阿达玛(Hadamard)定理) 若幂级数 $\sum\limits_{n=0}^{\infty}a_n x^n$ 的系数满足

$$\lim_{n\to\infty}\left|\frac{a_{n+1}}{a_n}\right|=l \quad (0\leqslant l\leqslant+\infty),$$

R 同上定义,那么 $\sum\limits_{n=0}^{\infty}a_n x^n$ 当 $|x|<R$ 时收敛;当 $|x|>R$ 时发散,即 R 为幂级数 $\sum\limits_{n=0}^{\infty}a_n x^n$ 的收敛半径.

这个定理也说明,当 $R=+\infty$ 时,幂级数 $\sum\limits_{n=0}^{\infty}a_n x^n$ 对一切 x 都是绝对收敛的;当 $R=0$ 时,该幂级数仅当 $x=0$ 时收敛;当 R 为正实数时,该幂级数在区间 $(-R,R)$ 上绝对收敛.注意,在这个区间的端点 $x=\pm R$,幂级数收敛与否需另行判断.

由柯西判别法,如果 $\lim\limits_{n\to\infty}\sqrt[n]{|a_n|}=l$ 存在或为 $+\infty$,则可如上同样确定幂级数 $\sum\limits_{n=0}^{\infty}a_n x^n$ 的收敛半径 R,这个结论也称为柯西-阿达玛定理.

例 8.4.2 求幂级数 $\sum\limits_{n=1}^{\infty}\dfrac{x^n}{n!}$ 的收敛半径和收敛域.

解 记 $a_n=\dfrac{1}{n!}$. 则

$$\lim_{n\to\infty}\left|\frac{a_{n+1}}{a_n}\right|=\lim_{n\to\infty}\frac{\frac{1}{(n+1)!}}{\frac{1}{n!}}=\lim_{n\to\infty}\frac{1}{n+1}=0.$$

所以幂级数 $\sum\limits_{n=1}^{\infty}\dfrac{x^n}{n!}$ 收敛半径是 $+\infty$,因此收敛域为 $(-\infty,+\infty)$.

注 因为对于每个实数 x,级数 $\sum\limits_{n=1}^{\infty}\dfrac{x^n}{n!}$ 收敛,那么由级数收敛的必要条件,我们可以得到一个有用的结论: $\lim\limits_{n\to\infty}\dfrac{x^n}{n!}=0.$

同样可计算,幂级数 $\sum\limits_{n=1}^{\infty}(n!)x^n$ 的收敛半径是 0,因此它的收敛域为单点集 $\{0\}$.

例 8.4.3 求幂级数 $\sum\limits_{n=0}^{\infty}\dfrac{2^n}{n^2+1}x^n$ 的收敛域.

解 记 $a_n=\dfrac{2^n}{n^2+1}$. 因为

$$\lim_{n\to\infty}\left|\frac{a_{n+1}}{a_n}\right|=\lim_{n\to\infty}\frac{\frac{2^{n+1}}{(n+1)^2+1}}{\frac{2^n}{n^2+1}}=\lim_{n\to\infty}2\,\frac{n^2+1}{(n+1)^2+1}=2,$$

所以收敛半径为 $R=\dfrac{1}{2}$.

当 $x=\dfrac{1}{2}$ 时,该级数为 $\sum\limits_{n=0}^{\infty}\dfrac{1}{n^2+1}$,它是收敛的;当 $x=-\dfrac{1}{2}$ 时,该级数为 $\sum\limits_{n=0}^{\infty}\dfrac{(-1)^n}{n^2+1}$,

它也是收敛的.因此幂级数 $\sum\limits_{n=0}^{\infty}\dfrac{2^n}{n^2+1}x^n$ 的收敛域为 $\left[-\dfrac{1}{2},\dfrac{1}{2}\right]$.

例 8.4.4　求幂级数 $\sum\limits_{n=1}^{\infty}\dfrac{(\sqrt{2}+1)^n}{n}(x-1)^n$ 的收敛域.

解　作变换 $t=x-1$,那么上述幂级数变为
$$\sum_{n=1}^{\infty}\frac{(\sqrt{2}+1)^n}{n}t^n.$$

记 $a_n=\dfrac{(\sqrt{2}+1)^n}{n}$.因为
$$l=\lim_{n\to\infty}\sqrt[n]{|a_n|}=\lim_{n\to\infty}\sqrt[n]{\frac{(\sqrt{2}+1)^n}{n}}=\lim_{n\to\infty}\frac{\sqrt{2}+1}{\sqrt[n]{n}}=\sqrt{2}+1,$$

所以幂级数 $\sum\limits_{n=1}^{\infty}\dfrac{(\sqrt{2}+1)^n}{n}t^n$ 的收敛半径为 $R=\dfrac{1}{l}=\sqrt{2}-1$.当 $t=\sqrt{2}-1$ 时,该级数为 $\sum\limits_{n=1}^{\infty}\dfrac{1}{n}$,它是发散的;当 $t=-(\sqrt{2}-1)$ 时,该级数为 $\sum\limits_{n=1}^{\infty}\dfrac{(-1)^n}{n}$,它是收敛的.因此幂级数 $\sum\limits_{n=1}^{\infty}\dfrac{(\sqrt{2}+1)^n}{n}t^n$ 的收敛域为 $[1-\sqrt{2},\sqrt{2}-1)$.进而得出原幂级数 $\sum\limits_{n=1}^{\infty}\dfrac{(\sqrt{2}+1)^n}{n}(x-1)^n$ 的收敛域是 $[2-\sqrt{2},\sqrt{2})$.

注意,在定理 8.4.2 中实际要求所讨论的幂级数的系数在 n 充分大时满足 $a_n\neq0$.如果一个幂级数的系数中有无穷多项为 0,就称它为**缺项幂级数**.此时其收敛半径不能直接用定理 8.4.2 来求得,但常常可用上例中的作变量代换的方法、数项级数的达朗贝尔判别法和柯西判别法来直接确定.

例 8.4.5　求幂级数 $\sum\limits_{n=1}^{\infty}\dfrac{x^{2n}}{4^n n}$ 的收敛半径和收敛域.

解　记 $u_n=\dfrac{x^{2n}}{4^n n}$.则
$$\lim_{n\to\infty}\left|\frac{u_{n+1}}{u_n}\right|=\lim_{n\to\infty}\frac{\frac{|x|^{2(n+1)}}{4^{n+1}(n+1)}}{\frac{|x|^{2n}}{4^n n}}=\lim_{n\to\infty}\frac{|x|^2}{4}\cdot\frac{n}{n+1}=\frac{|x|^2}{4}.$$

于是由达朗贝尔判别法知,当 $\dfrac{|x|^2}{4}<1$,即 $|x|<2$ 时,幂级数 $\sum\limits_{n=1}^{\infty}\dfrac{x^{2n}}{4^n n}$ 收敛;当 $\dfrac{|x|^2}{4}>1$,即 $|x|>2$ 时,幂级数发散.所以 $\sum\limits_{n=1}^{\infty}\dfrac{x^{2n}}{4^n n}$ 的收敛半径为 2.

由于当 $x=\pm2$ 时,该级数均为 $\sum\limits_{n=1}^{\infty}\dfrac{1}{n}$,它发散.因此幂级数 $\sum\limits_{n=1}^{\infty}\dfrac{x^{2n}}{4^n n}$ 的收敛域为 $(-2,2)$.

幂级数的性质

现在来讨论幂级数有何性质.先讨论线性性质.设幂级数 $\sum\limits_{n=0}^{\infty}a_n x^n$ 的收敛半径为 R,

$\sum\limits_{n=0}^{\infty} b_n x^n$ 的收敛半径为 R'，且 $R, R' > 0$. 记 $\widetilde{R} = \min\{R, R'\}$，那么 $\sum\limits_{n=0}^{\infty} a_n x^n$ 和 $\sum\limits_{n=0}^{\infty} b_n x^n$ 都在 $(-\widetilde{R}, \widetilde{R})$ 上绝对收敛. 若 α, β 为常数，则由数项级数的线性性质可知，在 $(-\widetilde{R}, \widetilde{R})$ 上成立

$$\sum_{n=0}^{\infty} (\alpha a_n \pm \beta b_n) x^n = \alpha \sum_{n=0}^{\infty} a_n x^n \pm \beta \sum_{n=0}^{\infty} b_n x^n.$$

进一步讨论幂级数 $\sum\limits_{n=0}^{\infty} a_n x^n$ 的和函数的连续性、可微性和可积性. 我们不加证明地给出如下的三个重要结果.

定理 8.4.3(和函数的连续性)   设幂级数 $\sum\limits_{n=0}^{\infty} a_n x^n$ 的收敛半径为 R $(R > 0)$，则其和函数在 $(-R, R)$ 上连续，即对于每个 $x_0 \in (-R, R)$，成立

$$\lim_{x \to x_0} \sum_{n=0}^{\infty} a_n x^n = \sum_{n=0}^{\infty} a_n x_0^n.$$

若 $\sum\limits_{n=0}^{\infty} a_n x^n$ 在 $x = R$ $(x = -R)$ 点收敛，则其和函数在 $x = R$ $(x = -R)$ 点左(右)连续，即

$$\lim_{x \to R^-} \sum_{n=0}^{\infty} a_n x^n = \sum_{n=0}^{\infty} a_n R^n \quad \left(\lim_{x \to -R^+} \sum_{n=0}^{\infty} a_n x^n = \sum_{n=0}^{\infty} a_n (-R)^n \right).$$

以上两式意味着求极限运算可以和无限求和运算交换次序.

定理 8.4.4(逐项可积性)   设幂级数 $\sum\limits_{n=0}^{\infty} a_n x^n$ 的收敛半径为 $R(R > 0)$，则在 $(-R, R)$ 上成立逐项积分公式

$$\int_0^x \sum_{n=0}^{\infty} a_n t^n \mathrm{d}t = \sum_{n=0}^{\infty} \int_0^x a_n t^n \mathrm{d}t = \sum_{n=0}^{\infty} \frac{a_n}{n+1} x^{n+1}, \quad x \in (-R, R),$$

且等式右边的幂级数的收敛半径仍为 R.

上式意味着积分运算可以和无限求和运算交换次序.

定理 8.4.5(逐项可导性)   设幂级数 $\sum\limits_{n=0}^{\infty} a_n x^n$ 的收敛半径为 $R(R > 0)$，则在 $(-R, R)$ 上成立逐项求导公式

$$\frac{\mathrm{d}}{\mathrm{d}x} \sum_{n=0}^{\infty} a_n x^n = \sum_{n=0}^{\infty} \frac{\mathrm{d}}{\mathrm{d}x} a_n x^n = \sum_{n=1}^{\infty} n a_n x^{n-1}, \quad x \in (-R, R),$$

且等式右边的幂级数的收敛半径仍为 R.

上式意味着求导运算可以和无限求和运算交换次序.

注意，虽然逐项积分后所得到的幂级数 $\sum\limits_{n=0}^{\infty} \frac{a_n}{n+1} x^{n+1}$、逐项求导后所得到的幂级数 $\sum\limits_{n=1}^{\infty} n a_n x^{n-1}$ 都与原幂级数 $\sum\limits_{n=0}^{\infty} a_n x^n$ 的收敛半径相同，但收敛域有可能扩大或缩小.

例 8.4.6   求幂级数 $\sum\limits_{n=1}^{\infty} \frac{(-1)^{n-1}}{n} x^n$ 的和函数.

解　易知幂级数 $\displaystyle\sum_{n=1}^{\infty}\frac{(-1)^{n-1}}{n}x^n$ 的收敛半径为 1. 设

$$S(x)=\sum_{n=1}^{\infty}\frac{(-1)^{n-1}}{n}x^n,$$

则对于任意 $x\in(-1,1)$，应用逐项求导性质得

$$S'(x)=\left(\sum_{n=1}^{\infty}\frac{(-1)^{n-1}}{n}x^n\right)'=\sum_{n=1}^{\infty}\left(\frac{(-1)^{n-1}}{n}x^n\right)'=\sum_{n=1}^{\infty}(-1)^{n-1}x^{n-1}.$$

因为在 $(-1,1)$ 上成立 $\displaystyle\sum_{n=1}^{\infty}x^{n-1}=\frac{1}{1-x}$，所以用 $-x$ 替换 x 得 $\displaystyle\sum_{n=1}^{\infty}(-1)^{n-1}x^{n-1}=\frac{1}{1+x}$. 因此

$$S'(x)=\frac{1}{1+x},\quad x\in(-1,1).$$

再由牛顿-莱布尼茨公式得

$$S(x)=S(x)-S(0)=\int_0^x S'(t)\,\mathrm{d}t$$

$$=\int_0^x\frac{\mathrm{d}t}{1+t}=\ln(1+x),\quad x\in(-1,1).$$

由于 $\displaystyle\sum_{n=1}^{\infty}\frac{(-1)^{n-1}}{n}x^n$ 在 $x=1$ 点收敛，由定理 8.4.3 便得到一个常用结果

$$\sum_{n=1}^{\infty}\frac{(-1)^{n-1}}{n}=\lim_{x\to1^-}\sum_{n=1}^{\infty}\frac{(-1)^{n-1}}{n}x^n=\lim_{x\to1^-}\ln(1+x)=\ln2,$$

于是

$$\sum_{n=1}^{\infty}\frac{(-1)^{n-1}}{n}x^n=\ln(1+x),\quad x\in(-1,1].$$

注　在此例中，幂级数 $\displaystyle\sum_{n=1}^{\infty}(-1)^{n-1}x^{n-1}$ 的收敛域是 $(-1,1)$，但逐项积分后所得幂级数 $\displaystyle\sum_{n=1}^{\infty}\frac{(-1)^{n-1}}{n}x^n$ 的收敛域是 $(-1,1]$.

例 8.4.7　求幂级数 $\displaystyle\sum_{n=0}^{\infty}(n+1)x^n$ 的和函数，并计算级数 $\displaystyle\sum_{n=1}^{\infty}\frac{4n+3}{5^n}$ 的和.

证　易知幂级数 $\displaystyle\sum_{n=0}^{\infty}(n+1)x^n$ 的收敛半径为 1，收敛域为 $(-1,1)$. 设 $S(x)=\displaystyle\sum_{n=0}^{\infty}(n+1)x^n$，则对于任意 $x\in(-1,1)$，应用逐项积分性质得

$$\int_0^x S(t)\,\mathrm{d}t=\int_0^x\sum_{n=0}^{\infty}(n+1)t^n\,\mathrm{d}t=\sum_{n=0}^{\infty}\int_0^x(n+1)t^n\,\mathrm{d}t$$

$$=\sum_{n=0}^{\infty}x^{n+1}=x\sum_{n=0}^{\infty}x^n=\frac{x}{1-x}.$$

于是

$$\sum_{n=0}^{\infty}(n+1)x^n=S(x)=\left(\int_0^x S(t)\,\mathrm{d}t\right)'=\left(\frac{x}{1-x}\right)'$$

$$=\frac{1}{(1-x)^2},\quad x\in(-1,1).$$

由于在 $(-1,1)$ 上成立

$$\sum_{n=0}^{\infty}(n+1)x^n = \sum_{n=0}^{\infty}nx^n + \sum_{n=0}^{\infty}x^n = \sum_{n=1}^{\infty}nx^n + \frac{1}{1-x},$$

所以

$$\sum_{n=1}^{\infty}nx^n = \frac{1}{(1-x)^2} - \frac{1}{1-x} = \frac{x}{(1-x)^2}.$$

在上面的等式中取 $x = \frac{1}{5}$ 便得

$$\sum_{n=1}^{\infty}n\left(\frac{1}{5}\right)^n = \frac{\frac{1}{5}}{\left(1-\frac{1}{5}\right)^2} = \frac{5}{16}.$$

因为

$$\sum_{n=1}^{\infty}\left(\frac{1}{5}\right)^n = \frac{1}{5}\sum_{n=1}^{\infty}\left(\frac{1}{5}\right)^{n-1} = \frac{1}{5} \cdot \frac{1}{1-\frac{1}{5}} = \frac{1}{4},$$

所以

$$\sum_{n=1}^{\infty}\frac{4n+3}{5^n} = 4\sum_{n=1}^{\infty}n\left(\frac{1}{5}\right)^n + 3\sum_{n=1}^{\infty}\left(\frac{1}{5}\right)^n = 2.$$

例 8.4.8 求幂级数 $\sum_{n=1}^{\infty}\frac{x^n}{n(n+1)}$ 的和函数.

解 易知幂级数 $\sum_{n=1}^{\infty}\frac{x^n}{n(n+1)}$ 的收敛半径为 $R=1$,记

$$S(x) = \sum_{n=1}^{\infty}\frac{x^n}{n(n+1)}, \quad x \in (-1,1).$$

应用幂级数的逐项可导性质得

$$(xS(x))' = \sum_{n=1}^{\infty}\left(\frac{x^{n+1}}{n(n+1)}\right)' = \sum_{n=1}^{\infty}\frac{x^n}{n},$$

$$(xS(x))'' = [(xS(x))']' = \left(\sum_{n=1}^{\infty}\frac{x^n}{n}\right)' = \sum_{n=1}^{\infty}x^{n-1}$$

$$= \frac{1}{1-x}, \quad x \in (-1,1).$$

对上一等式两边从 0 到 x 积分,并注意到 $(xS(x))'|_{x=0} = 0$ 便得

$$(xS(x))' = \int_0^x \frac{1}{1-x}\mathrm{d}x = -\ln(1-x).$$

再积分一次,并注意到 $xS(x)|_{x=0} = 0$ 便得

$$xS(x) = -\int_0^x \ln(1-x)\mathrm{d}x = (1-x)\ln(1-x) + x,$$

因此

$$S(x) = \begin{cases} \dfrac{(1-x)\ln(1-x)}{x} + 1, & x \in (-1,1) \text{ 且 } x \neq 0, \\ 0, & x = 0. \end{cases}$$

显然当 $x=\pm 1$ 时，幂级数 $\sum\limits_{n=1}^{\infty}\dfrac{x^n}{n(n+1)}$ 收敛，于是

$$\sum_{n=1}^{\infty}\frac{x^n}{n(n+1)}=\begin{cases}\dfrac{(1-x)\ln(1-x)}{x}+1, & x\in[-1,1)\text{ 且 }x\neq 0,\\[2mm] 0, & x=0,\\[2mm] 1, & x=1.\end{cases}$$

幂级数的乘法

设幂级数 $\sum\limits_{n=0}^{\infty}a_nx^n$ 和 $\sum\limits_{n=0}^{\infty}b_nx^n$ 均当 $|x|<R$ 时收敛，记

$$c_n=\sum_{k=0}^{n}a_kb_{n-k}=a_0b_n+a_1b_{n-1}+\cdots+a_{n-1}b_1+a_nb_0, \quad n=0,1,2,\cdots$$

可以证明，当 $|x|<R$ 时，$\sum\limits_{n=0}^{\infty}c_nx^n$ 也收敛，且成立

$$\Big(\sum_{n=0}^{\infty}a_nx^n\Big)\cdot\Big(\sum_{n=0}^{\infty}b_nx^n\Big)=\sum_{n=0}^{\infty}c_nx^n.$$

常称 $\sum\limits_{n=0}^{\infty}c_nx^n$ 为幂级数 $\sum\limits_{n=0}^{\infty}a_nx^n$ 与 $\sum\limits_{n=0}^{\infty}b_nx^n$ 的乘积（也称为 **Cauchy 乘积**）.

例如，幂级数 $\sum\limits_{n=0}^{\infty}x^n=\dfrac{1}{1-x}(\,|x|<1)$，则当 $|x|<1$ 时，

$$\frac{1}{(1-x)^2}=\Big(\sum_{n=0}^{\infty}x^n\Big)\cdot\Big(\sum_{n=0}^{\infty}x^n\Big)=\sum_{n=0}^{\infty}\Big(\sum_{k=0}^{n}1\times 1\Big)x^n=\sum_{n=0}^{\infty}(n+1)x^n.$$

这与前面例 8.4.7 中的结论是相同的.

§5 函数的幂级数展开及其应用

函数的泰勒级数

幂级数的形式简单，并且具有良好运算性质. 因此如果一个函数能够在某一区间上表示成幂级数，将给理论研究和实际应用带来极大方便. 下面我们就来讨论函数可以表示成幂级数的条件以及如何将一个函数表示成幂级数.

若函数 f 在 x_0 的某个邻域上具有 $n+1$ 阶导数，那么由泰勒公式知，在该邻域上成立

$$f(x)=f(x_0)+f'(x_0)(x-x_0)+\frac{f''(x_0)}{2!}(x-x_0)^2$$
$$+\cdots+\frac{f^{(n)}(x_0)}{n!}(x-x_0)^n+R_n(x),$$

其中，$R_n(x)=\dfrac{f^{(n+1)}(x_0+\theta(x-x_0))}{(n+1)!}(x-x_0)^{n+1}(0<\theta<1)$ 为拉格朗日余项. 因此可以用多项式

$$f(x_0)+f'(x_0)(x-x_0)+\frac{f''(x_0)}{2!}(x-x_0)^2+\cdots+\frac{f^{(n)}(x_0)}{n!}(x-x_0)^n$$

来近似 $f(x)$. 人们自然会想到，增加这种多项式的次数，就可能会增加近似的精确程度. 基于这种思想，若函数 f 在 x_0 的某个邻域 $O(x_0,r)$ 上任意阶可导，就可以构造幂级数

$$\sum_{n=0}^{\infty} \frac{f^{(n)}(x_0)}{n!}(x-x_0)^n,$$

称这个幂级数为 f 在 x_0 点的**泰勒级数**，记为

$$f(x) \sim \sum_{n=0}^{\infty} \frac{f^{(n)}(x_0)}{n!}(x-x_0)^n.$$

而

$$a_n = \frac{f^{(n)}(x_0)}{n!}, \quad n=0,1,2,\cdots$$

称为 f 在 x_0 点的**泰勒系数**. 特别地，当 $x_0=0$ 时，常称

$$\sum_{n=0}^{\infty} \frac{f^{(n)}(0)}{n!}x^n$$

为 f 的**麦克劳林级数**.

假设函数 f 在 x_0 的某个邻域 $O(x_0,r)$ 上可表示成幂级数

$$f(x) = \sum_{n=0}^{\infty} a_n(x-x_0)^n, \quad x \in O(x_0,r),$$

则 $f(x_0)=a_0$. 根据幂级数的逐项可导性，函数 f 必定在 $O(x_0,r)$ 上任意阶可导，且对于每个正整数 k 均成立

$$f^{(k)}(x) = \sum_{n=k}^{\infty} n(n-1)\cdots(n-k+1)a_n(x-x_0)^{n-k}, \quad x \in O(x_0,r).$$

令 $x=x_0$ 便得

$$a_k = \frac{f^{(k)}(x_0)}{k!}, \quad k=0,1,2,\cdots$$

因此，如果一个函数可以表示成幂级数，那么该幂级数就是它的泰勒级数. 这就是说，如果一个函数可以表示成幂级数，那么这个幂级数是由该函数唯一确定的.

为了寻找一个函数能表示成幂级数的条件，仍要利用泰勒公式. 设函数 f 在 $O(x_0,r)$ 上有任意阶导数，则由泰勒公式得，对于每个正整数 n 成立

$$f(x) = \sum_{k=0}^{n} \frac{f^{(k)}(x_0)}{k!}(x-x_0)^k + R_n(x),$$

其中 $R_n(x)$ 是拉格朗日余项. 因此从这个公式直接得到，在 $O(x_0,r)$ 上 f 可以表示成泰勒级数，即等式

$$f(x) = \sum_{n=0}^{\infty} \frac{f^{(n)}(x_0)}{n!}(x-x_0)^n$$

成立的充分必要条件是：在 $O(x_0,r)$ 上成立

$$\lim_{n\to\infty} R_n(x) = 0.$$

这时，我们称 f 在 $O(x_0,r)$ 上可以展开成幂级数（或泰勒级数），或者称 $\sum_{n=0}^{\infty} \frac{f^{(n)}(x_0)}{n!}(x-x_0)^n$ 为函数 f 在 x_0 点的**幂级数展开式**（或**泰勒展开式**），当 $x_0=0$ 时也

称之为**麦克劳林展开式**.

初等函数的泰勒展开式

我们先导出几个基本初等函数的麦克劳林展开式,然后介绍将一般初等函数展开成幂级数的一些方法.

（一）指数函数

$$e^x = \sum_{n=0}^{\infty} \frac{x^n}{n!} = 1 + x + \frac{x^2}{2!} + \frac{x^3}{3!} + \cdots + \frac{x^n}{n!} + \cdots, \quad x \in (-\infty, +\infty).$$

证 函数 e^x 在 $x = 0$ 点的泰勒公式为

$$e^x = 1 + x + \frac{x^2}{2!} + \frac{x^3}{3!} + \cdots + \frac{x^n}{n!} + R_n(x), \quad x \in (-\infty, +\infty),$$

其中拉格朗日余项为

$$R_n(x) = \frac{e^{\theta x}}{(n+1)!} x^{n+1}, \quad 0 < \theta < 1.$$

由于对于每个 $x \in (-\infty, +\infty)$ 都成立（见例 8.4.2 后的注）

$$|R_n(x)| \leqslant \frac{e^{|x|}}{(n+1)!} |x|^{n+1} \to 0 \quad (n \to \infty),$$

所以上述关于 e^x 的麦克劳林展开式成立.

证毕

图 8.5.1 显示了 e^x 的麦克劳林级数的部分和函数的逼近情况.

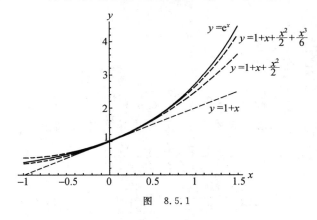

图 8.5.1

（二）正弦函数

$$\sin x = \sum_{n=0}^{\infty} \frac{(-1)^n}{(2n+1)!} x^{2n+1}$$

$$= x - \frac{x^3}{3!} + \frac{x^5}{5!} - \cdots + (-1)^n \frac{x^{2n+1}}{(2n+1)!} + \cdots, \quad x \in (-\infty, +\infty).$$

证 函数 $\sin x$ 在 $x = 0$ 点的泰勒公式为

$$\sin x = x - \frac{x^3}{3!} + \frac{x^5}{5!} - \cdots + (-1)^{n-1} \frac{x^{2n-1}}{(2n-1)!} + R_{2n}(x),$$

$$x \in (-\infty, +\infty),$$

其中拉格朗日余项

$$R_{2n}(x) = \frac{x^{2n+1}}{(2n+1)!} \sin\left(\theta x + \frac{2n+1}{2}\pi\right), \quad 0 < \theta < 1.$$

由于对每个 $x \in (-\infty, +\infty)$ 都成立

$$|R_{2n}(x)| \leqslant \frac{|x|^{2n+1}}{(2n+1)!} \to 0 \quad (n \to \infty),$$

所以上述关于 $\sin x$ 的麦克劳林展开式成立.

证毕

图 8.5.2 显示了 $\sin x$ 的麦克劳林级数的部分和函数的逼近情况.

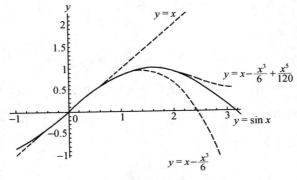

图 8.5.2

（三）余弦函数

$$\cos x = \sum_{n=0}^{\infty} \frac{(-1)^n}{(2n)!} x^{2n}$$

$$= 1 - \frac{x^2}{2!} + \frac{x^4}{4!} - \cdots + (-1)^n \frac{x^{2n}}{(2n)!} + \cdots, \quad x \in (-\infty, +\infty).$$

这可以通过对 $\sin x$ 的麦克劳林展开式逐项求导推出. 事实上，

$$\cos x = (\sin x)' = \left[\sum_{n=0}^{\infty} \frac{(-1)^n}{(2n+1)!} x^{2n+1}\right]'$$

$$= \sum_{n=0}^{\infty} \left[\frac{(-1)^n}{(2n+1)!} x^{2n+1}\right]' = \sum_{n=0}^{\infty} \frac{(-1)^n}{(2n)!} x^{2n}.$$

（四）对数函数

$$\ln(1+x) = \sum_{n=1}^{\infty} \frac{(-1)^{n+1}}{n} x^n$$

$$= x - \frac{x^2}{2} + \frac{x^3}{3} - \frac{x^4}{4} + \cdots + (-1)^{n+1} \frac{x^n}{n} + \cdots, \quad x \in (-1, 1].$$

这是例 8.4.6 的结论.

（五）反正切函数

$$\arctan x=\sum_{n=0}^{\infty}\frac{(-1)^n}{2n+1}x^{2n+1}$$

$$=x-\frac{x^3}{3}+\frac{x^5}{5}-\cdots+\frac{(-1)^{n+1}}{2n+1}x^{2n+1}+\cdots,\quad x\in[-1,1].$$

证　由于

$$\frac{1}{1+x}=\sum_{n=0}^{\infty}(-1)^n x^n,\quad x\in(-1,1),$$

因此用 x^2 替换 x 便得

$$\frac{1}{1+x^2}=\sum_{n=0}^{\infty}(-1)^n x^{2n},\quad x\in(-1,1).$$

对上式两边积分，并利用逐项积分性质便得，对于任意 $x\in(-1,1)$ 成立

$$\arctan x=\int_0^x\frac{\mathrm{d}t}{1+t^2}=\int_0^x\Big(\sum_{n=0}^{\infty}(-1)^n t^{2n}\Big)\mathrm{d}t$$

$$=\sum_{n=0}^{\infty}\int_0^x(-1)^n t^{2n}\mathrm{d}t=\sum_{n=0}^{\infty}\frac{(-1)^n}{2n+1}x^{2n+1}.$$

由于幂级数 $\sum_{n=0}^{\infty}\frac{(-1)^n}{2n+1}x^{2n+1}$ 在 $x=\pm1$ 点收敛，由定理 8.4.3 便得

$$\arctan x=\sum_{n=0}^{\infty}\frac{(-1)^n}{2n+1}x^{2n+1}$$

$$=x-\frac{1}{3}x^3+\frac{1}{5}x^5-\cdots+\frac{(-1)^n}{2n+1}x^{2n+1}+\cdots,\quad x\in[-1,1].$$

证毕

注　在上式中取 $x=1$ 便得到一个有趣结论：

$$\frac{\pi}{4}=1-\frac{1}{3}+\frac{1}{5}-\cdots+\frac{(-1)^n}{2n+1}+\cdots.$$

（六）幂函数

$$(1+x)^\alpha=\sum_{n=0}^{\infty}\binom{\alpha}{n}x^n$$

$$=1+\alpha x+\frac{\alpha(\alpha-1)}{2}x^2+\cdots+\frac{\alpha(\alpha-1)\cdots(\alpha-n+1)}{n!}x^n+\cdots.$$

注意：当 $\alpha\leqslant-1$ 时，上式对所有 $x\in(-1,1)$ 成立；当 $-1<\alpha<0$ 时，上式对所有 $x\in(-1,1]$ 成立；当 $\alpha>0$ 时，上式对所有 $x\in[-1,1]$ 成立.

这个公式的证明从略. 注意当 α 是正整数 m 时，$(1+x)^\alpha$ 的麦克劳林展开式就是二项式展开式，即

$$(1+x)^m=1+mx+\frac{m(m-1)}{2}x^2+\cdots+mx^{m-1}+x^m,$$

$$x\in(-\infty,+\infty).$$

在 $(1+x)^\alpha$ 的展开式中取 α 的不同的值,就得到不同的麦克劳林展开式. 例如,当 $\alpha=-\dfrac{1}{2}$ 时,

$$\frac{1}{\sqrt{1+x}}=(1+x)^{-\frac{1}{2}}=\sum_{n=0}^{\infty}\binom{-\frac{1}{2}}{n}x^n$$

$$=1-\frac{1}{2}x+\frac{1\cdot3}{2\cdot4}x^2-\cdots+(-1)^n\frac{(2n-1)!!}{(2n)!!}x^n+\cdots,\quad x\in(-1,1).$$

因此用 $-x^2$ 替换 x 便得

$$\frac{1}{\sqrt{1-x^2}}=1+\frac{1}{2}x^2+\frac{1\cdot3}{2\cdot4}x^4+\cdots+\frac{(2n-1)!!}{(2n)!!}x^{2n}+\cdots,\quad x\in(-1,1).$$

对上式两边逐项积分便得反正弦函数的麦克劳林展开式

$$\arcsin x=x+\frac{1}{2}\cdot\frac{x^3}{3}+\frac{1\cdot3}{2\cdot4}\cdot\frac{x^5}{5}+\cdots+\frac{(2n-1)!!}{(2n)!!}\cdot\frac{x^{2n+1}}{2n+1}+\cdots,$$
$$x\in(-1,1).$$

注意,上式实际上对于每个 $x\in[-1,1]$ 都成立,关于幂级数在 $x=\pm1$ 点收敛性的证明,已经超出本课程的要求,在此从略.

我们知道,如果一个函数可以展开成幂级数,那么这个幂级数是唯一确定的. 这个结论为我们求初等函数的幂级数展开式提供了方便. 从以上得到的初等函数的幂级数展开式出发,利用逐项求导、逐项积分、换元、四则运算、待定系数等方法,可以较方便地得到许多常用的初等函数的幂级数展开式. 事实上,在前面我们已经利用了逐项求导、逐项积分的方法,下面再介绍一些例子.

例 8.5.1 求函数 $f(x)=\dfrac{1}{x^2}$ 在 $x=2$ 点的泰勒展开式.

解 因为在 $(-1,1)$ 上成立 $\dfrac{1}{1+x}=\sum_{n=0}^{\infty}(-1)^nx^n$,所以当 $|x-2|<2$ 时成立

$$\frac{1}{x}=\frac{1}{2+(x-2)}=\frac{1}{2}\cdot\frac{1}{1+\frac{x-2}{2}}=\sum_{n=0}^{\infty}(-1)^n\frac{(x-2)^n}{2^{n+1}},$$

应用幂级数的逐项可导性质,对上式两边求导便得

$$-\frac{1}{x^2}=\sum_{n=1}^{\infty}(-1)^n\frac{n(x-2)^{n-1}}{2^{n+1}},$$

于是

$$\frac{1}{x^2}=\sum_{n=1}^{\infty}(-1)^n(n+1)\frac{(x-2)^n}{2^{n+2}},\quad x\in(0,4).$$

例 8.5.2 将函数 $f(x)=\dfrac{1}{1-x-2x^2}$ 展开成麦克劳林级数.

解 因为在 $(-1,1)$ 上成立 $\dfrac{1}{1-x}=\sum_{n=0}^{\infty}x^n$,所以

$$f(x) = \frac{1}{1-x-2x^2} = \frac{1}{(1+x)(1-2x)} = \frac{1}{3}\left(\frac{1}{1+x} + \frac{2}{1-2x}\right)$$

$$= \frac{1}{3}\left(\sum_{n=0}^{\infty}(-x)^n + 2\sum_{n=0}^{\infty}(2x)^n\right) = \sum_{n=0}^{\infty}\frac{(-1)^n + 2^{n+1}}{3}x^n.$$

由于 $\frac{1}{1+x}$ 的幂级数展开式的收敛域是 $(-1,1)$，$\frac{1}{1-2x}$ 的幂级数展开式的收敛域是 $\left(-\frac{1}{2}, \frac{1}{2}\right)$，因此上式在 $\left(-\frac{1}{2}, \frac{1}{2}\right)$ 上成立.

例 8.5.3　将函数 $f(x) = \ln x$ 展开成 $x-3$ 的幂级数.

解　因为在 $(-1,1]$ 上成立 $\ln(1+x) = \sum_{n=1}^{\infty}\frac{(-1)^{n+1}}{n}x^n$，所以

$$\ln x = \ln[3+(x-3)] = \ln 3 + \ln\left[1 + \frac{x-3}{3}\right]$$

$$= \ln 3 + \sum_{n=1}^{\infty}\frac{(-1)^{n+1}}{n}\left(\frac{x-3}{3}\right)^n$$

$$= \ln 3 + \sum_{n=1}^{\infty}\frac{(-1)^{n+1}}{n3^n}(x-3)^n, \quad x \in (0,6].$$

幂级数的应用

幂级数有着广泛的应用. 例如,用于函数值的近似计算,定积分的数值计算,求解微分方程,表示一些特殊函数等,而且许多实际问题也要依靠幂级数理论来解决. 这里我们只举一些简单的例子.

例 8.5.4　计算 $\displaystyle\int_0^1 e^{-x^2}\,dx$,要求精确到 10^{-4}.

解　由于函数 e^{-x^2} 的原函数不能用初等函数表示,因而不能用牛顿-莱布尼茨公式直接计算. 但可以用该函数的幂级数展开式计算积分的近似值,并精确到任意事先要求的程度.

因为函数 e^x 的幂级数展开式为

$$e^x = 1 + x + \frac{x^2}{2!} + \frac{x^3}{3!} + \cdots + \frac{x^n}{n!} + \cdots, \quad x \in (-\infty, +\infty)$$

所以

$$e^{-x^2} = 1 - x^2 + \frac{x^4}{2!} - \frac{x^6}{3!} + \frac{x^8}{4!} - \frac{x^{10}}{5!} + \frac{x^{12}}{6!} - \frac{x^{14}}{7!} + \cdots$$

$$x \in (-\infty, +\infty).$$

对上式在 $[0,1]$ 上逐项积分得

$$\int_0^1 e^{-x^2}\,dx = 1 - \frac{1}{3} + \frac{1}{5\cdot 2!} - \frac{1}{7\cdot 3!} + \frac{1}{9\cdot 4!} - \frac{1}{11\cdot 5!} + \frac{1}{13\cdot 6!} - \frac{1}{15\cdot 7!} + \cdots.$$

由莱布尼茨判别法可知,上式右面的级数收敛,而且在用级数的前 n 项的和作为其近似值时,其误差不超过级数的第 $n+1$ 项的绝对值,由于 $\frac{1}{15\cdot 7!} < 1.5 \times 10^{-5}$,因此前面 7 项之

和具有四位有效数字. 于是

$$\int_0^1 e^{-x^2} dx \approx 1 - \frac{1}{3} + \frac{1}{5 \cdot 2!} - \frac{1}{7 \cdot 3!} + \frac{1}{9 \cdot 4!} - \frac{1}{11 \cdot 5!} + \frac{1}{13 \cdot 6!}$$

$$\approx 0.7468.$$

例 8.5.5 计算 $\ln 2$，要求精确到 10^{-4}.

解 我们已经知道，

$$\ln 2 = 1 - \frac{1}{2} + \frac{1}{3} - \frac{1}{4} + \cdots + (-1)^{n+1} \frac{1}{n} + \cdots.$$

这是一个莱布尼茨级数，理论上可以用前一例的方法作近似计算，但这个级数的收敛速度太慢，若要达到所要求精度，计算量比较大. 所以必须用收敛速度快的级数来代替它.

由于

$$\ln(1+x) = x - \frac{x^2}{2} + \frac{x^3}{3} - \frac{x^4}{4} + \frac{x^5}{5} - \cdots, \quad x \in (-1,1],$$

以及

$$\ln(1-x) = -x - \frac{x^2}{2} - \frac{x^3}{3} - \frac{x^4}{4} - \frac{x^5}{5} - \cdots, \quad x \in [-1,1),$$

那么两式相减就得到

$$\ln \frac{1+x}{1-x} = 2\left(x + \frac{x^3}{3} + \frac{x^5}{5} + \frac{x^7}{7} + \frac{x^9}{9} + \frac{x^{11}}{11} + \cdots\right), \quad x \in (-1,1).$$

将 $x = \frac{1}{3}$ 代入上式就得

$$\ln 2 = 2\left(\frac{1}{3} + \frac{1}{3} \cdot \frac{1}{3^3} + \frac{1}{5} \cdot \frac{1}{3^5} + \frac{1}{7} \cdot \frac{1}{3^7} + \frac{1}{9} \cdot \frac{1}{3^9} + \frac{1}{11} \cdot \frac{1}{3^{11}} + \cdots\right).$$

如果取前 4 项的和作为 $\ln 2$ 的近似值，则误差

$$|r_4| < 2\left(\frac{1}{9} \cdot \frac{1}{3^9} + \frac{1}{11} \cdot \frac{1}{3^{11}} + \frac{1}{13} \cdot \frac{1}{3^{13}} + \cdots\right)$$

$$< \frac{2}{3^{11}}\left(1 + \frac{1}{9} + \left(\frac{1}{9}\right)^2 + \cdots\right) = \frac{1}{4 \cdot 3^9} < 1.5 \times 10^{-5}.$$

因此前面 4 项之和具有四位有效数字. 于是

$$\ln 2 \approx 2\left(\frac{1}{3} + \frac{1}{3} \cdot \frac{1}{3^3} + \frac{1}{5} \cdot \frac{1}{3^5} + \frac{1}{7} \cdot \frac{1}{3^7}\right) \approx 0.6931.$$

例 8.5.6 若某人在银行存入一笔钱，年利率为 r，按复利计息. 他希望在第 n 年末取出 n 元 $(n = 1,2,\cdots)$，并且永远按此规律提取，问事先他需要存入多少本金？

解 若本金为 A，年利率为 r，按复利计息，则第一年的本利和为 $A(1+r)$，第二年的本利和为 $A(1+r)^2, \cdots$，第 n 年的本利和为 $A(1+r)^n$. 因此，假定存 n 年的本金为 A_n，则第 n 年末的本利和为 $A_n(1+r)^n (n = 1,2,\cdots)$.

为了保证此人的要求得以实现，则必须保证在第 n 年末的本利和最少应为 n 元，即 $A_n(1+r)^n = n$，因此若事先应存入本金 $A_n = n(1+r)^{-n}$ 元 $(n = 1,2,\cdots)$. 于是如果要求该种提款方式能永远继续下去，则事先应存入的本金总数为

$$\frac{1}{1+r} + \frac{2}{(1+r)^2} + \cdots + \frac{n}{(1+r)^n} + \cdots = \sum_{n=1}^{\infty} \frac{n}{(1+r)^n}.$$

在例 8.4.7 中我们已计算出 $\sum\limits_{n=1}^{\infty} nx^n = \dfrac{x}{(1-x)^2}$，在这个等式中令 $x = \dfrac{1}{1+r}$ 便得事先应存入的本金总数为

$$\sum_{n=1}^{\infty} \frac{n}{(1+r)^n} = \frac{\dfrac{1}{1+r}}{\left(1 - \dfrac{1}{1+r}\right)^2} = \frac{1+r}{r^2} \ \text{元}.$$

在这个例子中，如果换一种提款方式，如第 n 年末取出 n^2, n^3 元等，都可以计算出事先应存入的本金数。但是，并非任何提款方式都是可以实现的。例如，若要求永远按规律第 n 年末取出 $(1+r)^n$ 元的提款方式就不能实现，因为这时需要存入的本金数为

$$\sum_{n=1}^{\infty} (1+r)^n (1+r)^{-n} = 1 + 1 + \cdots + 1 + \cdots$$

这个级数是发散的。

§6　综合型例题

例 8.6.1　证明级数 $\sum\limits_{n=1}^{\infty} \left(\dfrac{1}{\sqrt{n}} - \sqrt{\ln \dfrac{n+1}{n}} \right)$ 收敛，且其和小于 1。

证　由拉格朗日中值定理知，对于每个正整数 n 成立

$$\ln \frac{n+1}{n} = \ln(n+1) - \ln n = \frac{1}{\xi},$$

其中 $n < \xi < n+1$。所以

$$\frac{1}{n+1} < \ln \frac{n+1}{n} < \frac{1}{n}.$$

因此

$$\frac{1}{\sqrt{n+1}} < \sqrt{\ln \frac{n+1}{n}} < \frac{1}{\sqrt{n}},$$

于是

$$0 < \frac{1}{\sqrt{n}} - \sqrt{\ln \frac{n+1}{n}} < \frac{1}{\sqrt{n}} - \frac{1}{\sqrt{n+1}}, \quad n = 1, 2, \cdots.$$

由于级数 $\sum\limits_{n=1}^{\infty} \left(\dfrac{1}{\sqrt{n}} - \dfrac{1}{\sqrt{n+1}} \right)$ 的部分和数列 $\{S_n\}$ 满足

$$\lim_{n \to \infty} S_n = \lim_{n \to \infty} \sum_{k=1}^{n} \left(\frac{1}{\sqrt{k}} - \frac{1}{\sqrt{k+1}} \right) = \lim_{n \to \infty} \left(1 - \frac{1}{\sqrt{n+1}} \right) = 1.$$

所以正项级数 $\sum\limits_{n=1}^{\infty} \left(\dfrac{1}{\sqrt{n}} - \dfrac{1}{\sqrt{n+1}} \right)$ 收敛，且和为 1。因此由比较判别法知，正项级数 $\sum\limits_{n=1}^{\infty} \left(\dfrac{1}{\sqrt{n}} - \sqrt{\ln \dfrac{n+1}{n}} \right)$ 收敛，且其和满足

$$\sum_{n=1}^{\infty} \left(\frac{1}{\sqrt{n}} - \sqrt{\ln \frac{n+1}{n}} \right) < \sum_{n=1}^{\infty} \left(\frac{1}{\sqrt{n}} - \frac{1}{\sqrt{n+1}} \right) = 1.$$

例 8.6.2 设 $a_n = \int_0^{\frac{\pi}{4}} \tan^n x \, dx \ (n = 1, 2, \cdots)$.

(1) 求级数 $\sum_{n=1}^{\infty} \dfrac{a_n + a_{n+2}}{n}$ 的和；

(2) 设 $\lambda > 0$，证明级数 $\sum_{n=1}^{\infty} \dfrac{a_n}{n^\lambda}$ 收敛.

(1) 解 因为

$$a_n + a_{n+2} = \int_0^{\frac{\pi}{4}} \tan^n x (1 + \tan^2 x) \, dx$$

$$= \int_0^{\frac{\pi}{4}} \tan^n x \sec^2 x \, dx = \frac{1}{n+1} \tan^{n+1} x \Big|_0^{\frac{\pi}{4}} = \frac{1}{n+1},$$

所以由例 8.1.2 知

$$\sum_{n=1}^{\infty} \frac{a_n + a_{n+2}}{n} = \sum_{n=1}^{\infty} \frac{1}{n(n+1)} = 1.$$

(2) 证 作变量代换 $u = \tan x$，则 $x = \arctan u$，$dx = \dfrac{1}{1+u^2} du$，所以

$$a_n = \int_0^{\frac{\pi}{4}} \tan^n x \, dx = \int_0^1 \frac{u^n}{1+u^2} du < \int_0^1 u^n \, du = \frac{1}{n+1}.$$

于是

$$0 < \frac{a_n}{n^\lambda} < \frac{1}{n^\lambda(n+1)} < \frac{1}{n^{\lambda+1}},$$

因为当 $\lambda > 0$ 时，级数 $\sum_{n=1}^{\infty} \dfrac{1}{n^{\lambda+1}}$ 收敛，由比较判别法知，级数 $\sum_{n=1}^{\infty} \dfrac{a_n}{n^\lambda}$ 收敛.

证毕

例 8.6.3 讨论正项级数 $\sum_{n=2}^{\infty} \dfrac{n^{\ln n}}{(\ln n)^n}$ 的收敛性.

解 因为

$$\lim_{n\to\infty} \sqrt[n]{\frac{n^{\ln n}}{(\ln n)^n}} = \lim_{n\to\infty} \frac{n^{\frac{\ln n}{n}}}{\ln n} = \lim_{n\to\infty} \frac{1}{\ln n} \cdot e^{\frac{(\ln n)^2}{n}} = 0 \cdot e^0 = 0,$$

这里利用了已知结果 $\lim_{n\to\infty} \dfrac{(\ln n)^2}{n} = 0$. 因此由柯西判别法知，级数 $\sum_{n=2}^{\infty} \dfrac{n^{\ln n}}{(\ln n)^n}$ 收敛.

例 8.6.4 讨论正项级数 $\sum_{n=2}^{\infty} \dfrac{1}{n^p \ln^q n}$ 的收敛性 $(p, q > 0)$.

解 当 $p > 1$ 时，因为 $\dfrac{1}{n^p \ln^q n} < \dfrac{1}{n^p} \ (n \geqslant 3)$，而级数 $\sum_{n=2}^{\infty} \dfrac{1}{n^p}$ 收敛，所以 $\sum_{n=2}^{\infty} \dfrac{1}{n^p \ln^q n}$ 收敛.

当 $0 < p < 1$ 时，因为

$$\lim_{n\to\infty}\frac{\dfrac{1}{n^p\ln^q n}}{\dfrac{1}{n^{\frac{1}{2}(p+1)}}}=\lim_{n\to\infty}\frac{n^{\frac{1}{2}(1-p)}}{\ln^q n}=+\infty,$$

而级数 $\displaystyle\sum_{n=2}^{\infty}\frac{1}{n^{\frac{1}{2}(1+p)}}$ 发散,所以由比较判别法的极限形式知,级数 $\displaystyle\sum_{n=2}^{\infty}\frac{1}{n^p\ln^q n}$ 发散.

当 $p=1$ 时,原级数为 $\displaystyle\sum_{n=2}^{\infty}\frac{1}{n\ln^q n}$. 由例 8.2.12 知,当 $q>1$ 时收敛;当 $0<q\leqslant 1$ 时发散.

例 8.6.5 讨论级数 $\displaystyle\sum_{n=1}^{\infty}\frac{(-1)^{n-1}}{\ln(e^n+e^{-n})}$ 的收敛性.若它收敛,说明是绝对收敛还是条件收敛.

解 作函数 $f(x)=\ln(e^x+e^{-x})$. 因为

$$f'(x)=\frac{e^x-e^{-x}}{e^x+e^{-x}}>0,\quad x\in(0,+\infty),$$

所以函数 f 在 $(0,+\infty)$ 上单调增加,且大于零.因此函数 $\dfrac{1}{f}$ 在 $(0,+\infty)$ 上单调减少,于是数列 $\left\{\dfrac{1}{\ln(e^n+e^{-n})}\right\}$ 也单调减少,又由于 $\displaystyle\lim_{n\to\infty}\frac{1}{\ln(e^n+e^{-n})}=0$,由莱布尼茨判别法知,级数 $\displaystyle\sum_{n=1}^{\infty}\frac{(-1)^{n-1}}{\ln(e^n+e^{-n})}$ 收敛.

因为

$$\ln(e^n+e^{-n})=\ln[e^n(1+e^{-2n})]=n+\ln(1+e^{-2n})<n+1,$$
$$n=1,2,\cdots$$

所以

$$\left|\frac{(-1)^{n-1}}{\ln(e^n+e^{-n})}\right|>\frac{1}{n+1},\quad n=1,2,\cdots.$$

因为级数 $\displaystyle\sum_{n=1}^{\infty}\frac{1}{n+1}$ 发散,所以 $\displaystyle\sum_{n=1}^{\infty}\left|\frac{(-1)^{n-1}}{\ln(e^n+e^{-n})}\right|$ 发散.所以级数 $\displaystyle\sum_{n=1}^{\infty}\frac{(-1)^{n-1}}{\ln(e^n+e^{-n})}$ 条件收敛.

例 8.6.6 讨论级数 $\displaystyle\sum_{n=2}^{\infty}\ln\left[1+\frac{(-1)^n}{n^p}\right]$ $(p>0)$ 的收敛性.

解 由泰勒公式得

$$\ln\left(1+\frac{(-1)^n}{n^p}\right)=\frac{(-1)^n}{n^p}-\frac{1}{2n^{2p}}+o\left(\frac{1}{n^{2p}}\right)\quad(n\to\infty).$$

(1) 当 $0<p\leqslant\dfrac{1}{2}$ 时,由莱布尼兹判别法知 $\displaystyle\sum_{n=2}^{\infty}\frac{(-1)^n}{n^p}$ 收敛. 而 $\dfrac{1}{2n^{2p}}+o\left(\dfrac{1}{n^{2p}}\right)\sim\dfrac{1}{2n^{2p}}$ $(n\to\infty)$,因此 $\displaystyle\sum_{n=2}^{\infty}\left[-\frac{1}{2n^{2p}}+o\left(\frac{1}{n^{2p}}\right)\right]$ 发散. 所以原级数发散.

(2) 当 $\dfrac{1}{2}<p\leqslant 1$ 时,显然 $\displaystyle\sum_{n=2}^{\infty}\frac{(-1)^n}{n^p}$ 条件收敛,而 $\dfrac{1}{2n^{2p}}+o\left(\dfrac{1}{n^{2p}}\right)\sim\dfrac{1}{2n^{2p}}(n\to\infty)$,所

以 $\sum\limits_{n=2}^{\infty}\left[-\dfrac{1}{2n^{2p}}+o\left(\dfrac{1}{n^{2p}}\right)\right]$ 绝对收敛,因此原级数条件收敛.

（3）当 $p>1$ 时,显然 $\sum\limits_{n=2}^{\infty}\dfrac{(-1)^{n}}{n^{p}}$ 和 $\sum\limits_{n=2}^{\infty}\left[-\dfrac{1}{2n^{2p}}+o\left(\dfrac{1}{n^{2p}}\right)\right]$ 都绝对收敛,因此原级数绝对收敛.

例 8.6.7 求幂级数 $\sum\limits_{n=1}^{\infty}\left(1+\dfrac{1}{n}\right)^{n^{2}}x^{2n}$ 的收敛半径和收敛域.

解 因为

$$\lim_{n\to\infty}\sqrt[n]{\left|\left(1+\dfrac{1}{n}\right)^{n^{2}}x^{2n}\right|}=\lim_{n\to\infty}\left(1+\dfrac{1}{n}\right)^{n}|x|^{2}=\mathrm{e}|x|^{2},$$

所以由柯西判别法知,幂级数 $\sum\limits_{n=1}^{\infty}\left(1+\dfrac{1}{n}\right)^{n^{2}}x^{2n}$ 当 $|x|<\dfrac{1}{\sqrt{\mathrm{e}}}$ 时收敛,当 $|x|>\dfrac{1}{\sqrt{\mathrm{e}}}$ 时发散.

这说明幂级数 $\sum\limits_{n=1}^{\infty}\left(1+\dfrac{1}{n}\right)^{n^{2}}x^{2n}$ 的收敛半径为 $R=\dfrac{1}{\sqrt{\mathrm{e}}}$.

当 $x=\pm\dfrac{1}{\sqrt{\mathrm{e}}}$ 时,幂级数为 $\sum\limits_{n=1}^{\infty}\dfrac{1}{\mathrm{e}^{n}}\left(1+\dfrac{1}{n}\right)^{n^{2}}$. 由例 3.2.11 知,$\lim\limits_{n\to\infty}\dfrac{1}{\mathrm{e}^{n}}\left(1+\dfrac{1}{n}\right)^{n^{2}}=\lim\limits_{n\to\infty}\left[\dfrac{1}{\mathrm{e}}\left(1+\dfrac{1}{n}\right)^{n}\right]^{n}=\mathrm{e}^{-\frac{1}{2}}$,即级数 $\sum\limits_{n=1}^{\infty}\dfrac{1}{\mathrm{e}^{n}}\left(1+\dfrac{1}{n}\right)^{n^{2}}$ 的通项不趋于 0,因此它发散.

综上所述,幂级数 $\sum\limits_{n=1}^{\infty}\left(1+\dfrac{1}{n}\right)^{n^{2}}x^{2n}$ 的收敛域为 $\left(-\dfrac{1}{\sqrt{\mathrm{e}}},\dfrac{1}{\sqrt{\mathrm{e}}}\right)$.

例 8.6.8 设 $I_{n}=\displaystyle\int_{0}^{\frac{\pi}{4}}\sin^{n}x\cos x\mathrm{d}x(n=0,1,2,\cdots)$,求 $\sum\limits_{n=0}^{\infty}I_{n}$.

解 对于每个非负正整数 n,有

$$I_{n}=\int_{0}^{\frac{\pi}{4}}\sin^{n}x\cos x\mathrm{d}x=\int_{0}^{\frac{\pi}{4}}\sin^{n}x\,\mathrm{d}\sin x$$

$$=\dfrac{1}{n+1}\sin^{n+1}x\Big|_{0}^{\frac{\pi}{4}}=\dfrac{1}{n+1}\left(\dfrac{1}{\sqrt{2}}\right)^{n+1}.$$

考虑幂级数 $S(x)=\sum\limits_{n=0}^{\infty}\dfrac{1}{n+1}x^{n+1}$. 则利用幂级数的逐项求导性质得

$$S'(x)=\left(\sum_{n=0}^{\infty}\dfrac{1}{n+1}x^{n+1}\right)'=\sum_{n=0}^{\infty}x^{n}=\dfrac{1}{1-x},\quad x\in(-1,1).$$

于是由牛顿-莱布尼茨公式得

$$S(x)=S(x)-S(0)=\int_{0}^{x}\dfrac{1}{1-t}\mathrm{d}t=-\ln(1-x),\quad x\in(-1,1).$$

取 $x=\dfrac{1}{\sqrt{2}}$ 便得

$$\sum_{n=0}^{\infty}I_{n}=\sum_{n=0}^{\infty}\dfrac{1}{n+1}\left(\dfrac{1}{\sqrt{2}}\right)^{n+1}=S\left(\dfrac{1}{\sqrt{2}}\right)=-\ln\left(1-\dfrac{1}{\sqrt{2}}\right)=\ln(2+\sqrt{2}).$$

例 8.6.9 将函数 $f(x) = x\ln(1 - x^2)$ 展开成 x 的幂级数,并求 $f^{(n)}(0)(n = 1, 2, \cdots)$.

解 因为

$$\ln(1 + x) = \sum_{n=1}^{\infty} \frac{(-1)^{n+1}}{n} x^n, \quad x \in (-1, 1],$$

所以用 $-x^2$ 替换 x 得

$$\ln(1 - x^2) = -\sum_{n=1}^{\infty} \frac{1}{n} x^{2n}, \quad x \in (-1, 1),$$

于是

$$f(x) = x\ln(1 - x^2) = -\sum_{n=1}^{\infty} \frac{1}{n} x^{2n+1}$$

$$= -x^3 - \frac{1}{2} x^5 - \frac{1}{3} x^7 - \cdots - \frac{1}{n} x^{2n+1} - \cdots, \quad x \in (-1, 1).$$

由函数的幂级数展开式的唯一性得

$$\frac{f'(0)}{1!} = 0, \quad \frac{f^{(2n)}(0)}{(2n)!} = 0, \quad \frac{f^{(2n+1)}(0)}{(2n+1)!} = -\frac{1}{n}, \quad n = 1, 2, \cdots,$$

于是

$$f'(0) = 0, \quad f^{(2n)}(0) = 0, \quad f^{(2n+1)}(0) = -\frac{(2n+1)!}{n}, \quad n = 1, 2, \cdots.$$

例 8.6.10 求级数 $\sum_{n=0}^{\infty} \frac{(n+1)^2}{3^n n!}$ 的和.

解 由 $\mathrm{e}^x = \sum_{n=0}^{\infty} \frac{x^n}{n!} (x \in (-\infty, +\infty))$ 得

$$x\mathrm{e}^x = \sum_{n=0}^{\infty} \frac{x^{n+1}}{n!},$$

逐项求导得

$$(1 + x)\mathrm{e}^x = \sum_{n=0}^{\infty} \frac{(n+1)x^n}{n!},$$

两边再乘 x 得

$$(x + x^2)\mathrm{e}^x = \sum_{n=0}^{\infty} \frac{(n+1)x^{n+1}}{n!},$$

再逐项求导得

$$(1 + 3x + x^2)\mathrm{e}^x = \sum_{n=0}^{\infty} \frac{(n+1)^2 x^n}{n!}, \quad x \in (-\infty, +\infty).$$

取 $x = \frac{1}{3}$ 便得

$$\sum_{n=0}^{\infty} \frac{(n+1)^2}{3^n n!} = \frac{19}{9} \mathrm{e}^{\frac{1}{3}}.$$

习 题 八

（A）

1. 讨论下列级数的收敛性. 若收敛的话，求出级数之和：

(1) $\displaystyle\sum_{n=1}^{\infty} \frac{1}{(2n-1)(2n+1)}$;

(2) $\displaystyle\sum_{n=1}^{\infty} \frac{2n}{3n+1}$;

(3) $\displaystyle\sum_{n=1}^{\infty} \left(\frac{1}{2^n} - \frac{1}{3^n}\right)$;

(4) $\displaystyle\sum_{n=1}^{\infty} \frac{5^{n-1} + 4^{n+1}}{3^{2n}}$;

(5) $\displaystyle\sum_{n=1}^{\infty} \frac{1}{\sqrt[n]{n}}$;

(6) $\displaystyle\sum_{n=1}^{\infty} (\sqrt{n+2} - 2\sqrt{n+1} + \sqrt{n})$.

2. 讨论下列正项级数的收敛性：

(1) $\displaystyle\sum_{n=1}^{\infty} \frac{n}{n^3 + 1}$;

(2) $\displaystyle\sum_{n=1}^{\infty} \frac{n^2}{n^3 + 2n}$;

(3) $\displaystyle\sum_{n=1}^{\infty} \frac{1}{8^n - 7^n}$;

(4) $\displaystyle\sum_{n=1}^{\infty} \frac{1}{n!}$;

(5) $\displaystyle\sum_{n=2}^{\infty} \frac{1}{\ln^2 n}$;

(6) $\displaystyle\sum_{n=1}^{\infty} \frac{\ln n}{n^2}$;

(7) $\displaystyle\sum_{n=1}^{\infty} (\sqrt{n^2 + 1} - \sqrt{n^2 - 1})$;

(8) $\displaystyle\sum_{n=1}^{\infty} \frac{n^2}{2^n}$;

(9) $\displaystyle\sum_{n=1}^{\infty} \frac{[2 + (-1)^n]^n}{2^{2n+1}}$;

(10) $\displaystyle\sum_{n=1}^{\infty} n^2 e^{-n}$;

(11) $\displaystyle\sum_{n=1}^{\infty} \frac{2^n n!}{n^n}$;

(12) $\displaystyle\sum_{n=1}^{\infty} \frac{1}{[\ln(1+n)]^n}$;

(13) $\displaystyle\sum_{n=1}^{\infty} \frac{1}{2^n} \left(1 + \frac{1}{n}\right)^{n^2}$;

(14) $\displaystyle\sum_{n=1}^{\infty} \left(\frac{an}{2n+1}\right)^n \ (a > 0)$;

(15) $\displaystyle\sum_{n=1}^{\infty} 2^n \sin \frac{\pi}{5^n}$;

(16) $\displaystyle\sum_{n=1}^{\infty} 3^n \ln\left(1 + \frac{1}{4^n}\right)$;

(17) $\displaystyle\sum_{n=2}^{\infty} \ln \frac{n^2 + 1}{n^2 - 1}$;

(18) $\displaystyle\sum_{n=1}^{\infty} (\sqrt[n]{a} - 1) \ (a > 1)$;

(19) $\displaystyle\sum_{n=1}^{\infty} \arctan q^n \ (q > 0)$;

(20) $\displaystyle\sum_{n=1}^{\infty} \frac{1}{1 + a^n} \ (a > 0)$.

3. 利用级数收敛的必要条件证明：$\displaystyle\lim_{n \to \infty} \frac{n^n}{(n!)^2} = 0$.

4. 讨论下列级数的收敛性：

(1) $\displaystyle\sum_{n=1}^{\infty} \int_0^{\frac{1}{n}} \sqrt{\frac{x}{1-x}} \, \mathrm{d}x$;

(2) $\displaystyle\sum_{n=1}^{\infty} \int_{n\pi}^{2n\pi} \frac{\sin^2 x}{x^2} \, \mathrm{d}x$;

(3) $\displaystyle\sum_{n=1}^{\infty} \int_0^{\frac{1}{n}} \ln(1+x) \, \mathrm{d}x$.

5. 设正项级数 $\sum\limits_{n=1}^{\infty} x_n$ 收敛,证明 $\sum\limits_{n=1}^{\infty} x_n^2$ 也收敛;反之如何?

6. 设正项级数 $\sum\limits_{n=1}^{\infty} x_n$ 收敛. 证明当 $p > \dfrac{1}{2}$ 时,级数 $\sum\limits_{n=1}^{\infty} \dfrac{\sqrt{x_n}}{n^p}$ 收敛.

7. 讨论下列级数的收敛性(包括条件收敛性与绝对收敛性):

(1) $1 - \dfrac{1}{2!} + \dfrac{1}{3} - \dfrac{1}{4!} + \dfrac{1}{5} - \dfrac{1}{6!} + \cdots$;　　(2) $\sum\limits_{n=1}^{\infty} \dfrac{(-1)^{n+1}}{n + \ln n}$;

(3) $\sum\limits_{n=1}^{\infty} (-1)^{n+1} \sin \dfrac{\pi}{n}$;　　(4) $\sum\limits_{n=1}^{\infty} \dfrac{(-1)^{n+1}}{\sqrt[n]{n}}$;

(5) $\sum\limits_{n=2}^{\infty} (-1)^n \dfrac{\ln^2 n}{n}$;　　(6) $\sum\limits_{n=1}^{\infty} \dfrac{1}{\sqrt{n}} \cos \dfrac{n\pi}{3}$;

(7) $\sum\limits_{n=1}^{\infty} (-1)^{n+1} \ln\left(1 + \dfrac{1}{n}\right)$;　　(8) $\sum\limits_{n=1}^{\infty} (-1)^{n+1} \dfrac{4^n \sin^{2n} x}{n} \left(|x| \leqslant \dfrac{\pi}{2}\right)$;

(9) $\sum\limits_{n=1}^{\infty} (-1)^{n+1} \dfrac{n^2}{2^n} x^n$;　　(10) $\sum\limits_{n=1}^{\infty} \dfrac{(-1)^{n+1}}{n} \cdot \dfrac{a}{1 + a^n} \ (a > 0)$.

8. 若级数 $\sum\limits_{n=1}^{\infty} x_n$ 收敛,且 $\lim\limits_{n\to\infty} \dfrac{x_n}{y_n} = 1$,问级数 $\sum\limits_{n=1}^{\infty} y_n$ 是否收敛?

9. 设 $x_n > 0$,且 $\lim\limits_{n\to\infty} x_n = 0$,问交错级数 $\sum\limits_{n=1}^{\infty} (-1)^{n+1} x_n$ 是否收敛?

10. 求下列幂级数的收敛半径与收敛域:

(1) $\sum\limits_{n=1}^{\infty} \dfrac{3^n + (-2)^n}{n} x^n$;　　(2) $\sum\limits_{n=0}^{\infty} (-1)^n \dfrac{5^n}{\sqrt{n+1}} x^n$;

(3) $\sum\limits_{n=0}^{\infty} (2n)! x^n$;　　(4) $\sum\limits_{n=1}^{\infty} (-1)^n \dfrac{x^{2n}}{n \cdot 2^n}$;

(5) $\sum\limits_{n=1}^{\infty} \left(1 + \dfrac{1}{2} + \cdots + \dfrac{1}{n}\right)(x-1)^n$;　　(6) $\sum\limits_{n=1}^{\infty} (-1)^n \dfrac{\ln(n+1)}{n+1} (x+1)^n$;

(7) $\sum\limits_{n=1}^{\infty} \dfrac{3^n}{n!} \left(\dfrac{x-1}{2}\right)^n$;　　(8) $\sum\limits_{n=0}^{\infty} \dfrac{2^n}{2n+1} x^{4n}$.

11. 求下列幂级数的和函数,并指出它们的定义域:

(1) $\sum\limits_{n=0}^{\infty} \dfrac{x^{2n}}{2n+1}$;　　(2) $\sum\limits_{n=1}^{\infty} \dfrac{5^n + (-3)^n}{n} x^n$;

(3) $\sum\limits_{n=1}^{\infty} (-1)^{n-1} n^2 x^n$;　　(4) $\sum\limits_{n=1}^{\infty} n(n+1) x^n$;

(5) $1 + \sum\limits_{n=1}^{\infty} \dfrac{x^{2n}}{(2n)!}$　　(6) $\sum\limits_{n=1}^{\infty} \dfrac{n+1}{n!} x^n$.

12. 应用幂级数性质求下列级数的和:

(1) $\sum\limits_{n=1}^{\infty} (-1)^{n-1} \dfrac{n}{2^n}$;　　(2) $\sum\limits_{n=1}^{\infty} \dfrac{1}{n \cdot 2^n}$;

(3) $\sum\limits_{n=0}^{\infty} (-1)^n \dfrac{2^{n+1}}{n!}$;　　(4) $\sum\limits_{n=1}^{\infty} \dfrac{n+1}{n!}$.

13. 证明：

(1) 函数 $y = \sum\limits_{n=0}^{\infty} \dfrac{x^{4n}}{(4n)!}$ 满足方程 $y^{(4)} = y$；

(2) 函数 $y = \sum\limits_{n=0}^{\infty} \dfrac{x^n}{(n!)^2}$ 满足方程 $xy'' + y' - y = 0$.

14. 将下列函数在指定点展开成幂级数，并确定它们的收敛范围：

(1) $1 + 2x - 3x^2 + 5x^3$，$x_0 = 1$； (2) $\dfrac{1}{x^2}$，$x_0 = -1$；

(3) $\dfrac{x}{2 - x - x^2}$，$x_0 = 0$； (4) a^x，$x_0 = 0$；

(5) $\sin x$，$x_0 = \dfrac{\pi}{6}$； (6) $\dfrac{x-1}{x+1}$，$x_0 = 1$；

(7) $(1+x)\ln(1+x)$，$x_0 = 0$； (8) $\dfrac{x}{\sqrt{1+x^2}}$，$x_0 = 0$.

15. 求函数 $\dfrac{e^x - 1}{x}$ 的麦克劳林级数，并证明：

$$\sum_{n=1}^{\infty} \dfrac{n}{(n+1)!} = 1.$$

16. 利用函数的幂级数展开，计算 $\sqrt{e}$ 的值，要求精确到 10^{-3}.

17. 利用函数的幂级数展开，计算 $\displaystyle\int_0^1 \dfrac{\sin x}{x} dx$ 的值，要求精确到 10^{-4}.

（B）

1. 设 $x_n = \displaystyle\int_0^1 x^2(1-x)^n dx \ (n=1,2,\cdots)$，求级数 $\sum\limits_{n=1}^{\infty} x_n$ 的和.

2. 设抛物线 $l_n : y = nx^2 + \dfrac{1}{n}$ 和 $l_n' : y = (n+1)x^2 + \dfrac{1}{n+1}$ 的交点的横坐标的绝对值为 $a_n (n=1,2,\cdots)$.

(1) 求抛物线 l_n 与 l_n' 所围成的平面图形的面积 S_n；

(2) 求级数 $\sum\limits_{n=1}^{\infty} \dfrac{S_n}{a_n}$ 的和.

3. 判别正项级数 $\sum\limits_{n=1}^{\infty} \left[\dfrac{1}{n} - \ln\left(1 + \dfrac{1}{n}\right) \right]$ 的敛散性.

4. 设 $a_n, b_n > 0$，且满足 $\dfrac{a_{n+1}}{a_n} \leqslant \dfrac{b_{n+1}}{b_n} \ (n=1,2,\cdots)$. 证明：

(1) 若 $\sum\limits_{n=1}^{\infty} b_n$ 收敛，则 $\sum\limits_{n=1}^{\infty} a_n$ 收敛；

(2) 若 $\sum\limits_{n=1}^{\infty} a_n$ 发散，则 $\sum\limits_{n=1}^{\infty} b_n$ 发散.

5. 利用积分判别法判别级数 $\sum\limits_{n=3}^{\infty} \dfrac{1}{n\ln n(\ln\ln n)^{\frac{1}{2}}}$ 的敛散性.

6. 设函数 f 在 $[-1,1]$ 上具有二阶连续导数，且

$$\lim_{x \to 0} \frac{f(x)}{x} = 0,$$

证明级数 $\displaystyle\sum_{n=1}^{\infty} f\left(\frac{1}{n}\right)$ 绝对收敛.

7. 求幂级数 $\displaystyle\sum_{n=1}^{\infty} \frac{x^n}{n[3^n + (-2)^n]}$ 的收敛域.

8. 求幂级数 $1 + \displaystyle\sum_{n=1}^{\infty} (-1)^n \frac{x^{2n}}{2n}$ 的和函数以及该和函数的极值.

9. 求幂级数的 $\displaystyle\sum_{n=0}^{\infty} \frac{x^n}{2^n(n+1)!}$ 的和函数，并求级数 $\displaystyle\sum_{n=0}^{\infty} \frac{2^n}{(n+1)!}$ 的和.

10. 已知 $\displaystyle\sum_{n=0}^{\infty} \frac{1}{(2n+1)^2} = \frac{\pi^2}{8}$. 利用函数 $\frac{1}{1-x^2}$ 的麦克劳林级数，计算 $\displaystyle\int_0^1 \frac{\ln x}{1-x^2} \mathrm{d}x$.

第九章

常微分方程与差分方程

在自然科学、工程技术和经济管理中,常常要从实际问题或事物的发展过程中研究变量之间的函数关系.一般来说,这种关系是不容易直接建立起来的,但将已知的条件分析、处理和适当简化后,常常可以得到关于未知函数及其导数(或偏导数)的关系式,这种关系式就是微分方程.人们发现,许多问题可以用微分方程来描述,通过对方程的研究,可以找到变量之间的函数关系、具体现象的发展趋势或规律.这使微分方程理论成为数学、物理学、天文学、化学、经济学、管理学、生物学和工程技术等领域的基本工具.

在实际问题中,还有许多研究对象中的变量并不是连续变化的,而是离散变化的,很多数据按等间隔来统计,如银行利息的计算、国家或部门的财政预算、人口统计等.因此,人们常常根据客观事物的运行机理和实际问题的变化规律,建立离散变量在不同点的取值关系,如递推关系、时滞关系等.描述各离散变量之间关系的数学模型称为离散型模型,常见的一种为自变量取值非负整数列的函数值之间的关系,就是差分方程.经济学、管理学、物理学、化学、生物学等领域中的很多现象都能用这种离散型的数学模型来描述和解决.由于计算机技术的飞速发展,对连续型的数学模型,数值计算其解时也需要将其离散化,即变成差分方程来求解,因此差分方程理论有着重要的应用.

本章将介绍常微分方程和差分方程理论中一些最基本的问题、解决方法和若干应用,重点在于一阶和二阶方程.它们将为读者提供一条解决实际问题的重要途径.

§1 常微分方程的概念

常微分方程的概念

我们从两个实例谈起. 先看一个物理学中的例子.

例 9.1.1 一个质量为 m 的自由落体（即不考虑空气的阻力），沿垂直线下落，那么物体下落的位移 s 是时间的函数. 若取垂直向下的方向为 s 轴的正向，那么由牛顿第二定律得

$$m\frac{\mathrm{d}^2 s}{\mathrm{d}t^2} = mg,$$

其中 g 是重力加速度. 从上式消去 m 便得

$$\frac{\mathrm{d}^2 s}{\mathrm{d}t^2} = g.$$

这是一个既含未知函数，又含未知函数的导数的方程.

将上式两边关于 t 积分得

$$\frac{\mathrm{d}s}{\mathrm{d}t} = gt + c_1,$$

再积分一次便得位移 s 的表达式

$$s = \frac{1}{2}gt^2 + c_1 t + c_2,$$

其中 c_1, c_2 是任意常数.

再看一个几何学的例子.

例 9.1.2 已知曲线 $y = f(x)$ 上任一点 (x, y) 处的切线斜率都等于 $2x$，并且经过点 $(2, 5)$，求该曲线的方程.

解 由已知条件知

$$\begin{cases} y' = 2x, \\ y(2) = 5. \end{cases}$$

其中 $y' = 2x$ 是含有未知函数的导数的方程，将它两边关于 x 积分得

$$y = \int 2x\mathrm{d}x = x^2 + c \quad (c \text{ 是任意常数}).$$

它表示了 Oxy 平面上的一族曲线. 将 $x = 2, y = 5$ 代入上式，便得 $c = 1$. 因此所求的曲线方程为

$$y = x^2 + 1.$$

表示未知函数、未知函数的导数或微分与自变量之间的关系的方程称为**微分方程**. 如果微分方程中的未知函数只是一个自变量的函数，就称该方程为**常微分方程**，否则称为**偏微分方程**. 微分方程中所出现的未知函数的导数的最高阶数称为该方程的阶. 例如，例 9.1.1 中的方程 $\frac{\mathrm{d}^2 s}{\mathrm{d}t^2} = g$ 是二阶常微分方程；例 9.1.2 中的方程 $y' = 2x$ 是一阶常微分方

程；方程 $(y''')^2 + x(y')^4 + x^2 y = 0$ 是三阶常微分方程. 方程 $\dfrac{\partial^2 z}{\partial x^2} + \dfrac{\partial^2 z}{\partial y^2} = 0$ 是二阶偏微分方程. 由于课程性质的限制, 在本教材中, 我们只考虑常微分方程. 因此本章中在提到微分方程时, 均指常微分方程.

n 阶常微分方程的一般形式为

$$F(x, y, y', \cdots, y^{(n)}) = 0.$$

如果一个函数 $y = \varphi(x)$ 在区间 I 上 n 阶可导, 且满足

$$F(x, \varphi(x), \varphi'(x), \cdots, \varphi^{(n)}(x)) = 0,$$

则称函数 $y = \varphi(x)$ 是该方程在区间 I 上的解. 这个解可以表示 Oxy 平面上的一条曲线, 因此微分方程的解也称为**积分曲线**. 例如, 在例 9.1.2 中, 每条曲线 $y = x^2 + c$ (c 是常数) 都是微分方程 $y' = 2x$ 的积分曲线. 而附加了 "$y(2) = 5$" 这个条件就确定了微分方程 $y' = 2x$ 的通过点 $(2, 5)$ 的积分曲线.

从例 9.1.1 和例 9.1.2 中可以看出微分方程可以有无穷多个解, 这种现象不是个别的, 而是一般现象. 如果一个微分方程的解中含有相互独立的任意常数 (即它们不能合并而使任意常数的个数减少), 且任意常数的个数与该方程的阶数相同, 这种形式的解就称为该方程的**通解**. 例如, 在例 9.1.1 中 $s = \dfrac{1}{2} g t^2 + c_1 t + c_2$ 就是方程 $\dfrac{\mathrm{d}^2 s}{\mathrm{d} t^2} = g$ 的通解. 如果对方程附加了条件, 从而确定了通解中的任意常数, 所得的解我们称之为**特解**. 这样的问题称为**定解问题**, 附加的条件称为**定解条件**. 在例 9.1.2 中, $y = x^2 + 1$ 就是方程 $y' = 2x$ 的一个满足定解条件 $y(2) = 5$ 的特解. 常见的求 n 阶微分方程 $F(x, y, y', \cdots, y^{(n)}) = 0$ 的定解问题所给的定解条件为

$$y(x_0) = y_0, \quad y'(x_0) = y_1, \quad \cdots, \quad y^{(n-1)}(x_0) = y_{n-1},$$

其中 $y_0, y_1, \cdots, y_n$ 为常数, 它也称为**初始条件**.

微分方程 $F(x, y, y', \cdots, y^{(n)}) = 0$ 的通解常常并不能用显函数的形式给出, 而是用一种隐函数形式 $\varphi(x, y, c_1, c_2, \cdots, c_n) = 0$ 来表示, 我们称它为该方程的**隐式解**或**通积分**. 例如 $x^2 + y^2 - r^2 = 0$ 即 $x^2 + y^2 = r^2$ (r 为任意常数) 就是方程 $\dfrac{\mathrm{d} y}{\mathrm{d} x} = -\dfrac{x}{y}$ 的隐式解.

线性常微分方程的概念

形如

$$y^{(n)} + a_1(x) y^{(n-1)} + \cdots + a_{n-1}(x) y' + a_n(x) y = f(x)$$

的方程称为 n **阶线性常微分方程**, 其中 $a_1(x), a_2(x), \cdots, a_n(x)$ 为已知函数. 当 $f(x) \equiv 0$ 时, 称该方程为**齐次线性微分方程**, 否则称其为**非齐次线性微分方程**. 若 $a_1(x), a_2(x), \cdots, a_n(x)$ 均为常数, 则称该方程为 n **阶常系数线性常微分方程**. 例如, $\dfrac{\mathrm{d}^3 y}{\mathrm{d} x^3} + 6 \sin x \dfrac{\mathrm{d}^2 y}{\mathrm{d} x^2} + x y = 0$ 是一个三阶齐次线性方程; $\dfrac{\mathrm{d}^2 y}{\mathrm{d} x^2} + 6 \dfrac{\mathrm{d} y}{\mathrm{d} x} + 5 y = \sin 2x$ 是一个二阶常系数非齐次线性方程; 而 $y^2 \dfrac{\mathrm{d}^2 y}{\mathrm{d} x^2} + x \left(\dfrac{\mathrm{d} y}{\mathrm{d} x} \right) + y^5 = 0$ 就不是线性方程.

<h1 style="text-align:center">§2 一阶常微分方程</h1>

一阶微分方程的一般形式为
$$F(x,y,y') = 0.$$
若从上式中可以解出 y'，那么以上方程可化为
$$y' = f(x,y).$$

微分方程理论研究的一个重要问题就是求解微分方程.但并不是所有微分方程都是可以用初等积分法求解的,即不可能用初等函数或它们的积分来表示方程的解.例如,早在 1686 年刘维尔(Liouville)就证明了一阶微分方程
$$\frac{\mathrm{d}y}{\mathrm{d}x} = x^2 + y^2$$

不能用初等积分法求解.因此人们希望找出一些能够用初等积分法求解的方程类型.下面我们就介绍几种特殊类型的一阶微分方程的解法.

变量可分离方程

若一阶微分方程 $\dfrac{\mathrm{d}y}{\mathrm{d}x} = f(x,y)$ 中的 $f(x,y)$ 可以分解成 x 的函数 $g(x)$ 与 y 的函数 $h(y)$ 的乘积,即
$$\frac{\mathrm{d}y}{\mathrm{d}x} = g(x) \cdot h(y),$$

则称这种方程为**变量可分离方程**.

把以上方程改写为
$$\frac{\mathrm{d}y}{h(y)} = g(x)\mathrm{d}x,$$

若函数 $g(x)$ 与 $h(y)$ 连续,对上式两边取不定积分便得
$$\int \frac{\mathrm{d}y}{h(y)} = \int g(x)\mathrm{d}x.$$

若 $G(x)$ 是 $g(x)$ 的一个原函数,$H(y)$ 是 $\dfrac{1}{h(y)}$ 的一个原函数,则方程的通解为
$$H(y) = G(x) + c,$$

其中 c 是任意常数[①].

若 y_0 是方程 $h(y)=0$ 的根,显然函数 $y=y_0$ 也是方程 $\dfrac{\mathrm{d}y}{\mathrm{d}x}=g(x) \cdot h(y)$ 的解.注意这个解并不一定包含在通解的表达式中.

例 9.2.1 求解微分方程 $\left(\dfrac{\mathrm{d}y}{\mathrm{d}x}\right)^2 + y^2 = 1.$

解 将此方程化为变量可分离方程

---

① 今后我们总用 c 表示任意常数.即使它可能在同一问题中每次出现时并不一定相同,也不再特别说明.

$$\frac{\mathrm{d}y}{\mathrm{d}x} = \pm \sqrt{1-y^2},$$

即

$$\frac{\mathrm{d}y}{\sqrt{1-y^2}} = \pm \,\mathrm{d}x,$$

对此式两边积分得

$$\arcsin y = \pm x + c;$$

即

$$y = \sin(x+c).$$

注意 $y=\pm 1$ 也是方程的两个解,但它们并不在通解之中.因此微分方程的通解并不一定包含了该方程的全部的解.

例 9.2.2　求解定解问题 $\begin{cases} y(1+x^2)\mathrm{d}y = x(1+y^2)\mathrm{d}x, \\ y(0)=1. \end{cases}$

解　将方程 $y(1+x^2)\mathrm{d}y = x(1+y^2)\mathrm{d}x$ 化为

$$\frac{y\mathrm{d}y}{1+y^2} = \frac{x\mathrm{d}x}{1+x^2},$$

两边取不定积分得

$$\int \frac{y\mathrm{d}y}{1+y^2} = \int \frac{x\mathrm{d}x}{1+x^2},$$

因此

$$\frac{1}{2}\ln(1+y^2) = \frac{1}{2}\ln(1+x^2) + \frac{1}{2}\ln c.$$

即

$$1+y^2 = c(1+x^2).$$

由 $y(0)=1$ 得 $c=2$. 因此定解问题的解为

$$1+y^2 = 2(1+x^2).$$

例 9.2.3(曳线方程)　一人用长度为 a 的绳子拖一物体,设该人在初始时刻开始从坐标原点一直沿 y 轴正向前进,与此同时物体从 $(a,0)$ 处开始对人进行跟随(物体的前进方向始终对着人所在的位置),求物体的运动轨迹.

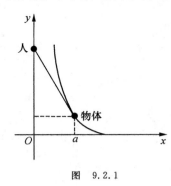

图　9.2.1

解　设物体的运动轨迹为 $y=y(x)$. 因为物体从 $(a,0)$ 处开始,始终保持与人的距离为 a 进行跟随,利用导数的几何意义可知(见图 9.2.1),

$$\begin{cases} y' = -\dfrac{\sqrt{a^2-x^2}}{x}, \\ y(a)=0. \end{cases}$$

对等式 $y' = -\dfrac{\sqrt{a^2-x^2}}{x}$ 两边取定积分得

$$\int_0^y y'\mathrm{d}x = -\int_a^x \frac{\sqrt{a^2-x^2}}{x}\mathrm{d}x,$$

经计算便有

$$y = a\ln\frac{a+\sqrt{a^2-x^2}}{x} - \sqrt{a^2-x^2}.$$

这个物体的运动轨迹被称为**曳线**.

齐次方程

如果一阶微分方程 $\dfrac{\mathrm{d}y}{\mathrm{d}x}=f(x,y)$ 可以化为 $\dfrac{\mathrm{d}y}{\mathrm{d}x}=\varphi\left(\dfrac{y}{x}\right)$ 的形式，其中 φ 为一元函数，则

称该种方程为**齐次方程**. 例如微分方程 $\dfrac{\mathrm{d}y}{\mathrm{d}x}=\dfrac{2xy-y^2}{x^2-3xy}$ 可化为

$$\frac{\mathrm{d}y}{\mathrm{d}x}=\frac{2\left(\dfrac{y}{x}\right)-\left(\dfrac{y}{x}\right)^2}{1-3\left(\dfrac{y}{x}\right)}=\varphi\left(\frac{y}{x}\right),$$

其中 $\varphi(u)=\dfrac{2u-u^2}{1-3u}$，因此 $\dfrac{\mathrm{d}y}{\mathrm{d}x}=\dfrac{2xy-y^2}{x^2-3xy}$ 就是齐次方程.

现在讨论方程 $\dfrac{\mathrm{d}y}{\mathrm{d}x}=\varphi\left(\dfrac{y}{x}\right)$ 的解法. 令 $y=ux$，则

$$\frac{\mathrm{d}y}{\mathrm{d}x}=\frac{\mathrm{d}(ux)}{\mathrm{d}x}=u+x\,\frac{\mathrm{d}u}{\mathrm{d}x}.$$

代入原方程便得

$$x\,\frac{\mathrm{d}u}{\mathrm{d}x}=\varphi(u)-u,$$

它是变量可分离方程. 分离变量后再积分得

$$\int\frac{\mathrm{d}u}{\varphi(u)-u}=\int\frac{\mathrm{d}x}{x}.$$

设 $\Phi(u)$ 为 $\dfrac{1}{\varphi(u)-u}$ 的一个原函数，则方程 $x\,\dfrac{\mathrm{d}u}{\mathrm{d}x}=\varphi(u)-u$ 的通解为

$$\Phi(u)=\ln x+c.$$

用 $u=\dfrac{y}{x}$ 代回便得到原方程的通解

$$\Phi\left(\frac{y}{x}\right)=\ln x+c.$$

例 9.2.4　求方程 $\dfrac{\mathrm{d}y}{\mathrm{d}x}=\dfrac{x^2+y^2}{xy}$ 的通解.

解　因为 $\dfrac{\mathrm{d}y}{\mathrm{d}x}=\dfrac{x^2+y^2}{xy}=\dfrac{1+\left(\dfrac{y}{x}\right)^2}{\dfrac{y}{x}}$，所以这是一个齐次方程. 令 $y=ux$ 得到

$$u+x\,\frac{\mathrm{d}u}{\mathrm{d}x}=\frac{1+u^2}{u}.$$

移项得到
$$u\mathrm{d}u=\frac{1}{x}\mathrm{d}x,$$

两边取积分得
$$\int u\mathrm{d}u=\int\frac{1}{x}\mathrm{d}x,$$

即
$$\frac{1}{2}u^2=\ln x+c.$$

用 $u=\dfrac{y}{x}$ 代入,便得到原方程的隐式通解

$$y^2 = x^2(2\ln x + c).$$

例 9.2.5 求方程 $\left(x+y\cos\dfrac{y}{x}\right)\mathrm{d}x - x\cos\dfrac{y}{x}\mathrm{d}y = 0$ 满足 $y(1)=0$ 的特解.

解 将原方程化为

$$\frac{\mathrm{d}y}{\mathrm{d}x} = \frac{x+y\cos\dfrac{y}{x}}{x\cos\dfrac{y}{x}} = \frac{1+\dfrac{y}{x}\cos\dfrac{y}{x}}{\cos\dfrac{y}{x}},$$

这是一个齐次方程. 令 $y=ux$ 将该方程化为

$$u + x\frac{\mathrm{d}u}{\mathrm{d}x} = \frac{1+u\cos u}{\cos u}.$$

移项得到

$$\cos u\,\mathrm{d}u = \frac{1}{x}\mathrm{d}x,$$

两边取积分得

$$\ln x = \sin u + \ln c,$$

即

$$x = c\mathrm{e}^{\sin u}.$$

用 $u=\dfrac{y}{x}$ 代入便得到原方程的隐式通解 $x=c\mathrm{e}^{\sin\frac{y}{x}}$. 再由 $y(1)=0$ 得 $c=1$,因此所求特解为

$$x = \mathrm{e}^{\sin\frac{y}{x}}.$$

现考虑形如

$$\frac{\mathrm{d}y}{\mathrm{d}x} = \frac{a_1 x + b_1 y + c_1}{a_2 x + b_2 y + c_2}$$

的方程. 当 c_1, c_2 全为零时,它就是齐次方程,并且显然是可解的. 下面考虑当 c_1, c_2 不全为零的情形.

若行列式 $\begin{vmatrix} a_1 & b_1 \\ a_2 & b_2 \end{vmatrix} = a_1 b_2 - a_2 b_1 \neq 0$,作变换

$$\begin{cases} x = \tilde{x} + x_0, \\ y = \tilde{y} + y_0, \end{cases}$$

这里 x_0, y_0 为待定常数. 因此 $\mathrm{d}x = \mathrm{d}\tilde{x}, \mathrm{d}y = \mathrm{d}\tilde{y}$. 则方程变为

$$\frac{\mathrm{d}\tilde{y}}{\mathrm{d}\tilde{x}} = \frac{a_1\tilde{x} + b_1\tilde{y} + (a_1 x_0 + b_1 y_0 + c_1)}{a_2\tilde{x} + b_2\tilde{y} + (a_2 x_0 + b_2 y_0 + c_2)}.$$

令 $\begin{cases} a_1 x_0 + b_1 y_0 + c_1 = 0, \\ a_2 x_0 + b_2 y_0 + c_2 = 0, \end{cases}$ 可确定 x_0, y_0. 于是在上述变换下,就得到了关于 $\tilde{x}, \tilde{y}$ 的可解的齐次方程

$$\frac{\mathrm{d}\tilde{y}}{\mathrm{d}\tilde{x}} = \frac{a_1\tilde{x} + b_1\tilde{y}}{a_2\tilde{x} + b_2\tilde{y}}.$$

若行列式 $\begin{vmatrix} a_1 & b_1 \\ a_2 & b_2 \end{vmatrix} = 0$,则行列式的两行对应成比例,即存在常数 λ,使得 $(a_2, b_2) = \lambda(a_1, b_1)$.

若 b_1，b_2 全为零，那么原方程为

$$\frac{\mathrm{d}y}{\mathrm{d}x} = \frac{a_1 x + c_1}{a_2 x + c_2},$$

它是可解的. 若 b_1，b_2 不全为零，不妨设 $b_1 \neq 0$，令 $u = a_1 x + b_1 y$，则

$$\frac{\mathrm{d}u}{\mathrm{d}x} = a_1 + b_1 \frac{\mathrm{d}y}{\mathrm{d}x} = a_1 + b_1 \frac{a_1 x + b_1 y + c_1}{a_2 x + b_2 y + c_2} = a_1 + b_1 \frac{u + c_1}{\lambda u + c_2},$$

这时原方程就化为变量可分离方程，它是可解的.

综上所述，形式为

$$\frac{\mathrm{d}y}{\mathrm{d}x} = \frac{a_1 x + b_1 y + c_1}{a_2 x + b_2 y + c_2}$$

的微分方程总是可用初等积分法来解的.

上述方法还可以应用到如下形式的方程：

$$\frac{\mathrm{d}y}{\mathrm{d}x} = f\left(\frac{a_1 x + b_1 y + c_1}{a_2 x + b_2 y + c_2}\right),$$

其中 f 是一元函数.

例 9.2.6 求方程 $(2x + y - 4)\mathrm{d}x + (x + y - 1)\mathrm{d}y = 0$ 的通解.

解 将原方程化为

$$\frac{\mathrm{d}y}{\mathrm{d}x} = \frac{-2x - y + 4}{x + y - 1}.$$

由于行列式 $\begin{vmatrix} -2 & -1 \\ 1 & 1 \end{vmatrix} = -1 \neq 0$，解线性代数方程组

$$\begin{cases} -2x_0 - y_0 + 4 = 0, \\ x_0 + y_0 - 1 = 0, \end{cases}$$

得 $x_0 = 3$，$y_0 = -2$. 作变换

$$\begin{cases} x = \tilde{x} + x_0 = \tilde{x} + 3, \\ y = \tilde{y} + y_0 = \tilde{y} - 2. \end{cases}$$

便将原方程化为齐次方程

$$\frac{\mathrm{d}\tilde{y}}{\mathrm{d}\tilde{x}} = \frac{-2\tilde{x} - \tilde{y}}{\tilde{x} + \tilde{y}}.$$

令 $\tilde{y} = u\tilde{x}$ 便得

$$u + \tilde{x} \frac{\mathrm{d}u}{\mathrm{d}\tilde{x}} = \frac{-2 - u}{1 + u},$$

移项并整理得

$$\frac{\mathrm{d}\tilde{x}}{\tilde{x}} = -\frac{u + 1}{u^2 + 2u + 2}\mathrm{d}u.$$

在上式两边取积分得

$$\int \frac{\mathrm{d}\tilde{x}}{\tilde{x}} = -\int \frac{u + 1}{u^2 + 2u + 2}\mathrm{d}u,$$

于是

$$\ln \tilde{x} = -\frac{1}{2}\ln(u^2 + 2u + 2) + \frac{1}{2}\ln c,$$

即 $\tilde{x}^2 (u^2 + 2u + 2) = c$. 于是齐次方程的通解为

$$\tilde{y}^2 + 2\tilde{x}\tilde{y} + 2\tilde{x}^2 = c.$$

代回变量，便得原方程的通解

$$2(x-3)^2 + 2(x-3)(y+2) + (y+2)^2 = c.$$

一阶线性方程

一阶线性常微分方程的一般形式为

$$\frac{\mathrm{d}y}{\mathrm{d}x} + p(x)y = q(x),$$

其中 $p(x)$ 和 $q(x)$ 是已知函数.

先考虑一阶齐次线性方程

$$\frac{\mathrm{d}y}{\mathrm{d}x} + p(x)y = 0.$$

将它分离变量得

$$\frac{\mathrm{d}y}{y} = -p(x)\mathrm{d}x,$$

两边取积分便有

$$\ln|y| = -\int p(x)\mathrm{d}x + c_1 \ ^{①},$$

其中 c_1 为任意常数. 因此齐次方程的通解为

$$y = c\mathrm{e}^{-\int p(x)\mathrm{d}x},$$

其中 c 为任意常数.

为了找出非齐次线性方程的一个特解，我们利用**常数变易法**. 将上式中的常数 c 换为待定函数 $u(x)$，即设方程 $\dfrac{\mathrm{d}y}{\mathrm{d}x} + p(x)y = q(x)$ 的解为

$$y = u(x)\mathrm{e}^{-\int p(x)\mathrm{d}x}.$$

代入原方程则有

$$u'(x)\mathrm{e}^{-\int p(x)\mathrm{d}x} - u(x)p(x)\mathrm{e}^{-\int p(x)\mathrm{d}x} + u(x)p(x)\mathrm{e}^{-\int p(x)\mathrm{d}x} = q(x),$$

即

$$u'(x) = q(x)\mathrm{e}^{\int p(x)\mathrm{d}x}.$$

因此可得

$$u(x) = \int q(x)\mathrm{e}^{\int p(x)\mathrm{d}x}\mathrm{d}x + c.$$

于是，非齐次线性方程的通解为

$$y = \mathrm{e}^{-\int p(x)\mathrm{d}x}\left(\int q(x)\mathrm{e}^{\int p(x)\mathrm{d}x}\mathrm{d}x + c\right).$$

显然，一阶齐次线性方程 $\dfrac{\mathrm{d}y}{\mathrm{d}x} + p(x)y = 0$ 的解的线性组合仍是该方程的解. 而且上式说明了，一阶非齐次线性方程 $\dfrac{\mathrm{d}y}{\mathrm{d}x} + p(x)y = q(x)$ 的通解等于该方程的一个特解加上对应

---

① 以后如果不作特别说明，在微分方程的通解中出现的不定积分表达式，如 $\int p(x)\mathrm{d}x$，均表示 $p(x)$ 的某个确定的原函数.

的齐次线性方程的通解.

例 9.2.7 求解定解问题 $\begin{cases} \dfrac{\mathrm{d}y}{\mathrm{d}x}+2xy=x\mathrm{e}^{-x^2}, \\ y(0)=1. \end{cases}$

解 $\dfrac{\mathrm{d}y}{\mathrm{d}x}+2xy=x\mathrm{e}^{-x^2}$ 是一阶非齐次线性方程，其中 $p(x)=2x, q(x)=x\mathrm{e}^{-x^2}$. 因此该方程的通解为

$$y=\mathrm{e}^{-\int 2x\mathrm{d}x}\left(\int x\mathrm{e}^{-x^2}\mathrm{e}^{\int 2x\mathrm{d}x}\mathrm{d}x+c\right)=\mathrm{e}^{-x^2}\left(\int x\mathrm{e}^{-x^2}\mathrm{e}^{x^2}\mathrm{d}x+c\right)$$

$$=\mathrm{e}^{-x^2}\left(\int x\mathrm{d}x+c\right)=\mathrm{e}^{-x^2}\left(\frac{1}{2}x^2+c\right).$$

因为 $y(0)=1$，所以 $c=1$. 于是定解问题的解为

$$y=\left(\frac{1}{2}x^2+1\right)\mathrm{e}^{-x^2}.$$

例 9.2.8 求微分方程 $\dfrac{\mathrm{d}y}{\mathrm{d}x}=\dfrac{y}{x+2y^3}$ 的通解.

解 此方程不是线性方程，但将方程变形为

$$\frac{\mathrm{d}x}{\mathrm{d}y}=\frac{x+2y^3}{y},$$

即

$$\frac{\mathrm{d}x}{\mathrm{d}y}-\frac{1}{y}x=2y^2$$

就是一个关于未知函数 x 的线性方程. 于是通解为

$$x=\mathrm{e}^{\int \frac{\mathrm{d}y}{y}}\left[c+\int 2y^2\mathrm{e}^{-\int \frac{\mathrm{d}y}{y}}\mathrm{d}y\right]=cy+y^3.$$

伯努利(Bernoulli)方程

有些方程形式上虽然不是线性方程，但通过适当的变量代换，仍可化为线性方程. 形如

$$\frac{\mathrm{d}y}{\mathrm{d}x}+p(x)y=q(x)y^n$$

的方程称为**伯努利方程**. 当 $n=0,1$ 时，它就是一阶线性方程.

当 $n\neq 0,1$ 时. 方程两边除以 y^n 便得到

$$\frac{1}{y^n}\frac{\mathrm{d}y}{\mathrm{d}x}+p(x)\frac{1}{y^{n-1}}=q(x).$$

令 $z=\dfrac{1}{y^{n-1}}$，则 $\mathrm{d}z=(1-n)\dfrac{1}{y^n}\mathrm{d}y$，于是方程化为

$$\frac{\mathrm{d}z}{\mathrm{d}x}+(1-n)p(x)z=(1-n)q(x),$$

这是关于未知函数 z 的一阶线性方程. 按前面的方法求出解后，再用 $z=\dfrac{1}{y^{n-1}}$ 代入该解便得到原方程的解.

注意当 $n>0$ 时，常数函数 $y=0$ 是方程的解.

例 9.2.9 求方程 $\dfrac{\mathrm{d}y}{\mathrm{d}x}+\dfrac{1}{x}y=x^2y^6$ 的通解.

解 方程两边除以 y^6 便得到

$$\frac{1}{y^6}\frac{\mathrm{d}y}{\mathrm{d}x}+\frac{1}{x}\cdot\frac{1}{y^5}=x^2.$$

令 $z=\dfrac{1}{y^5}$,则方程化为

$$\frac{\mathrm{d}z}{\mathrm{d}x}-\frac{5}{x}z=-5x^2,$$

解此一阶线性方程得

$$z=cx^5+\frac{5}{2}x^3,$$

因此原方程的通解为

$$\frac{1}{y^5}=cx^5+\frac{5}{2}x^3.$$

注意,函数 $y=0$ 是方程的特解.

例 9.2.10 求解定解问题 $\begin{cases} x\ln x\sin y\,\dfrac{\mathrm{d}y}{\mathrm{d}x}+\cos y(1-x\cos y)=0, \\ y(1)=0. \end{cases}$

解 把方程改写为

$$-x\ln x\,\frac{\mathrm{d}\cos y}{\mathrm{d}x}+\cos y=x\cos^2 y.$$

令 $u=\cos y$,那么原方程化为

$$\frac{\mathrm{d}u}{\mathrm{d}x}-\frac{1}{x\ln x}u=-\frac{1}{\ln x}u^2,$$

这是伯努利方程.再令 $z=u^{-1}$,将此方程化为

$$\frac{\mathrm{d}z}{\mathrm{d}x}+\frac{1}{x\ln x}z=\frac{1}{\ln x}.$$

解此一阶线性方程得

$$z=\frac{1}{\ln x}(c+x),$$

代回原变量便得

$$(x+c)\cos y=\ln x.$$

由于 $y(1)=0$,所以 $c=-1$,因此所求特解为

$$(x-1)\cos y=\ln x.$$

解的存在与唯一性定理

我们已经指出,许多一阶常微分方程并不能用初等积分法求解,但对于导数已解出的方程,在一定条件下是局部可解的,这就是下面的定理.

定理 9.2.1(解的存在与唯一性定理) 对于定解问题 $\begin{cases} \dfrac{\mathrm{d}y}{\mathrm{d}x}=f(x,y), \\ y(x_0)=y_0, \end{cases}$ 如果 $f(x,y)$ 和 $\dfrac{\partial f}{\partial y}(x,y)$ 在矩形区域 $\{(x,y)\,|\,|x-x_0|<a,\,|y-y_0|<b\}$ 上连续,那么存在正数 $h(0<h\leqslant a)$,

使得这个定解问题在 (x_0-h, x_0+h) 上有唯一的解 $y=\varphi(x)$，即在 (x_0-h, x_0+h) 上成立

$$\varphi'(x) = f(x, \varphi(x))$$

及

$$\varphi(x_0) = y_0.$$

这个定理的证明超出本课程的要求，此处从略.

注意，这个定理中关于 f 的连续性保证了解的存在性，而关于 $\dfrac{\partial f}{\partial y}$ 的连续性保证了解的唯一性. 例如，定解问题

$$\begin{cases} \dfrac{\mathrm{d}y}{\mathrm{d}x} = y^{\frac{2}{3}}, \\ y(0) = 0 \end{cases}$$

有两个解 $y=0$ 和 $y=\dfrac{x^3}{27}$. 这时 $f(x, y) = y^{\frac{2}{3}}$ 连续，但关于 y 的偏导数 $\dfrac{\partial f}{\partial y}$ 在 $(0,0)$ 点不连续.

再者，在这个定理中，只说明了解在局部的存在性和唯一性，并没有说明解的表达式如何. 事实上，前面已经提到，微分方程 $\dfrac{\mathrm{d}y}{\mathrm{d}x} = x^2 + y^2$ 不能用初等积分法来求解，但从解的存在与唯一性定理知，定解问题

$$\begin{cases} \dfrac{\mathrm{d}y}{\mathrm{d}x} = x^2 + y^2, \\ y(0) = 0 \end{cases}$$

在 $x=0$ 的某个邻域上有唯一解 $y=y(x)$. 现在来考察这个解的性质.

首先，由于 $y' = x^2 + y^2 \geqslant 0$，所以函数 $y(x)$ 单调增加. 又由于 $y(0) = 0$，所以当 $x > 0$ 时成立 $y(x) > 0$；当 $x < 0$ 时成立 $y(x) < 0$.

再者，由于 $y'' = 2x + 2yy' = 2x + 2y(y^2 + x^2)$，所以当 $x > 0$ 时有 $y''(x) > 0$，此时曲线 $y = y(x)$ 下凸；当 $x < 0$ 时有 $y''(x) < 0$，此时曲线 $y = y(x)$ 上凸. 从而 $(0,0)$ 是曲线 $y = y(x)$ 的唯一拐点.

进一步还可以证明（证明略去），这个解在 $(-\alpha, \alpha)$ 上存在，其中 α 是 $\left[\dfrac{\sqrt{2\pi}}{2}, \sqrt{2\pi}\right]$ 中的某一值.

虽然我们并没有具体求出这个问题的解，但可以从方程本身知道这个定解问题的解的性质，甚至可以大致画出它的图像.

由于许多微分方程无法用初等积分法求解，因此将研究重点从求解微分方程转移到从方程的结构本身去研究解的性质，或者研究它们的解所确定的曲线的分布情况，为微分方程理论研究带来了巨大活力，也提供了广阔的应用前景. 这些问题的研究形成了微分方程理论中占重要地位的定性理论，成为研究现代常微分方程的主流. 有兴趣深入学习的读者可以查阅这方面的书籍.

可降阶的二阶微分方程

由于许多一阶微分方程可用初等积分法来求解,所以对一些二阶微分方程进行适当的处理,将其化为一阶微分方程再求解,是一种常用方法.

（一）形式为 $y''=f(x)$ 的方程

这种方程是最简单的二阶微分方程,其解法也十分简便.事实上,对 $y''=f(x)$ 两边积分得

$$y' = \int y'' \mathrm{d}x = \int f(x)\mathrm{d}x + c_1.$$

再积分一次便得方程 $y''=f(x)$ 的通解

$$y = \int y' \mathrm{d}x = \int \left[\int f(x)\mathrm{d}x\right]\mathrm{d}x + c_1 x + c_2.$$

例 9.2.11　求微分方程 $xy''=1$ 的通解.

解　将原方程化为 $y''=\dfrac{1}{x}$,再取积分得

$$y' = \int \frac{1}{x}\mathrm{d}x = \ln x + \tilde{c}_1.$$

再积分一次便得方程的通解

$$y = \int (\ln x + c_1)\mathrm{d}x = x\ln x - x + \tilde{c}_1 x + c_2 = x\ln x + c_1 x + c_2,$$

其中记 $c_1 = \tilde{c}_1 - 1$.

（二）不显含未知函数 y 的方程 $F(x,y',y'')=0$

令 $y'=p$,则 $y''=(y')'=p'$,于是方程 $F(x,y',y'')=0$ 化成了一阶方程

$$F(x,p,p')=0.$$

如果上述方程的通解为

$$\Phi(x,p,c_1)=0,$$

那么再求解一阶方程 $\Phi(x,y',c_1)=0$ 便得到原方程的通解.

例 9.2.12　求微分方程 $\dfrac{\mathrm{d}^2 y}{\mathrm{d}x^2}=1+\left(\dfrac{\mathrm{d}y}{\mathrm{d}x}\right)^2$ 的通解.

解　令 $\dfrac{\mathrm{d}y}{\mathrm{d}x}=p$,则原方程化为

$$\frac{\mathrm{d}p}{\mathrm{d}x} = 1 + p^2,$$

分离变量得

$$\frac{\mathrm{d}p}{1+p^2} = \mathrm{d}x.$$

对上式两边积分得

$$\arctan p = x + c_1,$$

即

$$\frac{\mathrm{d}y}{\mathrm{d}x} = p = \tan(x+c_1).$$

因此原方程的通解为

$$y = \int \tan(x+c_1)\mathrm{d}x = -\ln\cos(x+c_1) + c_2.$$

（三）不显含自变量 x 的方程 $F(y,y',y'')=0$

令 $y'=p$，由复合函数求导公式得

$$y''=\frac{\mathrm{d}p}{\mathrm{d}x}=\frac{\mathrm{d}p}{\mathrm{d}y}\frac{\mathrm{d}y}{\mathrm{d}x}=p\frac{\mathrm{d}p}{\mathrm{d}y}.$$

于是，方程 $F(y,y',y'')=0$ 就可化成形式为以 y 为自变量的一阶方程

$$F\left(y,p,p\frac{\mathrm{d}p}{\mathrm{d}y}\right)=0.$$

如果上述方程的通解为

$$\Phi(y,p,c_1)=0,$$

那么再求解以 x 为自变量的一阶方程

$$\Phi(y,y',c_1)=0$$

就可得到原方程的通解.

例 9.2.13 求解定解问题 $\begin{cases}1+y'^2=2yy'',\\ y(1)=1,y'(1)=-1.\end{cases}$

解 令 $\dfrac{\mathrm{d}y}{\mathrm{d}x}=p$，则 $\dfrac{\mathrm{d}^2y}{\mathrm{d}x^2}=p\dfrac{\mathrm{d}p}{\mathrm{d}y}$. 代入方程 $1+y'^2=2yy''$ 得

$$1+p^2=2yp\frac{\mathrm{d}p}{\mathrm{d}y}.$$

分离变量得

$$\frac{2p\mathrm{d}p}{1+p^2}=\frac{\mathrm{d}y}{y},$$

两边积分得

$$1+p^2=c_1y.$$

由初始条件 $y(1)=1$ 和 $y'(1)=-1$ 知当 $y=1$ 时 $p=-1$，因此 $c_1=2$. 于是

$$1+p^2=2y.$$

再根据初始条件 $y'(1)=-1$ 可得

$$\frac{\mathrm{d}y}{\mathrm{d}x}=p=-\sqrt{2y-1}.$$

利用分离变量法解此方程可得

$$\sqrt{2y-1}=-x+c_2.$$

由初始条件 $y(1)=1$ 可得 $c_2=2$. 于是定解问题的解为

$$y=\frac{1}{2}(x^2-4x+5).$$

§3 二阶线性微分方程

定解问题的存在性与唯一性

二阶线性微分方程的一般形式为

$$\frac{\mathrm{d}^2y}{\mathrm{d}x^2}+p(x)\frac{\mathrm{d}y}{\mathrm{d}x}+q(x)y=f(x),$$

其中 $p(x),q(x),f(x)$ 是已知函数. 当 $f(x)\equiv0$ 时它为齐次线性方程, 即

$$\frac{\mathrm{d}^2y}{\mathrm{d}x^2}+p(x)\frac{\mathrm{d}y}{\mathrm{d}x}+q(x)y=0.$$

当 $p(x),q(x)$ 都为常数时, 上述方程为二阶常系数线性微分方程.

二阶微分方程也是有实际背景的. 我们来看一个例子.

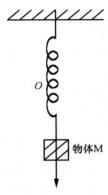

图　9.3.1

例 9.3.1　一根弹簧, 其顶端固定, 底端挂有一质量为 M 的物体 (见图 9.3.1). 当物体处于静止状态时, 物体所受的重力和弹力大小相等且方向相反, 这时物体的位置称为平衡位置. 我们取平衡位置为坐标原点 O, 取 u 轴铅垂向下. 记在未挂重物时弹簧的底部位置为 $-u_0\,(u_0>0)$. 如果给该重物一个垂直方向的干扰力, 使重物体离开平衡位置, 并在平衡位置附近作上下震动. 这时重物离开平衡位置的位移 u 就是一个时间的函数. 物体在运动中所受的力 F 是以下几个力的叠加 (设 M 比较大, 因此可以不必考虑弹簧自身的质量):

(1) 重力:

$$f_1=Mg.$$

(2) 弹力 (弹簧使物体回到平衡位置的恢复力): 由胡克 (Hooke) 定律, 弹力与弹簧形变的长度成正比, 即

$$f_2=-k(u+u_0),$$

其中 k 为弹簧的劲度系数.

(3) 阻力: 由试验知道, 阻力 f_3 总与物体的运动方向相反, 当振动不大时, 其大小与物体的运动速度成正比. 设比例系数为 λ, 则

$$f_3=-\lambda\frac{\mathrm{d}u}{\mathrm{d}t}.$$

(4) 干扰力: 记它为

$$f_4=f_4(t).$$

注意在平衡位置时重力和弹力的大小相等, 即 $Mg=ku_0$. 由牛顿第二定律 $F=Ma=M\dfrac{\mathrm{d}^2u}{\mathrm{d}t^2}$ 得

$$
\begin{aligned}
M\frac{\mathrm{d}^2u}{\mathrm{d}t^2}&=f_1+f_2+f_3+f_4\\
&=Mg-k(u+u_0)-\lambda\frac{\mathrm{d}u}{\mathrm{d}t}+f_4(t)\\
&=-ku-\lambda\frac{\mathrm{d}u}{\mathrm{d}t}+f_4(t),
\end{aligned}
$$

即

$$\frac{\mathrm{d}^2u}{\mathrm{d}t^2}+p\frac{\mathrm{d}u}{\mathrm{d}t}+qu=f(t),$$

这里 $p=\dfrac{\lambda}{M}$, $q=\dfrac{k}{M}$, $f(t)=\dfrac{1}{M}f_4(t)$.

由于 $t=0$ 时物体的位移与速度均为 0, 因此位移函数 u 满足方程

$$
\begin{cases}
\dfrac{\mathrm{d}^2 u}{\mathrm{d}t^2} + p\,\dfrac{\mathrm{d}u}{\mathrm{d}t} + qu = f(t), \\
u(0) = 0, u'(0) = 0.
\end{cases}
$$

这个方程含有初始条件，对这类定解问题有下面的解的存在与唯一性定理：

定理 9.3.1（解的存在与唯一性定理） 设 $p(x), q(x)$ 和 $f(x)$ 均在区间 (a,b) 上连续，$x_0 \in (a,b)$. 那么对于任意常数 y_0, y_1，定解问题

$$
\begin{cases}
\dfrac{\mathrm{d}^2 y}{\mathrm{d}x^2} + p(x)\,\dfrac{\mathrm{d}y}{\mathrm{d}x} + q(x)y = f(x), \\
y(x_0) = y_0, y'(x_0) = y_1
\end{cases}
$$

在 (a,b) 上的解存在，而且解是唯一的.

这个定理的证明从略.

线性微分方程解的结构

在上一节我们知道，一阶非齐次线性方程的通解由两部分之和构成，一部分是相应的齐次方程的通解，另一部分是非齐次线性方程本身的一个特解. 事实上，这类关于解的结构的结论对于一般的线性方程都成立. 以下我们以二阶线性微分方程为中心来说明这些事实.

以下我们总假定方程 $\dfrac{\mathrm{d}^2 y}{\mathrm{d}x^2} + p(x)\,\dfrac{\mathrm{d}y}{\mathrm{d}x} + q(x)y = f(x)$ 中的已知函数 $p(x), q(x)$ 和 $f(x)$ 在区间 (a,b) 上连续. 先考虑齐次线性方程的情况.

定理 9.3.2 若函数 $y_1(x), y_2(x)$ 是齐次线性方程 $\dfrac{\mathrm{d}^2 y}{\mathrm{d}x^2} + p(x)\,\dfrac{\mathrm{d}y}{\mathrm{d}x} + q(x)y = 0$ 在 (a,b) 上的解，则它们的任意线性组合 $\alpha y_1(x) + \beta y_2(x)$（$\alpha, \beta$ 为常数）也是该齐次线性方程在 (a,b) 上的解.

证 若函数 $y_1(x), y_2(x)$ 是齐次线性方程的解，则在 (a,b) 上成立

$$
\frac{\mathrm{d}^2 y_1}{\mathrm{d}x^2} + p(x)\,\frac{\mathrm{d}y_1}{\mathrm{d}x} + q(x)y_1 = 0;
$$

$$
\frac{\mathrm{d}^2 y_2}{\mathrm{d}x^2} + p(x)\,\frac{\mathrm{d}y_2}{\mathrm{d}x} + q(x)y_2 = 0.
$$

因此在 (a,b) 上成立

$$
\frac{\mathrm{d}^2}{\mathrm{d}x^2}[\alpha y_1(x) + \beta y_2(x)] + p(x)\,\frac{\mathrm{d}}{\mathrm{d}x}[\alpha y_1(x) + \beta y_2(x)] + q(x)[\alpha y_1(x) + \beta y_2(x)]
$$

$$
= \alpha\left(\frac{\mathrm{d}^2 y_1}{\mathrm{d}x^2} + p(x)\,\frac{\mathrm{d}y_1}{\mathrm{d}x} + q(x)y_1\right) + \beta\left(\frac{\mathrm{d}^2 y_2}{\mathrm{d}x^2} + p(x)\,\frac{\mathrm{d}y_2}{\mathrm{d}x} + q(x)y_2\right) = 0.
$$

所以 $\alpha y_1(x) + \beta y_2(x)$ 也是该齐次线性方程在 (a,b) 上的解.

证毕

设 $y_1(x), y_2(x)$ 为 (a,b) 上的两个可微函数，称

$$
W(x) = \begin{vmatrix} y_1(x) & y_2(x) \\ y_1'(x) & y_2'(x) \end{vmatrix} = y_1(x)y_2'(x) - y_2(x)y_1'(x)
$$

为它们的**朗斯基(Wronsky)行列式**.

定理 9.3.3(刘维尔公式)　设 $x_0 \in (a,b)$. 函数 $y_1(x), y_2(x)$ 为齐次线性微分方程 $\dfrac{d^2 y}{dx^2} + p(x)\dfrac{dy}{dx} + q(x)y = 0$ 在 (a,b) 上的两个解,则它们的朗斯基行列式满足

$$W(x) = W(x_0)e^{-\int_{x_0}^{x} p(x)dx}, \quad x \in (a,b).$$

证　由于

$$\frac{dW}{dx}(x) = \frac{d}{dx}(y_1(x)y_2'(x) - y_2(x)y_1'(x)) = y_1(x)y_2''(x) - y_2(x)y_1''(x)$$

$$= y_1(x)[-p(x)y_2'(x) - q(x)y_2(x)] - y_2(x)[-p(x)y_1'(x) - q(x)y_1(x)]$$

$$= p(x)[-y_1(x)y_2'(x) + y_2(x)y_1'(x)] = -p(x)W(x),$$

用分离变量法解此微分方程便得到

$$W(x) = W(x_0)e^{-\int_{x_0}^{x} p(x)dx}.$$

证毕

推论 9.3.1　设函数 $y_1(x), y_2(x)$ 为齐次线性方程 $\dfrac{d^2 y}{dx^2} + p(x)\dfrac{dy}{dx} + q(x)y = 0$ 在 (a,b) 上的两个解. 则它们的朗斯基行列式在 (a,b) 上或者恒等于零,或者恒不等于零.

若不恒为零的函数 $y_1(x), y_2(x)$ 在 (a,b) 上满足

$$\frac{y_1(x)}{y_2(x)} \not\equiv \text{常数},$$

则称 $y_1(x)$ 与 $y_2(x)$ 在 (a,b) 上**线性无关**,否则称它们**线性相关**. 显然,函数 e^x 与 e^{2x} 在 $(-\infty, +\infty)$ 上线性无关;x^2 与 x^3 在 $(-\infty, +\infty)$ 上线性无关;$\sin x$ 与 $\cos x$ 也在 $(-\infty, +\infty)$ 上线性无关.

由于

$$\left(\frac{y_1(x)}{y_2(x)}\right)' = \frac{y_2(x)y_1'(x) - y_1(x)y_2'(x)}{[y_2(x)]^2} = -\frac{W(x)}{[y_2(x)]^2},$$

所以由推论 9.3.1 可知,函数 $y_1(x), y_2(x)$ 为齐次线性方程 $\dfrac{d^2 y}{dx^2} + p(x)\dfrac{dy}{dx} + q(x)y = 0$ 在 (a,b) 上的两个线性无关的解的充要条件是它们的朗斯基行列式不等于零. 因此,如果该齐次线性方程的两个解 $y_1(x)$ 和 $y_2(x)$ 的朗斯基行列式在 (a,b) 上某一点不等于零,那么它们在 (a,b) 上线性无关.

定理 9.3.4　若函数 $y_1(x), y_2(x)$ 是齐次线性方程 $\dfrac{d^2 y}{dx^2} + p(x)\dfrac{dy}{dx} + q(x)y = 0$ 在 (a,b) 上的两个线性无关的解,则 $y = c_1 y_1(x) + c_2 y_2(x)$ 是该齐次线性方程的全部解,这里 c_1, c_2 是任意常数[①].

证　设 $\bar{y}(x)$ 为齐次线性方程 $\dfrac{d^2 y}{dx^2} + p(x)\dfrac{dy}{dx} + q(x)y = 0$ 在 (a,b) 上的任意一个解,取定 $x_0 \in (a,b)$. 由于 $y_1(x), y_2(x)$ 线性无关,故它们的朗斯基行列式不等于零,于是线性方程组

---

①　以下用 c_1, c_2 等表示任意常数,尽管在同一问题中,它们每次出现时不一定相同.

$$\begin{bmatrix} y_1(x_0) & y_2(x_0) \\ y_1'(x_0) & y_2'(x_0) \end{bmatrix} \begin{bmatrix} c_1 \\ c_2 \end{bmatrix} = \begin{bmatrix} \bar{y}(x_0) \\ \bar{y}'(x_0) \end{bmatrix}$$

有唯一解 $(\tilde{c}_1, \tilde{c}_2)$. 由定理 9.3.2 知 $y^*(x) = \tilde{c}_1 y_1(x) + \tilde{c}_2 y_2(x)$ 是方程 $\dfrac{\mathrm{d}^2 y}{\mathrm{d}x^2} + p(x)\dfrac{\mathrm{d}y}{\mathrm{d}x} + q(x)y = 0$ 在 (a,b) 上的解, 且满足 $y^*(x_0) = \bar{y}(x_0)$, $y^{*\prime}(x_0) = \bar{y}'(x_0)$. 由定理 9.3.1 知, $\bar{y}(x) \equiv y^*(x)$. 这说明 $y = c_1 y_1(x) + c_2 y_2(x)$ 表示了微分方程的全部解.

证毕

由此可知, 在定理 9.2.2 的条件下 $y = c_1 y_1(x) + c_2 y_2(x)$ 是齐次线性方程的通解.

例如, $y = \sin x$ 和 $y = \cos x$ 都是方程 $\dfrac{\mathrm{d}^2 y}{\mathrm{d}x^2} + y = 0$ 的解, 它们显然是线性无关的, 因此得 $y = c_1 \sin x + c_2 \cos x$ 就是方程 $\dfrac{\mathrm{d}^2 y}{\mathrm{d}x^2} + y = 0$ 的通解.

读者容易证明: 非齐次线性方程

$$\frac{\mathrm{d}^2 y}{\mathrm{d}x^2} + p(x)\frac{\mathrm{d}y}{\mathrm{d}x} + q(x)y = f(x)$$

的任意两个解之差, 必是其相应的齐次线性方程的解. 由此便可得到:

定理 9.3.5 设 $y^*(x)$ 是非齐次线性方程 $\dfrac{\mathrm{d}^2 y}{\mathrm{d}x^2} + p(x)\dfrac{\mathrm{d}y}{\mathrm{d}x} + q(x)y = f(x)$ 的一个特解, $\bar{y}(x)$ 为相应的齐次线性方程 $\dfrac{\mathrm{d}^2 y}{\mathrm{d}x^2} + p(x)\dfrac{\mathrm{d}y}{\mathrm{d}x} + q(x)y = 0$ 的通解, 则 $\bar{y}(x) + y^*(x)$ 为该非齐次线性方程的通解.

容易验证, $y = x$ 是非齐次线性方程 $\dfrac{\mathrm{d}^2 y}{\mathrm{d}x^2} + y = x$ 的一个特解, 因此 $y = c_1 \sin x + c_2 \cos x + x$ 就是方程 $\dfrac{\mathrm{d}^2 y}{\mathrm{d}x^2} + y = x$ 的通解.

定理 9.3.6(解的叠加原理) 若 $y_1(x), y_2(x)$ 分别是线性方程

$$\frac{\mathrm{d}^2 y}{\mathrm{d}x^2} + p(x)\frac{\mathrm{d}y}{\mathrm{d}x} + q(x)y = f_1(x)$$

和

$$\frac{\mathrm{d}^2 y}{\mathrm{d}x^2} + p(x)\frac{\mathrm{d}y}{\mathrm{d}x} + q(x)y = f_2(x)$$

的解, 则 $y_1(x) + y_2(x)$ 是线性方程

$$\frac{\mathrm{d}^2 y}{\mathrm{d}x^2} + p(x)\frac{\mathrm{d}y}{\mathrm{d}x} + q(x)y = f_1(x) + f_2(x)$$

的解.

这个定理的证明请读者自行完成.

二阶常系数齐次线性微分方程

我们先考虑二阶常系数齐次线性方程

$$\frac{\mathrm{d}^2 y}{\mathrm{d}x^2} + p\frac{\mathrm{d}y}{\mathrm{d}x} + qy = 0$$

的通解, 其中 p, q 为常数.

由于指数函数求导后不改变其函数类型,因此我们猜测该齐次微分方程有形式为 $y=\mathrm{e}^{\lambda x}$ 的特解.将其代入方程,得到

$$(\lambda^2 + p\lambda + q)\mathrm{e}^{\lambda x} = 0,$$

因此 λ 满足

$$\lambda^2 + p\lambda + q = 0.$$

这个一元二次方程称为齐次方程 $\dfrac{\mathrm{d}^2 y}{\mathrm{d}x^2}+p\dfrac{\mathrm{d}y}{\mathrm{d}x}+qy=0$ 的**特征方程**.

我们分三种情形来考虑.

(1) 若特征方程 $\lambda^2+p\lambda+q=0$ 有两个不同实根 λ_1 和 λ_2,则齐次微分方程有解 $\mathrm{e}^{\lambda_1 x}$ 和 $\mathrm{e}^{\lambda_2 x}$.显然 $\mathrm{e}^{\lambda_1 x}$ 与 $\mathrm{e}^{\lambda_2 x}$ 线性无关,因此方程 $\dfrac{\mathrm{d}^2 y}{\mathrm{d}x^2}+p\dfrac{\mathrm{d}y}{\mathrm{d}x}+qy=0$ 的通解就是

$$y = c_1 \mathrm{e}^{\lambda_1 x} + c_2 \mathrm{e}^{\lambda_2 x}.$$

(2) 若特征方程 $\lambda^2+p\lambda+q=0$ 有二重根 λ_1,这时 $\lambda_1=-p/2$,且 $\mathrm{e}^{\lambda_1 x}$ 是齐次微分方程的一个解.为了求齐次方程的通解,我们用常数变易法求它的一个与 $\mathrm{e}^{\lambda_1 x}$ 线性无关的解.设方程的一个特解为 $y=u(x)\mathrm{e}^{\lambda_1 x}$($u(x)$ 为待定函数).则

$$y' = u'(x)\mathrm{e}^{\lambda_1 x} + \lambda_1 u(x)\mathrm{e}^{\lambda_1 x},$$
$$y'' = u''(x)\mathrm{e}^{\lambda_1 x} + 2\lambda_1 u'(x)\mathrm{e}^{\lambda_1 x} + \lambda_1^2 u(x)\mathrm{e}^{\lambda_1 x}.$$

将其代入齐次微分方程,注意到 $\lambda_1=-p/2$ 是特征方程 $\lambda^2+p\lambda+q=0$ 的解,就有

$$0 = u''(x)\mathrm{e}^{\lambda_1 x} + 2\lambda_1 u'(x)\mathrm{e}^{\lambda_1 x} + \lambda_1^2 u(x)\mathrm{e}^{\lambda_1 x} + p[u'(x)\mathrm{e}^{\lambda_1 x} + \lambda_1 u(x)\mathrm{e}^{\lambda_1 x}] + qu(x)\mathrm{e}^{\lambda_1 x}$$
$$= u''(x)\mathrm{e}^{\lambda_1 x} + [2\lambda_1 + p]u'(x)\mathrm{e}^{\lambda_1 x} + [\lambda_1^2 + p\lambda_1 + q]u(x)\mathrm{e}^{\lambda_1 x}$$
$$= u''(x)\mathrm{e}^{\lambda_1 x},$$

因此

$$u''(x) = 0,$$

所以 $u(x)=c_1+c_2 x$.

取 $c_1=0, c_2=1$ 可知,$x\mathrm{e}^{\lambda_1 x}$ 也是齐次微分方程的一个解.显然 $\mathrm{e}^{\lambda_1 x}$ 与 $x\mathrm{e}^{\lambda_1 x}$ 线性无关,所以微分方程 $\dfrac{\mathrm{d}^2 y}{\mathrm{d}x^2}+p\dfrac{\mathrm{d}y}{\mathrm{d}x}+qy=0$ 的通解就是

$$y = (c_1 + c_2 x)\mathrm{e}^{\lambda_1 x}.$$

(3) 若特征方程 $\lambda^2+p\lambda+q=0$ 有一对共轭复根 $\alpha\pm\mathrm{i}\beta$,其中

$$\alpha = -\frac{p}{2}, \quad \beta = \frac{\sqrt{4q - p^2}}{2}.$$

这时可以验证齐次方程有两个线性无关的解 $\mathrm{e}^{\alpha x}\sin\beta x$ 和 $\mathrm{e}^{\alpha x}\cos\beta x$,于是微分方程 $\dfrac{\mathrm{d}^2 y}{\mathrm{d}x^2}+p\dfrac{\mathrm{d}y}{\mathrm{d}x}+qy=0$ 的通解为

$$y = (c_1\cos\beta x + c_2\sin\beta x)\mathrm{e}^{\alpha x}.$$

例 9.3.2　求二阶齐次线性微分方程 $\dfrac{\mathrm{d}^2 y}{\mathrm{d}x^2}-5\dfrac{\mathrm{d}y}{\mathrm{d}x}+6y=0$ 的通解.

解 因为方程 $\dfrac{\mathrm{d}^2 y}{\mathrm{d}x^2} - 5\dfrac{\mathrm{d}y}{\mathrm{d}x} + 6y = 0$ 的特征方程 $\lambda^2 - 5\lambda + 6 = 0$ 有两个不同实根 2 和 3，所以齐次微分方程的通解是

$$y = c_1 \mathrm{e}^{2x} + c_2 \mathrm{e}^{3x}.$$

例 9.3.3 求二阶齐次线性微分方程 $\dfrac{\mathrm{d}^2 y}{\mathrm{d}x^2} + 10\dfrac{\mathrm{d}y}{\mathrm{d}x} + 25y = 0$ 的通解.

解 因为方程 $\dfrac{\mathrm{d}^2 y}{\mathrm{d}x^2} + 10\dfrac{\mathrm{d}y}{\mathrm{d}x} + 25y = 0$ 的特征方程 $\lambda^2 + 10\lambda + 25 = 0$ 有二重根 -5，所以齐次微分方程的通解是

$$y = (c_1 + c_2 x)\mathrm{e}^{-5x}.$$

例 9.3.4 求定解问题 $\begin{cases} \dfrac{\mathrm{d}^2 y}{\mathrm{d}x^2} - 2\dfrac{\mathrm{d}y}{\mathrm{d}x} + 5y = 0, \\ y(0) = 0, y'(0) = 1 \end{cases}$ 的解.

解 因为方程 $\dfrac{\mathrm{d}^2 y}{\mathrm{d}x^2} - 2\dfrac{\mathrm{d}y}{\mathrm{d}x} + 5y = 0$ 的特征方程 $\lambda^2 - 2\lambda + 5 = 0$ 有一对共轭复根 $1 \pm 2\mathrm{i}$，所以该微分方程的通解是

$$y = (c_1 \cos 2x + c_2 \sin 2x)\mathrm{e}^x.$$

由 $y(0) = 0, y'(0) = 1$ 可得 $c_1 = 0, c_2 = 1/2$. 因此定解问题的解是

$$y = \frac{1}{2}\mathrm{e}^x \sin 2x.$$

二阶常系数非齐次线性微分方程

我们已经知道，对于二阶常系数非齐次微分方程

$$\frac{\mathrm{d}^2 y}{\mathrm{d}x^2} + p\frac{\mathrm{d}y}{\mathrm{d}x} + qy = f(x),$$

若找到它的一个特解，则它的通解就是这个特解加上其对应的齐次微分方程的通解. 而我们已经知道了求齐次微分方程的通解的方法，因此只要找出这个非齐次微分方程的一个特解就可以得到它的通解. 以下我们对于几种常见形式的右端函数 $f(x)$ 讨论这个方程的解法.

（一）$f(x) = P_n(x)\mathrm{e}^{\lambda^* x}$，其中 $P_n(x)$ 是 n 次多项式

设 $y^* = Q(x)\mathrm{e}^{\lambda^* x}$，其中 $Q(x)$ 是多项式. 这时

$$y^{*\prime} = [\lambda^* Q(x) + Q'(x)]\mathrm{e}^{\lambda^* x},$$
$$y^{*\prime\prime} = [\lambda^{*2} Q(x) + 2\lambda^* Q'(x) + Q''(x)]\mathrm{e}^{\lambda^* x}.$$

将其代入方程 $\dfrac{\mathrm{d}^2 y}{\mathrm{d}x^2} + p\dfrac{\mathrm{d}y}{\mathrm{d}x} + qy = f(x)$ 并化简得

$$Q''(x) + [2\lambda^* + p]Q'(x) + [\lambda^{*2} + p\lambda^* + q]Q(x) = P_n(x). \qquad (*)$$

我们分三种情况考虑.

（1）λ^* 不是特征方程 $\lambda^2 + p\lambda + q = 0$ 的根，即 $\lambda^{*2} + p\lambda^* + q \neq 0$. 这时要使带 $(*)$ 式成为恒等式，$Q(x)$ 必须是 n 次多项式 $Q_n(x) = a_n x^n + a_{n-1}x^{n-1} + \cdots + a_1 x + a_0$，通过比较带

（＊）式两端 x 的同次幂的系数，就得到以 $a_0, a_1, \cdots, a_n$ 作为未知量的 $n+1$ 个方程联立的线性方程组，可以证明这个线性方程组一定有解，这样就能确定 $a_0, a_1, \cdots, a_n$，进而得出非齐次微分方程的特解.

（2）λ^* 是特征方程 $\lambda^2 + p\lambda + q = 0$ 的单重根，即 $\lambda^{*2} + p\lambda^* + q = 0$，但 $2\lambda^* + p \neq 0$. 这时要使带（＊）式成为恒等式，$Q'(x)$ 必须是 n 次多项式，为此取 $Q(x) = xQ_n(x) = x(a_n x^n + a_{n-1}x^{n-1} + \cdots + a_1 x + a_0)$，比较带（＊）式两端 x 的同次幂的系数，就能确定 $a_0, a_1, \cdots, a_n$，进而得出非齐次微分方程的特解.

（3）λ^* 是特征方程 $\lambda^2 + p\lambda + q = 0$ 的二重根，即 $\lambda^{*2} + p\lambda^* + q = 0$，且 $2\lambda^* + p = 0$. 这时要使带（＊）式成为恒等式，$Q''(x)$ 必须是 n 次多项式，为此可取 $Q(x) = x^2 Q_n(x) = x^2(a_n x^n + a_{n-1}x^{n-1} + \cdots + a_1 x + a_0)$，比较带（＊）式两端 x 的同次幂的系数，就能确定 $a_0, a_1, \cdots, a_n$，进而就得出微分方程的特解.

综上所述，二阶常系数非齐次线性微分方程 $\dfrac{\mathrm{d}^2 y}{\mathrm{d}x^2} + p\dfrac{\mathrm{d}y}{\mathrm{d}x} + qy = P_n(x)\mathrm{e}^{\lambda^* x}$（$P_n(x)$ 是 n 次多项式）有形式为

$$y^* = x^m Q_n(x)\mathrm{e}^{\lambda^* x}$$

的特解，这里 $Q_n(x)$ 也是 n 次多项式，且

$$m = \begin{cases} 0, & \text{若 } \lambda^* \text{ 不是特征方程 } \lambda^2 + p\lambda + q = 0 \text{ 的根,} \\ 1, & \text{若 } \lambda^* \text{ 是特征方程 } \lambda^2 + p\lambda + q = 0 \text{ 的单重根,} \\ 2, & \text{若 } \lambda^* \text{ 是特征方程 } \lambda^2 + p\lambda + q = 0 \text{ 的二重根.} \end{cases}$$

例 9.3.5　求二阶非齐次微分方程 $\dfrac{\mathrm{d}^2 y}{\mathrm{d}x^2} + 4y = 4x^2 + 8x + 1$ 的通解.

解　易知相应的齐次线性方程的通解为

$$y = c_1 \cos 2x + c_2 \sin 2x.$$

由于方程的右端函数的形式为 $P_2(x)\mathrm{e}^{0x}$，而 0 不是特征方程 $\lambda^2 + 4 = 0$ 的根，因此可以设该非齐次微分方程一个特解是二次多项式

$$y^* = a_2 x^2 + a_1 x + a_0.$$

将其代入方程并整理得

$$4a_2 x^2 + 4a_1 x + 2a_2 + 4a_0 = 4x^2 + 8x + 1,$$

比较系数得

$$a_2 = 1, \quad a_1 = 2, \quad a_0 = -\frac{1}{4}.$$

所以方程 $\dfrac{\mathrm{d}^2 y}{\mathrm{d}x^2} + 4y = 4x^2 + 8x + 1$ 的一个特解为

$$y = x^2 + 2x - \frac{1}{4}.$$

因此它的通解为

$$y = c_1 \cos 2x + c_2 \sin 2x + x^2 + 2x - \frac{1}{4}.$$

例 9.3.6　求二阶非齐次微分方程 $\dfrac{\mathrm{d}^2 y}{\mathrm{d}x^2} - 5\dfrac{\mathrm{d}y}{\mathrm{d}x} + 6y = x\mathrm{e}^{2x}$ 的通解.

解 由例 9.3.2 知,相应的齐次线性方程的通解为
$$y = c_1 e^{2x} + c_2 e^{3x}.$$

由于方程的右端函数的形式是 $P_1(x)e^{2x}$,而 2 是特征方程 $\lambda^2 - 5\lambda + 6 = 0$ 的单重根,因此可设非齐次微分方程的一个特解为
$$y^* = (a_1 x + a_0) x e^{2x},$$

代入方程并整理得
$$-2a_1 x + 2a_1 - a_0 = x,$$

比较系数得
$$a_1 = -\frac{1}{2}, \quad a_0 = -1,$$

所以方程 $\dfrac{d^2 y}{dx^2} - 5\dfrac{dy}{dx} + 6y = xe^{2x}$ 的一个特解为
$$y = -x\left(\frac{1}{2}x + 1\right)e^{2x}.$$

于是它的通解为
$$y = c_1 e^{2x} + c_2 e^{3x} - \left(\frac{1}{2}x^2 + x\right)e^{2x}.$$

(二) $f(x) = P_n(x)e^{ax}\cos bx$ 或 $P_n(x)e^{ax}\sin bx \ (b \neq 0)$,其中 $P_n(x)$ 是 n 次多项式

用与上面关于 $f(x) = P_n(x)e^{ax}$ 的讨论同样的思想可以得到:在常系数非齐次线性方程 $\dfrac{d^2 y}{dx^2} + p\dfrac{dy}{dx} + qy = f(x)$ 中,若 $f(x) = P_n(x)e^{ax}\cos bx$ 或 $f(x) = P_n(x)e^{ax}\sin bx \ (b \neq 0)$,其中 $P_n(x)$ 是 n 次多项式,则该非齐次线性方程微分方程有形式为
$$y^* = x^m e^{ax}\left[Q_n(x)\cos bx + \widetilde{Q}_n(x)\sin bx\right]$$

的特解,其中 $Q_n(x)$ 和 $\widetilde{Q}_n(x)$ 也是 n 次多项式,且

(1) 当 $a + ib$(或 $a - ib$)不是特征方程 $\lambda^2 + p\lambda + q = 0$ 的根时,$m = 0$;

(2) 当 $a + ib$(或 $a - ib$)是特征方程 $\lambda^2 + p\lambda + q = 0$ 的根时,$m = 1$.

例 9.3.7 求微分方程 $\dfrac{d^2 y}{dx^2} + y = x\sin 3x + 2\cos x$ 的通解.

解 易知相应的齐次线性方程的通解为
$$y = c_1\cos x + c_2\sin x.$$

对于方程
$$\frac{d^2 y}{dx^2} + y = x\sin 3x,$$

由于方程的右端函数的形式是 $P_1(x)e^{0x}\sin 3x$,而 $3i$ 不是特征方程 $\lambda^2 + 1 = 0$ 的根,于是可设其一个特解为
$$y_1^* = (a_1 x + a_0)\sin 3x + (b_1 x + b_0)\cos 3x.$$

将其代入方程再整理后,便有
$$-[8(a_1 x + a_0) + 6b_1]\sin 3x + [6a_1 - 8(b_1 x + b_0)]\cos 3x = x\sin 3x.$$

比较系数得
$$a_1 = -\frac{1}{8}, \quad a_0 = 0, \quad b_1 = 0, \quad b_0 = -\frac{3}{32},$$

因此
$$y_1^* = -\frac{1}{8}x\sin 3x - \frac{3}{32}\cos 3x.$$

对于 $\dfrac{\mathrm{d}^2 y}{\mathrm{d}x^2} + y = 2\cos x$，由于方程的右端函数的形式是 $P_0(x)\mathrm{e}^{0x}\cos x$，而 i 是特征方程 $\lambda^2 + 1 = 0$ 的根，因此可设其一个特解为

$$y_2^* = x(a_1\sin x + b_1\cos x),$$

代入方程并整理得

$$2a_1\cos x - 2b_1\sin x = 2\cos x.$$

比较系数得

$$a_1 = 1, \quad b_1 = 0,$$

因此
$$y_2^* = x\sin x.$$

由解的叠加原理知，方程 $\dfrac{\mathrm{d}^2 y}{\mathrm{d}x^2} + y = x\sin 3x + 2\cos x$ 的一个特解为

$$y^* = -\frac{1}{8}x\sin 3x - \frac{3}{32}\cos 3x + x\sin x,$$

因此它的通解为

$$y = c_1\cos x + c_2\sin x - \frac{1}{8}x\sin 3x - \frac{3}{32}\cos 3x + x\sin x.$$

常数变易法

在前面讨论常系数二阶非齐次线性微分方程时，我们用待定系数法对右端函数 $f(x)$ 的一些特殊形式给出了方程的解法．但当 $f(x)$ 不属于这些类型时，又将如何解方程呢？下面我们介绍一种求解的方法，它对于非常系数线性微分方程也适用．

对于二阶非齐次线性微分方程

$$\frac{\mathrm{d}^2 y}{\mathrm{d}x^2} + p(x)\frac{\mathrm{d}y}{\mathrm{d}x} + q(x)y = f(x),$$

若已经知道其相应的齐次微分方程 $\dfrac{\mathrm{d}^2 y}{\mathrm{d}x^2} + p(x)\dfrac{\mathrm{d}y}{\mathrm{d}x} + q(x)y = 0$ 的两个线性无关解 $y_1(x)$ 和 $y_2(x)$，则该方程的通解为

$$y = c_1 y_1(x) + c_2 y_2(x).$$

为求非齐次线性微分方程的解，采用**常数变易法**．设其解为如下形式：
$$y = u_1(x)y_1(x) + u_2(x)y_2(x),$$
其中 $u_1(x), u_2(x)$ 是待定函数．则
$$y' = u_1'(x)y_1(x) + u_1(x)y_1'(x) + u_2'(x)y_2(x) + u_2(x)y_2'(x).$$
为了避免在 y'' 的表达式中出现 $u_1(x), u_2(x)$ 的二阶导数，我们首先令
$$u_1'(x)y_1(x) + u_2'(x)y_2(x) = 0.$$
此时便有
$$y' = u_1(x)y_1'(x) + u_2(x)y_2'(x),$$
$$y'' = u_1'(x)y_1'(x) + u_1(x)y_1''(x) + u_2'(x)y_2'(x) + u_2(x)y_2''(x).$$

将以上两式代入非齐次线性微分方程,化简后便得

$$u_1'(x)y_1'(x) + u_2'(x)y_2'(x) = f(x).$$

这样一来,通过解线性方程组

$$\begin{cases} u_1'(x)y_1(x) + u_2'(x)y_2(x) = 0, \\ u_1'(x)y_1'(x) + u_2'(x)y_2'(x) = f(x) \end{cases}$$

可以得到(注意该线性方程组的系数行列式就是 $y_1(x), y_2(x)$ 的朗斯基行列式 $W(x)$,而由 $y_1(x)$ 与 $y_2(x)$ 的线性无关性知 $W(x) \neq 0$)

$$u_1'(x) = -\frac{y_2(x)f(x)}{W(x)}, \quad u_2'(x) = \frac{y_1(x)f(x)}{W(x)}.$$

再积分便可求得

$$u_1(x) = -\int \frac{y_2(x)f(x)}{W(x)}dx + c_1, \quad u_2(x) = \int \frac{y_1(x)f(x)}{W(x)}dx + c_2,$$

其中 c_1, c_2 为任意常数. 于是,

$$y = u_1(x)y_1(x) + u_2(x)y_2(x)$$

便是非齐次线性微分方程 $\dfrac{d^2 y}{dx^2} + p(x)\dfrac{dy}{dx} + q(x)y = f(x)$ 的通解.

例 9.3.8 求微分方程 $\dfrac{d^2 y}{dx^2} + 4y = 2\tan x$ 的通解.

解 易知 $\sin 2x$ 和 $\cos 2x$ 为相应的齐次线性微分方程的两个线性无关的解. 设所给非齐次线性微分方程的解为

$$y = u_1(x)\sin 2x + u_2(x)\cos 2x.$$

由线性方程组

$$\begin{cases} u_1'(x)\sin 2x + u_2'(x)\cos 2x = 0, \\ 2u_1'(x)\cos 2x - 2u_2'(x)\sin 2x = 2\tan x \end{cases}$$

解得

$$u_1'(x) = \tan x \cos 2x, \quad u_2'(x) = -\tan x \sin 2x,$$

再积分得

$$u_1(x) = \ln\cos x - \frac{1}{2}\cos 2x + c_1, \quad u_2(x) = \frac{1}{2}\sin 2x - x + c_2.$$

于是方程 $y'' + 4y = 2\tan x$ 的通解为

$$y = \left(\ln\cos x - \frac{1}{2}\cos 2x + c_1\right)\sin 2x + \left(\frac{1}{2}\sin 2x - x + c_2\right)\cos 2x$$

$$= \sin 2x \ln\cos x - x\cos 2x + c_1\sin 2x + c_2\cos 2x.$$

欧拉(Euler)方程

形如

$$x^2 \frac{d^2 y}{dx^2} + px\frac{dy}{dx} + qy = f(x)$$

的方程称为(二阶)欧拉方程,其中 p, q 为常数.

作变量代换 $x=\mathrm{e}^t$ 即 $t=\ln x$,则有

$$\frac{\mathrm{d}y}{\mathrm{d}x}=\frac{\mathrm{d}y}{\mathrm{d}t}\frac{\mathrm{d}t}{\mathrm{d}x}=\frac{1}{x}\frac{\mathrm{d}y}{\mathrm{d}t},$$

$$\frac{\mathrm{d}^2y}{\mathrm{d}x^2}=\frac{\mathrm{d}}{\mathrm{d}x}\Big(\frac{1}{x}\frac{\mathrm{d}y}{\mathrm{d}t}\Big)=\frac{1}{x^2}\Big(\frac{\mathrm{d}^2y}{\mathrm{d}t^2}-\frac{\mathrm{d}y}{\mathrm{d}t}\Big).$$

代入原方程得

$$\frac{\mathrm{d}^2y}{\mathrm{d}t^2}+(p-1)\frac{\mathrm{d}y}{\mathrm{d}t}+qy=f(\mathrm{e}^t),$$

于是原方程化为一个以 t 为自变量的二阶常系数线性微分方程.

例 9.3.9 求欧拉方程 $x^2\frac{\mathrm{d}^2y}{\mathrm{d}x^2}-x\frac{\mathrm{d}y}{\mathrm{d}x}+y=2x$ 的通解.

解 令 $x=\mathrm{e}^t$ 即 $t=\ln x$,则原方程化为

$$\frac{\mathrm{d}^2y}{\mathrm{d}t^2}-2\frac{\mathrm{d}y}{\mathrm{d}t}+y=2\mathrm{e}^t.$$

这是二阶常系数线性微分方程,其齐次线性方程的通解为

$$y=(c_1+c_2t)\mathrm{e}^t.$$

由于 1 是特征方程 $\lambda^2-2\lambda+1=0$ 的二重根,所以令非齐次线性方程的一个特解为 $y^*=kt^2\mathrm{e}^t$,代入方程,得到 $k=1$,于是方程 $\frac{\mathrm{d}^2y}{\mathrm{d}t^2}-2\frac{\mathrm{d}y}{\mathrm{d}x}+y=2\mathrm{e}^t$ 的通解为

$$y=(c_1+c_2t)\mathrm{e}^t+t^2\mathrm{e}^t.$$

还原变量得方程 $x^2\frac{\mathrm{d}^2y}{\mathrm{d}x^2}-x\frac{\mathrm{d}y}{\mathrm{d}x}+y=2x$ 的通解为

$$y=c_1x+c_2x\ln x+x(\ln x)^2.$$

高阶线性微分方程简介

二阶及二阶以上的微分方程称为**高阶微分方程**.在本段中我们考虑如下一般形式的线性微分方程

$$y^{(n)}+a_1(x)y^{(n-1)}+\cdots+a_{n-1}(x)y'+a_n(x)y=f(x),$$

其中 $a_1(x),a_2(x),\cdots,a_n(x)$ 为已知函数.

首先我们将线性无关和线性相关的概念进行推广.由于函数 $y_1(x),y_2(x)$ 在 (a,b) 上线性无关(即在 (a,b) 上 $\frac{y_1(x)}{y_2(x)}$ 不恒等于常数)等价于:不存在不全为零的常数 λ_1 和 λ_2,使得

$$\lambda_1y_1(x)+\lambda_2y_2(x)=0,\quad x\in(a,b).$$

这就使我们引入如下概念:

定义 9.3.1 设 $y_1(x),y_2(x),\cdots,y_n(x)$ 是定义在 (a,b) 上的 n 个函数.若存在 n 个不全为 0 的常数 $\lambda_1,\lambda_2,\cdots,\lambda_n$ 使得

$$\lambda_1y_1(x)+\lambda_2y_2(x)+\cdots+\lambda_ny_n(x)=0,\quad x\in(a,b),$$

则称这 n 个函数在 (a,b) 上**线性相关**,否则称这 n 个函数在 (a,b) 上**线性无关**.

以下结论的证明与二阶线性微分方程的相应结论的证明类似,因此我们略去证明.

定理 9.3.7 若函数 $y_1(x),y_2(x)$ 是 n 阶齐次线性微分方程

$$y^{(n)}+a_1(x)y^{(n-1)}+\cdots+a_{n-1}(x)y'+a_n(x)y=0$$

在 (a,b) 上的解,则它们的任意线性组合 $\alpha y_1(x) + \beta y_2(x)$ (α,β 为常数)也是该齐次线性方程在 (a,b) 上的解.

定理 9.3.8 若函数 $y_1(x), y_2(x), \cdots, y_n(x)$ 是 n 阶齐次线性微分方程

$$y^{(n)} + a_1(x)y^{(n-1)} + \cdots + a_{n-1}(x)y' + a_n(x)y = 0$$

在 (a,b) 上的 n 个线性无关的解,则

$$y = c_1 y_1(x) + c_2 y_2(x) + \cdots + c_n y_n(x)$$

是该齐次线性微分方程在 (a,b) 上的通解,也是全部解.

定理 9.3.9 设 $y^*(x)$ 是非齐次线性微分方程

$$y^{(n)} + a_1(x)y^{(n-1)} + \cdots + a_{n-1}(x)y' + a_n(x)y = f(x)$$

的一个特解,$\bar{y}(x)$ 为相应的齐次线性微分方程的通解,则 $\bar{y}(x) + y^*(x)$ 就是该非齐次线性微分方程的通解.

定理 9.3.10(解的叠加原理) 若 $y_1(x), y_2(x)$ 分别是线性微分方程

$$y^{(n)} + a_1(x)y^{(n-1)} + \cdots + a_{n-1}(x)y' + a_n(x)y = f_1(x)$$

和

$$y^{(n)} + a_1(x)y^{(n-1)} + \cdots + a_{n-1}(x)y' + a_n(x)y = f_2(x)$$

的解,则 $y_1(x) + y_2(x)$ 是线性微分方程

$$y^{(n)} + a_1(x)y^{(n-1)} + \cdots + a_{n-1}(x)y' + a_n(x)y = f_1(x) + f_2(x)$$

的解.

n 阶常系数线性微分方程的形式为

$$y^{(n)} + a_1 y^{(n-1)} + \cdots + a_{n-1}y' + a_n y = f(x),$$

这里 $a_1, a_2, \cdots, a_n$ 为常数.同样地,其对应的齐次方程

$$y^{(n)} + a_1 y^{(n-1)} + \cdots + a_{n-1}y' + a_n y = 0$$

的**特征方程**定义为

$$\lambda^n + a_1 \lambda^{n-1} + \cdots + a_{n-1}\lambda + a_n = 0.$$

特征方程的根称为**特征根**.

注意到这个代数方程复数范围恰有 n 个根(重根计重数).与前面的讨论类似,对于齐次方程 $y^{(n)} + a_1 y^{(n-1)} + \cdots + a_{n-1}y' + a_n y = 0$ 同样地有:

(1) 若 λ 是特征方程的实的单重根,则 $e^{\lambda x}$ 是该方程的解;

(2) 若 λ 是特征方程的 k 重实根($k \geqslant 2$),则 $e^{\lambda x}, x e^{\lambda x}, x^2 e^{\lambda x}, \cdots, x^{k-1} e^{\lambda x}$ 是该方程的 k 个线性无关的解;

(3) 若 $\alpha \pm i\beta$ 是特征方程的单重共轭复根,则 $e^{\alpha x}\cos\beta x$ 和 $e^{\alpha x}\sin\beta x$ 是该方程的解;

(4) 若 $\alpha \pm i\beta$ 是特征方程的 k 重共轭复根($k \geqslant 2$),则 $e^{\alpha x}\cos\beta x, e^{\alpha x}\sin\beta x, x e^{\alpha x}\cos\beta x$, $x e^{\alpha x}\sin\beta x, \cdots, x^{k-1} e^{\alpha x}\cos\beta x, x^{k-1} e^{\alpha x}\sin\beta x$ 是该方程的 $2k$ 个线性无关的解.

这样,恰好可以找到方程 $y^{(n)} + a_1 y^{(n-1)} + \cdots + a_{n-1}y' + a_n y = 0$ 的 n 个线性无关的解 $y_1(x), y_2(x), \cdots, y_n(x)$,于是该齐次微分方程的通解为

$$y = c_1 y_1(x) + c_2 y_2(x) + \cdots + c_n y_n(x).$$

因此,对于非齐次常系数线性微分方程,由于知道了其相应的齐次方程的通解的解法,那么只要找出该非齐次方程本身的一个特解,就可以得到它的通解.对于非齐次方程的右端函数 $f(x)$ 的以下常见类型,我们有:

（1）常系数非齐次线性方程

$$y^{(n)} + a_1 y^{(n-1)} + \cdots + a_{n-1} y' + a_n y = P_n(x) e^{\lambda x}$$

（$P_n(x)$ 为 n 次多项式）有如下形式

$$y^* = x^k Q_n(x) e^{\lambda x}$$

的特解，其中 $Q_n(x)$ 为 n 次多项式，k 为特征根 λ 的重数（若 λ 不是特征方程的根，则取 $k=0$）.

（2）常系数非齐次线性方程

$$y^{(n)} + a_1 y^{(n-1)} + \cdots + a_{n-1} y' + a_n y = e^{\alpha x}(a\cos\beta x + b\sin\beta x)$$

（a,b 为常数）有如下形式

$$y^* = x^k (A\cos\beta x + B\sin\beta x) e^{\alpha x}$$

的特解，其中 A,B 为待定常数，k 为特征根 $\alpha \pm i\beta$ 的重数（若 $\alpha \pm i\beta$ 不是特征方程的根，则取 $k=0$）.

例 9.3.10　求微分方程 $\dfrac{d^4 y}{dx^4} + 2\dfrac{d^2 y}{dx^2} + y = 2x^2 + 1$ 的通解.

解　先求该方程所对应的齐次方程

$$\frac{d^4 y}{dx^4} + 2\frac{d^2 y}{dx^2} + y = 0$$

的通解. 因为它的特征方程为

$$\lambda^4 + 2\lambda^2 + 1 = 0,$$

所以特征根为 $\lambda = \pm i$，它们都是二重根，因此 $\cos x, \sin x, x\cos x, x\sin x$ 为方程 $\dfrac{d^4 y}{dx^4} + 2\dfrac{d^2 y}{dx^2} + y = 0$ 的四个线性无关解. 于是它的通解为

$$y = c_1 \cos x + c_2 x\cos x + c_3 \sin x + c_4 x\sin x$$
$$= (c_1 + c_2 x)\cos x + (c_3 + c_4 x)\sin x.$$

再求非齐次方程 $\dfrac{d^4 y}{dx^4} + 2\dfrac{d^2 y}{dx^2} + y = 2x^2 + 1$ 的一个特解. 设其特解为

$$y^* = a_2 x^2 + a_1 x + a_0.$$

代入方程并比较系数得

$$a_0 = -7, \quad a_1 = 0, \quad a_2 = 2.$$

因此 $y^* = 2x^2 - 7$ 为特解. 于是方程 $\dfrac{d^4 y}{dx^4} + 2\dfrac{d^2 y}{dx^2} + y = 2x^2 + 1$ 的通解为

$$y = (c_1 + c_2 x)\cos x + (c_3 + c_4 x)\sin x + 2x^2 - 7.$$

§4　差分方程的概念

差分

我们从实例谈起，看一个简单的例子.

例 9.4.1　设某人在银行存款 A_0 元. 已知银行的年利率为 r，那么按复利计算，n 年

后的存款余额是多少呢?

解 这是我们已经熟悉的问题. 我们用另一种方式来看. 若记 y_n 为第 n 年后的存款余额,那么第 $n+1$ 年后的存款余额为第 n 年后的存款余额再加上它在第 $n+1$ 年产生的利息. 因此有下面的离散型模型

$$\begin{cases} y_{n+1} = y_n + ry_n, & n = 0,1,2,\cdots, \\ y_0 = A_0. \end{cases}$$

由于 $y_{n+1} = (1+r)y_n (n=0,1,2,\cdots)$,所以由这个递推公式及 $y_0 = A_0$ 得

$$y_n = (1+r)y_{n-1} = (1+r)^2 y_{n-2} = \cdots = (1+r)^n y_0 = A_0(1+r)^n.$$

在上例中,$y_{n+1} - y_n$ 就是第 $n+1$ 年的存款余额的增长. 一般地,我们引入如下的定义.

定义 9.4.1 设一元函数 f 在非负整数集合 **N** 上有定义,记 $y_x = f(x)$ $(x=0,1,2,\cdots)$. 称函数的改变量 $y_{x+1} - y_x$ 为函数 $y = f(x)$ 在 x 点的**一阶差分**(简称**差分**),记为 Δy_x,即

$$\Delta y_x = y_{x+1} - y_x \quad (x = 0,1,2,\cdots).$$

例 9.4.2 设 $y = C$ 为常数函数. 求 Δy_x.

解 由定义得

$$\Delta y_x = y_{x+1} - y_x = C - C = 0.$$

这说明常数函数的差分为零.

例 9.4.3 设 $y = x^2$. 求 Δy_x.

解 由定义得

$$\Delta y_x = y_{x+1} - y_x = (x+1)^2 - x^2 = 2x+1.$$

一般地,若 $y = x^n$(n 为正整数),则由二项式定理得

$$\begin{aligned} \Delta y_x = y_{x+1} - y_x &= (x+1)^n - x^n \\ &= \left[x^n + nx^{n-1} + \frac{n(n-1)}{2}x^{n-2} + \cdots + nx + 1 \right] - x^n \\ &= nx^{n-1} + \frac{n(n-1)}{2}x^{n-2} + \cdots + nx + 1. \end{aligned}$$

由差分的定义可以得出如下关于差分的四则运算法则.

定理 9.4.1(差分的四则运算法则) 设 $y = f(x)$ 和 $z = g(x)$ 为定义在非负整数集合 **N** 上的函数,则

(1) $\Delta(y_x \pm z_x) = \Delta y_x \pm \Delta z_x$;

(2) $\Delta(y_x \cdot z_x) = y_{x+1}\Delta z_x + z_x\Delta y_x = y_x\Delta z_x + z_{x+1}\Delta y_x$;

(3) $\Delta\left(\dfrac{y_x}{z_x}\right) = \dfrac{z_x\Delta y_x - y_x\Delta z_x}{z_x z_{x+1}}$.

例如,定理中(2)的第一个等式的证明如下.

$$\begin{aligned} \Delta(y_x \cdot z_x) &= y_{x+1}z_{x+1} - y_x z_x = y_{x+1}z_{x+1} - y_{x+1}z_x + y_{x+1}z_x - z_x y_x \\ &= y_{x+1}(z_{x+1} - z_x) + (y_{x+1} - y_x)z_x = y_{x+1}\Delta z_x + z_x\Delta y_x. \end{aligned}$$

从(2)和例 9.4.2 立即得到：设 C 为常数,则

$$\Delta(Cy_x) = C\Delta y_x.$$

我们还可以引入高阶差分的概念.

定义 9.4.2 设一元函数 f 在非负整数集合 $\mathbf{N}$ 上有定义,记 $y_x = f(x)$ $(x=0,1,2,\cdots)$. 称函数 f 在 x 点的一阶差分的差分为该函数在 x 点的二阶差分,记为 $\Delta^2 y_x$,即

$$\Delta^2 y_x = \Delta(\Delta y_x) = \Delta(y_{x+1} - y_x) = \Delta y_{x+1} - \Delta y_x$$
$$= (y_{x+2} - y_{x+1}) - (y_{x+1} - y_x) = y_{x+2} - 2y_{x+1} + y_x.$$

递推地可定义函数 $y = f(x)$ 在 x 点的 n 阶差分为

$$\Delta^n y_x = \Delta(\Delta^{n-1} y_x), \quad n = 2,3,\cdots.$$

注 可以证明(留做习题)

$$\Delta^n y_x = \sum_{k=0}^{n} (-1)^k C_n^k y_{x+n-k}, \quad n = 2,3,\cdots.$$

二阶及二阶以上的差分称为**高阶差分**.

例 9.4.4 设 $y = a^x (a>0, a \neq 1)$. 求 $\Delta^2 y_x$.

解 由定义得

$$\Delta y_x = y_{x+1} - y_x = a^{x+1} - a^x = a^x(a-1),$$

即 $\Delta a^x = a^x(a-1)$. 因此

$$\Delta^2 y_x = \Delta(\Delta y_x) = \Delta[a^x(a-1)] = (a-1)\Delta a^x = (a-1)^2 a^x.$$

由例 9.4.3 后的结论可知,若 $P_n(x)$ 为 n 阶多项式,则它的 n 阶差分为常数,而 n 阶以上的差分均为零.

我们规定一个函数的 0 阶差分就是该函数本身,即 $\Delta^0 y_x = y_x$.

差分方程的概念

定义 9.4.3 含有未知函数的差分的方程或含有未知函数在两个或两个以上不同时期值的符号的方程,即形式为

$$F(x, y_x, \Delta y_x, \Delta^2 y_x, \cdots, \Delta^n y_x) = 0 \quad (n \geqslant 1),$$

或

$$G(x, y_x, y_{x+1}, y_{x+2}, \cdots, y_{x+n}) = 0 \quad (n \geqslant 1),$$

或

$$H(x, y_x, y_{x-1}, y_{x-2}, \cdots, y_{x-n}) = 0 \quad (n \geqslant 1)$$

的方程称为差分方程.

例如,例 9.4.1 中的方程 $y_{x+1} = y_x + ry_x$ 就是差分方程.

可以证明：一个函数 $y = f(x)$ 的 n 阶差分 $\Delta^n y_x$ 可以表示成该函数在不同时期值 y_x, $y_{x+1}, \cdots, y_{x+n}$ 的线性组合;而且 y_{x+n} 也可以表示成 y_x 及 $\Delta y_x, \Delta^2 y_x, \cdots, \Delta^n y_x$ 的线性组合 (见习题九(B)第 13 题). 因此定义中的三类方程的形式可以相互转化. 例如,差分方程

$$y_{x+2} - 2y_{x+1} - 3y_x = 2x+1$$

可转化为方程

$$y_x - 2y_{x-1} - y_{x-2} = 2x-3.$$

而且由于

$$y_{x+2} - 2y_{x+1} - 3y_x = (y_{x+2} - y_{x+1}) - (y_{x+1} - y_x) - 4y_x$$
$$= \Delta y_{x+1} - \Delta y_x - 4y_x = \Delta^2 y_x - 4y_x,$$

所以 $y_{x+2} - 2y_{x+1} - 3y_x = 2x+1$ 还可以转化为如下形式的方程:

$$\Delta^2 y_x - 4y_x = 2x + 1.$$

一个差分方程中的未知函数的最大下标与最小下标的差称为该差分方程的**阶**. 例如, $y_{x+1} = y_x + ry_x$ 是一阶差分方程, $y_{x+2} - 2y_{x+1} - 3y_x = 2x+1$ 是二阶差分方程. 注意 $\Delta^2 y_x - y_x = 2^x$ 不是二阶差分方程, 而是一阶差分方程. 事实上, 因为

$$\Delta^2 y_x - y_x = y_{x+2} - 2y_{x+1} + y_x - y_x = y_{x+2} - 2y_{x+1},$$

所以该方程可表为 $y_{x+2} - 2y_{x+1} = 2^x$, 由定义它是一阶差分方程.

n 阶差分方程的一般形式为

$$F(x, y_x, y_{x+1}, \cdots, y_{x+n}) = 0.$$

如果一个函数 $y = \varphi(x)$ 满足

$$F(x, \varphi(x), \varphi(x+1), \cdots, \varphi(x+n)) = 0, \quad x = 0, 1, 2, \cdots,$$

则称函数 $y = \varphi(x)$ 是该方程的解. 例如, 在例 9.4.1 中, 函数 $y = c(1+r)^x$ 就是方程 $y_{x+1} = y_x + ry_x$ 的解(c 是任意常数). 这也说明差分方程可以有无穷多个解. 如果一个差分方程的解中含有相互独立的任意常数(即它们不能合并而使任意常数的个数减少), 且任意常数的个数与该方程的阶数相同, 这样的解就称为该方程的**通解**. 例如, 函数 $y = c(1+r)^x$ 就是一阶差分方程 $y_{x+1} = y_x + ry_x$ 的通解. 如果对差分方程附加了条件, 从而确定了通解中的任意常数, 所得的解我们称之为**特解**, 附加的条件称为**定解条件**. 例如, 函数 $y = 5(1+r)^x$ 就是方程 $y_{x+1} = y_x + ry_x$ 在定解条件 $y_0 = 5$ 下的特解. 常见的求 n 阶差分方程 $F(x, y_x, y_{x+1}, \cdots, y_{x+n}) = 0$ 特解所给的定解条件为

$$y_0 = a_0, \quad y_1 = a_1, \quad \cdots, \quad y_{n-1} = a_{n-1},$$

其中 $a_0, a_1, \cdots, a_{n-1}$ 为常数. 这种定解条件也称为**初始条件**.

形如 $y_{x+n} + a_1(x)y_{x+n-1} + \cdots + a_{n-1}(x)y_{x+1} + a_n(x)y_x = f(x)$ 的方程称为 n 阶**线性差分方程**, 其中 $a_1(x), a_2(x), \cdots, a_n(x)$ 为已知函数. 当 $f(x) \equiv 0$ 时, 称该方程为**齐次线性差分方程**, 否则称为**非齐次线性差分方程**. 当 $a_1(x), a_2(x), \cdots, a_n(x)$ 都为常数时, 称这个线性方程为**常系数线性差分方程**. 例如 $y_{x+3} - 4y_{x+2} + y_x = 0$ 是一个三阶常系数齐次线性差分方程; 而方程 $y_{x+2} + 6y_{x+1} + 5y_x = 5^x$ 是二阶常系数非齐次线性差分方程. 方程 $(y_{x+2})^2 + 5(y_x)^3 = 2x+1$ 就不是线性差分方程.

§5 一阶常系数线性差分方程

一阶常系数线性差分方程的一般形式为

$$y_{x+1} - ay_x = f(x),$$

其中 a 为非零常数. 当 $f(x) \equiv 0$ 时它为齐次线性方程, 否则它为非齐次线性方程.

一阶常系数齐次线性差分方程

我们先看齐次方程

$$y_{x+1} - ay_x = 0$$

的解法. 我们用迭代法来求解.

若 y_0 已知,则由等式 $y_{x+1}=ay_x$ 得

$$y_1 = ay_0, \quad y_2 = ay_1 = a^2 y_0, \quad y_3 = ay_2 = a^3 y_0, \quad \cdots.$$

由此可归纳得出 $y_x=a^x y_0 (x=1,2,\cdots)$. 因此 $y=a^x y_0$ 就是方程 $y_{x+1}-ay_x=0$ 的一个特解. 由于 y_0 可任意选取,因此可以看出 $y=ca^x$ 就是该方程的通解(c 为任意常数).

例 9.5.1 求差分方程 $3y_{x+1}+y_x=0$ 的通解.

解 原方程可化为 $y_{x+1}+\dfrac{1}{3}y_x=0$. 由于 $a=-\dfrac{1}{3}$,所以方程 $3y_{x+1}+y_x=0$ 的通解为

$$y = c\left(-\frac{1}{3}\right)^x.$$

一阶常系数非齐次线性差分方程

现在考虑非齐次线性差分方程

$$y_{x+1}-ay_x=f(x) \quad (a \neq 0)$$

的解法.

我们已经知道 $y=ca^x$ 为齐次线性差分方程 $y_{x+1}-ay_x=0$ 的通解. 若 $y=y^*(x)$ 为方程 $y_{x+1}-ay_x=f(x)$ 的一个特解,即满足

$$y^*_{x+1}-ay^*_x=f(x),$$

则 $y=ca^x+y^*(x)$ 就满足

$$y_{x+1}-ay_x=ca^{x+1}+y^*_{x+1}-a(ca^x+y^*_x)=y^*_{x+1}-ay^*_x=f(x).$$

所以 $y=ca^x+y^*(x)$ 就是非齐次线性差分方程 $y_{x+1}-ay_x=f(x)$ 的通解.

因此,只要找出一阶非齐次差分方程的一个特解就可以得到它的通解. 以下我们对于一些常见形式的右端函数 $f(x)$ 讨论一阶非齐次线性差分方程的解法.

(一) $f(x)=P_n(x)$,其中 $P_n(x)$ 为 n 次多项式

利用 $\Delta y_x=y_{x+1}-y_x$ 将方程

$$y_{x+1}-ay_x=P_n(x)$$

改写为 $\qquad\qquad\qquad \Delta y_x+(1-a)y_x=P_n(x).$

由于 $P_n(x)$ 是多项式,可以猜测方程有多项式形式的特解

$$y^*=Q(x).$$

将其代入方程得到

$$\Delta y^*_x+(1-a)y^*_x=P_n(x). \qquad\qquad\qquad (*)$$

(1) 当 $a \neq 1$ 时. 这时 Δy^*_x 是比 $(1-a)y^*_x$ 低一次的多项式. 要使 $(*)$ 式成为恒等式, $Q(x)$ 必须是 n 次多项式 $Q_n(x)=a_n x^n+a_{n-1}x^{n-1}+\cdots+a_1 x+a_0$. 通过比较 $(*)$ 式两端 x 的同次幂的系数,就能确定 $a_0,a_1,\cdots,a_n$,进而得出差分方程的特解.

(2) 当 $a=1$ 时. 这时要使 $(*)$ 式成为恒等式, Δy^*_x 必须是 n 次多项式,为此可取 $Q(x)=xQ_n(x)=x(a_n x^n+a_{n-1}x^{n-1}+\cdots+a_1 x+a_0)$,比较 $(*)$ 式两端 x 的同次幂的系数,就能确定 $a_0,a_1,\cdots,a_n$,得出差分方程的特解.

综上所述,一阶常系数非齐次线性差分方程 $y_{x+1}-ay_x=P_n(x)$($P_n(x)$ 是 n 次多项式)有形式为

$$y^* = x^m Q_n(x)$$

的特解，其中 $Q_n(x)$ 也是 n 次多项式，而

$$m = \begin{cases} 0, & \text{当 } a \neq 1 \text{ 时,} \\ 1, & \text{当 } a = 1 \text{ 时.} \end{cases}$$

例 9.5.2 求差分方程 $y_{x+1} - 3y_x = x^2$ 的通解.

解 易知该方程所对应的齐次差分方程 $y_{x+1} - 3y_x = 0$ 的通解为 $y = c3^x$. 现求该非齐次差分方程的一个特解. 由于 $a = 3 \neq 1$，所以设方程 $y_{x+1} - 3y_x = x^2$ 的一个特解为

$$y^* = a_2 x^2 + a_1 x + a_0.$$

代入原方程得

$$a_2(x+1)^2 + a_1(x+1) + a_0 - 3(a_2 x^2 + a_1 x + a_0) = x^2,$$

比较系数得

$$a_0 = a_1 = a_2 = -\frac{1}{2}.$$

所以原方程的一个特解为

$$y = -\frac{1}{2}(x^2 + x + 1).$$

因此它的通解为

$$y = c3^x - \frac{1}{2}(x^2 + x + 1).$$

例 9.5.3 求差分方程 $y_{x+1} - y_x = 2x + 3$ 满足 $y_0 = 1$ 的特解.

解 易知该方程所对应的齐次方程 $y_{x+1} - y_x = 0$ 的通解为 $y = c$. 现求该非齐次方程的一个特解. 由于 $a = 1$，所以设方程 $y_{x+1} - y_x = 2x + 3$ 的一个特解为

$$y^* = x(a_1 x + a_0).$$

代入原方程得

$$a_1(x+1)^2 + a_0(x+1) - x(a_1 x + a_0) = 2x + 3,$$

比较系数得
$$a_0 = 2, \quad a_1 = 1.$$

所以方程 $y_{x+1} - y_x = 2x + 3$ 的一个特解为

$$y = x^2 + 2x.$$

因此它的通解为

$$y = c + x^2 + 2x.$$

因为 $y(0) = y_0 = 1$，所以 $c = 1$. 因此方程满足 $y_0 = 1$ 的特解为

$$y = 1 + x^2 + 2x.$$

（二）$f(x) = \mu^x P_n(x)$，其中 $\mu \neq 0, \mu \neq 1, P_n(x)$ 为 n 次多项式

注意当 $\mu = 0$ 时，原方程为齐次方程；当 $\mu = 1$ 时，原方程为刚才讨论的类型.

当 $\mu \neq 0$ 且 $\mu \neq 1$ 时，作变量代换 $y = \mu^x z$，则方程

$$y_{x+1} - a y_x = \mu^x P_n(x)$$

化为

$$\mu^{x+1} z_{x+1} - a \mu^x z_x = \mu^x P_n(x),$$

即

$$z_{x+1} - \frac{a}{\mu}z_x = \frac{1}{\mu}P_n(x).$$

对这个方程,我们上面已经研究了如何求出它的一个特解 z^*,因此 $y^* = \mu^x z^*$ 就是原方程的一个特解.结合求差分方程 $z_{x+1} - \frac{a}{\mu}z_x = \frac{1}{\mu}P_n(x)$ 的特解的结论便知:一阶常系数非齐次线性差分方程 $y_{x+1} - ay_x = \mu^x P_n(x)$（$P_n(x)$ 是 n 次多项式,且 $\mu \neq 0, \mu \neq 1$)有形式为

$$y^* = x^m \mu^x Q_n(x)$$

的特解,其中 $Q_n(x)$ 也是 n 次多项式,而

$$m = \begin{cases} 0, & \text{当 } a \neq \mu \text{ 时}, \\ 1, & \text{当 } a = \mu \text{ 时}. \end{cases}$$

例 9.5.4　求差分方程 $2y_{x+1} - y_x = 2^{x+1}$ 的通解.

解　将原方程化为

$$y_{x+1} - \frac{1}{2}y_x = 2^x.$$

易知它所对应的齐次方程 $y_{x+1} - \frac{1}{2}y_x = 0$ 的通解为 $y = c\left(\frac{1}{2}\right)^x$.

由于 $a = -\frac{1}{2} \neq 2$,所以设非齐次方程 $y_{x+1} - \frac{1}{2}y_x = 2^x$ 的一个特解为 $z^* = A \cdot 2^x$.代入方程得 $A = \frac{2}{3}$.所以方程 $y_{x+1} - \frac{1}{2}y_x = 2^x$ 的一个特解为 $y = \frac{2}{3} \cdot 2^x$,于是它的通解,即差分方程 $2y_{x+1} - y_x = 2^{x+1}$ 的通解为

$$z = c\left(\frac{1}{2}\right)^x + \frac{2^{x+1}}{3}.$$

（三）$f(x) = B_1\cos\omega x + B_2\sin\omega x$,其中 $\omega \neq k\pi$（k 为整数),B_1, B_2 为不同时为零的常数

注意当 $\omega = k\pi$ 时,原方程便为以上讨论的两种类型之一.

由右端函数 f 的形式可猜测方程

$$y_{x+1} - ay_x = B_1\cos\omega x + B_2\sin\omega x$$

有如下形式

$$y^* = b_1\cos\omega x + b_2\sin\omega x$$

的特解.将其代入方程,并利用三角恒等式

$$\begin{cases} \sin(\omega x + \omega) = \sin\omega x\cos\omega + \cos\omega x\sin\omega, \\ \cos(\omega x + \omega) = \cos\omega x\cos\omega - \sin\omega x\sin\omega \end{cases}$$

得到

$$[b_1(\cos\omega - a) + b_2\sin\omega]\cos\omega x + [-b_1\sin\omega + b_2(\cos\omega - a)]\sin\omega x$$
$$= B_1\cos\omega x + B_2\sin\omega x.$$

比较 $\cos\omega x$ 和 $\sin\omega x$ 的系数得

$$\begin{cases} b_1(\cos\omega - a) + b_2\sin\omega = B_1, \\ -b_1\sin\omega + b_2(\cos\omega - a) = B_2. \end{cases}$$

因为 $\omega \neq k\pi$（k 为整数），所以这个关于待定常数 b_1, b_2 的线性方程组的系数行列式

$$D = \begin{vmatrix} \cos\omega - a & \sin\omega \\ -\sin\omega & \cos\omega - a \end{vmatrix} = (\cos\omega - a)^2 + \sin^2\omega \neq 0,$$

因此它有唯一解

$$b_1 = \frac{1}{D}[B_1(\cos\omega - a) - B_2\sin\omega], \quad b_2 = \frac{1}{D}[B_2(\cos\omega - a) + B_1\sin\omega].$$

这样就得到方程 $y_{x+1} - ay_x = B_1\cos\omega x + B_2\sin\omega x$ 的一个特解

$$y^* = \frac{1}{D}[B_1(\cos\omega - a) - B_2\sin\omega]\cos\omega x + \frac{1}{D}[B_2(\cos\omega - a) + B_1\sin\omega]\sin\omega x.$$

注意，当右端函数为 $f(x) = B_1\cos\omega$ 或 $B_2\sin\omega x$ 时，仍要假定方程的特解的形式为 $y^* = b_1\cos\omega x + b_2\sin\omega x$ 来确定特解.

例 9.5.5　求差分方程 $y_{x+1} - 3y_x = \sin\frac{\pi}{2}x$ 的通解.

解　易知该方程所对应的齐次方程 $y_{x+1} - 3y_x = 0$ 的通解为 $y = c3^x$. 现求该非齐次方程的一个特解. 设

$$y^* = b_1\cos\frac{\pi}{2}x + b_2\sin\frac{\pi}{2}x$$

为 $y_{x+1} - 3y_x = \sin\frac{\pi}{2}x$ 的特解，将其代入方程得

$$(-3b_1 + b_2)\cos\frac{\pi}{2}x + (-b_1 - 3b_2)\sin\frac{\pi}{2}x = \sin\frac{\pi}{2}x.$$

比较系数得

$$\begin{cases} -3b_1 + b_2 = 0, \\ -b_1 - 3b_2 = 1. \end{cases}$$

解此方程组得

$$b_1 = -\frac{1}{10}, \quad b_2 = -\frac{3}{10}.$$

因此方程 $y_{x+1} - 3y_x = \sin\frac{\pi}{2}x$ 的一个特解为

$$y^* = -\frac{1}{10}\cos\frac{\pi}{2}x - \frac{3}{10}\sin\frac{\pi}{2}x.$$

于是它的通解为

$$y = c3^x - \frac{1}{10}\cos\frac{\pi}{2}x - \frac{3}{10}\sin\frac{\pi}{2}x.$$

§6　二阶常系数线性差分方程

二阶常系数线性差分方程的一般形式为

$$y_{x+2} + ay_{x+1} + by_x = f(x),$$

其中 a, b 为常数，且 $b \neq 0$. 当 $f(x) \equiv 0$ 时它为齐次线性方程，否则它为非齐次线性方程.

下一节中介绍的国民收入和支出模型就是一个二阶常系数线性差分方程的应用实例.

线性差分方程解的结构

我们先以二阶常系数线性差分方程为中心来介绍常系数线性差分方程的解的结构.

定理 9.6.1　若函数 $y_1(x), y_2(x)$ 是齐次线性差分方程 $y_{x+2} + ay_{x+1} + by_x = 0$ 的解,则它们的任意线性组合 $\alpha y_1(x) + \beta y_2(x)$ $(\alpha, \beta$ 为常数)也是该差分方程的解.

定理 9.6.2　若函数 $y_1(x), y_2(x)$ 是齐次线性差分方程 $y_{x+2} + ay_{x+1} + by_x = 0$ 的两个线性无关的解,则

$$y = c_1 y_1(x) + c_2 y_2(x)$$

是该方程的通解,这里 c_1, c_2 是任意常数.

定理 9.6.3　设 $y^*(x)$ 为非齐次线性差分方程 $y_{x+2} + ay_{x+1} + by_x = f(x)$ 的一个特解,$\bar{y}(x)$ 为相应的齐次线性差分方程 $y_{x+2} + ay_{x+1} + by_x = 0$ 的通解,则 $\bar{y}(x) + y^*(x)$ 就是该非齐次线性差分方程的通解.

定理 9.6.4(解的叠加原理)　若 $y_1(x), y_2(x)$ 分别是线性差分方程

$$y_{x+2} + ay_{x+1} + by_x = f_1(x)$$

和

$$y_{x+2} + ay_{x+1} + by_x = f_2(x)$$

的解,则 $y_1(x) + y_2(x)$ 是线性差分方程

$$y_{x+2} + ay_{x+1} + by_x = f_1(x) + f_2(x)$$

的解.

这些定理的证明从略.最后我们指出,以上结论对于任何相应的 n 阶线性差分方程都类似成立.

二阶常系数齐次线性差分方程

我们先考虑二阶常系数齐次线性差分方程

$$y_{x+2} + ay_{x+1} + by_x = 0$$

的通解,其中 a, b 为常数,且 $b \neq 0$.

根据上一段的结论,我们只要找出这个齐次方程的两个线性无关的解,则它们的线性组合就是该方程的通解.

由于指数函数的特性,我们猜测方程有形式为 $y = \lambda^x$ 的特解.将其代入方程便得到

$$(\lambda^2 + a\lambda + b)\lambda^x = 0,$$

因此 λ 满足

$$\lambda^2 + a\lambda + b = 0.$$

这个一元二次方程称为齐次线性差分方程 $y_{x+2} + ay_{x+1} + by_x = 0$ 的**特征方程**.

我们分三种情形来考虑.

(1) 若特征方程 $\lambda^2 + a\lambda + b = 0$ 有两个不同实根 λ_1 和 λ_2,则差分方程有解 λ_1^x 和 λ_2^x. 显然 λ_1^x 与 λ_2^x 线性无关,因此齐次差分方程的通解就是

$$y = c_1 \lambda_1^x + c_2 \lambda_2^x.$$

（2）若特征方程 $\lambda^2 + a\lambda + b = 0$ 有二重根 λ_1，这时 $\lambda_1 = -a/2$，且 λ_1^x 是差分方程的一个解. 为了求齐次差分方程的通解，我们用常数变易法来求它的一个与 λ_1^x 线性无关的解. 设差分方程的一个特解为 $y = u(x)\lambda_1^x(u(x)$ 为待定函数). 则

$$y_x = u_x\lambda_1^x, \quad y_{x+1} = u_{x+1}\lambda_1^{x+1}, \quad y_{x+2} = u_{x+2}\lambda_1^{x+2}.$$

将其代入差分方程，就有

$$u_{x+2}\lambda_1^{x+2} + au_{x+1}\lambda_1^{x+1} + bu_x\lambda_1^x = \lambda_1^x(u_{x+2}\lambda_1^2 + au_{x+1}\lambda_1 + bu_x) = 0.$$

由于 $b \neq 0$，所以 $\lambda_1 \neq 0$，于是

$$u_{x+2}\lambda_1^2 + au_{x+1}\lambda_1 + bu_x = 0.$$

因为

$$u_{x+1} = \Delta u_x + u_x, \quad u_{x+2} = \Delta^2 u_x + 2\Delta u_x + u_x,$$

将其代入以上方程，并注意到 $\lambda_1 = -a/2$ 是特征方程 $\lambda^2 + a\lambda + b = 0$ 的解，便有

$$
\begin{aligned}
0 &= (\Delta^2 u_x + 2\Delta u_x + u_x)\lambda_1^2 + a(\Delta u_x + u_x)\lambda_1 + bu_x \\
&= \lambda_1^2\Delta^2 u_x + \lambda_1(2\lambda_1 + a)\Delta u_x + (\lambda_1^2 + a\lambda_1 + b)u_x \\
&= \lambda_1^2\Delta^2 u_x.
\end{aligned}
$$

所以

$$\Delta^2 u_x = 0.$$

显然 $u(x) = x$ 满足 $\Delta^2 u_x = 0$，因此 $x\lambda_1^x$ 也是差分方程的一个解. 显然 λ_1^x 与 $x\lambda_1^x$ 线性无关，所以齐次差分方程的通解就是

$$y = (c_1 + c_2 x)\lambda_1^x.$$

（3）若特征方程 $\lambda^2 + a\lambda + b = 0$ 有一对共轭复根 $\alpha \pm i\beta$，其中

$$\alpha = -\frac{a}{2}, \quad \beta = \frac{\sqrt{4b - a^2}}{2}.$$

这时可以验证齐次差分方程有两个线性无关的解 $r^x\cos\theta x$ 和 $r^x\sin\theta x$，其中 $r = \sqrt{\alpha^2 + \beta^2} = \sqrt{b}, \tan\theta = \frac{\beta}{\alpha}(\theta \in (0,\pi)$，当 $\alpha = 0$，即 $a = 0$ 时，$\theta = \frac{\pi}{2})$. 于是齐次差分方程的通解为

$$y = r^x(c_1\cos\theta x + c_2\sin\theta x).$$

例 9.6.1 求差分方程 $y_{x+2} - 2y_{x+1} - 8y_x = 0$ 的通解.

解 该方程的特征方程为 $\lambda^2 - 2\lambda - 8 = 0$，它有两个不同实根 $\lambda_1 = -2, \lambda_2 = 4$. 因此差分方程 $y_{x+2} - 2y_{x+1} - 8y_x = 0$ 的通解为

$$y = c_1(-2)^x + c_2 4^x.$$

例 9.6.2 求差分方程 $\Delta^2 y_x + \Delta y_x - 3y_{x+1} + 4y_x = 0$ 满足 $y_0 = 0, y_1 = 1$ 的特解.

解 利用差分的定义可将方程化为如下形式

$$y_{x+2} - 4y_{x+1} + 4y_x = 0.$$

该方程的特征方程为 $\lambda^2 - 4\lambda + 4 = 0$，它有二重根 $\lambda_1 = 2$. 因此差分方程 $y_{x+2} - 4y_{x+1} + 4y_x = 0$ 的通解为

$$y = (c_1 + c_2 x)2^x.$$

由 $y_0 = 0, y_1 = 1$ 得 $c_1 = 0, c_2 = \frac{1}{2}$. 因此差分方程的特解为

$$y = \frac{1}{2}x \cdot 2^x.$$

例 9.6.3　求差分方程 $y_{x+2} - 2y_{x+1} + 17y_x = 0$ 的通解.

解　该方程的特征方程为 $\lambda^2 - 2\lambda + 17 = 0$,它有两个共轭复根为 $\lambda = 1 \pm 4i$. 这时

$$r = \sqrt{1^2 + 4^2} = \sqrt{17}, \quad \tan\theta = \frac{4}{1} = 4.$$

因此差分方程 $y_{x+2} - 2y_{x+1} + 17y_x = 0$ 的通解为

$$y = (\sqrt{17})^x (c_1 \cos\theta x + c_2 \sin\theta x),$$

其中 $\theta = \arctan 4$.

二阶常系数非齐次线性差分方程

现在考虑二阶常系数非齐次线性差分方程

$$y_{x+2} + ay_{x+1} + by_x = f(x) \quad (b \neq 0)$$

的解法.

我们已经知道,若找出该非齐次线性差分方程的一个特解,那么这个方程的通解就是其对应的齐次方程的通解加上这个特解. 由于我们已经知道二阶常系数齐次线性差分方程的解法,所以只要找出非齐次差分方程的一个特解就可以得到它的通解. 以下我们对于一些常用形式的右端函数 $f(x)$ 讨论二阶非齐次线性差分方程的解法.

（一）$f(x) = P_n(x)$,其中 $P_n(x)$ 为 n 次多项式

利用 $y_{x+1} = \Delta y_x + y_x, y_{x+2} = \Delta^2 y_x + 2\Delta y_x + y_x$ 可以将方程

$$y_{x+2} + ay_{x+1} + by_x = P_n(x)$$

改写为

$$\Delta^2 y_x + (2+a)\Delta y_x + (1+a+b)y_x = P_n(x).$$

由于 $P_n(x)$ 是多项式,可以猜测方程有多项式解

$$y^* = Q(x).$$

将其代入方程得到

$$\Delta^2 y_x^* + (2+a)\Delta y_x^* + (1+a+b)y_x^* = P_n(x). \qquad (*)$$

(1) 若 $\lambda = 1$ 不是特征方程 $\lambda^2 + a\lambda + b = 0$ 的根,即 $1 + a + b \neq 0$ 时,这时 Δy_x^* 和 $\Delta^2 y_x^*$ 分别是比 $(1 + a + b)y_x^*$ 低一次和二次的多项式. 要使 $(*)$ 式成为恒等式,$Q(x)$ 必须是 n 次多项式 $Q_n(x) = a_n x^n + a_{n-1} x^{n-1} + \cdots + a_1 x + a_0$. 通过比较 $(*)$ 式两端 x 的同次幂的系数,就能确定 $a_0, a_1, \cdots, a_n$,进而得出差分方程的特解.

(2) 若 $\lambda = 1$ 是特征方程 $\lambda^2 + a\lambda + b = 0$ 的单重根,即 $1 + a + b = 0$,但 $2 + a \neq 0$ 时,这时要使 $(*)$ 式成为恒等式,Δy_x^* 必须是 n 次多项式,为此可取 $Q(x) = xQ_n(x) = x(a_n x^n + a_{n-1} x^{n-1} + \cdots + a_1 x + a_0)$,比较 $(*)$ 式两端 x 的同次幂的系数,就能确定 $a_0, a_1, \cdots, a_n$,进而得出差分方程的特解.

(3) 若 $\lambda = 1$ 是特征方程 $\lambda^2 + a\lambda + b = 0$ 的二重根,即 $1 + a + b = 0$,且 $2 + a = 0$ 时,这时要使 $(*)$ 式成为恒等式,$\Delta^2 y_x^*$ 必须是 n 次多项式,为此可取 $Q(x) = x^2 Q_n(x) = x^2(a_n x^n + a_{n-1} x^{n-1} + \cdots + a_1 x + a_0)$,比较 $(*)$ 式两端 x 的同次幂的系数,就能确定 $a_0, a_1, \cdots, a_n$,进

而得出差分方程的特解.

综上所述，二阶常系数非齐次线性差分方程 $y_{x+2}+ay_{x+1}+by_x=P_n(x)$（$P_n(x)$是 n 次多项式）有形式为

$$y^* = x^m Q_n(x)$$

的特解，其中 $Q_n(x)$ 也是 n 次多项式，且

$$m = \begin{cases} 0, & \text{若 1 不是特征方程 } \lambda^2+p\lambda+q=0 \text{ 的根,} \\ 1, & \text{若 1 是特征方程 } \lambda^2+p\lambda+q=0 \text{ 的单重根,} \\ 2, & \text{若 1 是特征方程 } \lambda^2+p\lambda+q=0 \text{ 的二重根.} \end{cases}$$

例 9.6.4 求差分方程 $y_{x+2}+3y_{x+1}+2y_x=6x^2$ 的通解.

解 易知该差分方程所对应的齐次方程 $y_{x+2}+3y_{x+1}+2y_x=0$ 的通解为 $y=c_1(-1)^x+c_2(-2)^x$.

现求该非齐次差分方程的一个特解. 由于 1 不是特征方程 $\lambda^2+3\lambda+2=0$ 的根，所以设方程 $y_{x+2}+3y_{x+1}+2y_x=6x^2$ 的一个特解为

$$y^* = a_2 x^2 + a_1 x + a_0.$$

代入原方程得

$$a_2(x+2)^2 + a_1(x+2) + a_0 + 3[a_2(x+1)^2 + a_1(x+1) + a_0]$$
$$+ 2(a_2 x^2 + a_1 x + a_0) = 6x^2,$$

比较系数得

$$a_0 = \frac{2}{9}, \quad a_1 = -\frac{5}{3}, \quad a_2 = 1.$$

所以原方程的一个特解为

$$y = x^2 - \frac{5}{3}x + \frac{2}{9}.$$

因此它的通解为

$$y = c_1(-1)^x + c_2(-2)^x + x^2 - \frac{5}{3}x + \frac{2}{9}.$$

例 9.6.5 求差分方程 $y_{x+2}+3y_{x+1}-4y_x=10x+2$ 满足 $y_0=0, y_1=1$ 的特解.

解 易知该方程所对应的齐次方程 $y_{x+2}+3y_{x+1}-4y_x=0$ 的通解为

$$y = c_1 + c_2(-4)^x.$$

现求该非齐次方程的一个特解. 由于 1 是特征方程 $\lambda^2+3\lambda-4=0$ 的单根，所以设方程 $y_{x+2}+3y_{x+1}-4y_x=10x+2$ 的一个特解为

$$y^* = x(a_1 x + a_0) = a_1 x^2 + a_0 x.$$

代入原方程得

$$a_1(x+2)^2 + a_0(x+2) + 3[a_1(x+1)^2 + a_0(x+1)] - 4(a_1 x^2 + a_0 x) = 10x + 2,$$

比较系数得

$$a_0 = -1, \quad a_1 = 1.$$

所以方程 $y_{x+2}+3y_{x+1}-4y_x=10x+2$ 的一个特解为

$$y = x^2 - x.$$

因此它的通解为

$$y = c_1 + c_2(-4)^x + x^2 - x.$$

因为 $y_0 = 0, y_1 = 1$，所以 $c_1 = \dfrac{1}{5}, c_2 = -\dfrac{1}{5}$. 因此方程满足 $y_0 = 0, y_1 = 1$ 的特解为

$$y = \frac{1}{5} - \frac{1}{5}(-4)^x + x^2 - x.$$

（二）$f(x) = \mu^x P_n(x)$，其中 $\mu \neq 0, \mu \neq 1, P_n(x)$ 为 n 次多项式

注意当 $\mu = 0$ 时，原方程为齐次方程；当 $\mu = 1$ 时，原方程为刚才讨论的类型.

作变量代换 $y = \mu^x z$，则方程

$$y_{x+2} + ay_{x+1} + by_x = \mu^x P_n(x)$$

化为

$$\mu^{x+2} z_{x+2} + a\mu^{x+1} z_{x+1} + b\mu^x z_x = \mu^x P_n(x),$$

即

$$z_{x+2} + \frac{a}{\mu} z_{x+1} + \frac{b}{\mu^2} z_x = \frac{1}{\mu^2} P_n(x).$$

对这个方程，我们已经知道如何求出它的一个特解 z^*，因此 $y^* = \mu^x z^*$ 就是原非齐次差分方程的一个特解. 结合前一类型的求非齐次差分方程的特解的方法便知：二阶常系数非齐次线性差分方程 $y_{x+2} + ay_{x+1} + by_x = \mu^x P_n(x)$（$P_n(x)$ 是 n 次多项式，且 $\mu \neq 0, \mu \neq 1$）有形式为

$$y^* = x^m \mu^x Q_n(x)$$

的特解，其中 $Q_n(x)$ 也是 n 次多项式，且

$$m = \begin{cases} 0, & \text{若 } \mu \text{ 不是特征方程 } \lambda^2 + p\lambda + q = 0 \text{ 的根,} \\ 1, & \text{若 } \mu \text{ 是特征方程 } \lambda^2 + p\lambda + q = 0 \text{ 的单重根,} \\ 2, & \text{若 } \mu \text{ 是特征方程 } \lambda^2 + p\lambda + q = 0 \text{ 的二重根.} \end{cases}$$

例 9.6.6 求差分方程 $y_{x+2} - 4y_{x+1} + 4y_x = 8 \cdot 2^x$ 的通解.

解 易知该方程对应的齐次方程 $y_{x+2} - 4y_{x+1} + 4y_x = 0$ 的通解为

$$y = (c_1 + c_2 x)2^x.$$

由于 2 是特征方程 $\lambda^2 - 4\lambda + 4 = 0$ 的二重根，所以设非齐次方程 $y_{x+2} - 4y_{x+1} + 4y_x = 8 \cdot 2^x$ 的一个特解为 $z^* = Ax^2 \cdot 2^x$. 代入方程得

$$A(x+2)^2 \cdot 2^{x+2} - 4A(x+1)^2 \cdot 2^{x+1} + 4Ax^2 \cdot 2^x = 8 \cdot 2^x,$$

比较系数得 $A = 1$. 所以差分方程 $y_{x+2} - 4y_{x+1} + 4y_x = 8 \cdot 2^x$ 的一个特解为 $y = x^2 \cdot 2^x$，于是它的通解为

$$y = (c_1 + c_2 x)2^x + x^2 \cdot 2^x = (c_1 + c_2 x + x^2)2^x.$$

高阶常系数线性差分方程简介

最后我们指出，本节关于二阶常系数线性差分方程的解的结构的讨论及求解方法，可以适用于一般的 n 阶常系数线性差分方程（$n \geq 2$）

$$y_{x+n} + a_1 y_{x+n-1} + \cdots + a_{n-1} y_{x+1} + a_n y_x = f(x),$$

其中 $a_1, a_2, \cdots, a_n$ 为常数，且 $a_n \neq 0$. 这个方程对应的齐次线性差分方程为

$$y_{x+n} + a_1 y_{x+n-1} + \cdots + a_{n-1} y_{x+1} + a_n y_x = 0,$$

它的特征方程为

$$\lambda^n + a_1 \lambda^{n-1} + \cdots + a_{n-1}\lambda + a_n = 0.$$

关于 n 阶常系数齐次线性差分方程 $y_{x+n} + a_1 y_{x+n-1} + \cdots + a_{n-1}y_{x+1} + a_n y_x = 0$，它也有 n 个线性无关的解，且这 n 个解可以如下得到：

(1) 若 λ 是特征方程的实的单重根，则 λ^x 是该方程的解；

(2) 若 λ 是特征方程的实的 k 重实根 $(k \geqslant 2)$，则 $\lambda^x, x\lambda^x, \cdots, x^{k-1}\lambda^x$ 是该方程的 k 个线性无关的解；

(3) 若 $\alpha \pm \beta i$ 是特征方程的单重共轭复根，则 $r^x \cos\theta x, r^x \sin\theta x$ 是该方程的两个线性无关的解，其中 $r = \sqrt{\alpha^2 + \beta^2}, \tan\theta = \dfrac{\beta}{\alpha} \left(\theta \in (0,\pi), \text{当 } \alpha = 0 \text{ 时}, \theta = \dfrac{\pi}{2}\right)$；

(4) 若 $\alpha \pm \beta i$ 是特征方程的 k 重共轭复根 $(k \geqslant 2)$，则 $r^x \cos\theta x, r^x \sin\theta x, xr^x\cos\theta x, xr^x \sin\theta x, \cdots, x^{k-1}r^x\cos\theta x, x^{k-1}r^x \sin\theta x$ 是该方程的 $2k$ 个线性无关的解，其中 $r = \sqrt{\alpha^2 + \beta^2}$, $\tan\theta = \dfrac{\beta}{\alpha} \left(\theta \in (0,\pi), \text{当 } \alpha = 0 \text{ 时}, \theta = \dfrac{\pi}{2}\right)$.

这样，恰好找到了方程 $y_{x+n} + a_1 y_{x+n-1} + \cdots + a_{n-1}y_{x+1} + a_n y_x = 0$ 的 n 个线性无关的解 $y_1(x), y_2(x), \cdots, y_n(x)$，于是该齐次微分方程的通解为

$$y = c_1 y_1(x) + c_2 y_2(x) + \cdots + c_n y_n(x).$$

这样一来，若找到了方程 $y_{x+n} + a_1 y_{x+n-1} + \cdots + a_{n-1}y_{x+1} + a_n y_x = f(x)$ 的一个特解 $y^*(x)$，则

$$y = c_1 y_1(x) + c_2 y_2(x) + \cdots + c_n y_n(x) + y^*(x)$$

便是该方程的通解.

仿照前一小段的讨论，还可以对一些类型的右端函数 $f(x)$ 得到非齐次线性差分方程的解，此处不再详述，仅举一例说明.

例 9.6.7 求差分方程

$$y_{x+3} - y_{x+2} + 4y_{x+1} - 4y_x = 5 \cdot 3^x$$

的通解.

解 先求该方程所对应的齐次线性差分方程

$$y_{x+3} - y_{x+2} + 4y_{x+1} - 4y_x = 0$$

的通解. 因为它的特征方程为

$$\lambda^3 - \lambda^2 + 4\lambda - 4 = (\lambda + 2i)(\lambda - 2i)(\lambda - 1) = 0,$$

其根为 $\lambda = 1, \lambda = \pm 2i$，因此 $1, 2^x \cos\dfrac{\pi}{2}x, 2^x \sin\dfrac{\pi}{2}x$ 为方程 $y_{x+3} - y_{x+2} + 4y_{x+1} - 4y_x = 0$ 的三个线性无关解. 于是它的通解为

$$y = c_1 + c_2 2^x \cos\frac{\pi}{2}x + c_3 2^x \sin\frac{\pi}{2}x.$$

再求非齐次线性差分方程 $y_{x+3} - y_{x+2} + 4y_{x+1} - 4y_x = 5 \cdot 3^x$ 的一个特解. 设其特解为

$$y^* = A \cdot 3^x.$$

代入方程得

$$A \cdot 3^{x+3} - A \cdot 3^{x+2} + 4 \cdot A \cdot 3^{x+1} - 4 \cdot A \cdot 3^x = 5 \cdot 3^x,$$

因此 $A=\dfrac{5}{26}$，即 $y^*=\dfrac{5}{26}\cdot 3^x$ 为特解. 于是方程 $y_{x+3}-y_{x+2}+4y_{x+1}-4y_x=5\cdot 3^x$ 的通解为

$$y=c_1+c_2 2^x\cos\frac{\pi}{2}x+c_3 2^x\sin\frac{\pi}{2}x+\frac{5}{26}\cdot 3^x.$$

§7　常微分方程与差分方程的应用举例

价格与需求量和供给量关系模型

在关于经济学问题的数学建模中，常常是根据实际情况和客观规律来提出一些假设，进而根据这些假设，通过对实际数据的分析、演绎和归纳等方法建立数学模型，从理论上给出这个模型的解，最后将理论结果与实际情况相比较，以确定模型的正确与否.

我们现在介绍一个价格与需求量和供给量关系的数学模型.

在商品经济中，商品的供给量 S 和需求量 D 与商品的价格 P 有关，因此可认为它们是价格的函数，即 $S=S(P),D=D(P)$. 当市场上的供给量和需求量相等时，供求关系达到均衡，这时的价格就是均衡价格. 实际上，市场上商品的实际价格常常并不恰好是均衡价格，也不是常量，而是时间 t 的函数 $P=P(t)$. 一般来说，当市场上的商品供大于求时，其价格会下跌；反之，价格就会上涨. 商品的价格将随时间的变化而围绕均衡价格上下波动.

显然 $\dfrac{\mathrm{d}P}{\mathrm{d}t}$ 就是价格关于时间的变化率. 根据一些商品的实际情况，经济学家作了一种简单的假设，认为其价格的变化率与商品的需求量与供给量之差成正比，即

$$\frac{\mathrm{d}P}{\mathrm{d}t}=\lambda(D-S),$$

其中比例系数 $\lambda(\lambda>0)$ 可以由实际数据确定. 假设初始价格为 $P(0)=P_0$，这时价格将如何变化呢？现以需求函数和供给函数都为价格的线性函数

$$D=a-bP,\quad S=-c+dP\quad(a,b,c,d>0)$$

为例来看价格的变化规律. 这时的问题即为求定解问题

$$\begin{cases}\dfrac{\mathrm{d}P}{\mathrm{d}t}=\lambda[a+c-(b+d)P],\\ P(0)=P_0\end{cases}$$

的解.

方程 $\dfrac{\mathrm{d}P}{\mathrm{d}t}=\lambda[a+c-(b+d)P]$ 是一阶线性方程，易知它的通解为

$$P(t)=C\mathrm{e}^{-\lambda(b+d)t}+\frac{a+c}{b+d}\quad(C\text{ 为任意常数}).$$

由 $P(0)=P_0$ 得 $C=P_0-\dfrac{a+c}{b+d}$. 因此定解问题的解为

$$P(t)=\left(P_0-\frac{a+c}{b+d}\right)\mathrm{e}^{-\lambda(b+d)t}+\frac{a+c}{b+d}.$$

由于均衡价格 $\widetilde{P}$ 为供给量和需求量相等时的价格，因此令 $D=S$ 可解得 $\widetilde{P}=\dfrac{a+c}{b+d}$. 于是价格函数可表为

$$P(t) = (P_0 - \widetilde{P})\mathrm{e}^{-\lambda(b+d)t} + \widetilde{P}.$$

显然当 $t \to +\infty$ 时，$P(t) \to \widetilde{P}$，这说明商品的实际价格最终会变化到均衡价格. 从这个价格函数的表示还可以看出：

(1) 当初始价格等于均衡价格，即 $P_0 = \widetilde{P}$ 时，总成立 $P(t) = \widetilde{P}$. 因此市场无须调节便达到均衡；

(2) 当初始价格大于均衡价格，即 $P_0 > \widetilde{P}$ 时，总成立 $P(t) > \widetilde{P}$，而且商品的价格随着时间的推移而单调减少地趋于均衡价格；

(3) 当初始价格小于均衡价格，即 $P_0 < \widetilde{P}$ 时，总成立 $P(t) < \widetilde{P}$，而且价格随着时间的推移而单调增加地趋于均衡价格.

图 9.7.1 是几个不同 λ 和 P_0 的价格函数的图像.

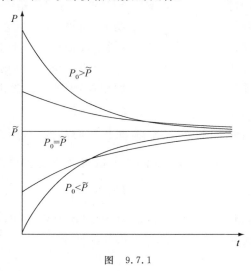

图　9.7.1

当然，还可根据实际情况假定需求函数和供给函数的不同形式，进而得到更切实际的价格函数.

在这个模型中，供给量 S 和需求量 D 均只假设为现期价格 P 的函数，但常常交易者并不仅仅将其市场行为建立在现期价格的基础上，而且建立在对价格的预期上，因此 S 和 D 不仅是 P 的函数，而且是价格变化率 $\dfrac{\mathrm{d}P}{\mathrm{d}t}$ 与变化加速度 $\dfrac{\mathrm{d}^2P}{\mathrm{d}t^2}$ 的函数. 即

$$S = S\Big(P, \frac{\mathrm{d}P}{\mathrm{d}t}, \frac{\mathrm{d}^2P}{\mathrm{d}t^2}\Big), \quad D = D\Big(P, \frac{\mathrm{d}P}{\mathrm{d}t}, \frac{\mathrm{d}^2P}{\mathrm{d}t^2}\Big).$$

若市场是出清的，即总成立 $D=S$，便可得到 P 满足的微分方程

$$D\Big(P, \frac{\mathrm{d}P}{\mathrm{d}t}, \frac{\mathrm{d}^2P}{\mathrm{d}t^2}\Big) = S\Big(P, \frac{\mathrm{d}P}{\mathrm{d}t}, \frac{\mathrm{d}^2P}{\mathrm{d}t^2}\Big),$$

进而得出价格函数 $P = P(t)$.

例如,若需求函数和供给函数都为线性形式,即

$$D = a - bP + m\frac{\mathrm{d}P}{\mathrm{d}t} + n\frac{\mathrm{d}^2P}{\mathrm{d}t^2},$$

$$S = -c + \mathrm{d}P + u\frac{\mathrm{d}P}{\mathrm{d}t} + v\frac{\mathrm{d}^2P}{\mathrm{d}t^2},$$

其中 m,n,u,v 为常数,a,b,c,d 为正常数.则上面的微分方程便为

$$(n-v)\frac{\mathrm{d}^2P}{\mathrm{d}t^2} + (m-u)\frac{\mathrm{d}P}{\mathrm{d}t} - (b+\mathrm{d})P + (a+c) = 0.$$

这是一个二阶常系数线性微分方程,我们已经知道,它是可解的,进而可知价格的规律.

人口模型

显然,一个地区的人口数量越多,单位时间内的人口增长数也就越多.1798 年,马尔萨斯(Malthus)通过对当时的资料分析,对人的繁殖规律提出一种看法,他认为人口增长率与人口数量成正比.

设 $p(t)$ 是某地区的在 t 时刻的人口数量,那么该地区在单位时间中的人口增长率,应该是人口数量函数 $p(t)$ 的导数 $p'(t)$.如果它与人口数量成正比,设比例系数为 $\lambda(\lambda>0$ 可以从已有的数据确定),那么马尔萨斯提出的人口模型就可以表达为

$$\begin{cases} p'(t) = \lambda p(t), \\ p(t_0) = p_0. \end{cases}$$

其中 p_0 为 t_0 时刻的人口数.

用分离变量法可解得方程 $p'(t) = \lambda p(t)$ 的解为

$$p(t) = c\mathrm{e}^{\lambda t}.$$

利用初始条件 $p(t_0) = p_0$,可以定出 $c = p_0\mathrm{e}^{-\lambda t_0}$,于是得到人口数量的函数

$$p(t) = p_0\mathrm{e}^{\lambda(t-t_0)}.$$

由上式可见,人口数量 $p(t)$ 将随时间 t 呈指数形式增长.这一变化规律在短时期内是与统计数据大致符合的,但当 $t\to+\infty$ 时,则有 $p(t)\to+\infty$,这与客观现实并不符合.因为人口的数量增加到一定程度后,自然资源和环境条件就会对人口的继续增长起限制作用,并且限制的力度随人口的增加而越来越强.也就是说,在任何一个给定的环境和资源条件下,人口是不可能无限增长的,它必定有一个上界 $p_{\max}$.因此需要修改这个数学模型.

比利时生物数学家韦吕勒(Verhulst)在 1838 年指出,在资源一定的情况下,人口的数量越多,每个个人所获得的资源越少,这将抑制生育率,增加死亡率.因而人口的相对增长率 $p'(t)/p(t)$ 不应是常数 λ,而是应随着人口数量 $p(t)$ 越来越接近于 $p_{\max}$ 而越来越小,因此他提出了一个修正的人口模型

$$\begin{cases} p'(t) = \lambda p(t)(p_{\max} - p(t)), \\ p(t_0) = p_0. \end{cases}$$

将方程 $p'(t) = \lambda p(t)(p_{\max} - p(t))$ 中含有 $p(t)$ 的项全部集中到等号左边,并将等式两边在 $[t_0,t]$ 上积分,即

$$\int_{p_0}^{p} \frac{\mathrm{d}p}{p_{\max}\cdot p - p^2} = \lambda\int_{t_0}^{t}\mathrm{d}t,$$

从而得到人口数量的函数

$$p(t) = \frac{p_{\max}}{1 + \left(\dfrac{p_{\max}}{p_0} - 1\right) e^{-\lambda p_{\max}(t - t_0)}}.$$

图 9.7.2 是几个不同 λ 和 p_0 的人口数量函数的图像. 可以看出,当 $p_0 < p_{\max}$ 时,人口数量单调增加趋向 $p_{\max}$. 事实上其变化曲线就是逻辑斯蒂曲线;当 $p_0 > p_{\max}$ 时,人口数量单调减少趋向 $p_{\max}$. 实际数据表明,用这个模型来预测人口或生物种群的数量是比较准确的.

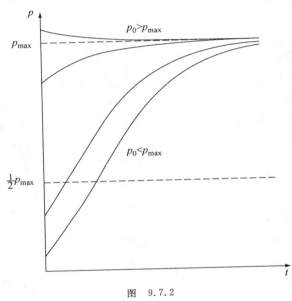

图 9.7.2

在现实世界中,常常遇到这类变量 p,其增长率 $\dfrac{\mathrm{d}p}{\mathrm{d}t}$ 与现实值 p,p 与饱和值 $p_{\max}$ 的接近程度 $p_{\max} - p$ 都成正比,那么由以上的推导可知,变量 p 是按逻辑斯蒂曲线方程变化的. 在经济学、生物学等领域都可见到这类模型.

分期付款模型

现在考虑一个现实生活中经常遇到的问题.

若某人从银行贷款 A 元,年利率为 r,计划 m 年还清. 若在这 m 年内按月等额还款,那么他每月应还款多少元呢?

设他每月还款 a 元. 由于他从银行贷款 A 元,那么第一个月他将支付的利息为

$$y_1 = A \cdot \frac{r}{12}.$$

第一个月后已还款 a 元,则第二个月他还需还款的总数额为 $A - a + y_1$,所以第二个月应支付的利息为

$$y_2 = (A - a + y_1) \cdot \frac{r}{12} = A \cdot \frac{r}{12} + y_1 \cdot \frac{r}{12} - a \cdot \frac{r}{12} = \left(1 + \frac{r}{12}\right) y_1 - \frac{ar}{12}.$$

第二个月后已还款 $2a$ 元,则第三个月他还需还款的总数额为 $A-2a+y_2+y_1$,所以第三个月应支付的利息为

$$y_3 = (A-2a+y_2+y_1) \cdot \frac{r}{12}$$

$$= A \cdot \frac{r}{12} + y_1 \cdot \frac{r}{12} - a \cdot \frac{r}{12} + y_2 \cdot \frac{r}{12} - a \cdot \frac{r}{12}$$

$$= y_2 + y_2 \cdot \frac{r}{12} - \frac{ar}{12} = \left(1+\frac{r}{12}\right)y_2 - \frac{ar}{2}.$$

记 y_n 为第 n 个月应支付的利息$(n=1,2,\cdots,12m)$,那么用归纳法可得递推关系

$$y_{n+1} = \left(1+\frac{r}{12}\right)y_n - \frac{ar}{12}.$$

这是一个一阶常系数线性差分方程,易求出它的通解为

$$y_n = c\left(1+\frac{r}{12}\right)^n + a \quad (c \text{ 是任意常数}).$$

因为 $y_1 = \dfrac{Ar}{12}$,代入上式可解得 $c = \left(\dfrac{Ar}{12}-a\right)\Big/\left(1+\dfrac{r}{12}\right)$. 因此

$$y_n = \left(\frac{Ar}{12}-a\right)\left(1+\frac{r}{12}\right)^{n-1} + a$$

$$= \frac{Ar}{2}\left(1+\frac{r}{12}\right)^{n-1} + a\left[1-\left(1+\frac{r}{12}\right)^{n-1}\right].$$

因此该人 m 年应付的利息总和为

$$\sum_{n=1}^{12m} y_n = \sum_{n=1}^{12m} \left\{\frac{Ar}{12}\left(1+\frac{r}{12}\right)^{n-1} + a\left[1-\left(1+\frac{r}{12}\right)^{n-1}\right]\right\}$$

$$= \frac{Ar}{12}\sum_{n=1}^{12m}\left(1+\frac{r}{12}\right)^{n-1} + 12ma - a\sum_{n=1}^{12m}\left(1+\frac{r}{12}\right)^{n-1}$$

$$= \frac{Ar}{12} \cdot \frac{1-\left(1+\frac{r}{12}\right)^{12m}}{1-\left(1+\frac{r}{12}\right)} + 12ma - a \cdot \frac{1-\left(1+\frac{r}{12}\right)^{12m}}{1-\left(1+\frac{r}{12}\right)}$$

$$= 12ma - A + A\left(1+\frac{r}{12}\right)^{12m} + \frac{12a}{r}\left[1-\left(1+\frac{r}{12}\right)^{12m}\right].$$

因为 $12ma$ 是 m 年的还款总数,所以 $12ma-A$ 就是 m 年的利息总数,因此

$$12ma - A + A\left(1+\frac{r}{12}\right)^{12m} + \frac{12a}{r}\left[1-\left(1+\frac{r}{12}\right)^{12m}\right] = 12ma - A,$$

即

$$A\left(1+\frac{r}{12}\right)^{12m} + \frac{12a}{r}\left[1-\left(1+\frac{r}{12}\right)^{12m}\right] = 0.$$

由此解得

$$a = \frac{\dfrac{Ar}{12}\left(1+\dfrac{r}{12}\right)^{12m}}{\left(1+\dfrac{r}{12}\right)^{12m}-1} \text{ 元}.$$

这就是该人按月等额还款时每月的应还款数.

国民收入和支出模型

国民收入与消费和积累之间的关系是一个重要问题，著名经济学家萨缪尔森（Samuelson）提出了以下的数学模型.

记第 t 年的国民收入为 Y_t，消费为 C_t，再生产投资为 I_t，政府用于公共事业的开支为 G_t（为方便起见，假设它为常数 $G_t = G$）.萨缪尔森提出了如下假设：

（1）每年的国民收入等于该年的消费、再生产投资和用于公共事业的开支之和；

（2）第 t 年的消费 C_t 与上一年（即 $t-1$ 年）的收入 Y_{t-1} 成正比，其比例系数为边际消费倾向 $\alpha(0 < \alpha < 1)$；

（3）第 t 年的再生产投资 I_t 与该年的消费水平的变化 $C_t - C_{t-1}$ 成正比，其比例系数为加速因子 $\beta(\beta > 0)$.

将这个思想量化就是如下数学模型（它也称为乘数与加速数模型）：

$$\begin{cases} Y_t = C_t + I_t + G, \\ C_t = \alpha Y_{t-1}, \\ I_t = \beta(C_t - C_{t-1}). \end{cases}$$

现在解这个方程组.将方程组中后两式代入第一式得

$$Y_t - \alpha(1+\beta)Y_{t-1} + \alpha\beta Y_{t-2} = G,$$

它可化为等价的差分方程

$$Y_{t+2} - \alpha(1+\beta)Y_{t+1} + \alpha\beta Y_t = G.$$

这是一个二阶常系数线性差分方程.

先讨论它所对应的齐次方程

$$Y_{t+2} - \alpha(1+\beta)Y_{t+1} + \alpha\beta Y_t = 0$$

的解.它的特征方程为

$$\lambda^2 - \alpha(1+\beta)\lambda + \alpha\beta = 0,$$

特征方程的判别式为 $\Delta = \alpha^2(1+\beta)^2 - 4\alpha\beta$.

（1）当 $\Delta > 0$ 时，特征方程有两个不同实根 $\lambda_1 = \frac{1}{2}[\alpha(1+\beta) + \sqrt{\Delta}]$ 和 $\lambda_2 = \frac{1}{2}[\alpha(1+\beta) - \sqrt{\Delta}]$，因此齐次方程 $Y_{t+2} - \alpha(1+\beta)Y_{t+1} + \alpha\beta Y_t = 0$ 的通解为

$$\widetilde{Y} = c_1\lambda_1^t + c_2\lambda_2^t.$$

（2）当 $\Delta = 0$ 时，特征方程有二重根 $\lambda_1 = \frac{1}{2}\alpha(1+\beta)$，因此齐次方程 $Y_{t+2} - \alpha(1+\beta)Y_{t+1} + \alpha\beta Y_t = 0$ 的通解为

$$\widetilde{Y} = (c_1 + c_2 t)\lambda_1^t.$$

（3）当 $\Delta < 0$ 时，特征方程有一对共轭复根 $\lambda_1 = \frac{1}{2}[\alpha(1+\beta) + i\sqrt{-\Delta}]$ 和 $\lambda_2 = \frac{1}{2}[\alpha(1+\beta) - i\sqrt{-\Delta}]$，因此齐次方程 $Y_{t+2} - \alpha(1+\beta)Y_{t+1} + \alpha\beta Y_t = 0$ 的通解为

$$\widetilde{Y} = r^t(c_1\cos\theta t + c_2\sin\theta t),$$

其中 $r = \sqrt{\alpha\beta}$，$\tan\theta = \dfrac{\sqrt{-\Delta}}{\alpha(1+\beta)}$ $(\theta \in (0,\pi))$.

易求出非齐次方程 $Y_{t+2}-\alpha(1+\beta)Y_{t+1}+\alpha\beta Y_t=G$ 的一个特解为 $Y^*(t)=\dfrac{G}{1-\alpha}$，于是它的通解为

$$Y=\begin{cases} c_1\lambda_1^2+c_2\lambda_2^2+G/(1-\alpha), & \Delta>0,\\ (c_1+c_2t)\lambda_1^2+G/(1-\alpha), & \Delta=0,\\ r^t(c_1\cos\theta t+c_2\sin\theta t)+G/(1-\alpha), & \Delta<0. \end{cases}$$

将上式代入原方程组便可解出 C_t 和 I_t.

从上式可以看出，随着 α 和 β 的取值的不同，国民收入 Y_t 随时间的变化规律也不同. α 和 β 之间的各种关系，将导致 Y_t 的表达式的相应变化. 其各种变化规律的深入讨论，此处从略.

§8 综合型例题

例 9.8.1 求微分方程 $\dfrac{\mathrm{d}y}{\mathrm{d}x}=\dfrac{1}{x\sin^2(xy)}-\dfrac{y}{x}$ 的通解.

解 作变量代换 $z=xy$，则

$$\frac{\mathrm{d}z}{\mathrm{d}x}=y+x\frac{\mathrm{d}y}{\mathrm{d}x},$$

代入原方程并化简得

$$\frac{\mathrm{d}z}{\mathrm{d}x}=\frac{1}{\sin^2 z}.$$

分离变量得

$$\sin^2 z\,\mathrm{d}z=\mathrm{d}x,$$

两边取积分得

$$\int\sin^2 z\,\mathrm{d}z=\int\mathrm{d}x,$$

即

$$\frac{z}{2}-\frac{\sin 2z}{4}=x+c.$$

还原变量便得原方程的通解

$$2xy-\sin(2xy)-4x=c.$$

例 9.8.2 求解定解问题 $\begin{cases}\dfrac{\mathrm{d}^2 y}{\mathrm{d}x^2}+py=0,\\ y(0)=0,y(l)=0\end{cases}$ $(l>0,p$ 为常数$)$.

解 齐次微分方程 $\dfrac{\mathrm{d}^2 y}{\mathrm{d}x^2}+py=0$ 的特征方程为 $\lambda^2+p=0$.

(1) 当 $p<0$ 时，易知齐次微分方程的解为

$$y=c_1\mathrm{e}^{\sqrt{-p}x}+c_2\mathrm{e}^{-\sqrt{-p}x}.$$

将 $y(0)=0,y(l)=0$ 代入上式得

$$\begin{cases}c_1+c_2=0,\\ c_1\mathrm{e}^{l\sqrt{-p}}+c_2\mathrm{e}^{-l\sqrt{-p}}=0,\end{cases}$$

因此 $c_1=c_2=0$. 于是定解问题只有零解 $y=0$.

(2) 当 $p=0$ 时,易知齐次微分方程的解为

$$y = c_1 + c_2 x.$$

由 $y(0)=0, y(l)=0$ 同样可得 $c_1 = c_2 = 0$,于是定解问题只有零解 $y=0$.

(3) 当 $p>0$ 时,易知齐次微分方程的解为

$$y = c_1 \cos \sqrt{p} x + c_2 \sin \sqrt{p} x.$$

将 $y(0)=0, y(l)=0$ 代入上式得

$$\begin{cases} c_1 = 0, \\ c_1 \cos l \sqrt{p} + c_2 \sin l \sqrt{p} = 0. \end{cases}$$

则 $c_1 = 0, p = \left(\dfrac{k\pi}{l}\right)^2 (k=1,2,\cdots)$ 或 $c_1 = c_2 = 0, p \neq \left(\dfrac{k\pi}{l}\right)^2 (k=1,2,\cdots)$.

于是,当 $p = \left(\dfrac{k\pi}{l}\right)^2 (k=1,2,\cdots)$ 时,定解问题的解为

$$y = c \sin \frac{k\pi}{l} x, \quad c \text{ 为任意常数};$$

当 $p>0$ 且 $p \neq \left(\dfrac{k\pi}{l}\right)^2 (k=1,2,\cdots)$ 时,定解问题只有零解 $y=0$.

例 9.8.3 已知 $y = \mathrm{e}^x$ 是方程

$$(2x-1)\frac{\mathrm{d}^2 y}{\mathrm{d}x^2} - (2x+1)\frac{\mathrm{d}y}{\mathrm{d}x} + 2y = 0$$

的一个解,求该方程的通解.

解 设题目所给方程的解为 $y = u(x)\mathrm{e}^x$,其中 $u(x)$ 是待定函数. 则

$$y' = u'(x)\mathrm{e}^x + u(x)\mathrm{e}^x,$$
$$y'' = u''(x)\mathrm{e}^x + 2u'(x)\mathrm{e}^x + u(x)\mathrm{e}^x.$$

代入方程整理后便得

$$(2x-1)u'' + (2x-3)u' = 0.$$

令 $z = u'$,则上式变为

$$(2x-1)z' + (2x-3)z = 0.$$

解此方程得

$$u' = z = c_1 (2x-1)\mathrm{e}^{-x},$$

因而

$$u = c_2 + c_1 (2x+1)\mathrm{e}^{-x}.$$

于是,原方程的通解为

$$y = c_2 \mathrm{e}^x + c_1 (2x+1).$$

例 9.8.4 设函数 f 在 $(-\infty, +\infty)$ 上具有连续的二阶导数,且满足

$$xf''(x) + 2xf(x)[f'(x)]^2 = 1 - \mathrm{e}^{-x}.$$

(1) 若 $f(x_0)(x_0 \neq 0)$ 为 f 的极值,证明它是极小值;

(2) 若 $f(0)$ 为 f 的极值,那么它是极大值还是极小值?

解 (1) 证明:若 $f(x_0)(x_0 \neq 0)$ 为 f 的极值,则 $f'(x_0) = 0$. 由

$$xf''(x) + 2xf(x)[f'(x)]^2 = 1 - \mathrm{e}^{-x},$$

得
$$f''(x_0) = \frac{1 - e^{-x_0}}{x_0} > 0.$$

所以 $f(x_0)$ 为极小值.

（2）$f(0)$ 为极小值. 因为若 $f(0)$ 为 f 的极值, 则 $f'(0)=0$. 由于 f'' 在 $(-\infty, +\infty)$ 上连续, 所以

$$f''(0) = \lim_{x \to 0} f''(x) = \lim_{x \to 0} \frac{1 - e^{-x} - 2xf(x)[f'(x)]^2}{x}$$

$$= \lim_{x \to 0} \left[\frac{1 - e^{-x}}{x} - 2f(x)[f'(x)]^2 \right] = \lim_{x \to 0} \frac{1 - e^{-x}}{x} - 2f(0)[f'(0)]^2$$

$$= \lim_{x \to 0} \frac{1 - e^{-x}}{x} = \lim_{x \to 0} \frac{e^{-x}}{1} = 1.$$

因此 $f(0)$ 为极小值.

例 9.8.5　设函数 $y(x)(x \geqslant 0)$ 二阶可导, 且满足 $y'(x)>0(x \geqslant 0)$, $y(0)=1$. 过曲线 $y = y(x)$ 上任一点 $P(x, y)$ 作该曲线的切线及 x 轴的垂线, 记上述两直线与 x 轴所围成的面积为 S_1, 并记区间 $[0, x]$ 上以 $y = y(x)$ 为曲边的曲边梯形的面积为 S_2. 若 $2S_1 - S_2$ 恒为 1, 求曲线 $y = y(x)$ 的方程.

解　因为在点 $P(x, y)$ 处, 曲线 $y = y(x)$ 的切线方程为
$$Y - y(x) = y'(x)(X - x),$$

它在 x 轴上的截距为 $x - \dfrac{y(x)}{y'(x)}$. 所以

$$2S_1 = \left| y(x) \left[x - \left(x - \frac{y(x)}{y'(x)} \right) \right] \right| = \frac{y^2(x)}{y'(x)}.$$

因为 $y'(x)>0$, $y(0)=1$, 所以 $y(x)>0 \ (x \geqslant 0)$, 从而

$$S_2 = \int_0^x y(t)\,\mathrm{d}t.$$

于是由题设 $2S_1 - S_2 = 1$ 得

$$\frac{y^2(x)}{y'(x)} - \int_0^x y(t)\,\mathrm{d}t = 1.$$

由上式得 $y'(0)=1$, 再对上式两边求导后整理得
$$[y'(x)]^2 - y(x)y''(x) = 0.$$

因此函数 $y(x)$ 为定解问题

$$\begin{cases} y'^2 - yy'' = 0, \\ y(0) = 1, \ y'(0) = 1 \end{cases}$$

的解.

现在来看方程 $y'^2 - yy'' = 0$. 这是不显含自变量 x 的二阶微分方程. 令 $y' = p$, 则 $y'' = p\dfrac{\mathrm{d}p}{\mathrm{d}y}$, 代入方程得

$$p^2 - yp\frac{\mathrm{d}p}{\mathrm{d}y} = 0.$$

由假设 $p = y' > 0$ 得

$$p - y \frac{\mathrm{d}p}{\mathrm{d}y} = 0,$$

利用分离变量法可解得

$$p = c_1 y, \quad 即 \quad \frac{\mathrm{d}y}{\mathrm{d}x} = c_1 y.$$

再次利用分离变量法可解得

$$y = c_2 \mathrm{e}^{c_1 x}.$$

由 $y(0)=1$ 和 $y'(0)=1$ 可知, $c_1=1, c_2=1$. 于是所求函数为

$$y = \mathrm{e}^x.$$

例 9.8.6 已知方程 $xy'+ay=f(x)$, 其中 $f(x)$ 连续, $a>0$. 求该方程满足 $\lim\limits_{x \to 0} y(x)$ 存在的解 $y(x)$, 且求出 $\lim\limits_{x \to 0} y(x)$.

解 将方程 $xy'+ay=f(x)$ 化为

$$y' + \frac{a}{x}y = \frac{f(x)}{x}.$$

利用一阶线性微分方程的求解公式得其通解为

$$y(x) = x^{-a}\left(\int_0^x f(t)t^{a-1}\,\mathrm{d}t + c \right) = x^{-a}\int_0^x f(t)t^{a-1}\,\mathrm{d}t + cx^{-a},$$

其中 c 是任意常数. 利用洛必达法则得上式右边第一项的极限为

$$\lim_{x \to 0} x^{-a}\int_0^x f(t)t^{a-1}\,\mathrm{d}t = \lim_{x \to 0} \frac{\displaystyle\int_0^x f(t)t^{a-1}\,\mathrm{d}t}{x^a} = \lim_{x \to 0} \frac{f(x)x^{a-1}}{ax^{a-1}} = \frac{f(0)}{a}.$$

而当 $c \neq 0$ 时, 上式右边第二项

$$cx^{-a} \to \infty (x \to 0).$$

因此方程满足 $\lim\limits_{x \to 0} y(x)$ 存在的解为

$$y(x) = x^{-a}\int_0^x f(t)t^{a-1}\,\mathrm{d}t,$$

此时 $\lim\limits_{x \to 0} y(x) = \dfrac{f(0)}{a}$.

例 9.8.7 设函数 f 在 $[0, +\infty)$ 上具有连续导数, 且满足

$$f(t) = \mathrm{e}^{-t^2} - \frac{1}{\pi}\iint\limits_{x^2+y^2 \leqslant t^2} f(\sqrt{x^2+y^2})\,\mathrm{d}x\mathrm{d}y.$$

求函数 f.

解 对上式中的二重积分作极坐标变换 $r=r\cos\theta, y=r\sin\theta$ 得

$$f(t) = \mathrm{e}^{-t^2} - \frac{1}{\pi}\iint\limits_{x^2+y^2 \leqslant t^2} f(\sqrt{x^2+y^2})\,\mathrm{d}x\mathrm{d}y$$

$$= \mathrm{e}^{-t^2} - \frac{1}{\pi}\int_0^{2\pi}\mathrm{d}\theta\int_0^t f(r)r\,\mathrm{d}r = \mathrm{e}^{-t^2} - 2\int_0^t f(r)r\,\mathrm{d}r.$$

因此 $f(0)=1$. 对上式两边求导得

$$f'(t) = -2t\mathrm{e}^{-t^2} - 2f(t)t,$$

即函数 f 满足一阶线性微分方程 $y' + 2ty = -2te^{-t^2}$. 解此方程得

$$f(t) = e^{-2\int t dt}\left(-\int 2te^{-t^2} e^{2\int t dt} dt + c\right) = e^{-t^2}(-t^2 + c).$$

由 $f(0) = 1$ 得 $c = 1$,于是

$$f(t) = e^{-t^2}(1 - t^2).$$

例 9.8.8 设函数 $y(x) = \sum_{n=0}^{\infty} \dfrac{x^{3n}}{(3n)!}$,验证它在 $(-\infty, +\infty)$ 上满足微分方程 $y'' + y' + y = e^x$,并求出 $y(x)$.

解 易知幂级数 $\sum_{n=0}^{\infty} \dfrac{x^{3n}}{(3n)!}$ 的收敛域是 $(-\infty, +\infty)$,因此逐项求导得

$$y'(x) = \sum_{n=1}^{\infty} \frac{x^{3n-1}}{(3n-1)!}, \quad y''(x) = \sum_{n=1}^{\infty} \frac{x^{3n-2}}{(3n-2)!}, \quad x \in (-\infty, +\infty).$$

于是在 $(-\infty, +\infty)$ 上成立

$$y''(x) + y'(x) + y(x) = \sum_{n=1}^{\infty} \frac{x^{3n-2}}{(3n-2)!} + \sum_{n=1}^{\infty} \frac{x^{3n-1}}{(3n-1)!} + \sum_{n=0}^{\infty} \frac{x^{3n}}{(3n)!}$$

$$= \sum_{n=0}^{\infty} \frac{x^n}{n!} = e^x.$$

考虑方程

$$y'' + y' + y = e^x.$$

相应的齐次方程 $y'' + y' + y = 0$ 的通解为

$$y = e^{-\frac{x}{2}}\left(c_1 \cos \frac{\sqrt{3}}{2}x + c_2 \sin \frac{\sqrt{3}}{2}x\right).$$

设方程 $y'' + y' + y = e^x$ 的一个特解为 $y^* = Ae^x$,代入方程解得 $A = \dfrac{1}{3}$. 因此有 $y^*(x) = \dfrac{1}{3}e^x$. 于是方程 $y'' + y' + y = e^x$ 的通解为

$$y = \frac{1}{3}e^x + e^{-\frac{x}{2}}\left(c_1 \cos \frac{\sqrt{3}}{2}x + c_2 \sin \frac{\sqrt{3}}{2}x\right).$$

由于函数 $y(x) = \sum_{n=0}^{\infty} \dfrac{x^{3n}}{(3n)!}$ 还满足 $y(0) = 1, y'(0) = 0$, 对应于 $c_1 = \dfrac{2}{3}, c_2 = 0$. 于是

$$y(x) = \frac{1}{3}e^x + \frac{2}{3}e^{-\frac{x}{2}}\cos \frac{\sqrt{3}}{2}x.$$

例 9.8.9 设函数 f 在 $(-\infty, +\infty)$ 上连续,且满足

$$f(x) = \sin x - \int_0^x (x-t)f(t)dt,$$

求 f.

解 从 $f(x) = \sin x - \int_0^x (x-t)f(t)dt$ 可知 f 可导,对该式两边求导得

$$f'(x) = \cos x - \int_0^x f(t)dt,$$

再求导得

$$f''(x) = -\sin x - f(x).$$

所以 $f(x)$ 满足方程

$$y'' + y = -\sin x.$$

由于相应的齐次方程 $y'' + y = 0$ 的通解为

$$y = c_1\cos x + c_2\sin x,$$

且易知方程 $y'' + y = -\sin x$ 的一个特解为 $y^*(x) = \dfrac{1}{2}x\cos x$，因此该方程的通解为

$$y = c_1\cos x + c_2\sin x + \frac{1}{2}x\cos x.$$

由于 f 还满足 $f(0) = 0, f'(0) = 1$，因此 $c_1 = 0, c_2 = \dfrac{1}{2}$. 于是

$$f(x) = \frac{1}{2}(\sin x + x\cos x).$$

例 9.8.10 求差分方程 $y_{x+1}(a + by_x) = cy_x$ 的通解，其中 a, b, c 为正常数.

解 作变换 $z = \dfrac{1}{y}$，则原方程化为

$$z_{x+1} - \frac{a}{c}z_x = \frac{b}{c}.$$

这是一阶常系数线性差分方程，其对应的齐次差分方程 $z_{x+1} - \dfrac{a}{c}z_x = 0$ 的通解为

$$z = k\left(\frac{a}{c}\right)^x \quad (k \text{ 是任意常数}).$$

(1) 当 $a \neq c$ 时. 令 $z^* = A$ 为非齐次差分 $z_{x+1} - \dfrac{a}{c}z_x = \dfrac{b}{c}$ 的特解，代入方程可解得

$A = \dfrac{b}{c-a}$. 因此该差分方程的通解为

$$z = k\left(\frac{a}{c}\right)^x + \frac{b}{c-a} \quad (k \text{ 是任意常数}).$$

(2) 当 $a = c$ 时. 令 $z^* = Ax$ 为非齐次差分 $z_{x+1} - \dfrac{a}{c}z_x = \dfrac{b}{c}$ 的特解，代入方程可解得

$A = \dfrac{b}{a}$. 因此该差分方程的通解为

$$z = k + \frac{b}{a}x \quad (k \text{ 是任意常数}).$$

综上所述，差分方程 $z_{x+1} - \dfrac{a}{c}z_x = \dfrac{b}{c}$ 的通解为

$$z = \begin{cases} k\left(\dfrac{a}{c}\right)^x + \dfrac{b}{c-a}, & a \neq c, \\[2mm] k + \dfrac{b}{a}x, & a = c. \end{cases}$$

于是差分方程 $y_{x+1}(a + by_x) = cy_x$ 的通解为

$$y = \begin{cases} \left[k \left(\dfrac{a}{c} \right)^x + \dfrac{b}{c-a} \right]^{-1}, & a \neq c, \\ \left[k + \dfrac{b}{a} x \right]^{-1}, & a = c, \end{cases}$$

其中 k 是任意常数.

例 9.8.11　求差分方程 $2y_x - \sqrt{2}\, y_{x+1} = \dfrac{4\sqrt{2}}{y_{x+1} + \sqrt{2}\, y_x}$ 满足 $y_0 = 3$ 的特解.

解　原方程可化为
$$y_{x+1}^2 - 2y_x^2 = -4.$$
作变换 $z = y^2$, 则原方程化为一阶常系数线性差分方程
$$z_{x+1} - 2z_x = -4.$$
易知其通解为
$$z = c2^x + 4,$$
即
$$y^2 = c2^x + 4 \quad (c > 0)$$
为方程 $y_{x+1}^2 - 2y_x^2 = -4$ 的解. 由初始条件 $y_0 = 3$ 得 $c = 5$, 于是所求的特解为
$$y = \sqrt{5 \cdot 2^x + 4}.$$

例 9.8.12　斐波那契数列 $\{a_n\}$ 是如下定义的数列:
$$a_1 = 1, \quad a_2 = 1, \quad a_{n+1} = a_n + a_{n-1} \quad (n = 2, 3, \cdots),$$
试求其通项.

解　将 $a_{n+1} = a_n + a_{n-1}$ 化为等价形式
$$a_{n+2} - a_{n+1} - a_n = 0, \quad n = 1, 2, \cdots.$$
它可看作一个齐次线性差分方程, 其特征方程为
$$\lambda^2 - \lambda - 1 = 0.$$
这个方程有两个不同实根 $\lambda_1 = \dfrac{1 + \sqrt{5}}{2}, \lambda_2 = \dfrac{1 - \sqrt{5}}{2}$, 因此该差分方程的通解为
$$a_n = c_1 \left(\frac{1 + \sqrt{5}}{2} \right)^n + c_2 \left(\frac{1 - \sqrt{5}}{2} \right)^n.$$
由于 $a_1 = 1, a_2 = 1$, 所以
$$c_1 = \frac{\sqrt{5}}{5}, \quad c_2 = -\frac{\sqrt{5}}{5}.$$
于是斐波那契数列的通项为
$$a_n = \frac{\sqrt{5}}{5} \left(\frac{1 + \sqrt{5}}{2} \right)^n - \frac{\sqrt{5}}{5} \left(\frac{1 - \sqrt{5}}{2} \right)^n, \quad n = 1, 2, \cdots.$$

例 9.8.13　设 $u(t), v(t), w(t)$ 为未知函数. 求方程组
$$\begin{cases} v_t = \dfrac{1}{2} u_t + 1, \\[2mm] w_t = \dfrac{1}{3} u_t + 2, \\[2mm] u_{t+1} - u_t = \dfrac{1}{2} (u_t - v_t - w_t) \end{cases}$$

的通解.

解 将第一、第二式代入第三式得

$$u_{t+1} - \frac{13}{12}u_t = -\frac{3}{2}.$$

这是一阶常系数线性差分方程，易知其通解为

$$u = c\left(\frac{13}{12}\right)^t + 18.$$

因此原方程组的通解为

$$\begin{cases} u = c\left(\frac{13}{12}\right)^t + 18, \\[2mm] v = \frac{c}{2}\left(\frac{13}{12}\right)^t + 10, \\[2mm] w = \frac{c}{3}\left(\frac{13}{12}\right)^t + 8, \end{cases}$$

其中 c 为任意常数.

习 题 九

（A）

1. 指出下列各题中的函数（或隐函数）是否为所给微分方程的解：

(1) $xy' = 2y, y = 5x$；

(2) $y'' + 4y = 0, y = 6\sin 2x - 2\cos 2x$；

(3) $y'' - 2y' + y = 0, y = 3xe^x + x$；

(4) $\dfrac{\mathrm{d}y}{\mathrm{d}x} = \dfrac{y - 2xy^2}{y^2 + x + y}, x^2 + y - \dfrac{x}{y} + \ln y = 0$.

2. 验证下列函数是所给微分方程的特解：

(1) $\begin{cases} y' - 2xy = x, \\ y(0) = 1, \end{cases}$ $\quad y = \dfrac{3}{2}e^{x^2} - \dfrac{1}{2}$；

(2) $\begin{cases} y'' - 3y' + 2y = 5, \\ y|_{x=0} = 1, y'|_{x=0} = 2, \end{cases}$ $\quad y = -5e^x + \dfrac{7}{2}e^{2x} + \dfrac{5}{2}$.

3. 已知曲线 $y = f(x)$ 经过点 $(e, -1)$，且在任一点处的切线斜率为该点横坐标的倒数，求该曲线的方程.

4. 已知曲线 $y = f(x)$ 在任意一点 x 处的切线斜率都比该点横坐标的立方根少 1.

(1) 求出该曲线方程的所有可能的形式，并在直角坐标系中画出示意图；

(2) 若已知该曲线经过 $(1,1)$ 点，求该曲线的方程.

5. 求下列微分方程的通解：

(1) $x\dfrac{\mathrm{d}y}{\mathrm{d}x} = y\ln^2 y$；

(2) $(y+1)^2\dfrac{\mathrm{d}y}{\mathrm{d}x} + x^3 = 0$；

(3) $\sec^2 x\tan y\,\mathrm{d}x + \sec^2 y\tan x\,\mathrm{d}y = 0$；

(4) $\dfrac{\mathrm{d}y}{\mathrm{d}x} = \sqrt{\dfrac{1-y^2}{1-x^2}}$；

(5) $\dfrac{\mathrm{d}y}{\mathrm{d}x}=2^{x+y}$;　　　　　　　　　(6) $\cos y\mathrm{d}x-(1+\mathrm{e}^{-x})\sin y\mathrm{d}y=0$.

6. 求解下列定解问题:

(1) $\begin{cases}\dfrac{\mathrm{d}y}{\mathrm{d}x}=\mathrm{e}^{2x+y},\\ y(0)=0;\end{cases}$　　　　　　(2) $\begin{cases}\dfrac{x}{1+y}\mathrm{d}x-\dfrac{y}{1+x}\mathrm{d}y=0,\\ y(0)=1.\end{cases}$

7. 根据市场调查,某产品的净利润 P 与广告支出 x 有如下关系

$$\frac{\mathrm{d}P}{\mathrm{d}x}=a(b-P),$$

其中 a,b 为正常数,且广告支出为零时,净利润为 $P_0(0<P_0<b)$,求净利润函数 $P(x)$,并证明 $0<P(x)<b\ (x>0)$.

8. 已知某池塘最多能养鱼 1000 条. 设该池塘养鱼的数目 y 是时间 t 的函数 $y=y(t)$,且其变化速度与鱼数 y 及 $1000-y$ 的乘积成正比. 现已知在该池塘内放养鱼 100 条,3 个月后有 250 条,求放养鱼的数目与时间的关系 $y(t)$,并问 6 个月后池塘里有多少鱼?

9. 求下列齐次方程的通解:

(1) $\dfrac{\mathrm{d}y}{\mathrm{d}x}=\dfrac{y}{y-x}$;　　　　　　　(2) $x\dfrac{\mathrm{d}y}{\mathrm{d}x}-y-\sqrt{x^2+y^2}=0$;

(3) $\dfrac{\mathrm{d}y}{\mathrm{d}x}=\mathrm{e}^{\frac{y}{x}}+\dfrac{y}{x}$;　　　　　　(4) $x\dfrac{\mathrm{d}y}{\mathrm{d}x}=y\ln\dfrac{y}{x}$.

10. 求解下列定解问题:

(1) $\begin{cases}\dfrac{\mathrm{d}y}{\mathrm{d}x}=\dfrac{x}{y}+\dfrac{y}{x},\\ y(1)=2;\end{cases}$　　　　　(2) $\begin{cases}2xy\mathrm{d}x-(y^2-3x^2)\mathrm{d}y=0,\\ y(0)=1.\end{cases}$

11. 已知生产某种产品的总成本 C 由固定成本与可变成本两部分组成. 已知固定成本为 1,且可变成本 y 是产量 x 的函数,又已知 y 关于 x 的变化率为 $\dfrac{x^2+y^2}{2xy}$. 若当 $x=1$ 时,$y=3$,求总成本函数 $C=C(x)$.

12. 求下列线性方程的通解:

(1) $\dfrac{\mathrm{d}y}{\mathrm{d}x}+y=\mathrm{e}^{-x}$;　　　　　　　(2) $\dfrac{\mathrm{d}y}{\mathrm{d}x}-\dfrac{2y}{x+1}=(x+1)^3$;

(3) $(x^2-1)\dfrac{\mathrm{d}y}{\mathrm{d}x}+2xy=\cos x$;　　　(4) $\dfrac{\mathrm{d}y}{\mathrm{d}x}-y\tan x=\sec x$;

(5) $(1+x^2)y'-2xy=(1+x^2)^2$;　　(6) $xy'-y=x^2\mathrm{e}^{x-\frac{1}{x}}$.

13. 求解下列定解问题:

(1) $\begin{cases}x\dfrac{\mathrm{d}y}{\mathrm{d}x}-2y=x^3\mathrm{e}^x,\\ y(1)=0;\end{cases}$　　　　(2) $\begin{cases}\dfrac{\mathrm{d}y}{\mathrm{d}x}+\dfrac{1}{x}y=\dfrac{\sin x}{x},\\ y(\pi)=1.\end{cases}$

14. 求下列伯努利方程的通解:

(1) $\dfrac{\mathrm{d}y}{\mathrm{d}x}-y=xy^5$;　　　　　　　(2) $\dfrac{\mathrm{d}y}{\mathrm{d}x}+\dfrac{xy}{1-x^2}=xy^{\frac{1}{2}}$.

15. 已知某企业在 t 时刻的产值 $P(t)$ 的增长率与产值 $P(t)$ 以及新增投资 $2bt$ 有关，并满足关系

$$P'(t) = -2atP(t) + 2bt,$$

其中 a, b 为正常数，且 $P(0) = P_0 < b$. 求产值函数 $P(t)$.

16. 求下列二阶或三阶微分方程的通解：

(1) $\dfrac{d^2 y}{dx^2} = x + \sin x$；

(2) $\dfrac{d^2 y}{dx^2} = \dfrac{1}{1+x^2}$；

(3) $\left(\dfrac{d^2 y}{dx^2}\right)^2 + \left(\dfrac{dy}{dx}\right)^2 = 1$；

(4) $\dfrac{d^2 y}{dx^2} - \dfrac{dy}{dx} = x$；

(5) $y\dfrac{d^2 y}{dx^2} - \left(\dfrac{dy}{dx}\right)^2 = 0$；

(6) $\dfrac{d^2 y}{dx^2} = \left(\dfrac{dy}{dx}\right)^3 + \dfrac{dy}{dx}$；

(7) $\dfrac{d^3 y}{dx^3} = \dfrac{d^2 y}{dx^2}$；

(8) $x\dfrac{d^3 y}{dx^3} + \dfrac{d^2 y}{dx^2} = 1$.

17. 求解下列定解问题：

(1) $\begin{cases} y'' - 2y'^2 = 0, \\ y(0) = 0, y'(0) = -1. \end{cases}$

(2) $\begin{cases} y'' = \dfrac{3}{2}y^2, \\ y(3) = 1, y'(3) = 1. \end{cases}$

18. 求方程 $y'' = x$ 的经过点 $(0,1)$ 且在此点与直线 $y = \dfrac{1}{2}x + 1$ 相切的积分曲线.

19. 求下列二阶齐次线性方程的通解：

(1) $\dfrac{d^2 y}{dx^2} - 4\dfrac{dy}{dx} + 3y = 0$；

(2) $\dfrac{d^2 y}{dx^2} - \dfrac{dy}{dx} - 6y = 0$；

(3) $\dfrac{d^2 y}{dx^2} + 8\dfrac{dy}{dx} + 16y = 0$；

(4) $\dfrac{d^2 y}{dx^2} + 6\dfrac{dy}{dx} + 13y = 0$.

20. 求下列二阶非齐次线性方程的通解：

(1) $\dfrac{d^2 y}{dx^2} - 6\dfrac{dy}{dx} + 13y = 14$；

(2) $\dfrac{d^2 y}{dx^2} - 2\dfrac{dy}{dx} - 3y = 2x^2 + 1$；

(3) $\dfrac{d^2 y}{dx^2} + 5\dfrac{dy}{dx} - 6y = xe^x$；

(4) $\dfrac{d^2 y}{dx^2} + 4y = x\cos x$；

(5) $\dfrac{d^2 y}{dx^2} - 2\dfrac{dy}{dx} + 5y = e^x \sin 2x$；

(6) $\dfrac{d^2 y}{dx^2} - y = \sin^2 x$.

21. 求下列线性微分方程在给定初始条件下的特解：

(1) $\dfrac{d^2 y}{dx^2} + \dfrac{dy}{dx} - 2y = 0, y\big|_{x=0} = 3, y'\big|_{x=0} = 0$；

(2) $\dfrac{d^2 y}{dx^2} + 4\dfrac{dy}{dx} + 29y = 0, y\big|_{x=0} = 0, y'\big|_{x=0} = 15$；

(3) $\dfrac{d^2 y}{dx^2} + y = -\sin 2x, y\big|_{x=\pi} = 1, y'\big|_{x=\pi} = 1$；

(4) $\dfrac{d^2 y}{dx^2} - 4\dfrac{dy}{dx} = 5, y\big|_{x=0} = 1, y'\big|_{x=0} = 0$.

22. 用常数变易法求下列微分方程的通解：

(1) $y'' - 2y' + y = \dfrac{e^x}{x}$;

(2) $y'' + y = \sec x$.

23. 求下列欧拉方程的通解：

(1) $x^2 \dfrac{d^2 y}{dx^2} - x \dfrac{dy}{dx} + y = 0$;

(2) $x^2 \dfrac{d^2 y}{dx^2} - 2y = x$.

24. 求函数 $y = \sin ax$ 的差分.

25. 求下列函数的一阶和二阶差分：

(1) $y = 3x^2 - 4x + 2$;

(2) $y = \log_a x \ (a > 0, a \neq 1)$.

26. 已知 $y = e^x$ 为方程 $y_{x+1} + a y_{x-1} = 2e^x$ 的解，求 a.

27. 确定下列差分方程的阶：

(1) $y_{x+3} - x^2 y_{x+1} + 4 y_x = 5$;

(2) $y_{x-2} - y_{x-4} = y_{x+2}$.

28. 求下列一阶常系数齐次线性差分方程的通解：

(1) $2 y_{x+1} - 7 y_x = 0$;

(2) $y_x + y_{x-1} = 0$.

29. 求下列一阶常系数非齐次线性差分方程的通解：

(1) $y_{x+1} - 3 y_x = -2$;

(2) $y_x - 2 y_{x+1} = 3x^2$.

(3) $y_{x+1} - y_x = x + 1$;

(4) $y_{x+1} - 10 y_x = e^x$;

(5) $y_{x+1} + y_x = x 2^x$;

(6) $y_{x+1} - 5 y_x = \cos \dfrac{\pi}{2} x$;

(7) $y_{x+1} - 2 y_x = -\cos 2x$;

(8) $\Delta^2 y_x - \Delta y_x - 2 y_x = x$.

30. 求下列一阶常系数线性差分方程在给定初始条件下的特解：

(1) $3 y_{x+1} + 4 y_x = 0$, $y_0 = 3$;

(2) $y_{x+1} - 5 y_x = 3$, $y_0 = \dfrac{7}{3}$;

(3) $2 y_{x+1} - y_x = x^2 + 2$, $y_0 = 4$;

(4) $y_{x+1} + 2 y_x = 2^x$, $y_0 = \dfrac{4}{3}$.

31. 设某人贷款 15 万元购房. 若贷款的年利率为 4%，每月分期等额付款，10 年还清，问每月应还多少钱？

32. 某公司每年工资总额总是在比前一年增加 20% 的基础上再追加 200 万元. 若以 W_t 表示第 t 年的工资总额（单位：百万元），求 W_t 满足的方程. 若某年该公司的工资总额为 1000 万元，则 5 年后工资总额将是该年的多少倍？

33. 求下列二阶常系数齐次线性差分方程的通解：

(1) $y_{x+2} - y_{x+1} - 6 y_x = 0$;

(2) $y_{x+2} - 10 y_{x+1} + 25 y_x = 0$;

(3) $y_{x+2} + 4 y_x = 0$;

(4) $y_{x+2} - 2 y_{x+1} + 5 y_x = 0$.

34. 求下列二阶常系数非齐次线性差分方程的通解：

(1) $y_{x+2} + 3 y_{x+1} - 4 y_x = 5$;

(2) $y_{x+2} + 5 y_{x+1} + 4 y_x = x$;

(3) $y_{x+2} + 4 y_{x+1} - 5 y_x = 2x - 3$;

(4) $y_{x+2} - y_{x+1} - 6 y_x = 3^x (2x + 1)$.

35. 求下列二阶常系数线性差分方程在给定初始条件下的特解：

(1) $y_{x+2} + y_{x+1} - 12 y_x = 0$, $y_0 = 1$, $y_1 = 10$;

(2) $y_{x+2} + y_{x+1} - 2 y_x = 12$, $y_0 = 0$, $y_1 = 0$;

(3) $\Delta^2 y_x = 4$，$y_0 = 3$，$y_1 = 8$；

(4) $y_{x+2} - 10 y_{x+1} + 25 y_x = 3^x$，$y_0 = 1$，$y_1 = 0$.

(B)

1. 求微分方程 $\dfrac{\mathrm{d}y}{\mathrm{d}x} = -\dfrac{x+2y+1}{2x+3y}$ 的通解.

2. 求微分方程 $(x+1)\dfrac{\mathrm{d}y}{\mathrm{d}x} + 1 = \mathrm{e}^{-y}\sin x$ 的通解.

3. 求微分方程 $(1+x^2)\sin(2y)\dfrac{\mathrm{d}y}{\mathrm{d}x} + x\cos^2 y + 2x\sqrt{1+x^2} = 0$ 的通解.

4. 设函数 f 是微分方程 $\dfrac{\mathrm{d}y}{\mathrm{d}x} + ay = b\mathrm{e}^{-cx}$ $(a>0, c>0)$ 的解，证明 $\lim\limits_{x\to+\infty} f(x) = 0$.

5. 设函数 f 在 $[1, +\infty)$ 上具有连续导数. 若曲线 $y = f(x)$，直线 $x = 1, x = t$ $(t>1)$ 与 x 轴围成的平面图形绕 x 轴旋转一周所成旋转体的体积为

$$V = \frac{\pi}{3}\left[t^2 f(t) - f(1)\right],$$

试求函数 f 满足的微分方程，并求该方程的满足条件 $y|_{x=2} = \dfrac{2}{9}$ 的解.

6. 求二阶非齐次线性方程 $\dfrac{\mathrm{d}^2 y}{\mathrm{d}x^2} + y = \mathrm{e}^x + \cos x$ 的通解.

7. 设一元函数 $\varphi(x)$ 在 $(-\infty, +\infty)$ 上连续，且满足

$$\varphi(x) = \mathrm{e}^x + \int_0^x t\varphi(t)\,\mathrm{d}t - x\int_0^x \varphi(t)\,\mathrm{d}t.$$

求 $\varphi(x)$.

8. 已知齐次线性方程 $x^2 \dfrac{\mathrm{d}^2 y}{\mathrm{d}x^2} - 2x\dfrac{\mathrm{d}y}{\mathrm{d}x} + 2y = 0$ 的一个解是 $y = x$，求非齐次线性方程

$$x^2 \frac{\mathrm{d}^2 y}{\mathrm{d}x^2} - 2x\frac{\mathrm{d}y}{\mathrm{d}x} + 2y = 2x^3$$

的通解.

9. 设有方程 $\varphi(x)y'' + y' - 2y = \mathrm{e}^x$，其中

$$\varphi(x) = \begin{cases} 0, & x < 0, \\ 1, & x > 0. \end{cases}$$

求在 $(-\infty, +\infty)$ 上的连续函数 $y = y(x)$，使之在 $(-\infty, 0)$ 和 $(0, +\infty)$ 上都满足上述方程，且满足条件 $y(1) = -\dfrac{2}{3}\mathrm{e}$，$y(-1) = -\dfrac{1}{\mathrm{e}}$.

10. 求微分方程 $y^{(4)} + y'' = x - 5$ 的通解.

11. 求一阶常系数非齐次线性差分方程 $y_{x+1} + 2y_x = 2x - 1 + \mathrm{e}^x$ 的通解.

12. 已知差分方程 $\dfrac{a+by_x}{c+dy_{x+1}} = \dfrac{y_x}{y_{x+1}}$，其中 a, b, c, d 为常数. 试证：用变换 $z = \dfrac{1}{y}$ 可将该方程化为关于 z 的线性差分方程，并由此找出原方程的通解.

13. 设函数 $y=f(x)$ 在 $[0,+\infty)$ 上有定义. 证明下列等式对正整数 n 成立:

(1) $\Delta^n y_x = \displaystyle\sum_{k=0}^{n} (-1)^k C_n^k y_{x+n-k}$;

(2) $y_{x+n} = \displaystyle\sum_{k=0}^{n} C_n^k \Delta^k y_x$.

答案与提示

习 题 一

（A）

1. (1) $\left[-\dfrac{2}{3},+\infty\right)$；(2) $[-1,3]$；(3) $(-\infty,-1)\cup(1,3)$；

   (4) $\displaystyle\bigcup_{k\in\mathbf{Z}}\left[2k\pi-\dfrac{\pi}{2},2k\pi+\dfrac{\pi}{2}\right]$.

2. (1) $y=10^{x-1}-2,x\in(-\infty,+\infty)$；(2) $y=\dfrac{1}{3}\arcsin\dfrac{x}{2},x\in[-2,2]$.

3. $f(x+1)=\begin{cases} x^2+4x+3, & x\leqslant-1, \\ 2, & x>-1. \end{cases}$　$f(x)+f(-x)=\begin{cases} x^2-2x+2, & x>0, \\ 0, & x=0, \\ x^2+2x+2, & x<0. \end{cases}$

4. (1) 偶函数；(2) 既非奇函数又非偶函数；(3) 奇函数.

5. 略.

6. 略.

7. $R=12P-\dfrac{1}{2}P^2$.

8. $P_0=\dfrac{130}{17}$.

9. 略.

10. 略.

11. (1) 3；(2) $\dfrac{1}{2}$；(3) 1；(4) $\dfrac{3}{4}$；(5) 1；(6) $\dfrac{1}{2}$.

12. (1) 0；(2) 1.

13. (1) 极限为2,证明略；(2) 极限为$\dfrac{1+\sqrt{5}}{2}$. 提示：先证明$1\leqslant x_n<2$,再考虑$x_{n+1}-x_n$.

14. 略.

15. (1) $\dfrac{1}{5}$；(2) 2；(3) -2；(4) $\dfrac{2}{3}\sqrt{2}$；(5) $3x^2$；(6) 2；(7) 4；(8) 0；(9) $\left(\dfrac{3}{2}\right)^{20}$；

   (10) 1；(11) $-\dfrac{1}{2}$；(12) 0.

16. 当 $x\rightarrow 0$ 时,函数 f 的极限不存在;当 $x\rightarrow 1$ 时,函数 f 的极限存在,且 $\lim\limits_{x\rightarrow 1}f(x)=2$.

17. $a=-7,b=6$.

18. (1) $\dfrac{5}{6}$; (2) 0; (3) $-\dfrac{1}{3}$; (4) $\dfrac{1}{3}$; (5) $\dfrac{1}{2}$; (6) e^4; (7) e^{-1}; (8) e^{-2}; (9) e^3; (10) 1.

19. 略.

20. (1) 3; (2) 2; (3) $\dfrac{2}{5}$; (4) 1.

21. (1) 0; (2) 1; (3) -3; (4) 0.

22. 略.

23. (1) 不连续; (2) 连续; (3) 不连续.

24. $k=\dfrac{1}{2}$.

25. (1) $\dfrac{2}{3}$; (2) -2; (3) $\dfrac{1}{3}$; (4) $\dfrac{2}{\ln 2}$.

26. 略.

27. 略.

28. $A(t)=R_0\mathrm{e}^{(a-r)t}$.

(B)

1. 奇函数.

2. **提示**: 令 $\sqrt[n]{n}=1+y_n,y_n>0\ (n=2,3,\cdots)$,应用二项式定理可得 $y_n<\sqrt{\dfrac{2}{n}}$.

3. 略.

4. 略.

5. 5.

6. $a=-1,b=-2$.

7. (1) x; (2) e; (3) e^4; (4) e^{-2}; (5) $\dfrac{a^2}{b^2}$; (6) $\dfrac{\ln 5}{\ln 7}$; (7) e^2; (8) $\dfrac{4}{\pi^2}$.

8. **提示**: 利用函数极限的定义,先证明存在 $X>0$,使得 f 在 $[X,+\infty)$ 上有界.再在 $[a,X]$ 上应用闭区间连续函数的有界性定理.

9. $x=-1$.

10. 注意不等式 $1-x<x\left[\dfrac{1}{x}\right]\leqslant 1\ (x>0)$ 和 $1\leqslant x\left[\dfrac{1}{x}\right]<1-x\ (x<0)$.再利用极限的夹逼性.

11. 略.

12. **提示**: 用反证法,再用零点存在定理.

13. **提示**: 利用介值定理.

习 题 二

(A)

1. (1) $\dfrac{1}{2\sqrt{x}}$; (2) $-\dfrac{1}{x^2}$.

2. 在 $x=1$ 点连续,但不可导;在 $x=2$ 点连续且可导.

3. 不存在. 因为 $f'_-(0) = -1, f'_+(0) = 1$.

4. (1) $12x^2 - 10x + 6$; (2) $\dfrac{1}{\sqrt{x}} + \dfrac{2}{x^3}$; (3) $-\dfrac{5x^3+1}{2x\sqrt{x}}$; (4) $-\dfrac{1}{2\sqrt{x}}\left(1+\dfrac{1}{x}\right)$;

    (5) $(x+1)(3x-1)$; (6) $-\dfrac{2}{(x-1)^2}$; (7) $\dfrac{1-x^2}{(1+x^2)^2}$; (8) $\dfrac{2v^4(v^3-5)}{(v^3-2)^2}$.

5. 16.

6. (1) $10^x(1+x\ln 10)$; (2) $\dfrac{1-t\ln 4}{4^t}$; (3) $x\cos x$; (4) $\dfrac{1-\cos x - x\sin x}{(1-\cos x)^2}$; (5) $e^x(3\sin x - \cos x)$;

    (6) $\dfrac{\sec^2 x(1+\sin x) - \tan x\cos x}{(1+\sin x)^2}$; (7) $\dfrac{1}{\ln 5} + \log_5 x$; (8) $\dfrac{1-n\ln x}{x^{n+1}}$; (9) $\sin x(1+\ln x) + x\cos x\ln x$;

    (10) $\arcsin x + \dfrac{x}{\sqrt{1-x^2}}$; (11) $\dfrac{1}{3}x^{-\frac{2}{3}}\arctan x + \dfrac{\sqrt[3]{x}}{1+x^2}$; (12) $-\dfrac{\operatorname{arccot} x}{\sqrt{1-x^2}} - \dfrac{\arccos x}{1+x^2}$;

    (13) $\arccos x$; (14) $\dfrac{2x}{\arctan x} - \dfrac{x^2}{(1+x^2)(\arctan x)^2}$.

7. 切线方程 $x - ey = 0$; 法线方程 $ex + y - 1 - e^2 = 0$.

8. $(0, -1)$.

9. (1) $20(4x+5)^4$; (2) $\dfrac{1}{(1-x^2)^{\frac{3}{2}}}$; (3) $\dfrac{x}{\sqrt{x^2+a^2}}$; (4) $\sin 2x$; (5) $\dfrac{1}{2}\tan^2\dfrac{x}{2}$;

    (6) $n\sin^{n-1}x\cos(n+1)x$; (7) $\dfrac{x}{\sqrt{1+x^2}}\cos\sqrt{1+x^2}$; (8) $\dfrac{e^{\sqrt{1+x}}}{2\sqrt{1+x}}$;

    (9) $\dfrac{a^x\ln a}{2\sqrt{1+a^x}}$; (10) $3^{\sin x}\cos x\ln 3$; (11) $-\dfrac{1}{x^2}\sec^2\dfrac{1}{x}e^{\tan\frac{1}{x}}$;

    (12) $xe^{-2x}[2(1-x)\sin 3x + 3x\cos 3x]$; (13) $\dfrac{1}{\sin x}$; (14) $\dfrac{1}{x\ln x\ln(\ln x)}$;

    (15) $\dfrac{\ln x}{x\sqrt{1+\ln^2 x}}$; (16) $\dfrac{2\arcsin\dfrac{x}{2}}{\sqrt{4-x^2}}$; (17) $\dfrac{1}{1+x^2}$; (18) $\dfrac{2}{1+x^2}$.

10. 切线方程 $y = 3$; 法线方程 $x = 2$.

11. (1) $-\dfrac{b^2 x}{a^2 y}$; (2) $\dfrac{ay-x^2}{y^2-ax}$; (3) $-\dfrac{1+y\sin(xy)}{x\sin(xy)}$; (4) $-\dfrac{(e^{xy}+2x)y}{(e^{xy}+x)x}$; (5) $\dfrac{y}{y-1}$; (6) $-\dfrac{y^2\sin(xy)}{1+xy\sin(xy)}$.

12. $\dfrac{1}{2}$.

13. (1) $x^x(\ln x + 1)$; (2) $(\ln x)^x\left(\ln\ln x + \dfrac{1}{\ln x}\right)$; (3) $\left(\dfrac{x}{1+x}\right)^x\left(\ln\dfrac{x}{1+x} + \dfrac{1}{1+x}\right)$;

    (4) $\dfrac{1}{2}(\tan 2x)^{\cot\frac{x}{2}}\left[\dfrac{8\cot\dfrac{x}{2}}{\sin 4x} - \dfrac{\ln\tan 2x}{\sin^2\dfrac{x}{2}}\right]$; (5) $x\sqrt{\dfrac{1-x}{1+x}}\left(\dfrac{1}{x} - \dfrac{1}{1-x^2}\right)$;

    (6) $\dfrac{\sqrt{x+2}(3-x)^4}{(x+1)^5}\left(\dfrac{1}{2(x+2)} - \dfrac{4}{3-x} - \dfrac{5}{x+1}\right)$.

14. (1) $\dfrac{3bt}{2a}$; (2) $-\tan t$; (3) -1; (4) $\dfrac{(\sin t - \cos t)\tan t}{\sin t + \cos t}$.

15. (1) $2f(x)f'(x)$; (2) $\dfrac{f'(x)}{1+[f(x)]^2}$; (3) $\dfrac{1}{2\sqrt{x}}f'(\sqrt{x})$; (4) $\sin(2x)f'(\sin^2 x)$.

16. (1) $\dfrac{2(1-x^2)}{(1+x^2)^2}$; (2) $\dfrac{1}{x}$; (3) $2\arctan x + \dfrac{2x}{1+x^2}$; (4) $2xe^{x^2}(3+2x^2)$; (5) $\dfrac{e^{\sqrt{x}}(\sqrt{x}-1)}{4x\sqrt{x}}$;

(6) $-4\cos4x$.

17. $f''(0)=0; f''(1)=-\dfrac{3}{4\sqrt{2}}; f''(-1)=\dfrac{3}{4\sqrt{2}}$.

18. $(-1)^{n-1}\dfrac{(n-1)!}{(1+x)^n}$.

19. (1) $\dfrac{1}{x^2}[f''(\ln x)-f'(\ln x)]$; (2) $\dfrac{f''(x)[1+f^2(x)]-2f(x)[f'(x)]^2}{[1+f^2(x)]^2}$.

20. 略.

21. $-\dfrac{\sin(x+y)}{[1-\cos(x+y)]^3}$.

22. (1) $\dfrac{3b}{4a^2t}$; (2) $\dfrac{2b}{a^2}e^{3t}$.

23. (1) $-4e^x\cos x$; (2) $e^x(x^3+30x^2+270x+720)$; (3) $2^{50}\left(-x^2\sin2x+50x\cos2x+\dfrac{1225}{2}\sin2x\right)$.

24. 略.

25. $-2.8\ \text{km/h}$.

26. $\dfrac{3\sqrt{3}}{160}\ \text{m/s}$.

27. 0.11.

28. (1) $-\dfrac{4}{x^3}\mathrm{d}x$; (2) $-e^{-3x}(3\cos2x+2\sin2x)\mathrm{d}x$; (3) $\dfrac{1}{2\sqrt{x(1-x)}}\mathrm{d}x$; (4) $2\ln5\cdot\dfrac{5^{\ln\tan x}}{\sin2x}\mathrm{d}x$;

    (5) $\dfrac{6x^2}{(x^3+1)^2}\mathrm{d}x$; (6) $5x^{5x}(\ln x+1)\mathrm{d}x$.

29. $\dfrac{e^y}{2-y}\mathrm{d}x$.

30. (1) 1.025; (2) 0.545.

31. (1) $0.003x^2-0.6x+40$; (2) 平均成本：47.5，边际成本：17.5.

32. (1) 总收益：9975，平均单位产品收益：199.5；(2) 边际收益：199.

33. (1) $\dfrac{8x}{5+8x}$; (2) $\dfrac{4-10x}{4-5x}$.

34. (1) $\eta(x)=\dfrac{x}{24-x}$; (2) $\eta(4)=0.2, \eta(14)=1.4$.

(B)

1. 略.

2. 略.

3. $a=-1, b=2$.

4. $a=-\dfrac{1}{2}, b=1, c=0$.

5. $\dfrac{xy\ln-y^2}{xy\ln x-x^2}$.

6. $a=e^{\frac{1}{e}}$；切点在(e,e). **提示**：设切点为(x_0,x_0)，$f(x)=\log_a x$，利用 $f(x_0)=x_0$ 与 $f'(x_0)=1$ 解出 x_0 与 a.

7. $\dfrac{2}{(1+y^2)^3}[x(1+y^2)^2-y(x^2-2)^2]$.

8. $f'[f(x)]=2\cos(2\sin2x)$；$\{f[f(x)]\}'=4\cos2x\cdot\cos2(2\sin2x)$；
$\{f[f(x)]\}''=-16\cos^2 2x\cdot\sin(2\sin2x)-8\sin2x\cdot\cos(2\sin2x)$.

9. $(-1)^n n!\left(\dfrac{1}{(x-2)^{n+1}}-\dfrac{1}{(x-1)^{n+1}}\right)$. **提示**：$\dfrac{1}{x^2-3x+2}=\dfrac{1}{x-2}-\dfrac{1}{x-1}$.

10. $2x-y-2=0$. **提示**：令 $x\to0$ 先得到 $f(1)=0$，再利用导数的概念推得 $f'(1)=2$.

11. 略.

习 题 三

（A）

1. 3 个,分别在区间 $(3,5),(5,7),(7,9)$ 中.

2. (1) 略；(2) **提示**：对(1)的函数应用罗尔定理.

3. 略.

4. 略.

5. **提示**：对 $f(x+B)-f(x)$ 应用拉格朗日中值定理.

6. (1) 2; (2) $-\dfrac{3}{5}$; (3) 1; (4) 0; (5) $-\dfrac{1}{8}$; (6) $\dfrac{1}{3}$; (7) 1; (8) 1; (9) $\dfrac{1}{2}$; (10) 0; (11) $\dfrac{1}{2}$;

(12) $\dfrac{1}{2}$; (13) $+\infty$; (14) 2; (15) $e^{-\frac{2}{\pi}}$; (16) 1; (17) e^{-1}; (18) 1.

7. (1) $(-\infty,0]$ 和 $[1,+\infty)$ 上单调增加,$[0,1]$ 上单调减少；

(2) $[2,+\infty)$ 上单调增加,$(0,2]$ 上单调减少；

(3) $[-1,0]$ 和 $[1,+\infty)$ 上单调增加,$(-\infty,-1]$ 和 $[0,1]$ 上单调减少；

(4) $(-\infty,0]$ 上单调增加,$[0,+\infty)$ 上单调减少；

(5) $\left(-\infty,\dfrac{2}{3}\right]$ 和 $[1,+\infty)$ 上单调增加,$\left[\dfrac{2}{3},1\right]$ 上单调减少；

(6) $[e,+\infty)$ 上单调增加,$(0,1)$ 和 $(1,e)$ 上单调减少.

8. 略.

9. 略.

10. (1) $y|_{x=0}=7$ 极大值,$y|_{x=2}=3$ 极小值；(2) $y|_{x=1}=\dfrac{1}{2}$ 极大值,$y|_{x=-1}=-\dfrac{1}{2}$ 极小值；

(3) $y|_{x=0}=0$ 极小值；(4) $y|_{x=\frac{3}{4}}=\dfrac{5}{4}$ 极大值；(5) $y|_{x=\frac{12}{5}}=\dfrac{\sqrt{205}}{10}$ 极大值；

(6) $y|_{x=\frac{1}{2}}=\dfrac{81}{8}\sqrt[3]{18}$ 极大值,$y|_{x=-1}=y|_{x=5}=0$ 极小值；(7) $y|_{x=1}=2-4\ln2$ 极小值；

(8) $y|_{x=-\frac{1}{2}\ln2}=2\sqrt2$ 极小值；(9) $y|_{x=\frac{1}{\sqrt{e}}}=-\dfrac{1}{2e}$ 极小值；(10) $y|_{x=e}=e^{\frac{1}{e}}$ 极大值.

11. (1) $y|_{x=-1}=-10$ 最小值,$y|_{x=1}=2$ 最大值；(2) $y|_{x=-\frac{1}{2}}=y|_{x=1}=\dfrac{1}{2}$ 最大值,$y|_{x=0}=0$ 最小值；

(3) $y|_{x=-3}=27$ 最小值,无最大值；(4) $y|_{x=\frac{\pi}{4}}=1$ 最大值,无最小值；

(5) $y|_{x=\frac{1}{2}}=-\dfrac{2}{e}$ 最小值,无最大值.

12. **提示**：证明函数 $f(x)=x^p+(1-x)^p$ 在 $x=\dfrac{1}{2}$ 点取得最小值.

13. (1) 略；(2) **提示**：考虑函数 $f(x)=x\ln x$.

14. 最大面积 $\dfrac{ah}{4}$.

15. 矩形边长分别为 $\sqrt{2}a$ 和 $\sqrt{2}b$.

16. $b:a$.

17. (1) $(-\infty,1]$下凸,$[1,+\infty)$上凸. 拐点: $(1,2)$;

   (2) 在$(-\infty,+\infty)$下凸. 没有拐点;

   (3) $(-\infty,2]$上凸,$[2,+\infty)$下凸. 拐点: $\left(2,\dfrac{2}{e^2}\right)$;

   (4) $(-\infty,-1]$下凸,$[-1,2-\sqrt{3}]$上凸,$[2-\sqrt{3},2+\sqrt{3}]$下凸,$[2+\sqrt{3},+\infty)$上凸. 拐点: $(-1,1)$,
    $\left(2-\sqrt{3},\dfrac{1}{4}(1+\sqrt{3})\right)$,$\left(2+\sqrt{3},\dfrac{1}{4}(1-\sqrt{3})\right)$;

   (5) $(-1,+\infty)$下凸. 没有拐点;

   (6) $(-\infty,0]$下凸,$[0,+\infty)$上凸. 拐点: $(0,0)$;

   (7) $(-\infty,+\infty)$下凸. 没有拐点;

   (8) $\left(-\infty,\dfrac{1}{2}\right]$下凸,$\left[\dfrac{1}{2},+\infty\right)$上凸. 拐点: $\left(\dfrac{1}{2},e^{\arctan\frac{1}{2}}\right)$.

18. 略.

19. (1) $1+x+x^2+\cdots+x^n+o(x^n)$; (2) $1+\dfrac{x^2}{2!}+\dfrac{x^4}{4!}+\cdots+\dfrac{x^{2n}}{(2n)!}+o(x^{2n+1})$.

20. (1) $-1-3(x-1)^2-2(x-1)^3$;

   (2) $1+\dfrac{1}{e}(x-e)-\dfrac{1}{2e^2}(x-e)^2+\cdots+\dfrac{(-1)^{n-1}}{ne^n}(x-e)^n+o((x-e)^n)$;

   (3) $\dfrac{1}{2}+\dfrac{\sqrt{3}}{2}\left(x-\dfrac{\pi}{6}\right)-\dfrac{1}{4}\left(x-\dfrac{\pi}{6}\right)^2-\dfrac{\sqrt{3}}{12}\left(x-\dfrac{\pi}{6}\right)^3+\cdots+\dfrac{1}{n!}\sin\left(\dfrac{n\pi}{2}+\dfrac{\pi}{6}\right)\left(x-\dfrac{\pi}{6}\right)^n$
    $+o\left(\left(x-\dfrac{\pi}{6}\right)^n\right)$;

   (4) $1-x-\dfrac{2}{3}x^2-x^3+o(x^3)$.

21. (1) $\dfrac{1}{3}$; (2) $\ln^2 a$; (3) 2; (4) -1; (5) $\dfrac{2}{5}$; (6) $\dfrac{1}{3}$.

22. 略.

23. (1) 2.718281828; (2) 1.04139.

24. 36.

25. (1) $\dfrac{2x^2}{75-x^2}$; (2) 0.54; (3) 总收益增加,增加54%; (4) 5.

(B)

1. **提示**: 对函数 $f(x)=\dfrac{a_0}{n+1}x^{n+1}+\dfrac{a_1}{n}x^n+\cdots+a_n x$ 应用罗尔定理.

2. **提示**: 令 $f(x)=\dfrac{e^x}{x}$, $g(x)=\dfrac{1}{x}$,再在$[a,b]$上应用柯西中值定理.

3. $\lim\limits_{n\to\infty}x_n=\dfrac{1}{2}$;**提示**: $\{x_n\}$单调减少.

4. **提示**: (1) 对函数 $f(x)-x$ 在$[1/2,1]$上应用零点存在定理;(2) 在$[0,\xi]$上对 $e^{-\lambda x}[f(x)-x]$应用罗尔定理.

5. 9；**提示**：$f'(0)=\lim\limits_{x\to0}\dfrac{f(x)-f(0)}{x-0}=\lim\limits_{x\to0}\dfrac{g(x)}{x^2}$.

6. $e^{\pi}>\pi^{e}$.

7. **提示**：考虑 f 在$[a,b]$上的最大值和最小值.

8. **提示**：用数学归纳法.

9. （1）$n=14$；（2）$n=3$.

10. e^2.

11. **提示**：考虑 f 在最大值点的泰勒公式.

12. **提示**：考虑 f 在最小值点的泰勒公式.

13. **提示**：考虑 f 在 x_0 点的带佩亚诺余项的泰勒公式.

14. 0.671.

习 题 四

（A）

1. （1）$\dfrac{1}{4}x^4+\dfrac{2}{3}x^2-\dfrac{10}{3}x^{\frac{3}{2}}+c$；（2）$\dfrac{1}{3}x^3-\dfrac{1}{x}+2x+c$；（3）$\dfrac{2}{5}x^{\frac{5}{2}}+\dfrac{1}{2}x^2+6x^{\frac{1}{2}}+c$；

（4）$3e^x-\cos x+c$；（5）$\dfrac{4^x}{\ln4}-\dfrac{1}{9^x\ln9}+\dfrac{2}{\ln2-\ln3}\left(\dfrac{2}{3}\right)^x+c$；（6）$2x-\dfrac{5}{\ln2-\ln3}\left(\dfrac{2}{3}\right)^x+c$；

（7）$-2\cot x-\sec x+c$；（8）$x-\cot x+c$；（9）$\sin x-\cos x+c$；（10）$\arctan x-3\operatorname{arcsin}x+c$.

2. 曲线方程：$y=\ln|x|-2$.

3. （1）$y=\dfrac{3}{4}x^{\frac{4}{3}}-x+c$；（2）曲线方程：$y=\dfrac{3}{4}x^{\frac{4}{3}}-x+\dfrac{5}{4}$.

4. （1）$\dfrac{1}{4}\ln|4x-3|+c$；（2）$\dfrac{\sqrt{2}}{2}\arcsin\sqrt{2}x+c$；（3）$\dfrac{1}{2}\ln\left|\dfrac{e^x-1}{e^x+1}\right|+c$；（4）$\dfrac{1}{3}e^{3x+2}+c$；

（5）$\dfrac{1}{2}\ln\left|\dfrac{x+1}{x+3}\right|+c$；（6）$\dfrac{\sqrt{10}}{10}\arctan\dfrac{\sqrt{10}}{2}x+c$；（7）$-\dfrac{1}{5}\cos^5x+\dfrac{2}{3}\cos^3x-\cos x+c$；

（8）$\dfrac{1}{13}\tan^{13}x+c$；（9）$-\dfrac{1}{24}\sin12x+\dfrac{1}{4}\sin2x+c$；（10）$\dfrac{1}{2}x+\dfrac{1}{20}\sin10x+c$；

（11）$-\dfrac{1}{x^2+6x+5}+c$；（12）$-2\cos\sqrt{x}+c$；（13）$\arctan(x-1)+c$；（14）$\tan x+\dfrac{1}{\cos x}+c$；

（15）$\dfrac{3}{2}(\sin x-\cos x)^{\frac{2}{3}}+c$；（16）$-\dfrac{1}{\operatorname{arcsin}x}+c$.

5. （1）$\ln(\sqrt{1+e^{2x}}-1)-x+c$；（2）$\ln\dfrac{\sqrt{1+x^2}-1}{|x|}+c$；（3）$(\arctan\sqrt{x})^2+c$；（4）$-\dfrac{1}{x\ln x}+c$；

（5）$\dfrac{x}{\sqrt{1-x^2}}+c$；（6）$\sqrt{x^2-9}-3\arccos\dfrac{3}{x}+c$；（7）$\dfrac{x}{a^2\sqrt{x^2+a^2}}+c$；（8）$\dfrac{(x+2)^{22}}{22}-\dfrac{(x+2)^{21}}{7}+c$；

（9）$\sqrt{2x}-\ln(1+\sqrt{2x})+c$；（10）$\sqrt{x^2-a^2}-a\ln|x+\sqrt{x^2-a^2}|+c$；

（11）$-\dfrac{3}{10}(1-x)^{\frac{10}{3}}+\dfrac{6}{7}(1-x)^{\frac{7}{3}}-\dfrac{3}{4}(1-x)^{\frac{4}{3}}+c$；（12）$\arccos\dfrac{1}{x}+c$.

6. （1）$-\dfrac{1}{2}xe^{-2x}-\dfrac{1}{4}e^{-2x}+c$；（2）$\dfrac{x^2}{2}\ln|x-1|-\dfrac{1}{2}\ln|x-1|-\dfrac{1}{4}(x+1)^2+c$；

（3）$2x\sin\dfrac{x}{2}+4\cos\dfrac{x}{2}+c$；（4）$-x\cot x+\ln|\sin x|+c$；（5）$x^2\sin x+2x\cos x-2\sin x+c$；

(6) $x\arcsin x+\sqrt{1-x^2}+c$;(7) $x\arctan x-\dfrac{1}{2}\ln(1+x^2)+c$;(8) $-2\sqrt{1-x}\arcsin x+4\sqrt{1+x}+c$;

(9) $\dfrac{1}{3}x^3\ln x-\dfrac{1}{9}x^3+c$;(10) $-\dfrac{\ln^3 x+3\ln^2 x+6\ln x+6}{x}+c$;(11) $-\dfrac{1}{26}e^{-x}(5\cos5x+\sin5x)+c$;

(12) $\dfrac{1}{10}e^x(5-2\sin2x-\cos2x)+c$;(13) $2e^{\sqrt{x}}(x-2\sqrt{x}+2)+c$;(14) $2e^{\sqrt{x+1}}(\sqrt{x+1}-1)+c$.

7. (1) $I_0=x+c, I_1=-\cos x+c; I_n=\dfrac{1}{n}[(n-1)I_{n-2}-\sin^{n-1}x\cos x]$;

(2) $I_0=\arcsin x+c, I_1=-\sqrt{1-x^2}+c, I_n=\dfrac{1}{n}[(n-1)I_{n-2}-x^{n-1}\sqrt{1-x^2}]$.

8. (1) $-4\ln|x-1|+7\ln|x-2|+c$; (2) $\dfrac{1}{2}\ln(x^2+x+3)+\dfrac{1}{\sqrt{11}}\arctan\dfrac{2x+1}{\sqrt{11}}+c$;

(3) $\dfrac{1}{4}\ln\left|\dfrac{x-1}{x+1}\right|+\dfrac{1}{2(x+1)}+c$; (4) $-\dfrac{1}{4}\ln|x+1|+\dfrac{5}{4}\ln|x-1|-\dfrac{1}{2}\ln(x^2+1)-\dfrac{3}{2}\arctan x+c$;

(5) $-\dfrac{1}{8}\ln|x+1|-5\ln|x+2|+\dfrac{41}{8}\ln|x+3|-\dfrac{2}{x+2}-\dfrac{13}{4(x+3)}-\dfrac{3}{4(x+3)^2}+c$;

(6) $\dfrac{1}{6}\ln\dfrac{(x+1)^2}{x^2-x+1}+\dfrac{\sqrt{3}}{3}\arctan\dfrac{2x-1}{\sqrt{3}}+c$; (7) $\dfrac{1}{4}\ln\left|\dfrac{x+1}{x-1}\right|-\dfrac{1}{2}\arctan x+c$;

(8) $\dfrac{1}{2}\ln\dfrac{x^2+x+1}{x^2+1}+\dfrac{1}{\sqrt{3}}\arctan\dfrac{2x+1}{\sqrt{3}}+c$.

9. (1) $\dfrac{1}{6}(x-1)\sqrt{2+4x}+c$; (2) $2\arcsin\sqrt{\dfrac{x-a}{b-a}}+c$;

(3) $-\dfrac{1}{4}(2x+3)\sqrt{1+x-x^2}+\dfrac{7}{8}\arcsin\dfrac{2x-1}{\sqrt{5}}+c$; (4) $\ln\left|x+\sqrt{x^2-1}\right|+\sqrt{x^2-1}+c$;

(5) $2\ln(\sqrt{1+x}+\sqrt{x})+c$; (6) $2\sqrt{x}-4\sqrt[4]{x}+4\ln(\sqrt[4]{x}+1)+c$.

10. (1) $\dfrac{1}{3}\ln\left|\dfrac{\tan\dfrac{x}{2}+3}{\tan\dfrac{x}{2}-3}\right|+c$; (2) $\dfrac{2\sqrt{3}}{3}\arctan\dfrac{2\tan\dfrac{x}{2}+1}{\sqrt{3}}+c$;

(3) $\dfrac{\sqrt{3}}{6}\arctan\left(\dfrac{1}{\sqrt{3}}\tan\dfrac{x}{2}\right)+\dfrac{\sqrt{3}}{6}\arctan\left(\sqrt{3}\tan\dfrac{x}{2}\right)+c$; (4) $\dfrac{1}{6}\ln\dfrac{(1-\cos x)(2+\cos x)^2}{(1+\cos x)^3}+c$;

(5) $\dfrac{1}{2}\ln\left|\tan\dfrac{x}{2}\right|-\dfrac{1}{4}\tan^2\dfrac{x}{2}+c$; (6) $-2\cot2x+c$.

（B）

1. (1) $-\dfrac{2}{9}(1-2x^3)^{\frac{3}{4}}+c$; (2) $\dfrac{1}{2}\arcsin\dfrac{2x}{3}+\dfrac{1}{4}\sqrt{9-4x^2}+c$; (3) $\dfrac{1}{2}\arctan(\sin^2 x)+c$;

(4) $-\dfrac{1}{8(x^4-1)^2}-\dfrac{3}{4(x^4-1)}+\dfrac{3}{4}\ln|x^4-1|+\dfrac{x^4}{4}+c$; (5) $\dfrac{1}{n}\ln\left|\dfrac{x^n}{x^n+1}\right|+c$;

(6) $\arcsin x-\tan\left(\dfrac{1}{2}\arcsin x\right)+c$; (7) $\dfrac{1}{3}x^3\arctan x-\dfrac{1}{6}x^2+\dfrac{1}{6}\ln(1+x^2)+c$;

(8) $x\tan x+\ln|\cos x|-\dfrac{1}{2}x^2+c$; (9) $-2\sqrt{1-x}\arcsin x+4\sqrt{1+x}+c$;

(10) $\dfrac{x}{2}(\sin\ln x+\cos\ln x)+c$; (11) $x(\arcsin x)^2+2\sqrt{1-x^2}\arcsin x-2x+c$;

(12) $x\ln(x+\sqrt{1+x^2})-\sqrt{1+x^2}+c$;

(13) $\dfrac{5}{3}(x^2+x+2)^{\frac{3}{2}}+\dfrac{1}{4}\left(x+\dfrac{1}{2}\right)\sqrt{x^2+x+2}+\dfrac{7}{16}\ln\left|x+\dfrac{1}{2}+\sqrt{x^2+x+2}\right|+c;$

(14) $\sqrt{x^2+x+1}-\dfrac{3}{2}\ln\left|x+\dfrac{1}{2}+\sqrt{x^2+x+1}\right|+c;$

(15) $-\dfrac{3}{2}\ln(\sqrt[3]{x+1}-\sqrt[3]{x-2})-\sqrt{3}\arctan\dfrac{\sqrt[3]{x+1}+2\cdot\sqrt[3]{x-2}}{\sqrt{3}\cdot\sqrt[3]{x+1}}+c;$

(16) $\dfrac{1}{x+1}e^x+c;$　(17) $\dfrac{1}{2}e^x[(x^2-1)\sin x-(x-1)^2\cos x]+c;$　(18) $\dfrac{1}{ab}\arctan\dfrac{a\tan x}{b}+c;$

(19) $x\tan\dfrac{x}{2}+c;$　(20) $\dfrac{x^2-1}{2}\ln\left|\dfrac{1+x}{1-x}\right|+x+c.$

2.　$\dfrac{(\cos x-\sin^2 x)^2}{2(1+x\sin x)^4}+c.$

3.　$-\ln|1-x|-x^2+c.$

4.　**提示**：令 $\sqrt{a+x}=t$，则 $\displaystyle\int R(x,\sqrt{a+x},\sqrt{b+x})dx=\int R_1(t,\sqrt{t^2+c})dt$，再令 $\sqrt{t^2+c}=t+u.$

习　题　五

（A）

1.　$\dfrac{1}{3}.$

2.　略.

3.　(1) $\displaystyle\int_0^1 xdx>\int_0^1 x^2dx;$　(2) $\displaystyle\int_1^2 xdx<\int_1^2 x^2dx;$　(3) $\displaystyle\int_0^{\frac{\pi}{2}}\sin xdx<\int_0^{\frac{\pi}{2}}xdx;$　(4) $\displaystyle\int_{-2}^{-1}\left(\dfrac{1}{2}\right)^xdx>\int_0^1 2^xdx.$

4.　(1) $\dfrac{\sqrt{1+\ln^2 x}}{x};$　(2) $3x^2 e^{-x^6}-\dfrac{1}{2\sqrt{x}}e^{-x};$　(3) $3x^2(\cos x-1).$

5.　(1) 1；(2) e^2；(3) $\dfrac{\pi^2}{4}$；(4) 0.

6.　(1) 0；(2) 0.

7.　(1) $\dfrac{71}{105}$；(2) 12；(3) $\dfrac{15}{2\ln 2}+\dfrac{70}{\ln 6}+\dfrac{40}{\ln 3}$；(4) $\dfrac{1}{2}\ln 2$；(5) $\dfrac{1}{88}$；(6) $\dfrac{1}{16}$；(7) 4；(8) $\dfrac{\sqrt{3}}{2}+\dfrac{\pi}{3}$；(9) $\dfrac{\pi}{16}a^4$；

(10) $\dfrac{\sqrt{2}}{2}$；(11) $\sqrt{3}-\dfrac{\pi}{3}$；(12) $3\ln 3$；(13) $2+\dfrac{\pi}{2}-2\arctan\dfrac{1}{2}$；(14) $\dfrac{\pi}{4}-\dfrac{1}{2}$；(15) $\dfrac{1}{2}\pi-1$；

(16) $2\left(1-\dfrac{1}{e}\right)$；(17) $1-\dfrac{2}{e}$；(18) 1；(19) 0；(20) $\dfrac{1}{4}\pi-\dfrac{1}{32}\pi^2-\dfrac{1}{2}\ln 2$；(21) $\dfrac{1}{5}(3e^{\frac{\pi}{2}}-2)$；

(22) $\dfrac{1}{12}(\pi+2\ln 2-2)$；(23) $\dfrac{2}{9}e^3+\dfrac{1}{2}e^2$；(24) $\dfrac{2\sqrt{2}-1}{2}e^{2\sqrt{2}}-\dfrac{1}{2}e^2.$

8.　当 $x=1$ 时，$f(x)$ 取极小值 $-\dfrac{17}{12}.$

9.　$\dfrac{1}{e}$；**提示**：对等式的两边求定积分.

10.　$\ln\dfrac{e+1}{2}+\dfrac{1}{2}-\dfrac{1}{2e^4}.$

11.　略

12. (1) $\dfrac{3}{2}-\ln 2$; (2) $\dfrac{16}{3}$; (3) $\dfrac{\pi}{2}$; (4) $e+\dfrac{1}{e}-2$; (5) $\dfrac{4}{3}\pi^3 a^2$; (6) $\dfrac{1}{2}\pi a^2+\pi b^2$; (7) π; (8) a^2.

13. $x_1=-1, x_2=1$;面积为 4.

14. $\dfrac{4\sqrt{3}}{3}R^3$.

15. (1) 绕 x 轴: $\dfrac{15}{2}\pi$;绕 y 轴: $\dfrac{124}{5}\pi$; (2) 绕 x 轴: $\dfrac{\pi^2}{4}$;绕 y 轴: 2π;

   (3) 绕 x 轴: $\dfrac{128}{7}\pi$;绕 y 轴: $\dfrac{64}{5}\pi$; (4) 绕 x 轴: $\dfrac{19}{48}\pi$;绕 y 轴: $\dfrac{7\sqrt{3}}{10}\pi$.

16. 1.

17. $100xe^{-\frac{x}{10}}$.

18. 1200 台;总收入 192.

19. 40300 元.

20. (1) $\dfrac{2\pi}{\sqrt{3}}$; (2) $\dfrac{\pi}{12}$; (3) $\dfrac{1}{4}$; (4) 2; (5) $\dfrac{5}{29}$;

   (6) 当 $p\leqslant 1$ 时积分发散;当 $p>1$ 时积分收敛于 $\dfrac{1}{p-1}(\ln 2)^{-p+1}$.

21. (1) 1; (2) $\dfrac{8}{3}$; (3) $\dfrac{\pi}{2}$; (4) $\dfrac{\pi}{2}$; (5) 发散; (6) $\dfrac{\pi}{\sqrt{2}}$;**提示**:作变量代换 $\sqrt{\tan x}=t$.

22. (1) 收敛; (2) 发散; (3) 收敛; (4) 发散; (5) 收敛; (6) 收敛; (7) 发散; (8) 发散;

   (9) 收敛; (10) 收敛.

23. (1) 60; (2) $\dfrac{16}{105}$; (3) 24; (4) $\dfrac{\sqrt{2\pi}}{16}$; (5) 1; (6) $\dfrac{\sqrt{\alpha\pi}}{2\alpha^2}$; (7) $\dfrac{16}{5}$(**提示**:令 $\sqrt[3]{x}=t$);

   (8) $\dfrac{\sqrt{2}}{8}\pi$(**提示**:令 $\cos^2 x=t$).

(B)

1. 略.

2. 略.

3. **提示**:对一切实数 λ 成立 $\displaystyle\int_a^b [\lambda f(x)-g(x)]^2 \mathrm{d}x \geqslant 0$,它是关于 λ 的二次三项式,于是判别式不大于零.

4. 略.

5. $f''(1)=2, f'''(1)=5$.

6. $\dfrac{5}{4}$;**提示**:作变量代换 $u=2x-t$,将等式化为

$$2x\int_{2x-1}^{2x} f(u)\mathrm{d}u - \int_{2x-1}^{2x} uf(u)\mathrm{d}u = \dfrac{1}{2}\arctan x^2.$$

将等式两边对 x 求导,再以 $x=1$ 代入.

7. $\dfrac{2}{\pi}$.

8. **提示**:令 $F(x)=\displaystyle\int_0^x f(u)(x-u)\mathrm{d}u - \int_0^x \left\{\int_0^u f(t)\mathrm{d}t\right\}\mathrm{d}u$,证明 $F'(x)\equiv 0$.

9. **提示**:考虑函数 f 在 $x=\dfrac{1}{3}$ 处的一阶泰勒公式,再将 x 换成 x^2.

10. **提示**：设 $g(x) = \int_0^x f(x)\mathrm{d}x$. 再令 $h(x) = \int_0^x g(x)\sin x\mathrm{d}x$, 则 $h(0) = 0, h(\pi) = 0$. 对函数 h 应用罗尔定理, 可知存在 $\eta \in (0, \pi)$, 使得 $g(\eta) = 0$. 再对函数 g 应用罗尔定理, 可知存在 $\xi_1 \in (0, \eta), \xi_2 \in (\eta, \pi)$, 使得 $f(\xi_1) = 0, f(\xi_2) = 0$.

11. $\sqrt{2}\pi a^2$; **提示**: 将曲线方程化成极坐标方程 $r^2 = \dfrac{a^2}{\sin^4\theta + \cos^4\theta} = \dfrac{2a^2}{2 - \sin^2 2\theta}$.

12. $\dfrac{5}{2}$.

13. **提示**: 利用在 $x = \dfrac{a}{2}$ 点的一阶泰勒公式可得 $f(x) \geqslant f\left(\dfrac{a}{2}\right) + f'\left(\dfrac{a}{2}\right)\left(x - \dfrac{a}{2}\right)$, 再在不等式两边取从 0 到 a 的定积分.

14. $\dfrac{\pi}{4}$.

15. 0.6938.

习 题 六

（A）

1. $\|a\| = \sqrt{14}, a \cdot b = 3, a \times b = (5, 1, 7), a$ 与 b 的夹角为 $\arccos \dfrac{1}{2}\sqrt{\dfrac{3}{7}}$.

2. (1) $\left(\dfrac{3}{5}, \dfrac{12}{25}, \dfrac{16}{25}\right)$ 或 $\left(-\dfrac{3}{5}, -\dfrac{12}{25}, -\dfrac{16}{25}\right)$; (2) $\dfrac{25}{2}$.

3. 略.

4. $x + 2y - 2z - 7 = 0$.

5. $3x - 7y - 2z + 7 = 0$.

6. $\dfrac{x-2}{3} = \dfrac{y-1}{-1} = \dfrac{z+4}{1}$.

7. $\dfrac{x}{2} = \dfrac{y+3}{-5} = \dfrac{z+2}{-1}$.

8. $(1, 2, 2)$.

9. $4(x^2 + y^2 + z^2) = (x-2)^2 + (y-3)^2 + (z-4)^2$.

10. $z^2 = 5\sqrt{x^2 + y^2}$.

（B）

1. **提示**: 说明它们的向量积为零.

2. $(x-2)^2 + (y-1)^2 + (z+2)^2 = 9$.

3. $x + 4y + 9z + 12 = 0$ 或 $x + 4y + 9z - 12 = 0$.

4. $z - x - 1 = 0$.

5. $\dfrac{x-1}{1} = \dfrac{y}{1} = \dfrac{z+2}{2}$.

6. $-2y + 2z + 1 = 0$.

7. $x^2 - \dfrac{17}{4}y^2 + z^2 + y - 1 = 0$.

8. $\lambda < 0$:双叶双曲面;$\lambda = 0$:椭圆抛物面;$0 < \lambda < 1$:椭球面;$\lambda = 1$:一点;$\lambda > 1$:虚椭球面.

习 题 七

（A）

1. (1) $\{(x,y)\,|\,x\geqslant 0,-\infty<y<+\infty\}$；(2) $\left\{(x,y)\,\middle|\,\dfrac{x^2}{a^2}+\dfrac{y^2}{b^2}\leqslant 1\right\}$；(3) $D=\{(x,y)\,|\,x^2+y^2<1,y>x\}$；

    (4) $D=\{(x,y,z)\,|\,|z|\leqslant x^2+y^2,x^2+y^2\neq 0\}$；(5) $D=\{(x,y,z)\,|\,r^2\leqslant x^2+y^2+z^2\leqslant R^2\}$.

2. (1) 存在，极限为 0；(2) 不存在.

3. (1) 1；(2) 0；(3) $\ln 2$；(4) 2.

4. (1) $\dfrac{\partial z}{\partial x}=5x^4-24x^3y^2,\dfrac{\partial z}{\partial y}=6y^5-12x^4y$；(2) $\dfrac{\partial z}{\partial x}=2x\ln(x^2+y^2)+\dfrac{2x^3}{x^2+y^2},\dfrac{\partial z}{\partial y}=\dfrac{2x^2y}{x^2+y^2}$；

    (3) $\dfrac{\partial z}{\partial x}=y+\dfrac{1}{y},\dfrac{\partial z}{\partial y}=x-\dfrac{x}{y^2}$；(4) $\dfrac{\partial z}{\partial x}=y[\cos(xy)-\sin(2xy)],\dfrac{\partial z}{\partial y}=x[\cos(xy)-\sin(2xy)]$；

    (5) $\dfrac{\partial z}{\partial x}=e^x(\cos y+x\sin y+\sin y),\dfrac{\partial z}{\partial y}=e^x(x\cos y-\sin y)$；

    (6) $\dfrac{\partial z}{\partial x}=\dfrac{2x}{y}\sec^2\left(\dfrac{x^2}{y}\right),\dfrac{\partial z}{\partial y}=-\dfrac{x^2}{y^2}\sec^2\left(\dfrac{x^2}{y}\right)$；

    (7) $\dfrac{\partial z}{\partial x}=\dfrac{1}{y}\cos\dfrac{x}{y}\cos\dfrac{y}{x}+\dfrac{y}{x^2}\sin\dfrac{x}{y}\sin\dfrac{y}{x},\dfrac{\partial z}{\partial y}=-\dfrac{x}{y^2}\cos\dfrac{x}{y}\cos\dfrac{y}{x}-\dfrac{1}{x}\sin\dfrac{x}{y}\sin\dfrac{y}{x}$；

    (8) $\dfrac{\partial z}{\partial x}=y^2(1+xy)^{y-1},\dfrac{\partial z}{\partial y}=(1+xy)^y\left[\ln(1+xy)+\dfrac{xy}{1+xy}\right]$；

    (9) $\dfrac{\partial z}{\partial x}=\dfrac{1}{x+\ln y},\dfrac{\partial z}{\partial y}=\dfrac{1}{y(x+\ln y)}$；(10) $\dfrac{\partial z}{\partial x}=\dfrac{1}{1+x^2},\dfrac{\partial z}{\partial y}=\dfrac{1}{1+y^2}$；

    (11) $\dfrac{\partial u}{\partial x}=(3x^2+y^2+z^2)e^{x(x^2+y^2+z^2)},\dfrac{\partial u}{\partial y}=2xye^{x(x^2+y^2+z^2)},\dfrac{\partial u}{\partial z}=2xze^{x(x^2+y^2+z^2)}$；

    (12) $\dfrac{\partial u}{\partial x}=-\dfrac{x}{(x^2+y^2+z^2)^{\frac{3}{2}}},\dfrac{\partial u}{\partial y}=-\dfrac{y}{(x^2+y^2+z^2)^{\frac{3}{2}}},\dfrac{\partial u}{\partial z}=-\dfrac{z}{(x^2+y^2+z^2)^{\frac{3}{2}}}$.

5. (1) $\mathrm{d}f(1,2)=8\mathrm{d}x-\mathrm{d}y$；(2) $\mathrm{d}f(2,4)=\dfrac{4}{21}\mathrm{d}x+\dfrac{8}{21}\mathrm{d}y$.

6. (1) $\mathrm{d}z=-\dfrac{2y}{(x-y)^2}\mathrm{d}x+\dfrac{2x}{(x-y)^2}\mathrm{d}y$；(2) $\mathrm{d}z=\dfrac{1}{1+x^2y^2}(y\mathrm{d}x+x\mathrm{d}y)$；(3) $\mathrm{d}u=\dfrac{x\mathrm{d}x+y\mathrm{d}y+z\mathrm{d}z}{\sqrt{x^2+y^2+z^2}}$；

    (4) $\mathrm{d}u=\dfrac{2(x\mathrm{d}x+y\mathrm{d}y+z\mathrm{d}z)}{x^2+y^2+z^2}$.

7. (1) $\dfrac{\partial^2 z}{\partial x^2}=\dfrac{2xy}{(x^2+y^2)^2},\dfrac{\partial^2 z}{\partial x\partial y}=\dfrac{y^2-x^2}{(x^2+y^2)^2},\dfrac{\partial^2 z}{\partial y^2}=-\dfrac{2xy}{(x^2+y^2)^2}$；

    (2) $\dfrac{\partial^2 z}{\partial x^2}=(2-y)\cos(x+y)-x\sin(x+y),\dfrac{\partial^2 z}{\partial x\partial y}=(1-y)\cos(x+y)-(1+x)\sin(x+y)$，

    $\dfrac{\partial^2 z}{\partial y^2}=-y\cos(x+y)-(x+2)\sin(x+y)$；

    (3) $\dfrac{\partial^3 z}{\partial x^2\partial y}=(2+4xy+x^2y^2)e^{xy},\dfrac{\partial^3 z}{\partial x\partial y^2}=(3x^2+x^3y)e^{xy}$；

    (4) $\dfrac{\partial^4 u}{\partial x^4}=-\dfrac{6a^4}{(ax+by+cz)^4},\dfrac{\partial^4 u}{\partial x^2\partial y^2}=-\dfrac{6a^2b^2}{(ax+by+cz)^4}$.

8. 略.

9. (1) $\dfrac{\mathrm{d}z}{\mathrm{d}t}=-(e^t+e^{-t})$；(2) $\dfrac{\mathrm{d}^2 z}{\mathrm{d}t^2}=e^{\sin t-2t^3}\left[(\cos t-6t^2)-\sin t-12t\right]$；(3) $\dfrac{\mathrm{d}w}{\mathrm{d}x}=e^{ax}\sin x$；

(4) $\dfrac{\partial z}{\partial x}=\dfrac{2x}{y^2}\ln(3x-2y)+\dfrac{3x^2}{y^2(3x-2y)},\dfrac{\partial z}{\partial y}=-\dfrac{2x^2}{y^3}\ln(3x-2y)-\dfrac{2x^2}{y^2(3x-2y)};$

(5) $\dfrac{\partial u}{\partial x}=\mathrm{e}^{x^2+y^2+y^4\sin^2x}(2x+2y^4\sin x\cos x),\dfrac{\partial z}{\partial y}=\mathrm{e}^{x^2+y^2+y^4\sin^2x}(2y+4y^3\sin^2x);$

(6) $\dfrac{\partial w}{\partial t}=\mathrm{e}^s(\sin u+2xv\cos u)+\mathrm{e}^t(\sin u+2yv\cos u)+\mathrm{e}^{s+t}(\sin u+2zv\cos u),$

$\quad\dfrac{\partial w}{\partial s}=t\mathrm{e}^s(\sin u+2xv\cos u)+\mathrm{e}^{s+t}(\sin u+2zv\cos u),$ 其中 $u=x^2+y^2+z^2,v=x+y+z.$

10. $\mathrm{d}z=u^{v-1}\left[v\dfrac{x\mathrm{d}x+y\mathrm{d}y}{x^2+y^2}+u\ln u\dfrac{-y\mathrm{d}x+x\mathrm{d}y}{x^2+y^2}\right],$ 其中 $u=\ln\sqrt{x^2+y^2},v=\arctan\dfrac{y}{x}.$

11. (1) $\dfrac{\partial u}{\partial x}=yf_1'\left(xy,\dfrac{x}{y}\right)+\dfrac{1}{y}f_2'\left(xy,\dfrac{x}{y}\right),\dfrac{\partial u}{\partial y}=xf_1'\left(xy,\dfrac{x}{y}\right)-\dfrac{x}{y^2}f_2'\left(xy,\dfrac{x}{y}\right),$

$\quad\dfrac{\partial^2u}{\partial x\partial y}=f_1'\left(xy,\dfrac{x}{y}\right)-\dfrac{1}{y^2}f_2'\left(xy,\dfrac{x}{y}\right)+xyf_{11}''\left(xy,\dfrac{x}{y}\right)-\dfrac{x}{y^3}f_{22}''\left(xy,\dfrac{x}{y}\right),$

$\quad\dfrac{\partial^2u}{\partial y^2}=\dfrac{2x}{y^3}f_2'\left(xy,\dfrac{x}{y}\right)+x^2f_{11}''\left(xy,\dfrac{x}{y}\right)-\dfrac{2x^2}{y^2}f_{12}''\left(xy,\dfrac{x}{y}\right)+\dfrac{x^2}{y^4}f_{22}''\left(xy,\dfrac{x}{y}\right);$

(2) $\dfrac{\partial u}{\partial x}=2xf'(x^2+y^2+z^2),\dfrac{\partial u}{\partial y}=2yf'(x^2+y^2+z^2),\dfrac{\partial u}{\partial z}=2zf'(x^2+y^2+z^2),$

$\quad\dfrac{\partial^2u}{\partial x^2}=2f'(x^2+y^2+z^2)+4x^2f''(x^2+y^2+z^2),\dfrac{\partial^2u}{\partial x\partial y}=4xyf''(x^2+y^2+z^2).$

12. (1) $\dfrac{\mathrm{d}y}{\mathrm{d}x}=\dfrac{y^2-\mathrm{e}^x}{\cos y-2xy};$ (2) $\dfrac{\mathrm{d}y}{\mathrm{d}x}=\dfrac{y(x\ln y-y)}{x(y\ln x-x)};$ (3) $\dfrac{\mathrm{d}y}{\mathrm{d}x}=\dfrac{x+y}{x-y};$

(4) $\dfrac{\partial z}{\partial x}=\dfrac{z}{x+z},\dfrac{\partial z}{\partial y}=\dfrac{z^2}{y(x+z)};$ (5) $\dfrac{\partial z}{\partial x}=\dfrac{yz}{\mathrm{e}^z-xy},\dfrac{\partial z}{\partial y}=\dfrac{xz}{\mathrm{e}^z-xy}.$

13. (1) $\dfrac{\mathrm{d}^2y}{\mathrm{d}x^2}=-\dfrac{2a^2}{(x+y)^5}[a^2+(x+y)^2];$

(2) $\dfrac{\partial^2z}{\partial x^2}=-\dfrac{2xy^3z}{(z^2-xy)^3},\dfrac{\partial^2z}{\partial x\partial y}=\dfrac{z^5-2xyz^3-x^2y^2z}{(z^2-xy)^3}.$

14. $f(x,y)=-14-13(x-1)-6(y-2)+5(x-1)^2-12(x-1)(y-2)+4(y-2)^2$
$\quad+3(x-1)^3-2(x-1)^2(y-2)-2(x-1)(y-2)^2+(y-2)^3.$

15. $8.96^{2.03}\approx85.74.$

16. (1) 在$(3,-2)$点取极大值 $f(3,-2)=30;$

(2) 在$(1,1),(-1,-1)$两点取极小值 $f(1,1)=f(-1,-1)=-2;$

(3) 无极值;

(4) 在$\left(\dfrac{\sqrt2}{2},\dfrac{3}{8}\right),\left(-\dfrac{\sqrt2}{2},\dfrac{3}{8}\right)$两点取极小值 $f\left(\dfrac{\sqrt2}{2},\dfrac{3}{8}\right)=f\left(-\dfrac{\sqrt2}{2},\dfrac{3}{8}\right)=-\dfrac{1}{64}.$

17. 面积最大者为内接正三角形,最大面积为$\dfrac{3\sqrt3}{4}R^2.$

18. 长、宽、高分别取为$\dfrac{2\sqrt2}{3}r,\dfrac{2\sqrt2}{3}r,\dfrac{1}{3}h$,最大体积为$\dfrac{8}{27}r^2h.$

19. $\left(\dfrac{8}{5},\dfrac{16}{5}\right).$

20. 面积最大的三角形为正三角形,最大面积为$\dfrac{\sqrt3}{9}p^2.$

21. 底面半径为$\sqrt[3]{\dfrac{1}{2\pi}}$,高为$\sqrt[3]{\dfrac{4}{\pi}}.$

22. 最大面积为 9.

23. 电视广告费 2 万元,报纸广告费 1 万元.

24. (1) $\iint\limits_{D}(x+y)^2\mathrm{d}x\mathrm{d}y > \iint\limits_{D}(x+y)^3\mathrm{d}x\mathrm{d}y$; (2) $\iint\limits_{D}\ln(x+y)\mathrm{d}x\mathrm{d}y < \iint\limits_{D}[\ln(x+y)]^2\mathrm{d}x\mathrm{d}y$.

25. (1) $\int_a^b\mathrm{d}y\int_y^b f(x,y)\mathrm{d}x$;

(2) $\int_0^a\mathrm{d}y\int_{\frac{y^2}{2a}}^{a-\sqrt{a^2-y^2}}f(x,y)\mathrm{d}x + \int_0^a\mathrm{d}y\int_{a+\sqrt{a^2-y^2}}^{2a}f(x,y)\mathrm{d}x + \int_a^{2a}\mathrm{d}y\int_{\frac{y^2}{2a}}^{2a}f(x,y)\mathrm{d}x$;

(3) $\int_0^2\mathrm{d}x\int_{\frac{1}{2}x}^{3-x}f(x,y)\mathrm{d}y$.

26. (1) 1; (2) $\frac{1}{21}p^5$; (3) $\left(2\sqrt{2}-\frac{8}{3}\right)a^{\frac{3}{2}}$; (4) $e-\frac{1}{e}$; (5) $14a^4$; (6) -3; (7) $\frac{49}{20}$.

27. $\frac{1}{3}$.

28. $\frac{1}{6}$.

29. (1) $\pi(1-e^{-R^2})$; (2) $\frac{8}{15}$; (3) $\frac{\pi}{2}$; (4) $\frac{\pi^2}{8}-\frac{\pi}{4}$; (5) 1.

30. $\frac{5}{6}\pi a^3$.

31. $\frac{6\pi-8}{9}R^3$.

32. πa^2. **提示**:作变量代换 $x=u, x-y=v$.

33. (1) $\frac{1}{2}ab\pi$; (2) $\frac{1}{2}(e-1)$,**提示**:作变量代换 $u=x+y, v=y$.

34. (1) $\frac{1}{(p-1)(q-1)}$; (2) $\frac{\pi}{e}$.

(B)

1. $(2-x)\sin y - \frac{1}{y}\ln(1-xy) + y^3$.

2. 17.

3. $\frac{1}{yf(x^2-y^2)}$.

4. $f_x'(0,y)=-y, f_y'(x,0)=x. f_{xy}''(0,0)=-1, f_{yx}''(0,0)=1$.

5. $-2e^{-x^2y^2}$.

6. 极大值为 1(在 $x=-1$ 处取到),极小值为 -1(在 $x=1$ 处取到).

7. 没有极值.

8. 略.

9. $x=\frac{3\alpha-2\beta}{2\alpha^2-\beta^2}, y=\frac{4\alpha-3\beta}{4\alpha^2-2\beta^2}$.

10. $x_1=6\left(\frac{\alpha p_2}{\beta p_1}\right)^{\beta}, x_2=6\left(\frac{\beta p_1}{\alpha p_2}\right)^{\alpha}$.

11. 略.

12. $y=-\frac{177}{35}x+\frac{596}{3}$.

13. **提示**：交换积分次序.

14. **提示**：$\left[\int_a^b f(x)\mathrm{d}x\right]^2 = \iint\limits_{[a,b]\times[a,b]} f(x)f(y)\mathrm{d}x\mathrm{d}y \leqslant \frac{1}{2}\iint\limits_{[a,b]\times[a,b]} [f^2(x)+f^2(y)]\mathrm{d}x\mathrm{d}y.$

15. $\dfrac{b-a}{3}\ln\dfrac{q}{p}$. **提示**：作变量代换 $u=\dfrac{y^2}{x}, v=xy.$

16. **提示**：作变量代换 $x+y=u, x-y=v.$

习 题 八

（A）

1. (1) 收敛，$S=\dfrac{1}{2}$；(2) 发散；(3) 收敛，$S=\dfrac{1}{2}$；(4) 收敛，$S=\dfrac{69}{20}$；(5) 发散；(6) 收敛，$S=-\sqrt{2}+1.$

2. (1) 收敛；(2) 发散；(3) 收敛；(4) 收敛；(5) 发散；(6) 收敛；(7) 发散；(8) 收敛；(9) 收敛；
   (10) 收敛；(11) 收敛；(12) 收敛；(13) 发散；(14) $0<a<2$ 时收敛；$a\geqslant 2$ 时发散；(15) 收敛；
   (16) 收敛；(17) 收敛；(18) 发散；(19) $0<q<1$ 时收敛；$q\geqslant 1$ 时发散；
   (20) $0<a\leqslant 1$ 时发散；$a>1$ 时收敛.

3. 略.

4. (1) 收敛；(2) 发散；(3) 收敛.

5. 略.反之不一定成立,例如 $x_n=\dfrac{1}{n}.$

6. 略.

7. (1) 发散；(2) 条件收敛；(3) 条件收敛；(4) 发散；(5) 条件收敛；(6) 条件收敛；(7) 条件收敛；
   (8) 当 $x\in\left(-\dfrac{\pi}{6},\dfrac{\pi}{6}\right)$ 时绝对收敛,当 $x=\pm\dfrac{\pi}{6}$ 时条件收敛；在其他情况下发散；
   (9) 当 $|x|<2$ 时绝对收敛,当 $|x|\geqslant 2$ 时发散；(10) 当 $a>1$ 时绝对收敛；当 $0<a\leqslant 1$ 时条件收敛.

8. $\sum\limits_{n=1}^{\infty}y_n$ 不一定收敛. 反例：$x_n=\dfrac{(-1)^{n+1}}{\sqrt{n}}, y_n=\dfrac{(-1)^{n+1}}{\sqrt{n}}+\dfrac{1}{n}.$

9. $\sum\limits_{n=1}^{\infty}(-1)^{n+1}x_n$ 不一定收敛. 反例：$x_n=\begin{cases}\dfrac{1}{n}, & n \text{ 为偶数,}\\[2mm]\dfrac{1}{n^2}, & n \text{ 为奇数.}\end{cases}$

10. (1) $R=\dfrac{1}{3}$；收敛域：$\left[-\dfrac{1}{3},\dfrac{1}{3}\right)$；(2) $R=\dfrac{1}{5}$；收敛域：$\left(-\dfrac{1}{5},\dfrac{1}{5}\right]$；(3) $R=0$；收敛域：$\{0\}$；
    (4) $R=\sqrt{2}$；收敛域：$[-\sqrt{2},\sqrt{2}]$；(5) $R=1$；收敛域：$(0,2)$；(6) $R=1$；收敛域：$(-2,0]$；
    (7) $R=+\infty$；收敛域：$(-\infty,+\infty)$；(8) $R=\dfrac{1}{\sqrt[4]{2}}$；收敛域：$\left(-\dfrac{1}{\sqrt[4]{2}},\dfrac{1}{\sqrt[4]{2}}\right).$

11. (1) 和函数：$\begin{cases}\dfrac{1}{2x}\ln\dfrac{1+x}{1-x}, & x\in(-1,0)\cup(0,1),\\[2mm]1, & x=0;\end{cases}$
    (2) 和函数：$-\ln(1-2x-15x^2), x\in\left[-\dfrac{1}{5},\dfrac{1}{5}\right)$；(3) 和函数：$\dfrac{x(1-x)}{(1+x)^3}, x\in(-1,1)$；
    (4) 和函数：$\dfrac{2x}{(1-x)^3}, x\in(-1,1)$；(5) 和函数：$\dfrac{1}{2}(e^x+e^{-x}), x\in(-\infty,+\infty)$；
    (6) 和函数：$(1+x)e^x-1, x\in(-\infty,+\infty).$

12. (1) $\dfrac{2}{9}$；提示：$\displaystyle\sum_{n=1}^{\infty}(-1)^{n-1}nx^n=\dfrac{x}{(1+x)^2}$，取 $x=\dfrac{1}{2}$；

    (2) $\ln 2$；提示：$\displaystyle\sum_{n=1}^{\infty}\dfrac{1}{n}x^n=\ln\dfrac{1}{1-x}$，取 $x=\dfrac{1}{2}$；

    (3) $\dfrac{2}{e^2}$；提示：$\displaystyle\sum_{n=0}^{\infty}\dfrac{(-1)^n}{n!}x^{n+1}=xe^{-x}$，取 $x=2$；

    (4) $2e-1$；提示：$\displaystyle\sum_{n=1}^{\infty}\dfrac{n+1}{n!}=\sum_{n=0}^{\infty}\dfrac{1}{n!}+\sum_{n=1}^{\infty}\dfrac{1}{n!}$.

13. (1) 略；(2) 略.

14. (1) $5+11(x-1)+12(x-1)^2+5(x-1)^3,\ x\in(-\infty,+\infty)$；

    (2) $\displaystyle\sum_{n=0}^{\infty}(n+1)(x+1)^n,\ x\in(-2,0)$；(3) $\dfrac{1}{3}\displaystyle\sum_{n=0}^{\infty}\left[1+\dfrac{(-1)^{n+1}}{2^n}\right]x^n,\ x\in(-1,1)$；

    (4) $\displaystyle\sum_{n=0}^{\infty}\dfrac{(\ln a)^n}{n!}x^n,\ x\in(-\infty,+\infty)$；

    (5) $\dfrac{1}{2}\displaystyle\sum_{n=0}^{\infty}\dfrac{(-1)^n}{(2n)!}\left(x-\dfrac{\pi}{6}\right)^{2n}+\dfrac{\sqrt{3}}{2}\displaystyle\sum_{n=0}^{\infty}\dfrac{(-1)^n}{(2n+1)!}\left(x-\dfrac{\pi}{6}\right)^{2n+1},\ x\in(-\infty,+\infty)$；

    (6) $\displaystyle\sum_{n=1}^{\infty}\dfrac{(-1)^{n-1}}{2^n}(x-1)^n,\ x\in(-1,3)$；(7) $x+\displaystyle\sum_{n=2}^{\infty}\dfrac{(-1)^n}{n(n-1)}x^n,\ x\in(-1,1]$；

    (8) $x+\displaystyle\sum_{n=1}^{\infty}(-1)^n\dfrac{(2n)!}{(n!)^2\cdot 2^{2n}}x^{2n+1},\ x\in[-1,1]$.

15. $\dfrac{e^x-1}{x}=\displaystyle\sum_{n=0}^{\infty}\dfrac{x^n}{(n+1)!}$. 证明的提示：逐项求导后，以 $x=1$ 代入.

16. 1.648.

17. 0.9461.

（B）

1. $\displaystyle\sum_{n=1}^{\infty}x_n=\dfrac{1}{6}$. 提示：$x_n=\dfrac{1}{n+1}-\dfrac{2}{n+2}+\dfrac{1}{n+3}$.

2. (1) $a_n=\dfrac{1}{\sqrt{n(n+1)}}$，$S_n=\dfrac{4}{3}a_n^3$；(2) $\displaystyle\sum_{n=1}^{\infty}\dfrac{S_n}{a_n}=\dfrac{4}{3}$.

3. 收敛；提示：对 $\ln(1+x)$ 应用泰勒公式.

4. 提示：$\left\{\dfrac{a_n}{b_n}\right\}$ 为单调减少数列.

5. 发散.

6. 提示：首先推出 $f(0)=0,f'(0)=0$，再对 f 应用泰勒公式.

7. $[-3,3)$；

8. 和函数：$S(x)=1-\dfrac{1}{2}\ln(1+x^2),\ x\in(-1,1)$. $S(0)=1$ 为极大值.

9. 和函数：$\begin{cases}\dfrac{2}{x}(e^{\frac{x}{2}}-1), & x\neq 0,\\ 1, & x=0,\end{cases}\ x\in(-\infty,+\infty)$；$\displaystyle\sum_{n=0}^{\infty}\dfrac{2^n}{(n+1)!}=\dfrac{1}{2}(e^2-1)$.

10. $-\dfrac{\pi^2}{8}$；提示：$\displaystyle\int_0^1\dfrac{\ln x}{1-x^2}\mathrm{d}x=\sum_{n=0}^{\infty}\int_0^1 x^{2n}\ln x\,\mathrm{d}x=-\sum_{n=0}^{\infty}\dfrac{1}{(2n+1)^2}$.

习 题 九

（A）

1. （1）否；（2）是；（3）是；（4）是.

2. 略.

3. $y = \ln x - 2$.

4. （1）$y = \dfrac{3}{4} x^{\frac{4}{3}} - x + c$；（2）$y = \dfrac{3}{4} x^{\frac{4}{3}} - x + \dfrac{5}{4}$.

5. （1）$\ln y = -\dfrac{1}{\ln x + c}$；（2）$\dfrac{(y+1)^3}{3} + \dfrac{x^4}{4} = c$；（3）$\tan x \tan y = c$；

  （4）$\arcsin x - \arcsin y = c$；（5）$2^x + 2^{-y} = c$；（6）$(1 + e^x)\cos y = c$.

6. （1）$e^{3x} + 2e^{-y} - 3 = 0$；（2）$2y^3 + 3y^2 - 2x^3 - 3x^2 = 5$.

7. $P = b + (P_0 - b)e^{-ax}$.

8. $y(t) = 1000 \cdot \dfrac{3^{\frac{t}{3}}}{9 + 3^{\frac{t}{3}}}$；$y(6) = 500$.

9. （1）$2xy - y^2 = c$；（2）$y + \sqrt{x^2 + y^2} = cx^2$；（3）$\ln(cx) = -e^{\frac{y}{x}}$；（4）$y = xe^{cx+1}$.

10. （1）$y^2 = 2x^2(2 + \ln x)$；（2）$y^5 - 5x^2 y^3 = 1$.

11. $C(x) = 1 + \sqrt{x^2 + 8x}$.

12. （1）$y = e^{-x}(x + c)$；（2）$y = \dfrac{1}{2}(x+1)^4 + c(x+1)^2$；（3）$y(x^2 - 1) - \sin x = c$；

  （4）$y = \dfrac{x+c}{\cos x}$；（5）$y = (1 + x^2)(c + x)$；（6）$y = e^{-\frac{1}{x}}(c + e^x)$.

13. （1）$y = x^2(e^x - e)$；（2）$y = -\dfrac{\cos x}{x} + \dfrac{\pi - 1}{x}$.

14. （1）$\dfrac{1}{y^4} = ce^{-4x} - x + \dfrac{1}{4}$；（2）$\sqrt{y} = -\dfrac{1}{3}(1 - x^2) + c(1 - x^2)^{\frac{1}{4}}$.

15. $P(t) = \dfrac{b}{a} + \left(P_0 - \dfrac{b}{a}\right)e^{-at^2}$.

16. （1）$y = \dfrac{x^3}{6} - \sin x + c_1 x + c_2$；（2）$y = x\arctan x - \dfrac{1}{2}\ln(1 + x^2) + c_1 x + c_2$；（3）$y = -\cos(x + c_1) + c_2$；

  （4）$y = c_1 e^x - \dfrac{x^2}{2} - x + c_2$；（5）$y = c_2 e^{c_1 x}$；（6）$y = \arcsin(c_2 e^x) + c_1$；（7）$y = c_1 e^x + c_2 x + c_3$；

  （8）$y = c_1 x \ln x + \dfrac{1}{2}x^2 + c_2 x + c_3$.

17. （1）$y = -\dfrac{1}{2}\ln(2x + 1)$；（2）$y = \dfrac{4}{(x - 5)^2}$.

18. $y = \dfrac{x^3}{6} + \dfrac{x}{2} + 1$.

19. （1）$y = c_1 e^x + c_2 e^{3x}$；（2）$y = c_1 e^{3x} + c_2 e^{-2x}$；（3）$y = (c_1 + c_2 x)e^{-4x}$；（4）$y = (c_1 \cos 2x + c_2 \sin 2x)e^{-3x}$.

20. （1）$y = (c_1 \cos 2x + c_2 \sin 2x)e^{-3x} + \dfrac{14}{13}$；（2）$y = c_1 e^{-x} + c_2 e^{3x} - \dfrac{1}{27}(18x^2 - 24x + 37)$；

  （3）$y = c_1 e^x + c_2 e^{-6x} + \left(\dfrac{1}{14}x^2 - \dfrac{1}{49}x\right)e^x$；（4）$y = c_1 \cos 2x + c_2 \sin 2x + \dfrac{1}{3}x\cos x + \dfrac{2}{9}\sin x$；

(5) $y=(c_1\cos2x+c_2\sin2x)\mathrm{e}^x-\dfrac{1}{4}x\mathrm{e}^x\cos2x$；(6) $y=c_1\mathrm{e}^x+c_2\mathrm{e}^{-x}-\dfrac{1}{2}+\dfrac{1}{10}\cos2x$.

21. (1) $y=2\mathrm{e}^x+\mathrm{e}^{-2x}$；(2) $y=3\mathrm{e}^{-2x}\sin5x$；(3) $y=-\cos x-\dfrac{1}{3}\sin x+\dfrac{1}{3}\sin2x$；

 (4) $y=\dfrac{11}{16}+\dfrac{5}{16}\mathrm{e}^{4x}-\dfrac{5}{4}x$.

22. (1) $y=c_1\mathrm{e}^x+c_2x\mathrm{e}^x-x\mathrm{e}^x+x\mathrm{e}^x\ln x$；(2) $y=x\sin x+\cos x\ln(\cos x)+c_1\cos x+c_2\sin x$.

23. (1) $y=c_1x+c_2x\ln x$；(2) $y=c_1x^2+\dfrac{c_2}{x}-\dfrac{x}{2}$.

24. $2\cos a\left(x+\dfrac{1}{2}\right)\sin\dfrac{1}{2}a$.

25. (1) $\Delta y_x=6x-1$；$\Delta^2y_x=6$；(2) $\Delta y_x=\log_a\left(1+\dfrac{1}{x}\right)$；$\Delta^2y_x=\log_a\dfrac{x(x+2)}{(x+1)^2}$.

26. $a=2\mathrm{e}-\mathrm{e}^2$.

27. (1) 3 阶；(2) 6 阶.

28. (1) $y=c\left(\dfrac{7}{2}\right)^x$；(2) $y=c(-1)^x$.

29. (1) $y=c3^x+1$；(2) $y=c2^x-3x^2-6x-9$；(3) $y=c+\dfrac{1}{2}x^2+\dfrac{1}{2}x$；(4) $c10^x+\dfrac{1}{\mathrm{e}-10}\mathrm{e}^x$；

 (5) $y=c(-1)^x+2^x\left(\dfrac{1}{3}x-\dfrac{2}{9}\right)$；(6) $y=c5^x-\dfrac{5}{26}\cos\dfrac{\pi}{2}x+\dfrac{1}{26}\sin\dfrac{\pi}{2}x$.

 (7) $y=c2^x+\dfrac{2-\cos2}{5-4\cos2}\cos2x-\dfrac{\sin2}{5-4\cos2}\sin2x$；(8) $y=c3^x-\dfrac{1}{2}x+\dfrac{1}{4}$.

30. (1) $y=3\left(-\dfrac{4}{3}\right)^x$；(2) $y=-\dfrac{3}{4}+\dfrac{37}{12}\cdot5^x$；(3) $y=-4\left(\dfrac{1}{2}\right)^x+x^2-4x+8$；

 (4) $y=\dfrac{1}{2}(-2)^x+\dfrac{2^x}{4}$.

31. 1518.68 元.

32. $W_{t+1}=1.02W_t+2$；2.5 倍.

33. (1) $y=c_13^x+c_2(-2)^x$；(2) $y=(c_1+c_2x)5^x$；(3) $y=2^x\left(c_1\cos\dfrac{\pi}{2}x+c_2\sin\dfrac{\pi}{2}x\right)$；

 (4) $y=(\sqrt5)^x(c_1\cos\theta x+c_2\sin\theta x)$，其中 $\theta=\arctan2$.

34. (1) $y=c_1+c_2(-4)^x+x$；(2) $y=c_1(-1)^x+c_2(-4)^x+\dfrac{1}{10}x-\dfrac{7}{100}$；

 (3) $y=c_1+c_2(-5)^x-\dfrac{1}{7}x^2-\dfrac{13}{14}x$；(4) $y=c_1(-2)^x+c_23^x+3^x\left(\dfrac{1}{15}x^2-\dfrac{2}{25}x\right)$.

35. (1) $y=-(-4)^x+2\cdot3^x$；(2) $y=\dfrac{4}{3}(-2)^x+4x-\dfrac{4}{3}$；

 (3) $y=3+3x+2x^2$；(4) $y=\left(\dfrac{3}{4}-\dfrac{9}{10}x\right)5^x+\dfrac{1}{4}\cdot3^x$.

（B）

1. $(x+y-1)(x+3y+3)=c$.

2. $\mathrm{e}^y=\dfrac{c-\cos x}{1+x}$. 提示：令 $z=\mathrm{e}^y$.

3. $\cos^2y=\sqrt{1+x^2}\,[\ln(1+x^2)+c]$. 提示：令 $z=\cos^2y$.

4. 提示：解出方程便得结论.

5. 函数 f 满足的方程为 $3y^2 = 2xy + x^2 y'$；满足条件 $y\big|_{x=2} = \dfrac{2}{9}$ 的解为 $y = \dfrac{x}{1+x^3}$.

6. $y = c_1 \cos x + c_2 \sin x + \dfrac{1}{2} e^x + \dfrac{1}{2} x \sin x$.

7. $\varphi(x) = \dfrac{1}{2}(\cos x + \sin x + e^x)$. **提示**：对等式两边连续求两次导.

8. $y = x^3 + c_1 x^2 + c_2 x$. **提示**：设解为 $y = u(x) x$ （$u(x)$ 为待定函数）.

9. $y(x) = \begin{cases} -e^x, & x \leqslant 0, \\ \left(\dfrac{1}{3}x - 1\right)e^x, & x > 0. \end{cases}$

10. $y = c_1 + c_2 x + c_3 \cos x + c_4 \sin x + \dfrac{1}{6} x^3 - \dfrac{5}{2} x^2$.

11. $y = c(-2)^x + \dfrac{2}{3}x - \dfrac{5}{9} + \dfrac{1}{e+2} e^x$.

12. $y = \begin{cases} \left[k\left(\dfrac{a}{c}\right)^n + \dfrac{b-d}{c-a}\right]^{-1}, & a \neq c, \\ \left[k\left(\dfrac{a}{c}\right)^n + \dfrac{b-d}{a}\right]^{-1}, & a = c, \end{cases}$ 其中 k 为任意常数.

13. 略.

索　引

（按拼音字母排序，后为首次出现的章和节）

参 考 文 献

[1] 常庚哲,史济怀. 数学分析教程. 北京:高等教育出版社,2003.

[2] 陈纪修,於崇华,金路. 数学分析(第二版). 北京:高等教育出版社,2004.

[3] 邓东皋,尹小玲. 数学分析简明教程. 北京:高等教育出版社,1999.

[4] 菲赫金哥尔茨. 微积分学教程(第八版). 杨弢亮、叶彦谦等译. 北京:高等教育出版社,2006.

[5] 华东师范大学数学系. 数学分析(第四版). 北京:高等教育出版社,2010.

[6] 金路,童裕孙,於崇华,张万国. 高等数学(第三版). 北京:高等教育出版社,2008.

[7] 克莱因. 古今数学思想. 北京大学数学系数学史翻译组译. 上海:上海科学技术出版社,1979.

[8] 李文林. 数学史概论(第二版). 北京:高等教育出版社,2002.

[9] 李忠,周建莹. 高等数学简明教程. 北京:北京大学出版社,1998.

[10] 斯特兰. 数学史. 侯德润,张兰译. 桂林:广西师范大学出版社,2002.

[11] 同济大学数学教研室. 高等数学(第三版). 北京:高等教育出版社,1988.

[12] 同济大学数学系. 高等数学(第六版). 北京:高等教育出版社,2007.

[13] 王绵森,马知恩. 工科数学分析基础(第二版). 北京:高等教育出版社,2006.

[14] 吴传生. 经济数学——微积分. 北京:高等教育出版社,2003.

[15] 伍卓群,李勇. 常微分方程. 北京:高等教育出版社,2004.

[16] 杨长江,陈伟浩. 微观经济学. 上海:复旦大学出版社,2004.

[17] 杨长江,石洪波. 宏观经济学. 上海:复旦大学出版社,2004.

[18] 袁志刚,欧阳明. 宏观经济学(第二版). 上海:上海人民出版社,2003.

[19] 张从军,孙春燕,陈美霞,杨靖三. 经济应用模型. 上海:复旦大学出版社,2008.

[20] 张从军,伍家风,万树文,赵中华. 经济计算技术. 上海:复旦大学出版社,2010.

[21] 张维迎. 博弈论与信息经济学. 上海:上海三联书店、上海人民出版社,1996.

[22] 赵胜民. 经济数学. 北京:科学出版社,2005.

[23] 赵树嫄. 微积分(修订本):北京:中国人民大学出版社,1988.

[24] 朱来义. 微积分(第二版). 北京:高等教育出版社,2004.

[25] 朱善利. 微观经济学(第二版). 北京:北京大学出版社,2001.

[26] Barnett, Ziegler, Byleen. *Calculus for Business, Economics, Life Sciences, and Social Sciences* (Ninth Edition). Beijing: Pearson Education Asia Limited and Higher Education Press, 2005.

[27] Binmore, Davies. *Calculus, Concepts and Methods*. Cambridge: Cambridge University Press, 2001.

[28] Finney, Weir, Giordano. *Thomas'calculus*(Tenth Edition). Beijing: Pearson Education Asia Limited and Higher Education Press, 2004.